普通高等教育"十一五"国家级规划教材

机 械 设 计

Jixie sheji

第三版

朱文坚　黄　平　刘小康　翟敬梅　主编

高等教育出版社·北京

内容简介

本书为普通高等教育"十一五"国家级规划教材。

本书根据教育部制定的《机械设计教学基本要求》，在保持和发扬第二版特色的基础上，从内容和体系上进行了新的探索。主要具有以下特点：(1) 按学科分类编写，淡化对具体机械零件的介绍。全书按总论、常用机械零件的类型和选择、静强度设计、疲劳强度设计、摩擦学设计、热分析、结构设计将内容分成七部分，以突出各零件设计中的共性，便于建立不同零件在设计方法上的联系。(2) 加强对机械零、部件结构设计内容的介绍。(3) 增加当前机械学科的新技术、新工艺、新材料方面的内容。(4) 增加设计方法方面的内容，特别是强调多方案设计、优化设计和再设计的思想及其在工程设计中的应用。书中在目录后，增加了符号说明；书后附录包含了各章常用的表格、线图和机械设计常用名词中英文对照。

本书可作为高等学校机械设计制造及其自动化专业机械设计课程教材，也可供有关工程技术人员参考。

图书在版编目(CIP)数据

机械设计/朱文坚等主编.--3版.--北京:高等教育出版社,2015.7 (2017.8重印)
ISBN 978-7-04-042645-8

Ⅰ.①机… Ⅱ.①朱… Ⅲ.①机械设计-高等学校-教材 Ⅳ.①TH122

中国版本图书馆CIP数据核字(2015)第087757号

策划编辑 段博原　　责任编辑 段博原　　封面设计 张 楠　　版式设计 余 杨
插图绘制 杜晓丹　　责任校对 刘娟娟　　责任印制 田 甜

出版发行 高等教育出版社
社 址 北京市西城区德外大街4号
邮政编码 100120
印 刷 北京宏伟双华印刷有限公司
开 本 787mm×1092mm 1/16
印 张 26
字 数 640千字
购书热线 010-58581118
咨询电话 400-810-0598
网 址 http://www.hep.edu.cn
http://www.hep.com.cn
网上订购 http://www.landraco.com
http://www.landraco.com.cn
版 次 2005年2月第1版
2015年6月第3版
印 次 2017年8月第2次印刷
定 价 38.70元

物 料 号 42645-00

第三版前言

本书是在第二版的基础上,根据教学实践和教学改革的需求再次修订而成。本版编写的原则是:在保持前两版教材特色的基础上,进一步调整和完善教学内容,以使其安排更加合理,分类更加恰当。具体进行改编的内容如下:

(1) 将第二版第3章通过静载荷设计的联轴器、离合器的设计与计算内容调整到第6章,分别作为6.1和6.2节,以统一归类同样设计方法的零件内容;

(2) 增加了4.6节轴的介绍;

(3) 将第二版第4章中弹簧的部分设计内容调至6.8节,与弹簧设计内容(第二版的6.6节)合并;

(4) 将第二版第5章、第8章和第12章中有关温度影响和热平衡计算的内容归类为单独一章(第13章,并附有习题)。从而在前两版的零件介绍、静强度设计、疲劳强度设计、摩擦学设计和结构设计的基础上,新分出了热分析的独立内容,使得本书进一步凸显了按学科体系编排的特色;

(5) 删去了第二版中11.4节的内容;

(6) 将第二版第14章结构设计中的键、销等内容调整到零件介绍的第3章之中,与相关内容合并。将第14章结构设计中的轮系结构设计内容调整到零件介绍的第4章中,与相关内容合并。这样既可以集中和详细介绍这些内容,也避免因重复出现给授课带来的不便;

(7) 根据需要对少量正文内的表格调至附录,或是将附录的表格调至正文;

(8) 增加了符号说明;

(9) 更正或修改了前两版在文字、插图与计算中的一些错误和疏漏。

本书由朱文坚、黄平、刘小康、翟敬梅担任主编。全书共分七篇15章,参加修订工作的有:孙建芳(第1章、第2章)、翟敬梅(第3章、第4章)、刘小康(第5章、第6章)、李旻(第7章、第8章)、陈杨枝(第9章)、李静蓉(第10章)、胡广华(第11章、第12章)、黄平(第13章)、徐晓(第14章、第15章)。黄平对全书内容做了统编。

由于编者的水平有限,加之本书与传统的机械设计教材差异较大,是一项教学改革的新尝试,其结构和内容也是通过教学实践而在不断更新和加以完善,因此难免存在一定的不足和错误之处,望读者予以批评指正,并恳请提出改进的意见和建议。

编者

2015年1月

第二版前言

本书是普通高等教育“十一五”国家级规划教材，是根据教育部制定的《机械设计教学基本要求》和《教育部财政部关于实施高等学校本科教学质量与教学改革工程的意见》【教高(2007)1号】等文件精神，充分吸取了高校近年来的教学改革经验，并在总结第一版使用经验的基础上修订的。

第二版修订的原则是:在保持和发扬第一版教材特色的基础上，从内容和体系上进行了新的探索；增强精品意识，努力提高教材质量。具体进行了以下几项工作：

(1) 随着科学技术的迅速发展，新理论、新学科、新技术、新标准不断出现，为了适应科技发展需要,在教学内容上进一步做一些推陈出新的尝试。

(2) 改革教学内容，以拓宽学生的知识面。

(3) 为了培养学生分析、解决工程实际问题的能力，适当增加设计例题的数量。

(4) 对部分内容进行了适当调整，以便更符合认知规律。

(5) 更正或改进了第一版中的文字、插图与计算中的错误和疏漏。

本书带＊号的章节为选学内容,可根据具体情况进行取舍。

本书分六篇、共14章,参加第二版修订工作的有朱文坚(第1章、9.1、9.2、第10章、第13章)、梁莉(第2章、第14章)、徐晓(第3章、第4章)、刘小康(第5章、第6章)、谢宋良(第7章、第8章)、陈杨枝(9.3)、黄平(第11章)、刘莹(第12章),全书由朱文坚、黄平、刘小康担任主编。

本书作为教学改革的一项尝试,一定会有不足之处,加上编者的水平和时间有限,错误之处希望读者随时予以批评指正。

编者

2008年2月

第一版前言

本书是普通高等教育“十五”国家级规划教材，是根据教学基本要求，并充分吸取了高校近年来的教学改革经验编写的。

当前，培养适应21世纪需要的高素质人才是我国高等院校的重要任务，而由于科技知识的更新速度不断加快，高等院校应把培养学生获取知识的能力作为重点，把学生培养成“厚基础、宽适应、强能力”的复合型人才。编写本教材的思路是“加强基础知识、基础理论、基本方法，重视工程设计能力的培养，注意发挥学生的创造性思维”。为此在编写教材时尝试进行了下面的工作：

（1）按学科分类编写，淡化对具体机械零件的介绍，这是本书的最大特色之一。全书按静强度设计、疲劳强度设计、摩擦学设计、结构设计、标准零件的选用和非标准零件的设计分成六部分，以突出各零件设计中的共性，便于建立不同零件在设计方法上的联系。本书另一特点是将许多教材中安插在正文的大量表格和线图分类安排在附录中，这样减少了教学时数，也突出了主要教学内容。这些改革将有利于培养学生的逻辑思维和自学能力，提高学生的素质，并且加强了本课程的条理性、系统性。

（2）加强了对机械零件、部件结构设计内容的介绍。由于本课程涉及很多结构设计内容，学生对一些设计性、综合性较强的内容难以掌握。为此，本教材在详细论述结构设计的基本要求、基本原则、基本原理的基础上，介绍了提高强度和刚度的结构设计及其设计方法，然后以具体零部件为例进行结构设计，改变目前的教材只分散介绍具体零部件结构设计的情况，使学生能较系统地掌握结构设计的有关知识。

（3）增加了当前有关机械学科的新技术、新工艺、新材料方面的内容。如弹性啮合与摩擦耦合传动，是作者近年提出并已成功应用的一种新型机械传动方式。本教材简单介绍了该传动的基本结构、工作原理及应用。这些相关内容的引入，拓宽了学生的知识面。

（4）增加了设计方法方面的内容，特别是强调了多方案设计、优化设计和再设计的思想及其在工程设计中的应用。

本教材分六篇共14章，参加本书编写工作的有朱文坚（第1、2章、第9章9.3节、第11、12章），刘峰（第3章、第4章4.1、4.2节），谢宋良（第5章、第6章6.1节），黄平（4.3~4.5节、6.2节、第8、9章部分、第10章、第13章部分、第14章部分），徐晓（第13、14章），陈东（第7章7.1、7.2节），陈杨枝（第7章7.3节），全书由朱文坚、黄平、吴昌林担任主编。李杞仪教授审阅了全书，在此表示感谢。

本书可作为高等学校机械设计制造及其自动化专业机械设计课程教材，也可供有关工程技术人员参考。本教材作为教学改革的一项尝试，一定会有不足之处，加上编者的水平和时间有限，错误之处希望读者随时予以批评指正。

编者

2003年1月

目　　录

第一篇　总　　论

第二篇　常用机械零件的类型和选择

第三篇　静强度设计

第四篇 疲劳强度设计

第五篇 摩擦学设计

第六篇 热 分 析

第七篇 结 构 设 计

附　录

符 号 说 明

A 轴向力
a 中心距、伸出长度、距离、加速度
B 宽度
b 宽度
C 额定载荷、弹簧指数
c 系数、顶隙、比热
D 直径
d 直径
E 弹性模量
e 偏心、距离
F 载荷、径向力、支反力
f 摩擦系数
G 剪切弹性模量
g 重力加速度
H 高度、硬度
h 膜厚、高度
I 惯性模量
i 传动比
J 热功当量
j 循环次数
K 系数
k 次数、键与轮毂键槽接触高度
L 长度、寿命
l 长度
M 弯矩、螺纹标识
m 模数、接合面数、零件指数
N 循环次数
n 转速、线数、圈数
O 原点
o 下标出口
P 功率、当量载荷
p 压强、压力、节距、螺距
P_h 导程
Q 流量
q 单位长度质量、直径系数、热量
R 半径、锥距
r 半径
S 内部轴向力、安全系数、齿厚
s 距离
T 温度、转矩
t 时间
U 速度
u 齿数比
V 速度
v 速度
W 抗弯模量、抗剪模量
w 载荷
X 坐标
x 坐标、变位系数
Y 坐标、校正系数
y 坐标、挠度、径向位移、垂度
Z 坐标
z 坐标、齿数、根数
α 角度、压力角、牙型角、楔角、接触角、角位移、系数
β 角度、螺旋角、牙侧角、倾斜角、直径比
γ 角度、导程角
Δ 间隙
δ 间距
ε 偏心率

η　效率、润滑剂动力黏度
θ　偏转角、角度
λ　变形
μ　泊松比
ν　润滑剂运动黏度
ρ　曲率半径、润滑剂密度、摩擦角
σ　正应力
τ　切应力
ϕ　齿宽系数、间隙率(比)
φ　扭转角、转角
ψ　升角、压缩弹簧高径比
ω　角速度

下标

0　初始值、脉动循环、额定、当量
1　大轮、从动轮、支承 2
-1　对称循环
2　小轮、主动轮、支承 2
10　可靠度为 0.9
A　轴向、工况
a　轴向、幅值
o　出口
b　弯曲、强度
c　离心
ca　计算值
E　弹性
e　有效、零件
F　弯曲
f　摩擦
Fa　齿形
H　接触、Hertz、水平方向
l　拉伸
lim　极限
m　均值
max　最大
min　最小
N　法向
n　法向
p　挤压、压力、节距处
Q　压轴
R　锥距的
R　径向
r　径向
s　屈服
Sa　应力校正
T　扭转
t　周向
v　垂直方向
v　当量、速度
x　x 方向上
y　y 方向上、悬垂
α　齿间
β　齿向
σ　正应力
Σ　综合
τ　切应力
ρ　极坐标的

通配符

[·]　许用值

第一篇 总论 1

机械的发展是人类文明和社会进步的象征。早在远古时代,人类已经开始使用石块和木棒谋生,并用蚌壳和兽骨制成简单的工具捕猎动物。我们的祖先在古代已开始使用简单的机械,例如在 170 万年前已使用石器;在 3 万年前已使用了箭和原始的犁、刀、锄等;在 4 000 多年前,已制造和使用比原始机械更复杂和先进的古代机械,如记里鼓车、独轮车、水运仪象台、地球仪、指南车、纺纱机、水力纺纱机、火枪、火炮、缫丝机、走马灯、罗盘和罗盘针、造纸机械等。我国早在春秋战国时期已使用青铜合金,我国是世界上最早发明生铁冶炼技术、生铁柔化技术、炒钢法、灌钢法的国家。18 世纪,蒸汽机的发明和广泛应用使动力机械代替了人力和畜力,其提供的巨大动力促使能源、冶金、交通发生了翻天覆地的变化。19 世纪,电动机、发电机、电气设备的大量应用使生产过程向着机械化、自动化的方向发展。20 世纪以来,随着计算机的发明、应用和普及,加速了机械学科的发展。随着微电子技术、信息技术、机电一体化技术的迅猛发展和互相渗透,使机械工业向自动化、柔性化、智能化方向发展。科学技术飞跃发展及各学科之间的相互交叉和渗透,以及新材料、新能源、新产品不断出现,促进了机械设计理论和方法的发展。

在本篇中,首先介绍机器的基本组成要素,引出了机器、机构、零件以及通用零件和专用零件等概念。在此基础上,提出了机械设计这门课程所研究的对象、性质和任务。在给出机械零件的失效形式和设计准则之后,对机械零件设计的基本要求、设计一般程序、机械零件的材料及其选用原则进行总体上的介绍。

第 1 章

绪论

1.1 机器的基本组成要素

各种机器有不同的功能和外形,这些机器通常含有机械、电气、液压、气动、润滑、冷却、控制、监测等系统,其中机械系统是机器的主要组成系统,机械系统由若干机构组成,每个机构由若干零件组成,因此机器的基本组成要素是机械零件。机械零件在机器中或按确定的位置相互连接,或按给定的规律作相对运动,共同为完成机器的功能而发挥各自的作用。通常机械零件可分为两大类:一类是在各种机器中经常都能用到的零件,称为通用零件,如螺钉、齿轮、链轮等;另一类是在特定类型的机器中才能用到的零件,称为专用零件,如往复式活塞内燃机的曲轴等。机器中通常把一组协同工作的零件所组成的独立加工或独立装配的组合体叫部件,如联轴器、离合器等。机械零件的性能对机器的性能有较大影响,因此正确设计和合理选择机械零件,是成功设计满足功能要求机器的基本条件。

通过教学实践发现:学生在以往的机械设计课程学习时,感觉到难以把握要点,因此学习起来困难很大。多数同学反映:这门课程的系统性和规律性不强,内容较多和杂乱。本书根据各零件的设计原理和机械零件设计中所遵循的不同学科的规律,将原来讲授的机械设计内容共分成 7 篇 15 章。根据不同的设计方法按总论、常用机械零件的类型和选择篇、静强度设计篇、疲劳强度设计篇、摩擦学设计篇、热分析篇和结构设计篇进行划分。通过这样的分类,期望将学生以往所学的基础知识与机械设计的具体事例更好地联系起来,达到使学习者容易理解和记忆,并且能更好地了解为什么对不同的零件要采用不同的设计准则,以及掌握这些设计准则所依据的理论基础知识的来源。

1.2 本课程研究对象、性质和任务

机械设计是机械类专业学生必须学习的一门重要的技术基础课,它主要研究通用零件的基本设计理论与方法,并培养学生具有设计一般机械的能力。

本课程的主要任务:

1) 培养学生逐步树立正确的设计思想,了解和贯彻执行当前的有关技术经济政策。

2) 使学生掌握设计机械所必需的基本知识、基本理论和基本技能,具有初步设计机械传动装置和一般机械的能力。

3) 培养学生具有使用标准、规范、手册及其他技术资料的能力。

4）培养学生掌握典型机械零件的实验方法,得到实验技能的基本训练。

5）了解机械设计的发展动态,学习各种现代设计理论和方法。

本课程的学习方法：

由于机械设计是一门以一般通用零件的设计为核心的设计性课程,它在从基础理论课学习逐步进入到专业课学习的过程中,起着承上启下的作用。由于课程涉及的内容很多,相当部分内容还涉及实际的设计实践,而且很多问题都是多方案及多解答的,与具有严密逻辑演绎推理的一般理论课程相比,本课程显得系统性、规律性不强,学生学习本课程时,往往感到很难入手。为了帮助学生更好地学习本课程内容,现将本课程的学习方法简述如下：

1）紧密联系生产实践,联系整体机械系统进行分析。

本课程主要研究通用零、部件的工作原理和设计计算方法,故学习过程中应紧密联系实际,了解机器的工况与要求,从整体机械系统分析入手,才能设计出满足生产实际要求的机械零、部件。

2）逐步培养分析、解决问题的能力和方法。

学习本课程时,要多联系工程实际问题。本课程分析和解决问题的思路和方法,也是解决工程实际中常用的思路和方法。工程实际问题是一个复杂的系统,它涉及多方面的内容,需要多方面的知识和经验才能解决。因此,要培养能灵活运用基本概念、基本理论来解决工程实际问题的能力。

3）掌握每章的重点及分析处理问题的思路和基本方法。

本课程的基本内容是机械零、部件的设计计算。学习这些零件时,其分析问题的思路大致为:分析该零件的工作原理及运动特点,进行受力分析;确定该零件工作时可能出现的主要失效形式,并建立该工况下零件不产生失效的设计准则;导出设计(或校核)公式(或许用应力),并计算(或校核)该零件的主要几何尺寸;进行结构设计并绘制零件工作图。

第2章

机械零件的设计

2.1 机械零件的失效形式和设计准则概述

2.1.1 机械零件的主要失效形式

机械零件在设计预定的期间内,并在规定条件下,不能完成正常的功能,称为失效。机械零件失效的形式很多,主要有整体断裂、塑性变形、腐蚀、磨损、胶合和接触疲劳。一般设计机械零件的判据有静强度、疲劳强度和摩擦磨损等。

1. 静强度失效

静强度失效是指机械零件在受拉、压、弯、扭等外载荷作用时,由于某一危险截面上的应力超过零件的强度极限而发生断裂或破坏。例如,螺栓受拉后被拉断,键或销在工作中被剪断或压溃等均属于此类失效。

此外,当作用于零件上的应力超过了材料的屈服极限时,则零件将产生塑性变形。塑性变形将导致零件精度下降或定位不准等,严重影响零件的正常工作,因此也属于失效。

2. 疲劳强度失效

大部分机械零件是在变应力条件下工作的,随着变应力的不断作用可以引起零件疲劳破坏而导致失效。另外,零件表面受到接触变应力长期作用也会产生裂纹或微粒剥落的现象。疲劳破坏是随工作时间的延续而逐渐发生的失效形式,是引起大多数机械零件失效的重要原因。例如,轴受载后由于疲劳裂纹扩展而导致断裂、齿根的疲劳折断和点蚀以及链条的疲劳断裂等都是典型的疲劳破坏。

机械零件的静强度失效是由于应力超过了屈服极限,并在断裂发生之前,往往出现很大的变形,因此静强度失效往往是可以发现,并可以预知的。而疲劳强度失效的发生则是突然的,很难事先预知,因此它的危害更大。

3. 摩擦学失效

摩擦学失效主要是腐蚀、磨损、打滑、胶合和接触疲劳。腐蚀是发生在金属表面的一种电化学或化学侵蚀现象,其结果将使零件表面产生锈蚀而使零件的抗疲劳能力降低。磨损是两个接触表面在作相对运动的过程中,表面物质丧失或转移的现象。胶合是由于两相对运动表面间的油膜被破坏,在高速、重载的工作条件下,发生局部粘在一起的现象,当两表面相对滑动时,相黏结的部位被撕破而在表面上沿相对运动方向形成沟痕,称为胶合。接触疲劳是受到接触变应力长期作用的表面产生裂纹或微粒剥落的现象。有些零件只有在满足某些工作条件下才能正常工作。例如,液体摩擦的滑动轴承只有在存在完整的润滑油膜时才能正常地工作,否则滑动轴承将发生过热、胶合、磨损等形式的失效,属于摩擦学失效。又如,带传动的打滑和螺纹的微动磨损也是摩擦学失效的例子。

4. 其他失效

除了以上指出的主要失效形式,机械零件还有其他一些失效形式,如变形过大的刚度失效、温度过高的失效、不稳定失效等。此外,机械零件的具体失效形式还取决于该零件的工作条件、材质、受载状态及所产生的应力性质等多种因素。即使同一种零件,由于工作情况及机械的要求不同,也可能出现多种失效形式。例如,齿轮传动可能出现轮齿折断、磨损、齿面疲劳点蚀、胶合或塑性变形等失效形式。

2.1.2 机械零件的设计准则

1. 静强度准则

静强度是保证机械零件在静载荷工况下能正常工作的基本要求。零件的强度不够,就会出现整体断裂或塑性变形等失效形式而丧失其工作能力,甚至导致安全事故。强度准则就是指零件中的最大应力小于或等于许用应力,即

$$\sigma \leqslant [\sigma] \tag{2.1a}$$

或

$$\tau \leqslant [\tau] \tag{2.1b}$$

式中:σ、τ 为零件的工作正应力和切应力,MPa;$[\sigma]$、$[\tau]$ 为材料的许用正应力和许用切应力,MPa,它们可以通过将材料的屈服极限(塑性材料)或是强度极限(脆性材料)除以适当的安全系数得到。

2. 疲劳强度准则

疲劳强度是保证机械零件在变载荷工况下,能正常工作一定时间而不破坏的基本要求。零件疲劳强度不够,就会在其工作寿命期间内出现疲劳断裂、疲劳点蚀等失效形式而丧失工作能力,甚至导致安全事故。疲劳强度准则与式(2.1)类似,但是疲劳强度的许用应力要按下式计算:

$$[\sigma] = \frac{\sigma_{\lim}}{S_\sigma} \tag{2.2a}$$

或

$$[\tau] = \frac{\tau_{\lim}}{S_\tau} \tag{2.2b}$$

式中:S_σ、S_τ 为疲劳强度的正应力和切应力的安全系数;$\sigma_{\lim}$、$\tau_{\lim}$ 为材料正应力和切应力的疲劳强度极限,MPa。

特别需要指出:按疲劳强度设计时,因为载荷是变化的,零件的工作应力不再是简单的正应力或切应力,除了必须考虑应力的均值和变化幅值的大小外,还必须考虑载荷变化规律的影响。另外,疲劳强度与许多因素(如载荷性质、零件尺寸、表面加工精度、应力集中情况等)有关,因此在这类机械零件的设计过程中必须根据具体工况加以修正(有关内容详见下面的具体章节)。

3. 摩擦学设计准则

耐磨性是指作相对运动的零件的工作表面抵抗磨损的能力。机械零件磨损后，将改变其尺寸与形状，降低机械的工作精度，削弱其强度。据统计，由于磨损而导致失效的零件约占全部报废零件的 80%。

由于目前对磨损的计算尚无可靠、定量的计算方法，因此常采用条件性计算，主要是验算压强 p 不超过许用值，以保证工作面不致产生过度磨损。另外，验算压强和速度乘积 pv 值不超过许用值，以限制单位接触表面上单位时间内产生的摩擦功不致过大，可防止发生胶合破坏。有时还需验算工作速度 v。这些准则可写成

$$p \leqslant [p] \tag{2.3a}$$

$$pv \leqslant [pv] \tag{2.3b}$$

$$v \leqslant [v] \tag{2.3c}$$

式中：p 为工作表面的压强，MPa；v 为工作速度，m/s；pv 为 p 与 v 的乘积，MPa · m/s；$[p]$为材料的许用压强，MPa；$[v]$为 v 的许用值，m/s；$[pv]$为 pv 的许用值，MPa · m/s。

4. 刚度准则

刚度是指零件在载荷作用下抵抗弹性变形的能力。若零件刚度不够，其弯曲挠度或扭转角超过允许的限度后，将影响机械系统正常工作。例如车床主轴的弹性变形过大，将影响加工精度；齿轮轴的挠度过大，将影响一对齿轮的正确啮合，并会增加载荷沿齿宽分布的不均匀性。

机械零件在载荷作用下所产生的弹性变形量应小于或等于机器工作时所允许的弹性变形量的极限值，即

$$y \leqslant [y] \tag{2.4a}$$

$$\theta \leqslant [\theta] \tag{2.4b}$$

$$\varphi \leqslant [\varphi] \tag{2.4c}$$

式中：y、θ、φ 分别为零件工作时的挠度、转角和扭转角；$[y]$、$[\theta]$、$[\varphi]$分别为零件的许用挠度、许用转角和扭转角。

5. 温度准则

温度的变化会使机械零件产生变形和热应力，在高温下还会出现蠕变或松弛等现象，导致机械零件的力学性能发生明显变化。又如，在齿轮和蜗杆传动中，因为摩擦损耗会造成表面温度升高，从而产生胶合，这也是一种热失效形式。还有，润滑油在高温下黏度会急剧下降，甚至导致吸附膜的解附乃至裂解，造成润滑失效。为此，在容易产生高温的机械零件设计中，需要通过热失效准则对最高温度或温升控制。具体形式如下：

$$T \leqslant [T] \tag{2.5}$$

式中：T 为零件工作处或润滑油的实际温度；$[T]$是零件材料或润滑油的许用温度。

6. 可靠性准则

满足强度要求的一批完全相同的零件，在规定的工作条件下和规定的使用期限内，并非所有零件都能完成规定的功能，必有一定数量的零件会因丧失工作能力而失效。机械零件在规定的工作条件下和规定的使用时间内完成规定功能的概率，称为它们的可靠度。可靠度是衡量机械零件可靠性的一个特征量，零件的可靠度本身是一个时间的函数。为了保证所设计的零件具有所需的可靠度，就要对零件进行可靠性设计。

2.2　机械零件设计的基本要求和一般程序

2.2.1　机械零件设计的基本要求

1. 强度

机械零件的强度不够,就会在工作中发生断裂或不允许的残余变形等。因此,具有适当的强度是设计机械零件时必须满足的最基本要求。通常可以采用以下的措施来提高机械零件的强度:

1）采用强度高的材料;

2）使零件有足够的截面尺寸;

3）合理设计零件的截面形状,以增大截面的惯性矩;

4）采用热处理和化学处理的方法来提高材料的机械强度特性;

5）提高运动零件的制造精度,以降低工作时的动载荷;

6）合理地配置机器中各零件的相互位置,以降低作用于零件上的载荷。

2. 刚度

机械零件在工作时所产生的弹性变形量不超过允许的限度,就满足了刚度要求。通常只有当弹性变形过大,就会影响机器工作性能的零件(如机床主轴、导轨等),才需要满足这项要求。对于这类零件,设计时除了要作强度计算外,还必须作刚度计算。实践证明,能满足刚度要求的零件,通常其强度总是足够的。一般可以采用以下的措施来提高机械零件的刚度:

1）增大零件截面尺寸或增大截面的惯性矩;

2）缩短支承跨距或采用多支点结构,以减小挠曲变形;

3）增大贴合面以降低压力,可提高接触刚度;

4）采用精加工以降低表面不平度。

3. 寿命

机械零件不发生失效,并能正常工作所延续的时间称零件的寿命。

影响零件寿命的主要因素有:零件的受载情况、工作条件和环境、材料的疲劳、腐蚀以及相对运动零件接触表面的磨损等。

4. 可靠性

机械零件在规定的使用时间(寿命)内和预定的环境条件下,能够正常地完成其功能的概率,称为可靠度。对于绝大多数的机械来说,失效的发生都是随机性的。造成失效具有随机性的原因,主要是由于零件所受的载荷、环境、温度等工况条件是随机变化的,零件本身的物理及力学性能也是随机变化的,因此为了提高零件的可靠性,就应当在工作条件和零件性能两个方面使其随机变化尽可能地小。此外,在使用中加强维护和对工作条件进行监测,也可以提高零件的可靠性。

5. 温度

温度变化会使机械零件产生变形和热应力,因此对在高温下工作的机械零件有较大影响。金属材料在高温下会出现蠕变和松弛现象,这将导致机械零件的力学性能发生明显变化。另外,温度可以显著影响润滑剂的黏度,影响润滑的效果,因而对相对滑动速度较大的蜗杆传动、滑动轴承等机械零件,工作温度过高会导致润滑膜破坏,而发生胶合失效。在轴系中,为了保证零件受热膨胀不致使间隙过小,常需要预先留有一定的温度补偿间隙。为了保证温升不至于过高而影响零件的正常运转,要对一些机械零件进行热分析和热平衡计算。有时,需要采取如加散热片、风扇或冷却水管等辅助冷却方法来降低机械零件的工作温度。

6. 结构工艺性

机械零件应具有良好的结构工艺性,以便于加工和装配。为此,应对机械零件进行合理而正确的结构设计;此外,零件的结构工艺性还应从毛坯制造、机械加工和装配几个生产环节来综合考虑。

7. 经济性

机械零件的经济性主要表现在零件本身的生产成本上。设计时应力求设计出成本最低的零件。零件的成本包括材料的消耗、零件的加工制造成本等。设计时尽量采用简单的零件结构以减少加工工时;选择适当的材料(如用廉价材料代替贵重材料)和合理的加工工艺;选择适当的截面形状和尺寸;尽量采用标准件等。以上这些措施都将对降低零件成本起着显著的作用。

2.2.2　机械零件设计的一般程序

不同种类的机械零件,其设计计算方法不同,设计步骤亦不同,通常可按图 2.1 所示的设计步骤进行:

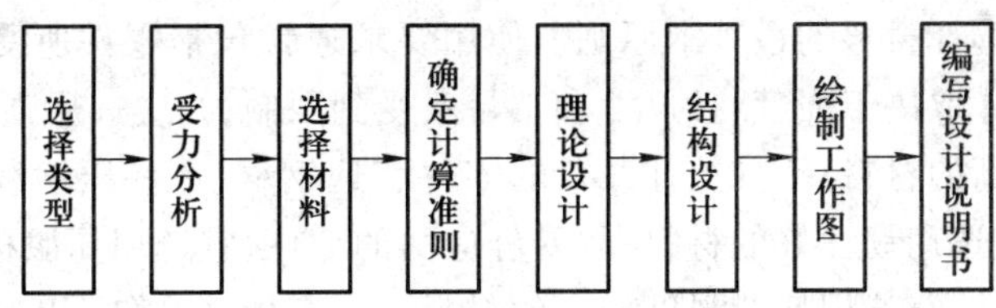

图 2.1　通常机械零件设计步骤

1. 选择类型

主要根据工况条件、载荷性质及尺寸大小选择传动零件的类型。

2. 受力分析

通过受力分析求出作用在零件上的载荷的性质、大小、方向,以便进行设计计算。

3. 选择材料

根据零件工况条件及受载情况,选择合适的材料及热处理方法,确定材料的硬度和许用应力。

4. 确定计算准则

分析机械零件的失效形式,确定其设计计算准则。

5. 设计计算

根据设计准则得到设计或校核计算公式,确定机械零件的主要几何尺寸及参数。如螺栓的小径,齿轮的齿数、模数,轴的最小直径等。

6. 结构设计

结构设计即在确定了机械零件的主要几何尺寸及参数后,完成机械零件外形结构形式、截面形状、尺寸大小等其他尺寸及参数的设计。设计中应考虑零件的强度、刚度、加工和装配工艺性等要求。使设计的零件满足尺寸小、重量轻、结构简单等基本要求。

7. 绘制工作图

工作图必须符合制图标准,要求尺寸齐全, 并标上必要的尺寸公差、几何公差、表面粗糙度及技术条件等。

8. 编写设计计算说明书

将设计计算资料整理成设计计算说明书,作为技术文件存档。

2.3 机械零件材料的选用原则及常用材料

2.3.1 机械零件的选用原则

从各种各样的材料中选择出合适的材料,是一个较复杂的技术经济问题,通常主要考虑以下三方面的要求。

1. 使用要求

满足使用要求是选择材料的最基本原则。使用要求通常包括零件所受载荷大小、性质及其应力状况。若零件尺寸取决于强度,且尺寸和重量又受到限制,则应选用强度较高的材料或强度极限与密度的比值较高的材料;承受拉伸载荷的零件宜选钢材;承受压缩载荷的零件宜选铸铁;受冲击载荷的零件,宜选用韧性好的材料;承受静应力的零件,宜选用屈服极限较高的材料;在变应力条件下工作的零件,宜选用疲劳强度较高的材料。若零件尺寸取决于刚度,且尺寸重量受到限制,则应选用弹性模量较大的材料或弹性模量与密度之比值较高的材料。若零件的尺寸取决于接触强度,则应选用可进行表面强化处理的材料,如齿轮齿面经渗碳、氮化或碳氮共渗等热处理后,其接触强度比正火或调质处理的钢大为提高。对在滑动摩擦条件下工作的零件,应选用减摩性能好的材料。在腐蚀介质中工作的零件应选用耐腐蚀的材料。对于重要零件,应选用综合性能较好的材料。

通常减轻零件重量是机械设计中主要考虑的要求之一;客观地、全面地评价使用要求是按使用要求选择材料的关键。

2. 工艺要求

所选材料应与机件结构的复杂程度、尺寸大小以及毛坯的制造方法相适应。如外形复杂、尺寸较大的机件,若考虑用铸造毛坯,则应选用适合铸造的材料,若考虑用焊接毛坯,则应选用焊接性能较好的材料;尺寸小、外形简单、批量大的机件,适于冲压或模锻,应选用塑性较好的材料。

3. 经济性要求

在机械的成本中,材料费用占30%以上,有的甚至达到50%,可见选用廉价材料有重大的意义。选用廉价材料,节约原材料,特别是贵重材料,是机械设计的一个基本原则。为了使零件的综合成本最低,除了要考虑原材料的价格外,还要考虑零件的制造费用。例如,铸铁虽比钢材价廉,但对一些单件生产的机座,采用钢板型材焊接往往比用铸铁铸造快而且成本低。为了降低零件的成本可采取以下的措施:

1) 尽量采用高强度铸铁(如球墨铸铁)来代替钢材。

2) 采用热处理、化学处理或表面强化处理(如喷丸、滚压)等工艺,以充分发挥材料的潜在力学性能。

3) 合理采用表面处理方式(如镀铬、镀铜、发黑等)以延缓和减轻腐蚀或磨损,延长零件的使用寿命。

4) 在很多情况下,机件在其不同部位对材料有不同要求,可采用组合式结构,使零件的工作部分采用贵重材料,其他非直接工作部分则可采用廉价的材料。

5) 改善工艺方法,实现少或无切削加工,省料又省工,提高材料利用率以降低成本。

2.3.2 机械零件的常用材料

机械零件常用的材料有钢、铸铁、有色金属、非金属材料和复合材料。

1. 钢

钢是机械制造中应用最广和极为重要的材料。按照化学成分,钢可分为碳素钢和合金钢;按照零件加工工艺,可分为铸钢和锻钢;按照用途,可分为结构钢、工具钢和特殊钢。

碳素结构钢在机械设计中最为常用。碳素结构钢分普通碳素钢和优质碳素钢两类。对于受力不大,而且基本上承受静应力的、不太重要的零件,可以选用普通碳素钢。普通碳素钢(如Q215、Q235等)只保证力学性能,不保证其化学成分,并且不适宜作热处理,故一般用于不太重要的或不需热处理的机件和工程结构件。碳素钢的性能主要决定于其含碳量。低碳钢(碳的质量分数低于0.25%)可淬性较差,一般用于退火状态下强度不高的零件(如螺钉、螺母、小轴),也用于锻件和焊接件。低碳钢经渗碳处理可用于制造表面硬、耐磨并承受冲击载荷的零件。中碳钢(碳的质量分数为0.25%~0.5%)可淬性以及综合力学性能均较好,可进行淬火、调质或正火处理,用于制造受力较大的螺栓、键、轴、齿轮等零件。高碳钢(碳的质量分数大于0.5%)可淬性更好,经热处理后有较高的硬度和强度,主要用于制造弹簧、钢丝绳等高强度零件。优质碳素钢(如15、45、50钢)可同时保证其力学性能和化学成分,可用于制造需经热处理的、较重要的零件。

合金钢是由碳钢在其中加入某些合金元素冶炼而成。每一种合金元素的质量分数低于2%或合金元素总的质量分数低于5%的称为低合金钢,每一种合金元素的质量分数为2%~5%或合金元素总的质量分数为5%~10%的称为中合金钢,每一种合金元素的质量分数高于5%或合金元素总的质量分数高于10%的称为高合金钢。合金元素不同时,钢的力学性能有较大的变动并具有各种特殊性质。例如,铬能提高钢的硬度,并能在高温时防锈耐酸;镍使钢具有很高的强度、塑性与韧性;钼能提高钢的硬度和强度,特别能使钢具有较高的耐热性;锰能使钢具有良好的淬透性、耐磨性。同时含有几种合金元素的合金钢(如铬锰钢、铬钒钢、铬镍钢),其性能的改变更为显著。但合金钢较碳素钢价贵,对应力集中亦较敏感,通常在碳素钢难于胜任工作时才考虑采用。此外,合金钢如不经热处理,其力学性能并不明显优于碳素钢,因此合金钢零件一般都需进行热处理,以充分发挥材料的潜在力学性能。

无论是碳素钢还是合金钢,用浇铸法所得的铸件毛坯均称为铸钢。铸钢主要用于制造承受重载的大型铸件。铸钢强度明显高于铸铁,与碳素钢接近。铸钢的弹性模量约为铸铁的2倍,因此减振性不如铸铁。铸钢存在易于产生缩孔等缺陷,铸造工艺性不如铸铁。铸钢品种很多,有碳素铸钢、低合金铸钢、耐蚀铸钢、耐热铸钢等。附表1.1为常用钢的力学性能及其应用举例。

2. 铸铁

碳的质量分数大于2%的铁碳合金称为铸铁。铸铁是用量最多的机械结构材料。铸铁成本低廉,耐磨和减振性能好。铸铁一般分为灰铸铁、球墨铸铁、可锻铸铁和特殊性能铸铁等。其中最常用的是灰铸铁。

灰铸铁(HT)主要用于中等载荷以下的结构件、复杂的薄壁件和润滑条件下的摩擦副零件等。灰铸铁的强度极限随壁厚增加而减小,设计时应考虑工艺需要,使壁厚尽可能一致。灰铸铁的抗压强度与抗拉强度比约为4:1,因此在结构上应当尽量使铸件受压缩,不受或少受拉伸或弯曲。灰铸铁的弹性模量比钢低,刚度比钢差。灰铸铁减振性能好,常用于机器的机座及机体等。灰铸铁属脆性材料,不适宜承受冲击载荷,也不能辗压和锻造,不易焊接。

球墨铸铁(QT)基体中的石墨呈球状,提高了基体强度和承受应力集中的能力,其强度比灰铸铁高一倍,和普通碳素钢接近。球墨铸铁价格比钢低,广泛用于受冲击载荷的高强度铸件,如曲轴、齿轮等。

可锻铸铁(KT)主要用于尺寸很小、形状复杂、不能用铸钢和锻钢制造,而灰铸铁又不能满足强度和高延伸率要求时的情况。它是铸件而不是锻件。可锻铸铁强度和塑性接近于普通碳素钢和球墨铸铁。

附表1.2为常用铸铁的力学性能及其应用举例。

3. 有色金属合金

有色金属合金具有某些特殊性能,如良好的减摩性、跑合性、耐腐蚀性、抗磁性、导电性等。

铝合金强度与密度比值比钢高,具有比较高的机械强度;但硬度低、抗压强度低、不耐磨、对应力集中敏感、铸造性能稍差、弹性模量低、线膨胀系数高、不能承受大的表面载荷。选用铝合金时应从结构上尽量消除应力集中和考虑铸造工艺性;与钢铁零件一起使用时要注意选择合适的配合公差。

铜合金具有良好的导电性、导热性、耐蚀性和延展性,是良好的减摩和耐磨材料。铜合金可分为黄铜和青铜两类。黄铜是铜和锌的合金,不生锈、不腐蚀、具有良好的塑性及流动性,能辗压和铸造成各种型材和机件。青铜分锡青铜和无锡青铜两种。锡青铜是铜、锡合金,而铜和铝、铁、铅、硅、锰、铍等合金统称为无锡青铜。无锡青铜的力学性能比锡青铜的高,但减摩性较差。黄铜、青铜均可铸造和辗压。轴承合金为铜、锡、铅、锑的合金,其减摩性、导热性、抗胶合性都很好,但强度低且较贵,常浇注在强度较高的基体金属表面形成减摩表层使用。附表1.3为常用铜合金、轴承合金的力学性能及其应用举例。

4. 非金属材料

机械制造中应用的非金属材料种类很多，有塑料、橡胶、陶瓷、木材、毛毡、皮革等。其中，塑料是非金属材料中发展最快、应用最广的材料。工业上常用的塑料有聚氯乙烯、尼龙、聚甲醛、酚醛、环氧树脂、玻璃钢、聚四氟乙烯等。塑料的重量轻、绝缘、耐磨、耐蚀、消声、抗振，有良好的自润滑性及尺寸稳定性，易于加工成形，加入填充剂后可以获得较高的机械强度，因而可以代替金属作支架、盖板、阀件、管件、承受轻载的齿轮、蜗轮、凸轮等。但一般工程塑料耐热性差，且因逐步老化而使性能逐渐变差。此外，橡胶也是应用广泛的非金属材料。橡胶富有弹性，有较好的缓冲、减振、耐磨、绝缘等性能，常用于弹性元件及密封装置中。

5. 复合材料

复合材料是由两种或两种以上性质不同材料组合而成的。可以是不同非金属材料相互复合，也可以是非金属材料与金属材料相互复合。复合材料既可保持组成材料各自原有的一些最佳特性，又可具有组合后的新特性，这样就可根据零件对材料性能的要求进行材料设计，从而最合理地利用材料。例如，在普通碳素钢板外面贴复合塑料或不锈钢，可以获得强度高而耐腐蚀的塑料复合钢板或金属复合钢板，用以代替价格较高的不锈耐酸钢板。复合材料是一种很有前途的新型材料。

习题

2.1　试述机械零件的失效和破坏的区别。

2.2　试述机械零件的主要失效形式。

2.3　试述机械零件的设计准则。

2.4　机械零件设计时有哪些基本要求？

2.5　机械零件的常用材料有哪些？

第二篇　常用机械零件的类型和选择

2

机器由机械零件组成，机械零件通过连接组装成机器。机械零件可以按其功能分为连接零件、传动零件、轴系零件等。

连接主要有螺纹连接、键连接、销连接、铆接、焊接和胶接。根据连接后零件能否被拆开，可分为可拆连接和不可拆连接。可拆连接是不须毁坏连接中的任何零件就可拆开的连接，可多次装拆而不影响使用性。常见的可拆连接有螺纹连接、键连接和销连接。不可拆连接是至少必须毁坏连接中的某一部分才能拆开的连接，常见的不可拆连接有铆钉连接、焊接、胶接等。

传动装置是一种能实现传递和分配能量、改变运动形式和转速等作用的装置，传动零件是大多数机器的主要组成零件，包括啮合传动零件，如齿轮、蜗杆、蜗轮、链和链条；摩擦传动零件，如 V 带和带轮。

轴系零、部件包括轴、滚动轴承、滑动轴承、联轴器和离合器。轴主要用于支承回转传动零件，滚动轴承和滑动轴承用于支承轴，联轴器和离合器用于把两轴连接在一起。联轴器和离合器有时也可用做安全装置，它们的主要区别在于：用联轴器连接的两轴在工作时不能分离，必须停车通过拆卸才能分离两轴，而用离合器连接的两轴在工作时可随时接合或分离。

机械零件按其设计和制造分主要有两大类：一类是标准零件，如滚动轴承、螺栓、键、销、V 带、滚子链等，标准零件的设计主要是按其承载能力进行参数选择，然后在市场上直接购买，因此在设计总装图中只要标出这些零、部件的型号即可；另一类是非标准零件，如齿轮、蜗杆、蜗轮、轴、滑动轴承、带轮、链轮等，非标准零件不仅要对其参数进行设计，而且必须专门加工，因此要对这些零件绘制详细的零件图。在本篇中，将按此分类分别介绍标准零件和非标准零件的类型和选择。

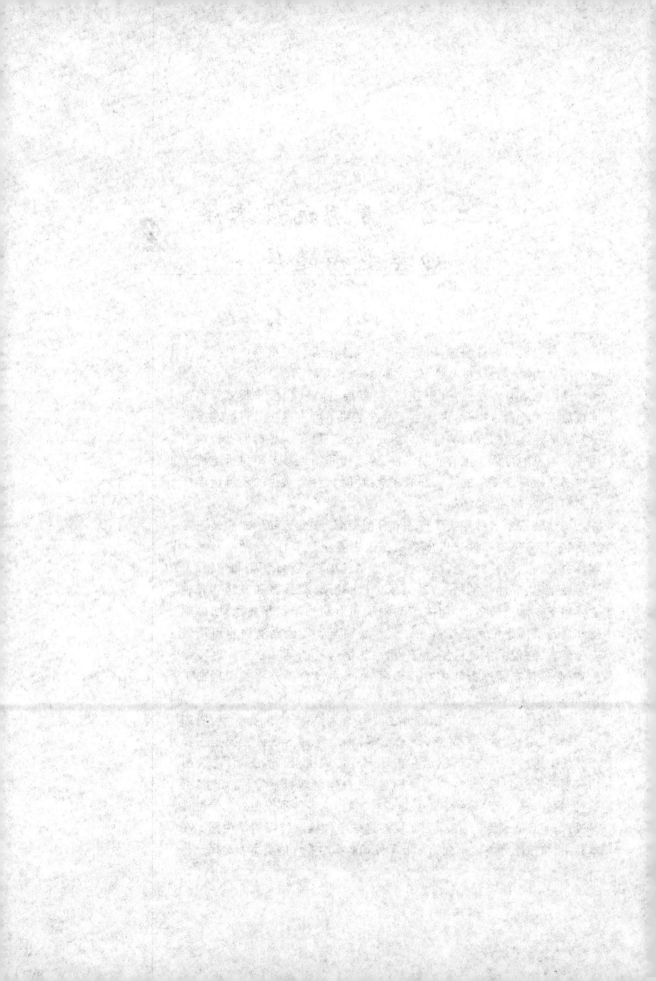

第3章

标准零件的类型和选用

3.1 螺纹与螺纹连接

螺纹是一种重要的可拆连接零件，并且已经标准化。

3.1.1 螺纹的类型及应用

螺纹有外螺纹和内螺纹之分，外螺纹和内螺纹组成螺旋副。起连接作用的螺纹称为连接螺纹；用于传递运动和动力的螺纹称为传动螺纹。螺纹又分为米制和英制（螺距以每英寸牙数表示）两类，我国除管螺纹保留英制外，一般都采用米制螺纹。

螺纹的类型常按螺纹的牙型进行分类（图 3.1），主要有：

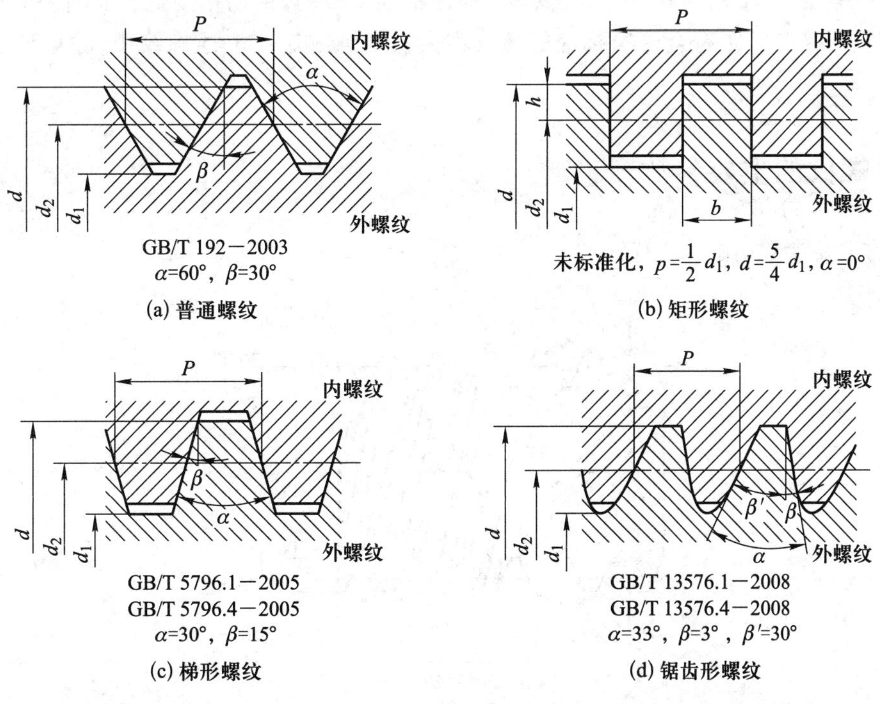

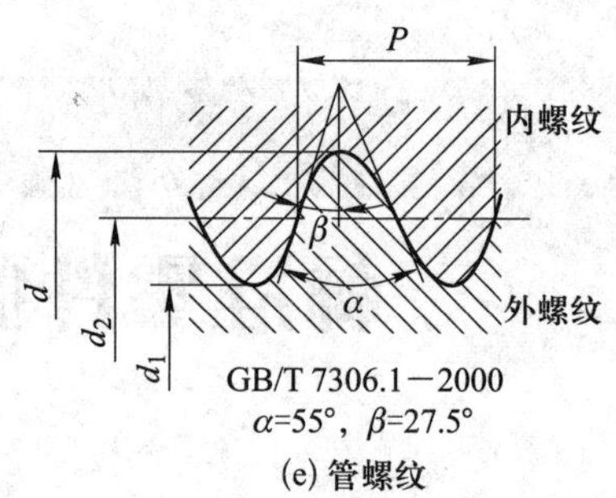

(e) 管螺纹

图 3.1　螺纹的类型

1）普通螺纹（即三角形螺纹）：牙型角为 60°，可分为粗牙和细牙螺纹，同一公称直径下，具有最大标准螺距的螺纹为粗牙螺纹，否则为细牙螺纹。粗牙螺纹用于一般连接，在相同公称直径时，细牙螺纹螺距较小，螺纹深度浅，导程和升角也小，自锁性能好，适合用于薄壁零件和微调装置。

2）管螺纹：牙型角为 55°，属于英制细牙普通螺纹，多用于有紧密性要求的管件连接。

3）梯形螺纹：牙型角为 30°，是应用最广泛的一种传动螺纹。

4）锯齿形螺纹：牙型角为 33°，两侧牙型斜角分别为 $\beta=3°$ 和 $\beta'=30°$。斜角为 3°的侧面用来承受载荷，可得到较高效率；30°的侧面用来增加牙根强度，适用于单向受载的传动螺纹。

5）矩形螺纹：牙型角为 0°，传动效率高，但牙根强度较弱，传动精度低，用于传动螺纹。

凡牙型、外径及螺距符合国家标准的螺纹称为标准螺纹。在上述螺纹中，除矩形螺纹外，都已标准化。

3.1.2　螺纹的主要参数

螺纹的主要参数（图 3.2）有：

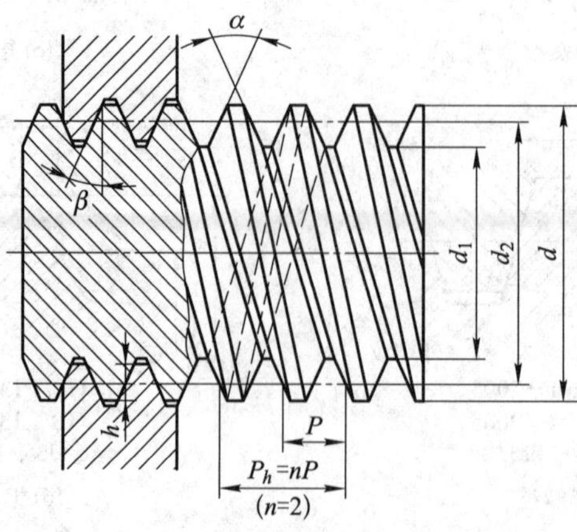

图 3.2　螺纹的主要参数

1）大径 $d(D)$：螺纹的最大直径，即与外螺纹的牙顶（或内螺纹牙底）相重合的假想圆柱面的直径，在标准中定为公称直径。

2）小径 $d_1(D_1)$：螺纹的最小直径，即与外螺纹的牙底（或内螺纹牙顶）相重合的假想圆柱面的直径，在强度计算中常作为危险截面的计算直径。

3）中径 $d_2(D_2)$：通过螺纹轴向截面内牙型上的沟槽和凸起宽度相等处的假想圆柱面的直径，是确定螺纹几何参数和配合性质的直径。

4）螺距 P：螺纹相邻两个牙型上对应点间的轴向距离，是螺纹的基本参数。

5）线数 n：螺纹的螺旋线数目。沿一条螺旋线形成的螺纹称为单线螺纹，沿 n 条等距螺旋线形成的螺纹称为 n 线螺纹。连接螺纹要求自锁性，多用单线螺纹；传动螺纹要求传动效率高，可用 n 线螺纹。为便于制造，一般线数 $n\leqslant 4$。

6）导程 P_h：螺纹上任一点沿同一条螺旋线转一周所移动的轴向距离。单线螺纹 $P_h=P$，n 线螺纹 $P_h=nP$。

7）升角 ψ：螺纹中径圆柱面上螺旋线的切线与垂直螺纹轴线的平面间的夹角，由几何关系可得：$\psi=\arctan\dfrac{P_h}{\pi d_2}=\arctan\dfrac{nP}{\pi d_2}$。

8）牙型角 α：螺纹轴向截面内，螺纹牙型两侧边的夹角。螺纹牙型的侧边与螺纹轴线的垂直平面的夹角称为牙侧角 β。

9）接触高度 h：内、外螺纹旋合后接触面的径向高度。

各种管螺纹的主要几何参数可查阅有关标准，其公称直径不是螺纹大径，而是近似等于管子的内径。

3.1.3　螺纹连接的基本类型

1. 螺栓连接

螺栓连接是将螺栓杆穿过被连接件上的通孔，拧上螺母，将几个被连接件连成一体。螺栓连接使用时不受被连接件材料的限制，通常用于被连接件不太厚，且有足够装配空间的情况。

螺栓连接按受力状况不同可分为普通螺栓连接（即受拉螺栓连接）和铰制孔用螺栓连接（即受剪螺栓连接）两种。

普通螺栓连接（图 3.3a）：被连接件上的孔和螺栓杆之间有间隙，故孔的加工精度要求低，其结构简单，装拆方便，应用广泛。

铰制孔用螺栓连接（图 3.3b）：孔和螺栓杆之间常采用基孔制过渡配合，故孔的加工精度要求较高，一般用于承受横向载荷或需精确固定被连接件相对位置的场合。

2. 双头螺柱连接

双头螺柱连接是将双头螺柱的一端穿过被连接件通孔并旋紧在被连接件之一的螺纹孔中，再在双头螺柱的另一端旋上螺母，把被连接件连成一体（图 3.4），常用于被连接件之一太厚不宜加工通孔，且需经常装拆或结构上受到限制不能采用螺栓连接的场合。

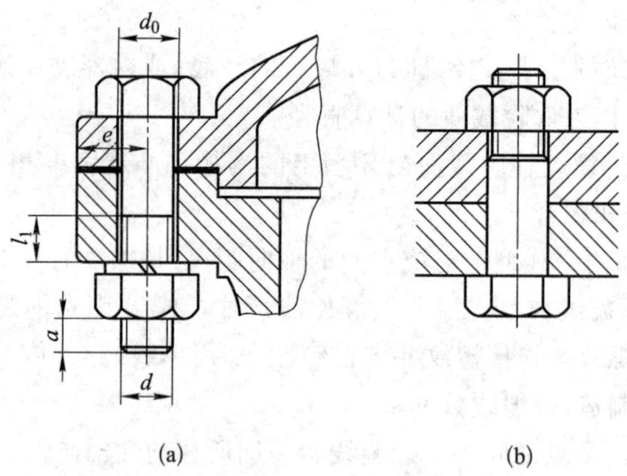

螺纹余留长度 l_1；静载荷 $l_1>(0.3\sim0.5)d$；变载荷 $l_1>0.75d$；

冲击载荷或弯曲载荷 $l_1>0.75d$；铰制孔用螺栓连接 $l_1\approx d$；

螺纹伸出长度 $a=(0.2\sim0.3)d$；通孔直径 $d_0=1.1d$；

螺栓轴线到被连接件边缘的距离 $e=d+(3\sim6)$ mm

图 3.3　螺栓连接

3. 螺钉连接

螺钉连接是将螺钉直接拧入被连接件之一的螺纹孔中，不用螺母（图 3.5），用于被连接件之一较厚的场合，但不宜用于经常装拆的连接，以免损坏被连接件的螺纹孔。

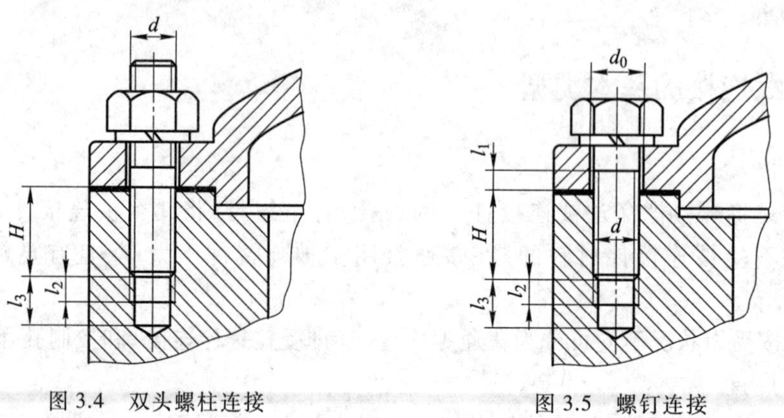

图 3.4　双头螺柱连接　　图 3.5　螺钉连接

4. 紧定螺钉连接

紧定螺钉连接是利用拧入零件螺纹孔中的螺钉末端顶住另一零件的表面（图 3.6a）或顶入相应的凹坑中（图 3.6b），以固定两个零件相对位置，并可传递不大的力或力矩，多用于轴上零件的连接。

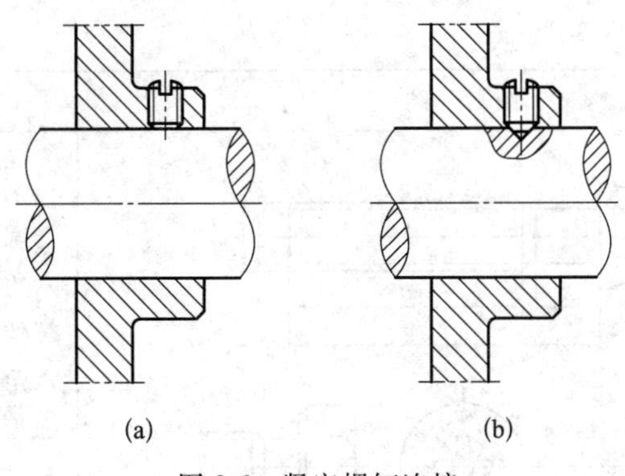

(a)　　(b)

图 3.6　紧定螺钉连接

3.1.4 标准螺纹连接件

螺纹连接件的类型很多，在机械制造中常见的螺纹连接件有螺栓、双头螺柱、螺钉、螺母、垫圈以及防松零件等，这些零件的结构形式和尺寸都已标准化，设计时可根据有关标准选用。它们的结构特点和应用如表 3.1 所示。

根据国家标准的规定，螺纹连接件分为三个精度等级，其代号为 A、B、C 级：A 级精度的公差小，精度高，用于要求配合精确、防止振动等重要零件的连接；B 级精度多用于受载较大且经常装拆、调整或承受变载荷的连接；C 级精度多用于一般的螺纹连接。

表 3.1　常用标准螺纹连接件

类　型	图　例	结构特点和应用
六角头螺栓	15°~30°　辗制末端　r　d_a　d_g　d　c　k'　l_s　l_g　(b)　s　k　l	种类很多，应用最广，精度分为 A、B、C 三级，A 级精度最高，C 级精度最低。通用机械制造中多用 C 级（左图），A 级用于装配精度高、振动冲击较大或承受变载荷的重要连接。螺栓杆部可制出一段螺纹或全螺纹，螺纹可用粗牙或细牙（A、B 级）
双头螺柱	倒角端　倒角端　A型　d_a　d　X　X　b　b_m　l 辗制末端　辗制末端　B型　d_a　d　X　X　b　b_m　l	螺柱两端都制有螺纹，两端螺纹可相同或不同，螺柱可带退刀槽或制成腰杆，也可制成全螺纹的螺柱。螺柱的一端常用于旋入铸铁或有色金属的螺纹孔中，旋入后即不拆卸，另一端则用于安装螺母以固定其他零件

续表

类　型	图　例	结构特点和应用
螺钉	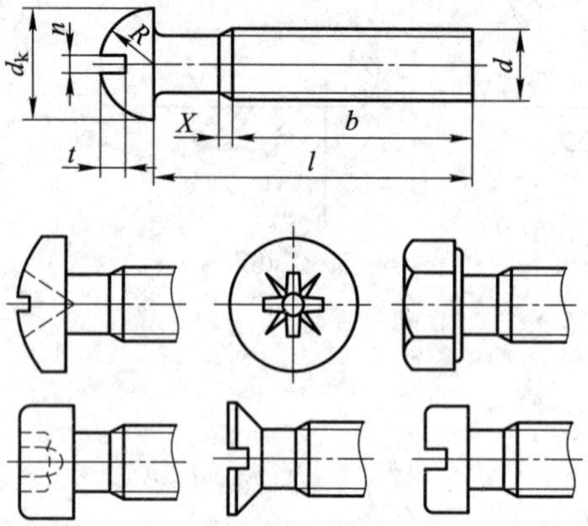	螺钉头部形状有圆头、扁圆头、六角头、圆柱头和沉头等。头部螺丝刀槽有一字槽、十字槽和内六角孔等形式：十字槽螺钉头部强度高、对中性好，便于自动装配；内六角孔螺钉能承受较大的扳手力矩，连接强度高，可代替六角头螺栓，用于要求结构紧凑的场合
紧定螺钉	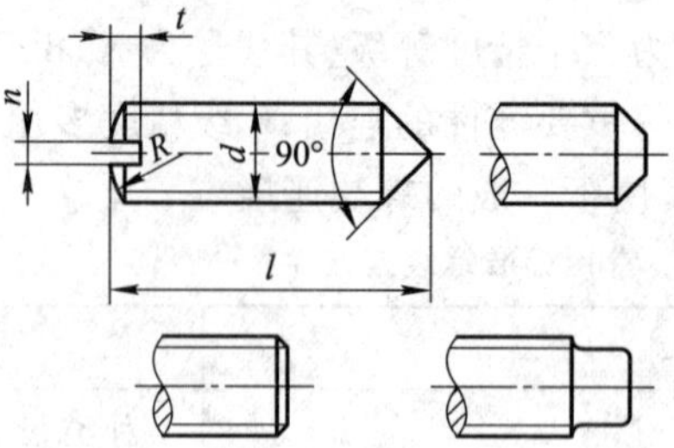	紧定螺钉的末端形状常用的有锥端、平端和圆柱端。锥端适用于被紧定零件的表面硬度较低或不经常拆卸的场合；平端接触面积大、不伤零件表面，常用于顶紧硬度较高的平面或经常拆卸的场合；圆柱端压入轴上的凹坑中，适用于紧定空心轴上的零件位置
自攻螺钉	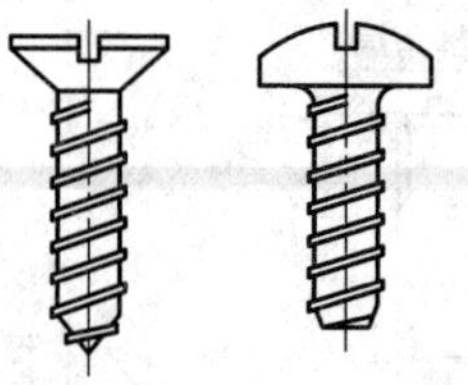	螺钉头部形状有圆头、六角头、圆柱头、沉头等。头部螺丝刀槽有一字槽、十字槽等形式。末端形状有锥端和平端两种。多用于连接金属薄板、轻合金或塑料零件。在被连接件上可不预先制出螺纹，在连接时利用螺钉直接攻出螺纹。螺钉材料一般用渗碳钢，热处理后表面硬度不低于45 HRC。自攻螺钉的螺纹与普通螺纹相像，在相同的大径时，自攻螺纹的螺距大而小径则稍小，已标准化

续表

类　型	图　例	结构特点和应用
六角螺母	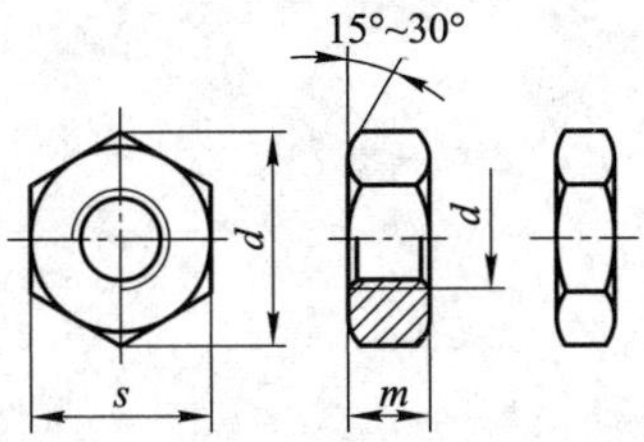 15°~30°　d　s　m	薄螺母在双螺母防松时，作为副螺母使用；厚螺母用于经常拆装的场合；扁螺母用于受切向力为主或结构尺寸要求紧凑的场合。螺母的制造精度和螺栓相同，分为 A、B、C 三级，分别与相同级别的螺栓配用
圆螺母	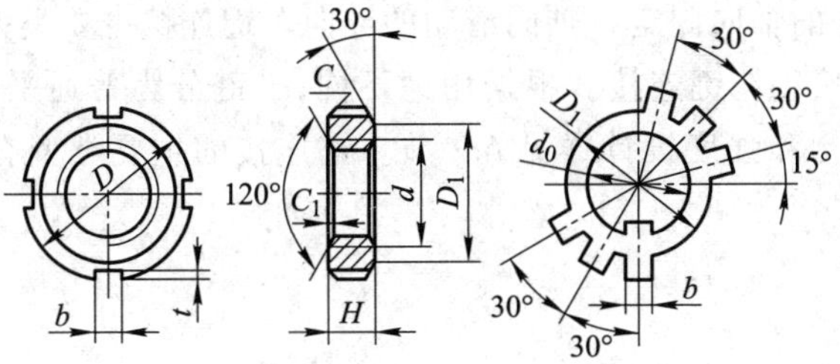 D　b　t　30°　C　120°　C_1　d　D_1　H　D_1　d_0　30°　30°　15°　30°　30°　b	圆螺母常与止动垫圈配用。装配时将垫圈内舌插入轴上的槽内，而将垫圈的外舌嵌入圆螺母的槽内，螺母即被锁紧。常作为滚动轴承的轴向固定用
垫圈	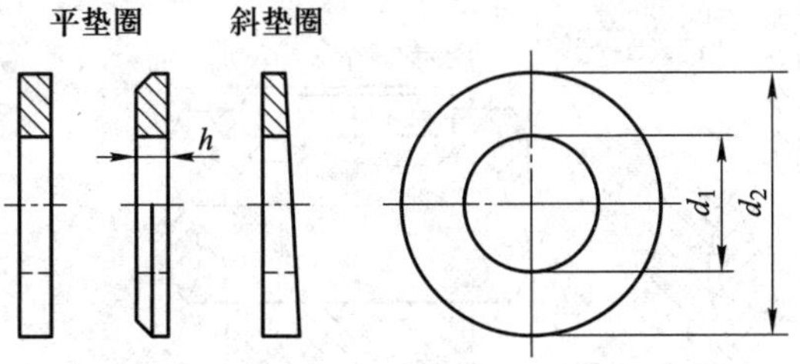 平垫圈　斜垫圈　h　d_1　d_2	垫圈是螺纹连接中不可缺少的附件，常放置在螺母和被连接件之间，起保护支承表面等作用。平垫圈按加工精度不同，分为 A 级和 C 级两种。用于同一螺纹直径的垫圈又分为特大、大、普通和小的四种规格，特大垫圈主要在铁木结构上使用。斜垫圈只用于倾斜的支承面上

螺纹标准零件标记举例：

1）公称直径 12 mm，长 60 mm、性能按 5.9 级，不经表面处理的普通粗牙六角头螺栓标记为

螺栓 M12×60　GB/T 5780—2000

2）公称直径 14 mm，长 60 mm 全螺纹六角头螺栓标记为

螺栓 M14×60　GB/T 5781—2000

3）公称直径为 16 mm、长 60 mm、按 m6 制造的铰制孔螺栓标记为

螺栓 M16×m6×60 GB/T 27—2013

4）公称直径为 14 mm、长 100 mm、细牙螺距 1 mm 的 A 型双头螺柱标记为

螺柱 AM14×1×100 GB/T 900—1988

5）公称直径为 10 mm，性能按 5 级，不经表面处理的普通粗牙六角螺母标记为

螺母 M10　GB/T 41—2000

6）公称直径为 16 mm，材料为 65Mn，热处理硬度 44 ~ 52 HRC 表面氧化的弹簧垫圈标记为

垫圈 16　GB/T 93—1987

3.2 键

3.2.1 键连接类型

键是一种标准零件，用来实现轴与轮毂（如齿轮、带轮、链轮、联轴器等）之间的周向固定以传递转矩，有的还能实现轴上零件的轴向固定或轴向滑动的导向。键连接主要类型有平键连接、半圆键连接、楔键连接、切向键连接和花键连接。根据用途不同，平键分为普通平键、薄型平键、导向平键和滑键四种。键连接结构和强度设计详见 6.2 节。键连接的主要类型有平键连接、半圆键连接、楔键连接和切向键连接。

（1）键连接的主要类型

1）平键连接

图 3.7a 所示为普通平键连接的结构形式。平键的两侧面是工作面，平键的上表面与轮毂槽底之间留有间隙。工作时，靠键与键槽侧面的挤压来传递转矩。平键连接的定心好，装拆方便，应用广泛。常用的平键有普通平键和导向平键。

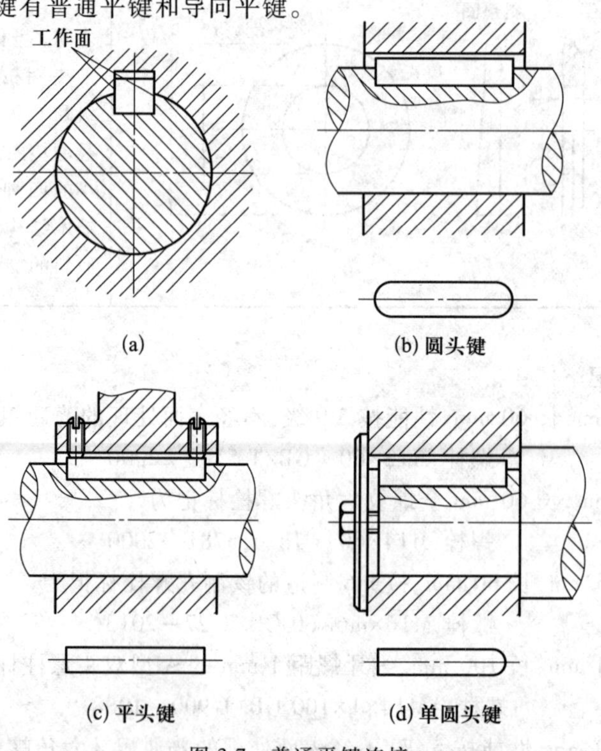

图 3.7　普通平键连接

普通平键按其结构可分为圆头（A型）、方头（B型）和单圆头（C型）三种。A型键（图3.7b）在键槽中固定良好，但是轴上键槽引起的应力集中较大。B型键（图3.7c）则克服了上述缺点，但当尺寸较大时，宜用紧定螺钉将键固定在键槽中，以防松动。C型键（图3.7d）用于轴端与轮毂的连接。

当被连接件的毂类零件在工作过程中必须在轴上作轴向移动时（如变速箱中的滑移齿轮），则需采用导向平键或滑键。导向平键（图3.8a）较长，键用螺钉固定在键槽中，键与轮毂之间采用间隙配合，轴上零件可沿键作轴向滑移。为了便于拆卸，键上制有起键螺孔，以便拧入螺钉使键退出键槽。当零件滑移的距离较大时，因所需导向平键的长度过长，制造困难，故宜采用滑键（图3.8b）。滑键固定在轮毂上，轮毂带动滑键在轴上的键槽中作轴向滑动。这样，只需在轴上铣出较长的键槽，而键可做得较短。

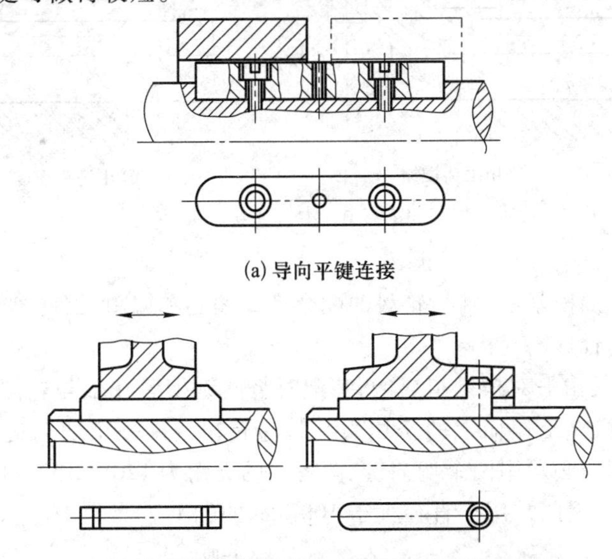

(a) 导向平键连接

(b) 滑键连接(键槽已截短；键与毂间的间隙未示出)

图3.8　导向平键连接和滑键连接

2）半圆键连接

图3.9所示为半圆键连接的结构形式。轴上键槽用与半圆键尺寸相同的键槽铣刀铣出，半圆键可在槽中绕其几何中心摆动以适应毂槽底面的倾斜。半圆键也是以两侧面为工作面。工作时，靠其侧面来传递转矩。半圆键工艺性好，装配方便，适用于锥形轴端与轮毂的连接。但半圆键在轴上键槽较深，对轴的强度削弱较大，故只用于轻载静连接中。

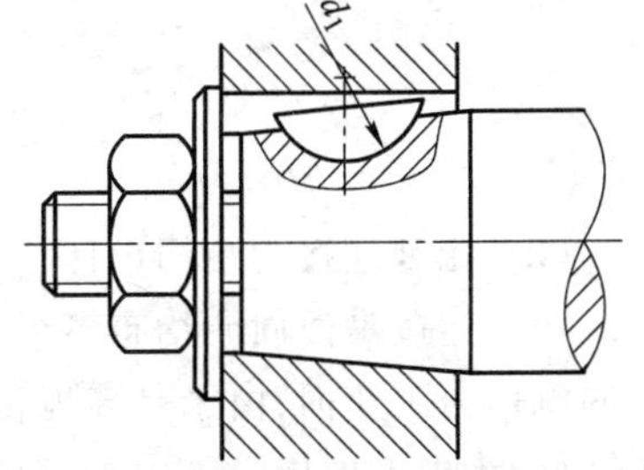

图3.9　半圆键连接

3）楔键和切向键连接

楔键（图3.10）的上、下两面为工作面。键的上表面和与它相配合的轮毂键槽底面均有1∶100的斜度。装配时将楔键打入，使楔键楔紧在轴和轮毂的键槽中，楔键的上、下表面受挤压，工作时靠挤压产生的摩擦力传递转矩。楔键分为普通楔键（图3.10a、b）和钩头楔键（图3.10c）两种，钩头楔键的钩头供拆卸时使用。

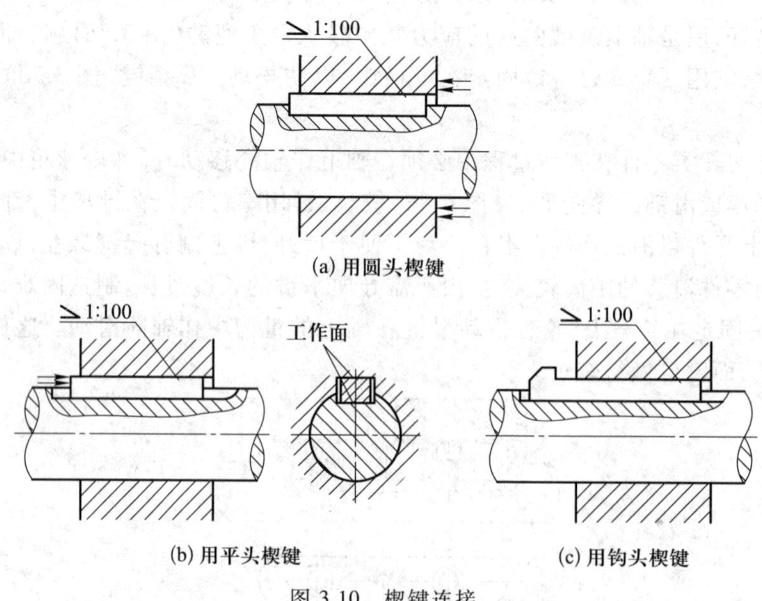

图 3.10　楔键连接

楔键的主要缺点是键楔紧后，轴与轮毂的配合产生偏心和偏斜，因此楔键一般用于定心精度要求不高和低转速的场合。

切向键(图 3.11a)是由一对楔键组成的，装配时将两键楔紧在轴与轮毂的键槽中。键的上、下面为工作面。工作时，靠工作面上的挤压力来传递转矩。用一个切向键时，只能传递单向转矩；当要传递双向转矩时，必须用两个切向键，两者间的夹角为 120°~130°(图 3.11b)。由于切向键对轴的强度削弱较大，因此常用于直径大于 100 mm 的轴上。

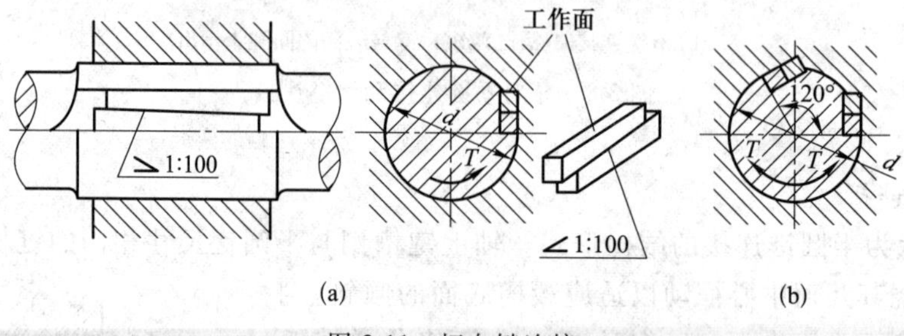

图 3.11　切向键连接

(2) 花键连接的结构设计

花键连接是由周向均布多个键齿的花键轴与带有相应键齿槽的轮毂孔相配而成(图3.12)。齿的侧面为工作面，由于是多齿传递转矩，故花键连接比平键连接的承载能力大，花键连接的导向性好，齿根处的应力集中小，对轴和毂的强度削弱小，适用于载荷大、定心精度要求高或经常需滑动的连接。

花键连接可用于静连接或动连接。按齿形的不同，花键可分为矩形花键(图 3.13)和渐开线花键两类，均已标准化。

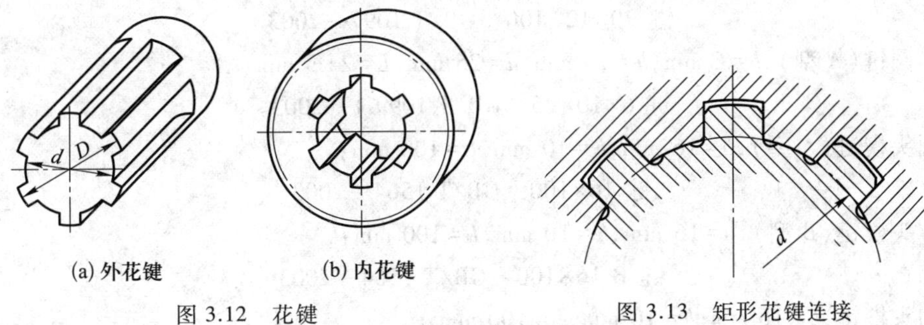

(a) 外花键　(b) 内花键

图 3.12　花键　图 3.13　矩形花键连接

1）矩形花键　矩形花键的定心方式为小径定心，即内花键和外花键的小径为配合面，定心精度高、定心的稳定性好，能用磨削的方法消除热处理引起的变形。矩形花键连接应用广泛。

2）渐开线花键　渐开线花键的齿廓为渐开线，分度圆压力角有 30°和 45°两种（图 3.14）。齿顶高分别为 0.5 m 和 0.4 m，此处 m 为模数。图中 d_f 为渐开线花键的分度圆直径。渐开线花键可以用制造齿轮的方法来加工，工艺性较好，制造精度也较高，花键齿的根部强度高，应力集中小，易于定心，当传递的转矩较大且轴径也大时，宜采用渐开线花键连接。压力角为 45°的渐开线花键，对连接件的削弱较少，通常用于轻载、直径较小的静连接，特别适用于薄壁零件的轴毂连接。渐开线花键的定心方式为齿形定心。

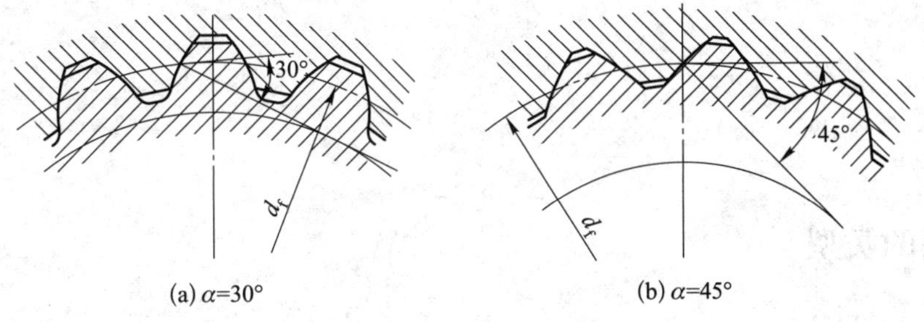

(a) α=30°　(b) α=45°

图 3.14　渐开线花键连接

3.2.2　键的选择和标记

键的选择包括类型选择和尺寸选择两个方面：设计时，根据连接的结构特点、使用要求和工作条件来选择键的类型，除花键外，其他键的主要尺寸为其截面尺寸（键宽 b×键高 h）与长度 L，截面尺寸 b×h 按轴的直径 d 从标准中选出，键的长度 L 根据轮毂的宽度确定，一般小于轮毂的宽度，所选定的键长应符合标准中规定的长度系列，而花键则主要确定齿数、模数、齿根圆角、公差等级和配合类别等内容，按轴的直径 d 选取。

键标记举例：

1）圆头普通平键（A 型），b＝18 mm，h＝11 mm，L＝100 mm：

键 18×11×100　GB/T 1096—2003

2）方头普通平键（B 型），b＝18 mm，h＝11 mm，L＝100 mm：

键 B 18×11×100　GB/T 1096—2003

3）圆头导向平键（A 型），b＝20 mm，h＝12 mm，L＝100 mm：

键 20×12×100　GB/T 1097—2003

4）半圆键（A 型），$b=6$ mm，$h=10$ mm，$d=25$ mm，$L=24.5$ mm：

键 6×10×25　GB/T 1099.1—2003

5）圆头楔键（A 型），$b=16$ mm，$h=10$ mm，$L=100$ mm：

键 16×100　GB/T 1564—2003

6）方头楔键（B 型），$b=16$ mm，$h=10$ mm，$L=100$ mm：

键 B 16×100　GB/T 1564—2003

7）钩头楔键，$b=16$ mm，$h=10$ mm，$L=100$ mm：

键 16×100　GB/T 1565—2003

8）花键副：齿数 24、模数 2.5、30°圆齿根、公差等级 5 级、配合类别 H5/h5

键的类型	标记方法
花键副	INT/EXT 24Z×2.5m×30R×5H/5h　GB/T 3478.1—2008
内花键	INT 24Z×2.5m×30R×5H　GB/T 3478.1—2008
外花键	EXT 24Z×2.5m×30R×5h　GB/T 3478.1—2008

3.3 销

3.3.1 销的类型

销连接主要用于固定零件之间的相对位置，并能传递不大的载荷，销也可用做过载保护元件。

销的主要类型有圆柱销、圆锥销、槽销等。

圆柱销（图 3.15a）靠过盈配合固定在销孔中，经多次装拆，其定位精度会降低。

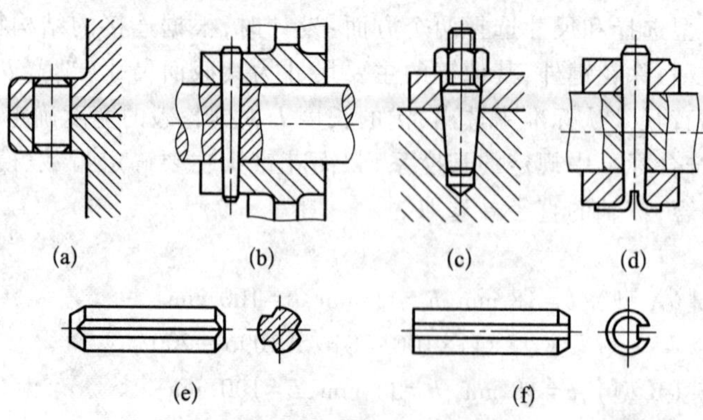

图 3.15　销连接结构

圆锥销(图3.15b)和销孔均有1∶50的锥度,安装方便,定位精度高,多次装拆不影响定位精度。端部带螺纹的圆锥销(图3.15c)可用于盲孔或拆卸困难的场合。开尾圆锥销(图3.15d)适用于有冲击、振动的场合。

槽销(图3.15e)上有三条纵向沟槽,它和圆管形弹簧圆柱销(图3.15f)一样均在销打入销孔后,由于弹性变形使销挤紧在销孔中,能承受冲击和变载荷;销孔不需铰制,加工方便,可多次装拆。

3.3.2 销标记

销标记举例:

1) 公称直径为10 mm,公称长度为100 mm,公差为m6,材料为钢,普通淬火(A型),表面氧化处理的A型圆柱销:

销 10×100 GB/T 119.2—2000

2) 公称直径为10 mm,公称长度为100 mm,材料为35钢,热处理硬度为28~38 HRC,不经表面处理的A型圆锥销:

销 10×100 GB/T 117—2000

3) 公称直径为10 mm,公称长度为50 mm(总长为68 mm),材料为35钢,热处理硬度为28~38 HRC,不经表面处理的螺尾锥销:

销 10×50 GB/T 881—2000

4) 公称直径为3 mm,公称长度为20 mm,材料为Q215或Q235,不经表面处理的开口销:

销 3×20 GB/T 91—2000

3.4 带

带传动是在两个或多个带轮之间用带作为挠性拉曳元件的一种摩擦或啮合传动。带传动按其工作原理分为摩擦型带传动和啮合型带传动。摩擦型带传动靠带与带轮接触面上的摩擦力实现传动;啮合型带传动靠带齿与轮齿之间的啮合来达到传动的目的。

3.4.1 摩擦型带传动

摩擦型带传动通常是由主动轮1、从动轮2和张紧在两带轮间的环形传动带3组成(图3.16)。安装带传动时,传动带要有一定的张紧力紧套在两个带轮上使带与带轮接触面间产生正压力,当主动轮转动时,依靠带与主、从动轮接触面间的摩擦力拖动带,进而拖动从动轮转动,实现传动。

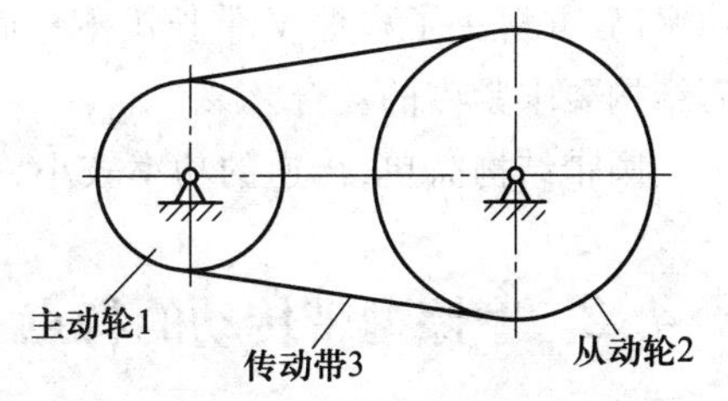

图3.16　摩擦型带传动

常用的摩擦型带传动按带的截面形状分为平带(图3.17a)、V带(图3.17b)、齿形V带(图3.17c)、多楔带(图3.17d)和圆带(图3.17e)等。

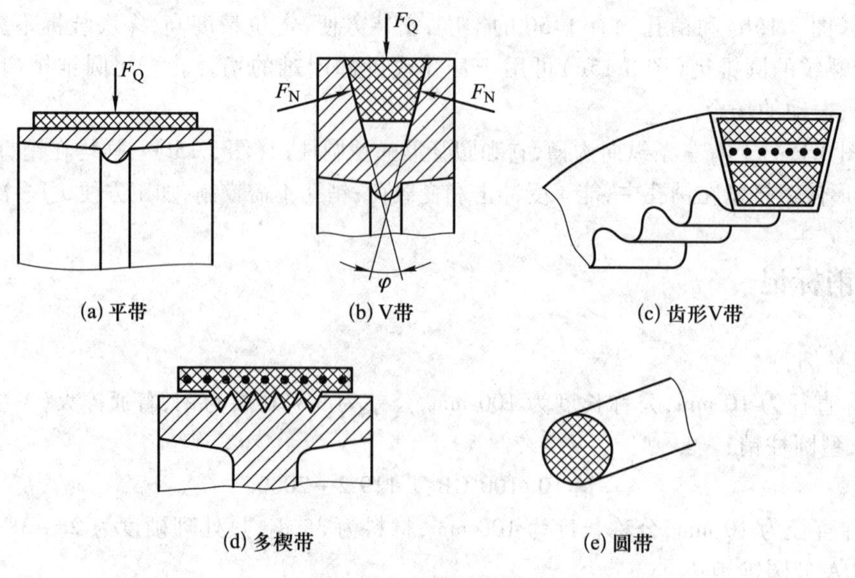

图 3.17　摩擦型带传动

平带传动的结构简单、效率高,带轮制造容易,在传动中心距较大的情况下应用较多。常用的平带有普通编织平带、尼龙片复合平带和高速平带。编织平带包括棉织、毛织、缝合棉布带以及用于高速传动的丝、麻编织带,带面有覆胶和不覆胶两种;尼龙片复合平带承载层为聚酰胺片(有单层和多层黏合),工作面贴有铬鞣革、弹性胶体或特殊织物。普通平带由数层挂胶帆布黏合而成,有开边式和包边式,高速带的承载层为涤纶绳,橡胶高速带表面覆耐磨、耐油胶布,也有用聚氨酯材料做成的高速平带。

在一般机械传动中,应用最广的是 V 带传动,包括普通 V 带、窄 V 带、连组 V 带、大楔角 V 带、宽 V 带和齿形 V 带。V 带的横截面呈等腰梯形,带轮上也做出相应的轮槽。传动时,V 带只和轮槽的两个侧面接触,即以两侧面为工作面(图 3.17b)。根据楔形增压的原理,在同样的张紧力下,V 带传动较平带传动能产生较大的摩擦力,这是 V 带传动性能上最主要的优点,而且 V 带传动具有传动比较大,结构较紧凑,以及 V 带多已标准化并大量生产等优点,因而 V 带传动得到广泛应用,本书着重介绍 V 带传动。

齿形 V 带结构与普通 V 带相同,承载层为绳芯结构,内表面制成均布横向齿。

多楔带是以绳芯结构平带为基础,其基体下面由若干纵向三角形楔的环形带构成,它的工作面是楔面,基体有橡胶和聚氨酯两种。多楔带兼有平带柔性好、V 带摩擦力大的特点,能传递的功率高,并解决了多根 V 带长短不一而使各带受力不均的问题。多楔带主要用于传递功率较大而结构要求紧凑的场合。

圆带结构简单,传递的功率较小,一般用于轻、小型机械。

3.4.2　摩擦型带传动的特点

带传动的特点是:① 具有弹性,能缓冲、吸振,传动平稳,噪声小;② 过载时带在带轮上打滑，防止其他零件损坏，起安全保护作用；③ 适用于中心距较大的场合；④ 结构简单，成本较低，装拆方便。其不足之处有：① 带在带轮上有相对滑动，传动比不准确；② 传动效率低，带的寿命较短；③ 传动的外廓尺寸大；④ 需要张紧装置，支承带轮的轴及轴承受力较大；⑤ 不宜用于高温、易燃等场合。

3.4.3　V带的类型与标准

V带有普通V带、窄V带、宽V带、大楔角V带、齿形V带、联组V带、汽车V带和接头V带等多种类型，见表3.2。其中普通V带应用最广，普通V带和窄V带已标准化。

表3.2　V带的类型与结构

类　型	简　图	结　构
普通V带	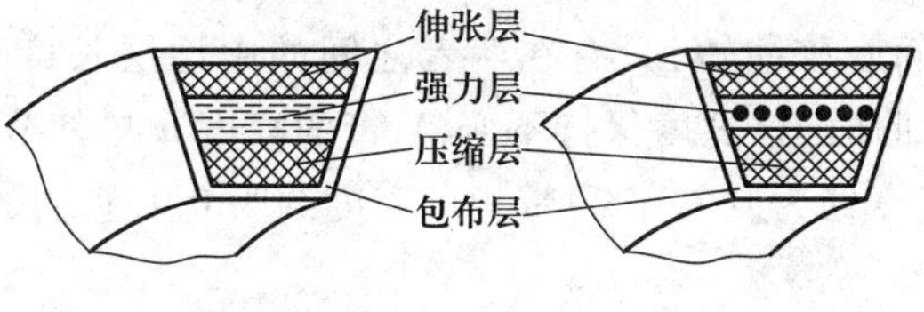 伸张层 强力层 压缩层 包布层 帘布结构　绳芯结构	抗拉体为帘布芯或绳芯，楔角为40°，相对高度近似为0.7，梯形截面环形带
窄V带	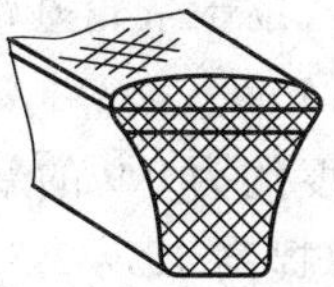	抗拉体为绳芯，楔角为40°，相对高度近似为0.9，梯形截面环形带
联组V带	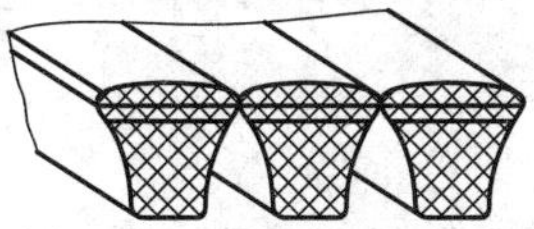	将几根普通V带或窄V带的顶面用胶帘布等距黏结而成，有2、3、4或5根联成一组
齿形V带		抗拉体为绳芯结构，内周制成齿形的V带
大楔角V带	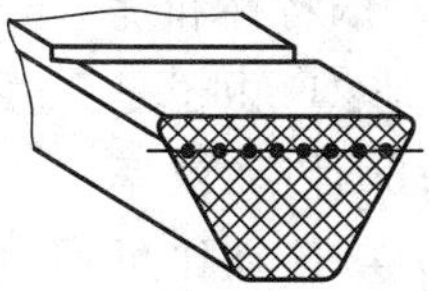	抗拉体为绳芯，楔角为60°的聚氨酯环形带
宽V带	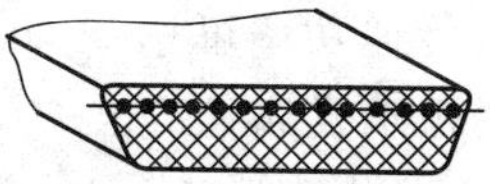	抗拉体为绳芯，相对高度近似为0.3的梯形截面环形带

普通 V 带的带型分为 Y、Z、A、B、C、D、E 七种，其截面尺寸依次增加，截面越大，同样条件下带的传递功率越大。窄 V 带的带型分为 SPZ、SPA、SPB、SPC 四种。

普通 V 带都制成无接头的环形，由顶胶、抗拉体、底胶和包布等部分组成。抗拉体的结构分为帘布芯 V 带和绳芯 V 带两种(图 3.18)：帘布芯 V 带制造较方便；绳芯 V 带柔韧性好，抗弯强度高，适用于转速较高，载荷不大和带轮直径较小的场合。

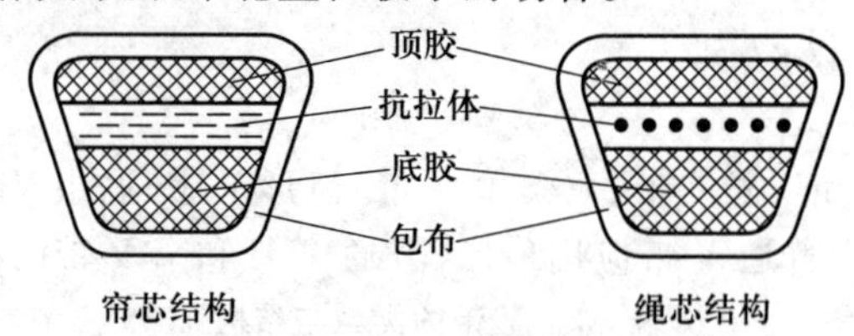

图 3.18 普通 V 带的结构

当 V 带弯曲时，顶胶伸长，而底胶缩短，只有在两者之间的中性层长度不变，称为节面。带的节面宽度称为节宽 b_p，当带弯曲时，该宽度保持不变，V 带的高度 h 与其节宽 b_p 之比(h/b_p)称为相对高度，普通 V 带的相对高度约为 0.7，窄 V 带相对高度约为 0.9，它们的截面尺寸及单位长度质量见附表 2.1。

在 V 带轮上，与所配用 V 带的节宽 b_p 相对应的带轮直径称为基准直径 D(V 带轮的最小基准直径参见附表 2.3)。V 带在规定的张紧力下，位于带轮基准直径上的圆周长度称为基准长度 L_d，L_d 已标准化，V 带的基准长度系列见附表 2.3。

窄 V 带是用合成纤维绳作抗拉体，相对高度约为 0.9 的新型 V 带，与普通 V 带相比，当高度相同时，窄 V 带的宽度约缩小 1/3，而承载能力提高 1.5~2.5 倍，适用于传递动力大而又要求传动装置紧凑的场合，近年来，窄 V 带得到越来越广泛的应用。

3.4.4 啮合型带传动

啮合型带传动有同步带传动，它是由主动带轮、从动带轮和套在两个带轮上的环形同步带组成。如图 3.19 所示，同步带传动是利用带上的凸齿与带轮齿槽相互啮合作用来传递运动和动力的。

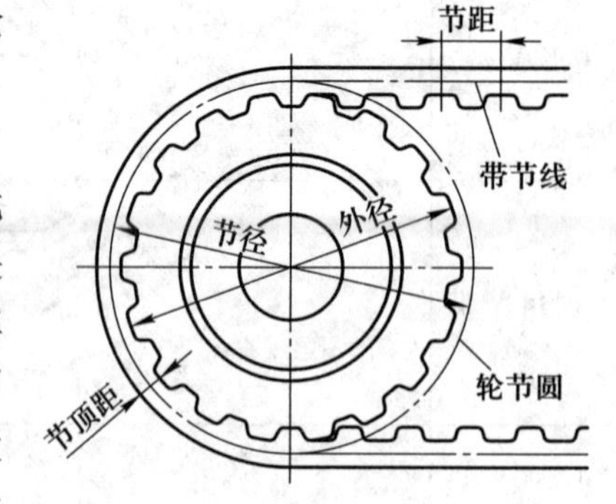

图 3.19 同步带传动

1. 同步带传动的特点和分类

同步带传动兼有摩擦型带传动和齿轮传动的特性和优点，与其他挠性传动相比，同步带传动的特点是：① 由于是啮合传动，故传动比较准确，工作时无滑动；② 传动效率高，可达 98%；③ 传动平稳，能吸振，噪声小；④ 传动比可达 10，且带轮直径比 V 带小很多，结构紧凑，带速可达 50 m/s；⑤ 能应用于高速运转，承载能力大，传递功率可达 300 kW；⑥ 维护保养方便，能在高温、灰尘、积水及腐蚀介质中工作，不需润滑。其不足之处有：① 制造安装精度要求高，对两带轮轴线的平行度及中心距要求严格；② 带与带轮的制造工艺复杂。

同步带传动按用途可分为：① 一般工业用同步带传动，齿形为梯形（图 3.20a），主要用于各种中、小功率的机械中；② 高转矩同步带传动，齿形为圆弧形（图 3.20b），主要用于重型机械中。梯形同步带已标准化，而圆弧齿只有企业标准。

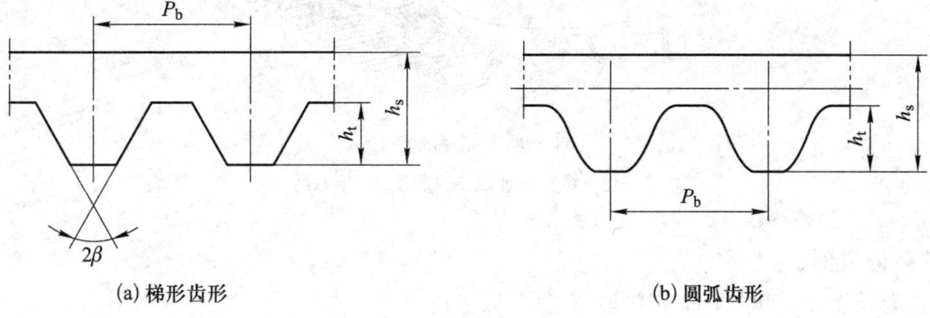

(a) 梯形齿形　　(b) 圆弧齿形

图 3.20 同步带齿形

同步带分为单面齿同步带（图 3.21a）和双面齿同步带（图 3.21b）。

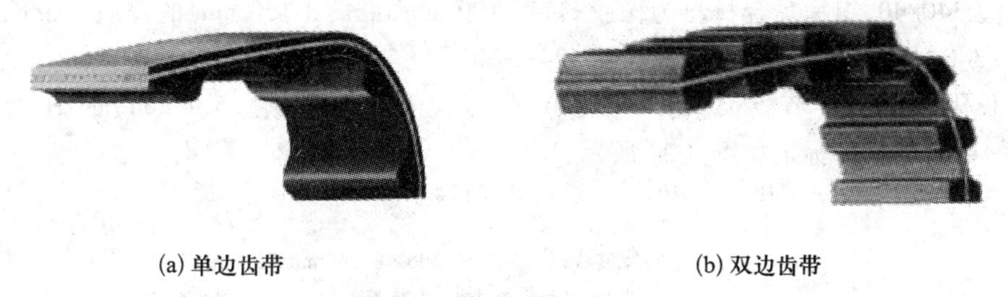

(a) 单边齿带　　(b) 双边齿带

图 3.21 同步带齿形分布

双面齿同步带又分为对称式即 DA 型（图 3.22a）和交叉式即 DB 型（图 3.22b）两种。

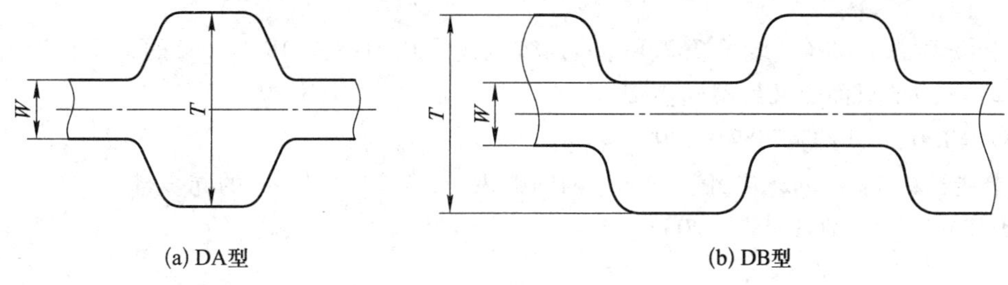

(a) DA型　　(b) DB型

图 3.22 双面齿同步带

2. 同步带的结构

如图 3.23 所示，同步带一般由包布层 1、带齿 2、带背 3 和承载绳 4 组成。其中，承载绳的作用是传递动力和保持节距不变，采用抗拉强度较高、伸长率较小的材料制造，目前承载绳的常用材料为钢丝、玻璃纤维以及芳香族聚酰胺纤维；带齿直接与带轮啮合，要求剪切强度和耐磨性高，耐热性和耐油性好；带背用于连接和包覆承载绳——要求柔韧性和抗弯强度高，以及与承载绳的黏结性好，目前带背的常用材料为氯丁橡胶和聚氨酯橡胶；包布层一般要求抗拉强度高、耐磨性好，并与氯丁橡胶基体的黏结性好，在受拉时经线方向伸长小而纬线方向伸长大，一般用尼龙或锦纶丝织成。

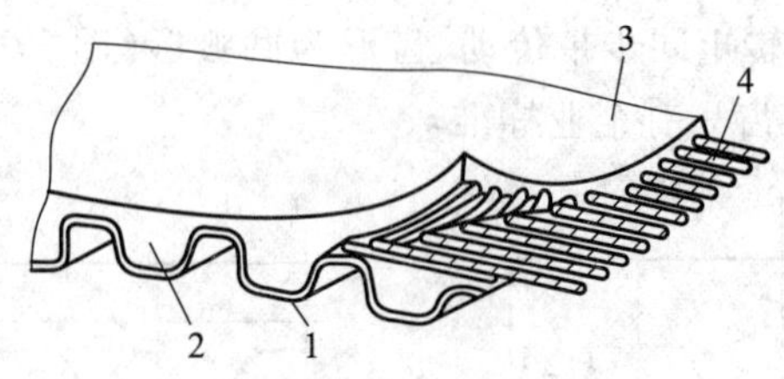

图 3.23 同步带结构

1—包布层;2—带齿;3—带背;4—承载绳

带的标记举例:

1) 基准长度为 1 000 mm 的普通 A 型 V 带:

A1000 GB/T 11544—2012

2) 基准长度为 2 240 mm 的 SPB 型窄 V 带:

SPB 2240 GB/T 11544—2012

3) 带型 340/40,织物黏合材料为橡胶,带宽 100 mm,带长 3 150 mm 的普通平带:

340/40 R 100-3.15 GB/T 524—2007

4) 带长代号为 240(节线长 609.60 mm),带宽代号 100(带宽 25.4 mm)的 H 型(节距为 12.7 mm)的单面同步带标记如图 3.24 所示:

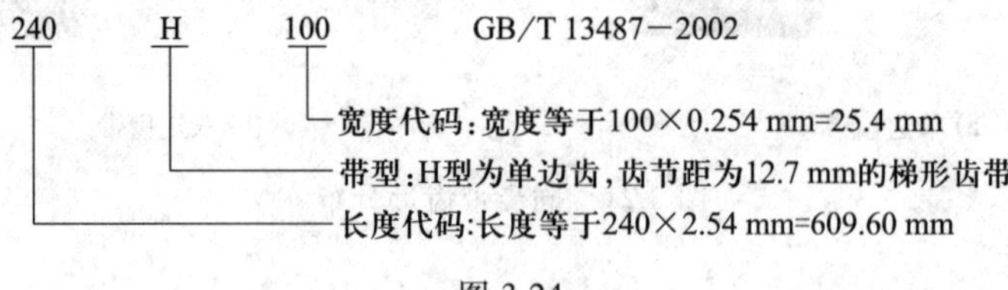

图 3.24

5) 带长代号为 300(节线长 762.00 mm),带宽代号 075(带宽 19.1 mm)的 L 型梯形齿带(节距为 9.525 mm)的双面交叉齿型同步带:

300 DB L 075 GB/T 13487—2002

6) 节线长为 1 040 mm,节距为 8 mm 的圆弧齿带,宽度为 20 mm 的同步带:

1040-8M-20 GB/T 13487—2002

3.5 链

链传动是在两个或多个链轮之间用链条作为挠性拉曳元件的一种啮合传动,链传动由主动链轮 1、从动链轮 2 和链条 3 组成,如图 3.25 所示。

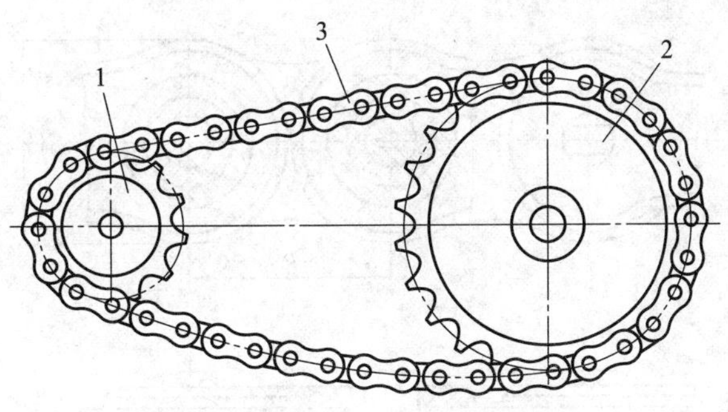

图 3.25　链传动

1—主动链轮；2—从动链轮；3—链条

3.5.1　链传动特点

与带传动相比，链传动的特点是：没有弹性滑动和打滑，能保证准确的平均传动比，传动效率高，不需要很大的张紧力，轴压力较小，传递功率大，过载能力强，能在低速、重载下较好地工作，可在温度较高、湿度较大、有油污、腐蚀等恶劣条件下工作。与齿轮传动相比，链传动的特点是：容易安装，成本低廉，能实现远距离传动，而结构比较轻便，但运转时不能保证恒定的瞬时链速和瞬时传动比，磨损后易发生跳齿，工作时有冲击和噪声，只能用于平行轴间的传动等。

3.5.2　链传动的类型

按用途不同，链可分为传动链、起重链和曳引链：传动链主要用于传递运动和动力，其工作速度 $v \leqslant 15$ m/s；起重链主要用于起重机械中提升重物，其工作速度 $v \leqslant 0.25$ m/s；曳引链主要用于运输机械中移动重物，其工作速度 $v \leqslant 2 \sim 4$ m/s。在一般机械传动中，常用的是传动链。

传动链的类型主要有短节距传动用精密滚子链（图 3.26）和传动用齿形链（图 3.27）。齿形链比滚子链工作平稳，噪声小，承受冲击载荷能力强，其允许的线速度较高（$v \leqslant 30$ m/s），但结构较复杂，质量大，成本较高；滚子链通常是指短节距传动用精密滚子链，是机械传动中应用最为广泛的标准链。

滚子链的结构如图 3.26 所示，它由内链板 1、外链板 2、销轴 3、套筒 4 和滚子 5 组成。内链板与套筒之间、外链板与销轴之间分别用过盈配合连接；滚子与套筒之间、套筒与销轴之间均为间隙配合。当内、外链板相对挠曲时，套筒可绕销轴自由转动，滚子是活套在套筒上的，当链条与链轮轮齿啮合时，滚子与轮齿间基本上为滚动摩擦，这样就可减轻齿廓的磨损。

链板一般做成 8 字形，以使各截面接近等强度，同时减小链的质量和运动时的惯性力。

链条除了接头的链节外，各链节都是不可分离的，链的长度用链节数表示。滚子链的接头形式如图 3.28 所示：当链节数为偶数时，接头处可用开口销（图 3.28a）或弹簧卡片（图 3.28b）来固

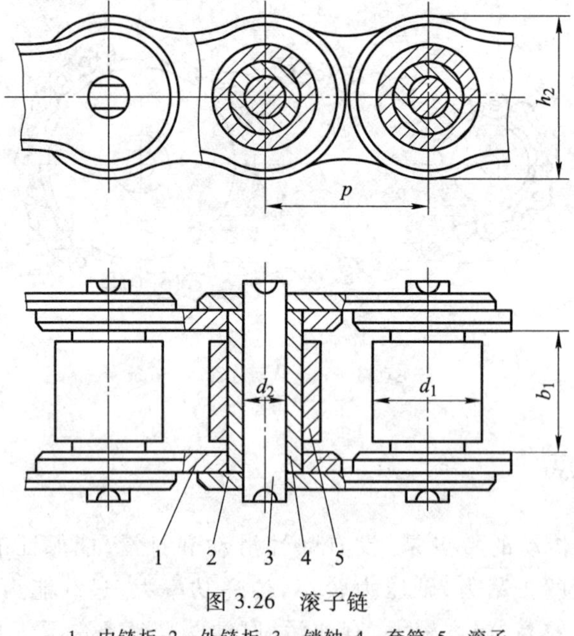

图 3.26　滚子链

1—内链板；2—外链板；3—销轴；4—套筒；5—滚子

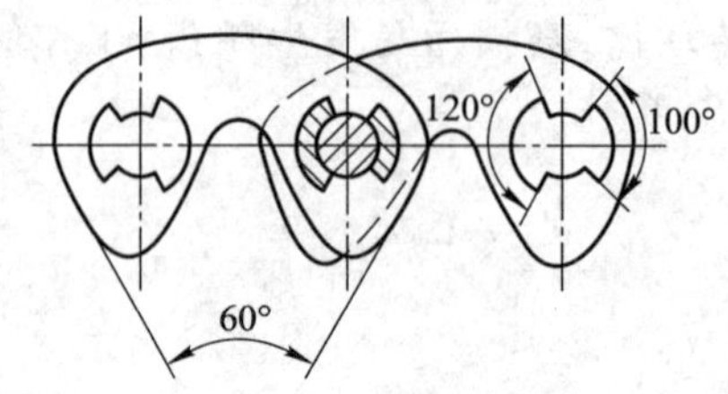

图 3.27　齿形链

定，通常前者用于大节距，后者用于小节距；当链节数为奇数时，需采用过渡链节来连接(图 3.28c)，因为过渡链节的链板要受附加弯矩的作用，并且过渡链节的链板要单独制造，故尽量不采用奇数链节。

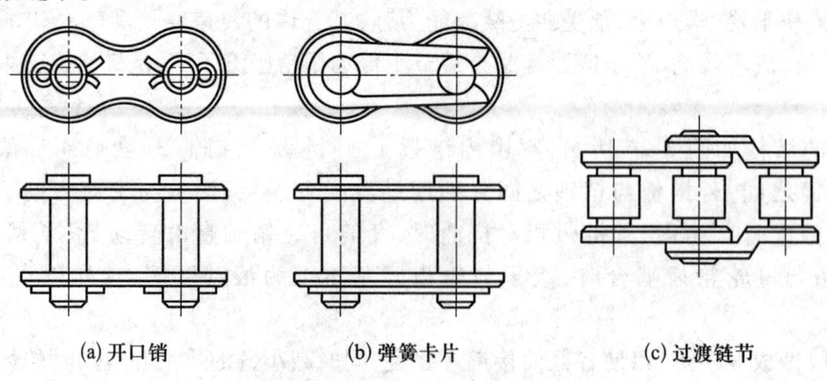

(a) 开口销　(b) 弹簧卡片　(c) 过渡链节

图 3.28　滚子链的接头形式

滚子链是标准件，其主要参数是链的节距 p。节距 p 是指链条在拉直情况下，相邻两滚子中心线之间的距离。附表 3.3 列出了国家标准规定的一些规格的滚子链，表中链号为英制单位，表示节距；其链号数乘以 25.4 mm/16 即为米制节距值；链号的后缀 A 表示该链为 A 系列链，起源于美国，是世界流行的标准链，后缀 B 为 B 系列链，起源于英国，是欧洲流行的标准链。两种系列相互补充，在我国均有生产和应用。

滚子链的标记为

链号 - 排数 - 整链链节数　标准编号

滚子链的标记举例：

A 系列、节距 12.7 mm、单排、88 节的滚子链：

08A-1-88　GB/T 1243—2006

3.6 滚动轴承

滚动轴承是机器中支承轴的部件，常用的滚动轴承绝大多数已经标准化。

3.6.1 滚动轴承的结构及特点

滚动轴承依靠其主要元件间的滚动接触来支承转动或摆动零件，其相对运动表面间的摩擦是滚动摩擦。

滚动轴承的基本结构如图 3.29 所示，它由下列零件组成：① 带有滚道的内圈 1 和外圈 2；② 滚动体 3(球或滚子)；③ 隔开并导引滚动体的保持架 4。通常内圈装在轴颈上，外圈装在轴承座(或机座)中。有些轴承可以少用一个套圈(无内圈或外圈)，或者内、外两个套圈都不用，滚动体直接沿着轴或轴承座(或机座)上的滚道滚动。通常内圈随轴回转而外圈固定，但也可用于外圈回转而内圈不动，或者内、外圈同时回转的场合。内、外圈相对转动时，滚动体在内、外圈的滚道间滚动。滚动体是滚动轴承中的核心元件，它使相对运动表面间的滑动摩擦变为滚动摩擦，常用的滚动体有球(图 3.30a)、圆柱滚子(图 3.30b)、滚针(图 3.30c)、圆锥滚子(图 3.30d)、球面滚子(图 3.30e)、非对称球面滚子(图 3.30f)、螺旋滚子(图 3.30g)等几种。

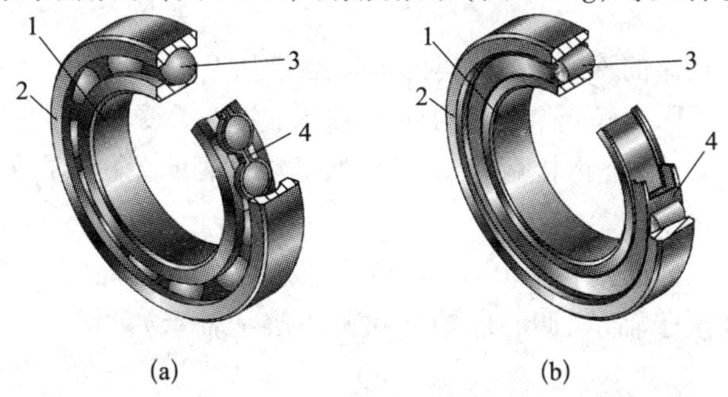

图 3.29　滚动轴承的基本结构

1—内圈；2—外圈；3—滚动体(球或滚子)；4—保持架

保持架的主要作用是均匀地隔开滚动体,保持架有冲压的(图 3.29a)和实体的(图 3.29b)两种。

与滑动轴承相比,滚动轴承的主要特点是:① 摩擦力矩和发热较小,在通常的速度范围内,摩擦力矩很少随速度而改变,起动转矩比滑动轴承的要低得多(比后者小 80%~90%);② 维护比较方便,润滑剂消耗较少;③ 轴承单位宽度的承载能力较大;④ 大大地减少有色金属的消耗。

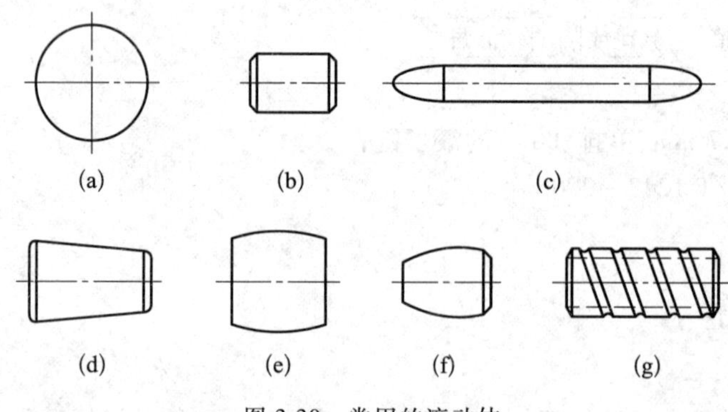

图 3.30　常用的滚动体

滚动轴承的缺点是:① 径向外廓尺寸比滑动轴承大;② 接触应力高,承受冲击载荷能力较差,高速重载荷下寿命较低;③ 小批量生产特殊的滚动轴承时成本较高;④ 减振能力比滑动轴承低。

常用的滚动轴承绝大多数已经标准化,专业工厂大量制造及供应各种常用规格的轴承,设计时,一般只需根据具体的工作条件,正确选择轴承的型号,并对其工作能力进行校核计算即可。

3.6.2　滚动轴承的主要类型及其代号

1. 滚动轴承的主要类型、性能与特点

按滚动体的形状,滚动轴承可分为球轴承和滚子轴承。

按接触角的大小和所能承受载荷的方向,滚动轴承可分为向心轴承和推力轴承。

(1) 向心轴承

主要用于承受径向载荷的滚动轴承,其公称接触角从 0°到 45°,又可分为:

1) 径向接触轴承:公称接触角 $\alpha=0°$ 的向心轴承,主要承受径向载荷(如深沟球轴承、滚针轴承和圆柱滚子轴承),其中,公称接触角 $\alpha=0°$ 的深沟球轴承,除主要承受径向载荷外,也能承受较小的轴向载荷。

2) 向心角接触轴承:公称接触角 $0°<\alpha\leqslant 45°$ 的向心轴承,可同时承受径向载荷和轴向载荷(如角接触球轴承、圆锥滚子轴承、调心球轴承和调心滚子轴承)。

(2) 推力轴承

主要用于承受轴向载荷的滚动轴承,其公称接触角从 45°到 90°,又可分为:

1) 轴向接触轴承:公称接触角 $\alpha=90°$ 的推力轴承,只能承受轴向载荷(如推力球轴承、推力圆柱滚子轴承等）。

2）推力角接触轴承：公称接触角 $45° < \alpha < 90°$ 的推力轴承，主要承受轴向载荷，但也能承受一定的径向载荷（如推力角接触球轴承、推力圆锥滚子轴承和推力调心滚子轴承）。

按自动调心性能，滚动轴承可分为调心轴承和刚性轴承。

滚动轴承的类型很多，现将常用的各类滚动轴承的性能和特点简要介绍于表 3.3 中。

表 3.3　滚动轴承的主要类型、尺寸系列代号及其特性

轴承类型	结构简图、承受载荷方向	类型代号	尺寸系列代号	组合代号	特　　性
双列角接触球轴承		(0) (0)	32 33	32 33	同时能承受径向载荷和双向的轴向载荷，它比角接触球轴承具有较大的承载能力，有较好的刚性
调心球轴承		1 (1) 1 (1)	(0)2 22 (0)3 23	12 22 13 23	主要承受径向载荷，也可同时承受少量的双向的轴向载荷。外圈滚道为球面，具有自动调心性能。内、外圈轴线相对偏斜允许 2°～3°，适用于多支点轴、弯曲刚度小的轴以及难于精确对中的支承
调心滚子轴承		2 2 2 2 2 2 2 2	13 22 23 30 31 32 40 41	213 222 223 230 231 232 240 241	用于承受径向载荷，其承受载荷能力比调心球轴承约大一倍，也能承受少量的双向的轴向载荷。外圈滚道为球面。具有调心性能，内、外圈轴线相对偏斜允许 0.5°～2°，适用于多支点轴、弯曲刚度小的轴以及难于精确对中的支承
推力调心滚子轴承		2 2 2	92 93 94	292 293 294	可以承受很大的轴向载荷和一定的径向载荷。滚子为非对称球面滚子，外滚圈道为球面，能自动调心，允许轴线偏斜 1.5°～2.5°。为保证正常工作，需施加一定的轴向预载荷。常用于水轮机轴和起重机转盘等重型机械部件中

续表

轴承类型	结构简图、承受载荷方向	类型代号	尺寸系列代号	组合代号	特　性
圆锥滚子轴承	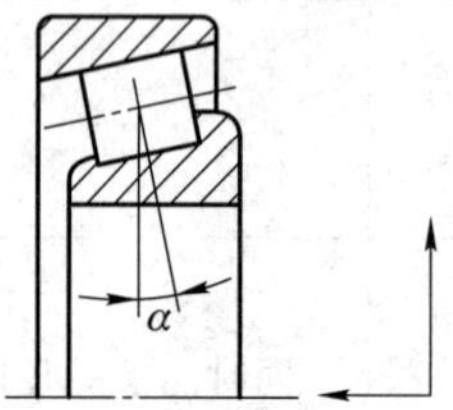	3 3 3 3 3 3 3 3 3 3	02 03 13 20 22 23 29 30 31 32	302 303 313 320 322 323 329 330 331 332	能承受较大的径向载荷和单向的轴向载荷。极限转速较低。内、外圈可分离，故轴承游隙可在安装时调整，通常成对使用，对称安装。适用于转速不太高、轴的刚性较好的场合
双列深沟球轴承	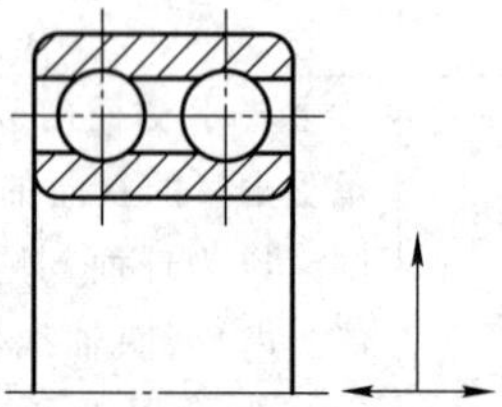	4 4	(2)2 (2)3	42 43	主要承受径向载荷，也能承受一定的双向轴向载荷，它比深沟球轴承具有较大的承受载荷能力
推力球轴承	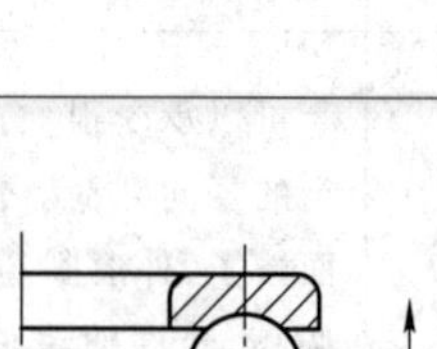	5 5 5 5	11 12 13 14	511 512 513 514	推力球轴承的套圈与滚动体多半是可分离的。单向推力球轴承只能承受单向的轴向载荷。两个圈的内孔不一样大：内孔较小的是紧圈，与轴配合；内孔较大的是松圈，与机座固定在一起。极限转速较低，适用于轴向力大而转速较低的场合。没有径向限位能力，不能单独组成支承，一般要与向心轴承组成组合支承使用
推力球轴承	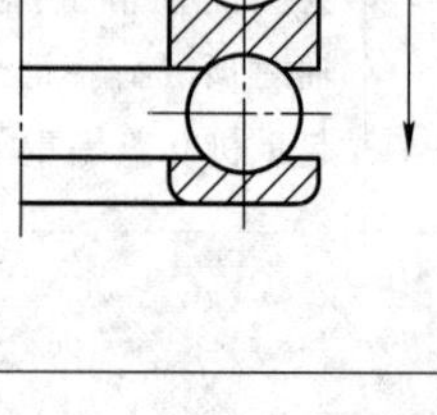	5 5 5	22 23 24	522 523 524	双向推力轴承可承受双向轴向载荷，中间圈为紧圈，与轴配合，另两圈为松圈。高速时，离心力大，球与保持架磨损，发热严重，寿命降低。没有径向限位能力，不能单独组成支承，一般要与向心轴承组成组合支承使用。常用于轴向载荷大、转速不高的场合

续表

轴承类型	结构简图、承受载荷方向	类型代号	尺寸系列代号	组合代号	特　　性
深沟球轴承	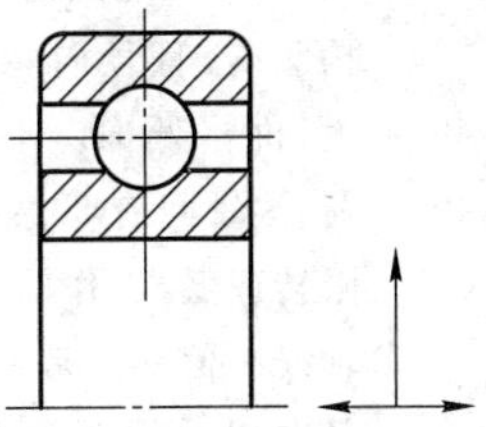	6 6 6 6 6 6 6 6 6	17 37 18 19 (0)0 (1)0 (0)2 (0)3 (0)4		主要承受径向载荷,也可同时承受少量的双向轴向载荷,工作时内、外圈轴线允许偏斜 8′~16′。摩擦阻力小,极限转速高,结构简单,价格低廉,应用最广泛。但承受冲击载荷能力较差,适用于高速场合,在高速时可用来代替推力球轴承
角接触球轴承	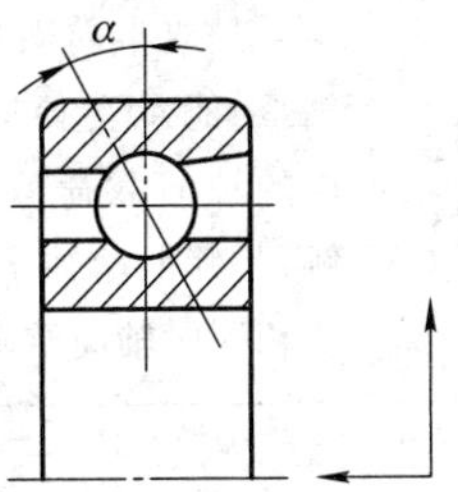	7 7 7 7 7	19 (1)0 (0)2 (0)3 (0)4	719 70 72 73 74	能同时承受径向载荷与单向的轴向载荷,公称接触角 α 有 15°、25°、40°三种,α 越大,轴向承载能力也越大,通常成对使用,对称安装。极限转速较高,适用于转速较高、同时承受径向和轴向载荷的场合
推力圆柱滚子轴承	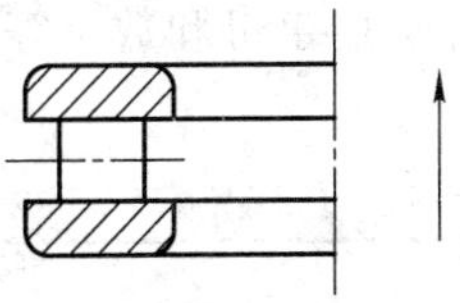	8 8	11 12	811 812	能承受很大的单向轴向载荷,但不能承受径向载荷,它比推力球轴承承载能力要大,套圈也分紧圈和松圈。极限转速很低,适用于低速重载荷的场合。没有径向限位能力,故不能单独组成支承
圆柱滚子轴承 外圈无挡边	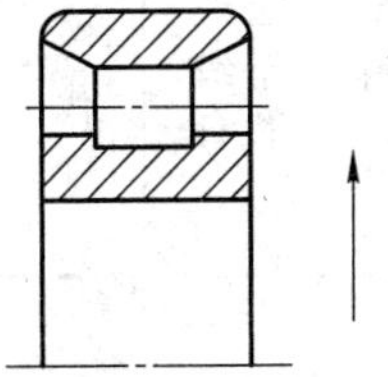	N N N N N N	10 (0)2 22 (0)3 23 (0)4	N10 N2 N22 N3 N23 N4	只能承受径向载荷,不能承受轴向载荷。承受载荷能力比同尺寸的球轴承大,尤其是承受冲击载荷能力大。极限转速较高。对轴的偏斜敏感,允许外圈与内圈的偏斜度较小(2′~4′),故只能用于刚性较大的轴上,并要求支承座孔很好地对中。 双列圆柱滚子轴承比单列轴承承受载荷的能力更高。 轴承的外圈、内圈可以分离,还可以不带外圈或内圈
圆柱滚子轴承 双列	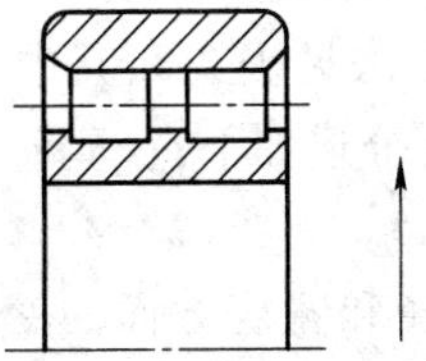	NN	30	NN30	

续表

轴承类型	结构简图、承受载荷方向	类型代号	尺寸系列代号	组合代号	特　　性
滚针轴承		NA NA NA	48 49 69	NA48 NA49 NA69	轴承采用数量较多的滚针作滚动体，一般没有保持架。径向结构紧凑，且径向承受载荷能力很大，价格低廉。不能承受轴向载荷，滚针间有摩擦，旋转精度及极限转速低，工作时不允许内、外圈轴线有偏斜。常用于转速较低而径向尺寸受限制的场合。内、外圈可分离
四点接触球轴承		QJ QJ	(0)2 (0)3	QJ2 QJ3	它是双半内圈单列向心推力球轴承，能承受径向载荷及任一方向的轴向载荷，球和滚道四点接触，与其他球轴承比较，当径向游隙相同时轴向游隙较小

2. 滚动轴承代号

为了统一表征各类轴承的特点，便于组织生产和选用，GB/T 272—1993 规定了轴承代号的表示方法：滚动轴承代号由基本代号、前置代号和后置代号组成，用字母和数字等表示，滚动轴承代号的构成见表 3.4。

表 3.4　滚动轴承代号的构成

前置代号	基本代号					后置代号						
	五	四	三	二	一							
轴承部分代号	类型代号	尺寸系列代号		内径代号		内部结构代号	密封与防尘结构代号	特殊轴承材料代号	公差等级代号	游隙代号	多轴承配置代号	其他代号
		宽或高度系列代号	直径系列代号									

注：基本代号下面的一至五表示代号自右向左的位置序数。

（1）基本代号

基本代号表示轴承的基本类型、结构和尺寸，是轴承代号的基础。除滚针轴承外，基本代号由轴承内径代号、尺寸系列代号、轴承类型代号组成，其表示方法见表 3.3，其中，凡是用“( )”括住的数字可省略。一般用五位数字或数字和英文字母表示，现分述如下：

1）轴承内径用基本代号右起第一、二位数字表示，见表 3.5。

2）轴承的直径系列（即结构相同、内径相同的轴承在外径和宽度方面的变化系列）用基本代号右起第三位数字表示，见表 3.4。

3）轴承的宽（或高）度系列，即结构、内径和直径系列都相同的轴承，在宽（或高）度方面的变化系列，用基本代号右起第四位数字表示。当宽度系列为0系列（窄系列）或宽度系列为1系列（正常系列）时，对多数轴承在代号中不用标出宽度系列代号0（或1）；对于调心滚子轴承（2类）、圆锥滚子轴承（3类）和圆柱滚子轴承（N类），宽（或高）度系列代号0或1应标出。但无论哪类轴承，只有用“（）”括住的0或1才可省略不标，见表3.3。

直径系列代号和宽（或高）度系列代号统称为尺寸系列代号，见表3.6。

4）轴承类型代号用基本代号右起第五位数字表示（对圆柱滚子轴承和滚针轴承等类型代号用字母表示），其表示方法见表3.3。

表3.5　滚动轴承的内径代号

内径尺寸/mm	代号表示		举例	
	第二位	第一位	代号	内径/mm
10 12 15 17	0	0 1 2 3	深沟球轴承 6200	10
20[①]~480（5的倍数）	内径[②]/5的商		调心滚子轴承 23208	40
22.28、32及500以上	/内径[③]		调心滚子轴承 230/500 深沟球轴承 62/22	500 22

注：① 内径为22、28、32 mm的除外，轴承内径小于10 mm的轴承代号见轴承手册。

② 公称内径除以5的商数，商数为个位数时，需在商数左边加“0”，如08。

③ 用公称内径（mm）直接表示，但在与尺寸系列之间用“/”分开。

表3.6　轴承尺寸系列代号表示法

直径系列代号	向心轴承							推力轴承			
	宽度系列代号							高度系列代号			
	窄0	正常1	宽2	特宽3	特宽4	特宽5	特宽6	特低7	低9	正常1	正常2
超特轻7	—	17	—	37	—	—	—	—	—	—	—
超轻8	08	18	28	38	48	58	68	—	—	—	—
超轻9	09	19	29	39	49	59	69	—	—	—	—
特轻0	00	10	20	30	40	50	60	70	90	10	—
特轻1	01	11	21	31	41	51	61	71	91	11	—
轻2	02	12	22	32	42	52	62	72	92	12	22
中3	03	13	23	33	—	—	63	73	93	13	23
重4	04	24	—	—	—	—	—	74	94	14	24

(2) 前置代号

滚动轴承的前置代号用于表示轴承的分部件,用字母表示,如用 L 表示轴承的套圈可分离;K 表示轴承的滚动体与保持架组件等。例如:K81107 表示 81107 轴承的滚子、保持架组件,LNU207 表示套圈可分离的 NU207 轴承(NU 类型轴承是内圈无挡边的圆柱滚子轴承)。

(3) 后置代号

滚动轴承的后置代号是用字母和数字等表示轴承的结构、公差及材料的特殊要求等,后置代号的内容很多,下面介绍几个常用的代号:

1) 内部结构代号是表示同一类型轴承的不同内部结构,用字母紧跟着基本代号表示,如:接触角为 15°、25°和 40°的角接触球轴承,分别用 C、AC 和 B 表示内部结构的不同。

2) 轴承的公差等级分为 2 级、4 级、5 级、6 级、6X 级和 0 级,共 6 个级别,依次由高级到低级,其代号分别为/P2、/P4、/P5、/P6、/P6X 和 P0。公差等级中,6X 级仅适用于圆锥滚子轴承,0 级为普通级,在轴承代号中不标出。

3) 常用轴承径向游隙系列分为 1 组、2 组、0 组、3 组、4 组和 5 组,共 6 个组别,径向游隙依次由小到大。0 组游隙是常用的游隙组别,在轴承代号中不标出,其余的游隙组别在轴承代号中分别用/C1、/C2、/C3、/C4、/C5 表示。

实际应用中的滚动轴承类型是很多的,相应的轴承代号也比较复杂,以上介绍的代号是轴承代号中最基本、最常用的部分,熟悉了这部分代号,就可以识别和查选常用的滚动轴承。

滚动轴承标记举例:

1) 6308 表示内径为 40 mm,03 尺寸系列的深沟球轴承,0 级公差,正常结构,0 组游隙。

2) 71907B/P5 表示内径为 35 mm,19 尺寸系列的角接触球轴承,5 级公差,接触角为 40°,0 组游隙。

3) 23224/C2 表示内径为 120 mm,32 尺寸系列的调心滚子轴承,0 级公差,正常结构,2 组游隙。

3.7 联轴器

由于制造及安装误差,以及机器在工作受载时基础、机架和其他零部件的弹性变形与温度变形,联轴器所连接的两轴轴线不可避免地会产生相对位移,如图 3.31 所示。这就要求设计联轴器时,从结构上采取各种不同的措施,使之具有适应一定范围的相对位移的性能。

根据联轴器有无弹性元件、对各种相对位移有无补偿能力,联轴器可分为刚性联轴器、挠性联轴器和安全联轴器。联轴器的主要类型、特点及其作用见表 3.7。

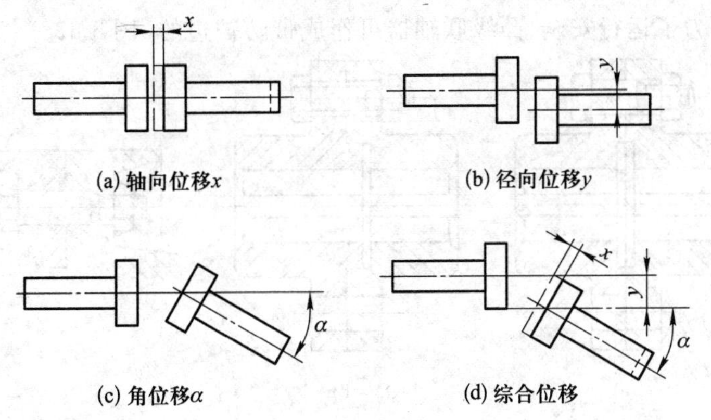

(a) 轴向位移x　(b) 径向位移y

(c) 角位移α　(d) 综合位移

图 3.31　轴线的相对位移

表 3.7　联轴器的类型

类　型	在传动系统中的作用	备　注
刚性联轴器	只能传递运动和转矩，不具备其他功能	包括凸缘联轴器、套筒联轴器、夹壳联轴器等
挠性联轴器	无弹性元件的挠性联轴器，不仅能传递运动和转矩，而且具有不同程度的轴向（Δx）、径向（Δy）、角向（$\Delta\alpha$）补偿性能	包括齿式联轴器、万向联轴器、链条联轴器等
	有弹性元件的挠性联轴器，能传递运动和转矩，具有不同程度的轴向（Δx）、径向（Δy）、角向（$\Delta\alpha$）补偿性能，还具有不同程度的减振、缓冲作用	包括各种非金属弹性元件挠性联轴器和金属弹性元件挠性联轴器，各种弹性联轴器的结构不同，差异较大，能改善传动系统与工作性能，并在传动系统中的作用亦不尽相同
安全联轴器	传递运动和转矩，有过载安全保护，挠性安全联轴器还具有不同程度的补偿性能	包括销钉式、摩擦式、磁粉式、离心式、液压式等

3.7.1　刚性联轴器

刚性联轴器有套筒式、夹壳式和凸缘式等形式，这里只介绍较为常用的凸缘联轴器。

凸缘联轴器是把两个带有凸缘的半联轴器用键分别与两轴连接，然后用螺栓把两个半联轴器连成一体，以传递运动和转矩（图 3.32）。这种联轴器有以下两种主要的结构形式：图 3.32a 所示是普通的凸缘联轴器，通常是靠铰制孔用螺栓来实现两轴对中，采用铰制孔用螺栓时，螺栓杆与钉孔为过渡配合，靠螺栓杆承受挤压与剪切来传递转矩；图 3.32b 所示是有对中榫的凸缘联轴器，靠一个半联轴器上的凸肩与另一个半联轴器上的凹槽相配合而对中，连接两个半联轴器时用普通螺栓连接，此时螺栓杆与孔壁间存在间隙，装配时必须拧紧螺栓，转矩靠半联轴器接合面的摩擦力矩来传递。为了运行安全，凸缘联轴器可作成带防护边的（图 3.32c）。

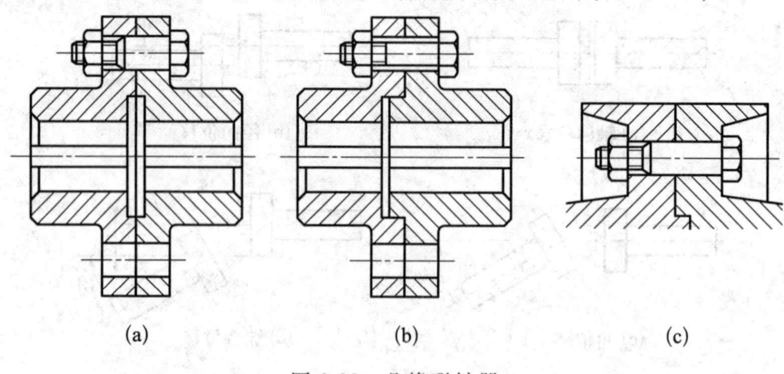

图 3.32　凸缘联轴器

凸缘联轴器的材料可用灰铸铁和碳钢，重载或圆周速度大于 30 m/s 时应用铸钢或锻钢。由于凸缘联轴器属于刚性联轴器，对所连两轴间的相对位移缺乏补偿能力，故对两轴对中性的要求很高。当两轴有相对位移存在时，就会在机件内引起附加载荷，使工作情况恶化，这是它的主要缺点，但由于它构造简单、成本低、可传递较大的转矩，故当转速低、无冲击、轴的刚性大、对中性较好时常被采用。

3.7.2　挠性联轴器

1. 无弹性元件的挠性联轴器

这类联轴器因具有挠性，故可补偿两轴的相对位移，但因无弹性元件，故不能缓冲减振。常用的挠性联轴器有以下几种：

（1）十字滑块联轴器

如图 3.33 所示，它由端面开有凹槽的两个半联轴器 1、3 和一个两端具有凸块的中间圆盘 2 所组成。中间圆盘两端的凸块相互垂直，并分别与两半联轴器的凹槽相嵌合，凸块的中心线通过圆盘中心。两个半联轴器分别装在主动轴和从动轴上，运转时，如果两轴线不同心或偏斜，中间圆盘的凸块将在半联轴器的凹槽内滑动，以补偿两轴的相对位移，因此凹槽和凸块的工作面要求有较高的硬度（46~50 HRC），并加润滑剂。当转速较高时，中间圆盘的偏心将会产生较大的离心力，加速工作面的磨损，并给轴和轴承带来较大的附加载荷，故十字滑块联轴器只宜用于低速的场合，其允许的径向位移 $y\leqslant 0.04d$（d 为轴径），角位移 $\alpha\leqslant 30'$。

十字滑块联轴器零件的材料可用 45 钢，工作表面必须进行热处理，以提高其硬度，要求较低时可用 Q275 钢，不进行热处理。为了减少摩擦及磨损，使用时应从中间盘的油孔中注油进行润滑。

（2）万向联轴器

图 3.34 所示为万向联轴器的结构简图，它主要是由两个分别固定在主、从动轴上的叉形接头 1、2 和一个十字形零件（称十字头）3 组成，叉形接头和十字头是铰接的，因此允许被连接两轴的轴线夹角 α 很大，若两轴线不重合，当主动轴等速转动时，从动轴将在某一范围内作周期性的变速转动。

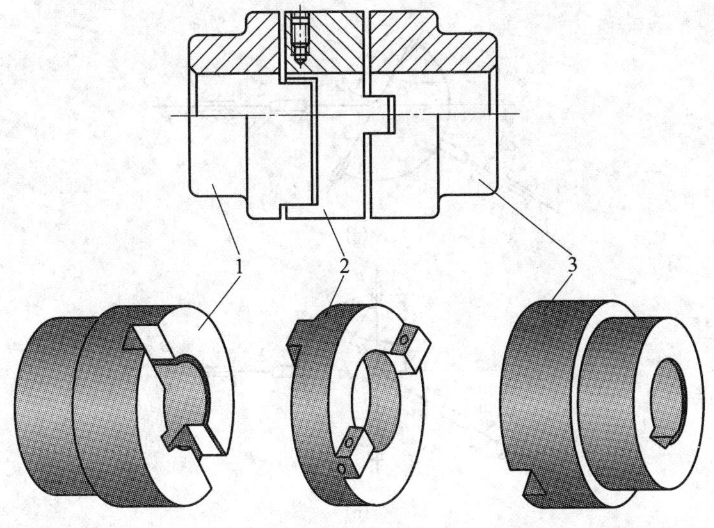

图 3.33　十字滑块联轴器

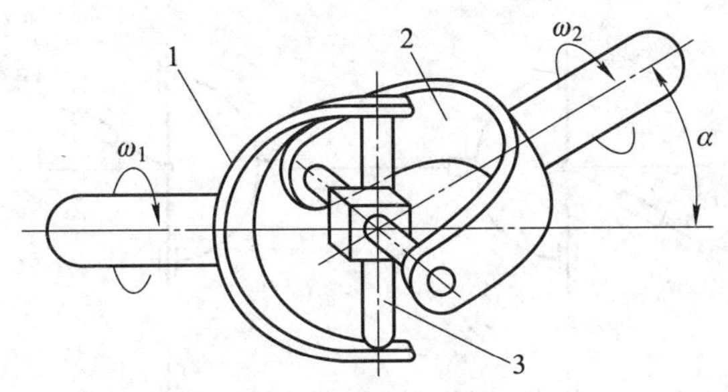

图 3.34　万向联轴器结构简图

1、2—叉形接头；3—十字头

如图 3.35a 所示，主动轴上叉形接头 1 的叉面在图纸的平面内，而从动轴上叉形接头 2 的叉面则在垂直图纸的平面内，设主动轴以角速度 ω_1 等速转动，可推出从动轴在此位置时的角速度 $\omega'_2=\dfrac{\omega_1}{\cos\alpha}$。

当主动轴转过 90°时，从动轴也转过 90°，如图 3.35b 所示，此时叉形接头 1 的叉面在垂直图纸的平面内，叉形接头 2 的叉面则在图纸的平面内，可推出从动轴在此位置时的角速度 $\omega''_2=\omega_1\cos\alpha$。

当主动轴再转过 90°时，主、从动轴的叉面位置又回到如图 3.35a 所示的状态，故当主动轴以等角速度 ω_1 转动时，从动轴角速度在 $\omega_1\cos\alpha\leqslant\omega_2\leqslant\omega_1/\cos\alpha$ 范围内周期性地变化，因而在传动中引起附加动载荷。为了改善这种情况，常将万向联轴器成对使用（图 3.36），即双万向联轴器，注意在安装时必须保证主动轴、从动轴与中间轴之间的夹角相等（$\alpha_1=\alpha_2$），并且中间轴两端的叉面位于同一平面内，这种双万向联轴器才可以得到 $\omega_1=\omega_2$，从而降低运转时的附加动载荷。

双万向联轴器（图 3.37）可用于相交两轴间的连接（两轴夹角最大可达 35°～45°），或工作时有较大角位移的场合。双万向联轴器能可靠地传递转矩和运动，结构比较紧凑，传动效率高，维护比较方便，因此在汽车、拖拉机、金属切削机床中获得了广泛的应用。

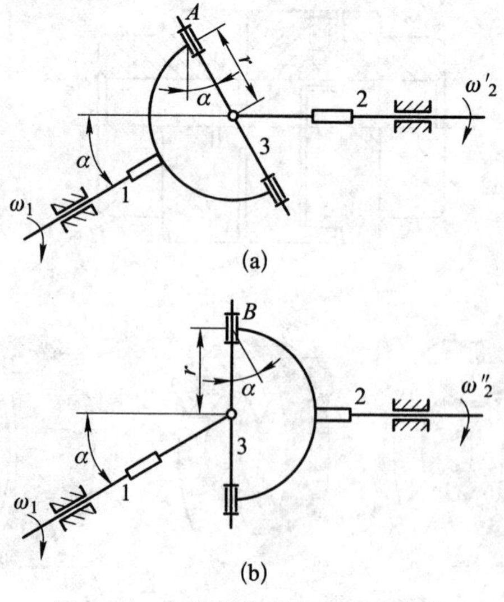

图 3.35　万向联轴器的角速度变化

1、2—叉形接头；3—十字头

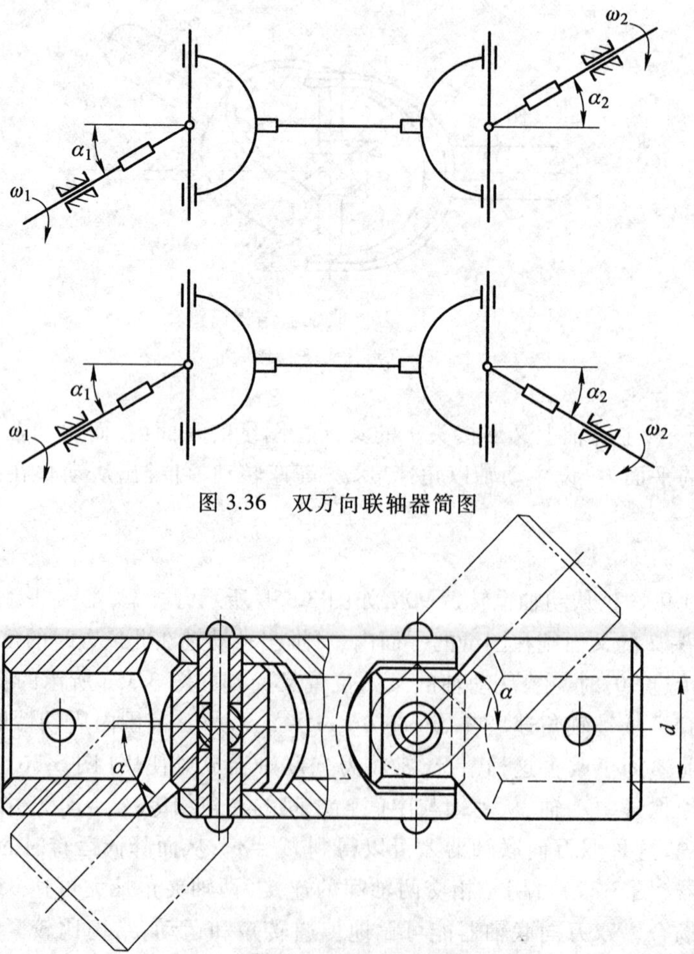

图 3.36　双万向联轴器简图

图 3.37　双万向联轴器

万向联轴器各元件的材料多采用合金钢,以获得较高的耐磨性及较小的尺寸。

(3) 齿轮联轴器

如图 3.38 所示,它主要由两个具有外齿的半联轴器 1、4 和两个具有内齿的外壳 2、3 组成。两外壳用螺栓 5 连成一体,两个半联轴器分别装在主动轴和从动轴上,外壳与半联轴器通过内、外齿的相互啮合而相连。工作时,靠啮合的齿轮传递转矩,轮齿的齿廓常为 20°压力角的渐开线齿廓,轮齿间留有较大的齿侧间隙,外齿轮的齿顶做成球面,球面中心位于齿轮的轴线上,故能补偿两轴的综合位移。

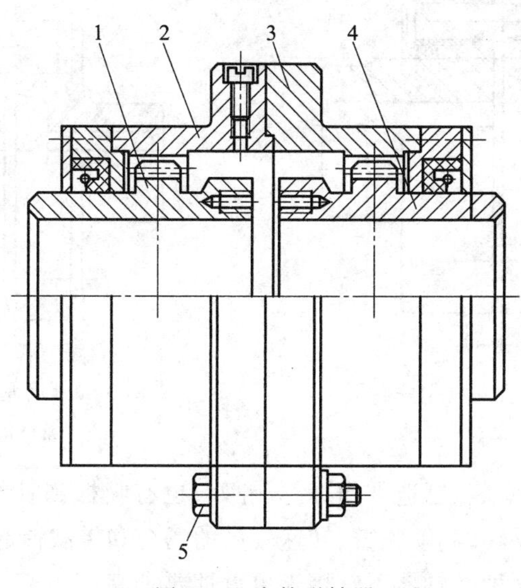

图 3.38　齿轮联轴器

1、4—半联轴器;2、3—外壳;5—螺栓

这种联轴器能传递较大的转矩,但结构较复杂,制造较困难,在重型机器和起重设备中应用较广。当用于高速传动(如用于汽轮机传动轴系的连接)时,必须进行高精度加工,并经动平衡处理,还需要有良好的润滑和密封。齿轮联轴器不适用于立轴。

齿轮联轴器中齿数一般可取 30~80,所有齿轮材料一般选用 45 钢或 ZG310-570。

2. 有弹性元件的挠性联轴器

这类联轴器因装有弹性元件,不仅可以补偿两轴的相对位移,而且具有缓冲、减振能力。制造弹性元件的材料有金属和非金属两种:非金属有橡胶、塑料等,其特点为质量小、价格低,并有良好的弹性滞后性能,因而减振能力强;金属材料制成的弹性元件(主要为各种弹簧)则强度高、尺寸小,且寿命长。

(1) 弹性圈柱销联轴器

如图 3.39 所示,弹性圈柱销联轴器的结构与凸缘联轴器相似,只是用套有弹性圈 1 的柱销 2 代替了连接螺栓。该联轴器结构比较简单,制造容易,不用润滑,弹性圈更换方便(不用移动半联轴器),具有一定的补偿两轴线相对偏移和减振、缓冲性能,但弹性圈易磨损、寿命短。弹性圈柱销联轴器多用于经常正、反转,起动频繁,转速较高的场合。

在安装弹性圈柱销联轴器时,应注意留出间隙 c,以便两轴工作时能作少量的相对轴向位移。半联轴器的材料常用 HT200,有时也采用 35 钢或 ZG270-500,柱销材料多用 35 钢。

(2) 尼龙柱销联轴器

如图 3.40 所示,这种联轴器可以视为由弹性圈柱销联轴器简化而成,即采用尼龙柱销 1 代替弹性圈和金属柱销,为了防止柱销滑出,在柱销两端配置挡圈 2,在装配时也应注意留出间隙 c。

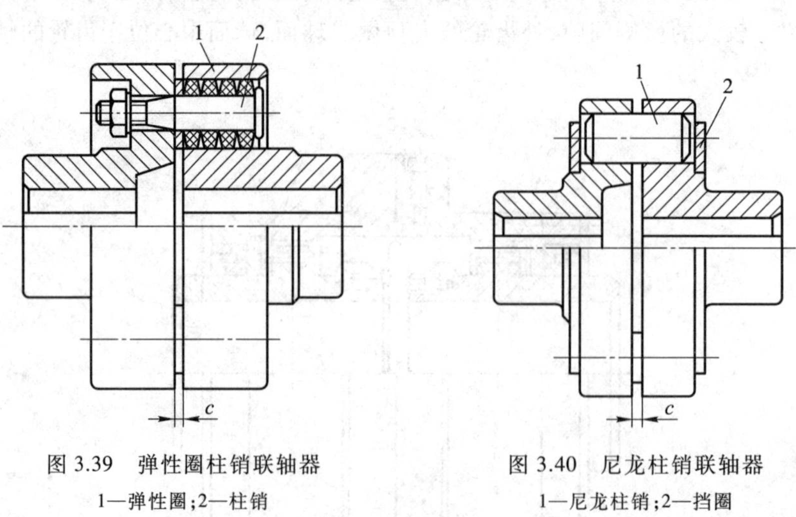

图 3.39　弹性圈柱销联轴器

1—弹性圈;2—柱销

图 3.40　尼龙柱销联轴器

1—尼龙柱销;2—挡圈

这种联轴器结构简单,安装、制造方便,耐久性好,也有吸振和补偿轴向位移的能力,常用于轴向窜动量较大,经常正、反转,起动频繁,转速较高的场合和带载荷起动的高、低速传动轴系,可代替弹性圈柱销联轴器。这种联轴器不宜用于可靠性要求高(如起重机提升机构)、重载和具有强烈冲击与振动的场合,对径向与角向位移大、安装精度低的传动轴系,也不宜选用。

3.7.3　安全联轴器

常用的安全联轴器为剪切销安全联轴器。

剪切销安全联轴器有单剪的和双剪的两种。如图 3.41 所示,单剪的安全联轴器的结构类似凸缘联轴器,用钢制销钉连接,销钉装在经过淬火的两段钢制套管中,过载时即被剪断。这类联轴器由于销钉材料的力学性能不稳定以及制造尺寸误差等原因,致使工作精度不高,而且销钉剪断后,不能自动恢复工作能力,必须停车更换销钉,但由于它结构简单,所以在很少过载的机器中常采用。

销钉材料可采用 45 钢淬火或高碳工具钢,准备剪断处应预先切槽,使剪断处的残余变形最小,以免毛刺过大,妨碍更换报废的销钉。

3.7.4　联轴器的选择和标记

常用的联轴器大多已标准化或规格化,设计时一般只需正确选择联轴器的类型,确定联轴器的型号及尺寸。

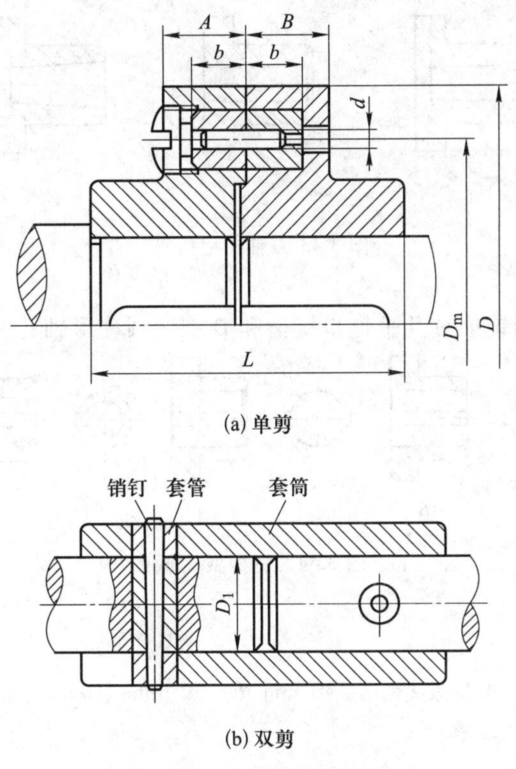

(a) 单剪

(b) 双剪

图 3.41　剪切销安全联轴器

多数情况下，每一型号联轴器适用的轴径均有一个范围，标准中已给出轴径的最大与最小值，或者给出适用直径的尺寸系列，被连接两轴的直径都应在此范围之内。

联轴器的标注方法如图 3.42 所示。

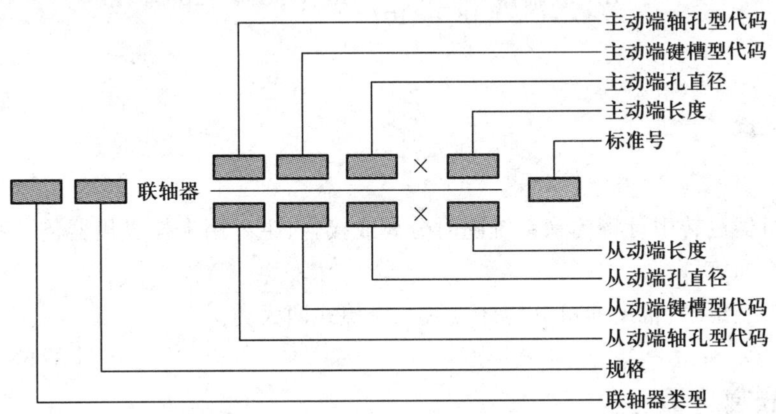

图 3.42　联轴器标注方法

图 3.43 表示了轴孔型代码：Y 型有长圆柱形轴孔，J 型有沉孔的短圆柱形轴孔，J1 型有短圆柱形轴孔，Z 型有沉孔的长圆锥形轴孔，Z1 型有无沉孔的长圆锥形轴孔。

图 3.44 表示了键槽型代码：A 型为平键单键槽，B 型为 120°布置平键双键槽，B1 型为 180°

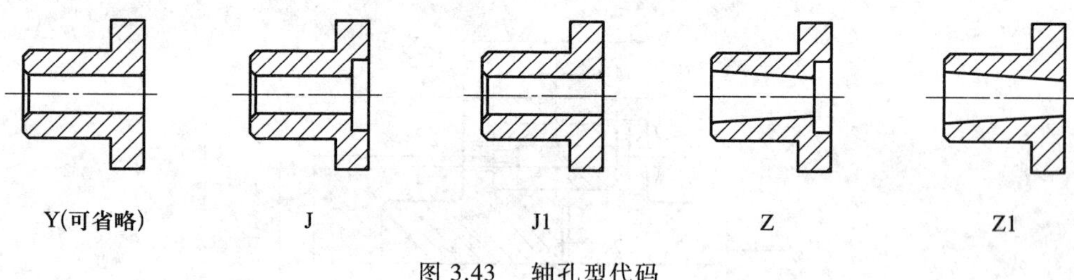

图 3.43　轴孔型代码

布置平键双键槽，C 型为圆锥形轴孔平键单键槽和 D 型为圆柱形轴孔普通切向键键槽。

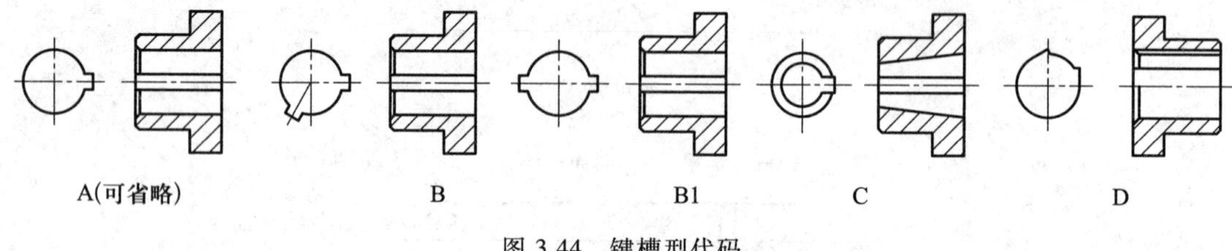

图 3.44　键槽型代码

联轴器标记举例：

1）主动端为 J 型轴孔，A 型键槽，$d=30$ mm，$L=60$ mm；从动端为 J1 型轴孔，B 型键槽，$d=28$ mm，$L=44$ mm 的凸缘联轴器：

$$\text{YL6 联轴器}\ \frac{\text{J30×60}}{\text{J1B28×44}}\ \text{GB/T 5843—2003}$$

2）主动端为 Z 型轴孔，C 型键槽，$d=75$ mm，$L=107$ mm；从动端为 J 型轴孔，B 型键槽，$d=70$ mm，$L=107$ mm 的弹性柱销联轴器：

$$\text{HL7 联轴器}\ \frac{\text{ZC75×107}}{\text{JB70×107}}\ \text{GB/T 5014—2003}$$

3.8　离合器

离合器在机器运转中可将传动系统随时分离或接合，主要用来操纵机器传动系统的断接，以便进行变速及换向等。

离合器的类型很多，常用的可分为牙嵌式与摩擦式两大类。

3.8.1　牙嵌离合器

如图 3.45 所示，牙嵌离合器主要由端面上有牙的两个半离合器 1、2 组成，通过牙的相互嵌合来传递运动和转矩，其中半离合器 1 固装在主动轴上，而半离合器 2 利用导向平键或花键安装在从动轴上，它可沿轴向移动，工作时利用操纵杆（图中未画出）带动滑环 3，使半离合器 2 作轴向移动，实现离合器的接合或分离，为使两半离合器能够对中，在主动轴端的半离合器 1 上固定一个对中环，从动轴可在其内自由转动。

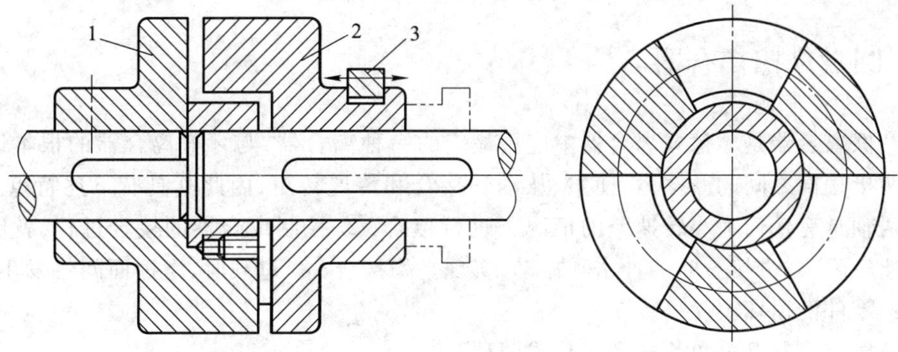

图 3.45 牙嵌离合器

1、2—半离合器；3—滑环

牙嵌离合器的牙型有三角形、矩形、梯形和锯齿形（图 3.46）。三角形接合和分离容易，但齿的强度较弱，多用于传递小转矩；梯形和锯齿形强度较高，接合和分离也较容易，多用于传递大转矩的场合，但锯齿形只能单向工作，反转时工作面将受较大的轴向分力，会迫使离合器自行分离；矩形制造容易，但必须在与槽对准后方能接合，因而接合困难，而且接合以后，与接触的工作面间无轴向分力作用，所以分离也较困难，故应用较少。

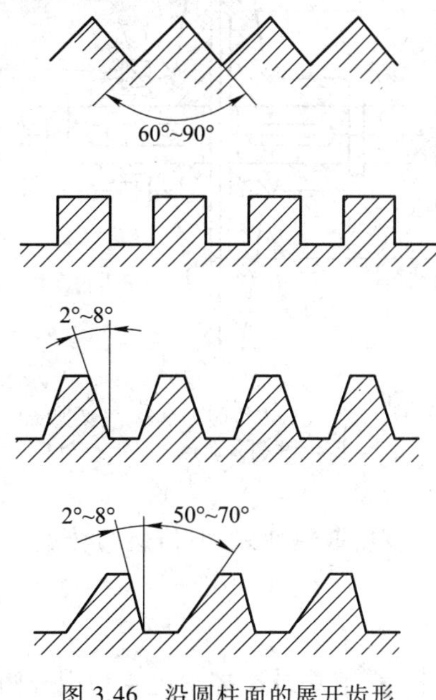

图 3.46 沿圆柱面的展开齿形

牙嵌离合器结构简单，外廓尺寸小，接合后两半离合器间没有相对滑动，但只能在两轴的转速差很小或相对静止的情况下才能接合，否则牙的相互嵌合发生很大冲击，影响牙的寿命，甚至会使牙折断。

牙嵌离合器的材料常用低碳钢表面渗碳，硬度为 56～62 HRC，或采用中碳钢表面淬火，硬度为 48~54 HRC,不重要的和静止状态接合的离合器也允许用 HT200。

3.8.2　圆盘摩擦离合器

圆盘摩擦离合器是摩擦式离合器中应用最广的一种离合器,与牙嵌离合器的根本区别在于它是依靠两接触面之间的摩擦力,使主、从动轴接合和传递转矩,因此其具有下述特点:① 能在不停车或两轴具有任何大小转速差的情况下进行接合;② 控制离合器的接合过程,就能调节从动轴的加速时间,减少接合时的冲击和振动,实现平稳接合;③ 过载时,摩擦面间将发生打滑,可以避免其他零件的损坏。

圆盘摩擦离合器又分单片式和多片式两种。

1. 单片式圆盘摩擦离合器

如图 3.47 所示,单片式圆盘摩擦离合器由两个半离合器 1 、2 组成,转矩是通过两个半离合器接触面之间的摩擦力来传递的,与牙嵌离合器一样,半离合器 1 固装在主动轴上,半离合器 2 利用导向平键(或花键)安装在从动轴上,通过操纵杆和滑环 3 在从动轴上滑移。

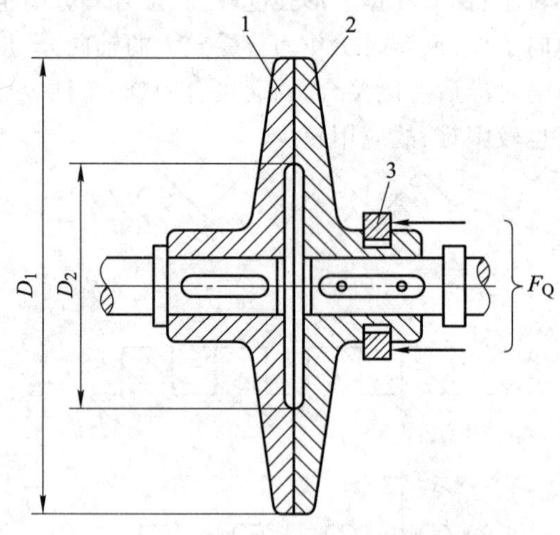

图 3.47　单片式圆盘摩擦离合器

1、2—半离合器;3—滑环

这种单片式摩擦离合器结构简单,散热性好,但传递的转矩较小,当需要传递较大转矩时,可采用多片式摩擦离合器。

2. 多片式摩擦离合器

如图 3.48 所示,它有两组摩擦片,其中外摩擦片组 4 利用外圆上的花键与外鼓轮 2 相连(外鼓轮 2 与轴 1 相固连),内摩擦片组 5 利用内圆上的花键与内套筒 10 相连(内套筒 10 与轴 9 相固连),当滑环 8 作轴向移动时,将拨动曲臂压杆 7,使压板 3 压紧或松开内、外摩擦片组,从而使离合器接合或分离,螺母 6 是用来调节内、外摩擦片组间隙的。外摩擦片和内摩擦片的结构形状如图 3.49 所示,若将内摩擦片改为图 3.49c 中的碟形,使其具有一定的弹性,则离合器分离时摩擦片能自行弹开,接合时也较平稳。

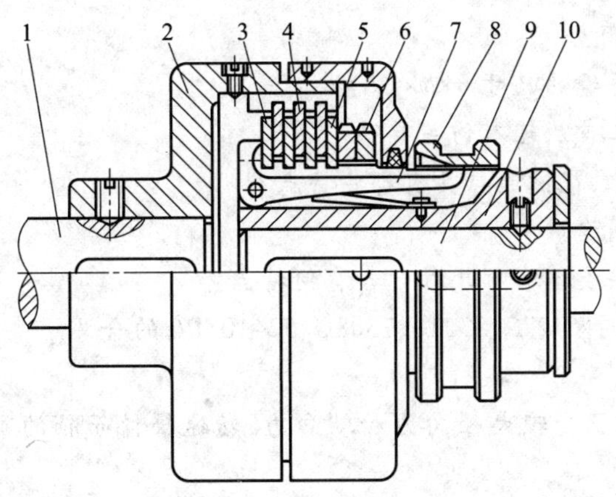

图 3.48 多片式摩擦离合器

1、9—轴;2—外鼓轮;3—压板;4—外摩擦片组;5—内摩擦片组;6—螺母;7—曲臂压杆;8—滑环;10—内套筒

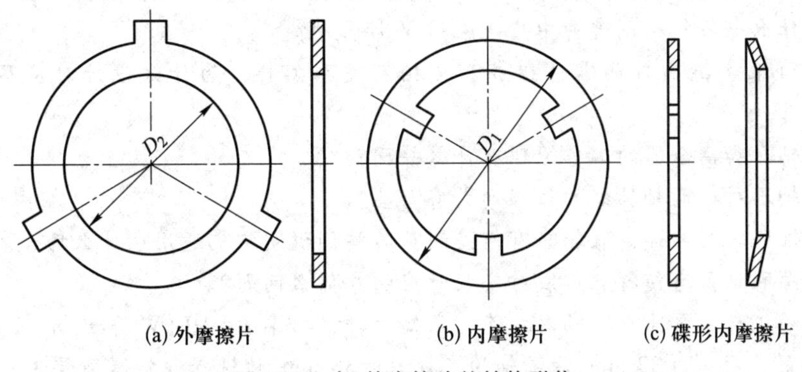

图 3.49 内、外摩擦片的结构形状

3.8.3 离合器的选择

大多数离合器已标准化或规格化,设计时,只需参考有关设计手册对其进行类比设计或选择即可。

选择离合器时,首先根据机器的工作特点和使用条件,结合各种离合器的性能特点,确定离合器的类型;类型确定后,可根据被连接两轴的直径、计算转矩和转速,从有关设计手册中查出适当的型号;必要时,需对其薄弱环节进行承载能力校核。

习题

3.1 螺纹的主要类型有哪几种? 如何合理选用?

3.2 螺纹主要参数有哪些? 螺距和导程有何不同?

3.3 螺栓、双头螺柱、螺钉、紧定螺钉在应用上有何不同?

3.4 普通螺栓连接和铰制孔用螺栓连接结构上各有何特点? 当这两种连接在承受横向载

荷时,螺栓各受什么力作用?

3.5 如何选取普通平键的尺寸 $b \times h \times L$?

3.6 平键与楔键的工作原理有何差异?

3.7 与平键连接相比,花键连接具有哪些特点?

3.8 销连接有哪些用途?

3.9 滚动轴承的主要类型有哪几种?各有何特点?

3.10 试说明轴承代号 61212、33218、7308C、52410/P6 的含义。

3.11 选择题

(1) 当滚动轴承同时承受较大径向力和轴向力,转速较低而轴的刚度较大时,使用( )较为适宜。

a. 深沟球轴承 b. 角接触球轴承 c. 圆柱滚子轴承 d. 圆锥滚子轴承

(2) 当滚动轴承主要承受径向力,轴向力很小,转速较高而轴的刚度较差时,可考虑选用( )。

a. 深沟球轴承 b. 角接触球轴承 c. 调心球轴承 d. 调心滚子轴承

3.12 为什么一般机械制造业中广泛采用 V 带传动?

3.13 套筒滚子链由哪些零件组成?其相互关系怎样?为什么设计时应尽量避免奇数链节?

3.14 联轴器和离合器的工作原理有什么异同?

3.15 联轴器所连两轴轴线的位移形式有哪些?

3.16 刚性联轴器和弹性联轴器有何差别?各举例说明它们适用于什么场合。

3.17 万向联轴器有何特点?成对安装时应注意什么问题?

3.18 电动机与油泵间用联轴器相连。已知电动机功率 $P=10$ kW,转速 $n=1\,460$ r/min,电动机伸出轴端的直径 $d_1=32$ mm,油泵轴的直径 $d_2=38$ mm,试选择联轴器型号。

3.19 试对下列标准零件进行标记。

(1) 公称直径为 20 mm,长 100 mm,性能按 5.9 级,不经表面处理的普通粗牙六角螺栓。

(2) 公称直径为 16 mm,长 60 mm 全螺纹普通螺栓。

(3) 公称直径为 14 mm,长 80 mm,按 m6 制造的铰制孔用螺栓。

(4) 公称直径为 20 mm,长 100 mm,细牙螺距 1 mm 的 A 型螺柱。

(5) 公称直径为 12 mm,性能按 5 级,不经表面处理的普通粗牙六角螺母。

(6) 公称直径为 10 mm,材料为 65Mn,热处理硬度 44~52 HRC 表面氧化的弹簧垫圈。

(7) 圆头普通平键,$b=18$ mm,$h=11$ mm,$L=80$ mm。

(8) 方头普通平键,$b=20$ mm,$h=12$ mm,$L=120$ mm。

(9) 圆头导向平键,$b=24$ mm,$h=14$ mm,$L=100$ mm。

(10) A 型半圆键,$b=5$ mm,$h=11$ mm,$d=28$ mm。

(11) 圆头楔键,$b=20$ mm,$h=12$ mm,$L=100$ mm。

(12) 方头楔键,$b=16$ mm,$h=11$ mm,$L=80$ mm。

(13) 钩头楔键,$b=10$ mm,$h=8$ mm,$L=50$ mm。

(14) 花键副:齿数 28、模数 3、30°圆齿根、公差等级 5 级、配合类别 H5/h5。

(15) 直径为 12 mm,长为 120 mm,直径允差为 d4,材料为 35 钢,热处理硬度 28~38 HRC,不经表面处理的 A 型圆柱销。

(16) 直径为 10 mm,长为 80 mm,材料为 35 钢,热处理硬度 28~38 HRC,不经表面处理的圆锥销。

(17) 公称直径为 4 mm,长为 30 mm,材料为低碳钢,不经表面处理的开口销。

(18) 内径为 50 mm,03 尺寸系列的深沟球轴承,0 级公差,正常结构,0 组游隙。

(19) 内径为 55 mm,19 尺寸系列的角接触球轴承,5 级公差,接触角为 40°,0 组游隙。

(20) 基准长度为 1 200 mm 的普通 A 型 V 带。

(21) 带型 340,带宽 125 mm,带长 3 200 mm 的普通平带。

(22) 带节线长 508.00 mm,带宽 7.9 mm,节距为 5.080 mm 的单面同步带。

(23) 带节线长 762.00 mm,带宽 19.1 mm,节距为 9.525 mm 的双面交错齿型同步带。

(24) B 系列、节距 12.7 mm、单排、106 节的滚子链。

(25) 主动端为 J 型轴孔,A 型键槽,$d=25$ mm,$L=44$ mm;从动端为 J_1 型轴孔,B 型键槽,$d=20$ mm,$L=38$ mm 的凸缘联轴器。

(26) 主动端为 Z 型轴孔,C 型键槽,$d=60$mm,$L=107$ mm;从动端为 J 型轴孔,B 型键槽,$d=56$ mm,$L=107$ mm 的弹性柱销联轴器。

第 4 章

非标准零件的类型和选用

4.1 带轮

4.1.1 V 带轮

V 带轮是带传动中的重要零件，典型的带轮由三部分组成：轮缘（带轮的外缘部分，其上开有轮槽，是传动带安装及带轮的工作部分）；轮毂（带轮与轴的安装配合部分）；轮辐或辐板（连接轮缘与轮毂的中间部分）。

在 V 带轮上，与所配用 V 带的节宽 b_p 相对应的带轮直径称为基准直径 D，通常情况下用 D_1、D_2 表示主动轮和从动轮的基准直径，已标准化为系列尺寸。当其他条件不变时，带轮基准直径越小，带传动越紧凑，但带内的弯曲应力越大，导致带的疲劳强度下降，传动效率下降，因此设计时应限制小带轮的最小基准直径取值（见附表 2.4）；大带轮基准直径按传动比要求计算获得，但一般情况下是在传动比误差允许的范围内按 V 带轮基准直径标准系列取值（见附表 2.7）。

V 带轮的材料主要采用铸铁，常用材料的牌号为 HT150 或 HT200；转速较高时宜采用铸钢；小功率时可用铸铝或塑料。

V 带轮结构见图 4.1。当带轮基准直径 $D \leqslant (2.5 \sim 3)d$（$d$ 为轴的直径，mm）时，可采用实心式结构（图 4.1a）；当 $D \leqslant 300$ mm 时，可采用腹板式或孔板式结构（图 4.1b 和 c）；当 $D > 300$ mm 时，可采用轮辐式结构（图 4.1d）。

带轮轮槽尺寸要精细加工（表面粗糙度 Ra 值为 3.2 μm），以减小带的磨损；各槽的尺寸和角度应保持一定的精度，使载荷分布较为均匀。

带轮的结构设计主要是根据带轮的基准直径选择结构形式；根据带的型号确定轮槽尺寸（附表 2.1），带轮的其他结构尺寸可参照图 4.1 的经验公式计算。

4.1.2 同步带轮

如图 4.2 所示，同步带轮一般由齿圈 1、挡圈 2 和轮毂 3 组成。常用的带轮分为直线齿型与渐开线齿型两种：直线齿型带轮与带接触面大，其缺点是要用特制的刀具加工；而渐开线齿型带轮可用标准滚刀加工。因此，一般推荐采用渐开线齿型。

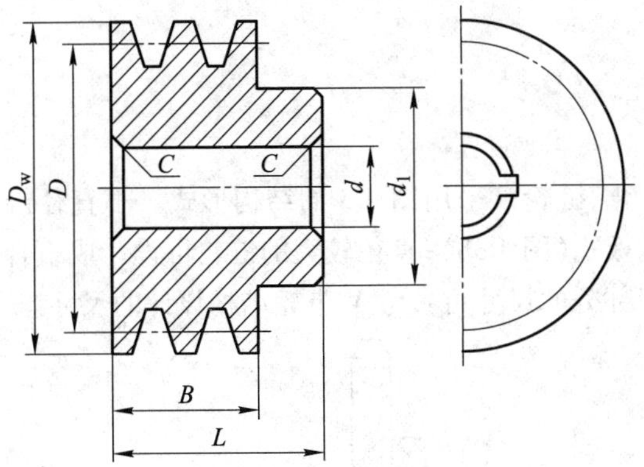

(a) 实心式 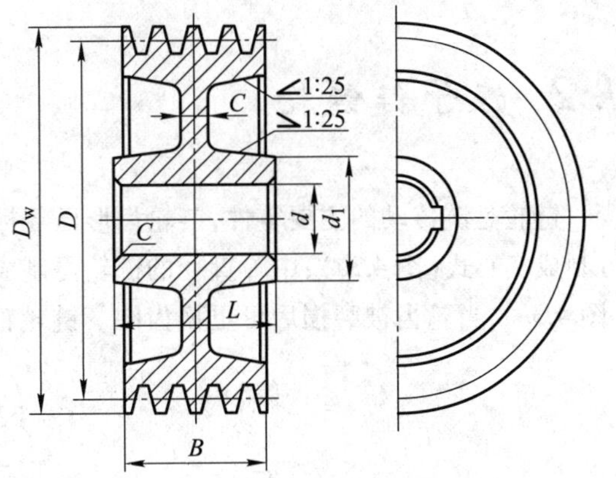　　(b) 腹板式

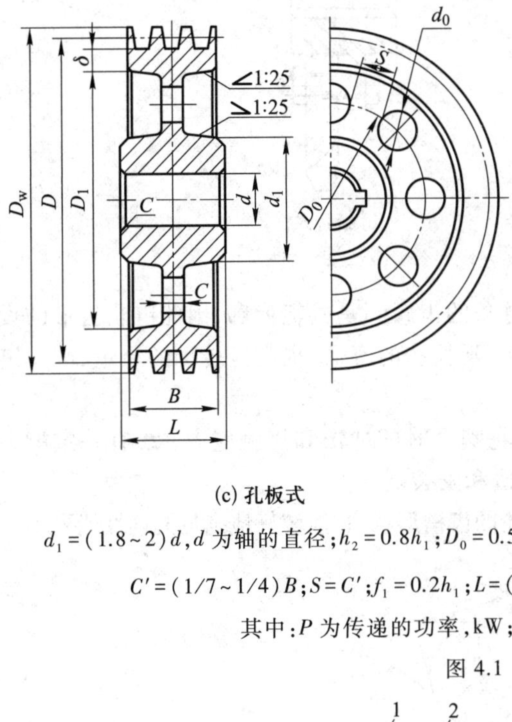

(c) 孔板式 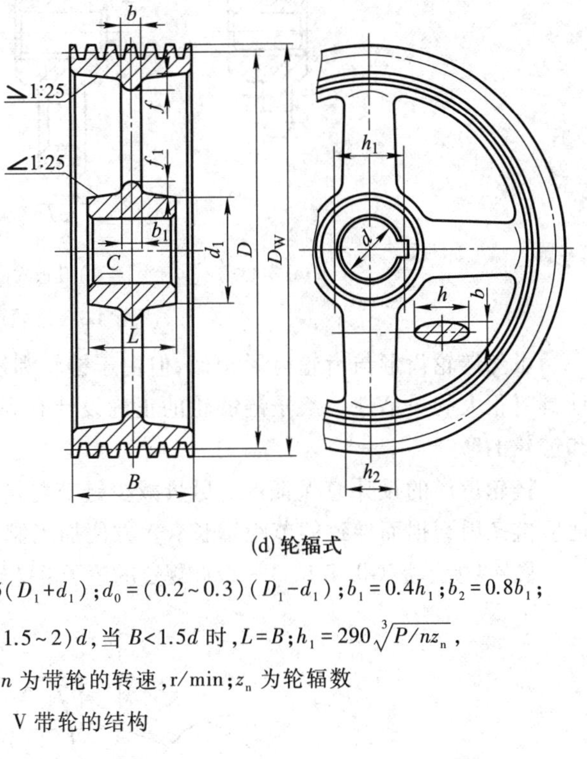　　(d) 轮辐式

$d_1=(1.8\sim2)d$，d 为轴的直径；$h_2=0.8h_1$；$D_0=0.5(D_1+d_1)$；$d_0=(0.2\sim0.3)(D_1-d_1)$；$b_1=0.4h_1$；$b_2=0.8b_1$；

$C'=(1/7\sim1/4)B$；$S=C'$；$f_1=0.2h_1$；$L=(1.5\sim2)d$，当 $B<1.5d$ 时，$L=B$；$h_1=290\sqrt[3]{P/nz_n}$，

其中：P 为传递的功率，kW；n 为带轮的转速，r/min；z_n 为轮辐数

图 4.1　V 带轮的结构

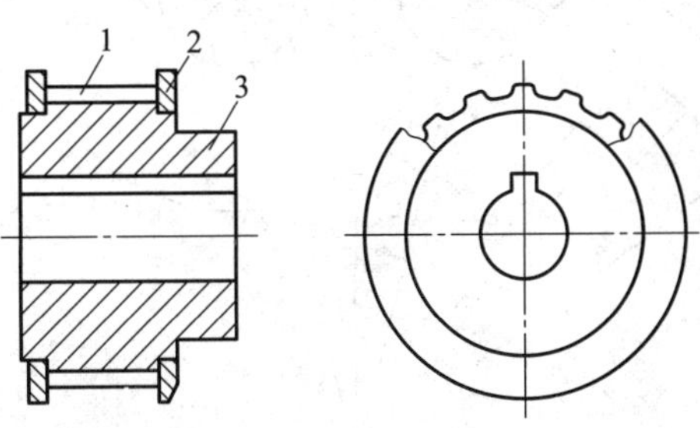

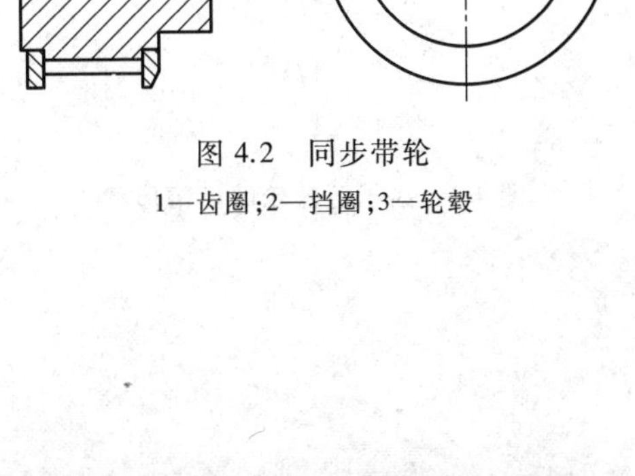

图 4.2　同步带轮

1—齿圈；2—挡圈；3—轮毂

4.2 滚子链链轮

链轮是链传动的主要零件,链轮齿形已经标准化,链轮可采用图 4.3 的结构形式。小直径链轮可制成实心式(图 4.3a);中等直径的链轮可制成孔板式(图 4.3b);直径较大的链轮可设计成组合式(图 4.3c),当轮齿被磨损后可更换齿圈。链轮轮毂部分的尺寸可参考 V 带轮结构设计的尺寸。

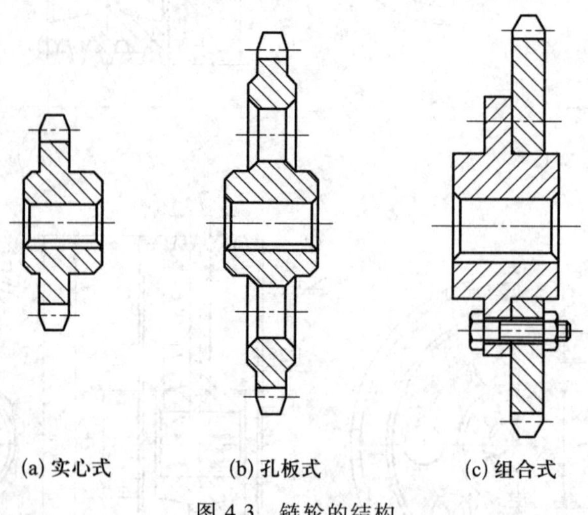

图 4.3　链轮的结构

虽然链轮齿形与齿轮齿形相似,但由于链轮和链条的齿廓不是共轭齿廓,因此链轮齿形的设计具有很大的灵活性。滚子链链轮的正确设计有利于延长链的寿命,提高链传动的质量,减小链和链轮的磨损。

链轮齿形的设计应保证:① 尽量减少链节与链轮啮合时的冲击和接触应力;② 有一定能力适应链条因磨损而导致的节距增长;③ 方便加工制造和安装。

图 4.4 所示是 GB/T 1243—2006 规定的滚子链链轮的齿槽形状,它能较好地满足上述性能要求。

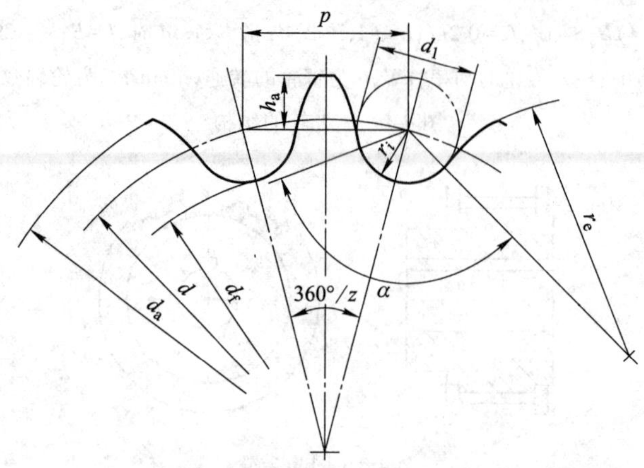

图 4.4　滚子链链轮的齿槽形状

滚子链链轮和齿槽各部分主要尺寸及计算公式见表 4.1。

表 4.1　滚子链链轮的主要尺寸参数

名称	代号	计算公式	备注 (表内公式名称意义见图 4.5)
分度圆直径	d	$d=p/\sin(180°/z)$	z 为链轮齿数;p 为链轮节距
齿顶圆直径	d_a	$d_{amax}=d+1.25p-d_1$ $d_{amin}=d+(1-1.6/z)p-d_1$	可在 d_{amax}、d_{amin} 范围内任意选取;但选用 d_{amax} 时,应考虑采用展成法加工有发生顶切的可能性。d_1 为滚子直径
齿根圆直径	d_f	$d_f=d-d_1$	
分度圆弦齿高	h_a	$h_{amax}=(0.625+0.8/z)p-0.5d_1$ $h_{amin}=0.5(p-d_1)$	h_a 为简化放大齿形图的绘制而引入的辅助尺寸(图 4.4)。h_{amax} 相应于 d_{amax};h_{amin} 相应于 d_{amin}
齿侧凸缘(或排间槽)直径	d_H	$d_H \leqslant p\cot(180°/z)-1.04h_2-0.76$	h_2 为内链板高度

注:d_a、d_H 取整数值,其他尺寸精确到 0.01 mm。

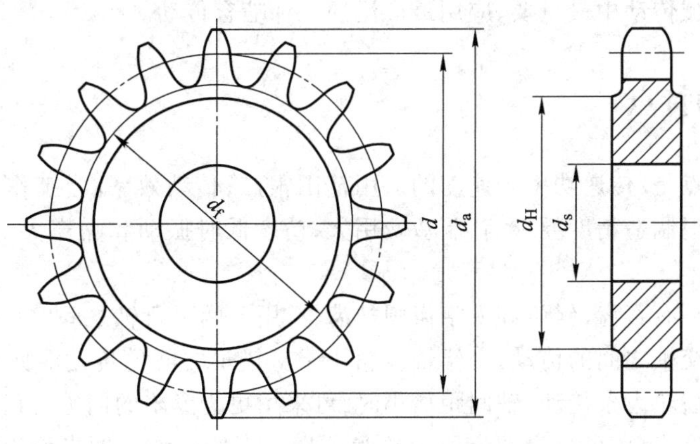

图 4.5　链轮上各直径的含义

链轮齿形常用的有:直线一圆弧齿形;双圆弧齿形(图 4.4)和三圆弧一直线齿形(图 4.6)。最常用的齿廓为三圆弧一直线齿形,它是由 $\overset{\frown}{aa}$、$\overset{\frown}{ab}$、$\overset{\frown}{cd}$ 和 $\overline{bc}$ 组成,$abcd$ 为齿廓工作段,如图 4.6 所示。当选用三圆弧一直线齿形和相应的标准刀具加工时,链轮齿形在工作图上可不必画出,只需在图上注明“齿形按 3R GB/T 1243—2006《传动用短节距精密滚子链、套筒链、附件和链轮》规定制造”即可。

链轮的实际齿廓形状应在图 4.4、图 4.6 和表 4.1 中所规定的最大齿槽形状和最小齿槽形状的范围内,组成齿槽的各段曲线应光滑连接。

如图 4.7 所示,滚子链链轮的轴面两侧齿形可为圆弧或直线,以利于链节的啮入和啮出,链轮端面和轴面齿形的几何尺寸计算公式可参考有关手册。

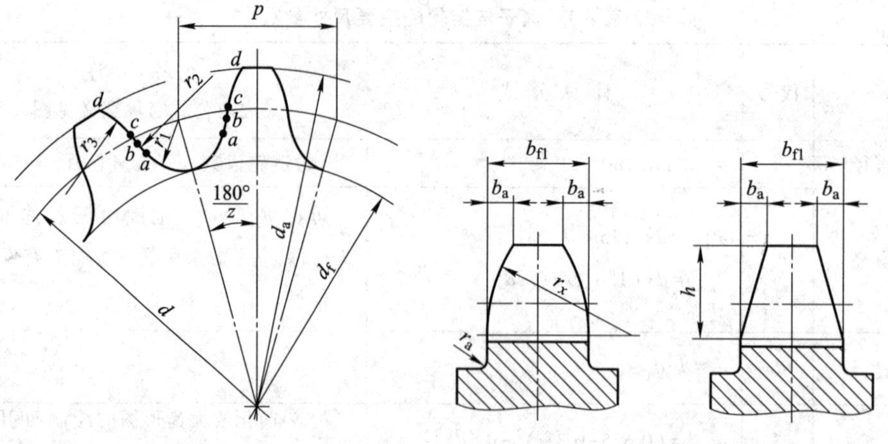

图 4.6 三圆弧一直线齿形　　图 4.7 滚子链链轮轴向齿廓

4.3 齿轮

齿轮传动是机械传动中最重要、应用最广泛的一种啮合传动。

4.3.1 传动的特点

齿轮传动的特点是:传递功率和速度的适用范围很广,传动效率高,工作可靠,寿命长,传动比准确,结构紧凑,但制造精度要求高,制造费用大,精度低时振动和噪声大,不宜用于轴间距离较大的传动。

齿轮传动的类型有直齿、斜齿和人字齿圆柱齿轮,用于两平行轴之间的传动;直齿、斜齿和曲齿锥齿轮用于两相交轴之间的传动;交错轴齿轮用于交错轴之间的传动。此外还有可将旋转运动变为直线运动的齿轮齿条传动,轴间距离小时,可采用更为紧凑的内啮合齿轮传动等。

按齿轮齿面硬度来分,可分为软齿面齿轮和硬齿面齿轮两种。硬齿面齿轮的 HBS>350(或 HRC>38),软齿面齿轮的 HBS≤350(或 HRC≤38)。

按齿轮传动的工作条件,又可分为闭式传动、开式传动和半开式传动三种。当齿轮被封闭在箱体内,并能保证良好润滑的称为闭式传动,重要的齿轮传动都采用闭式传动;开式传动齿轮是外露的,不能保证良好的润滑;半开式传动介于二者之间,大多浸入油池内且装防护罩。

4.3.2 齿轮的结构形式

齿轮的结构设计与齿轮的几何尺寸、毛坯、材料、加工方法、使用要求及经济性等因素有关。进行齿轮的结构设计时,通常是先按齿轮的直径大小选定合适的结构形式,再进行结构设计。

当齿轮的齿根圆到键槽底面的距离 e 很小时,如圆柱齿轮 $e \leqslant 2.5\ m_n$(图 4.8a),锥齿轮的小

端 $e \leqslant 1.6\ m$(图 4.8b),为了使轮毂有足够的强度,可以做成如图 4.8c、d 所示的齿轮轴,这样可以节省加工轴、孔、键、键槽的时间。

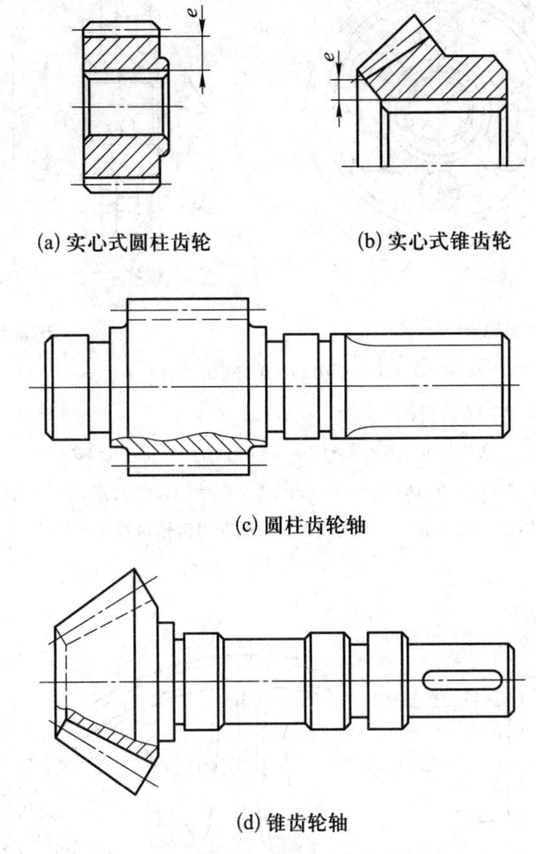

(a) 实心式圆柱齿轮　(b) 实心式锥齿轮

(c) 圆柱齿轮轴

(d) 锥齿轮轴

图 4.8　实心式齿轮和齿轮轴

如果齿轮的直径比轴的直径大得多,则应把齿轮和轴分开制造。顶圆直径 $d_a \leqslant 500$ mm 的齿轮通常采用图 4.9a 和 b 所示的腹板式结构;当顶圆直径 $d_a \leqslant 160$ mm 时可做成图 4.8a、b 所示的实心式结构。齿轮毛坯可以是锻造或铸造的。

顶圆直径 $d_a \geqslant 400$ mm 的齿轮可用图 4.10 所示的铸造轮辐式结构。

4.3.3　齿轮主要参数的选择

1. 齿数 z

对于闭式软齿面齿轮传动,一般可取 $z \geqslant 20 \sim 40$。对于高速齿轮或对噪声有严格要求的齿轮传动,应取 $z \geqslant 25$。

对于闭式硬齿面齿轮、开式齿轮和铸铁齿轮传动,齿轮主要为断齿失效,为了提高齿根弯曲疲劳强度,应取较少齿数和较大模数,一般可取 $z = 17 \sim 20$。为了保证齿面磨损均匀,宜使大、小齿轮的齿数互为质数。

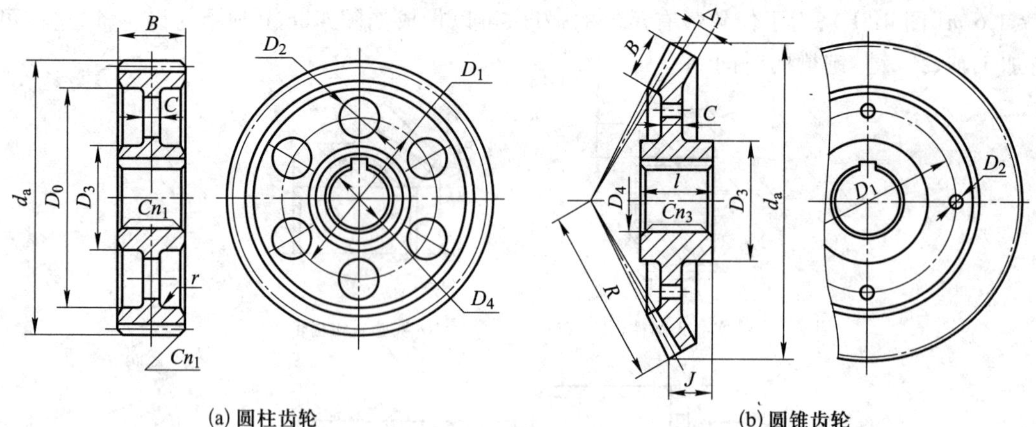

(a) 圆柱齿轮　　(b) 圆锥齿轮

$D_1 \approx (D_0+D_3)/2$；$D_2 \approx (0.25\sim0.35)(D_0-D_3)$；

$D_3 \approx 1.6D_4$（钢材）；$D_3 \approx 1.7D_4$（铸铁）；$n_1 \approx 0.5\ m_n$；$r \approx 5$ mm；

圆柱齿轮：$D_0 \approx d_a-(10\sim14)m_n$；$C \approx (0.2\sim0.3)B$；

锥齿轮：$l \approx (1\sim1.2)D_4$；$C \approx (3\sim4)m$；尺寸 J 由结构设计而定；$\Delta_1=(0.1\sim0.2)B$

常用齿轮的 C 值不应小于 10 mm，航空用齿轮可取 $C \approx 3\sim6$ mm

图 4.9　腹板式齿轮

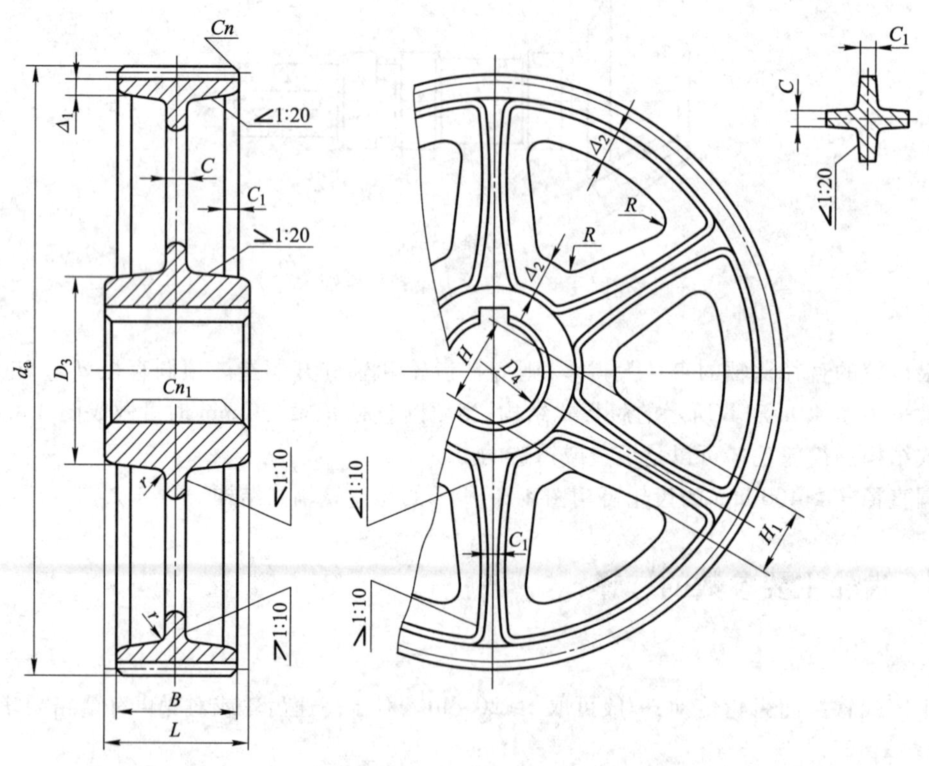

d_a<1 000 mm；B<240 mm；$D_3 \approx 1.6D_4$（铸钢）；$D_3 \approx 1.7D_4$（铸铁）；$\Delta_1 \approx 3\sim4$ mm，但不应小于 8 mm；

$\Delta_2 \approx (1\sim1.2)\Delta_1$；$H \approx 0.8D_4$（铸钢）；$H \approx 0.9D_4$（铸铁）；$H_1 \approx 0.8H$；$C \approx H/5$；$C_1 \approx H/6$；$R \approx 0.5H$；

$1.5D_4 > l \geqslant B$；轮辐数常取为 6

图 4.10　铸造轮辐式结构齿轮

2. 齿宽系数 ϕ_a

齿宽 b 是决定齿轮承载能力的主要尺寸之一，齿宽 b 取大些，可提高齿轮承载能力，并相应减小径向尺寸，使结构紧凑，但齿宽越大，轮齿受力后沿齿宽方向载荷分布越不均匀，使轮齿接触不良，加速失效，因此设计中应对齿宽作必要的限制，可用齿宽系数 $\phi_a=\dfrac{b}{a}$来表示。通常减速器齿轮取 $\phi_a=0.4$；机床或汽车变速器齿轮取 $\phi_a=0.1\sim0.2$；开式齿轮取 $\phi_a=0.1\sim0.3$。

齿宽 $b=a\phi_a$，计算值应圆整为整数。为了防止一对啮合圆柱齿轮因装配误差而导致接触宽度减小，常把计算的齿宽 b 作为大齿轮齿宽 b_2，小齿轮齿宽 b_1 比大齿轮齿宽 b_2 应加宽 5~10 mm，即：$b_1=b_2+(5\sim10)$ mm。

齿宽系数还可定义为：圆柱齿轮 $\phi_d=\dfrac{b}{d_1}$，锥齿轮 $\phi_R=\dfrac{b}{R}$，ϕ_R 通常取 0.25~0.3。

3. 模数 m

根据齿轮强度条件计算出的模数，应按表 4.2 圆整为标准值，只要轮齿强度满足，齿轮的模数取得小一点较好，这对于减小滑动系数，减小轮齿切削量，增大重合度都有好处。对于传递动力用的齿轮，其模数应不小于 2 mm；对于锥齿轮传动，其模数应大于 2 mm。

表 4.2　标 准 模 数

第一系列	1	1.25	1.5	2	2.5	3	4	5	6	8	10	12	16	20	25	32	40	50
第二系列	1.75	2.25	2.75	(3.25)	3.5	(3.75)	4.5	5.5	(6.5)	7	9	(11)	14	18	22	28	36	45

注：应优先采用第一系列，括号内的模数尽可能不用。

4. 螺旋角 β

增大螺旋角 β 可提高传动的平稳性和承载能力，但螺旋角过大会使轴向力增大，使轴承及传动装置的尺寸也相应增大，同时传动效率也相应随螺旋角的增大而降低，一般可取 $\beta=8°\sim15°$。在多级齿轮传动装置中，高速级可取较大的 β 值（$\beta=10°\sim15°$），因为高速级对齿轮的噪声有决定性的影响，且转矩较小，故轴承所受的轴向力也小；中间级通常取 $\beta=8°\sim12°$；低速级一般没必要采用斜齿轮，采用直齿即可，因为低速级转速低，轮齿啮合频率也低，噪声不大。对于人字齿轮传动，因其轴向力抵消，螺旋角可取大些，一般可取 20°~30°。

斜齿轮传动设计中可在模数 m_n 和齿数 z_1、z_2 确定后，为圆整中心距或配凑标准中心距 a，按 $\beta=\arccos\dfrac{m_n(z_1+z_2)}{2a}$调整螺旋角。

4.4　蜗杆与蜗轮

蜗杆传动是由蜗杆和蜗轮组成的传动副，用于传递空间两交错轴之间的运动和动力。通常两轴线的交错角为 90°。

蜗杆传动特点是：能实现大的传动比（在动力传动中，一般传动比为 $i=5\sim80$；在分度机构中，i 可达 1 000），结构紧凑，传动平稳，噪声低，具有自锁性，但由于在啮合齿面间产生很大的相对滑动速度，摩擦发热大，传动效率低，且常需耗用有色金属，故不适用于大功率和长期连续工作的传动。

4.4.1 蜗杆与蜗轮的结构形式

1. 蜗杆的结构设计

蜗杆传动效率较低，发热较高，由于发热的影响，其轴向尺寸变化较大，因此在结构设计中必须充分考虑，并在散热、材料的抗胶合性能、润滑条件等方面采取必要的措施。

蜗杆绝大多数和轴制成一体，称为蜗杆轴（图 4.11），其中图 4.11a 所示的结构无退刀槽，加工螺旋部分时只能用铣制的办法，图 4.11b 所示的结构有退刀槽，螺旋部分可以用车削或铣削加工，但其刚度比图 4.11a 稍差。

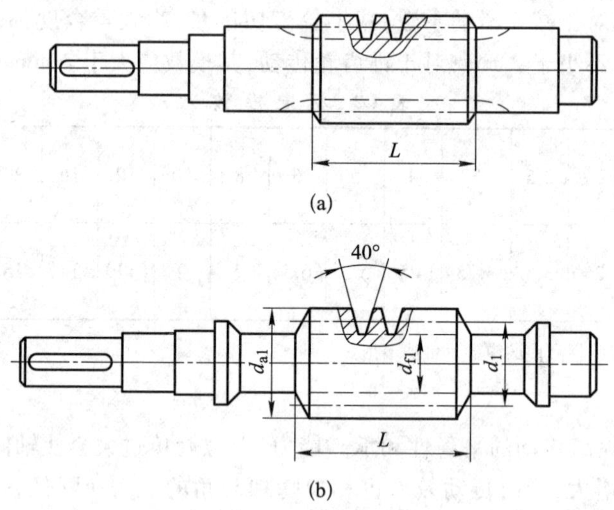

图 4.11　蜗杆的结构形式

2. 蜗轮的结构设计

蜗轮可以制成如图 4.12a 所示的整体式结构，但为了节省铜合金，对直径较大的蜗轮通常采用组合式结构，即齿圈用铜合金，而齿心用钢或铸铁制成（图 4.12b）。采用组合式结构时，齿圈和轮心间可用过盈配合连接，并沿接合面圆周装 4～8 个螺钉。齿圈和轮心也可用铰制孔用螺栓连接（图 4.12c），这种结构常用于尺寸较大或磨损后需更换齿圈的场合。对于成批制造的蜗轮，常在铸铁轮心上浇注出青铜齿圈（图 4.12d）。

4.4.2 蜗杆传动的类型

按蜗杆的形状分为圆柱蜗杆传动（图 4.13a）、圆弧面蜗杆传动（图 4.13b）和锥面蜗杆传动（图 4.13c）等，下面主要介绍圆柱蜗杆传动，圆弧面蜗杆传动和锥面蜗杆传动等请参考有关文献。

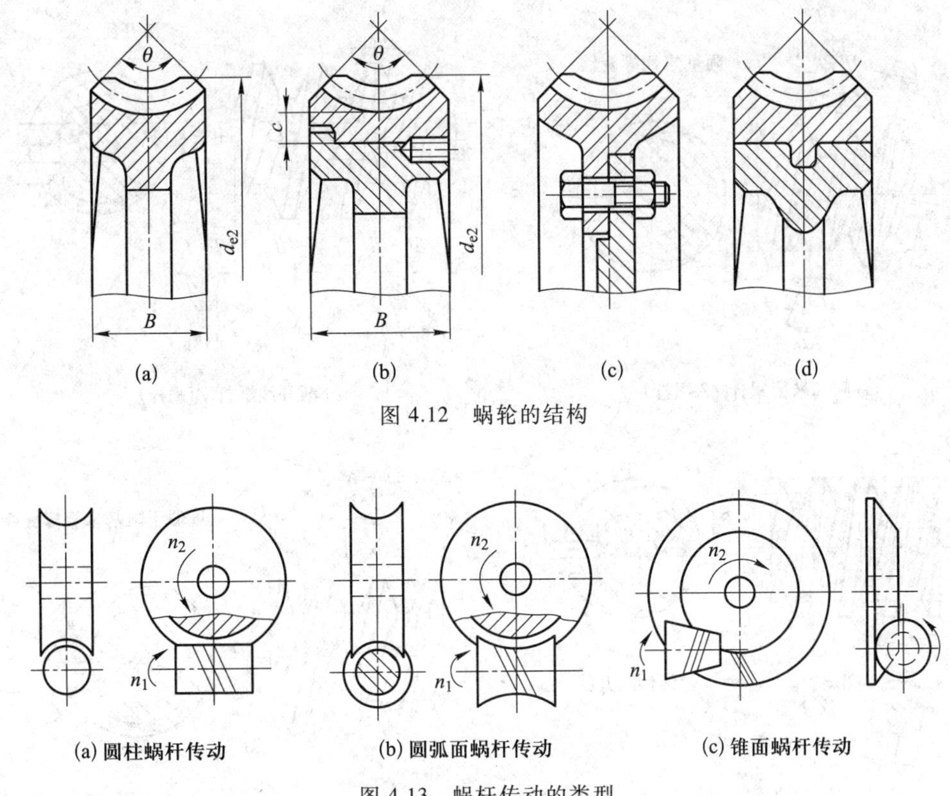

图 4.12　蜗轮的结构

(a) 圆柱蜗杆传动　(b) 圆弧面蜗杆传动　(c) 锥面蜗杆传动

图 4.13　蜗杆传动的类型

圆柱蜗杆传动分为普通圆柱蜗杆传动和圆弧圆柱蜗杆传动。

1. 普通圆柱蜗杆传动

普通圆柱蜗杆传动多用直母线刀刃加工,按齿廓曲线的不同,普通圆柱蜗杆传动可分为如图 4.14 所示的四种。

(1) 阿基米德蜗杆(ZA 蜗杆)

蜗杆的齿面为阿基米德螺旋面,在轴向剖面 $I—I$ 上具有直线齿廓,端面齿廓为阿基米德螺旋线,加工时,车刀切削平面通过蜗杆轴线(图 4.14a),车削简单,但当导程角较大时,加工不便,且难于磨削,不易保证加工精度,一般用于低速、轻载或不太重要的传动。

(2) 渐开线蜗杆(ZI 蜗杆)

蜗杆的齿面为渐开线螺旋面,端面齿廓为渐开线,加工时,车刀刀刃平面与基圆相切(图 4.14b),可以磨削,易保证加工精度,一般用于蜗杆头数较多、转速较高和较精密的传动。

(3) 法向直廓蜗杆(ZN 蜗杆)

蜗杆的端面齿廓为延伸渐开线,法面 $N—N$ 齿廓为直线,车削时,车刀刀刃平面置于螺旋线的法面上(图 4.14c),加工简单,可用砂轮磨削,常用于多头、精密的传动。

(4) 锥面包络圆柱蜗杆(ZK 蜗杆)

蜗杆的齿面为圆锥面族的包络曲面,在各个剖面上的齿廓都呈曲线,加工时,采用盘状铣刀或砂轮放置在蜗杆齿槽的法向面内,由刀具锥面包络而成(图 4.14d),切削和磨削容易,易获得

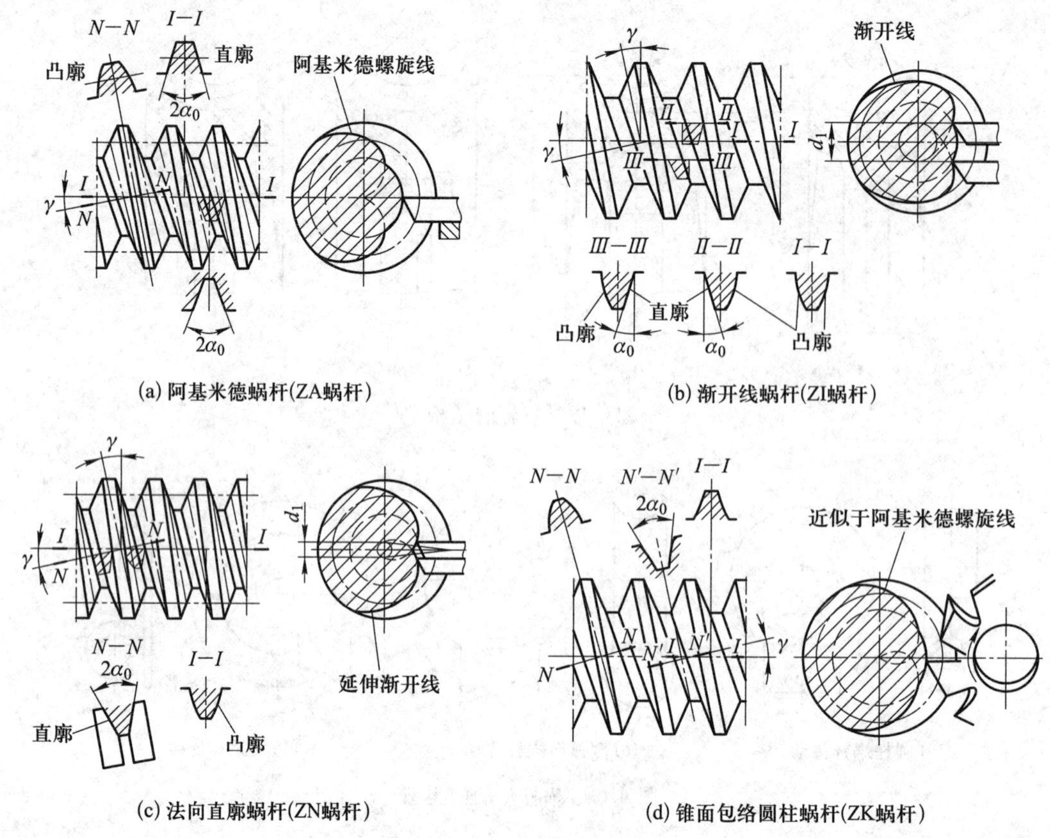

图 4.14 普通圆柱蜗杆的类型

高精度,目前应用广泛。

2. 圆弧圆柱蜗杆传动(ZC 型)

圆弧圆柱蜗杆的齿形分为两种:一种是蜗杆轴向剖面为圆弧形齿廓,用圆弧形车刀加工,切削时,刀刃平面通过蜗杆轴线(图 4.15a);另一种是蜗杆用轴向剖面为圆弧的环面砂轮,装置在蜗杆螺旋线的法面内,由砂轮面包络而成(图 4.15b),可获得很高的精度,目前我国正推广这一种。圆弧圆柱蜗杆传动中,在中间平面上蜗杆的齿廓为内凹弧形,与之相配的蜗轮齿廓则为凸弧形,是一种凹凸弧齿廓相啮合的传动(图 4.15c),其综合曲率半径大,承载能力高,一般较普通圆柱蜗杆传动高 50%~150%。同时,由于瞬时接触线与滑动速度方向交角大(图 4.15d),有利于啮合面间的油膜形成,摩擦小,传动效率一般可达 90%以上,能磨削,精度高,广泛应用于冶金、矿山、化工、起重运输等机械中。

4.4.3 普通圆柱蜗杆传动的主要参数及几何尺寸计算

对于阿基米德蜗杆传动,在中间平面(通过蜗杆轴线且垂直于蜗轮轴线的平面,如图 4.16 所示)上,相当于齿条与齿轮的啮合传动。在设计时,常取此平面内的参数和尺寸作为计算基准。

普通圆柱蜗杆传动的主要参数有模数 m、压力角 α、蜗杆头数 z_1、蜗轮齿数 z_2、蜗杆直径系数

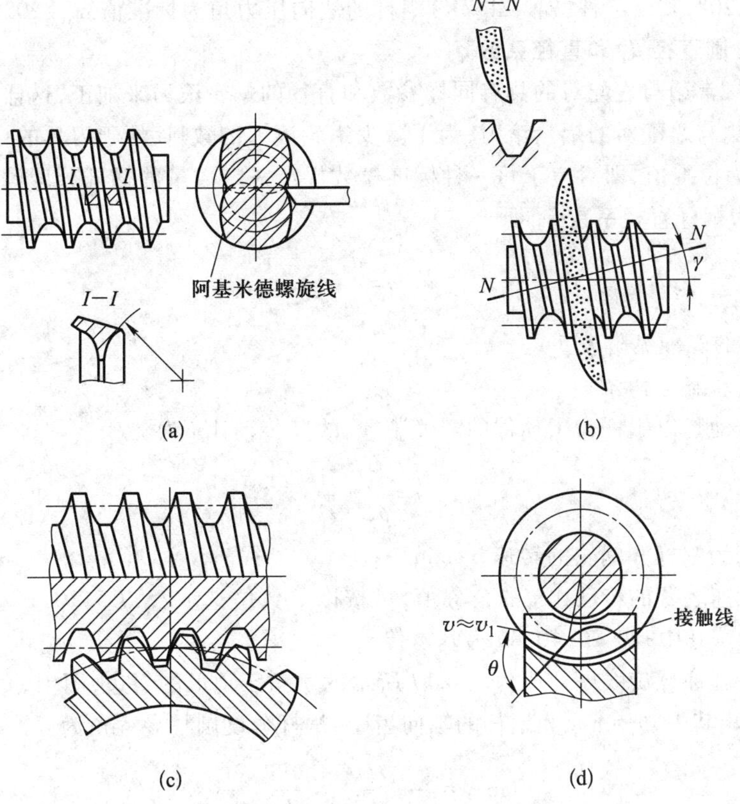

(a)　　(b)

(c)　　(d)

图 4.15　圆弧圆柱蜗杆传动

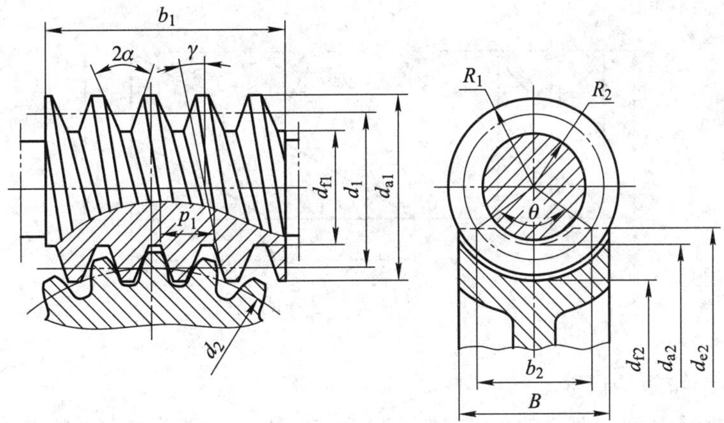

图 4.16　普通圆柱蜗杆传动的几何尺寸

q、蜗杆分度圆柱导程角 γ、传动比 i、中心距 a 和蜗轮变位系数 x_2 等。

1. 模数 m 和压力角 α

蜗杆和蜗轮啮合时，在中间平面上，蜗杆的轴向模数 m_x、轴向压力角 α_x 分别与蜗轮的端面模数 m_t、端面压力角 α_t 相等，即 $m_{x1}=m_{t2}=m$；$\alpha_{x1}=\alpha_{t2}=\alpha$。模数 m 取标准值，ZA 蜗杆的轴向压力角为标准值,$\alpha=20^\circ$,其余三种(ZN、ZI、ZK)蜗杆的法向压力角为标准值 $\alpha_n=20^\circ$。

2. 蜗杆分度圆直径 d_1 和直径系数 q

加工蜗轮时,常用与之配对的具有同样参数和直径的蜗轮滚刀来加工,这样只要有一种尺寸的蜗杆,就必须用与之配对的蜗轮滚刀,为了减少蜗轮滚刀的数目,便于刀具的标准化,将蜗杆分度圆直径 d_1 定为标准值,即对应于每一种标准模数规定一定数量的蜗杆分度圆直径 d_1,并把 d_1 与 m 的比值称为蜗杆直径系数 q,即

$$q=\frac{d_1}{m}$$

式中:m、d_1 和 q 的匹配见附表 5.1。

3. 传动比 i 和导程角 γ

通常蜗杆传动是以蜗杆为主动件的减速装置,故其传动比 i 为

$$i=\frac{n_1}{n_2}=\frac{z_2}{z_1}$$

式中:n_1、n_2 分别为蜗杆和蜗轮的转速,r/min 。

蜗杆传动减速装置的传动比 i 的公称值,可按以下数值选取:5,7.5,10,12.5,15,20,25,30,40,50,60,70,80。其中,10,20,40,80 为基本传动比。

将蜗杆分度圆柱螺旋线展开成为图 4.17 所示的直角三角形的斜边,图中,p_z 为导程,对于多头蜗杆,$p_z=z_1p_x$。其中,$p_x=\pi m$ 为蜗杆的轴向齿距,蜗杆分度圆柱导程角为

$$\tan\gamma=\frac{p_z}{\pi d_1}=\frac{z_1p_x}{\pi d_1}=\frac{z_1m}{d_1}=\frac{z_1}{q}$$

由蜗杆传动的正确啮合条件可知,当两轴线的交错角为 90°时,导程角 γ 与蜗轮分度圆柱螺旋角 β 相等,且方向相同。

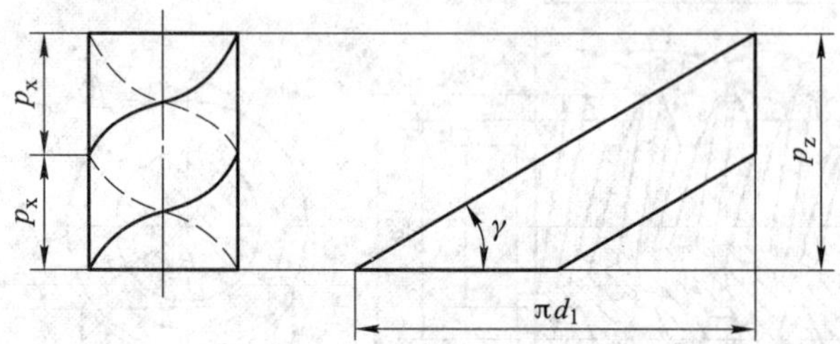

图 4.17　导程角与导程的关系

4. 蜗杆头数 z_1 和蜗轮齿数 z_2

选择蜗杆头数时主要考虑传动比、效率及制造三个方面。单头蜗杆的传动比可以较大,自锁性能好,但效率较低;蜗杆头数越多,导程角越大,传动效率越高,故传递动力、要求效率高时,应选用多头蜗杆。但蜗杆头数越多,导程角越大,加工困难,故不宜选得过多,通常蜗杆头数 z_1 取为 1,2,4,6。

蜗轮齿数 $z_2=iz_1$,用蜗轮滚刀切制蜗轮时,不产生根切的最小蜗轮齿数为 17,但对蜗杆传动而言,当 $z_2<26$ 时其啮合区要显著减小,将影响传动的平稳性。为保证蜗杆传动的平稳性和承载能力,蜗轮齿数应大于 27;为防止蜗轮尺寸过大,造成与之相啮合的蜗杆支承间距增大,降低蜗

杆的弯曲刚度，蜗轮齿数一般不大于 80。

蜗杆头数与蜗轮齿数的荐用值见附表 5.2，具体选择时应考虑附表 5.1 的匹配关系。

5. 蜗杆传动中心距 a

蜗杆传动中心距为

$$a=\frac{1}{2}(d_1+d_2)=\frac{m}{2}(q+z_2)$$

中心距的大小反映能够传递功率的大小，国家标准规定了普通圆柱蜗杆传动减速装置的中心距 a，应按下列数值（单位为 mm）选取：

40，50，63，80，100，125，160，（180），200，（225），250，（280），315，（355），400，（450），500

括号中的数值尽可能不选用。

6. 变位系数 x_2

普通圆柱蜗杆传动变位的主要目的是配凑中心距和凑传动比，使之符合标准或推荐值。蜗杆传动的变位方法与齿轮传动相同，也是在切削时，将刀具相对于蜗轮移位。

凑中心距时，蜗轮变位系数 x_2 为

$$x_2=\frac{a'}{m}-\frac{1}{2}(q+z_2)=\frac{a'-a}{m}$$

式中：a、a'分别为未变位和变位后的中心距。

凑传动比时，变位前、后的传动中心距不变，即 $a=a'$，用改变蜗轮齿数 z_2 来达到传动比略作调整的目的。变位系数 x_2 为

$$x_2=\frac{z_2-z_2'}{2}$$

式中：z_2' 为变位蜗轮的齿数。

变位系数 x_2 取得过大会使蜗轮齿顶变尖，过小又会使蜗轮根切。对普通圆柱蜗杆传动，一般取 $x_2=0.4\sim0.7$；对圆弧圆柱蜗杆传动，一般取 $x_2=0.5\sim1.5$，常用 $x_2=0.5\sim1.0$。

4.4.4　圆弧圆柱蜗杆传动的主要参数及几何尺寸计算

1. 圆弧圆柱蜗杆传动的主要参数

圆弧圆柱蜗杆的基本齿廓是指通过蜗杆分度圆柱的法截面齿形，如图 4.18 所示。

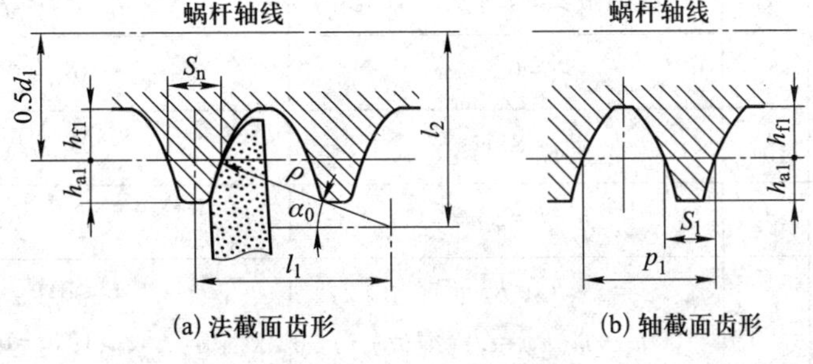

图 4.18　圆弧圆柱蜗杆齿形

圆弧圆柱蜗杆传动的主要参数有模数 m、齿形角 α_0、齿廓圆弧半径 ρ 和蜗轮变位系数 x_2 等，砂轮轴截面齿形角 $\alpha_0=23°$，砂轮轴截面圆弧半径 $\rho=(5\sim6)m$（m 为模数），蜗轮变位系数 $x_2=0.5\sim1.5$。圆弧圆柱蜗杆传动常用的参数匹配见附表 5.1。

2. 圆弧圆柱蜗杆传动的几何尺寸计算

圆弧圆柱蜗杆传动的主要参数及几何尺寸计算见表 4.3（图 4.15、图 4.18）。

表 4.3　圆柱蜗杆传动的主要几何尺寸的计算公式

名　　称	符号	普通圆柱蜗杆传动	圆弧圆柱蜗杆传动
中心距	a	$a=0.5m(q+z_2)$ $a'=0.5m(q+z_2+x_2)$（变位）	$a=0.5m(z_1+z_2)$
齿形角	α	$\alpha_x=20°$（ZA 型） $\alpha_n=20°$（ZN、ZI、ZK 型）	$\alpha_n=23°$ 或 $24°$
蜗轮齿数	z_2	$z_2=iz_1$	$z_2=iz_1$
传动比	i	$i=z_2/z_1$	$i=z_2/z_1$
模数	m	$m=m_x=m_n/\cos\gamma$（m 取标准）	$m=m_x=m_n/\cos\gamma$（m 取标准）
蜗杆分度圆直径	d_1	$d_1=mq$	$d_1=mq$
蜗杆轴向齿距	p_x	$p_x=m\pi$	$p_x=m\pi$
蜗杆导程	p_z	$p_z=z_1p_x$	$p_z=z_1p_x$
蜗杆分度圆柱导程角	γ	$\gamma=\arctan z_1/q$	$\gamma=\arctan z_1/q$
顶隙	c	$c=c^*m, c^*=0.2$	$c=0.16m$
蜗杆齿顶高	h_{a1}	$h_{a1}=h_a^*m$ 一般，$h_a^*=1$；短齿，$h_a^*=0.8$	$z_1\leqslant3$；$h_{a1}=m$； $z_1>3$；$h_{a1}=0.9m$；
蜗杆齿根高	h_{f1}	$h_{f1}=h_a^*m+c$	$h_{f1}=1.16m$
蜗杆齿高	h_1	$h_1=h_{a1}+h_{f1}$	$h_1=h_{a1}+h_{f1}$
蜗杆齿顶圆直径	d_{a1}	$d_{a1}=d_1+2h_{a1}$	$d_{a1}=d_1+2h_{a1}$
蜗杆齿根圆直径	d_{f1}	$d_{f1}=d_1-2h_{f1}$	$d_{f1}=d_1-2h_{f1}$
蜗杆螺纹部分长度	b_1	根据附表 5.3 中公式计算	$b_1=2.5m\sqrt{z_2+2+2x_2}$
蜗杆轴向齿厚	S_{x1}	$S_{x1}=0.5\,m\pi$	$S_{x1}=0.4\,m\pi$
蜗杆法向齿厚	S_{n1}	$S_{n1}=S_{x1}\cos\gamma$	$S_{n1}=S_{x1}\cos\gamma$
蜗轮分度圆直径	d_2	$d_2=z_2m$	$d_2=z_2m$
蜗轮齿顶高	h_{a2}	$h_{a2}=h_a^*m$ $h_{a2}=m(h_a^*+x_2)$（变位）	$z_1\leqslant3$；$h_{a2}=m+x_2m$； $z_1>3$；$h_{a2}=0.9m+x_2m$；

续表

名　称	符号	普通圆柱蜗杆传动	圆弧圆柱蜗杆传动
蜗轮齿根高	h_{f2}	$h_{f2}=m(h_a^*+c^*)$ $h_{f2}=m(h_a^*+c-x_2)$(变位)	$h_{f2}=1.16m-x_2m$
蜗轮喉圆直径	d_{a2}	$d_{a2}=d_2+2h_{a2}$	$d_{a2}=d_2+2h_{a2}$
蜗轮齿根圆直径	d_{f2}	$d_{f2}=d_2-2h_{f2}$	$d_{f2}=d_2-2h_{f2}$
蜗轮齿宽	b_2	$b_2\approx 2m(0.5+\sqrt{q+1})$	$b_2\approx 2m(0.5+\sqrt{q+1})$
蜗轮齿根圆弧半径	R_1	$R_1=0.5d_{a1}+c$	$R_1=0.5d_{a1}+c$
蜗轮齿顶圆弧半径	R_2	$R_2=0.5d_{f1}+c$	$R_2=0.5d_{f1}+c$
蜗轮顶圆直径	d_{e2}	按附表5.3选取	$d_{e2}=d_{a2}+2(0.3\sim0.5)m$
蜗轮轮缘宽度	B	按附表5.3选取	$B=0.45(d_1+6m)$
齿廓圆弧中心到蜗杆齿厚对称线的距离	l_1		$l_1=\rho\cos\alpha_n+0.5S_{n1}$
齿廓圆弧中心到蜗杆轴线的距离	l_2		$l_1=\rho\sin\alpha_n+0.5d_1$

4.5　滑动轴承

4.5.1　滑动轴承的应用及特点

与滚动轴承相比,滑动轴承具有承载能力大、抗振性好、工作平稳可靠、噪声小、寿命长等特点。滑动轴承主要用于内燃机、轧钢机、大型电动机、仪表、雷达及天文望远镜等方面。

4.5.2　滑动轴承类型

按其滑动表面间润滑状态的不同,可分为液体润滑轴承、不完全液体润滑轴承(指滑动表面间处于边界润滑或混合润滑状态)、无润滑轴承(指工作前和工作时不加润滑剂)。

按其相对运动的两表面间油膜形成的原理不同,可分为流体动压润滑轴承和流体静力润滑轴承。

按其承受载荷方向的不同,可分为径向轴承(只承受径向载荷)、径向止推轴承(能同时承受径向和轴向载荷)和止推轴承(只承受轴向载荷)。

(1) 径向滑动轴承

径向滑动轴承按结构可分为整体式、剖分式和调心式。

整体式滑动轴承(图 4.19)由轴承座 1、整体轴瓦 2 组成,轴承座上有油孔 3 和安装润滑油杯的螺纹孔 4。这种轴承结构简单、成本低,但轴瓦磨损后,轴承间隙过大时无法调整。另外,只能从轴颈端部装拆,对于有中间轴颈的轴装拆不方便。这种轴承多用在低速、轻载或间歇性工作且不太重要的场合,其结构尺寸已标准化。

剖分式滑动轴承(图 4.20)由轴承座、轴承盖、剖分式轴瓦和双头螺栓等组成。轴承盖和轴承座的剖分面常做成阶梯形,以便对中和防止横向错动。轴承盖上部开有螺纹孔,以安装油杯或油管。剖分轴瓦由上、下两半组成,通常下轴瓦承受载荷,上轴瓦不承受载荷。这种轴承装拆方便,并且轴瓦磨损后可以用减少剖分面处的垫片厚度来调整轴承间隙(调整后应修刮轴瓦内孔)。剖分式向心轴承的结构尺寸已标准化。

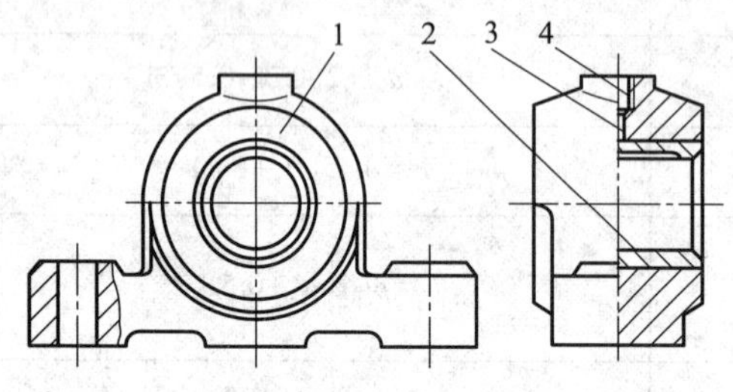

图 4.19　整体式径向滑动轴承

1—轴承座;2—整体轴瓦;3—油孔;4—螺纹孔

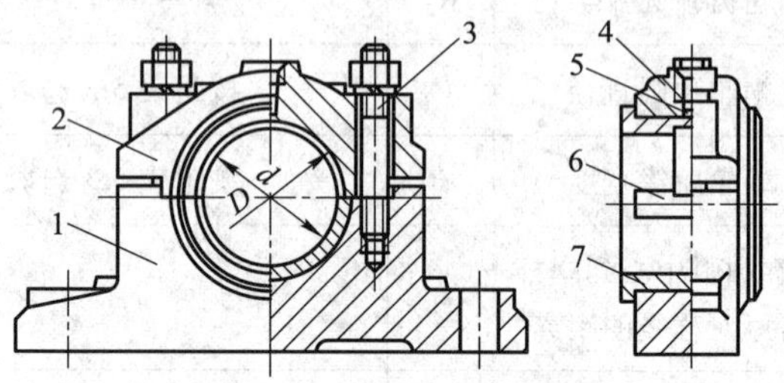

图 4.20　剖分式径向滑动轴承

1—轴承座;2—轴承盖;3—双头螺柱;4—螺纹孔;5—油孔;6—油槽;7—剖分式轴瓦

(2) 止推滑动轴承

图 4.21 所示为一种常见的承受轴向载荷的止推轴承,它由轴承座 1、推力轴瓦 2、向心轴瓦 3 组成。为了便于对中,推力轴瓦底部制成球面,销钉 4 用来防止推力轴瓦 2 随轴 5 一起转动。这种轴承主要承受轴向载荷,也可借助向心轴瓦 3 承受较小的径向载荷。

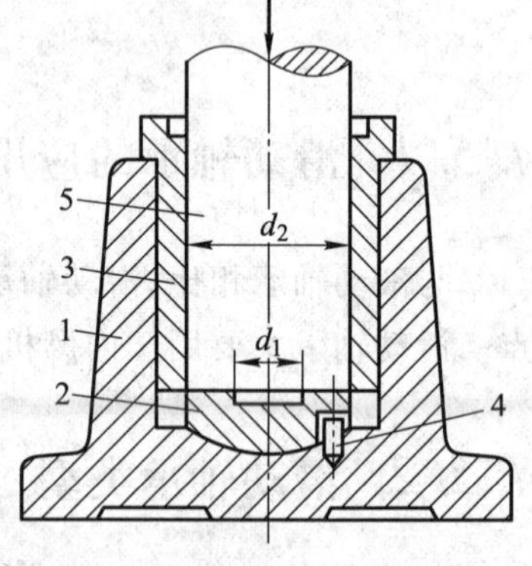

图 4.21　止推轴承的结构

1—轴承座;2—推力轴瓦;3—向心轴瓦;4—销钉;5—轴

止推滑动轴承止推面的结构形式有实心(图 4.22a)、空心(图 4.22b)、单环(图 4.22c)和多环(图 4.22d)四种。通常不用实心式轴颈,因其端面上的压力分布极不均匀,靠近中心处的压力很高,对润滑极为不利。空心式轴颈接触面上压力分布较均匀,润滑条件较实心式有所改善。单环式是利用轴颈的环形端面止推,而且可以利用纵向油槽输入润滑油,结构简单,润滑方便,广泛用于低速、轻载的场合。多环式止推轴承不仅能承受较大的轴向载荷,有时还可以承受双向轴向载荷。

(3) 轴瓦的结构

轴瓦是滑动轴承中的重要零件,它的结构设计是否合理对轴承性能影响很大。轴瓦应具有一定的强度和刚度,在轴承中定位可靠,便于输入润滑剂,容易散热,并且装拆、调整方便。为此,轴瓦应在外形结构、定位、油槽开设和配合等方面采用不同的形式以适应

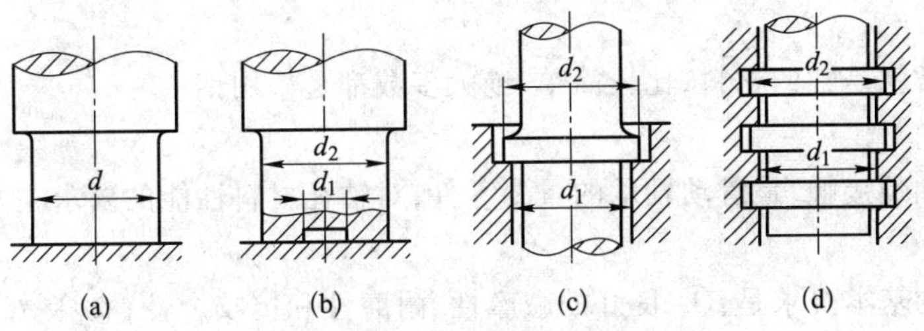

图 4.22　止推轴承止推面的结构形式

不同的工作要求。常用的轴瓦有整体式和剖分式两种结构。图 4.23 所示为用于整体式轴承中的整体式轴瓦。图4.24a和图 4.24b 分别为用于剖分式轴承中的上、下轴瓦,其两端凸缘用于轴向定位,并能承受一定的轴向力。

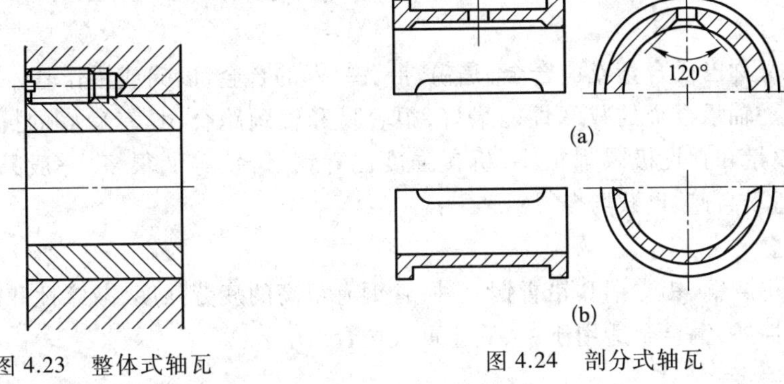

图 4.23　整体式轴瓦　　图 4.24　剖分式轴瓦

为了节省贵重的减摩材料,可在轴瓦的内表面浇注一层减摩合金,称为轴承衬,其厚度约为 0.5~6 mm。为了使轴承衬与轴瓦结合牢固,常在轴瓦内表面预制如图 4.25 所示的一些沟槽,用浇注法把轴承衬材料浇注上去,使二者能牢固结合。

轴瓦是轴承中直接与轴颈接触的部分,为了减少摩擦和磨损,常在其摩擦表面间加入润滑油,为了使润滑油能流到轴瓦的整个工作表面上,轴瓦上要制出进油孔和油沟以输送润滑油。图 4.26 所示为常见油沟形式。一般油孔和油沟不应该开在轴承油膜承载区内,否则会破坏承载区油膜的连续性,降低油膜的承载能力。

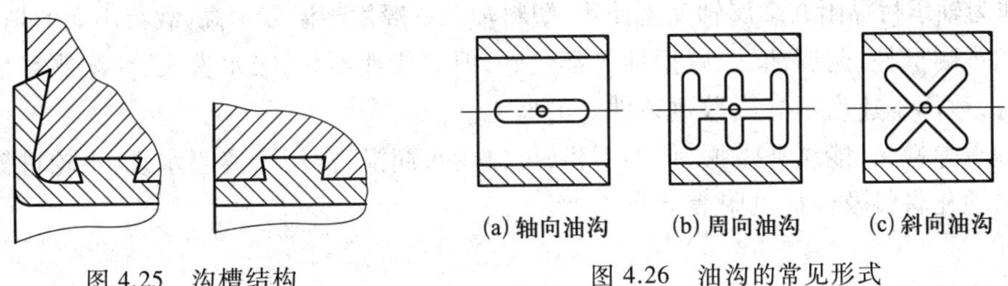

图 4.25　沟槽结构　　图 4.26　油沟的常见形式

4.5.3　滑动轴承材料

滑动轴承材料包括轴颈材料和轴瓦材料。

1. 轴颈材料

轴颈材料通常就是轴的材料，比较简单，绝大多数都是采用钢。

2. 轴瓦材料

轴瓦直接和轴颈接触，是滑动轴承的重要零件，对轴瓦材料性能的要求主要是由滑动轴承失效形式决定的。

对轴瓦材料的基本要求是：① 良好的减摩性、耐磨性和抗咬合性；② 良好的摩擦顺应性、嵌入性和磨合性；③ 足够的强度和耐腐蚀能力；④ 良好的导热性、润滑性和工艺性。

需强调的是，现有的轴瓦材料尚不能满足上述全部要求，设计时必须针对具体情况和主要使用要求选择轴瓦材料。

常用的轴瓦材料有金属材料（如轴承合金、铜基合金、铝基合金和耐磨铸铁等）、粉末冶金材料（如含油轴承）、非金属材料（如塑料、橡胶、石墨等）几大类。这几种主要材料介绍如下：

（1）轴承合金

轴承合金又称巴氏合金或白合金，是锡、铅、锑、铜的合金，以锡或铅作基体，其内含有锑锡或铜锡的硬晶粒。轴承合金的减摩性能最好，很容易和轴颈跑合，具有良好的抗咬合性和耐腐蚀性，但其弹性模量和弹性极限都很小，机械强度比青铜、铸铁等低很多，一般只用做轴承衬的材料，轴承合金适于高速、重载场合。

（2）铜合金

铜合金有锡青铜、铝青铜和铅青铜三种，青铜有很高的疲劳强度，减摩性和耐磨性均很好，但磨合性及嵌入性差，铜合金适用于中、低速重载场合。

（3）粉末冶金

将不同的金属粉末经压制烧结而成的多孔结构材料称为粉末冶金材料，其孔隙占体积的 10%~35%，可储存润滑油，故又称含油轴承。运转时，轴瓦温度升高，因油的膨胀系数比金属大，从而自动进入摩擦表面润滑轴承，停机时，因毛细管作用，油又被吸回孔隙中，故在相当长的时间内，即使不加润滑油仍能很好地工作，如定期给以供油，则使用效果更佳，但其韧性差，只适于载荷平稳、中低速场合。

（4）非金属材料

以塑料用得最多，其优点是：摩擦系数小，可承受冲击载荷，可塑性、跑合性良好，耐磨、耐腐蚀，可用水、油及化学溶液润滑，但其导热性差，耐热性低，膨胀系数大，易变形，为改善这些不足，可将薄层塑料作为轴承衬黏附在金属轴瓦上使用，塑料轴承一般用于温度不高、载荷不大的场合。

尼龙轴承耐磨性、耐腐蚀性、减振性等都较好，但导热性不好，吸水性大，线膨胀系数大，尺寸稳定性不好，适用于速度不高或散热条件好的地方。

橡胶轴承弹性大，能缓冲吸振，传动平稳，可以用水润滑，常用于离心水泵、水轮机等设备。

常用的轴瓦材料及性能见附表 6.1。

4.5.4 其他形式滑动轴承简介

1. 自润滑轴承

（1）轴承材料及几何尺寸

自润滑轴承一般是指轴承在无外加润滑剂的工况下运转，或称为干摩擦轴承，这种轴承不能避免磨损，因而要选用磨损率低的材料制造，通常用各种工程塑料和碳-石墨作为自润滑轴承的材料。为了减小磨损率，轴颈材料最好用不锈钢或碳钢镀硬铬，轴颈表面硬度应大于轴瓦表面硬度。另外，自润滑轴承还包括粉末冶金材料制成的多孔轴承等，通过在润滑油中的浸泡可得到储存润滑油的含油轴承，工作时通过自身的压力将润滑油挤出进行润滑。自润滑轴承材料及其性能见附表6.7；各种轴承材料适用环境见附表6.8。

(2) 主要设计参数

1) 宽径比 B/d　宽径比在0.35~1.5之间，B/d 小，便于排出磨屑，对轴的变形和两轴承孔不同心的敏感性亦低，且散热好、成本低。当载荷、转速和材料确定之后，增加轴承宽度可以提高轴承的承载能力。

对于止推轴承，通常取 $d_2/d_1 \leqslant 2$，若比值过大，则不易散热和排出磨屑，对轴承配合表面平面度的要求也高。

2) 轴承间隙 Δ　塑料的线胀系数比金属的大（聚四氟乙烯除外），且会吸收液体（如水）而膨胀，热塑性塑料浸入水中尺寸变化可达0.3%~2%，增强热固性塑料浸入水中尺寸变化可达0.05%~7%，聚四氟乙烯温度在20~25℃时将因相变而体积增大1%。考虑到尺寸的变化和排屑的需要，塑料轴承的间隙应比金属轴承大些，通常取直径间隙 Δ 为轴承直径 d 的0.5%，直径间隙最小不得小于0.1 mm。

碳-石墨材料的线胀系数较小，故轴承间隙可取小些，见附表6.9。为了排屑方便，最好取 $\Delta \geqslant 0.075$ mn。

3) 轴瓦壁厚 s　塑料的导热系数比金属低，且随轴承体积的增加，尺寸变化的影响变得明显，故壁厚应尽量小。为此，常用金属作轴瓦，然后压入薄的塑料衬套，若在金属衬背上涂敷一层塑料衬，塑料衬的厚度可以很薄。塑料轴瓦的壁厚可按附表6.10选取。

由于强度的原因，碳-石墨轴承的厚度应大于金属轴承的厚度，其推荐值见附表6.9。

4) 表面粗糙度 Ra　磨合期的磨损量和稳定磨损期的磨损率均与配合表面的粗糙度有关，通常表面粗糙度值愈低磨损率愈小，为了经济，建议取 Ra 值为0.2~0.4 μm。Ra 值减小50%，磨损率可降低50%~80%。

5) 承载能力计算　磨损率决定自润滑轴承的使用寿命，而磨损率取决于材料的力学性能和摩擦特性，并随载荷和速度的增加而加大，同时，还受工作条件的影响。

磨损量虽随运转时间的增加而增加，但不一定与运转时间成正比，即磨损率不一定是常数。

润滑轴承中，温升是对运转速度与载荷的附加限制，工程上校核一般用途的自润滑轴承的承载能力时的 $[p]$、$[v]$ 和 $[pv]$ 值可查附表6.2。

2. 液体静压滑动轴承

静压轴承是依靠一套给油装置，将高压油压入轴承的间隙中，强制形成油膜，保证轴承在液体摩擦状态下工作，油膜的形成与相对滑动速度无关，承载能力主要取决于油泵的给油压力，因此静压轴承在高速、低速、轻载、重载下都能胜任工作。在起动、停止和正常运转时期内，轴与轴承之间均无直接接触，理论上轴瓦没有磨损，寿命长，可以长时期保持精度。由于在任何时期内轴承间隙中均有一层压力油膜，故对轴和轴瓦的制造精度可适当降低，对轴瓦的材料要求也较低，如果设计良好，可以达到很高的旋转精度。但静压轴承需要附加一套复杂的给油装置，所以应用不如动压轴承普遍，一般用于低速、重载或要求高精度的机械装备中，如精密机床、重型机器等。

图 4.27 给出了液体静压径向轴承的工作原理示意图。静压轴承在轴瓦内表面上开有几个对称的油腔,各油腔的尺寸一般是相同的,分别通过各自的节流器与供油管路相连接,压力为 p_s 的高压油流经节流器降压后流入各油腔,然后一部分经过径向封油面流入油槽,并沿油槽流出轴承,一部分经轴向封油面流出轴承,每个油腔四周都有适当宽度的封油面,称为油台,而油腔之间用回油槽隔开。工作时,当无外载荷(忽略轴的自重)时,各油腔的油压均相等,使轴颈与轴承同心,即轴颈浮在轴承的中心位置,此时油腔的封油面与轴颈间的间隙相等,因此流经各油腔的油流量相等,在各节流器中产生的压力降也相同,亦即油泵压力 p_s 通过节流器降压,$p = p_1 = p_3$;当轴颈受载荷 W 后,轴颈向下产生位移,此时下油腔 3 四周油台与轴颈之间的间隙减小,流出的油量亦随之减少,根据管道内各截面上流量相等的连续性原理,流经节流器的流量亦减少,在节流器中产生的压降亦减小,供油压力 p_s 是不变的,因而 p_3 必然增大,在上油腔 1 处则反之,间隙增大,回油畅通而 p_1 降低,上、下油腔产生的压力差与外载荷平衡。

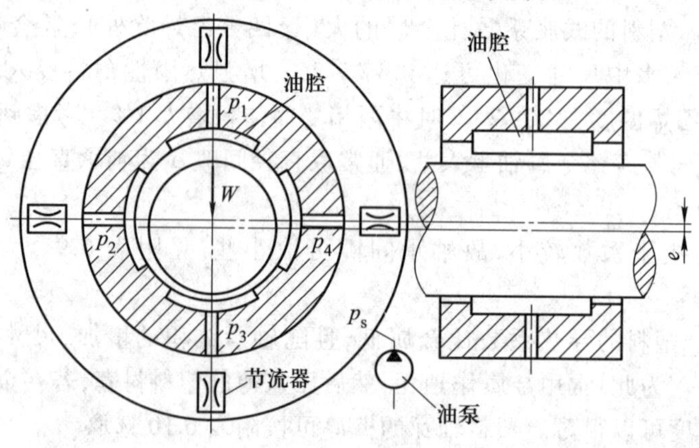

图 4.27　静压轴承

常用的节流器有毛细管节流器、小孔节流器、滑阀节流器和薄膜节流器等。图 4.28 所示为毛细管节流器,当油流经过细长的管道时,产生一压力降,压力降的大小与流量成正比,与毛细管的长度和油的黏度的乘积成正比,而与毛细管直径的四次方成反比;图 4.29 所示为小孔节流器,其原理与毛细管节流器相同,只是小孔的长度较短。

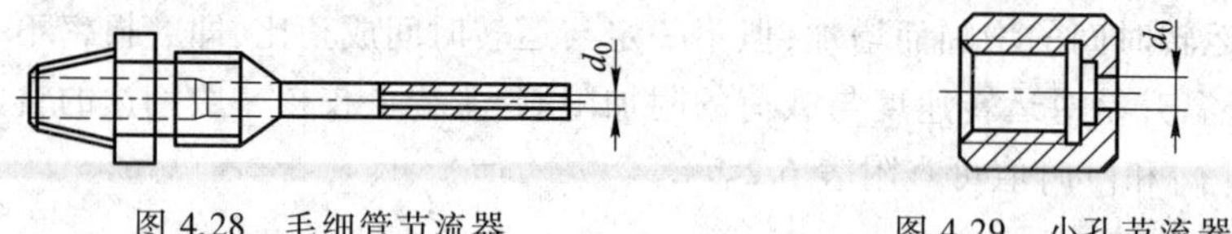

图 4.28　毛细管节流器　　　　图 4.29　小孔节流器

3. 空气轴承

空气是一种取之不尽的流体,而且黏性小,它的黏度为高速机械油(锭子油)的 1/4 000,所以利用空气作为润滑剂,可以解决每分钟数十万转的超高速轴承的温升问题。气体润滑在本质上与液体润滑一致,也有静压式和动压式两类,其形成的动压气膜厚度很薄,最大不超过 20 μm,故空气轴承的制造要求十分精确;其黏度很少受温度的影响,因此可以在低温及高温中应用;其没有油类污染的危险,而且密封简单、回转精度高、运行噪声低,主要缺点是承载量不能太大,因此常用于高速磨头、陀螺仪、医疗设备等方面。

径向动压气体轴承如图 4.30 所示，图 a 所示为平面动压径向轴承，轴承可展开为平面，只形成一个楔形间隙，这种轴承的结构简单，但稳定性较差，在轴瓦外加上弹性膜片支承可以提高轴承的稳定性；图 b 所示为多面动压径向轴承，轴承面由几段不同的圆弧表面组成，每个圆弧分别构成楔形间隙。典型的多面轴承是可倾瓦轴承，由数个瓦块组成，瓦块的倾角可随载荷大小而改变，其稳定性好，但结构复杂。

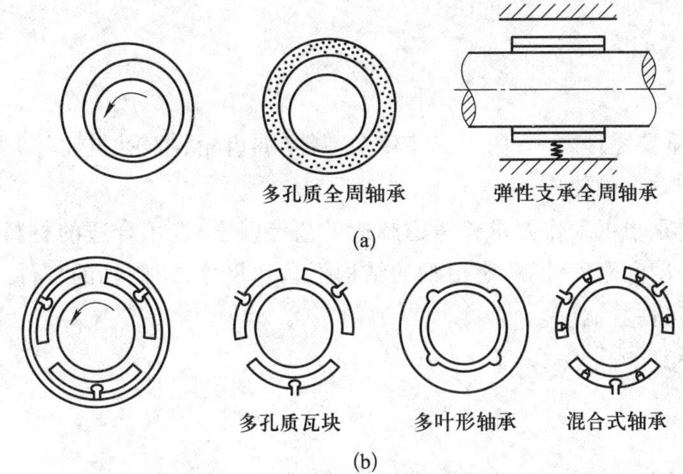

图 4.30　各种径向动压气体轴承

图 4.31 所示为动压止推轴承，在螺旋槽止推螺旋盘上对称开有数个供气孔，提供压力气体。

图 4.31　动压止推轴承

图 4.32 所示为静压径向气体轴承，静压气体轴承用于相对速度不太高，或者需要较大的载荷、刚度的场合。气体从外部压力源经喷嘴节流器进入气腔，再通过轴承间隙排出，如图 4.32a 所示。工作时，间隙小的一侧压力增加，间隙大的一侧压力减小，所产生的压力差支承负载，图 4.32b 所示为工作时的压力分布。

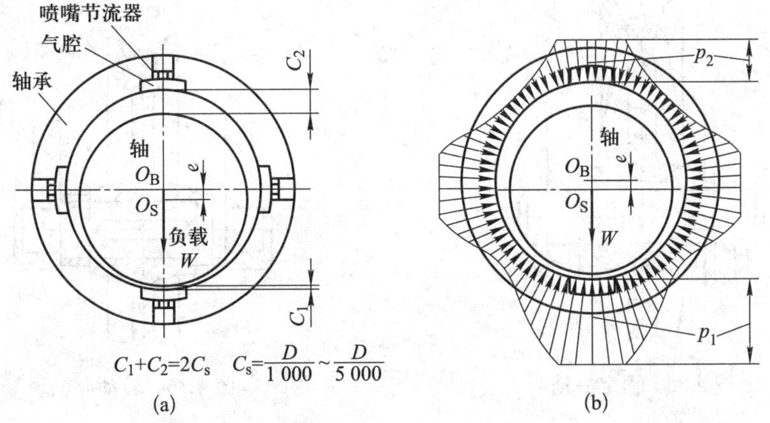

图 4.32　静压径向气体轴承

4.6 轴

轴是机器中的重要零件之一，用于安装传动零件（如齿轮、带轮、链轮等）并使其有确定的工作位置，实现运动和动力的传递。

轴的设计，主要是根据工作要求并考虑制造工艺等因素，选用合适的材料和热处理方法，进行结构设计，经过强度和刚度计算，定出轴的结构形状和尺寸，绘制轴的零件工作图。高速时还要考虑轴的振动稳定性。

轴的类型

根据所承受载荷的不同，可以将轴分为转轴、传动轴和心轴。转轴既承受转矩又承受弯矩，如减速箱转轴（图 4.33）；传动轴主要承受转矩，不承受或承受很小的弯矩，如汽车的传动轴（图 4.34）通过两个万向联轴器与发动机转轴和汽车后桥相连，传递转矩；心轴只承受弯矩而不承受转矩，心轴又可分为固定心轴（图 4.35）和转动心轴（图 4.36）。

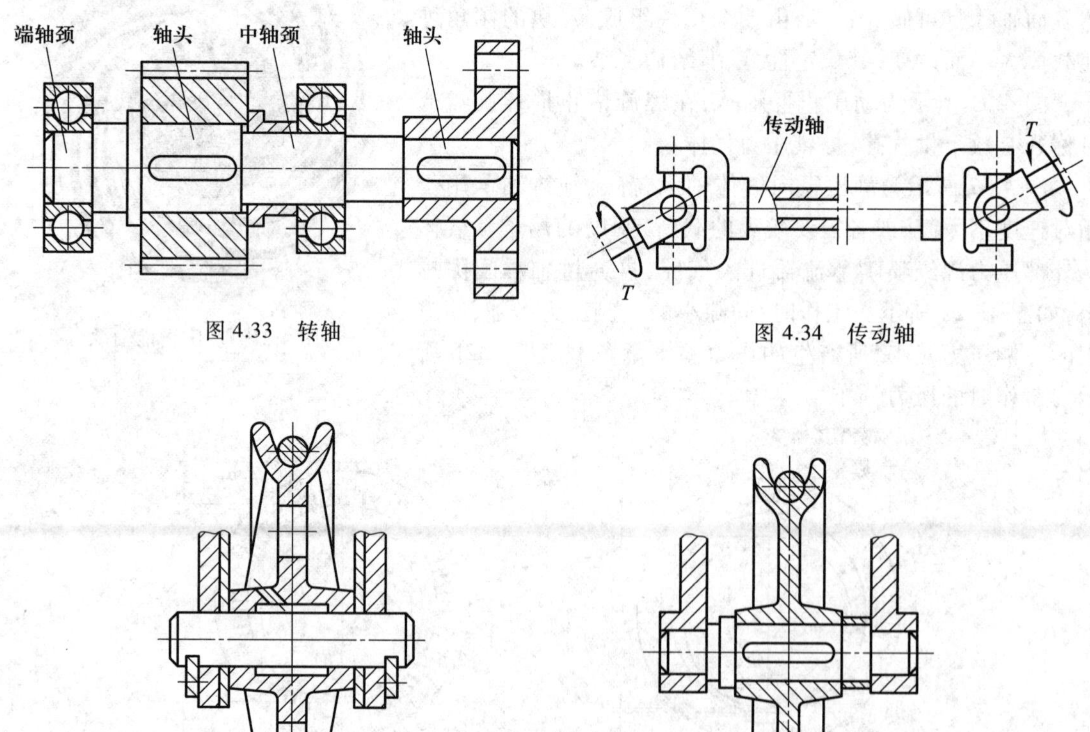

图 4.33　转轴

图 4.34　传动轴

图 4.35　固定心轴

图 4.36　转动心轴

按轴线的形状,可以将轴分为直轴(图 4.37)、曲轴(图 4.38)和挠性轴(图 4.39)。直轴又分为光轴和阶梯轴;曲轴常用于往复式机械中,如发动机等;挠性轴通常是由几层紧贴在一起的钢丝层构成的,可以把转矩和运动灵活地传到任何位置,挠性轴常用于振捣器和医疗设备中。另外,为减轻轴的重量,还可以将轴制成空心的形式,如图 4.40 所示。

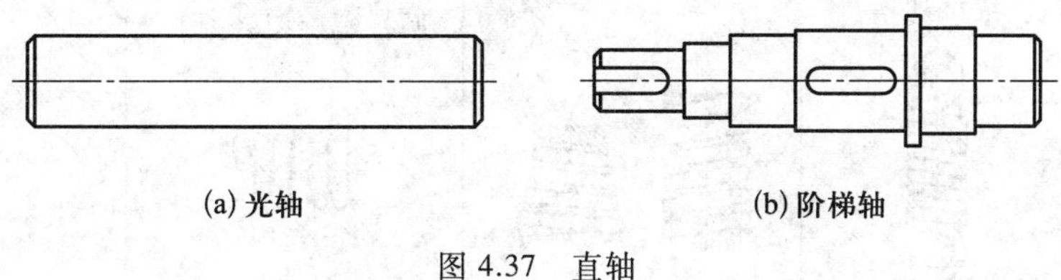

(a) 光轴　(b) 阶梯轴

图 4.37　直轴

图 4.38　曲轴

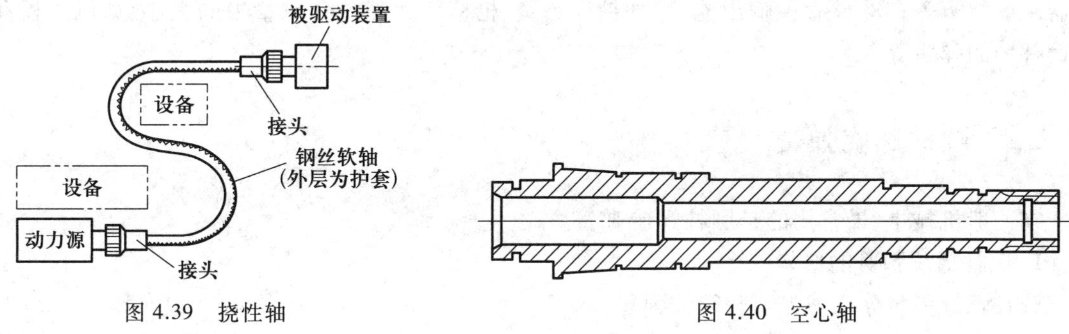

图 4.39　挠性轴

图 4.40　空心轴

4.7　弹簧

4.7.1　概述

弹簧是一种弹性元件,可以在载荷作用下产生较大的弹性变形。按照所承受的载荷不同,弹簧可以分为拉伸弹簧、压缩弹簧、扭转弹簧和弯曲弹簧等四种,而按照弹簧的形状不同,又可分为螺旋弹簧、环形弹簧、碟形弹簧、板簧和盘簧等,表 4.4 中列出了弹簧的基本类型。

表 4.4　弹簧的基本类型

按载荷分 / 按形状分	拉　伸	压　缩	扭　转	弯　曲
螺旋形	圆柱螺旋拉伸弹簧	圆柱螺旋压缩弹簧　圆锥螺旋压缩弹簧	圆柱螺旋扭转弹簧	
其他形	—	环形弹簧　碟形弹簧	蜗卷形盘簧	板簧

弹簧在各类机械中应用十分广泛，主要用于：① 控制机构的运动，如制动器、离合器中的控制弹簧，内燃机气缸的阀门弹簧等；② 减振和缓冲，如汽车、火车车厢下的减振弹簧，以及各种缓冲器用的弹簧等；③ 储存及输出能量，如钟表弹簧、枪栓弹簧等；④ 测量力的大小，如测力器和弹簧秤中的弹簧等。

4.7.2　圆柱螺旋弹簧

在一般机械中，最常用的是圆柱螺旋弹簧。

1. 圆柱螺旋弹簧的结构

圆柱螺旋弹簧分压缩弹簧和拉伸弹簧。

压缩弹簧如图 4.41 所示，通常其两端的端面圈并紧并磨平（代号：YⅠ），磨平部分不少于圆周长的 3/4，端头厚度一般不少于 $d/8$；还有一种两个端面圈并紧但不磨平（代号：YⅢ）。

拉伸弹簧如图 4.42 所示，其中图 4.42a 和图 4.42b 所示为半圆形钩和圆环钩；图 4.42c 所示为可调式挂钩，用于受力较大时。

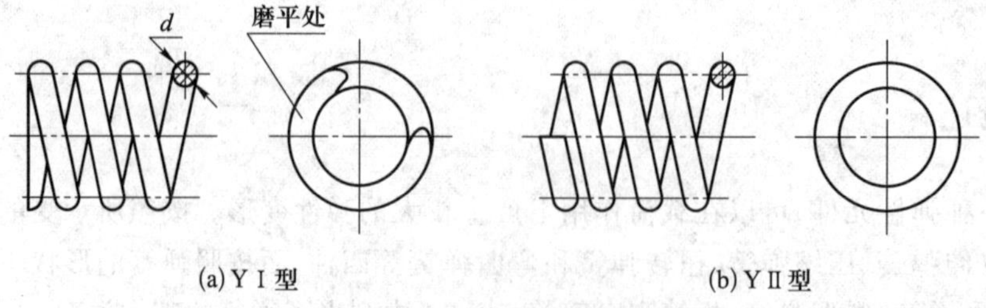

(a) YⅠ型　　(b) YⅡ型

图 4.41　压缩弹簧

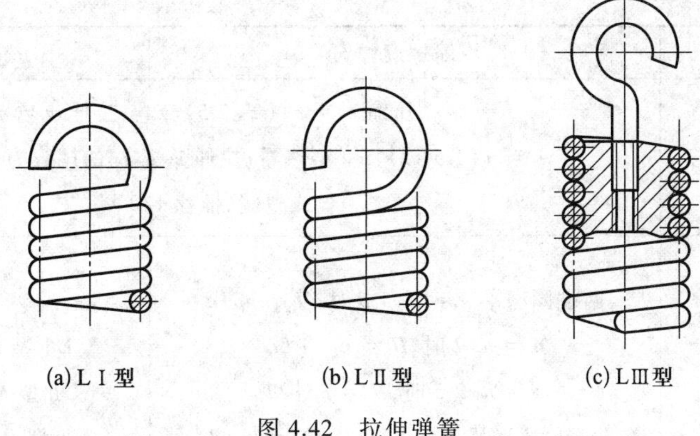

图 4.42　拉伸弹簧

2. 圆柱螺旋弹簧的几何尺寸

圆柱螺旋弹簧的主要几何尺寸有弹簧丝直径 d、外径 D、内径 D_1、中径 D_2、节距 p、螺旋升角 α、自由高度(压缩弹簧)或长度(拉伸弹簧)H_0，如图 4.43 所示，此外还有有效圈数 n、总圈数 n_1，几何尺寸计算公式见表 4.5。

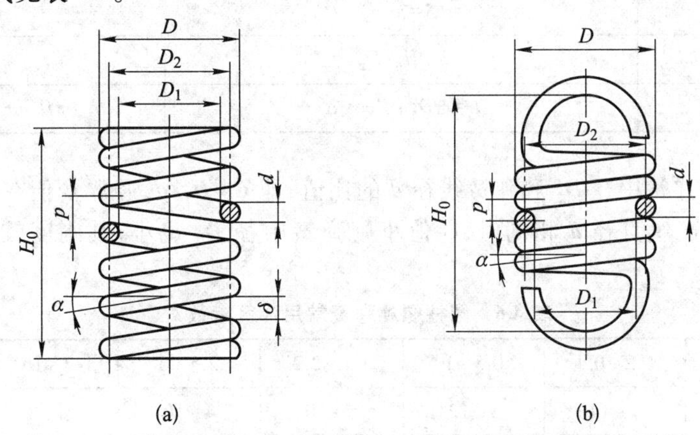

图 4.43　圆柱形拉压螺旋弹簧几何尺寸

表 4.5　圆柱形压缩、拉伸螺旋弹簧的几何尺寸计算公式

名称与代号	压缩螺旋弹簧	拉伸螺旋弹簧
弹簧丝直径 d	由强度计算公式确定	
弹簧中径 D_2	$D_2 = Cd$	
弹簧内径 D_1	$D_1 = D_2 - d$	
弹簧外径 D	$D = D_2 + d$	
弹簧指数 C	$C = D_2/d$　一般 $4 \leqslant C \leqslant 16$	
螺旋升角 α	$\alpha = \arctan(p/\pi D_2)$　对压缩弹簧，推荐 $\alpha = 5° \sim 9°$	
有效圈数 n	由变形条件计算确定，一般 $n>2$	

续表

名称与代号	压缩螺旋弹簧	拉伸螺旋弹簧
总圈数 n_1	压缩 $n_1=n+(2\sim2.5)$ 冷卷；拉伸 $n_1=n$ $n_1=n+(1.5\sim2)$ YⅡ型热卷；拉伸弹簧 n_1 的尾数为 1/4、1/2、3/4 或整圈，推荐 1/2 圈	
自由高度或长度 H_0	两端圈磨平 $n_1=n+1.5$ 时，$H_0=np+d$ $n_1=n+2$ 时，$H_0=np+1.5d$ $n_1=n+2.5$ 时，$H_0=np+2d$ 两端圈不磨平 $n_1=n+2$ 时，$H_0=np+2d$ $n_1=n+2.5$ 时，$H_0=np+3.5d$	LⅠ型 $H_0=(n+1)d+D_1$ LⅡ型 $H_0=(n+1)d+2D_1$ LⅢ型 $H_0=(n+1.5)d+2D_1$
工作高度或长度 H_n	$H_n=H_0-\lambda_n$	$H_n=H_0+\lambda_n$，λ_n—变形量
节距 p	$p=d+\lambda_{max}/n+\delta_1=\pi D_2\tan\alpha$　$(\alpha=5°\sim9°)$	$p=d$
间距 δ	$\delta=p-d$	$\delta=0$
压缩弹簧高径比 b	$b=H_0/D_2$	
展开长度 L	$L=\pi D_2 n_1/\cos\alpha$	$L=\pi D_2 n$+钩部展开长度

弹簧指数 C 为弹簧中径 D_2 和弹簧线径 d 的比值，即 $C=D_2/d$，通常 C 值在 4~16 范围内，可按表 4.6 选取。弹簧丝直径 d 相同时，C 值小则弹簧中径 D_2 也小，其刚度较大；反之，则刚度较小。

表 4.6　圆柱螺旋弹簧常用弹簧指数 C

弹簧直径 d/mm	0.2~0.4	0.5~1	1.1~2.2	2.5~6	7~16	18~42
C	7~14	5~12	5~10	4~10	4~8	4~6

4.7.3　弹簧常用材料

常用的弹簧材料有碳素弹簧钢、合金弹簧钢、不锈钢和铜合金材料以及非金属材料。选用材料时，应根据弹簧的功用、载荷大小、载荷性质及循环特性、工作强度、周围介质以及重要程度来进行选择。

习题

4.1　比较齿轮传动、蜗杆传动、带传动和链传动的特点。

4.2　电动机通过三套减速装置驱动运输带，三套减速装置为圆柱齿轮减速器、套筒滚子链传动和 V 带传动，其排列次序应如何？为什么？

4.3　齿轮齿数的选择对传动质量有何影响？闭式齿轮传动和开式齿轮传动齿数选择有何

不同？

4.4　一对圆柱齿轮的实际齿宽为什么不相等？哪个齿轮的齿宽大？为什么要限制齿宽？

4.5　蜗杆传动的正确啮合条件是什么？自锁含义是什么？

4.6　蜗杆传动变位的主要目的是什么？

4.7　如何选择蜗杆传动的主要参数？为什么要引入蜗杆直径系数 q？

4.8　常用轴瓦材料有哪些？各适用于何处？

4.9　下列滑动轴承材料中，不能单独用做轴瓦的是（　　）。

a. 轴承合金　b. 铜合金　c. 粉末冶金　d. 塑料

4.10　按受载荷性质和形状不同，弹簧分哪几种类型？哪种弹簧应用最广？

4.11　自行车坐垫下的弹簧属于何种弹簧？

4.12　何谓弹簧指数？

第三篇　静强度设计 3

机械零、部件的失效形式主要与载荷和应力有关。因此，在机械设计中，首先要分析零件所受载荷和应力的情况。机器工作时，零件所受的载荷是力或力矩，或由它们组成的联合载荷。而作用在机器零、部件上的实际载荷一般比较复杂，计算时往往需要进行必要的简化。

机械零件的设计最重要的准则之一就是要满足强度，而静强度是螺纹连接、键连接等机械零件的主要条件。应力计算是强度分析的主要内容，根据机械零件受力方式的不同，应力的计算方法也不同。机械零件主要的受力形式有拉伸、压缩、挤压、剪切、扭转和弯曲。此外，非共轭表面的接触会产生接触应力。因此，为了准确地对机械零件进行强度设计，就必须掌握这些应力计算方法。

零件的变形对机械设计也是很重要的。例如弯曲变形的问题，当机床主轴的弯曲变形过大，将影响加工工件的精度；传动轴的弯曲和扭转变形过大时，将影响轴上齿轮的啮合并使轴两端轴承产生偏斜，使齿轮或轴承的寿命降低，且会影响传动的准确性以及引起轴的振动等。

温度对高温下工作的机械零件有较大影响。由于温度的变化将使机械零件产生变形和温度应力，例如金属材料在高温下可能出现蠕变和松弛现象，从而导致机械零件的力学性能发生明显变化。因此，对在高温下承担重要工作的机械零件需要进行热应力分析。但是，由于机械零件受温度影响时的应力和变形计算比较复杂，因而对一般工况下工作的机械零件仅限制它们的工作温度和进行热平衡计算，以避免因工作温度过高而不能正常工作。例如，蜗杆传动由于滑动摩擦剧烈，发热较大，就应保证零件受热膨胀后，不致使间隙过小而破坏润滑油膜，导致发生接触面胶合现象。为了保证零件正常运转，有时需要采取辅助冷却方法，例如加散热片、风扇或冷却水管等措施。

在本篇的第 5 章中，首先介绍了有关机械零件静强度设计方面的静载荷的内容，包括载荷的简化、力学模型和载荷的分类，并讨论了机械零件的应力分析。在介绍了应力计算和强度理论之后，又给出了变形计算的方法。最后还介绍了与温度有关的温度应力、蠕变和松弛等概念。第 6 章给出了几种典型机械零件的静强度设计的方法，其中包括联轴器和离合器的设计与计算、螺纹连接零部件的静强度设计与计算、链的静强度设计与计算、键连接的静强度设计与计算以及弹簧的受力分析与刚度计算等。

第 5 章

机械零件中的载荷、静应力和变形

5.1 机械零件的载荷

5.1.1 载荷的简化和力学模型

如图 5.1a 所示的滑轮轴,轴的两端用滑动轴承支承。当提升重物时,钢丝绳受力使轴发生弯曲变形,如图 5.1b 所示。由于轮毂和轴承的刚性较大,它们的变形可忽略不计。实际中,载荷在轮毂和轴承间的轴段呈曲线状分布,如图 5.1c 所示。在计算轴的应力和变形时,这种曲线分布载荷将使计算复杂。通常可将载荷简化为直线分布,如图 5.1d 所示,使计算得到简化。进一步可将载荷简化为集中力,轴简化为一直线,即得如图 5.1e 所示的力学模型,从而可按受集中载荷作用的梁进行计算。

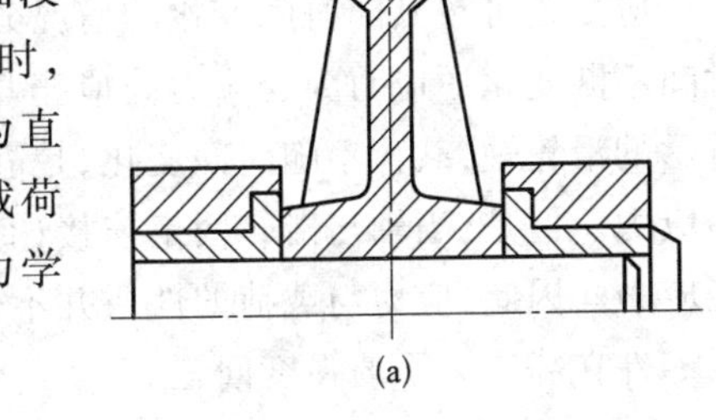

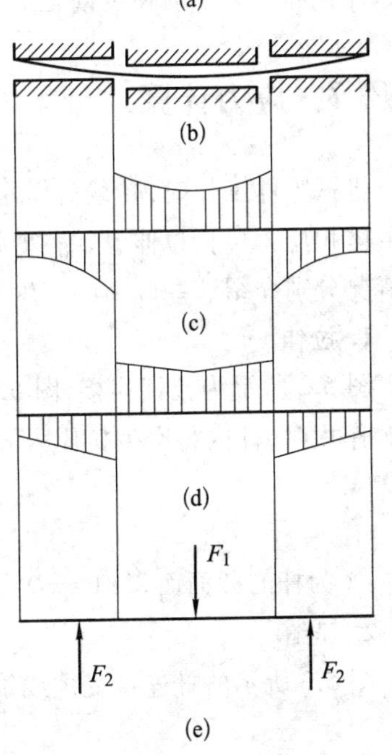

图 5.1 轴受载的力学模型

5.1.2 载荷的分类

1. 静载荷和变载荷

载荷可根据其性质分为静载荷和变载荷。载荷的大小或方向不随时间变化或变化极缓慢时,称为静载荷;载荷的大小或方向随时间有明显的变化时,称为变载荷。

本章只讨论静载荷下机械零件的应力、应变等内容。在第 7 章中,将对变载荷进行较详细的讨论。

2. 工作载荷、名义载荷和计算载荷

在机械设计计算中,载荷又有工作载荷、名义载荷和计算载荷之分。工作载荷是机械正常工作时所受的实际载荷。当缺乏工作载荷的载荷谱,或难于确定工作载荷时,常用原动机的额定功率,或根据机器在稳定和理想的工作条件下的工作阻力求出作用在零件上的载荷,称为名义载荷,用 F 和 T 分别表示力和转矩。若原动机的额定功率为 P(kW)、额定转速为 n(r/min),传动零件上的名义转矩为

$$T=9\ 550\frac{P}{n}\eta i \tag{5.1}$$

式中：i 为由原动机到所计算零件之间的总传动比；η 为由原动机到所计算零件之间传动链的总效率。

为了安全起见，计算用的载荷值应考虑零件在工作中受到的各种附加载荷，如由机械振动、工作阻力变动、载荷在零件上分布不均匀等因素引起的附加载荷。这些附加载荷可通过动力学分析或实测确定。如果缺乏这方面的资料，可用一个载荷系数 K 对名义载荷进行修正。载荷系数 K 与名义载荷的乘积称为计算载荷，用 F_{ca}（力）或 T_{ca}（力矩）来表示，即

$$\begin{gathered}F_{ca}=KF\\T_{ca}=KT\end{gathered} \tag{5.2}$$

机械零件设计时常按计算载荷进行计算。

5.2 机械零件的应力

应力也可按其随时间变化的情况分为静应力和变应力。不随时间变化的应力为静应力，随时间不断变化的应力为变应力。应当指出：受静载荷作用的零件也可以产生变应力。如图 5.1 所示的滑轮轴，载荷不随时间变化，是静载荷。当轴不转动而滑轮转动时，轴所受的弯曲应力为静应力。但是，当轴与滑轮固定连接（例如用键连接）并随滑轮一起转动时，轴的弯曲应力则为变应力。因此，应力与载荷的性质并不全是对应的。当然变载荷必然产生变应力。本篇讨论机械零件在静应力下的强度问题。

5.2.1 应力计算

机械零件工作时，在载荷作用下，零件内部和表面会产生应力。根据载荷作用的方式不同会产生体积应力包括拉伸、压缩、剪切、挤压、扭转、弯曲和接触应力。下面结合一些机械零件的受载情况分别介绍这些应力的产生与计算。

1. 拉伸

图 5.2 所示为拉杆连接，图 5.2a 所示为各部分的尺寸和受力情况。当连接杆受实线箭头拉力 F 作用时，杆内将产生拉应力 σ，其值为

$$\sigma=\frac{F}{A} \tag{5.3}$$

式中：A 为杆的截面面积，$A=\pi D^2/4$。

2. 压缩

图 5.2 所示的杆连接受虚线箭头压力 F 作用时两连接杆将受压应力 σ_c，其值为

$$\sigma_c=\frac{F}{A} \tag{5.4}$$

3. 剪切

如图 5.2b 所示，在受拉力 F 作用下，销钉的截面①、两杆的截面②和③均受到剪切。通常假定切应力是均匀分布的，则这些剪切面上的切应力 τ 为

$$\tau=\frac{F}{A} \tag{5.5}$$

式中：A 为各个零件本身受剪切面积之和，如销钉 $A=2\pi d^2/4$；杆接头 $A=4cb$。

4. 挤压

如图 5.2b 所示，在销钉和杆的钉孔互相接触压紧的表面④、⑤和⑥处受到挤压的作用。图 5.2c 所示为杆 A 钉孔受挤压的情况。挤压应力过大时，接触面将产生局部塑性变形。挤压应力的分布是比较复杂的，工程上对挤压问题常采用条件性计算，假定挤压应力是均匀分布在钉孔的

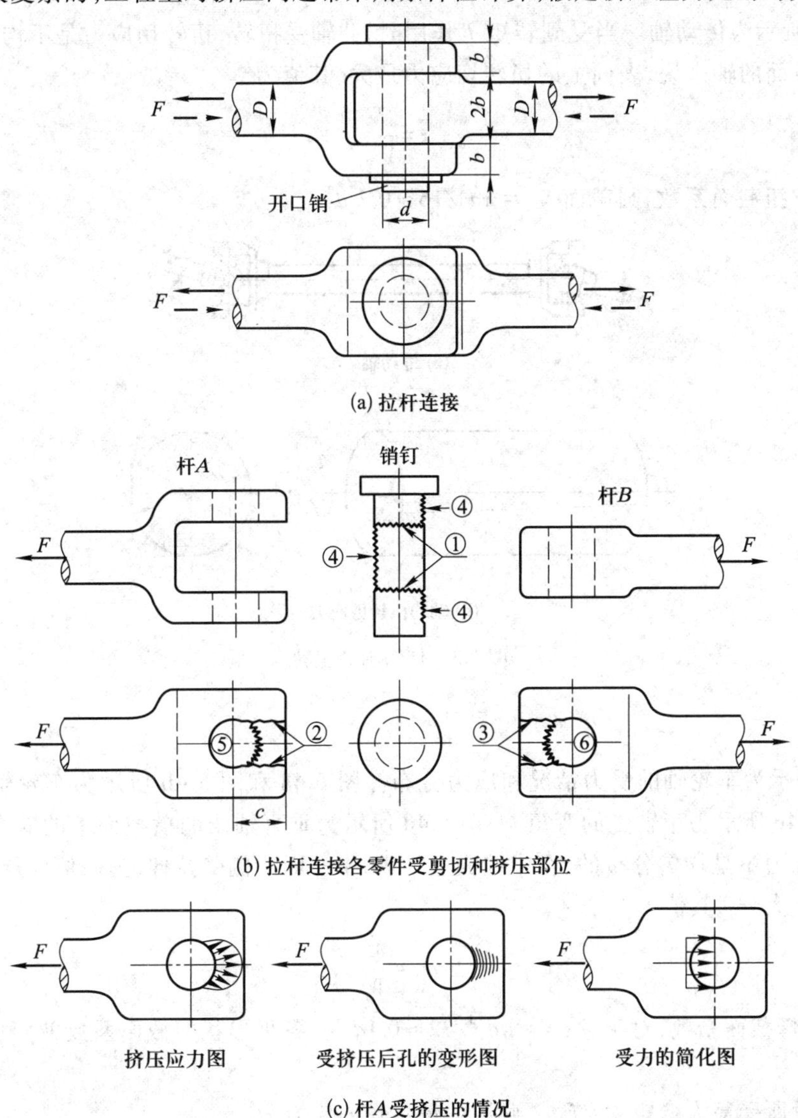

(a) 拉杆连接

(b) 拉杆连接各零件受剪切和挤压部位

(c) 杆A受挤压的情况

图 5.2　拉杆连接的应力分析

有效挤压面上,有效挤压面积就是实际受挤压面积在钉孔直径上的投影面积 $A'=2bd$。钉孔表面的挤压应力为

$$\sigma_p=\frac{F}{A'} \tag{5.6}$$

同理也可得销钉杆的挤压应力。平键与轴或轮毂上的键槽之间的应力也是挤压应力。

另外,接触表面之间有相对滑动时,常常用单位面积上的压力来控制磨损。这种压力称为压应力,例如滑动轴承的轴颈和轴瓦间的情况。压应力一般用 p 表示,其值为

$$p=\frac{F}{A'} \tag{5.7}$$

5. 扭转

图 5.3a 所示为传动轴。当受到转矩 T 作用时,此轴受扭转,扭转切应力是不均匀分布的(图 5.3b),对圆截面的轴来说,表面上的扭转切应力最大,其值为

$$\tau=\frac{T}{W_T} \tag{5.8}$$

式中:W_T 为抗扭截面系数,圆截面 $W_T=\pi d^3/16\approx 0.2\ d^3$。

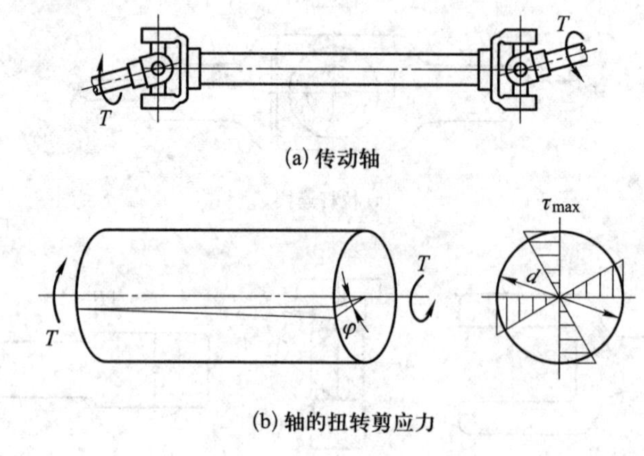

图 5.3　传动轴的扭转

6. 弯曲

图 5.4 所示为车轮轴的受力情况和应力分布。图 5.4a 和图 5.4b 所示为车轮轴的受力和受力简图,图 5.4c 所示为车轴受的弯矩 M;图 5.4d 所示为垂直轴线的横截面上的应力分布。从图可看出弯曲应力不是均匀分布的,在中性面上为零,中性面一侧受拉伸,另一侧受压缩,轴表面上的应力达到最大 σ_b,其值为

$$\sigma_b=\frac{M}{W} \tag{5.9a}$$

式中:W 为抗弯截面系数,对于轴,$W=\pi d^3/32\approx 0.1d^3$。各种形状的截面系数 W_T 和 W 可由设计手册中查得。

轴的中段所受最大弯矩 $M=Fa$。此段的最大弯曲应力为

$$\sigma_b = \frac{Fa}{0.1d^3} \tag{5.9b}$$

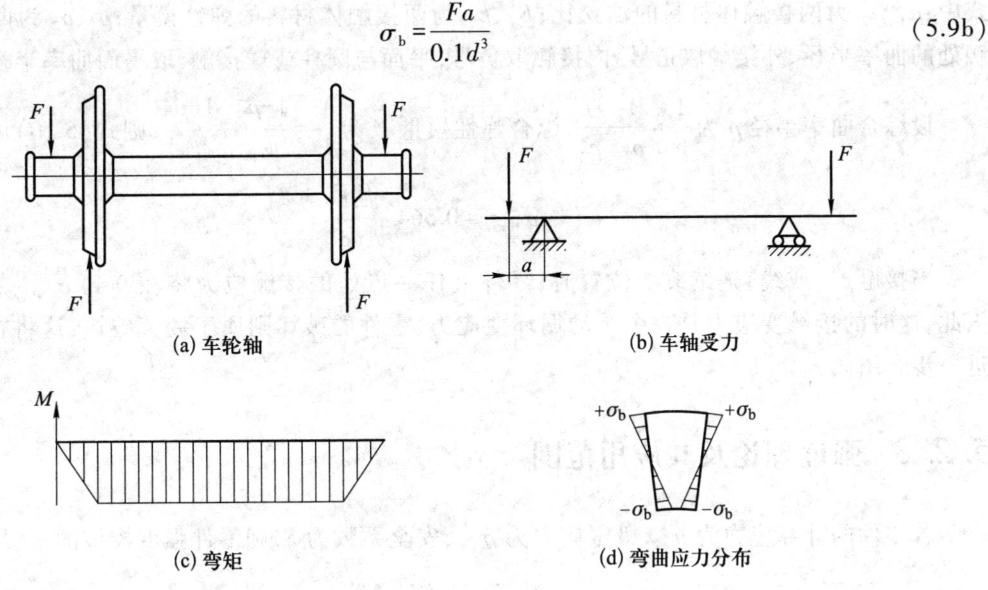

图 5.4　车轴的弯曲

从上面分析可以看出，由于拉伸、压缩、挤压和切应力是沿受力截面近似均匀分布的，而弯曲和扭转切应力沿受力截面非均匀分布，只有表层最大。因此，在截面上最大应力相同时，材料拉伸强度低于弯曲强度，剪切强度低于扭切强度。

在设计受扭转和弯曲作用的机械零件时，为充分发挥材料的作用，可采用空心轴工字梁和槽梁等，与同样截面积的实心轴和矩形梁比较，其抗扭和抗弯截面系数 W_T 和 W 将增大，从而降低扭转切应力和弯曲应力。

7. 接触应力

有些零件在受载荷前是点接触（球轴承、圆弧齿轮）或线接触（摩擦轮、直齿及斜齿渐开线齿轮、滚子轴承等），受载后在接触表面产生局部弹性变形，形成小面积接触。这时虽然接触面积很小，但表层产生的局部压应力却很大，该应力称为接触应力，在接触应力作用下的零件强度称为接触强度。这些零件在工作中需要有足够的接触强度。

图 5.5 表示曲率半径各为 ρ_1 和 ρ_2、长为 b 的两个圆柱体接触，载荷为 F，由于接触表面局部弹性变形，形成一个 $2ab$ 的矩形接触面积，该面上的接触应力分布是不均匀的，最大应力位于接触面宽中线处。由弹性力学的赫兹（Hertz）公式可得最大接触应力为

$$\sigma_{Hmax} = \sqrt{\frac{F}{\pi b}\left(\frac{\frac{1}{\rho_1} \pm \frac{1}{\rho_2}}{\frac{1-\mu_1^2}{E_1} + \frac{1-\mu_2^2}{E_2}}\right)} \tag{5.10}$$

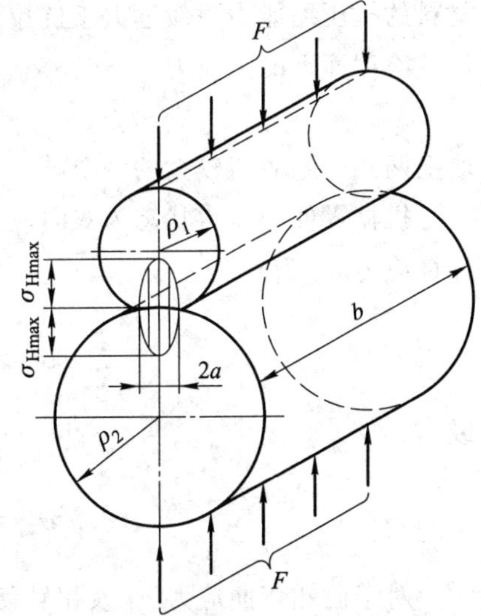

图 5.5　两圆柱体接触应力分布

式中:μ_1、μ_2 为两接触体材料的泊松比;E_1、E_2 为两接触体材料的弹性模量;ρ_1、ρ_2 为两圆柱体接触处的曲率半径,外接触取正号,内接触取负号,平面与圆柱或球接触,取平面曲率半径 $\rho_2=\infty$ 。

设综合曲率半径 ρ 为$\frac{1}{\rho}=\frac{1}{\rho_1}\pm\frac{1}{\rho_2}$,综合弹性模量 E 为$\frac{1}{E}=\frac{1-\mu_1^2}{E_1}+\frac{1-\mu_2^2}{E_2}$,则式(5.10)可写为

$$\sigma_{\mathrm{Hmax}}=0.564\sqrt{\frac{FE}{b\rho}} \tag{5.11}$$

当接触点(或线)连续改变位置时,零件上任一点处的接触应力将在 0 到 σ_{Hmax}之间变动。因此,这时的接触变应力是一个脉动循环变应力,零件的破坏则属于疲劳破坏,这将在 7.6 节做进一步介绍。

5.2.2　强度理论及其应用范围

若零件的计算应力为 σ_{ca},极限应力为 σ_{lim},安全系数为 S,则零件强度校核的一般表达式为

$$\sigma_{\mathrm{ca}}\leqslant\frac{\sigma_{\mathrm{lim}}}{S} \tag{5.12}$$

在作静强度计算时,根据零件材料是塑性的或脆性的,分别采用屈服极限 σ_{S} 或强度极限 σ_{B} 作为零件的极限应力。

如果零件截面上的应力为单向应力状态,则危险截面上的最大工作应力即为计算应力;对于复杂应力状态,则应按一定的强度理论来求计算应力。

在通用零件的设计中,常用到以下三种强度理论:

1. 最大主应力理论(第一强度理论)

这种理论认为,危险状态的折断都是由于单元体上最大拉应力(即主应力 σ_1)引起的,其他斜面上的应力对破坏没有影响。根据实践,是适用于脆性材料(例如灰铸铁)的强度理论。脆性材料的抗压缩能力一般远大于抗拉伸能力,即压缩强度极限远大于拉伸强度极限。故当已知零件危险截面上的主应力 $\sigma_1>\sigma_2>\sigma_3$ 时,按此理论所得的拉伸或弯曲计算应力为

$$\sigma_{\mathrm{ca}}=\sigma_1 \quad 或 \quad \sigma_{\mathrm{ca}}=|\sigma_3| \tag{5.13}$$

取上两式中绝对值较大的一个。

机械零件的应力状态为双向应力状态时,其应力状态如图 5.6 所示。最大主应力为 σ_1 亦即计算应力 σ_{ca}为

$$\sigma_{\mathrm{ca}}=\sigma_1=\frac{\sigma_x+\sigma_y}{2}+\sqrt{\left(\frac{\sigma_x-\sigma_y}{2}\right)^2+\tau_{xy}^2} \tag{5.14}$$

或

$$\sigma_{\mathrm{ca}}=\sigma_3=\frac{\sigma_x+\sigma_y}{2}-\sqrt{\left(\frac{\sigma_x-\sigma_y}{2}\right)^2+\tau_{xy}^2} \tag{5.15}$$

对于已知弯曲应力 σ_{b} 及扭转切应力 τ 的状况,令式(5.14)中的 $\sigma_x=\sigma_{\mathrm{b}}$,$\sigma_y=0$,$\tau_{xy}=\tau$,则该式变为

$$\sigma_{ca}=\sigma_1=\frac{\sigma_b}{2}+\sqrt{\left(\frac{\sigma_b}{2}\right)^2+\tau^2} \tag{5.16}$$

2. 最大切应力理论(第三强度理论)

此理论认为危险状态的屈服是由于单元体中最大的切应力引起的,其他斜面上的切应力对屈服没有影响。这是适用于塑性材料(例如钢材)的强度理论。

当已知零件危险截面上的主应力 $\sigma_1>\sigma_2>\sigma_3$ 时,计算应力为

$$\sigma_{ca}=\sigma_1-\sigma_3 \tag{5.17}$$

当已知如图 5.6 所示的平面应力,在求计算应力时,可先按式(5.14)及式(5.15)求出主应力 σ_1 和 σ_3,然后代入式(5.17)求得计算应力为

$$\sigma_{ca}=\sqrt{(\sigma_x-\sigma_y)^2+4\tau_{xy}^2} \tag{5.18}$$

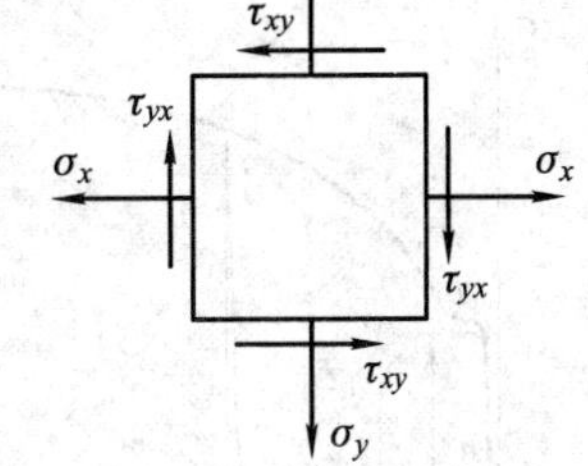

图 5.6　平面应力状态

对于通常已知弯曲应力 σ_b 和扭转切应力 τ 的情况,计算应力为

$$\sigma_{ca}=\sqrt{\sigma_b^2+4\tau^2} \tag{5.19}$$

3. 统计平均切应力理论(第四强度理论,又称最大形变能理论)

此理论认为虽然最大切应力是危险状态材料屈服的主要原因,但其他斜面上的切应力也对屈服有影响,所以应该用一个既反映主要因素、又考虑次要因素的物理量来表示材料的屈服强度,这个量叫做统计平均切应力。这是与最大切应力理论同样适用于塑性材料的强度理论。在复杂应力、二向应力和弯扭组合状态条件下,其计算式分别为

$$\sigma_{ca}=\sqrt{\frac{1}{2}\left[(\sigma_1-\sigma_2)^2+(\sigma_2-\sigma_3)^2+(\sigma_3-\sigma_1)^2\right]} \tag{5.20}$$

$$\sigma_{ca}=\sqrt{\left(\frac{\sigma_x+\sigma_y}{2}\right)^2+3\left[\left(\frac{\sigma_x-\sigma_y}{2}\right)^2+\tau_{xy}^2\right]} \tag{5.21}$$

$$\sigma_{ca}=\sqrt{\sigma_b^2+3\tau^2} \tag{5.22}$$

对比式(5.19)及式(5.22)可以看出,按第四强度理论求出的计算应力比按第三强度理论要小一些。因此在同样材料和安全系数相等的条件下,可以得到较为轻小的结构。不过在设计实践中,对于塑性材料制成的零件,往往是根据使用经验应用不同的强度理论,并给出相应的许用应力值。

上述强度理论并没有考虑温度、动载等影响,因而只能用来计算零件或构件在常温、静载下的强度。

5.3　机械零件的变形

材料的变形

1. 变形曲线

图 5.7 表示 Q345 钢拉伸试验时的应力-应变曲线,即 $\sigma-\varepsilon$ 曲线,其弹性阶段为 oa、屈服阶段

为 ab、强化阶段为 bc、局部变形阶段为 cd ，a、b、c 三点的高度分别代表比例极限 σ_p、屈服极限 σ_S、强度极限 σ_B。

图 5.8 所示为五种不同材料的 $\sigma-\varepsilon$ 曲线的比较。其中 Q345 钢的上述四个阶段都很明显；铝合金和球墨铸铁没有屈服阶段，但其余三个阶段较明显；锰矾钢只有弹性阶段和强化阶段，没有屈服阶段和局部变形阶段；塑料则没有弹性阶段。

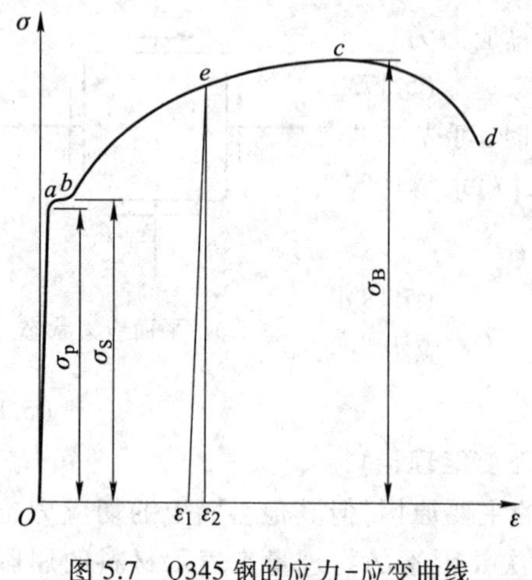

图 5.7　Q345 钢的应力-应变曲线

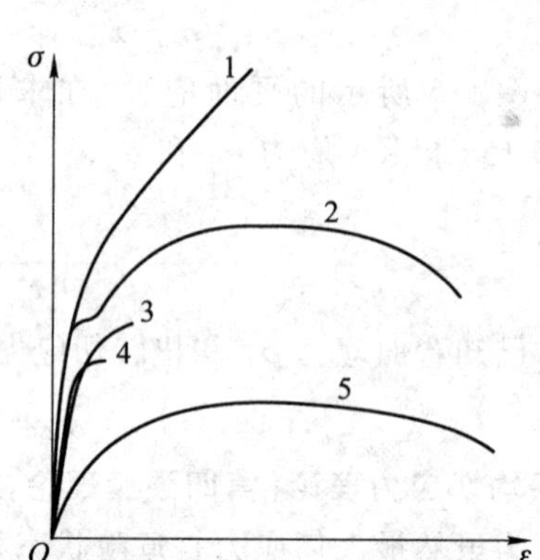

图 5.8　几种材料的应力-应变曲线

1—锰钒钢；2—Q345 钢；3—铝合金；4—球墨铸铁；5—塑料

以 Q345 钢为例，在拉伸试验时，当拉力较小时，在弹性阶段卸载，变形按原来加载时的 $\sigma-\varepsilon$ 直线下降，变形完全消失，恢复原来尺寸。但当拉力较大时，如超过弹性阶段后，变形将无法完全恢复。如图 5.7 所示，在 e 点处卸载时，$\sigma-\varepsilon$ 的关系从卸载时新的屈服极限开始沿着与弹性阶段同样斜率的直线下降，不能完全恢复原来尺寸。其恢复的部分（$\varepsilon_2-\varepsilon_1$）为弹性变形，不能恢复的部分（$\varepsilon_1$）为塑性变形。重复加载时，则沿卸载时的 $\sigma-\varepsilon$ 关系的直线上升到新的屈服极限，这种现象叫冷作硬化，它提高了材料的屈服极限，降低了其塑性而使其变脆。有些零件利用冷作硬化原理提高强度，如弹簧的强压处理、轴的滚压强化等。

在强度设计时，多数零件不允许有塑性变形。但是，有些零件允许在局部有塑性变形的条件下工作。

2. 变形量计算

在进行机械零件设计计算时，有时除了要使零件满足强度条件而对其应力进行校核外，还要对其变形量加以限制，这里仅讨论弹性范围内的变形量计算公式。

（1）拉伸或压缩变形

如图 5.9 所示，杆件拉伸时的伸长为

$$\Delta l=\frac{Fl}{AE} \tag{5.23a}$$

或

$$\Delta l=\frac{\sigma l}{E} \tag{5.23b}$$

式中：Δl 为伸长量或压缩量，mm；F 为载荷，N；l 为杆长，mm；A 为杆截面面积，mm^2；E 为材料的弹性模量，MPa。

（2）扭转变形

如图5.10所示，圆杆扭转时的扭转角为

$$\varphi=\frac{TL}{GI_p} \tag{5.24}$$

式中：φ 为扭转角，rad；I_p 为圆形截面的极惯性矩，mm^4，$I_p=\pi d^4/32\approx 0.1d^4$，$d$ 为轴径，mm；G 为材料的剪切弹性模量，MPa；T 为转矩，N · mm；L 为轴长，mm。

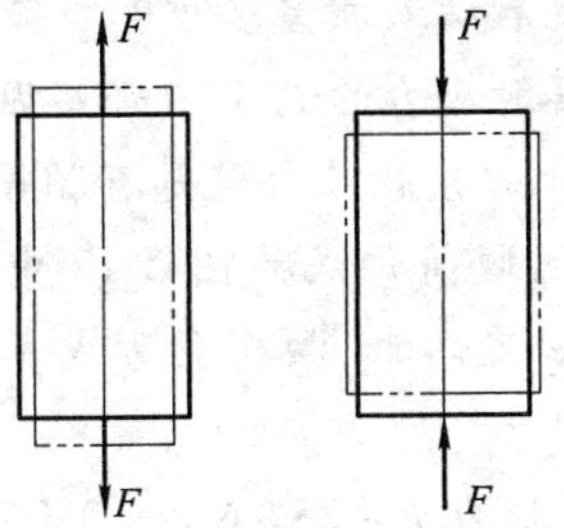

图5.9 拉伸和压缩变形

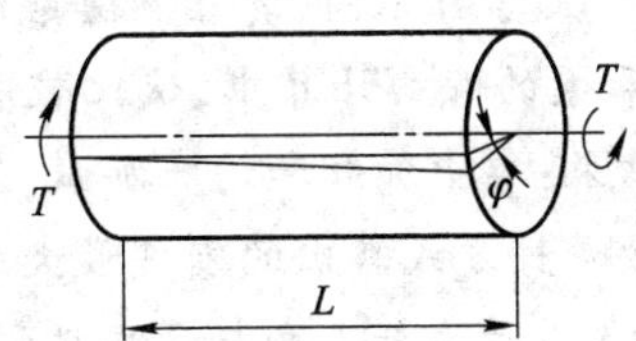

图5.10 扭转变形

由式(5.24)可得单位长度扭转角为

$$\theta=\frac{\varphi}{L}=\frac{T}{GI_p} \tag{5.25}$$

（3）弯曲变形

弯曲变形的计算比较复杂，材料力学中已经详细地介绍了计算挠度 y 和转角 θ 的方法。机械零件设计中常用的弯曲变形计算方法有莫尔图解分析法（又称虚梁法）和叠加法。

莫尔图解分析法可得出各种简单载荷作用下静定梁的挠度和转角值的计算公式，并已编成表格，可直接查用。这种表格在材料力学和机械设计手册中都有，这里只对其中一种常用的典型情况列出计算公式。

结构与受力情况如图5.11所示，可查得端点转角 θ 的公式为

$$\theta_1=\frac{Fb(L^2-b^2)}{6EI_yL}$$
$$\theta_2=\frac{Fb(L^2-a^2)}{6EI_yL} \tag{5.26}$$

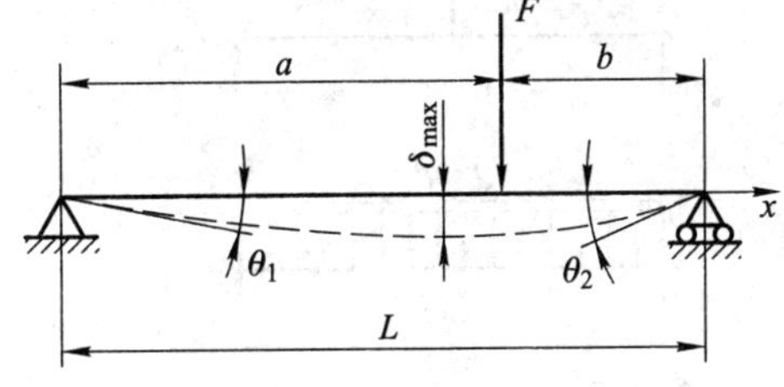

图5.11 弯曲变形示意图

最大挠度 y_{max} 的公式为

$$y_{max}=\frac{-Fb(L^2-b^2)^{3/2}}{9\sqrt{3}EI_yL} \tag{5.27}$$

式中：E 为材料的弹性模量，MPa；I_y 为截面对中性轴的惯性矩，最大挠度位于 $x=\sqrt{(L^2-b^2)/3}$ 处。

如果载荷比较复杂，往往不能直接从表上查得转角和挠度的公式，则需用叠加法计算。当同时作用有几个载荷，可以把载荷分开考虑，然后将每种载荷所得的变形相加。当载荷不是作用在

一个平面内,则只需将各载荷分解为垂直和水平平面上的分力,分别求出两个方向上的变形,然后求出其几何和。用叠加法计算轴弯曲变形的实例见第 9 章。

习题

5.1　解释下列名词:静载荷,变载荷,动载荷,名义载荷,计算载荷,静应力,变应力。试举出两个机械零、部件在工作时受静载荷作用而产生变应力的例子。

5.2　机械零件设计中常用的第一、三、四强度理论各适用于哪类材料? 这些强度理论各用以计算什么量的最大值? 如用这些强度理论分别计算受弯扭联合作用的轴的最大应力,假设沿轴向的弯曲应力 σ_b 等于扭转产生的切应力 τ,则三者最后结果相差多少?

5.3　两个曲面形状的金属零件相互压紧,其表面接触应力的大小由哪些因素确定? 如果这两个零件的材料、尺寸都不同,其相互接触的各点上彼此的接触应力值是否相等?

5.4　在轴和梁的弯曲计算中,试比较将某一实际问题简化成为图 5.12 中不同的加载和支承方式所得的结果:集中加载和均布加载,简支约束和固定约束,按哪种方式算出的零件最大弯曲应力较小? 按哪种方式算出的零件最大弯曲变形较小?

5.5　图 5.13 所示为杆 1 和杆 2 用销钉 3 相连接。拉力 $F=25$ kN,杆用 Q275、销用 45 钢制造。杆的许用应力:拉伸 $[\sigma]=90$ MPa,挤压 $[\sigma_p]=140$ MPa,剪切 $[\tau]=60$ MPa;销钉的许用应力:弯曲 $[\sigma_b]=120$ MPa,剪切 $[\tau]=70$ MPa。试按等强度设计原则确定结构的各部分尺寸。

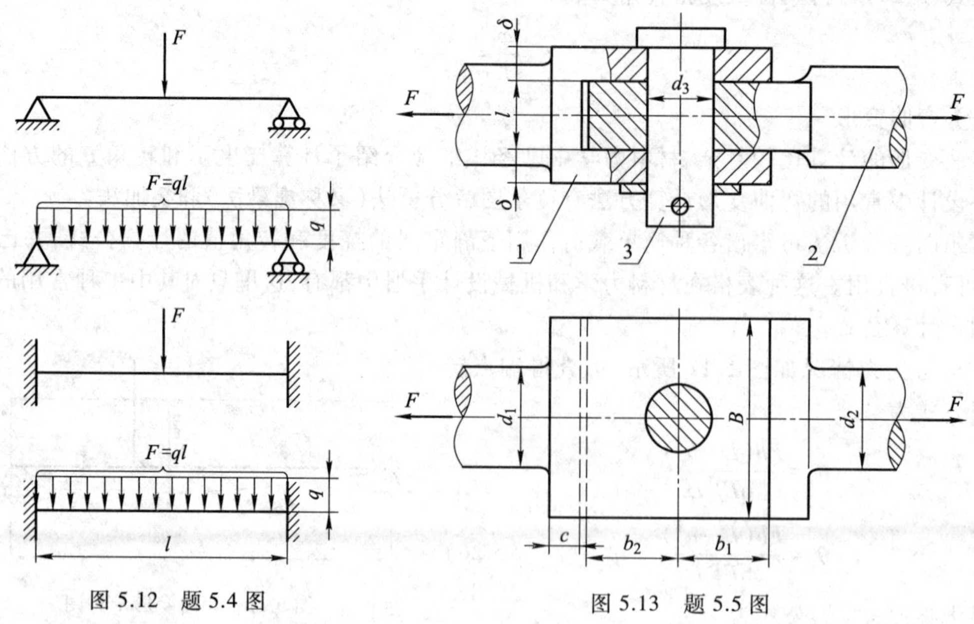

图 5.12　题 5.4 图　　　图 5.13　题 5.5 图

5.6　根据下列数据,试分别按第一、第三和第四强度理论求出零件的计算应力 σ_{ca}。

1) $\sigma_x=70$ MPa,$\sigma_y=28$ MPa,$\tau_{xy}=0$;

2) $\sigma_x=-14$ MPa,$\sigma_y=-56$ MPa,$\tau_{xy}=28$ MPa;

5.7　油压机的最大载荷 $F=3\ 000$ kN,由四根直径为 90 mm、长度为 1 m 的立柱均匀承受。已知立柱材料的弹性模量 $E=2.1\times10^5$ MPa,屈服极限 $\sigma_S=360$ MPa。试计算立柱受拉后的伸长量 Δl 及安全系数 S。

第6章

典型机械零件的静强度设计

6.1 联轴器的设计与计算

在常用的联轴器设计时,一般只需正确选择联轴器的类型,确定联轴器的型号及尺寸。

6.1.1 联轴器类型的选择

根据传递载荷大小、载荷的性质、轴转速的高低、被连接两部分的安装精度等,参考各类联轴器特性,选择合适的联轴器类型,具体选择时可考虑以下几点:

1) 联轴器所需传递转矩的大小和性质,对缓冲、减振等功能的要求,如对大功率的重载传动,可选用齿轮联轴器。

2) 联轴器两轴轴线的相对位移和大小,即制造和装配误差、轴受载和热膨胀变形以及部件之间的相对运动等引起联轴器两轴的位移程度。当安装调整后,难以保持两轴严格精确对中,或工作过程中两轴将产生较大的附加相对位移时,应选用挠性联轴器;当径向位移较大时,可选用十字滑块联轴器;角位移较大或相交两轴的连接,可选用万向联轴器。

3) 联轴器的工作转速高低和引起的离心力的大小。当转速大于5 000 r/min时,应考虑联轴器外缘的离心应力和弹性元件的变形等因素,并进行动平衡试验;变速时,不应选用非金属弹性元件和可动元件之间有间隙的挠性联轴器。

4) 联轴器的可靠性和工作环境。通常由金属元件制成的不需润滑的联轴器比较可靠;需要润滑的联轴器,其性能易受润滑完善程度的影响,且可能污染环境;非金属元件的联轴器对温度、腐蚀性介质及强光等比较敏感,且容易老化。

5) 联轴器的制造、安装、维护和成本。为了便于装配、调整和维修,应考虑必需的操作空间,对于大型联轴器,应能在轴不需作轴向移动的条件下实现装拆。

6.1.2 联轴器转矩计算

对于已标准化或规格化的联轴器,选定合适的类型后,可按转矩、轴径和转速等确定联轴器的型号和结构尺寸。

由于机器起动时的动载荷和运转过程中可能出现过载等现象,故应取轴上的最大转矩作为计算转矩 T_{ca},T_{ca}可按下式计算:

$$T_{ca}=K_A T \tag{6.1}$$

式中:T 为联轴器所需传递的名义转矩,N · m;K_A 为工作情况系数,其值见附表 4.5(此系数也适用离合器)。

根据计算转矩、转速及所选的联轴器类型,由有关设计手册选取联轴器的型号和结构尺寸:

$$T_{ca} \leqslant [T] \tag{6.2}$$

$$n \leqslant n_{max} \tag{6.3}$$

式中:$[T]$为所选联轴器型号的许用转矩,N · m;n 为被连接轴的转速 r/min;n_{max} 为所选型号联轴器允许的最高转速,r/min 。

多数情况下,每一型号联轴器适用的轴径均有一个范围,标准中已给出轴径的最大与最小值,或者给出适用直径的尺寸系列,被连接两轴的直径都应在此范围之内。

6.2 离合器的设计与计算

6.2.1 单片式圆盘摩擦离合器的设计

如图 3.37 所示,单片式圆盘摩擦离合器有

$$T_{max} = F_Q f R_m \tag{6.4}$$

式中:F_Q 为两摩擦片之间的轴向压力,N;f 为摩擦系数;R_m 为平均半径,mm 。

设摩擦力的合力作用在平均半径的圆周上,取环形接合面的外径为 D_1,内径为 D_2,则

$$R_m = \frac{D_1 + D_2}{4} \tag{6.5}$$

6.2.2 多片式摩擦离合器的设计

如图 3.38 所示,多片式摩擦离合器能传递的最大转矩为

$$T_{max} = F_Q f R_m z \tag{6.6}$$

式中:z 为接合摩擦面数(图 3.38 中,$z=6$);其他符号的含义同前。

为使摩擦面不均匀的磨损不致过大,通常取摩擦工作表面的外径与内径之比为 1.5~2。

增加摩擦片数目,可以提高离合器传递转矩的能力,但摩擦片过多会影响分离动作的灵活性,故一般不超过 10~15 对。

摩擦离合器的工作过程一般可分为接合、工作和分离三个阶段。在接合和分离过程中,从动轴的转速总低于主动轴的转速,因而两摩擦工作面间必将产生相对滑动,从而会消耗一部分能量,并引起摩擦片的磨损和发热,为了限制磨损和发热,应使接合面上的压强 p 不超过许用压强 $[p]$,即

$$p = \frac{4F_Q}{\pi(D_1^2 - D_2^2)} \leqslant [p] \tag{6.7}$$

式中:D_1、D_2 分别为环形接合面的外径和内径, mm;F_Q 为轴向压力, N;$[p]$为许用压强,10^4 Pa,

许用压强$[p]$为基本许用压强$[p_0]$与系数 k_1、k_2、k_3 的乘积，即

$$[p]=[p_0]k_1k_2k_3 \tag{6.8}$$

式中：k_1、k_2、k_3 分别是因离合器的平均圆周速度、主动摩擦片数以及每小时的接合次数不同而引入的修正系数。

各种摩擦副材料的摩擦系数 f 和基本许用压强$[p_0]$见附表 4.1，修正系数 k_1、k_2、k_3 分别列于附表 4.2、附表 4.3 和附表 4.4。

6.3　螺纹连接件的静强度设计与计算

螺纹连接包括螺栓连接、双头螺柱连接和螺钉连接等类型。下面以螺栓连接为例分析螺纹连接的强度计算方法。此计算方法对双头螺柱连接和螺钉连接也同样适用。

6.3.1　单个螺栓连接的强度计算

螺栓连接按受力状况不同可分为受拉螺栓(普通螺栓)连接和受剪螺栓(铰制孔用螺栓)连接两大类，而受拉螺栓连接又分为紧螺栓连接和松螺栓连接两种，紧螺栓连接工作前因预紧先受到预紧拉力的作用，松螺栓连接不需预紧则没有预紧拉力。因此，在计算螺栓连接的强度时一定要区分清螺栓是受拉还是受剪、是松螺栓连接还是紧螺栓连接。

1. 受拉螺栓连接

受拉螺栓的失效多为螺纹部分的塑性变形和断裂，如果螺纹精度较低或者连接经常装拆，则螺纹牙也有可能发生滑扣。

如果选用的是标准件，则螺栓的设计主要包括：求出螺纹部分最小截面的直径(即螺纹小径 d_1)或对其强度进行校核。螺栓的其他部分(螺纹牙、螺栓头、光杠)和螺母、垫圈的结构尺寸，通常不需要进行强度计算，可查机械设计手册按螺栓的螺纹公称直径(即螺纹大径 d)确定。

(1) 松螺栓连接

松螺栓连接在装配时不需要把螺母拧紧。例如图 6.1 所示的起重滑轮螺栓，即为松螺栓连接。如果螺栓拧紧，滑轮架就不能自由转动，将给工作带来不便。

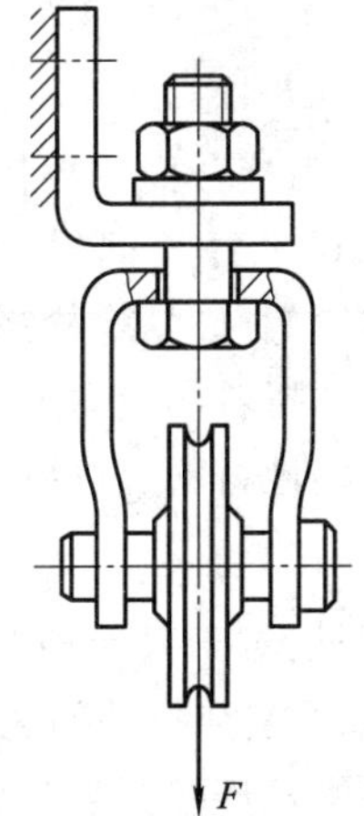

图 6.1　起重滑轮的松螺栓连接

若忽略滑轮及其支架的自重，在承受工作载荷前，螺栓不受力，这是判别这类螺栓连接的依据。当连接承受工作载荷 F 时，螺栓所受的工作拉力即为 F，螺栓最小截面所受的应力应满足的强度条件为

$$\sigma=\frac{F}{\pi d_1^2/4}\leqslant[\sigma] \tag{6.9}$$

式中：d_1为螺栓螺纹小径，mm；$[\sigma]$为螺栓的许用拉应力，MPa。

当对这类螺栓进行设计时，可通过式(6.9)确定螺栓的最小直径

$$d_1 \geqslant \sqrt{\frac{4F}{\pi[\sigma]}} \tag{6.10}$$

(2) 紧螺栓连接

紧螺栓连接在装配时必须将螺母拧紧，螺栓本身已受到预紧拉力作用。工作载荷有可能是横向和轴向的作用力，因此紧螺栓连接又可分为受横向工作载荷和轴向工作载荷两种情况。

1) 受横向工作载荷的紧螺栓连接，如图 6.2 所示的普通螺栓连接，承受垂直于螺栓轴线的横向工作载荷 F 作用，螺栓杆与孔壁之间有间隙。在螺栓预紧力 F'的作用下，由被连接件接合面间产生摩擦力来抵抗工作载荷。这时，螺栓仅承受预紧力的作用，而且在施加工作载荷的前后，螺栓所受的拉力不变，均等于预紧力，这是此类连接的重要特征。

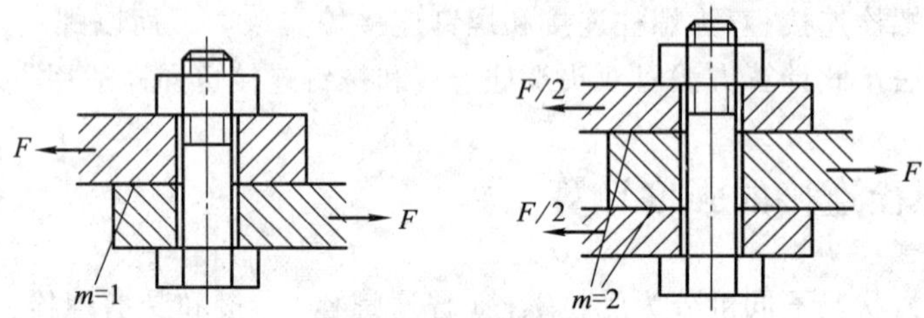

图 6.2　受横向工作载荷的普通螺栓连接

为防止被连接件之间发生相对滑移，其接合面间的摩擦力必须大于或等于横向载荷，即应满足

$$mfF' \geqslant K_f F \tag{6.11a}$$

或

$$F' \geqslant \frac{K_f F}{mf} \tag{6.11b}$$

式中：m 为接合面的数目；f 为接合面间的摩擦系数，可查附表 7.1；K_f为防滑可靠性系数，通常取 K_A = 1.1~1.3。

拧紧螺母时，螺栓螺纹部分不仅受预紧力 F'所产生的拉应力 σ 作用，而且还受摩擦力矩 T 所产生的扭转切应力 τ 作用，经理论分析，对于 M10~M64 普通螺纹的钢制螺栓，$\tau \approx 0.5\sigma$。由于螺栓为塑性材料，且受拉伸和扭转复合应力，故可按第四强度理论求得螺栓的合成计算应力

$$\sigma_{ca} = \sqrt{\sigma^2 + 3\tau^2} = \sqrt{\sigma^2 + 3(0.5\sigma)^2} \approx 1.3\sigma$$

可见，对于只受预紧力的紧螺栓连接来说，考虑扭转切应力的影响只需将拉伸载荷加大 30%，就可按纯拉伸问题进行计算。

紧螺栓连接强度条件为

$$\sigma_{ca} = \frac{1.3F'}{\pi d_1^2/4} \leqslant [\sigma] \tag{6.12}$$

其设计公式为

$$d_1 \geqslant \sqrt{\frac{4 \times 1.3F'}{\pi[\sigma]}} \tag{6.13}$$

2）受轴向工作载荷的紧螺栓连接如图 6.3 所示，这种连接拧紧后螺栓受预紧力 F'，工作时又受到由被连接件传来的轴向工作载荷 F。一般情况下，螺栓所受的总拉力 F_0 并不等于 F 与 F' 之和。当应变在弹性范围内时，各零件的受力可根据静力平衡和变形协调条件求出。

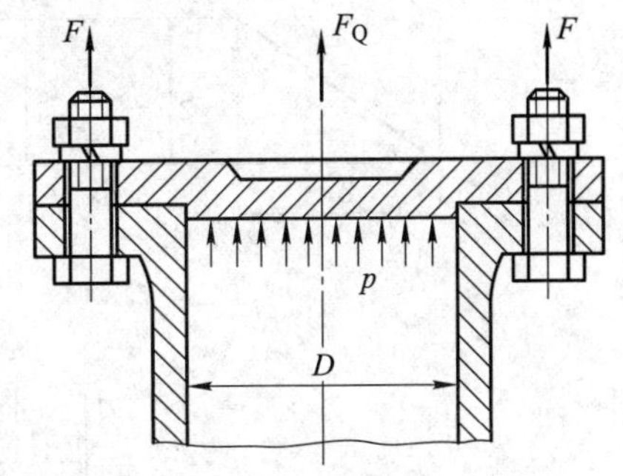

图 6.3　压力容器螺栓连接

图 6.4 所示为螺栓和被连接件的受力-变形图。

图 6.4a 所示为螺母刚好拧到与被连接件接触，此时螺栓与被连接件均未受力，因而也未产生变形。图 6.4b 所示是螺母已拧紧，但尚未承受工作载荷的情况。根据静力平衡条件，螺栓所受拉力应与被连接件所受压力大小相等，均为 F'。在 F' 的作用下，螺栓产生伸长变形 δ_1，被连接件产生压缩变形 δ_2。设螺栓和被连接件的刚度分别为 C_1 和 C_2，则 $\delta_1=F'/C_1$，$\delta_2=F'/C_2$。

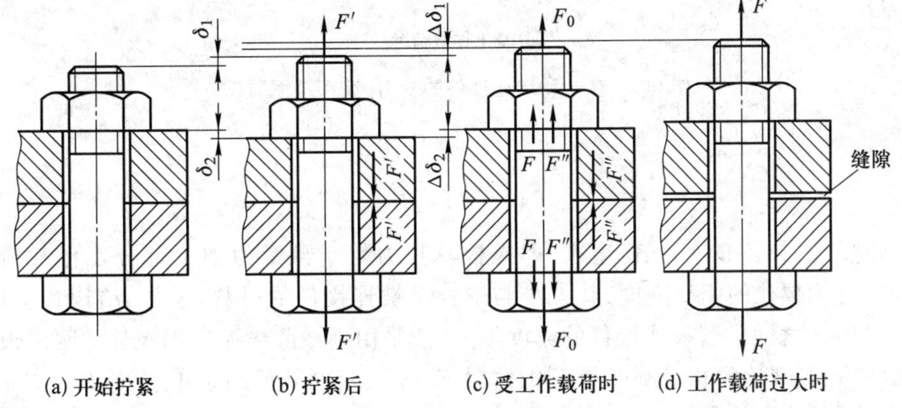

图 6.4　螺栓和被连接件的受力-变形图

图 6.5a 所示为拧紧时螺栓和被连接件的受力-变形关系线图。将两图合并得图 6.5b。图 6.4c 和图 6.5c 是螺栓受工作载荷 F 时的情况。这时螺栓拉力增大为 F_0，拉力增量为 F_0-F'，伸长增量为 $\Delta\delta_1$；被连接件因螺栓伸长而被放松，其压力减小到 F''，称为剩余预紧力。压力减量为 $F'-F''$，压缩变形减量为 $\Delta\delta_2$。由于弹性体的变形互相制约又互相协调，应有 $\Delta\delta_1=\Delta\delta_2$。根据螺栓的静力平衡条件，即螺栓所受的总拉力等于剩余预紧力与工作载荷之和，可得

$$F_0=F''+F \tag{6.14}$$

F_0 与 F、F'、F''的关系，可由螺栓和被连接件的变形几何关系求出。由图 6.5c 得

$$\Delta\delta_1=\frac{F_0-F'}{C_1}=\frac{F+F''-F'}{C_1};\ \Delta\delta_2=\frac{F'-F''}{C_2}$$

经过变换可得

$$F''=F'-\frac{C_2}{C_1+C_2}F \tag{6.15}$$

$$F'=F''+\frac{C_2}{C_1+C_2}F \tag{6.16}$$

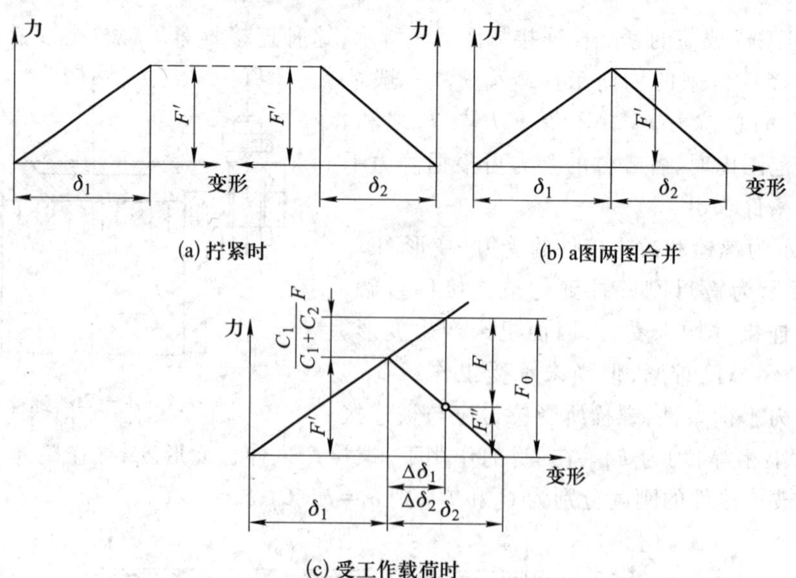

图 6.5　螺栓和被连接件的受力-变形关系线图

$$F_0 = F' + \frac{C_1}{C_1+C_2}F \tag{6.17}$$

式(6.17)是螺栓总拉力的另一表达式,即螺栓总拉力等于预紧力加上部分工作载荷。其中,$C_1/(C_1+C_2)$称为螺栓的相对刚度,其大小与螺栓及被连接件的材料、尺寸、结构和垫片等因素有关,其值在 0~1 之间。若被连接件的刚度很大(或采用刚性薄垫片),而螺栓的刚度很小(如细长或空心螺栓),则螺栓的相对刚度趋于 0,这时 $F_0 \approx F'$;反之其值趋于 1,这时 $F_0 \approx F'+F$。由此可见,为了降低螺栓的受力,提高连接的承载能力,应使螺栓的相对刚度尽量小些。此值可通过计算或实验确定,一般设计时可参考附表 7.2。

图 6.4d 所示为螺栓工作载荷过大时,连接出现缝隙的情况,这是不允许的。显然,F''应大于零,以保证连接的刚性或紧密性。选择 F'' 时可参考附表 7.3。

设计时,一般先求出 F,再根据连接的工作要求选择 F'',然后由式(6.14)计算 F_0 或由式(6.16)求出为保证 F''所需的 F',然后由式(6.17)计算 F_0。求得 F_0 后,即可进行螺栓强度计算。考虑到螺栓在外载荷作用下可能需要补充拧紧,故按式(6.14)将总拉力增加 30%以考虑扭转切应力的影响。于是螺栓危险截面的拉伸强度条件为

$$\sigma_{ca} = \frac{1.3F_0}{\pi d_1^2/4} \leqslant [\sigma] \tag{6.18}$$

其设计公式为

$$d_1 \geqslant \sqrt{\frac{4\times 1.3F_0}{\pi[\sigma]}} \tag{6.19}$$

2. 受剪螺栓连接

受剪螺栓连接如图 6.6 所示。这种连接利用铰制孔用螺栓来承受横向工作载荷 F,螺栓杆与孔壁之间无间隙。连接可能的失效形式有:螺栓被剪断、螺栓杆或孔壁被压溃等。虽然螺栓杆

还受弯曲作用，但在各接合面贴紧的情况下一般不考虑弯曲。因此，可分别按剪切及挤压强度条件计算。计算时，假设螺栓杆与孔壁表面上的压力分布是均匀的。又由于这种连接所受的预紧力很小，所以一般不考虑预紧力和螺纹摩擦力矩的影响。

螺栓杆的剪切强度条件为

$$\tau=\frac{F}{m\pi d_0^2/4}\leqslant[\tau] \tag{6.20}$$

螺栓杆与孔壁的挤压强度条件为

$$\sigma_{\mathrm{p}}=\frac{F}{d_0 L_{\min}}\leqslant[\sigma_{\mathrm{p}}] \tag{6.21}$$

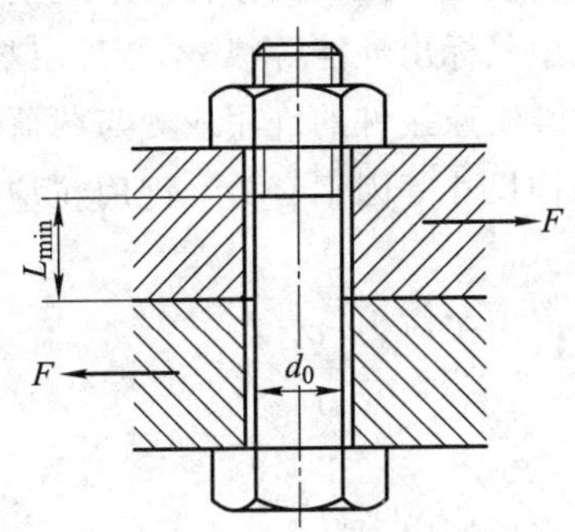

图 6.6　受剪螺栓连接

式中：d_0 为螺栓剪切面的直径（螺栓杆直径），mm，当 $d<30$ mm 时，可取 $d_0=d+1$，当 $d\geqslant 30$ mm 时，可取 $d_0=d+2$；m 为螺栓抗剪面数目；$L_{\min}$ 为螺栓杆与孔壁挤压面的最小长度，mm，设计时应使 $L_{\min}\geqslant 1.25d_0$；$[\tau]$ 为螺栓材料的许用切应力，MPa；$[\sigma_{\mathrm{p}}]$ 为螺栓或孔壁材料的许用挤压应力，MPa，考虑到各零件的材料和受挤压长度可能不同，应取 $L_{\min}[\sigma_{\mathrm{p}}]$ 乘积小者为计算对象。

图 6.2 所示为靠摩擦力抵抗横向工作载荷的紧螺栓连接，由于其结构简单、装配方便而广为应用。但它要求保持较大的预紧力，因为根据式（6.11），当 $m=1$、$f=0.2$、$K=1.2$ 时，使接合面不滑移的预紧力 $F'=6F$，这时必然使螺栓的结构尺寸增加。此外，在振动、冲击或变载荷作用下，由于摩擦系数的变动，将使连接的可靠性降低，有可能出现松脱。由于摩擦系数不稳定和加在扳手上的力难于准确控制，有时可能拧得过紧而导致螺栓断裂，所以对于重要的连接不宜使用小于 M12 的螺栓。

为了避免出现上述问题，可采用减载零件来承担横向工作载荷，如图 6.7 所示。这些具有减载零件的紧螺栓连接，其连接强度按减载零件或被连接件的剪切、挤压强度条件计算，而螺栓只是起保证连接的作用，不再承受工作载荷，因此预紧力不必很大。

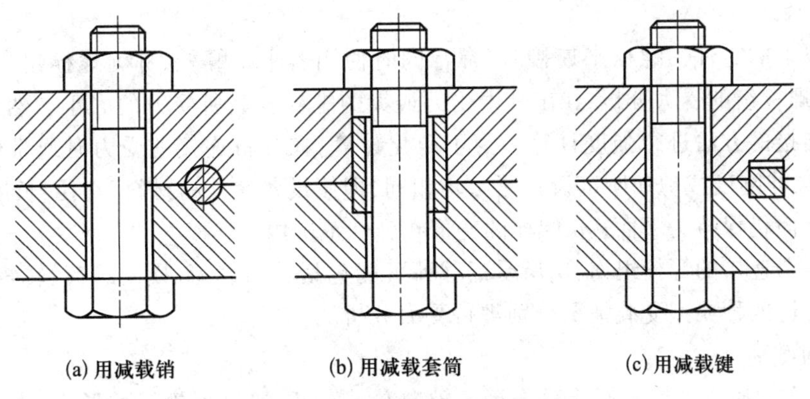

图 6.7　承受横向载荷的减载装置

3. 螺纹连接件的材料和许用应力

螺纹连接件的常用材料有低碳钢 Q215、10 钢和中碳钢 Q235、35、45 钢。对于承受冲击、振动或变载荷的螺栓,可采用低合金钢、合金钢,如 15Cr、40Cr、30CrMnSi 等。对于特殊用途(如防锈、防磁、导电或耐高温等)的螺栓,可采用特种钢或铜合金、铝合金等。双头螺柱、螺钉的材料与螺栓基本相同。国家标准规定按材料的力学性能分级,见附表 7.4。规定性能等级的螺栓,在图纸中只标出性能等级,不必标出材料牌号。

螺纹连接件的许用应力与载荷性质、连接是否拧紧、是否控制预紧力、螺纹连接件的材料以及结构尺寸等因素有关。许用拉应力$[\sigma]$、许用切应力$[\tau]$和许用挤压应力$[\sigma_p]$分别按下式确定:

许用拉应力$[\sigma]$

$$[\sigma]=\frac{\sigma_S}{S} \tag{6.22}$$

许用切应力$[\tau]$

$$[\tau]=\frac{\sigma_S}{S_\tau} \tag{6.23}$$

许用挤压应力$[\sigma_p]$

对于钢

$$[\sigma_p]=\frac{\sigma_S}{S_p} \tag{6.24}$$

对于铸铁

$$[\sigma_p]=\frac{\sigma_B}{S_p} \tag{6.25}$$

式中:σ_S、σ_B分别为螺纹连接件材料的屈服极限和强度极限,MPa,见附表 7.4;S、S_τ、S_p为安全系数,见附表 7.5。

6.3.2 螺栓组连接的强度计算

把两个以上的零件用螺栓来连接时,常常同时使用若干个螺栓,称为螺栓组。在强度计算前,先要进行螺栓组的受力分析,找出其中受力最大的螺栓及其所受力的大小。然后,方可按前述单个螺栓连接的方法进行强度计算。为了简化计算,在分析连接的受力时通常作如下假设:① 各螺栓的拉伸刚度或剪切刚度及预紧力均相同,即假设各螺栓的材料、直径、长度相等;② 受载后连接接合面仍保持为平面;③ 螺栓的变形在弹性范围内。

对构成整个连接的螺栓组而言,所受的载荷可能包括轴向载荷、横向载荷、转矩和翻转力矩等。下面就对这四种典型受载情况分别进行受力分析。

1. 受轴向载荷

图 6.3 所示为压力容器的螺栓组连接。轴向总载荷 F_Q 通过螺栓组的形心,由于螺栓均布,所以每个螺栓所受的轴向工作载荷 F 相等。设螺栓数目为 z,则每个螺栓的受力为

$$F=\frac{F_Q}{z} \tag{6.26}$$

2. 受横向载荷

图 6.8 所示为受横向载荷的螺栓组连接。载荷通过螺栓组的形心，计算时可近似地认为各螺栓所承担的工作载荷是相等的。

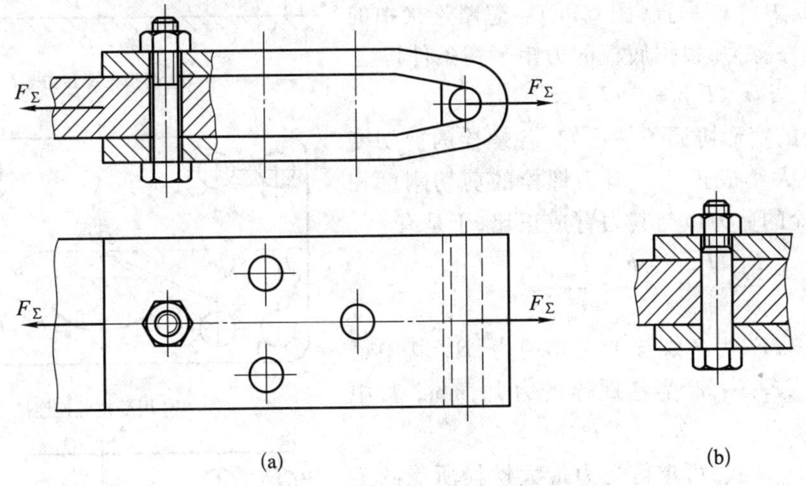

图 6.8　受横向载荷的螺栓组连接

当采用普通螺栓连接时（图 6.8a），应保证连接预紧后，接合面间所产生的最大摩擦力必须大于或等于横向总载荷 F_Σ。假设螺栓数目为 z，接合面数目为 m，则其平衡条件为

$$mfF'z \geqslant K_f F_\Sigma$$

因此，每个螺栓所受的预紧力为

$$F' \geqslant \frac{K_f F_\Sigma}{mfz} \tag{6.27}$$

式中：f 为接合面的摩擦系数，见附表 7.1；F' 为各螺栓的预紧力，N；K_f 为防滑可靠性系数，通常取 $K_f = 1.1 \sim 1.3$。

当采用铰制孔用螺栓连接时（图 6.8b），每个螺栓所受的横向工作剪力为

$$F = \frac{F_\Sigma}{z} \tag{6.28}$$

实际上，由于板是弹性体，两端螺栓所受剪切力比中间螺栓大，所以沿载荷方向布置的螺栓数目不宜超过 6 个，以免受力严重不均。

3. 受转矩

图 6.9a 所示为受转矩 T 作用的底板螺栓组连接，这时底板有绕通过螺栓组形心 O（即底板旋转中心）并与接合面垂直的轴线转动的趋势。其受力情况与受横向载荷类似。

采用受拉的普通螺栓时，靠连接预紧后在接合面间产生的摩擦力矩来抵抗转矩 T（图6.9b）。假设各螺栓连接接合面的摩擦力相等，并集中作用在螺栓中心处，与该螺栓的轴线到底板旋转中心 O 的连线（即力臂 r_i）垂直。根据底板上各力矩平衡条件得

$$fF'r_1 + fF'r_2 + \cdots + fF'r_z \geqslant K_A T$$

由此可得各螺栓所需的预紧力为

$$F' \geqslant \frac{K_A T}{f(r_1+r_2+\cdots+r_z)} \tag{6.29}$$

采用受剪的铰制孔用螺栓时，各螺栓所受的工作剪力 F_i 也与其力臂 r_i 垂直（图 6.9c）。忽略连接中的预紧力和螺纹摩擦力，根据底板的力矩平衡条件得

$$F_1 r_1+F_2 r_2+\cdots+F_z r_z=T$$

根据螺栓的变形协调条件可知：各螺栓的剪切变形量与其力臂大小成正比。因为螺栓的剪切刚度相同，所以各螺栓的剪力也与其力臂成正比，于是有

$$\frac{F_1}{r_1}=\frac{F_2}{r_2}=\cdots\frac{F_z}{r_z}=\frac{F_{max}}{r_{max}}$$

式中：$F_1,F_2,\cdots,F_z$ 为各螺栓的工作剪力，N，其中最大值为 F_{max}；$r_1,r_2,\cdots,r_z$ 为各螺栓的力臂，mm，其中最大值为 r_{max}。

联立求解上两式，可求得受力最大螺栓所受的工作剪力为

$$F_{max}=\frac{Tr_{max}}{r_1^2+r_2^2+\cdots+r_z^2} \tag{6.30}$$

图 6.10 所示的凸缘联轴器是承受转矩的螺栓组连接的典型部件。各螺栓的受力根据螺栓连接的类型以及 $r_1=r_2=\cdots=r_z$ 的关系，代入式（6.29）或式（6.30）即可求解。

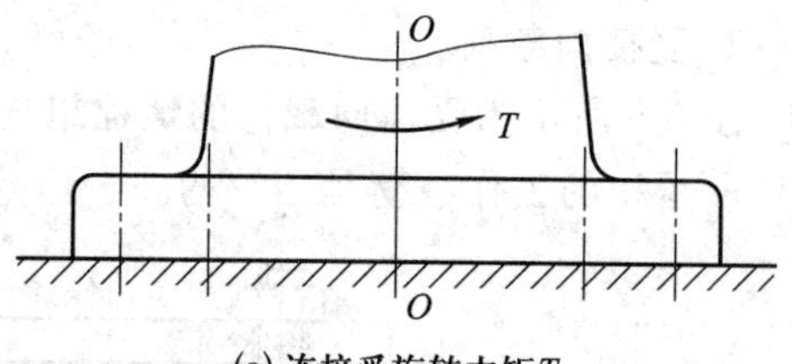

(a) 连接受旋转力矩T

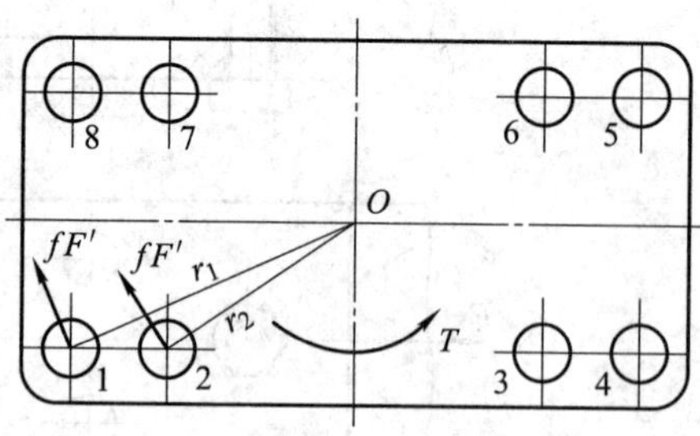

(b) 用受拉螺栓连接

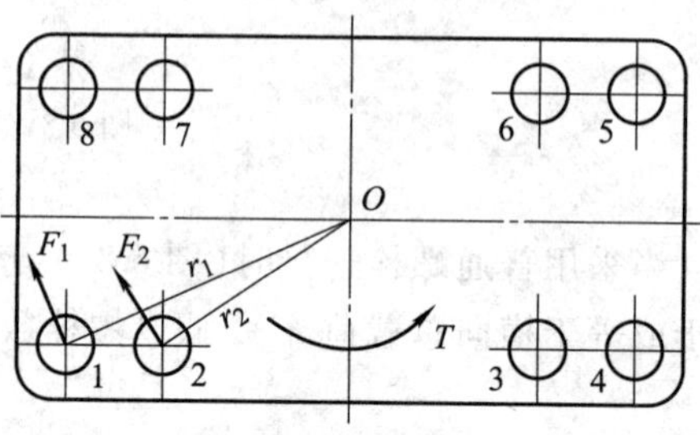

(c) 用受剪螺栓连接

图 6.9　受转矩的螺栓组连接

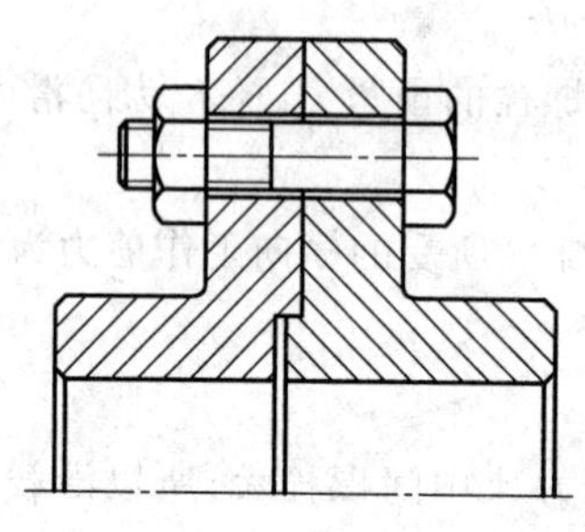

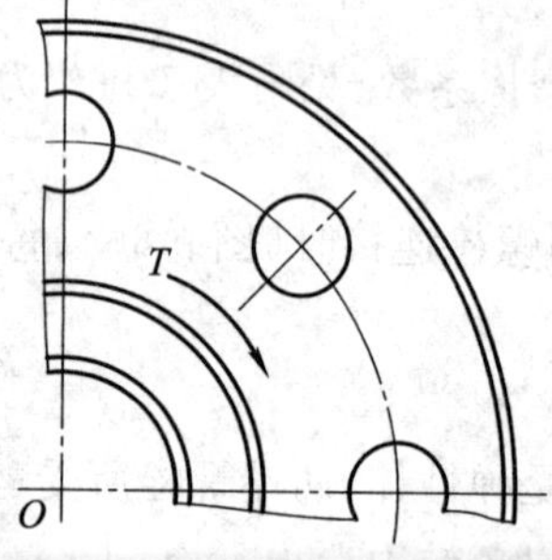

图 6.10　凸缘联轴器

4. 受翻转力矩

图 6.11 所示为受翻转力矩的底板螺栓组连接。底板承受力矩前，由于螺栓已拧紧，在预紧力 F'的作用下，螺栓有均匀的伸长，基座有均匀的压缩。当力矩 M 作用在通过 x-x 轴并垂直于连接接合面的对称平面内时，底板有绕对称轴线 O-O 翻转的趋势，轴线左侧的螺栓被进一步拉伸而轴向拉力增大，此侧基座被放松。相反，轴线右侧的螺栓被放松而使预紧力减小，这一侧的基座则被进一步压缩。作用在底板两侧所有的力矩之和应与翻转力矩 M 平衡（图

6.11a)，即

$$F_1L_1+F_2L_2+\cdots+F_zL_z=M$$

式中：$F_1,F_2,\cdots,F_z$ 为各螺栓的工作拉力，N，其中最大值为 $F_{\max}$；z 为螺栓数；$L_1,L_2,\cdots,L_z$ 为各螺栓的力臂，mm，其中最大值为 $L_{\max}$。

根据螺栓变形协调条件可知：各螺栓的拉伸变形量与其轴线到螺栓组形心的距离成正比。因为各螺栓的拉伸刚度相同，所以左边螺栓的工作载荷和右边基座在螺栓处的压力也与这个距离成正比，于是有

$$\frac{F_1}{L_1}=\frac{F_2}{L_2}=\cdots=\frac{F_z}{L_z}=\frac{F_{\max}}{L_{\max}}$$

联解上两式可求得受力最大螺栓所受的工作拉力为

$$F_{\max}=\frac{ML_{\max}}{L_1^2+L_2^2+\cdots+L_z^2} \tag{6.31}$$

对于这种螺栓组连接，不仅要对单个螺栓进行强度计算，而且还要防止接合面受力最大处被压溃或受压最小处出现间隙，因此应该检查受载后基座接合面压应力的最大值不超过允许值，最小值大于零。

在预紧力 F' 作用下，接合面的挤压应力分布如图 6.11b 所示，即

$$\sigma_{\mathrm{p}}=\frac{zF'}{A}$$

在翻转力矩 M 作用下，接合面的挤压（弯曲应力的影响）应力分布如图 6.11c 所示，即

$$\sigma'_{\mathrm{p}}=\frac{M}{W}$$

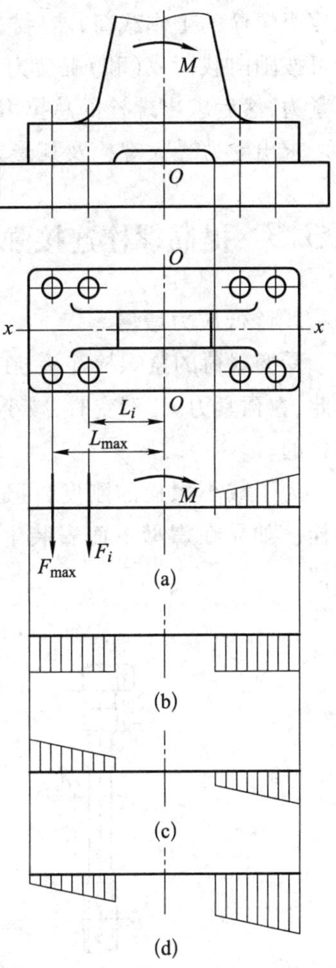

图 6.11　受翻转力矩的螺栓组连接

如果忽略连接受载后预紧力 F' 的变化，则受载后接合面间总的挤压应力分布如图 6.11d 所示。显然，接合面左端边缘处的挤压应力最小，而右端边缘处的挤压应力最大。保证接合面最大受压处不压溃的条件为

$$\sigma_{\mathrm{pmax}}\approx\frac{zF'}{A}+\frac{M}{W}\leqslant[\sigma_{\mathrm{p}}] \tag{6.32}$$

保证接合面最小受压处不分离的条件为

$$\sigma_{\mathrm{pmin}}\approx\frac{zF'}{A}-\frac{M}{W}>0 \tag{6.33}$$

式中：A 为接合面的有效面积，mm^2；W 为接合面的抗弯截面模量，mm^3；$[\sigma_{\mathrm{p}}]$ 为接合面材料的许用挤压应力，MPa，其值见附表 7.6。

在实际工作中，螺栓组连接所受的工作载荷常常是以上四种简单受力状态的不同组合。不论受力状态如何复杂，都可以利用静力分析方法将其简化成上述四种简单受力状态，再分别计算

出每个螺栓的工作载荷，然后按力的叠加原理求出每个螺栓总的工作载荷。一般来说，对普通螺栓可按轴向载荷或（和）翻转力矩确定螺栓的工作拉力，按横向载荷或（和）转矩确定连接所需的预紧力，然后求出螺栓的总拉力；对铰制孔用螺栓则按横向载荷或（和）转矩确定螺栓的工作剪力。求出受力最大螺栓及其受力值后，即可进行单个螺栓连接的强度计算。

6.3.3 提高螺栓连接强度的途径

1. 降低应力增量

受变载荷的紧螺栓连接，在最小应力不变的条件下，应力幅越小，则螺栓越不容易发生破坏。因此，在预紧力 F_0 不变时，减小螺栓刚度 C_b，或增大被连接件刚度 C_m，都可以达到减小应力增量的目的。

为了减小螺栓的刚度，可适当增加螺栓的长度，或采用图 6.12 所示的腰状杆螺栓和空心螺栓。如果在螺母下面安装上弹性元件（图 6.13），其效果和采用腰状杆螺栓或空心螺栓时相似。

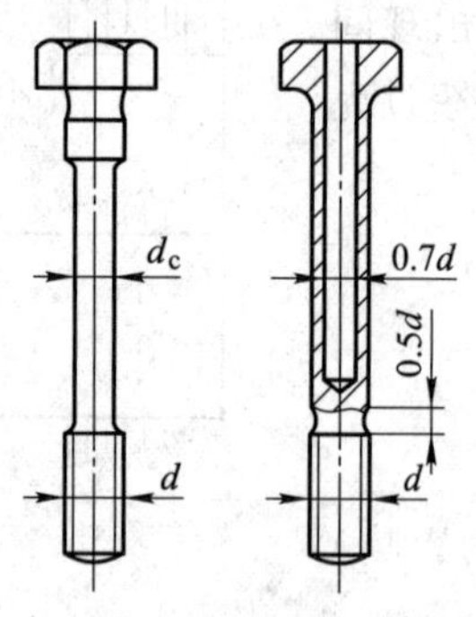

图 6.12　腰状杆螺栓与空心螺栓

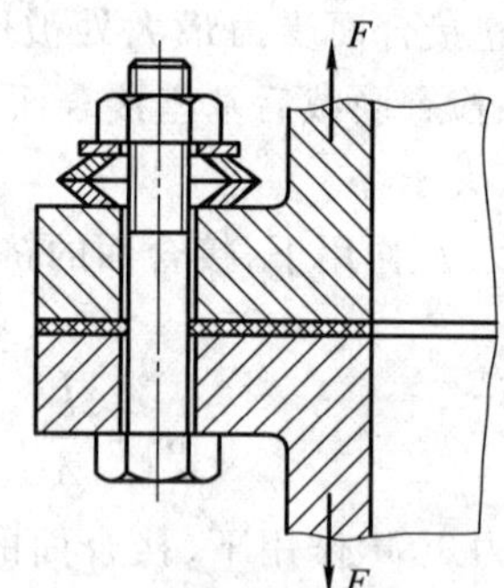

图 6.13　弹性元件

为了增大被连接件的刚度，可以不用垫片或采用刚度较大的垫片。对于需要保持紧密性的连接，从增大被连接件的刚度的角度来看，采用较软的气缸垫片（图 6.14a）并不合适。此时以采用刚度较大的金属垫片或密封环较好(图 6.14b)。

2. 改善螺纹牙间的载荷分布

受拉的普通螺栓连接，其螺栓所受的总拉力是通过螺纹牙面间相接触来传递的。如图 6.15 所示，当连接受载时，螺栓受拉，螺距增大，而螺母受压，螺距减小。因此，靠近支承面的第一圈螺纹受到的载荷最大，到第 8~10 圈以后，螺纹几乎不受载荷，各圈螺纹的载荷分布见图 6.16a，因此采用圈数过多的厚螺母并不能提高螺栓连接强度。为改善螺纹牙上的载荷分布不均匀程度，可采用悬置螺母（图 6.16b）或环槽螺母（图 6.16c）。

3. 减少或避免附加应力、减少应力集中

当被连接件、螺母或螺栓头部的支承面粗糙（图 6.17a），被连接件因刚度不够而弯曲（图 6.17b），钩头螺栓（图 6.17c）以及装配不良等都会使螺栓中产生附加弯曲应力。

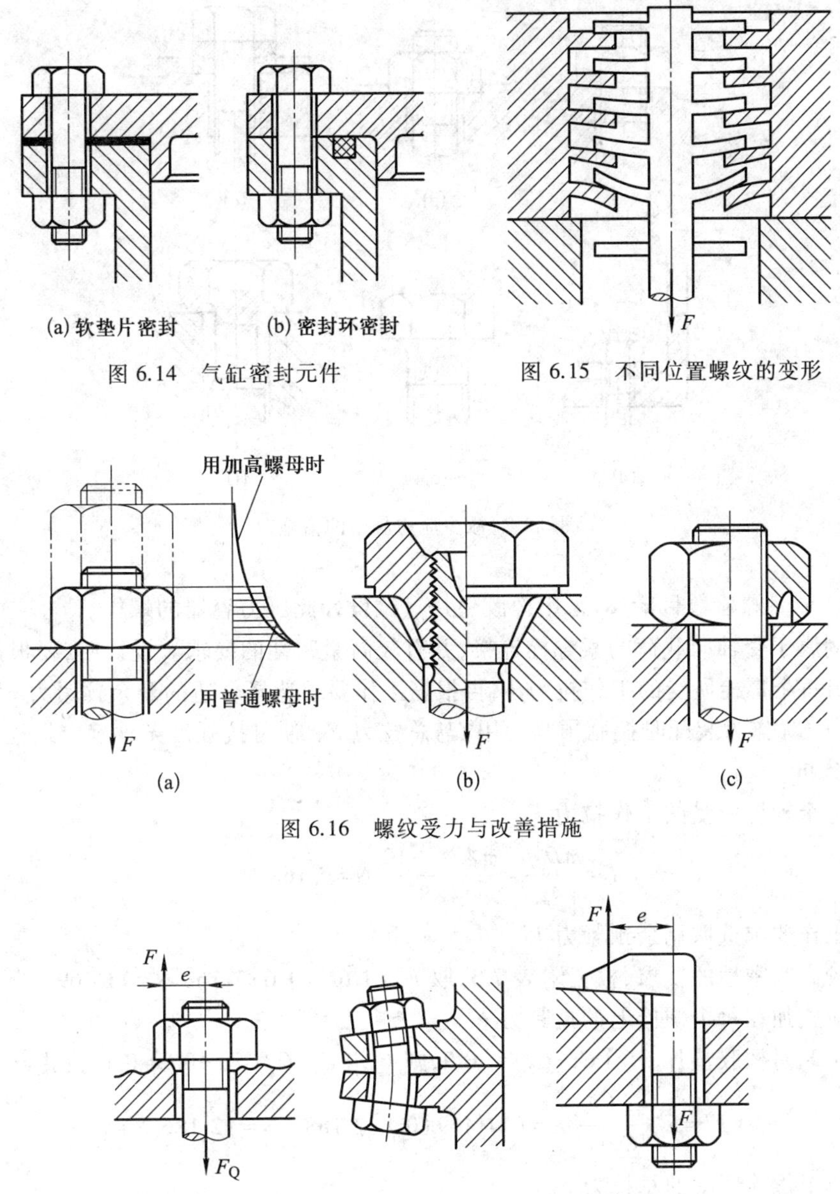

图 6.14　气缸密封元件

图 6.15　不同位置螺纹的变形

图 6.16　螺纹受力与改善措施

图 6.17　减少附加应力的措施

对此，应从结构或工艺上采取措施，如规定螺纹紧固件与连接件支承面的加工精度和要求；在粗糙表面上采用经切削加工的凸台（图 6.18a）或沉头座（图 6.18b）；采用球面垫圈（图 6.18c）或斜垫圈（图 6.18d）等。螺栓上的螺纹（特别是螺纹的收尾）、螺栓头和螺栓杆的过渡处以及螺栓横截面面积发生变化的部位都会产生应力集中。为减少应力集中，可采用较大的圆角（图 6.18e）和卸载结构（图 6.18f）等措施。

［例题 6.1］　一压力容器的螺栓组连接如图 6.3 所示。已知容器的工作压力 $p = 12$ MPa，容

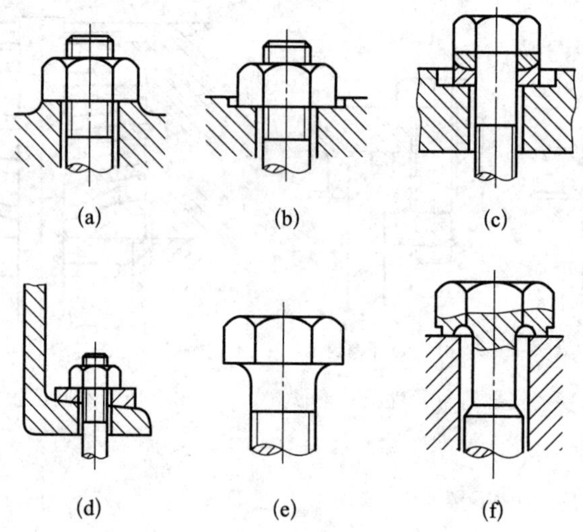

图 6.18　减少应力集中的措施

器内径 $D=78$ mm,螺栓数目 $z=8$,采用橡胶垫片。试设计此压力容器的螺栓。

解　本例属于受轴向载荷的紧螺栓连接,并有较高紧密性的要求。设计时,要根据缸内的工作压力 p 求出每个螺栓所受的工作拉力 F,再根据工作要求选择合适的剩余预紧力 F'',然后计算螺栓的预紧力 F'(作为装配时控制预紧力用)与总拉力 F_0,便可按强度条件确定螺栓直径。

1. 受力分析

(1) 求每个螺栓所受的工作拉力 F

$$F=\frac{\pi D^2 p}{4z}=\frac{\pi\times 78^2\times 12}{4\times 8}\ \mathrm{N}=7\ 168\ \mathrm{N}$$

(2) 按工作要求选取剩余预紧力 F''

由于有较高紧密性的要求,根据附表 7.3,取 $F''=1.6F=1.6\times 7\ 168\ \mathrm{N}=11\ 469\ \mathrm{N}$

(3) 求应施加在每个螺栓上的预紧力 F'

查附表 7.2,对橡胶垫片 $C_1/(C_1+C_2)=0.9$,则 $C_2/(C_1+C_2)=1-0.9=0.1$,按式(6.16)得

$$F'=F''+\frac{C_2}{C_1+C_2}F=(11\ 469+0.1\times 7\ 168)\ \mathrm{N}=12\ 186\ \mathrm{N}$$

(4) 求单个螺栓所受的总拉力 F_0

由式(6.14)得

$$F_0=F+F''=(7\ 168+11\ 469)\ \mathrm{N}=18\ 637\ \mathrm{N}$$

2. 按强度条件确定螺栓直径

(1) 确定许用应力[σ]

选螺栓材料为 5.6 级的 35 钢,查附表 7.4,$\sigma_S=300$ MPa;查附表 7.5,取 $S=1.3$。则由式(6.22)得

$$[\sigma]=\frac{\sigma_S}{S}=\frac{300}{1.3}\ \mathrm{MPa}=230.77\ \mathrm{MPa}$$

(2) 确定螺栓直径

由式(6.19)得

$$d_1 \geqslant \sqrt{\frac{4\times1.3F_0}{\pi[\sigma]}} = \sqrt{\frac{4\times1.3\times18\ 637}{\pi\times230.77}}\ \text{mm} = 11.56\ \text{mm}$$

(3) 选择标准螺纹

查手册,选取 M14 粗牙普通螺纹,其小径 $d_1 = 11.835$ mm>11.56 mm。满足强度要求。

[**例题 6.2**]　图 6.19 所示为一固定在钢制立柱上的托架。已知载荷 $F_P = 5\ 000$ N,其作用线与垂直线的夹角 $\alpha = 50°$,底板高 $h = 340$ mm,宽 $b = 150$ mm。试设计此螺栓组连接。

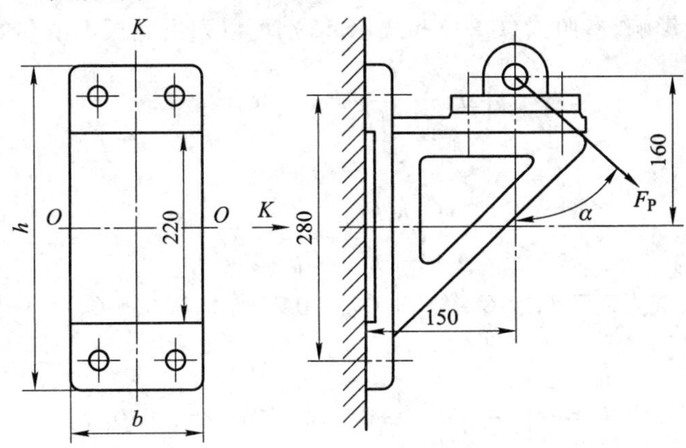

图 6.19　托架底板螺栓组连接

解　本例是受横向、轴向载荷和翻转力矩的螺栓组连接,此时一般采用受拉普通螺栓。连接的失效除可能螺栓被拉断外,还可能出现支架沿接合面滑移,以及在翻转力矩作用下,接合面的上边可能离缝,下边可能被压溃。计算方法有两种:一种是按不离缝条件预选 F'',从而求出 F' 和 F_0,再确定螺栓直径,然后验算不滑移不压溃等条件;另一种是由不滑移条件先求 F',从而求出 F'' 和 F_0,再确定螺栓直径,然后验算不离缝不压溃等条件。本例按后一种方法计算。

1. 受力分析

(1) 计算螺栓组所受的工作载荷

在工作载荷 F_P 的作用下,螺栓组承受如下各力和翻转力矩

轴向力　$F_{PV} = F_P\sin\alpha = 5\ 000\sin 50°\ \text{N} = 3\ 830\ \text{N}$

横向力　$F_{PH} = F_P\cos\alpha = 5\ 000\cos 50°\ \text{N} = 3\ 214\ \text{N}$

翻转力矩　$M = F_{PV}\times160\ \text{mm} + F_{PH}\times150\ \text{mm} = (3\ 830\times160 + 3\ 214\times150)\ \text{N}\cdot\text{mm}$

$= 1\ 094\ 900\ \text{N}\cdot\text{mm}$

(2) 计算单个螺栓所受的最大工作拉力 F

由轴向力 F_{PV} 引起的工作拉力为

$$F_1 = \frac{F_{PV}}{z} = \frac{3\ 830}{4}\ \text{N} = 958\ \text{N}$$

在翻转力矩 M 的作用下,底板有绕 $O-O$ 轴顺时针翻转的趋势,则 $O-O$ 轴上边的螺栓受加载,而下边的螺栓受减载,故上边的螺栓受力较大。由 M 引起的最大工作拉力按式(6.31)得

$$F_{max}=\frac{ML_{max}}{L_1^2+L_2^2+L_3^2+L_4^2}=\frac{1\ 094\ 900\times140}{4\times140^2}\ \text{N}=1\ 955\ \text{N}$$

因此,上边的螺栓所受的最大工作拉力为

$$F=F_1+F_{max}=(958+1\ 955)\ \text{N}=2\ 913\ \text{N}$$

(3) 按不滑移条件求螺栓的预紧力 F'

在横向力 F_{PH} 的作用下,底板接合面可能产生滑移。翻转力矩 M 的影响一般不考虑,因为在 M 的作用下,底板一边的压力虽然增大,但另一边的压力却以同样程度减小。考虑轴向力产生的拉应力对预紧力的影响,参照式(6.27)和式(6.15),可以列出底板不滑移的条件为

$$f\left(zF'-\frac{C_2}{C_1+C_2}F_{PV}\right)=K_f F_{PH}$$

从而预紧力为

$$F'=\frac{1}{z}\left(\frac{K_f F_{PH}}{f}+\frac{C_2}{C_1+C_2}F_{PV}\right)$$

查附表 7.1,取 $f=0.3$;查附表 7.2,取 $C_1/(C_1+C_2)=0.2$,则 $C_2/(C_1+C_2)=1-0.2=0.8$;取 $K_f=1.2$,求得

$$F'=\frac{1}{4}\left(\frac{1.2\times3\ 214}{0.3}+0.8\times3\ 830\right)\ \text{N}=3\ 980\ \text{N}$$

(4) 螺栓所受的总拉力 F_0

由式(6.17)得

$$F_0=F'+\frac{C_1}{C_1+C_2}F=(3\ 980+0.2\times2\ 913)\ \text{N}=4\ 563\ \text{N}$$

2. 按拉伸强度条件确定螺栓直径

选择螺栓材料为强度级别 4.6 的 Q235,由附表 7.4 查得 $\sigma_S=240$ MPa。在不控制预紧力的情况下,螺栓的安全系数与其直径有关,这时要采用“试算法”来计算:设螺栓所需的公称直径 d 在 M6~M16 范围内且接近 M16,查附表 7.5,取 $S=4.2$,则许用应力

$$[\sigma]=\frac{\sigma_S}{S}=\frac{240}{4.2}\ \text{MPa}=57.14\ \text{MPa}$$

由式(6.19)得螺栓危险截面直径为

$$d_1\geqslant\sqrt{\frac{4\times1.3F_0}{\pi[\sigma]}}=\sqrt{\frac{4\times1.3\times4\ 563}{\pi\times57.14}}\ \text{mm}=11.5\ \text{mm}$$

查手册,选用 M14 粗牙普通螺纹,其中 $d_1=11.835$ mm>11.5 mm,并且符合原假设,故决定选用 M14 螺纹。

3. 校核螺栓组连接的工作能力

(1) 接合面下端不压溃的校核

按式(6.32)得

$$\sigma_{pmax}=\frac{1}{A}\left(zF'-\frac{C_2}{C_1+C_2}F_{PV}\right)+\frac{M}{W}$$

$$=\left[\frac{1}{150\times120}(4\times3\ 980-0.8\times3\ 830)+\frac{1\ 094\ 900}{\dfrac{150}{12\times\dfrac{340}{2}}\times(340^3-220^3)}\right]\text{ MPa}$$

$$=1.234\text{ MPa}$$

查附表 7.6，$[\sigma_p]=0.8\sigma_S=0.8\times240\text{ MPa}=192\text{ MPa}\gg1.234\text{ MPa}$，故接合面不会压溃。

(2) 接合面上端不离缝的校核

按式(6.33)得

$$\sigma_{\text{pmin}}=\frac{1}{A}\left(zF'-\frac{C_2}{C_1+C_2}F_{\text{PV}}\right)-\frac{M}{W}$$

$$=\left[\frac{1}{150\times120}(4\times3\ 980-0.8\times3\ 830)-\frac{1\ 094\ 900}{\dfrac{150}{12\times\dfrac{340}{2}}\times(340^3-220^3)}\right]\text{ MPa}$$

$$=0.195\text{ MPa}>0$$

故接合面不会分离。

6.4 键连接的静强度设计与计算

6.4.1 平键连接强度计算

平键连接一般用于相对静止的连接，如图 6.20 所示。平键连接的主要失效形式是工作面被压溃。当平键连接用于传递转矩时，连接中零件的受力情况如图 6.20b 所示。通常只需按工作面上的挤压应力进行强度校核计算，只有当严重过载时，才可能出现键沿 $a-a$ 面被剪断，如图 6.20b 所示。

设键工作面上载荷均匀分布，挤压应力应满足下式：

$$\sigma_p=\frac{2T}{kld}=\frac{4T}{hld}\leqslant[\sigma_p] \tag{6.34}$$

式中：T 为传递的转矩，N · mm；k 为键与轮毂键槽的接触高度，$k\approx0.5h$，此处 h 为键的高度，mm；l 为键的工作长度，mm，圆头平键 $l=L-b$，平头平键 $l=L$，单圆头平键 $l=L-b/2$，这里 L 为键的公称长度，mm；b 为键的宽度，mm；d 为轴的直径，mm；$[\sigma_p]$ 为键、轴、轮毂三者中最弱材料的许用挤压应力，MPa，见附表 8.1。

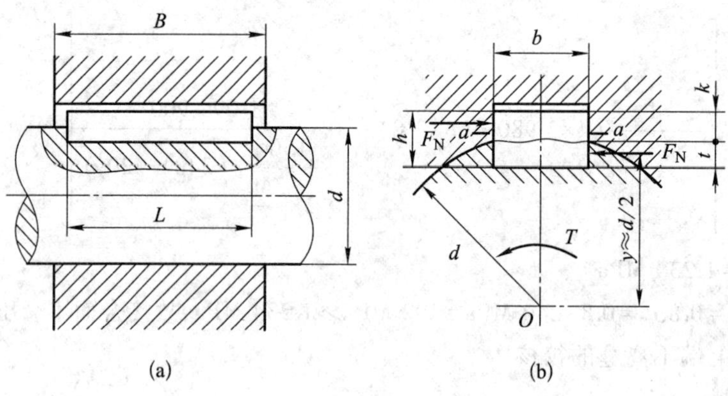

图 6.20　普通平键连接受力图

导向平键连接和滑键连接(图 6.21)常用于动连接,其主要失效形式是工作面的过度磨损,因此应限制其工作面上的压强。按工作面上的压力进行条件性的强度校核计算,应满足下式

$$p=\frac{2T}{kld}=\frac{4T}{hld}\leqslant[p] \tag{6.35}$$

式中:$[p]$为键、轴、轮毂三者中最弱材料的许用压力,MPa,键的材料一般采用抗拉强度不小于 600 MPa 的钢,通常为 45 钢,具体见附表 8.1。其他符号意义与式(6.34)同。

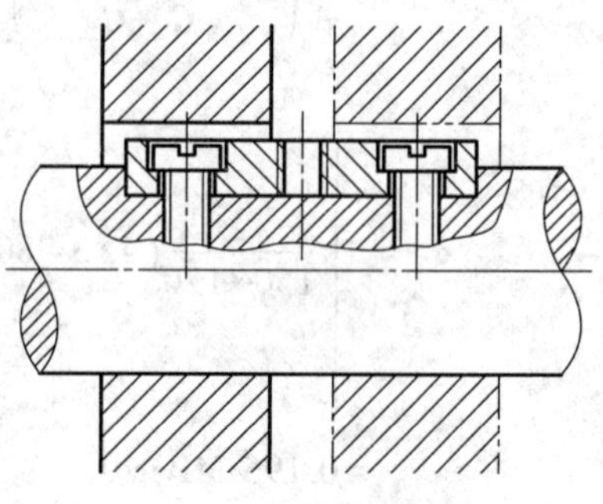

图 6.21　导向平键连接

6.4.2　半圆键连接强度计算

半圆键常用于锥形轴端与轮毂的辅助连接,其受力情况如图 6.22 所示。半圆键主要失效形式是工作面被压溃。通常按工作面的挤压应力进行强度校核计算,强度条件同式(6.34)。所应注意的是:半圆键的接触高度 k 应根据键的尺寸从标准中查取;半圆键的工作长度 l 近似地取其等于键的公称长度 L。

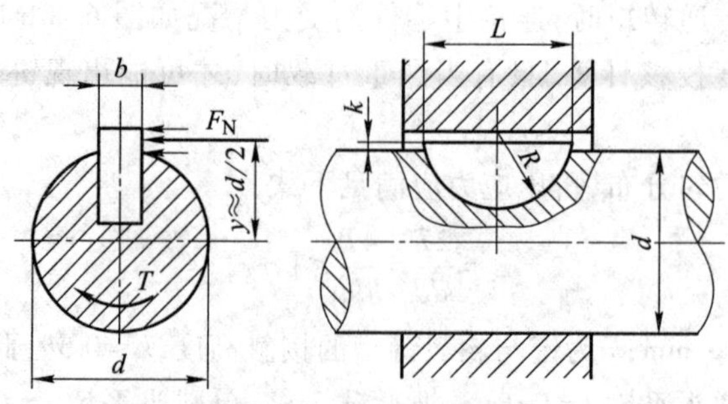

图 6.22　半圆键连接的受力情况

6.4.3　楔键连接强度计算

楔键连接上、下两面为工作面，装配后的情况如图 6.23a 所示，受力情况如图 6.23b 所示。未工作时，可以认为键的上、下表面的压力是均匀分布的，当传递转矩时，由于这时轴与轮毂有相对转动的趋势，轴与轮毂也将产生微小的扭转变形，故沿键的工作长度 l 及沿宽度 b 上的压力分布情况均较以前发生了变化，压力的合力 F_N不再通过轴心。为了简化，把键和轴视为一体，并将下方分布在半圆柱面上的径向压力用集中力 F_N代替。计算时假设压力沿键长均匀分布，沿键宽为三角形分布，取 $x \approx b/6$，$y \approx d/2$，由键和轴一体对轴心的受力平衡条件

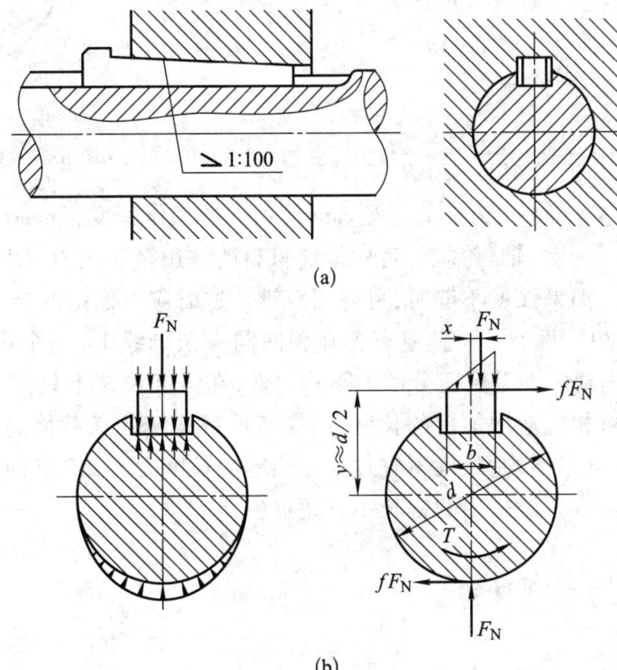

图 6.23　楔键连接

$$T = F_N x + fF_N y + fF_N d/2$$

可得到工作面上压力的合力为

$$F_N = \frac{T}{x+fy+fd/2} = \frac{6T}{b+6fd}$$

楔键的主要失效形式是相互楔紧的工作面被压溃，故应校核各工作面的抗挤压强度。则楔键连接的挤压强度条件为

$$\sigma_{pmax} = \frac{2F_N}{bl} = \frac{12T}{bl(b+6fd)} \leqslant [\sigma_p] \tag{6.36}$$

式中：T 为传递的转矩，N · mm；d 为轴的直径，mm；b 为键的宽度，mm；l 为键的工作长度，mm；f 为摩擦系数，一般取 f=0.12~0.17；$[\sigma_p]$为键、轴、轮毂中最弱材料的许用挤压应力，MPa，见附表 8.1。

6.4.4　切向键连接强度计算

切向键由一对楔键组成,其主要失效形式是工作面被压溃。若把键和轴看成一体,则当键连接传递转矩时,受力情况如图 6.24 所示。

设压力在键的工作面上均匀分布,取 $y=(d-t)/2$,$t=d/10$,按一个切向键计算,由键和轴一体对轴心的受力平衡条件

$$T=F_{\mathrm{N}}y$$

得到工作面上压力的合力为

$$F_{\mathrm{N}}=\frac{T}{y}=\frac{T}{0.45d}$$

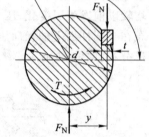

则切向键连接的挤压强度条件为

$$\sigma_{\mathrm{p}}=\frac{F_{\mathrm{N}}}{(t-C)l}=\frac{T}{0.45(t-C)dl}\leqslant[\sigma_{\mathrm{p}}] \tag{6.37}$$

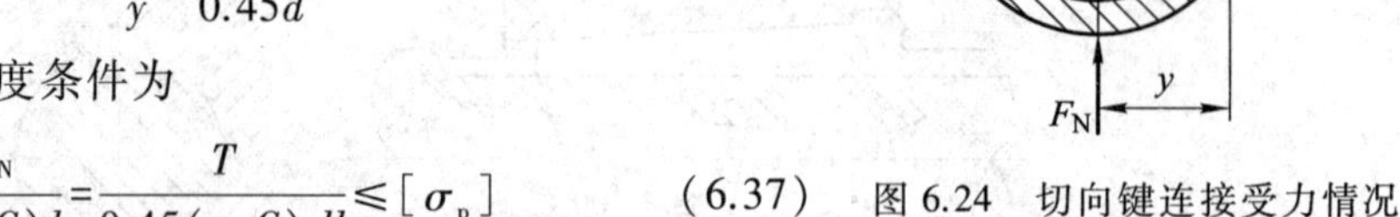

图 6.24　切向键连接受力情况

式中:T 为传递的转矩,N · mm;d 为轴的直径,mm;l 为键的工作长度,mm;t 为键槽的深度,mm;C 为键的倒角,mm;$[\sigma_{\mathrm{p}}]$为键、轴、轮毂三者中最弱材料的许用挤压应力,MPa,见附表 8.1。

在进行强度校核后,如果强度不够时,可采用双键。这时应考虑键的合理布置。两个平键最好布置在沿周向相隔 180°;两个半圆键应布置在轴的同一条母线上;两个楔键则应布置在沿周向相隔 90°~120°。考虑到两键上载荷分配的不均匀性,在强度校核中只按 1.5 个键计算。如果轮毂允许适当加长,也可相应地增加键的长度,以提高单键连接的承载能力。但是,由于传递转矩时键上载荷沿其长度分布不均,故键不宜过长。当键的长度大于 2.25d 时,其多出的长度实际上被认为并不承受载荷,故一般采用的键长不宜超过(1.6~1.8)d。

6.4.5　花键连接的强度计算

1. 矩形花键连接

矩形花键(图 6.25a)的优点是能通过磨削消除热处理变形,定心精度高。矩形花键键齿的工作高度 h_{g}和平均直径 D_{m}按下式计算:

$$D_{\mathrm{m}}=\frac{D+d}{2}$$

$$h_{\mathrm{g}}=\frac{D-d}{2}-2C$$

式中:C 为倒角尺寸,mm;D 为花键外径,mm;d 为花键内径,mm。

2. 渐开线花键连接

渐开线花键(图 6.25b)键齿的工作高度 h_{g}和平均直径 D_{m}按下式计算

$$D_{\mathrm{m}}=D_{\mathrm{f}}$$

$$h_{\mathrm{g}}=m$$

式中:m 为模数,mm;D_{f}为花键分度圆直径,mm。

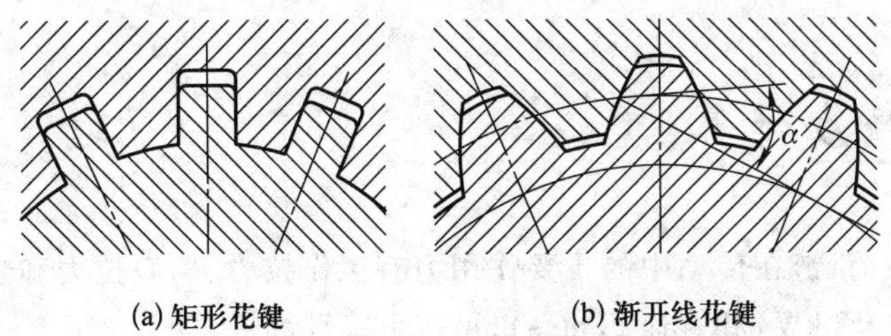

(a) 矩形花键　(b) 渐开线花键

图 6.25　花键连接

3. 强度计算

花键连接是标准零件,它的设计计算与键连接相似,先选定类型及尺寸,然后校核强度。

花键静连接的强度计算公式

$$\sigma_p = \frac{2T}{\psi z h_g l_g D_m} \leqslant [\sigma_p] \tag{6.38}$$

式中:T 为传递的转矩,N · mm;ψ 为各键齿间载荷不均匀系数,常取 0.7~0.8;z 为齿数;h_g为键齿的工作高度,mm;l_g为键齿的工作长度,mm;D_m为平均直径,mm;$[\sigma_p]$为键、轴、轮毂三者中最弱材料的许用挤压应力,MPa,见附表 8.2。

花键动连接的强度计算公式

$$p = \frac{2T}{\psi z h_g l_g D_m} \leqslant [p] \tag{6.39}$$

式中:$[p]$为键、轴、轮毂三者中最弱材料的许用压力,MPa,见附表 8.2。

[例题 6.3]　已知减速器中某直齿圆柱齿轮安装在轴的两个支承点间,齿轮和轴的材料都是锻钢,用键构成静连接。齿轮的精度为 7 级,装齿轮处的轴径 $d=70$ mm,齿轮轮毂宽度为 100 mm,需传递的转矩 $T=2\ 200$ N · m。载荷有轻微冲击。试设计此键连接。

解　1. 选择键连接的类型和尺寸

一般 8 级以上精度的齿轮有定心精度要求,应采用平键连接。由于齿轮不在轴端,故选用圆头普通平键(A 型)。

根据 $d=70$ mm,从标准中查得键的截面尺寸为:宽度 $b=20$ mm,高度 $h=12$ mm。由轮毂宽度并参考键的长度系列,取键长 $L=90$ mm(比轮毂宽度小些)。

2. 校核键连接的强度

键、轴和轮毂的材料都是钢,由附表 8.1 查得许用挤压应力$[\sigma_p]=100\sim120$ MPa。取平均值$[\sigma_p]=110$ MPa,键的工作长度

$$l=L-b=(90-20)\ \text{mm}=70\ \text{mm}$$

键与轮毂键槽的接触高度

$$k=0.5h=0.5\times12\ \text{mm}=6\ \text{mm}$$

由式(6.34)可得

$$\sigma_p=149.7\ \text{MPa}>[\sigma_p]=110\ \text{MPa}$$

可见连接的挤压强度不够。考虑到相差较大,因此改用双键,相隔 180°布置。双键的工作长度 $l=1.5\times70$ mm $=105$ mm。由式(6.34)可得

$$\sigma_p=99.8\ \text{MPa}<[\sigma_p]\qquad \text{合适}$$

6.5 链的静强度计算

如果不考虑动载荷，链在传动中的主要作用力有工作拉力、离心拉力和悬垂拉力。工作拉力 F_e取决于传递的功率 $P(\mathrm{kW})$和链速 $v(\mathrm{m/s})$，可按下式计算

$$F_e=\frac{1\ 000P}{v} \tag{6.40}$$

离心拉力 F_c与单位长度链条的质量 $q(\mathrm{kg/m})$和链速 $v(\mathrm{m/s})$有关

$$F_c=qv^2 \tag{6.41}$$

当 $v<6$ m/s 时，F_c可忽略不计。式中 q 可查附表 3.3；

悬垂拉力 F_y 主要取决于传动的布置方式及链条松边的垂度，如图 6.26 所示。计算如下

$$F_y=K_yqga \tag{6.42}$$

式中：a 为链传动的中心距，近似等于链悬空下垂部分的长度，m；g 为重力加速度，$g=9.81\ \mathrm{m/s^2}$；K_y 为垂度系数，即当链条松边一定下垂度 y 时的拉力系数，K_y 值可查附表 3.2，表中 β 为两轮中心连线与水平线的倾斜角。

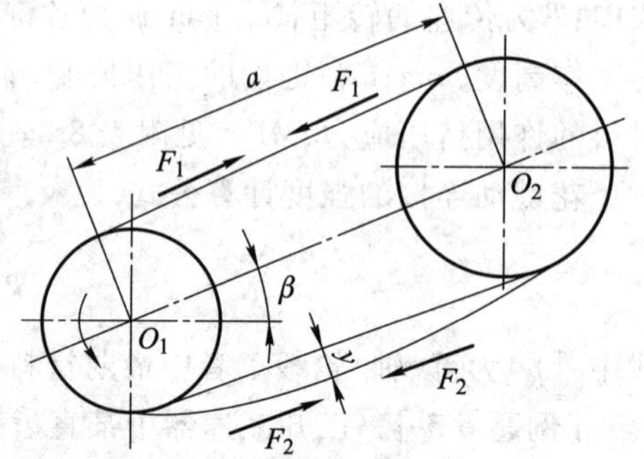

图 6.26　链的布置方式及松边的垂度

由此得链的紧边拉力 F_1和松边拉力 F_2分别为

$$\begin{aligned}F_1&=F_e+F_c+F_y\\F_2&=F_c+F_y\end{aligned} \tag{6.43}$$

作用在轴上的力（简称压轴力）F_Q可近似地取为紧边和松边总拉力之和。离心拉力对压轴力没有影响，不应计算在内；又由于悬垂拉力不大，故近似取

$$F_Q\approx K_A(F_1+F_2)\approx1.2K_AF_e$$

式中：K_A为工作情况系数，查附表 3.1。

当链速 $v<0.6$ m/s 时，传动的主要失效形式是链条受静力拉断，故应进行静强度校核。静强度安全系数 S 应满足下式要求

$$S=\frac{Qn}{K_AF_1}\geqslant4\sim8 \tag{6.44}$$

式中：S 为链的抗拉静力强度的计算安全系数；Q 为单排链的极限拉伸载荷，kN，查附表 3.3；n 为链的排数；K_A为工作情况系数，查附表 3.1；F_1 为链的紧边工作拉力，kN。

6.6 滚动轴承静强度计算

1. 滚动轴承的基本额定静载荷

滚动轴承的基本额定静载荷是对工作在静载荷下不旋转的滚动轴承的界限，通常用 C_0 表

示。当外载荷不超过这一基本额定值时，静载荷下的滚动轴承因接触应力所产生的表面塑性变形不足以对轴承造成明显的影响。当静载荷过大时，在轴承的接触区将会产生明显的凹坑影响滚动轴承正常工作，甚至导致滚动轴承失效。因此，对工作在静载荷下不旋转的滚动轴承需要对其进行静强度设计。

2. 滚动轴承的额定静载荷

滚动轴承的额定静载荷是在一定条件下确定的。

径向额定静载荷 C_{0r} 是最大载荷在滚动体与滚道接触中心处产生的载荷，与下列计算接触应力相当的径向静载荷；调心轴承的 C_{0r} 为 4 600 MPa；其他向心球轴承的 C_{0r} 为 4 200 MPa；向心滚子轴承的 C_{0r} 为 4 000 MPa。

轴向额定静载荷 C_{0a} 是最大载荷在滚动体与滚道接触中心处产生的载荷，与下列计算接触应力相当的中心轴向静载荷；推力球轴承的 C_{0a} 为 4 200 MPa；其他向心球轴承的 C_{0a} 为 4 200 MPa；推力滚子轴承的 C_{0r} 为 4 000 MPa。

对既承受径向载荷又承受轴向载荷的滚动轴承，则需将实际载荷换算为当量静载荷。若用 F_R 和 F_A 分别表示滚动轴承所受的径向和轴向载荷，则当量静载荷 P_0 为

$$P_0 = X_0 F_R + Y_0 F_A \tag{6.45}$$

式中：X_0 和 Y_0 分别为当量静载荷的径向和轴向系数，其数值可参考有关机械零件设计手册。

3. 静强度校核

为限制滚动轴承在过载和冲击载荷下产生的永久变形，应按静载荷作校核计算。按静载荷进行校核的公式如下：

$$\frac{C_{0r}}{P_{0r}} \geqslant S_0 \quad 或 \quad \frac{C_{0a}}{P_{0a}} \geqslant S_0 \tag{6.46}$$

式中：S_0 为静强度安全系数（见附表 9.6）；C_0 为额定静载荷，N（其值可查机械零件设计手册）；P_0 为当量静载荷，N；下标 r 为径向载荷；下标 a 为轴向载荷。

6.7 轴的静强度和刚度计算

通常轴所受的载荷是变化的，因此以疲劳强度分析为主。但是，当载荷的变化很小时，则应按静强度进行分析。另外，在轴较细或较长的情况下，要考虑轴的刚度问题。

6.7.1 轴的受力分析

通过轴的结构设计，轴的主要结构尺寸、轴上零件的位置、外载荷和支反力的作用位置均已确定，轴上的弯矩和扭矩可以求得，因而可按弯扭组合强度条件对轴进行强度校核和计算。其计算步骤如下：

1）作出轴的力学简图，如图 6.27a 所示。

2）画出水平面的受力图，并求出水平面上的支反力，再作出水平面上的弯矩图 M_H，如图 6.27b所示。

3）画出垂直面的受力图，求出垂直面上的支反力，再作出垂直面上的弯矩图 M_V，如图 6.27c 所示。

4）求出总弯矩 $M=\sqrt{M_H^2+M_V^2}$ 并作出总弯矩图 M，如图 6.27d 所示。

5）作出扭矩图 αT，如图 6.27e 所示。

6）作出计算弯矩图。

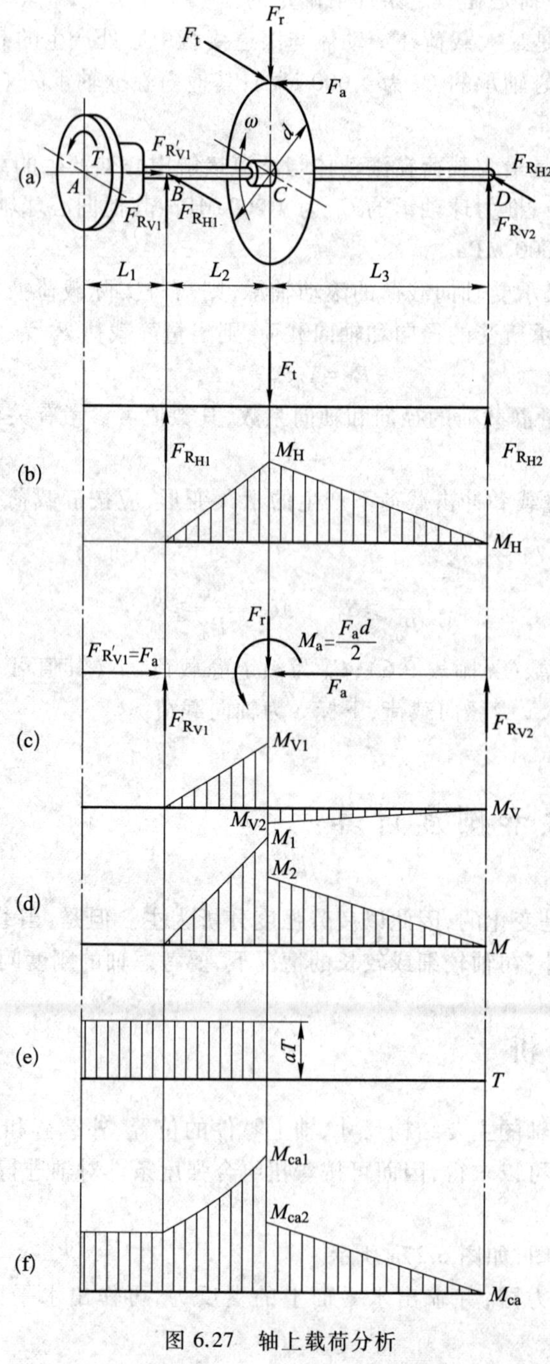

图 6.27　轴上载荷分析

6.7.2 按静强度精确校核

静强度校核的目的在于检查轴抵抗塑性变形的能力。有时轴所受的瞬时过载即使作用的时间很短和出现次数很少,虽不至于引起疲劳,但却能使轴产生塑性变形。

静强度校核的强度条件为

$$S_{Sca}=\frac{S_{S\sigma}S_{S\tau}}{\sqrt{S_{S\sigma}^2+S_{S\tau}^2}}\geqslant S_S \tag{6.47}$$

式中:S_{Sca}为危险截面静强度的计算安全系数;S_S为按屈服强度的设计安全系数,见附表 10.4;$S_{S\sigma}$为弯曲安全系数,按下式计算

$$S_{S\sigma}=\frac{\sigma_S}{\left(\frac{M_{max}}{W}+\frac{F_{amax}}{A}\right)} \tag{6.48}$$

$S_{S\tau}$为扭转安全系数,按下式计算

$$S_{S\tau}=\frac{\tau_S}{\frac{T_{max}}{W_T}} \tag{6.49}$$

上两式中:σ_S、τ_S为材料的抗弯和抗扭屈服极限,MPa,$\tau_S=(0.55\sim0.62)\sigma_S$;$M_{max}$、$T_{max}$为轴的危险截面上所受的最大弯矩和最大扭矩,N · mm;F_{amax}为轴的危险截面上所受的最大轴向力,N;A 为轴的危险截面的面积,mm^2;W、W_T 分别为危险截面的抗弯和抗扭截面系数,mm^3,见附表10.3。

6.7.3 轴的刚度计算

如果轴的刚度不足,在工作中就会产生过大的变形,从而影响轴上零件的正常工作。对于一般的轴颈,如果由于弯矩所产生的偏转角过大,就会引起轴承上的载荷集中,造成不均匀的磨损和过度发热;轴上安装齿轮的地方如有过大的偏转角或扭转角,也会使轮齿啮合发生偏载。因此,在设计有刚度要求的轴时,必须进行刚度的校核计算。

轴的扭转刚度以扭转角来量度;弯曲刚度以挠度或偏转角来量度。轴的刚度校核计算通常是计算出轴在受载时的变形量,并控制其不大于允许值。

1. 轴的弯曲刚度

当轴受弯矩作用时,会发生弯曲变形,产生挠度 y 和偏转角,如图 6.28 所示。

圆光轴的挠度或偏转角可直接用材料力学中的公式计算。对阶梯圆轴,可利用当量直径法把阶梯轴转化成当量直径为 d_v的光轴,然后再计算其挠度或偏转角。当量直径的计算如下:

$$d_v=\sqrt[4]{\frac{L}{\sum_{i=1}^{z}(l_i/d_i^4)}} \tag{6.50}$$

式中:l_i 为阶梯轴第 i 段的长度,mm;d_i 为阶梯轴第 i 段的直径,mm;L 为阶梯轴计算长度,mm;z

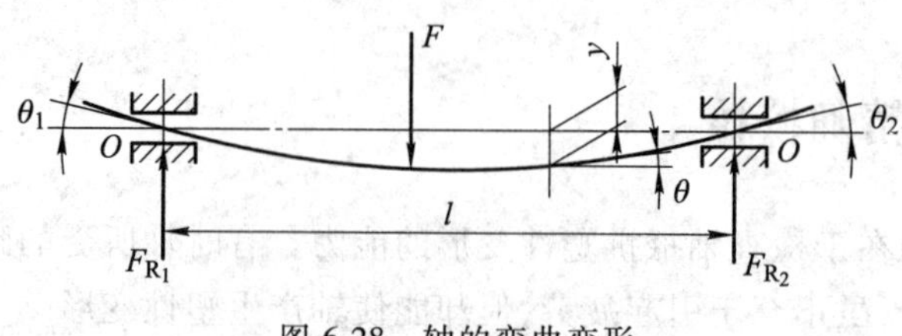

图 6.28 轴的弯曲变形

为阶梯轴计算长度内的轴段数。

轴的弯曲刚度条件为：

挠度

$$y \leqslant [y] \tag{6.51}$$

偏转角

$$\theta \leqslant [\theta] \tag{6.52}$$

式中：$[y]$为轴的允许挠度，mm，见附表 10.5；$[\theta]$为轴的允许偏转角，rad，见附表 10.5。

2. 轴的扭转刚度

如图 6.29a 所示，与轴线平行的轴表面的直线$\overline{ab}$在扭转后变成螺旋线 ab'。在图 6.29b 中从轴端面看，夹角$\angle bOb'$称为扭转角，用 φ 来表示。

从材料力学可知，对 n 段阶梯圆轴，其单位长度扭转角 φ 的计算公式为

$$\varphi = 5.73 \times 10^4 \frac{1}{LG}\sum_{i=1}^{n}\frac{T_i L_i}{I_{pi}} \tag{6.53}$$

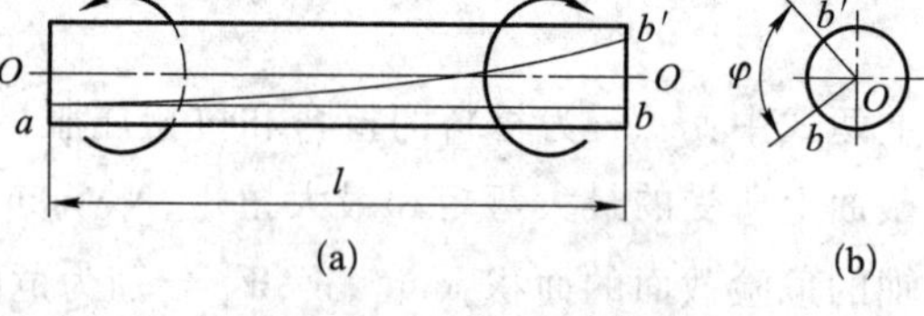

图 6.29 轴的扭转变形

式中：T_i 为第 i 段轴上所受的扭矩，N · mm；G 为轴的材料的剪切弹性模量，MPa，对于钢材，$G = 8.1\times10^4$ MPa；I_{pi} 为第 i 段轴切面的极惯性矩，mm^4，对于圆轴，$I_p = \pi d^4/32$；L_i 为阶梯轴受扭矩作用的长度，mm；n 为阶梯轴受扭矩作用的轴段数。

轴的扭转刚度条件为

$$\varphi \leqslant [\varphi] \tag{6.54}$$

式中：$[\varphi]$为轴每米长的允许扭转角，与轴的使用场合有关，见附表 10.5。

6.8 弹簧的受力、变形与刚度计算

6.8.1 螺旋弹簧中的应力

图 6.30a 所示为一承受轴向力 F 的圆柱压缩螺旋弹簧。设 D 为弹簧中径，d 为弹簧线径。现在假想沿弹簧某点切开，移去其中一部分，而以内力来代替移去部分的影响（图 6.30b）。如图 6.30b 所示，移去的部分将对弹簧留下的部分施加一直接剪切力 F 和扭矩 T。

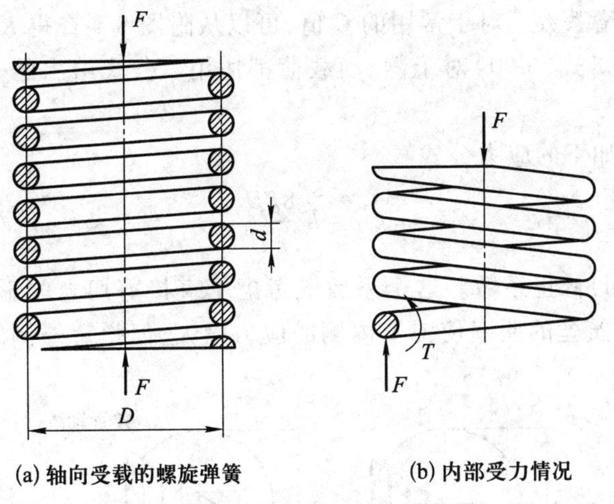

图 6.30　弹簧受力图

为了使弹簧的扭转形象化，可以把它看作一组成螺旋状的普通软管。现在沿与螺旋管平面垂直的直线方向，抽出软管的一端。随着软管每一圈被拉开，软管就绕着自己的轴线扭转或转动。螺旋弹簧的挠曲变形同样地也会引起弹簧丝的扭转。

应用叠加原理，可以用下式计算弹簧丝的最大应力：

$$\tau_{max}=\pm\frac{Tr}{I_p}+\frac{F}{A} \tag{6.55}$$

式中：T 为力 F 产生的力矩，$T=FD/2$，N · mm ；D 为弹簧中径，mm；r 为弹簧丝半径，mm，$r=d/2$，d 为弹簧线径；I_p 为弹簧丝的极惯性矩，$I_p=\pi d^4/32$，mm^4；A 为弹簧丝的面积，$A=\pi d^2/4$，mm^2。

从而得

$$\tau=\frac{8FD}{\pi d^3}+\frac{4F}{\pi d^2} \tag{6.56}$$

式中表示最大切应力的下标由于不需要而删去。保留式(6.55)的正号，因此式(6.56)给出的是弹簧内侧纤维的切应力。

现在定义弹簧指数(或旋绕比)C 为

$$C=\frac{D}{d} \tag{6.57}$$

将式(6.57)代入式(6.56)整理，可得

$$\tau=\frac{8FD}{\pi d^3}\left(1+\frac{0.5}{C}\right) \tag{6.58}$$

若令

$$K_s=1+\frac{0.5}{C} \tag{6.59}$$

则

$$\tau=K_s\frac{8FD}{\pi d^3} \tag{6.60}$$

式中：K_s称为切应力倍增系数。对于常用的 C 值，可以从附图 8.1 查得 K_s值。对于大多数弹簧，C 值大约在 6~12 之间。式(6.60)对于静、动载荷都适用。公式给出的是在弹簧内侧纤维产生的最大切应力。

另外，也可以利用如下的应力公式

$$\tau = K\frac{8FD}{\pi d^3} \tag{6.61}$$

式中：K 称为瓦尔(Wahl)修正系数。这个系数既考虑了直接剪切力的影响，又考虑了曲率的影响。如图 6.31 所示，弹簧丝的曲率使弹簧内侧的应力增大，但弹簧外侧的应力只不过稍为减少一些。

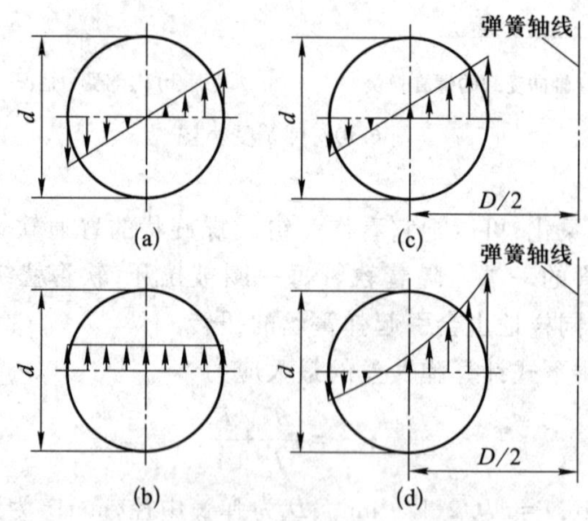

图 6.31　螺旋弹簧应力的叠加原理

(a) 纯扭转切应力；(b) 直接切应力；(c) 直接切应力和扭转切应力的合成应力；(d) 直接切应力、扭转切应力和曲率切应力的合成应力

K 值可由下式求得或从附图 8.1 查得。

$$K = \frac{4C-1}{4C-4} + \frac{0.615}{C} \tag{6.62}$$

利用式(6.60)或式(6.61)，弹簧的强度校核公式可写为

$$\tau = K_s\frac{8FD}{\pi d^3} \leqslant [\tau] \tag{6.63}$$

或

$$\tau = K\frac{8FD}{\pi d^3} \leqslant [\tau] \tag{6.64}$$

式中：$[\tau]$为弹簧材料的许用切应力，MPa 。

利用式(6.63)或式(6.64)，也可以对弹簧的直径 D 或弹簧线径 d 进行设计。

6.8.2　螺旋弹簧的变形

为了得到螺旋弹簧的变形公式，将研究由两个相邻横截面所组成的弹簧丝单元体。图 6.32

所示为从直径 d 的弹簧丝上截取的长度为 dx 的单元体。现在研究一下弹簧丝表面上与弹簧丝轴线平行的线段 ab。变形后，ab 转过了角度 γ 达到新的位置 ac。

根据扭转胡克定律，得

$$\gamma=\frac{\tau}{G}=\frac{8FD}{\pi d^3 G} \tag{6.65}$$

式中：τ 值由式(6.61)求出，取瓦尔修正系数 $K=1$。距离 ab 等于 γdx，一个截面相对于另一个截面转过的角度 $d\alpha$ 为

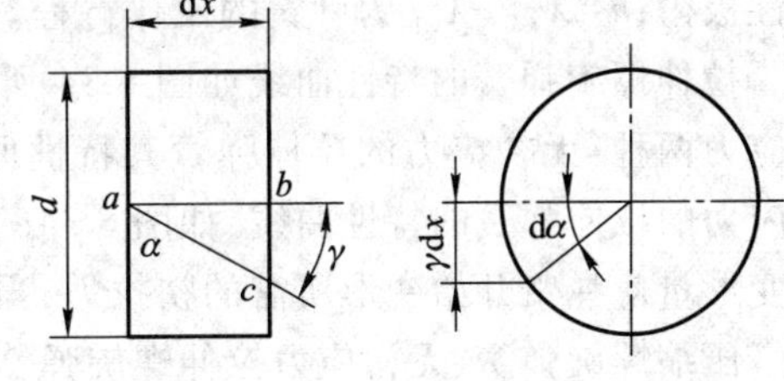

图 6.32　单位长度螺旋弹簧的变形

$$d\alpha=\frac{2\gamma dx}{d} \tag{6.66}$$

若弹簧的有效圈数为 n，则弹簧丝的总长度为 πDn。将式(6.65)的 γ 代入式(6.66)并积分，则弹簧丝的一端相对于另一端的角变形为

$$\alpha=\int_0^{\pi Dn}\frac{2\gamma}{d}dx=\int_0^{\pi Dn}\frac{16FD}{\pi d^4 G}dx=\frac{16FD^2 n}{d^4 G} \tag{6.67}$$

载荷 F 的力臂是 $D/2$，所以变形为

$$y=\frac{\alpha D}{2}=\frac{8FD^3 n}{d^4 G} \tag{6.68}$$

6.8.3　弹簧刚度

利用式(6.68)可得

$$F=\frac{d^4 G}{8D^3 n}y=ky \tag{6.69a}$$

式中：k 称为弹簧刚度。所以得

$$k=\frac{d^4 G}{8D^3 n}=\frac{dG}{8C^3 n} \tag{6.69b}$$

刚度表示使弹簧产生单位变形时所需的力。弹簧的刚度愈大，使其变形的力愈大，则弹簧的弹力亦愈大。从式(6.69b)可知，k 与 C 的三次方成反比，因此 C 值对 k 的影响很大。所以，合理地选择 C 值就能控制弹簧的弹力。另外，k 还和材料剪切模量 G、弹簧线径 d、圈数 n 有关。弹簧刚度 k 是弹簧性能的最重要参数和设计的主要指标。因此，对弹簧刚度 k 进行设计时，要综合考虑这些因素。

6.8.4　圆柱螺旋弹簧的特性曲线

弹簧应在弹性极限内工作，不允许有塑性变形，弹簧所受载荷与其变形之间的关系曲线称为弹簧的特性曲线。

压缩螺旋弹簧的特性曲线如图 6.33 所示，图中：H_0 为弹簧未受载时的自由高度；F_{min} 为最小工作载荷，它是使弹簧处于安装位置的初始载荷。在 F_{min} 的作用下，弹簧从自由高度 H_0 被压缩

到 H_1,相应的弹簧压缩变形量为 λ_{min};在弹簧的最大工作载荷 F_{max} 作用下,弹簧的压缩变形量增至 λ_{max};在弹簧的极限载荷 F_{lim} 作用下,弹簧高度为 H_{lim},变形量为 λ_{lim},弹簧丝应力达到了材料的弹性极限;$h=\lambda_{max}-\lambda_{min}$ 为弹簧的工作行程。

拉伸螺旋弹簧的特性曲线如图 6.34 所示,按卷绕方法的不同,拉伸弹簧分为无初应力和有初应力两种:无初应力的拉伸弹簧其特性曲线与压缩弹簧的特性曲线相同,如图 6.34b 所示;有初应力的拉伸弹簧的特性曲线,如图 6.34c 所示,有一段初始变形量,相应的有 F_0 为克服这段假想变形量使弹簧开始变形所需的初拉力,当工作载荷大于 F_0 时,弹簧才开始伸长。

压缩螺旋弹簧、无初应力拉伸螺旋弹簧的最小工作载荷通常取为 $F_{min}\geqslant 0.2F_{lim}$,有初应力的拉伸螺旋弹簧 $F_{min}>F_0$;弹簧的工作载荷应小于极限载荷,通常取 $F_{max}\leqslant 0.8F_{lim}$。因此,为保持弹簧的线性特性,弹簧的工作变形量应取在 $(0.2\sim0.8)\lambda_{lim}$ 范围。

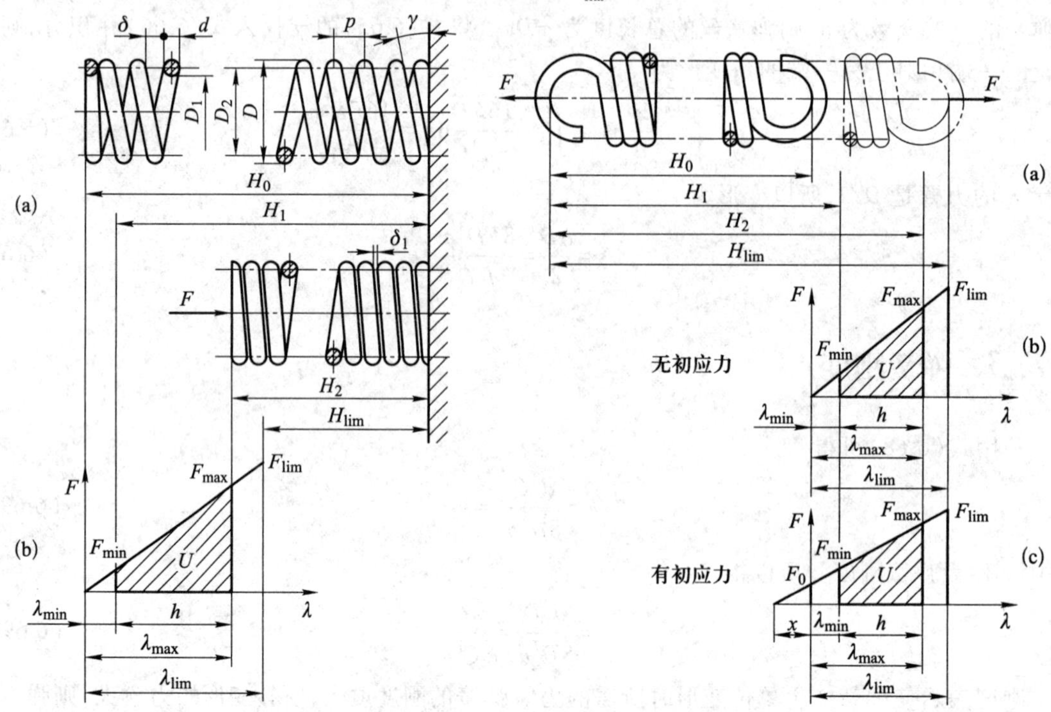

图 6.33　圆柱螺旋压缩弹簧的特性曲线图　　　　图 6.34　圆柱螺旋拉伸弹簧的特性曲线

6.8.5　弹簧常用材料

常用的弹簧材料有碳素弹簧钢、合金弹簧钢、不锈钢和铜合金材料以及非金属材料。选用材料时,应根据弹簧的功用、载荷大小、载荷性质及循环特性、工作强度、周围介质以及重要程度来进行选择,弹簧常用材料的性能和许用应力见附表 1.4。

习题

6.1　何为松螺栓连接?何为紧螺栓连接?它们的强度计算有何区别?

6.2　为什么对重要的螺栓连接不宜使用直径小于 M12 的螺栓?

6.3　对承受横向载荷的紧螺栓连接采用普通螺栓时,强度计算公式中为什么要将预紧力提高 1.3 倍来计算?若采用铰制孔用螺栓是否也要这样做?为什么?

6.4　在承受横向载荷的紧螺栓连接中,螺栓是否一定受剪切作用?为什么?

6.5　为什么说螺栓的受力与被连接件承受的载荷既有联系又有区别?

6.6　图 6.35 所示为一拉杆螺纹连接。已知拉杆所受的载荷 F=56 kN,载荷稳定,拉杆材料为 Q235 钢,试设计此连接。

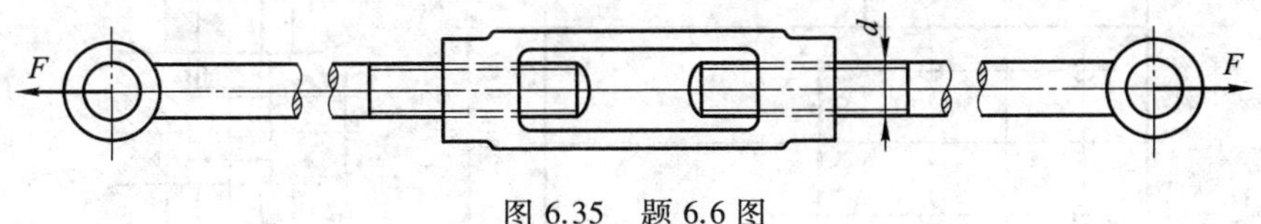

图 6.35　题 6.6 图

6.7　两块金属板用两个 M12 的普通螺栓连接,装配时不控制预紧力。若接合面的摩擦系数 f=0.3,螺栓用性能等级为 4.8 的中碳钢制造,求此连接所能传递的横向载荷。

6.8　一刚性联轴器结构尺寸如图 6.36 所示,用 6 个 M10 的铰制孔用螺栓连接。螺栓材料为 45 钢,强度级别为 6.8 级,联轴器材料为铸铁。试计算该连接允许传递的最大转矩。若传递的最大转矩不变,改用普通螺栓连接,两个半联轴器接合面间的摩擦系数为 f=0.16,装配时不控制预紧力。试求螺栓直径。

6.9　如图 6.37 所示,在气缸盖连接中,已知气压 p=3 MPa,气缸内径 D=160 mm,螺栓分布圆直径 D_0=200 mm。为保证气密性要求,螺柱间距不得大于 100 mm,装配时要控制预紧力。试确定螺柱的数目(取偶数)和直径。

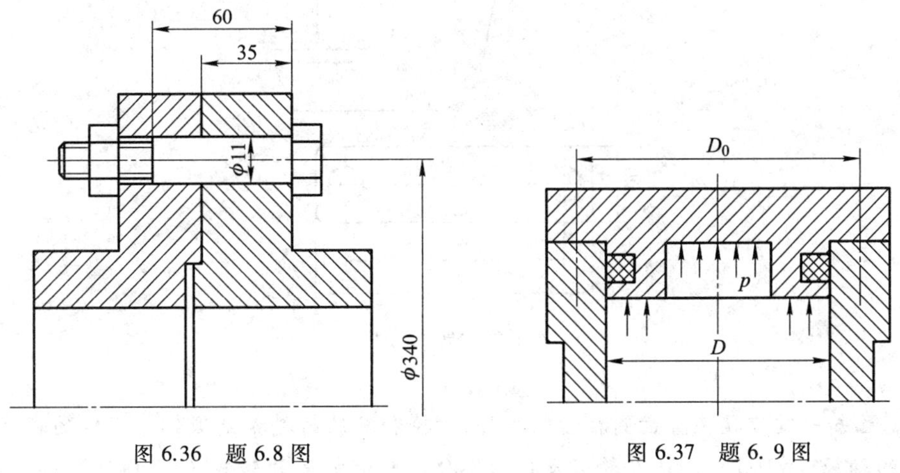

图 6.36　题 6.8 图　　图 6.37　题 6. 9 图

6.10　如图 6.38 所示的矩形钢板,用 4 个 M16 的铰制孔用螺栓固定在高 250 mm 的槽钢上,钢板悬臂端承受的外载荷为 16 kN,试求:① 作用在每个螺栓上的合成载荷;② 螺栓的最大切应力和挤压应力。

6.11　如图 6.39 所示,一铸钢吊架用两个螺栓紧固在钢梁上。吊架所承受的静载荷为 F_P=6 000 N,有关结构尺寸如图所示,安装时不控制预紧力。试设计此螺栓连接。

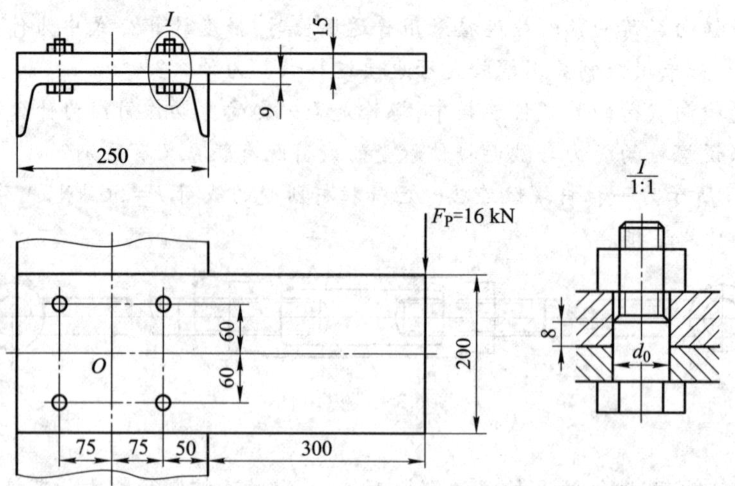

图 6.38　题 6.10 图

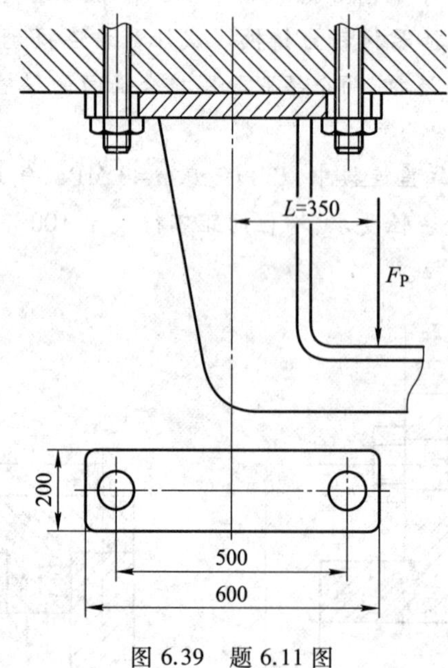

图 6.39　题 6.11 图

6.12　已知一键连接某直齿圆柱齿轮与轴，齿轮和轴的材料都是锻钢。齿轮的精度为 7 级，装齿轮处的轴径 d = 105 mm，齿轮轮毂宽度为 140 mm，需传递的转矩 T = 3 000 N · m，载荷有冲击，试按静强度设计此键。

6.13　设计套筒联轴器与轴连接用的平键。已知轴径 d = 36 mm，联轴器为铸铁材料，承受静载荷，套筒长度 B = 100 mm。试计算连接传递的转矩。

6.14　已知轴和带轮的材料分别为钢和铸铁，带轮与轴配合直径 d = 40 mm，轮毂长度 l = 80 mm，传递的功率为 P = 10 kW，转速 n = 1 000 r/min，载荷性质为轻微冲击。试选择带轮与轴连接用的 A 型普通平键。

6.15　已知某10A滚子链的传递功率 $P=200$ kW，小链轮转速 $n_1=720$ r/min，大链轮转速 $n_2=200$ r/min，中心距 $a=800$ mm，大链轮的分度圆直径为500 mm，平稳载荷下电动机驱动。试计算该链的工作拉力 F_e、离心拉力 F_c 和悬垂拉力 F_y，以及紧边拉力 F_1、松边拉力 F_2 和压轴力 F_Q。

6.16　在中等冲击载荷下工作的12A滚子链，若链速 $v<0.6$ m/s，试计算满足静强度安全强度时，单排链可承受的最大拉力。

6.17　图6.40所示的齿轮轴由 D 输出转矩。其中 AC 段的轴径为 $d_1=70$ mm，CD 段的轴径为 $d_2=55$ mm，作用在轴的齿轮上的受力点距轴线 $a=160$ mm，转矩校正系数(折合系数) $\alpha=0.6$，其他尺寸如图6.40所示，单位为mm。另外，已知：圆周力 $F_t=5\ 800$ N、径向力 $F_r=2\ 100$ N、轴向力 $F_a=800$ N，试求轴上最大应力点位置和应力值。

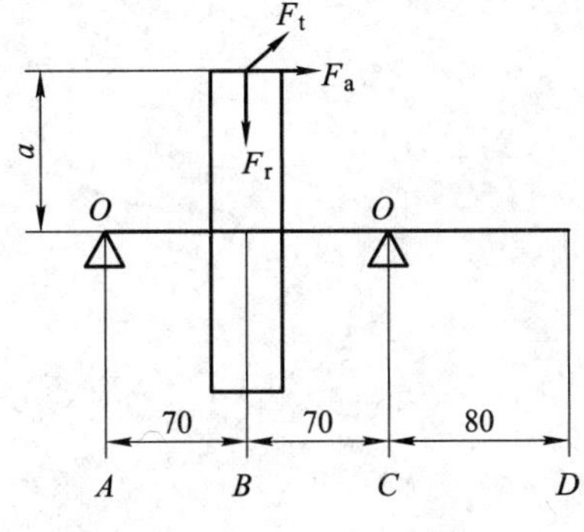

图6.40　题6.17图

6.18　一钢制等直径轴，只传递转矩，许用切应力 $[\tau]=50$ MPa，长度为1 800 mm，要求轴每米长的扭转角 φ 不超过0.5°，试求该轴的直径。

第四篇　疲劳强度设计　4

很多机械零件是在变应力状态下工作的。在大量重复的变应力作用下，当变应力超过极限值时，零件将会发生失效，这种失效称为疲劳失效。根据研究，疲劳失效的特征明显与静应力下的失效不同，例如一塑性材料制成的拉杆，在静应力作用下，当拉应力超过其屈服极限时，拉杆因产生塑性变形而失效。若该拉杆承受的是大量重复的变应力时，则会因疲劳而产生断裂——疲劳断裂，且发生疲劳断裂时的应力极限值远低于屈服极限。

在变应力作用下工作的零件，其主要失效形式是疲劳断裂。表面无明显缺陷的金属材料试件的疲劳断裂过程分为三个阶段：第一阶段是疲劳裂纹的产生。在这一阶段中，零件表面应力较大处的材料首先发生剪切滑移，直至微观疲劳裂纹产生，形成疲劳源。初始疲劳裂纹易发生在应力集中处，如零件上的圆角、凹槽及轴毂过盈配合处的两端。材料内部的微孔、晶界处及表面划伤、腐蚀小坑等也易产生初始疲劳裂纹。实际上这一阶段并未开始真正的疲劳过程。第二阶段是疲劳裂纹的扩展。初始疲劳裂纹形成后，裂纹尖端在切应力作用下发生塑性变形，使裂纹进一步扩展，形成宏观裂纹。宏观裂纹形成后，裂纹扩展速度进一步加快。零件的疲劳过程主要是在这一阶段。观察零件疲劳断裂截面，可见其由光滑的疲劳发展区及粗糙的脆性断裂区所组成，其中光滑的疲劳发展区即是在这一阶段形成的。第三阶段为发生疲劳断裂。当第二阶段宏观疲劳裂纹扩展到一定程度时（多数情况下裂纹长度远大于塑性区），由于零件截面承受载荷的能力急剧下降，导致产生突然性的脆性断裂。观察零件断裂截面可发现：粗糙的脆性断裂区域是在这一阶段形成的。

由此可见，疲劳失效的特征和极限应力与静强度失效时的不同，其失效机理和强度计算方法相应的也不相同。本篇在讨论疲劳破坏的机理和强度的基础上，对机械零件中容易发生疲劳破坏的典型问题，如齿轮传动、蜗杆传动、套筒滚子链传动、轴和滚动轴承等的疲劳失效形式进行了分析，并介绍了这些零、部件的疲劳强度设计方法。

第7章

机械零件的疲劳强度计算

本章介绍变应力作用下强度计算的主要内容——疲劳强度计算，介绍疲劳失效的种类、疲劳极限与极限应力线图，讨论影响机械零件疲劳强度的因素，给出稳定变应力和有规律不稳定变应力作用下零件的疲劳强度计算方法，最后简要介绍机械零件的接触疲劳强度计算公式。

7.1 变应力的种类和特征

7.1.1 变载荷

变载荷又可以分为循环变载荷、随机变载荷和动载荷。载荷循环变化时，称为循环变载荷。每个工作循环内的载荷不变、各循环的载荷又相同时，称为稳定循环载荷，如图 7.1 所示；若每个工作循环内的载荷变化时，则称为不稳定循环载荷，如图 7.2 所示，在一个工作循环中，速度发生变化，载荷也随之不稳定变化。很多机械，如汽车、飞机、农业机械等，由于工作阻力变化、冲击、振动等偶然因素影响，载荷的频率和幅值随时间按随机曲线变化，这种载荷称为随机变载荷，如图 7.3 所示。突然作用且作用时间很短的载荷称为动载荷，例如冲击载荷、机械起动和制动时的惯性载荷、振动载荷等。动载荷也可以是循环作用的，例如多次冲击载荷。

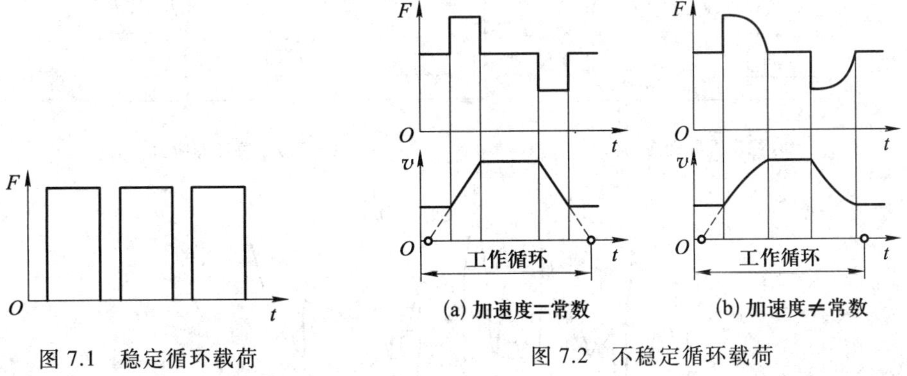

图 7.1　稳定循环载荷

图 7.2　不稳定循环载荷

图 7.1~图 7.3 的载荷与时间坐标图称为载荷谱，可以用分析法或实测法得出，在很多情况下，只能实测得出。为了计算方便，常将载荷谱简化为简单的阶梯形状，如图 7.4 所示为旋转起重机的半圆周内的载荷谱。设计时，如果有载荷谱资料，所设计机械的可靠性可大大提高。

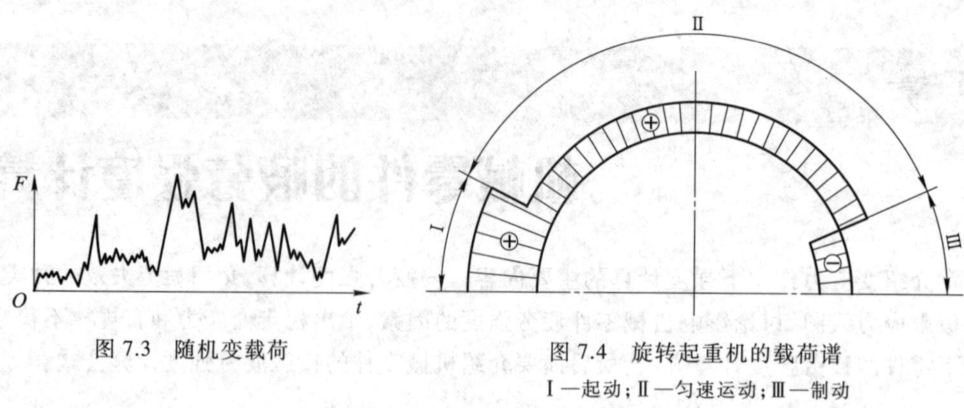

图 7.3　随机变载荷

图 7.4　旋转起重机的载荷谱

Ⅰ—起动；Ⅱ—匀速运动；Ⅲ—制动

7.1.2　变应力的种类

由于载荷随时间变化，应力也将随时间而变化。按随时间变化的情况，变应力大体可分为以下三种类型：

1）稳定循环变应力（图 7.5a）：应力随时间按一定规律周期性变化，且变化幅度保持稳定。

2）不稳定循环变应力（图 7.5b）：应力随时间按一定规律周期性变化，变化幅度不稳定，但其幅度的变化保持一定规律。

3）随机变应力（图 7.5c）：应力随时间变化没有规律，应力变化不呈周期性，具有很大的偶然性。

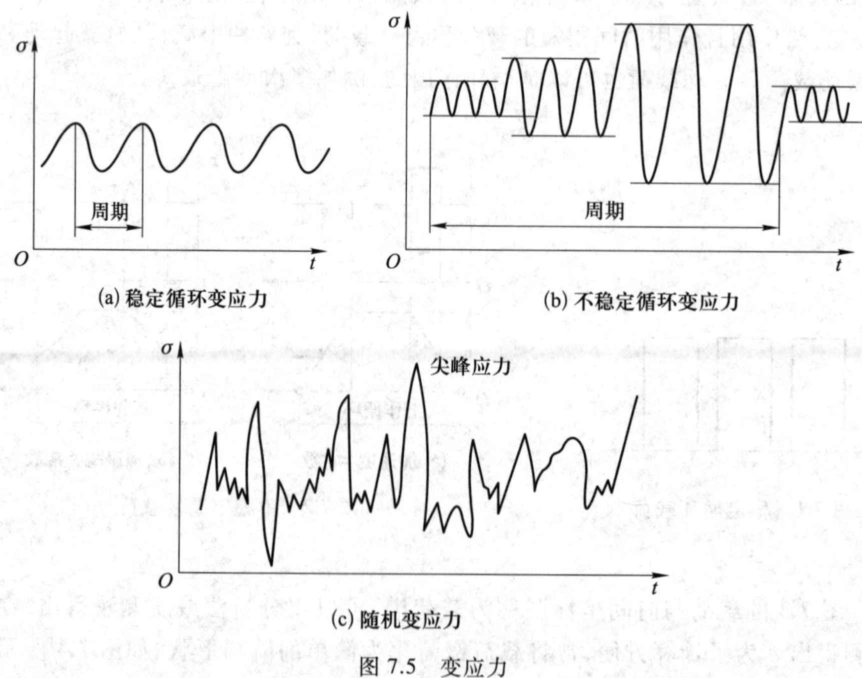

(a) 稳定循环变应力　　(b) 不稳定循环变应力

(c) 随机变应力

图 7.5　变应力

7.1.3　变应力的特性

图 7.6a 所示为一般的稳定循环变应力的变化情况，其中 σ_{max} 为最大应力，σ_{min} 为最小应力，σ_m 为平均应力，σ_a 为应力幅，它们之间的关系为

$$\sigma_m=\frac{\sigma_{max}+\sigma_{min}}{2}$$
$$\sigma_a=\frac{\sigma_{max}-\sigma_{min}}{2} \tag{7.1}$$

或

$$\sigma_{max}=\sigma_m+\sigma_a$$
$$\sigma_{min}=\sigma_m-\sigma_a \tag{7.2}$$

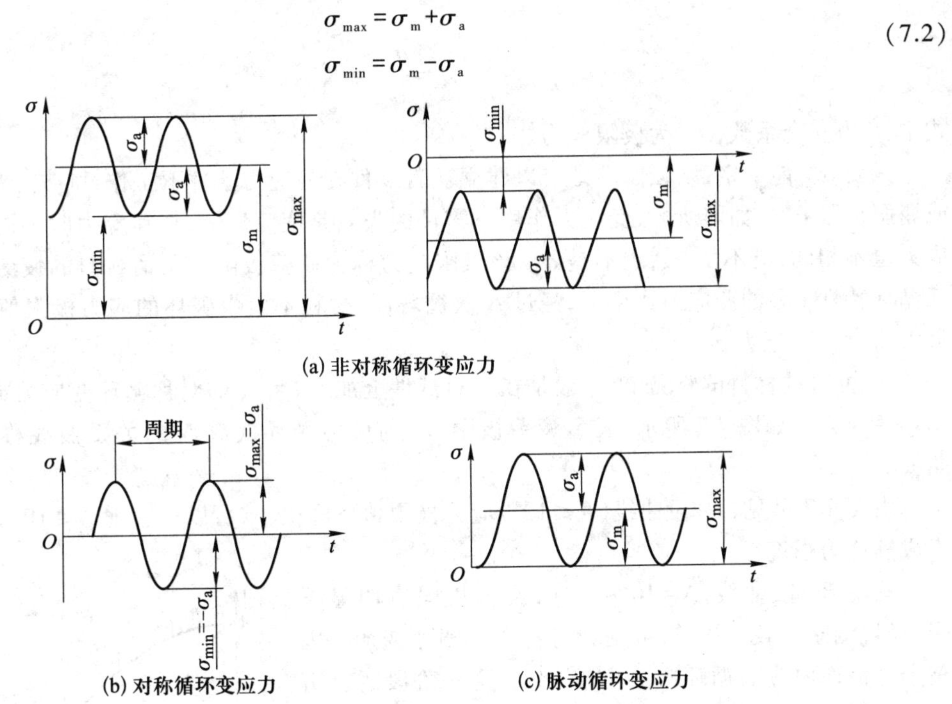

图 7.6　稳定循环变应力谱

还可引入循环特性 r 来表示应力变化特点：$r=\sigma_{min}/\sigma_{max}$。若规定绝对值最大者为 σ_{max}，则 r 的取值范围为 $-1\leqslant r\leqslant +1$。实际上表示变应力的特性时无需用到所有上述五个参数，只需知道其中任意两个，即可求得其他参数。例如，如图 7.6b 所示，$\sigma_m=0$，$\sigma_{max}=-\sigma_{min}$，$\sigma_{max}$ 与 σ_{min} 大小相等，方向相反，这种变化规律的应力称为对称循环变应力，其循环特性 $r=-1$。又如图 7.6c 所示，$\sigma_{min}=0$，故 $r=0$，称为脉动循环变应力。其他情形的稳定循环变应力称为非对称非脉动的循环变应力（简称非对称循环变应力）。静应力也可看成是变应力的特例，其 $\sigma_{max}=\sigma_{min}=\sigma_m$，$\sigma_a=0$，$r=+1$。

在变应力中，循环特性 r 及应力幅 σ_a 对疲劳强度的影响最大，同一零件在相同寿命期限内，σ_a 越大，r 值越小，越容易产生疲劳失效。

7.2 疲劳极限与极限应力线图

7.2.1 σ-N 疲劳曲线与疲劳极限

由前可知,机械零件的强度准则为

$$\sigma_{ca} \leqslant [\sigma] = \frac{\sigma_{lim}}{S}$$

或

$$S_{ca} = \frac{\sigma_{lim}}{\sigma_{ca}} \geqslant S$$

式中:S 为安全系数;σ_{lim} 为极限应力。

只要 σ_{lim} 能确定,则强度准则可以建立。若零件在静应力条件下工作,则 σ_{lim} 为强度极限 σ_B 或屈服极限 σ_S。如前所述,变应力作用下零件的失效是疲劳失效,与静应力时不同,显然其极限应力也不相同,既不是 σ_S,也不是 σ_B,该极限应力称为疲劳极限。所谓材料的疲劳极限,是指在某循环特性 r 时的变应力作用下,经过 N 次循环后,材料不发生破坏的应力极限值(一般指应力最大值 σ_{max}),记为 σ_{rN}。

σ_{rN} 可通过材料试验测定,一般是在材料试件上加上 $r=-1$ 的对称循环变应力或 $r=0$ 的脉动循环变应力。如图 7.7 所示,表示疲劳极限 σ_{rN} 与应力循环次数 N 的关系曲线称为 $\sigma-N$ 疲劳曲线。

由图 7.7 可见,AB 段曲线($N \leqslant 10^3$)应力极限值下降很小,所以一般把 $N \leqslant 10^3$ 的变应力强度当成静应力强度处理。

图中 BC 段曲线($N=10^3 \sim 10^4$),疲劳极限有明显下降,经检测断口破坏情况,可见到材料产生塑性变形。因整个寿命期内应力循环次数仍然较少,这一阶段的疲劳称为低周疲劳,低周疲劳时的强度可用应变疲劳理论解释。

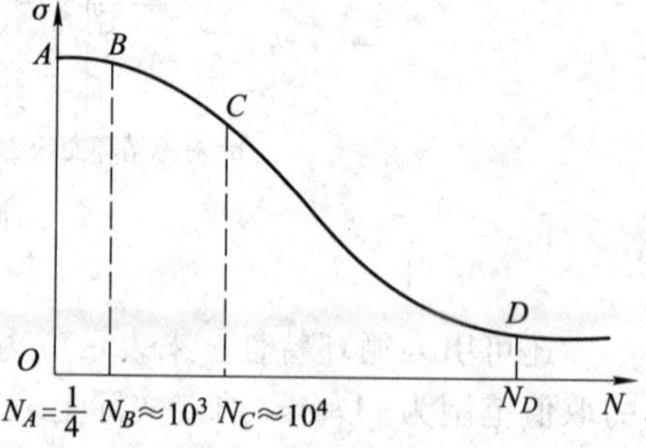

图 7.7　材料疲劳曲线($\sigma-N$ 疲劳曲线)

图中点 C 右侧的线段应力循环次数很多,称为高周疲劳,大多数机械零件都工作在这一阶段。

在 CD 段曲线上,随着应力 σ 水平的降低,发生疲劳破坏前的循环次数 N 增多。或者可以说,要求工作循环次数 N 增加,对应的疲劳极限将急剧下降。当应力循环次数超过该应力水平对应的曲线值时,疲劳破坏将会发生。因此,CD 段称为试件的有限寿命疲劳阶段,曲线上任意一点所对应的应力值代表该循环次数下的疲劳极限,称为有限寿命疲劳极限 σ_{rN}。

到达点 D 后,曲线趋于平缓。由于这时的循环次数很多,因此试件的寿命非常长。换句话讲,若试件承受的变应力很小时,则可以近似地认为作用的应力可以无限次地循环下去,而试件不会破坏。故点 D 右侧的曲线段表示试件的无限寿命疲劳阶段，其疲劳极限称为持久疲劳极限，记为 $\sigma_{r\infty}$。持久疲劳极限 $\sigma_{r\infty}$ 可通过疲劳试验测定。实际上由于点 D 所对应的循环次数 N_D 往往很大，在做试验时，常规定一个接近 N_D 的循环次数 N_0，测得其疲劳极限 σ_{rN0}（简记为 σ_r），用 σ_r 近似代替 $\sigma_{r\infty}$，N_0 称为循环基数。

如果在某一工况下，材料的持久疲劳极限 σ_r 已得到，则通过有限寿命疲劳区间给定的任一循环次数 N 可以求得对应有限疲劳极限 σ_{rN}。把 CD 段曲线对数线性化处理，可表示成如下方程：

$$\sigma_{rN}^m N = \text{常数} \tag{7.3}$$

式中的常数可由点 D 处的无限疲劳极限 σ_r 和 N_0 代入求得，即

$$\sigma_{rN}^m N = \sigma_r^m N_0$$

得

$$\sigma_{rN} = \sigma_r (N_0/N)^{1/m} = \sigma_r K_N \tag{7.4}$$

式中：$K_N = (N_0/N)^{1/m}$，称为寿命系数。

以上各式中，m 为指数，与材料及尺寸有关，其值由试验测定；N_0 常取 $(1\sim10)\times10^6$。

对于钢材，在弯曲和拉压疲劳时，$m=6\sim20$。初步计算时，若钢制零件受弯曲疲劳时，中等尺寸零件取 $m=9$，$N_0=5\times10^6$。大尺寸零件取 $m=9$，$N_0=10^7$。应用式（7.4）时，若 $N>N_0$，则取 $N=N_0$，即取 $K_N=1$。

7.2.2 极限应力线图

1. 材料的极限应力线图

如前所述，$\sigma-N$ 曲线表示了某一材料在特定循环特性 r 下疲劳极限 σ_{rN} 与应力循环次数 N 的关系，据此可确定 σ_r（持久疲劳极限），再利用式（7.4）求得有限疲劳极限 σ_{rN}，以 σ_{rN} 作为强度公式中的 $\sigma_{\lim}$。同样的材料，在不同的循环特性 r 下，可通过试验作出不同的 $\sigma-N$ 曲线（曲线形状类似图 7.7），从而确定不同的 σ_r（如 σ_{-1}，σ_0，$\sigma_{0.2}$，…）。

实际上，同一种材料不可能通过试验确定所有的 σ_r，因为循环特性 r 的变化范围为 $-1\leqslant r\leqslant+1$。而同一材料的各个 $\sigma_r(-1\leqslant r\leqslant+1)$ 值存在着内在的关系。通过这种关系和测定若干个特定的 σ_r 值，就可求得任意循环特性 r 下的 σ_r。工程实践中通常是测量出对称循环时的疲劳极限 σ_{-1} 和脉动循环时的疲劳极限 σ_0，连同静应力时的极限应力 σ_{+1}（σ_S 或 σ_B），只利用这三个极限应力，即可求出任意循环特性 r 时的 σ_r。

为了找出同一材料的各极限应力的关系，就要用到极限应力线图。常用的方法是测出各极限应力 σ_r（指的是极限最大应力 $\sigma'_{\max}$），并求出其极限平均应力 σ'_m 和极限应力幅 σ'_a，标在 $\sigma_m-\sigma_a$ 坐标图上，如图 7.8 所示，其上任意一点代表某一疲劳极限 $\sigma_r(=\sigma'_{\max}=\sigma'_m+\sigma'_a)$。图 7.8 所示为一条曲线，工程应用时，常把它简化处理成图 7.9 的分段直线 $A'G'C$，其中点 A' 表示对称循环变应力时的疲劳极限应力点，因对称循环平均应力 $\sigma'_m=0$，则应力幅 σ'_a 等于最大应力 $\sigma'_{\max}(=\sigma_{-1})$；$D'$ 表示脉动循环变应力时的疲劳极限应力点，因脉动循环时 $\sigma'_m=\sigma'_a=\sigma'_{\max}/2(=\sigma_0/2)$；点 C 代表静应力时的极限应力点，因静应力时 $\sigma'_a=0$，$\sigma'_m=\sigma'_{+1}(=\sigma_S$ 或 $\sigma_B)$。过点 C 作与横坐标轴成 45°的直线，与直线 $A'D'$ 交于 G' 点，则折线 $A'G'C$ 表示材料的极限应力线。

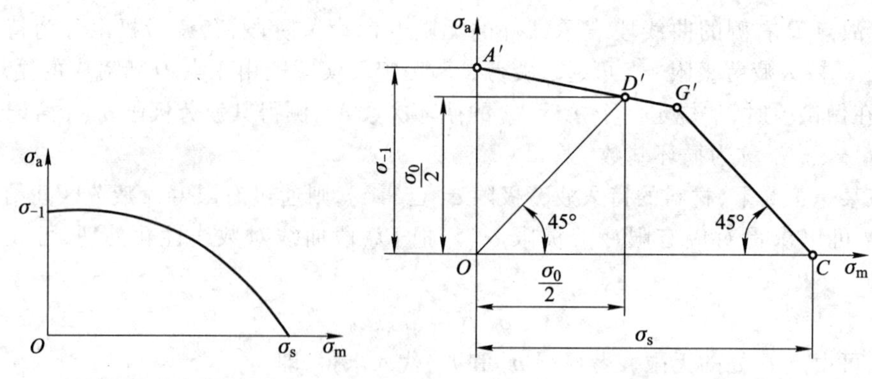

图 7.8　材料疲劳寿命曲线(等寿命曲线)　　图 7.9　材料的极限应力线图

若材料中的工作应力处于如图 7.9 所示 $OA'G'C$ 区域内,则不会产生失效,该区域称为疲劳安全区;若工作应力点恰好落在 $A'G'C$ 线上,则表示处于将发生疲劳的临界状态。

折线 $A'G'C$ 上任意一点表示某一循环特性下的极限应力点,若已知其坐标值($\sigma'_{\mathrm{m}},\sigma'_{\mathrm{a}}$),可求得其疲劳极限 $\sigma_r(=\sigma'_{\max}=\sigma'_{\mathrm{m}}+\sigma'_{\mathrm{a}})$。

图 7.9 中直线 $A'G'$ 及 $G'C$ 的方程分别可由两点坐标求得,如下式所示:

$$
\begin{aligned}
&A'G'\text{段}:\psi_\sigma\sigma'_{\mathrm{m}}+\sigma'_{\mathrm{a}}=\sigma_{-1}\\
&G'C\text{ 段}:\sigma'_{\mathrm{m}}+\sigma'_{\mathrm{a}}=\sigma_{\mathrm{S}}
\end{aligned}
\tag{7.5}
$$

式中:ψ_σ 为与材料有关的常数,$\psi_\sigma=(2\sigma_{-1}-\sigma_0)/\sigma_0$,其值可由试验确定,对碳钢,$\psi_\sigma\approx0.1\sim0.2$;对合金钢,$\psi_\sigma\approx0.2\sim0.3$。

2. 零件的极限应力线图

前述为材料试件的疲劳极限,由于多种因素的影响,实际零件的疲劳极限不同于材料试件的疲劳极限。这些影响的因素包括应力集中的影响、零件尺寸大小的影响、零件表面质量状况的影响以及强化因素的影响。这些因素的综合影响使得零件的疲劳极限有所改变,改变的程度用综合影响系数 K_σ 或 K_τ 来考虑,K_σ 定义为

$$
K_\sigma=\frac{\sigma_{-1}}{\sigma_{-1\mathrm{e}}}
\tag{7.6}
$$

式中:σ_{-1} 和 $\sigma_{-1\mathrm{e}}$ 分别为材料试件和实际零件受对称循环变应力作用时的疲劳极限。

若 σ_{-1} 和 K_σ 均已知,则可求得零件的对称循环疲劳极限 $\sigma_{-1\mathrm{e}}$ 为

$$
\sigma_{-1\mathrm{e}}=\frac{\sigma_{-1}}{K_\sigma}
\tag{7.7}
$$

试验表明,在不对称循环时,上述因素对零件疲劳极限的影响主要是影响疲劳极限的应力幅部分(即图 7.10 的纵坐标),而基本上不影响平均应力部分(即图 7.10 的横坐标)。因此,综合影响系数 K_σ 也可表示成材料疲劳极限中的极限应力幅与零件疲劳极限中的极限应力幅之比值。这样,根据材料试件的极限应力线图可作出零件的极限应力线图。把图 7.9 中的材料应力图中的直线 $A'D'G'$ 按比例向下平移,变成如图 7.10 所示的 ADG 线段,其比例系数为 $1/K_\sigma$ 或 $1/K_\tau$。而图 7.9 中的 $G'C$ 是按静应力时的要求来考虑的,故不需修正。这样就作出零件的极限应力线图,如图 7.10 所示的 AGC 折线。

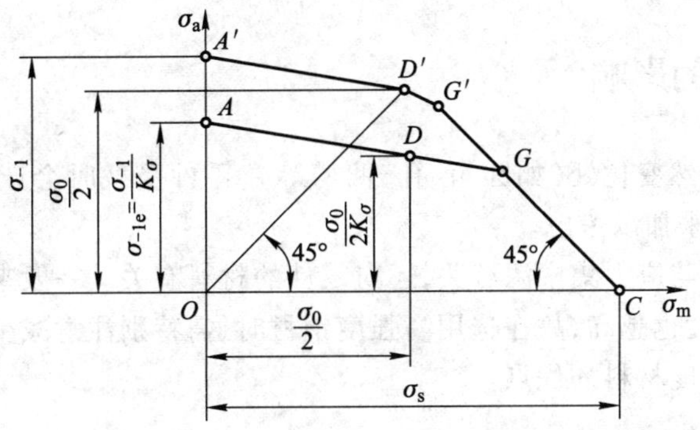

图 7.10　零件的极限应力线图

折线 AGC 上任一点的坐标为(σ'_{me},σ'_{ae}),横坐标值 σ'_{me} 表示零件疲劳极限的平均应力部分,σ'_{ae}表示其应力幅部分,若能求出任一点的坐标值(σ'_{me},σ'_{ae}),则该点所对应的零件疲劳极限为 $\sigma'_{max}=\sigma'_{me}+\sigma'_{ae}$。折线 AGC 的方程为

$$\begin{aligned} AG\ 段:&\psi_{\sigma e}\sigma'_{me}+\sigma'_{ae}=\sigma_{-1e} \\ GC\ 段:&\sigma'_{me}+\sigma'_{ae}=\sigma'_{S} \end{aligned} \tag{7.8}$$

式中:σ'_{ae}为零件受循环应力作用时的极限应力幅;σ'_{me}为零件受循环应力作用时的极限平均应力;σ_{-1e}为零件的对称循环疲劳极限,$\sigma_{-1e}=\sigma_{-1}/K_\sigma$;$\psi_{\sigma e}$为零件受循环应力作用时的材料常数。

$$\psi_{\sigma e}=\frac{\psi_\sigma}{K_\sigma}=\frac{2\sigma_{-1}-\sigma_0}{K_\sigma\sigma_0}$$

式中:K_σ 为疲劳极限的综合影响系数。K_σ 用下式计算:

$$K_\sigma=\left(\frac{k_\sigma}{\varepsilon_\sigma}+\frac{1}{\beta_\sigma}-1\right)\frac{1}{\beta_q} \tag{7.9}$$

式中:k_σ 为零件的有效应力集中系数,查附表 11.1~附表 11.4;ε_σ 为零件的尺寸系数,查附表11.5及附图 11.1;β_σ 为零件的表面质量系数,查附图 11.3;β_q 为强化系数,查附表 11.7~附表 11.9;$\frac{k_\sigma}{\varepsilon_\sigma}$值查附表 11.6。

同样,对切应力的情况,可类似式(7.8)及式(7.9)计算,只需用把 τ 替换式中的 σ 即可。

7.3　影响机械零件疲劳强度的因素

7.3.1　静强度极限的影响

材料的静强度极限(屈服极限 σ_S 或强度极限 σ_B)与疲劳极限之间有一定的关系。一般来说,材料的静强度极限越高,其疲劳极限值也越高,疲劳强度也就越好。要提高零件的疲劳强度,可相应采用静强度极限高的材料。

7.3.2 应力集中的影响

在零件上的尺寸突然变化处(如圆角、孔、凹槽等),零件受载时会产生应力集中,可用有效应力集中系数 k_σ 和 k_τ 来加以考虑。

另外,k_σ 和 k_τ 不仅与应力集中源有关,还与零件的材料有关。一般来说,材料的强度极限越高,对应力集中的敏感性也越高,故在选用高强度钢材时,需特别注意减少应力集中的影响,否则就无法充分体现出高强度材料的优点。

7.3.3 尺寸大小的影响

其他条件相同时,零件的尺寸越大,其疲劳强度越低。因为加工零件时,尺寸越大,产生缺陷的可能性越大。用尺寸系数 ε_σ 或 ε_τ 来考虑尺寸大小的影响。

7.3.4 表面状态的影响

零件的表面加工得越光滑,其疲劳强度就越高。用 β_σ 或 β_τ 来考虑表面状态对疲劳强度的影响。对钢材而言,表面状态越光滑,β_σ 或 β_τ 值越大,强度极限越大。故从提高疲劳强度的角度考虑,采用高强度钢材时应提高其表面加工质量,这才能体现出高强度钢材的优点。

铸铁对于加工后的表面状态不敏感,故取 $\beta_\sigma=\beta_\tau=1$。

7.3.5 表面强化因素的影响

采用表面强化措施,如采用渗碳、渗氮、淬火等热处理方法,及采用表面喷丸、滚压等工艺方法,均可大幅度提高零件的疲劳强度,用强化系数 β_q 来考虑,若无强化措施,则取 $\beta_q=1$。

综上所述,影响机械零件的疲劳强度有多种因素,这些因素均会影响到机械零件的疲劳强度极限。用综合影响系数 K_σ 或 K_τ 来综合考虑这些因素的影响。

7.4 稳定变应力下机械零件的疲劳强度计算

作疲劳强度计算时,常用的方法是安全系数法,即计算零件危险截面处的安全系数,判断该安全系数值是否大于许用安全系数。

计算安全系数有两种方法:一种是以极限最大应力与工作最大应力之比作为安全系数,则强度条件为

$$S_{ca}=\frac{\sigma'_{max}}{\sigma_{max}}\geqslant S \tag{7.10}$$

安全系数的另一种求法是求极限应力幅与工作应力幅之比,则强度条件为

$$S_a=\frac{\sigma'_{ae}}{\sigma_a}\geqslant S \tag{7.11}$$

至于采用上述两种方法中的哪一种,需视不同零件而选用。

7.4.1　单向应力状态下的疲劳强度计算

如前所述,可作出零件的极限应力线图 AGC,如图 7.11 所示。

根据零件的受载求得其最大应力 σ_{max}、最小应力 σ_{min},据此计算出平均应力 σ_m、应力幅 σ_a,标在图 7.11 中,即为工作应力点 M 或者点 N,如图示工作应力点落在安全区内。在使用式(7.10)或式(7.11)判断是否安全时,作为分子的极限应力究竟是 AGC 线上的哪一点必须根据工作应力可能发生的变化规律确定。常见的应力变化规律有三种情形:① 循环特性保持不变,即 $r=C$,如转轴的弯曲应力;② 平均应力保持不变,即 $\sigma_m=C$,如车辆的减振弹簧的应力状态;③ 最小应力保持不变,即 $\sigma_{min}=C$,如受轴向变载荷的紧螺栓连接中螺栓的应力。以下分别讨论这三种情况下安全系数的计算方法。

1. $r=C$ 的情况

$$\frac{\sigma_a}{\sigma_m}=\frac{(\sigma_{max}-\sigma_{min})/2}{(\sigma_{max}+\sigma_{min})/2}=\frac{1-r}{1+r}=C'$$

式中:C'为另一常数。

可见在 r 为常数时,σ_a 和 σ_m 按相同比例增长。在图 7.12 中,从坐标原点引射线通过工作应力点 M,交极限应力线于点 M'_1,点 M'_1为所求的极限应力点。

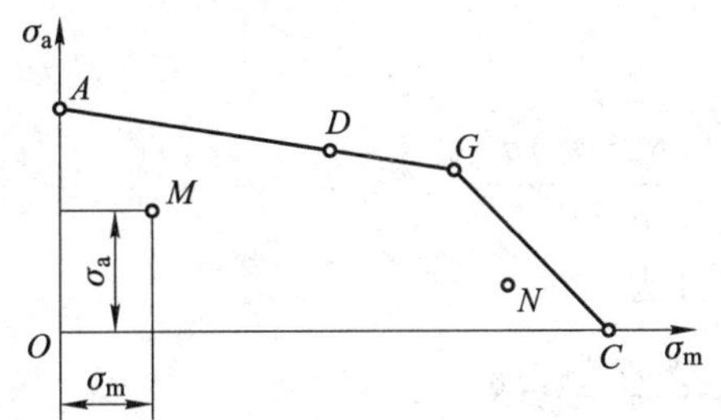

图 7.11　零件的应力在极限应力线图中的位置

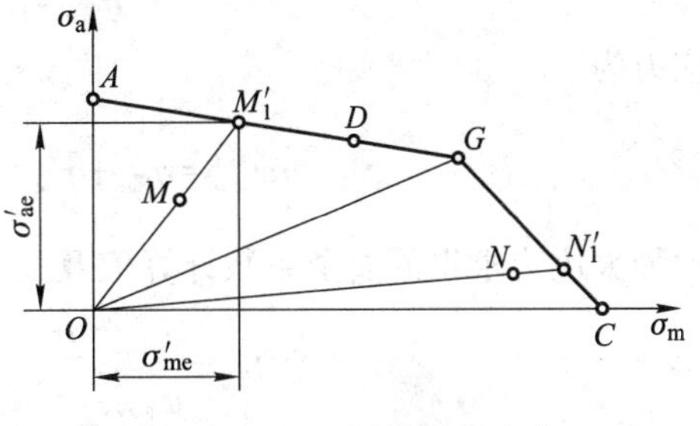

图 7.12　$r=C$ 时的极限应力

根据直线 OM 和直线 AG 的方程式,可求出 $M'_1(\sigma'_{me},\sigma'_{ae})$,则零件的疲劳极限

$$\sigma'_{max}=\sigma'_{me}+\sigma'_{ae}=\frac{\sigma_{-1}(\sigma_m+\sigma_a)}{K_\sigma\sigma_a+\psi_\sigma\sigma_m}=\frac{\sigma_{-1}\sigma_{max}}{K_\sigma\sigma_a+\psi_\sigma\sigma_m} \tag{7.12}$$

安全系数计算值及强度条件为

$$S_{ca}=\frac{\sigma'_{max}}{\sigma_{max}}=\frac{\sigma_{-1}}{K_\sigma\sigma_a+\psi_\sigma\sigma_m}\geqslant S \tag{7.13}$$

因 $r=C$,故 $S_a=\sigma'_{ae}/\sigma_a=\sigma'_{max}/\sigma_{max}$,两种方法的计算公式相同。

若工作应力点位于图 7.12 所示的 N 点,同理可得其极限应力点 N'_1,疲劳极限 $\sigma'_{max}=\sigma'_{me}+\sigma_{ae}=\sigma_S$,则强度公式为

$$S_{ca}=\frac{\sigma'_{max}}{\sigma_{max}}=\frac{\sigma_S}{\sigma_{max}}\geqslant S \tag{7.14}$$

相当于按静强度条件进行计算。因为此时 σ_m 较大，而 σ_a 较小，疲劳的特征不明显，而体现出静应力下的失效特征。如为塑性材料，则因先发生塑性变形而失效。因此，图 7.12 的安全区 $OAGC$ 可划分为两个区域：OAG 为疲劳安全区，OGC 为塑性安全区。

2. $\sigma_m=C$ 的情况

如图 7.13a 所示，过 M 点作与纵坐标轴平行的直线，与 AG 之交点 M'_2 即为极限应力点。

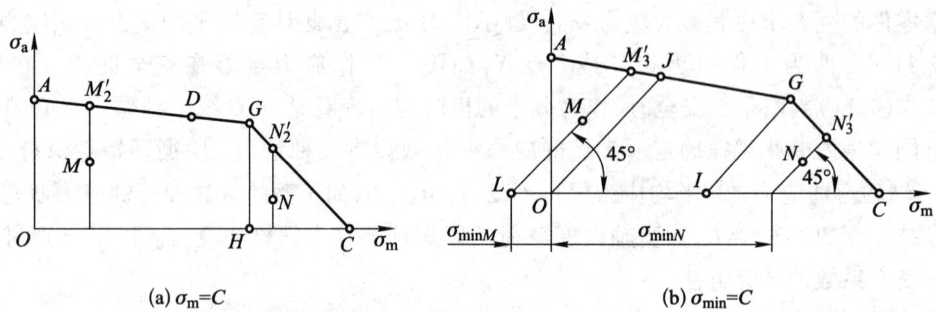

图 7.13　极限应力线图

可求出其坐标值 $M'_2(\sigma'_{me},\sigma'_{ae})$ 为

$$\sigma'_{ae}=\frac{\sigma_{-1}-\psi_\sigma\sigma_m}{K_\sigma}$$

$$\sigma'_{me}=\sigma_m$$

则最大应力为

$$\sigma'_{max}=\sigma'_{me}+\sigma'_{ae}=\frac{\sigma_{-1}+(K_\sigma-\psi_\sigma)\sigma_m}{K_\sigma}$$

根据最大应力求得的安全系数计算值及强度条件为

$$S_{ca}=\frac{\sigma'_{max}}{\sigma_{max}}=\frac{\sigma_{-1}+(K_\sigma-\psi_\sigma)\sigma_m}{K_\sigma(\sigma_m+\sigma_a)}\geqslant S \tag{7.15}$$

根据应力幅求得的安全系数计算值及强度条件为

$$S_a=\frac{\sigma'_{ae}}{\sigma_a}=\frac{\sigma_{-1}-\psi_\sigma\sigma_m}{K_\sigma\sigma_a}\geqslant S \tag{7.16}$$

图 7.13a 中，$OAGH$ 区域为疲劳安全区，HGC 区域为塑性安全区。若工作应力点位于 $OAGH$ 区域，则按式(7.15)或式(7.16)计算；若工作应力点位于 HGC 区域，如图中 N 点，则按静强度条件计算。

3. $\sigma_{min}=C$ 的情况

$\sigma_{min}=C$，即 $\sigma_m-\sigma_a=C$，如图 7.13b 所示，过工作应力点 M 作与横坐标轴成 45°的直线，交 AG 线于点 M'_3，点 M'_3 即为所求的极限应力点。可求出其坐标值 $M'_3(\sigma'_{me},\sigma'_{ae})$。

强度条件为：

$$S_{ca}=\frac{\sigma'_{max}}{\sigma_{max}}=\frac{2\sigma_{-1}+(K_\sigma-\psi_\sigma)\sigma_{min}}{(K_\sigma+\psi_\sigma)(2\sigma_a+\sigma_{min})}\geqslant S \tag{7.17}$$

或

$$S_a=\frac{\sigma'_{ae}}{\sigma_a}=\frac{\sigma_{-1}-\psi_\sigma\sigma_{min}}{(K_\sigma+\psi_\sigma)\sigma_a}\geqslant S \tag{7.18}$$

上述三种情况下的公式也同样适用于切应力的情况，只需用 τ 代替各式中的 σ 即可。具体计算零件的安全系数时，需搞清楚其应力变化规律，选用合适的公式。如果有时难以确定其变化规律，一般把它当成 $r=C$ 的情况处理。

7.4.2　复合应力状态下的疲劳强度计算

如果零件工作时其危险截面上既有正应力(σ)作用，又有切应力(τ)作用，则零件危险截面处于复合应力状态。多数零件(如转轴)工作在复合应力状态。复合应力的变化规律是多种多样的。经理论分析和试验研究，目前只有对称循环时的计算方法，且 σ 和 τ 是同相位同周期变化的。下面就介绍这种情形时的安全系数计算方法。若实际情形与其不同(如为非对称循环)，一般暂采用对称循环的计算方法。

在零件上同时作用有同周期同相位的对称循环正应力(σ)和切应力(τ)时，根据试验及理论分析，有如下关系式：

$$\left(\frac{\sigma'_a}{\sigma_{-1e}}\right)^2+\left(\frac{\tau'_a}{\tau_{-1e}}\right)^2=1 \tag{7.19}$$

式中：σ_{-1e}和 τ_{-1e}分别为零件只承受正应力和只承受切应力时的疲劳极限；σ'_a和 τ'_a为同时作用的正应力和切应力的极限应力幅。

因为是对称循环，应力幅等于最大应力。

上式在 σ_a/σ_{-1e}-τ_a/τ_{-1e}坐标系上为一单位圆，如图 7.14 所示。圆弧 $AM'B$ 上任一点表示极限应力点。

求出作用于零件上的应力幅 σ_a 和 τ_a，标在图 7.14 中，若 M 点在极限圆内，则零件是安全的，但安全系数 S_{ca}等于多少还需要进一步计算。

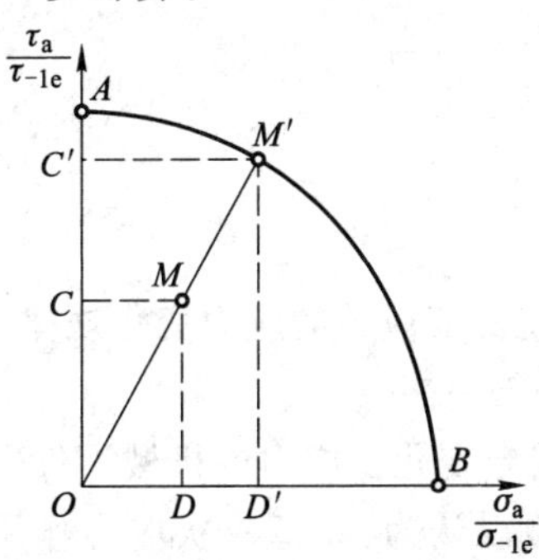

图 7.14　双向应力时的极限应力线图

连接 M 与坐标原点 O，直线 OM 交圆于 M'点，M'点即为极限应力点。

$$S_{ca}=\frac{\overline{OM'}}{\overline{OM}}=\frac{\overline{OC'}}{\overline{OC}}=\frac{\overline{OD'}}{\overline{OD}}$$

式中：$\overline{OC'}=\frac{\tau'_a}{\tau_{-1e}}$，$\overline{OC}=\frac{\tau_a}{\tau_{-1e}}$，$\overline{OD'}=\frac{\sigma'_a}{\sigma_{-1e}}$，$\overline{OD}=\frac{\sigma_a}{\sigma_{-1e}}$，将它们代入上式得

$$\frac{\tau'_a}{\tau_{-1e}}=S_{ca}\frac{\tau_a}{\tau_{-1e}}$$

或

$$\tau'_a=S_{ca}\tau_a$$

同理有

$$\sigma'_a=S_{ca}\sigma_a$$

将 σ'_a 和 τ'_a 代入式(7.19)，得

$$\left(\frac{S_{ca}\tau_a}{\tau_{-1e}}\right)^2+\left(\frac{S_{ca}\sigma_a}{\sigma_{-1e}}\right)^2=1$$

而 $\tau_{-1e}/\tau_a=S_\tau$，$\sigma_{-1e}/\sigma_a=S_\sigma$，$S_\tau$ 和 S_σ 分别为零件只承受单向切应力和只承受单向正应力时的安全系数计算值，其计算方法见前述，所以

$$\left(\frac{S_{ca}}{S_\sigma}\right)^2+\left(\frac{S_{ca}}{S_\tau}\right)^2=1$$

则

$$S_{ca}=\frac{S_\sigma S_\tau}{\sqrt{S_\sigma^2+S_\tau^2}} \tag{7.20}$$

需指明的是，应用上述公式时，先按前述单向应力状态时求 S_σ 和 S_τ。求 S_σ 和 S_τ 时需搞清 σ 和 τ 的应力变化规律，选用相应的式子。如 σ 是按 $r=C$ 的规律变化的，应按式(7.13)求 S_σ；若 τ 是按 $\sigma_{min}=C$ 的规律变化的，则按式(7.17)求 S_τ，再按式(7.20)求 S_{ca}。其他情况依此类推。

7.5 规律性不稳定变应力时机械零件的疲劳强度计算

7.5.1 疲劳损伤累积假说

图 7.15 所示为一规律性不稳定的变应力的应力变化规律。在零件的整个寿命期限内，最大应力 σ_1 作用了 n_1 次，σ_2 作用了 n_2 次……

目前对于承受这种规律性不稳定变化变应力的机械零件进行疲劳强度计算普遍采用的是疲劳损伤累积假说。疲劳损伤累积假说认为：在每一次应力作用下，零件就会造成一定的疲劳损伤，当疲劳损伤累积到一定程度，便发生疲劳破坏。

其中较为简单的计算方法是线性疲劳累积计算方法，用数学式表示为

$$\sum 疲劳损伤率=100\% \tag{7.21}$$

应用上式时，需求出在各应力作用下的疲劳损伤率。图 7.16 所示为零件材料的疲劳曲线。

根据 $\sigma-N$ 曲线可求得仅有 σ_1 作用时的极限应力循环次数 N_1，则 σ_1 每作用一次，其损伤率为 $1/N_1$，现实际作用了 n_1 次，则其损伤率为 n_1/N_1；同理，σ_2 作用了 n_2 次，损伤率为 n_2/N_2；σ_3 作用了 n_3 次，损伤率为 n_3/N_3；而 σ_4 因为小于持久疲劳极限，可以无限次地作用下去，而不会引起疲劳损伤。故对应图 7.15 的线性疲劳损伤累积计算式为

$$\sum_{i=1}^{3}\frac{n_i}{N_i}=\frac{n_1}{N_1}+\frac{n_2}{N_2}+\frac{n_3}{N_3}=1 \tag{7.22}$$

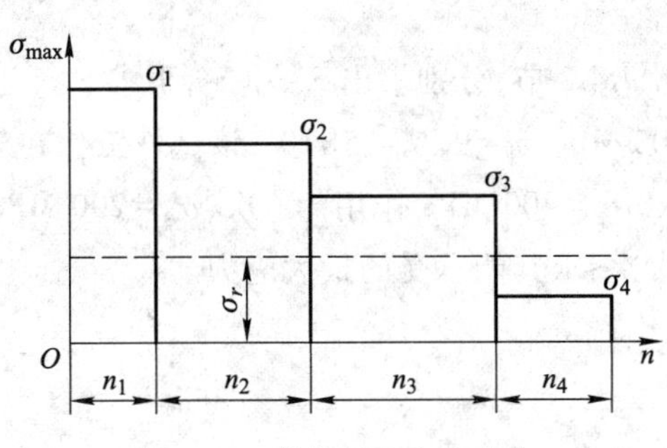

图 7.15　规律不稳定变应力

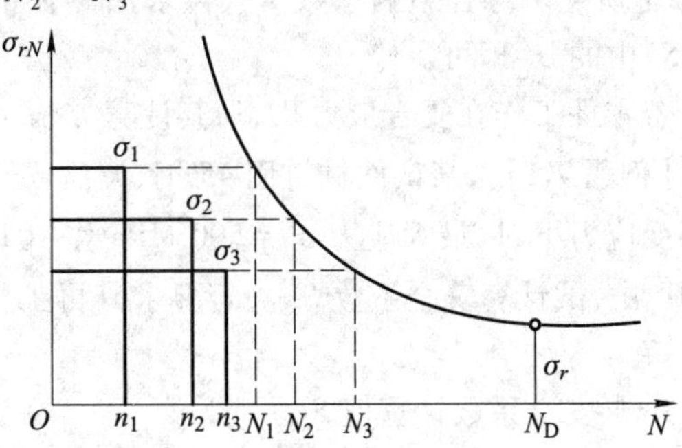

图 7.16　不稳定变应力在 $\sigma_{rN}-N$ 坐标上

理论上损伤率达到 1 时，零件就会发生疲劳破坏，试验结果是，许可的损伤率为 0.7~2.2，计算时一般仍按式(7.22)计算。

7.5.2　疲劳强度计算

根据式(7.4)可得

$$N_1=N_0\left(\frac{\sigma_r}{\sigma_1}\right)^m,N_2=N_0\left(\frac{\sigma_r}{\sigma_2}\right)^m,\cdots,N_i=N_0\left(\frac{\sigma_r}{\sigma_i}\right)^m,\cdots$$

代入式(7.22)得疲劳极限条件为

$$\frac{1}{N_0\sigma_r^m}(\sigma_1^m n_1+\sigma_2^m n_2+\cdots+\sigma_i^m n_i+\cdots+\sigma_z^m n_z)=\frac{1}{N_0\sigma_r^m}\sum_{i=1}^{z}\sigma_i^m n_i=1$$

则强度条件为

$$\frac{1}{N_0\sigma_r^m}\sum_{i=1}^{z}\sigma_i^m n_i\leqslant 1 \tag{7.23a}$$

或

$$\sum_{i=1}^{z}\sigma_i^m n_i\leqslant N_0\sigma_r^m \tag{7.23b}$$

令 $\sigma_{ca}=\sqrt[m]{\dfrac{1}{N_0}\sum_{i=1}^{z}\sigma_i^m n_i}$，则强度条件为

$$\sigma_{ca}\leqslant\sigma_r$$

若把许用安全系数考虑进去,则强度条件为

$$\sigma_{ca} \leqslant [\sigma] = \frac{\sigma_r}{S} \tag{7.24}$$

或

$$S_{ca} = \frac{\sigma_r}{\sigma_{ca}} \geqslant S \tag{7.25}$$

上述为零件材料在规律性不稳定变应力作用下疲劳强度的计算方法。若为实际零件,只需按7.2节所述求综合影响系数 K_σ,再求出零件的极限最大应力 σ'_{max},以 σ'_{max} 替换式(7.24)和式(7.25)中的 σ_r 即可。

若零件工作在复合应力状态,其计算方法可参考 7.4.2 节,分别求出 S_σ 和 S_τ,再求 S_{ca}。

[例题 7.1]　某试件材料用 45 钢,调质,$\sigma_{-1}=300$ MPa,$m=9$,$N_0=5\times10^6$,该试件工作在对称循环变应力下,以最大应力 $\sigma_1=500$ MPa 作用 10^4 次,$\sigma_2=400$ MPa 作用 10^5 次,$\sigma_3=200$ MPa 作用 10^6 次,试计算安全系数 S_{ca}。若要求其再工作 10^6 次,求其能承受的最大应力。

解

1. 求安全系数计算值 S_{ca}

因 $\sigma_3<\sigma_{-1}$,理论上不会造成疲劳损伤,故不计入。

$$\sigma_{ca} = \sqrt[m]{\frac{1}{N_0}\sum_{i=1}^{z}\sigma_i^m n_i} = \sqrt[9]{\frac{1}{5\times10^6}\times(500^9\times10^4+400^9\times10^5)}\ \text{MPa} = 275.52\ \text{MPa}$$

$$S_{ca} = \frac{\sigma_{-1}}{\sigma_{ca}} = \frac{300}{275.52} = 1.089$$

2. 求 $n_3=10^6$ 时 σ_3 的大小

$$N_1 = N_0\left(\frac{\sigma_{-1}}{\sigma_1}\right)^m = 5\times10^6\times\left(\frac{300}{500}\right)^9 = 0.050\ 388\times10^6$$

$$N_2 = N_0\left(\frac{\sigma_{-1}}{\sigma_2}\right)^m = 5\times10^6\times\left(\frac{300}{400}\right)^9 = 0.375\ 423\times10^6$$

极限条件为

$$\frac{n_1}{N_1}+\frac{n_2}{N_2}+\frac{n_3}{N_3}=1$$

$$N_3 = n_3\cdot\frac{1}{1-\dfrac{n_1}{N_1}-\dfrac{n_2}{N_2}} = 10^6\times\frac{1}{1-\dfrac{10^4}{0.050\ 388\times10^6}-\dfrac{10^5}{0.375\ 423\times10^6}} = 1.868\ 551\times10^6$$

$$\sigma_3 = \sigma_{-1}\sqrt[m]{\frac{N_0}{N_3}} = 300\times\sqrt[9]{\frac{5\times10^6}{1.868\ 551\times10^6}}\ \text{MPa} = 334.67\ \text{MPa}$$

即要求再作用 10^6 次,其最大应力为 334.67 MPa。

需要指出,若求得的 $N_3\geqslant N_0$,则表示应力可无限循环作用下去,$\sigma_3\leqslant\sigma_{-1}=300$ MPa。

7.6 机械零件的接触疲劳强度

高副零件工作时理论上是点接触（如滚动轴承）或线接触（如齿轮）。实际上由于弹性变形，接触处为一微小面积。在接触处零件表层微小的面积内承受很大的压力，所产生的应力称为接触应力，用 σ_H 表示。图 7.17 所示为两圆柱体接触受力时 σ_H 的分布情况。

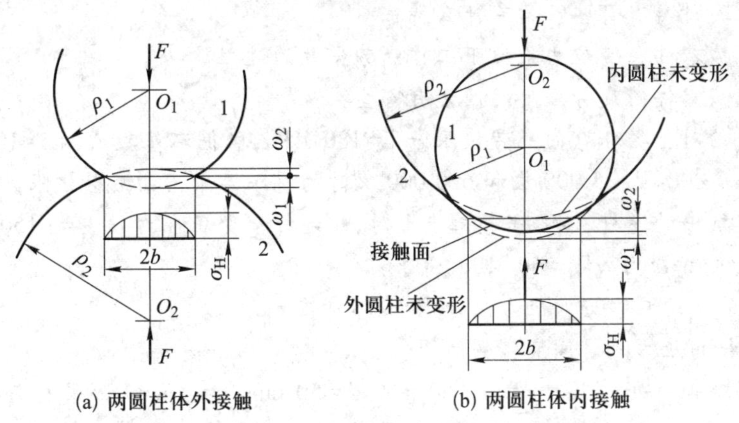

(a) 两圆柱体外接触　　(b) 两圆柱体内接触

图 7.17　两圆柱体接触受力后的变形与应力分布

由图可见在载荷作用线上 σ_H 最大。在 5.2 节中已经给出线接触条件下最大静接触应力 σ_H 的计算公式，按疲劳强度计算时，这一公式也可以使用，其形式如下：

$$\sigma_H=\sqrt{\frac{F}{\pi b}\left(\frac{\dfrac{1}{\rho_1}\pm\dfrac{1}{\rho_2}}{\dfrac{1-\mu_1^2}{E_1}+\dfrac{1-\mu_2^2}{E_2}}\right)} \tag{7.26}$$

式中：F 为作用于接触面上的载荷，N；b 为接触线长度，mm；ρ_1、ρ_2 分别为两零件接触处的曲率半径，mm；μ_1，μ_2 分别为两零件材料的泊松比；E_1，E_2 分别为两零件材料的弹性模量，MPa 。

若取 $p=F/b$，表示单位接触线长度上的载荷，N/mm；取 $\dfrac{1}{\rho}=\dfrac{1}{\rho_1}\pm\dfrac{1}{\rho_2}$，$\rho$ 称为综合曲率半径，其中正号用于外接触，负号用于内接触。取 $Z_E=\sqrt{\dfrac{1}{\pi\left(\dfrac{1-\mu_1^2}{E_1}+\dfrac{1-\mu_2^2}{E_2}\right)}}$，称为弹性影响系数。

则式（7.26）可简化为

$$\sigma_H=Z_E\sqrt{\frac{p}{\rho}} \tag{7.27}$$

零件工作时，一般接触处是变化的，故这时的接触应力是变应力。因接触应力实际上总是接触处表层微小面积内的压应力，所以其应力变化规律必为脉动循环。在计算齿轮传动、蜗杆传动

等工作能力时需建立其接触疲劳强度条件

$$\sigma_H \leqslant [\sigma_H] \tag{7.28}$$

式中：$[\sigma_H]$为许用接触应力，MPa 。

滚动轴承进行寿命计算，实质上也是反映了接触疲劳强度，采用“接触疲劳寿命”的计算方法。

习题

7.1　变应力的种类有哪些？各有什么特征？

7.2　简述机械零件在变应力条件下工作疲劳失效的过程。

7.3　影响机械零件的疲劳强度的因素有哪些？

7.4　某材料的对称循环弯曲疲劳极限 $\sigma_{-1}=180$ MPa，取循环基数 $N_0=5\times10^6$，$m=9$，试求循环次数 N 分别为 7 000 次、25 000 次和 620 000 次时的有限寿命弯曲疲劳极限。

7.5　一内燃机中的连杆机构，当气缸点火时，此连杆承受压应力 $\sigma_{max}=-150$ MPa，当气缸进气开始时，连杆承受拉应力 $\sigma_{min}=50$ MPa，试求：

（1）该连杆的平均应力 σ_m、应力幅 σ_a 和循环特性 r；

（2）绘制连杆的应力随时间变化的简图。

7.6　一阶梯轴轴肩处的尺寸为 $D=60$ mm，$d=50$ mm，$r=4$ mm，如果材料的力学性能为：$\sigma_B=650$ MPa，$\sigma_S=360$ MPa，$\sigma_{-1}=200$ MPa，$\sigma_0=320$ MPa。试绘制该零件的简化极限应力线图。

7.7　如果在题 7.6 中，轴的危险截面处的平均应力 $\sigma_m=30$ MPa，应力幅 $\sigma_a=45$ MPa，试分别按（1）$r=C$；（2）$\sigma_m=C$ 求出该截面上的计算安全系数 S_{ca}。

7.8　一零件在非稳定对称循环弯曲应力下工作，在 $\sigma_1=500$ MPa 时应力循环了 $N_1'=1.5\times10^5$ 次，试用疲劳损伤累积假说估算该零件再受 $\sigma_2=450$ MPa 的作用下直至破坏还能继续工作的循环次数。已知 $\sigma_{-1}=400$ MPa，$m=9$，$N_0=5\times10^6$。

第 8 章

齿轮传动与蜗杆传动疲劳强度设计

8.1 齿轮传动的疲劳强度设计

8.1.1 齿轮传动的失效形式及设计准则

8.1.1.1 失效形式

齿轮传动的失效形式多种多样，具体出现什么失效形式，主要与工作条件及齿面硬度有关。根据工作条件，齿轮传动可分为闭式传动和开式传动两种。闭式传动指的是齿轮封闭在齿轮箱中，能保证良好的润滑和密封。重要的齿轮传动（如汽车、机床等机器中的齿轮传动）应采用闭式传动。开式传动指的是齿轮没有很好地密闭起来，没有或只有简单的防护罩，不能得到良好的润滑。开式传动一般用在农业机械、建筑机械或其他简易的机械中。齿轮按齿面硬度可分为硬齿面和软齿面两种，硬齿面齿轮的 HBS>350（或 HRC>38），软齿面齿轮的 HBS≤350（或 HRC≤38）。

齿轮传动的失效多发生在轮齿部位。轮齿的失效分成两大类：一类是轮齿整体失效，即轮齿折断；另一类为轮齿表面失效，有齿面接触疲劳、胶合、磨损、齿面塑性变形。

1. 轮齿折断

轮齿折断一般发生在齿根部位，因轮齿受力时，类似一悬臂梁，其齿根部位的弯曲应力最大，且齿根过渡部分形状和尺寸的突变及沿齿向的加工刀痕均会引起应力集中。实践表明，轮齿折断一般发生在受拉一侧的齿根部位。

轮齿折断有两种：疲劳折断和过载折断。在正常的工作条件下，由于反复交变的齿根弯曲应力的作用，其失效形式为疲劳折断，而在短时过载及冲击载荷作用下会产生过载折断。

图 8.1　齿轮折断

齿宽较小的直齿圆柱齿轮，一般是在受拉一侧的齿根部位产生初始疲劳裂纹，接着裂纹沿着齿宽方向扩展，直至全齿折断。斜齿圆柱齿轮因接触线是倾斜的，故疲劳裂纹是从齿根斜向齿顶方向扩展，而发生局部折断，如图 8.1 所示。齿宽较大的直齿圆柱齿轮也会因载荷沿齿向的分布不均而造成局部折断。

可采用如下措施提高轮齿的抗折断能力：① 采用合适的热处理方法提高齿心材料的韧性；

② 采用喷丸、辗压等工艺方法进行表面强化,防止初始疲劳裂纹的产生;③ 增大齿根过渡圆弧半径,减轻加工刀痕,以降低应力集中的影响;④ 增大轴及支承的刚性,减轻因轴变形而产生的载荷沿齿向分布不均现象。

2. 齿面接触疲劳

齿面接触疲劳通常又称为点蚀,表现为齿面有麻点状微小物质脱落的现象。齿轮工作时,齿面承受脉动循环变化的接触应力,在接触应力多次作用后,靠近节线的齿根面处表层会出现若干微小的裂纹,润滑油被挤进裂纹中产生高压,使裂纹进一步扩展,在载荷作用下最终导致表层金属呈小片状脱落,在零件表面留下微小的凹坑,如图 8.2 所示。发生点蚀后,零件原有的光滑表面受到损坏,实际接触面积减少,因而导致齿轮传动的承载能力降低,并会引起振动和噪声。

点蚀是润滑良好的闭式传动最常见的失效形式。开式传动没有点蚀现象,这是由于磨粒磨损比点蚀发展得快的缘故。

提高齿面接触疲劳强度,防止或减轻点蚀的措施有:① 提高齿面硬度和降低粗糙度值;② 采用黏度较高的润滑油;③ 采用变位齿轮,增大两齿轮节圆处的曲率半径,以降低接触应力。

3. 齿面胶合

胶合也称为黏着磨损。高速重载而润滑不良条件下的齿轮传动,因为齿面间的压力及相对滑动速度大,会造成瞬时高温而使相啮合的两齿面粘在一起,当两齿面作相对滑动时,相黏结的部位被撕脱,于是在齿面上沿着相对滑动方向形成伤痕,这种现象称为胶合,如图 8.3 所示。

图 8.2　齿轮点蚀

图 8.3　齿轮胶合

低速重载下的齿轮传动也会发生胶合,因瞬时温度并不高,故称为冷胶合。

提高抗胶合能力的措施有:① 提高齿面硬度和降低粗糙度值;② 选用抗胶合性能好的材料作齿轮材料;③ 采用抗胶合性能好的润滑油(如硫化油);④ 减小模数和齿高,降低齿面间相对滑动速度。

4. 齿面塑性变形

齿面较软的齿轮,重载时在摩擦力作用下会产生齿面塑性变形,如图 8.4 所示。由于在主动轮齿面的节线两侧,齿顶部分和齿根部分的摩擦力方向相背,因此在节线附近形成凹槽;从动轮则因摩擦力方向相向,而形成凸脊,这样造成齿面永久性的变形,破坏了正确的齿形。

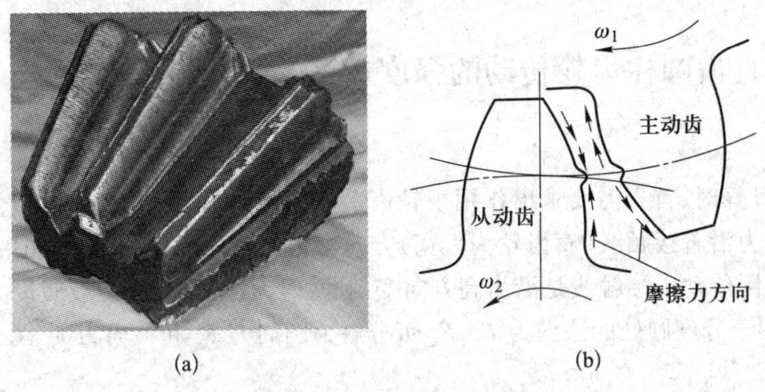

图 8.4　齿轮塑性变形

提高齿面抵抗塑性变形能力的措施有：① 提高齿面硬度；② 采用黏度大的润滑油或使用含有极压添加剂的润滑油。

5. 齿面磨粒磨损

当齿面间落入硬的颗粒（如砂粒、金属屑等），由于相对滑动，较软的齿面易被划伤，这种现象称磨粒磨损。由于磨损造成齿厚变薄，导致最终因强度不足而发生轮齿折断。它是开式传动中最易出现的失效形式，如图 8.5 所示。

图 8.5　齿面磨损

对开式传动，应特别注意保持环境清洁，减少磨粒侵入。改用闭式传动是避免磨粒磨损最有效的方法。

8.1.1.2　计算准则

如上所述，齿轮传动在不同的工况下，有不同的失效形式。设计齿轮传动时，必须针对其失效形式，建立相应的计算准则。

闭式齿轮传动的失效形式主要有点蚀、轮齿折断和胶合。但目前一般只按齿面接触疲劳强度和齿根弯曲疲劳强度进行校核或设计，对高速大功率的齿轮传动，还需进行齿面抗胶合能力的校核或设计。

开式齿轮传动主要失效形式是轮齿弯曲疲劳折断和磨粒磨损。因为目前齿面抗磨损能力的计算尚不够完善，故采用弯曲疲劳强度进行校核或设计，并适当增大模数来考虑磨损的影响。

8.1.2　标准直齿圆柱齿轮传动的强度计算

1. 受力分析

作齿轮强度计算时,首先需要求出作用于轮齿上的力,因齿面间摩擦力很小,故忽略不计。在理想情况下,作用力沿着接触线(直齿轮为齿宽)方向均匀分布,因而可简化为作用在齿宽中点处的集中力。另外,实际传动中接触线是沿齿高方向变动的,但为计算方便,一般假设力作用在节圆处,图 8.6 所示为作用于分度圆处的法向力 F_n,F_n 可分解为圆周力 F_t 和径向力 F_r 两个分力。

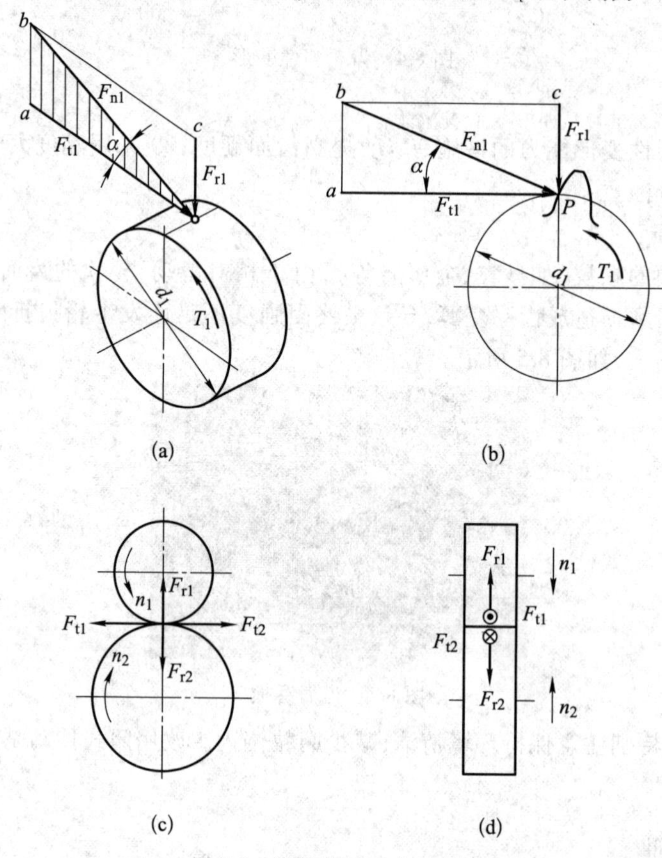

图 8.6　齿轮传动受力示意图

各力大小用下式计算如下

$$
\begin{aligned}
&\text{圆周力}\quad F_t=\frac{2T_1}{d_1}\\
&\text{径向力}\quad F_r=F_t\tan\alpha\\
&\text{法向力}\quad F_n=\frac{F_t}{\cos\alpha}
\end{aligned}
\tag{8.1}
$$

式中:T_1 为小齿轮轴传递的转矩,N · mm;d_1 为小齿轮分度圆直径,mm;α 为分度圆压力角,标准齿轮 $\alpha=20°$。

各力方向的判定方法：① 主动轮上的圆周力方向与力作用点处的速度方向相反，从动轮上圆周力方向与力作用点处的速度方向相同；② 径向力则分别指向各自轮心。

主、从动轮上作用力与反作用力的关系可用下式表示：

$$F_{t2}=-F_{t1}, F_{r2}=-F_{r1}$$

为了方便分析计算，表示各力方向时，常采用平面受力简图来表示，如图 8.6c、d 所示。图 8.6c或图 8.6d 视图可视情况采用，注意各力需标明在啮合点处。图中⊙表示垂直于纸面向外，⊗表示垂直于纸面向里。

2. 计算载荷

上述所求得的各力均为名义载荷，即在理想的平稳工作条件下求得的载荷，齿轮工作时由于各种因素的影响，会引起附加动载荷，使实际所受的载荷比名义载荷大。用载荷系数 K 来考虑这些因素的影响，如名义法向载荷为 F_n，则其相应的计算载荷 F_{ca} 为

$$F_{ca}=K F_n \tag{8.2}$$

强度公式中的载荷是计算载荷，所以必须先确定载荷系数 K 值的大小。根据研究，引起附加动载荷有四方面因素，即 K 由四个参数组成

$$K=K_A K_v K_\alpha K_\beta \tag{8.3}$$

式中：K_A 为使用系数；K_v 为动载系数；K_α 为齿间载荷分配系数；K_β 为齿向载荷分布系数。

(1) 使用系数 K_A

考虑非齿轮自身的外部因素引起的附加动载荷影响的系数，如原动机和工作机的运转特性、联轴器的缓冲性能等，K_A 值可查附表 12.1。

(2) 动载系数 K_v

考虑齿轮副在啮合过程中因齿轮自身的啮合误差而引起的内部附加动载荷影响的系数。一对理想的渐开线齿廓，只有基圆齿距相等($p_{b1}=p_{b2}$)时才能正确啮合，瞬时传动比才保持恒定。但实际上，由于制造误差和轮齿受载后所产生的弹性变形导致主、从动轮的实际基圆齿距不完全相等。这时，当主动轮角速度 ω_1 为常数时，从动轮瞬时角速度 ω_2 将发生变化，从而产生附加动载荷。动载系数 K_v 值与齿轮制造精度及圆周速度有关，K_v 值可查附图 12.1。

(3) 齿间载荷分配系数 K_α

齿轮传动的端面重合度一般大于 1。工作时，单对齿啮合与双对齿啮合交替进行。这样，载荷有时由一对齿承担，有时由两对齿承担，两对齿承担时也并非是平均分配的。由于载荷在啮合齿对间的分配不均现象，会引起附加动载荷。齿间载荷分配系数 K_α 主要考虑这种影响，对一般传动用的齿轮，国家标准规定了精确的 K_α 的计算方法，其值可查附表 12.2。

(4) 齿向载荷分布系数 K_β

齿向载荷分布系数 K_β 用于考虑因载荷沿接触线分布不均而引起的附加动载荷。在理想情况下，载荷沿着轮齿接触线均匀分布。但实际上，由于轴的弯曲变形(图 8.7a)会造成载荷分布不均匀，产生应力集中，如图 8.7b、c 所示；由于轴的扭转变形也会造成载荷分布不均匀(图 8.8)。这样会导致齿轮传动工作时引起附加动载荷。另外，轴承、支座的弹性变形及制造、装配的误差也会引起这种载荷分布不均现象。就齿轮本身来讲，齿宽越大，这种影响越严重。

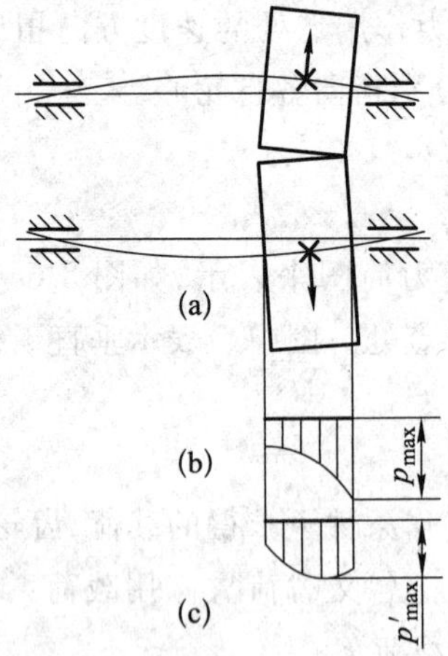

图 8.7　轴的弯曲变形

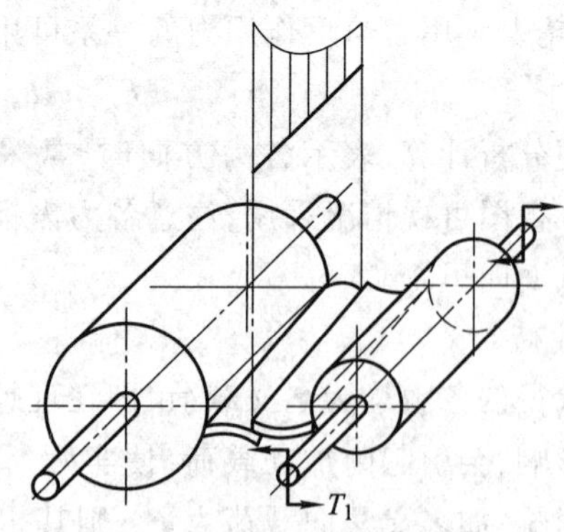

图 8.8　轴的扭转变形

为了减轻载荷沿接触线分布不均的程度,采用的措施有:增大轴、轴承及支座的刚度,适当减小齿轮宽度,降低齿轮相对于支承的不对称程度,尽可能避免齿轮作悬臂布置。对比较重要的齿轮,还可制成鼓形齿(图 8.9),即对轮齿作适当的修形,减少轮齿两端的应力集中。采用鼓形齿后,其应力分布情况如图 8.7c 所示。

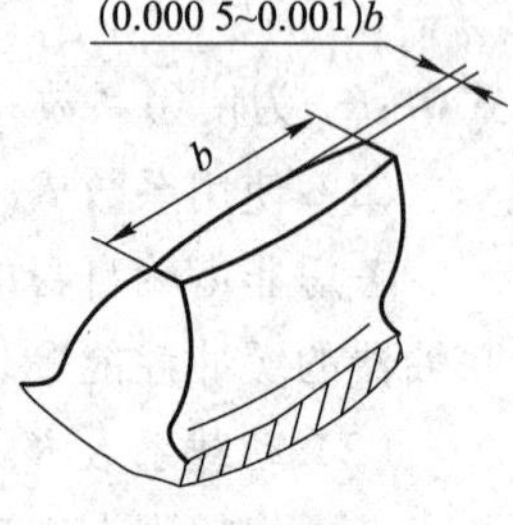

图 8.9　鼓形齿

由于齿向载荷分布对齿面接触疲劳和齿根弯曲疲劳的影响不同,因此两者的齿向载荷分布系数 $K_{H\beta}$ 与 $K_{F\beta}$ 数值也不相同。一般齿轮传动,$K_{H\beta}$ 可查附表 12.3,$K_{F\beta}$ 可查附图 12.2。

3. 齿面接触疲劳强度计算

齿面接触疲劳强度计算的目的是防止齿面出现点蚀。

(1) 强度计算公式

两圆柱体接触时,最大 Hertz 接触应力的基本公式为式(7.27)。从而有

$$\sigma_H = Z_E\sqrt{\frac{p}{\rho_\Sigma}} \leqslant [\sigma_H]$$

式中:p 为单位接触线长度上的压力。

现以计算压力 $p_{ca}=Kp$ 代替名义压力 p,则

$$\sigma_H = Z_E\sqrt{\frac{p_{ca}}{\rho_\Sigma}} \leqslant [\sigma_H] \tag{8.4}$$

把式(8.4)应用于齿轮传动,只要 p_{ca}、ρ_Σ、Z_E 等参数确定了,就可建立齿轮传动的齿面接触疲劳强度条件。这些参数如下确定:

1) 单位接触线长度上的计算压力 p_{ca}

$$p_{ca}=\frac{F_{ca}}{L}=\frac{KF_n}{b}=\frac{KF_t}{b\cos\alpha}$$

式中:b 为齿宽,mm。

2）接触处的综合曲率半径 ρ_Σ

一对渐开线齿廓啮合时，在任一瞬时可视为在接触点处两个当量圆柱体的接触传动，因为啮合点沿着齿高方向是变动的，故两当量圆柱体的曲率半径 ρ_1 和 ρ_2 也是变化的。不同接触点处齿轮受载不同。齿轮传动时，重合度一般大于 1，但在节点附近啮合时，处于单齿对啮合区，则轮齿的受载较大，接触应力也较大。另外，在节点附近啮合时，因齿面之间的相对滑动速度较低，润滑油膜不易形成，也容易出现点蚀。实践也证明，点蚀一般在靠近节线的齿根面处先出现，再向其他部位扩展。

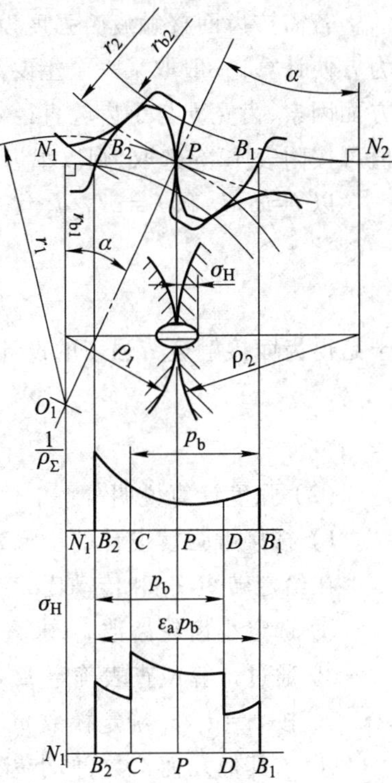

图 8.10　齿轮啮合节点处的几何参数

所以以节点处为依据求 ρ_Σ（图 8.10）得

$$\frac{1}{\rho_\Sigma}=\frac{1}{\rho_1}\pm\frac{1}{\rho_2}=\frac{\rho_2\pm\rho_1}{\rho_1\rho_2}=\frac{\rho_2/\rho_1\pm1}{\rho_1(\rho_2/\rho_1)}$$

因节点处

$$\frac{\rho_2}{\rho_1}=\frac{d_2}{d_1}=\frac{z_2}{z_1}=i$$

$$\rho_1=\frac{d_1\sin\alpha}{2}$$

式中：i 为传动比。故有

$$\frac{1}{\rho_\Sigma}=\frac{2}{d_1\sin\alpha}\frac{i\pm1}{i}$$

将 p_{ca}、$1/\rho_\Sigma$ 代入式（8.4），得

$$\sigma_H=Z_E\sqrt{\frac{KF_t}{b\cos\alpha}\cdot\frac{2}{d_1\sin\alpha}\cdot\frac{i\pm1}{i}}$$

$$=Z_E\sqrt{\frac{KF_t}{bd_1}\cdot\frac{i\pm1}{i}}\sqrt{\frac{2}{\sin\alpha\cos\alpha}}\leqslant[\sigma_H]$$

令

$$Z_H=\sqrt{\frac{2}{\sin\alpha\cos\alpha}}$$

Z_H 称为节点区域系数，是与节点区域的齿面形状有关的参数。对于标准直齿轮，由于压力角 $\alpha=20°$，因此 $Z_H=2.5$。

3）弹性影响系数 Z_E

Z_E 与配对齿轮的材料有关，可查附表 12.4。

将所得到的 p_{ca}、ρ_Σ、Z_E 代入式（8.4），则齿面接触疲劳强度条件为

$$\sigma_H=Z_HZ_E\sqrt{\frac{KF_t}{bd_1}\cdot\frac{i\pm1}{i}}\leqslant[\sigma_H]\tag{8.5}$$

上式为齿面接触疲劳强度的校核公式。若已知齿轮参数及受力，可用该式校核，若满足式（8.5），则说明接触疲劳强度足够，不会出现点蚀。

由式(8.5)可看出:齿面接触疲劳强度取决于齿轮的直径 d_1(或中心距 a)和齿宽 b,而与齿轮模数 m 的大小无关。

若需按齿面接触疲劳强度设计齿轮传动,则需先求出齿轮的直径和齿宽。推导设计公式时,为方便计算,一般取某一个主要几何参数作为设计变量。考虑到使载荷分布均匀及尺寸协调两方面因素,齿宽 b 与小齿轮直径 d_1 之比值宜在许可的范围内。令 $\phi_d = b/d_1$,ϕ_d 称为齿宽系数,其值可按附表 12.5 选取,则以小齿轮直径 d_1 作为唯一的设计变量来建立设计公式。

以 $b=\phi_d d_1$ 和 $F=2T_1/d_1$ 代入式(8.5)得

$$\sigma_H = Z_H Z_E \sqrt{\frac{2KT_1}{\phi_d d_1^3} \cdot \frac{i \pm 1}{i}} \leqslant [\sigma_H]$$

于是得齿面接触疲劳强度的设计公式为

$$d_1 \geqslant \sqrt[3]{\frac{2KT_1}{\phi_d} \cdot \frac{i \pm 1}{i} \left(\frac{Z_H Z_E}{[\sigma_H]} \right)^2} \tag{8.6}$$

(2) 强度计算说明

1) 按接触强度设计的步骤为

在给定转矩 T_1 和传动比 i 等工况条件下:

① 选定小齿轮齿数 z_1,求大齿轮齿数 $z_2 = iz_1$;

② 通过计算或查表确定 K、ϕ_d、$[\sigma_H]$、Z_E 和 Z_H,并按式(8.6)求 d_1;

③ 按 $m = d_1/z_1$ 确定模数 m,并圆整为标准值;

④ 求其他几何参数,如小齿轮直径 d_1(按圆整后的模数重新计算)、大齿轮直径 d_2、中心距 a、齿宽 b 等。

2) 配对齿轮的工作接触应力相同,即 $\sigma_{H1} = \sigma_{H2}$;但许用应力不同,即 $[\sigma_{H1}] \neq [\sigma_{H2}]$,在应用式(8.5)进行校核或用式(8.6)进行设计时,式中的 $[\sigma_H]$ 取 $[\sigma_{H1}]$ 和 $[\sigma_{H2}]$ 中的较小者。关于许用应力的求法见 8.1.3 有关内容。

3) 用设计公式(8.6)计算小齿轮直径时,因动载系数 K_v 和齿向载荷分布系数 K_β 不能预先确定,故载荷系数 K 无法准确知道。先取载荷系数初估值 K_t,按设计公式求出小齿轮直径的初算值 d_{1t};然后按 d_{1t} 计算齿轮圆周速度,再查 K_v 值;按 d_{1t} 计算 b,用 b 及 ϕ_d 计算出 $K_{H\beta}$;再求 $K=K_A K_v K_\alpha K_{H\beta}$,若 K 与 K_t 相差不大,可不必修改原计算结果;若两者相差较大,可用下式修正小齿轮直径

$$d_1 = d_{1t} \sqrt[3]{\frac{K}{K_t}}$$

按修正后相对准确的 d_1 再确定其他参数。

4. 齿根弯曲疲劳强度计算

(1) 弯曲强度计算公式

轮齿受载时,齿根处的弯曲应力最大,因此折断的部位多发生在齿根。由于轮缘部分的刚度较大,可把轮齿简化成一悬臂矩形截面梁。弯曲强度条件的基本公式为

$$\sigma_F = \frac{M}{W} \leqslant [\sigma_F]$$

式中:σ_F 和 $[\sigma_F]$ 分别为工作弯曲应力和许用弯曲应力,MPa;M 为齿根处所受的弯矩,N · mm;W

为齿根部位的抗弯截面系数,mm^3。

只要弯矩 M 和抗弯截面系数 W 可确定,就能对齿轮传动的弯曲强度进行校核或设计。

为此,首先需确定准确的危险截面位置。危险截面用 30°切线法确定(图 8.11):作与轮齿对称中心线成 30°角并与齿根圆相切的斜线,两切点的连线即为危险截面位置,实际断齿实例与 30°切线法所确定的基本位置吻合。

危险截面处齿厚为 S,则

$$W=\frac{bS^2}{6}$$

弯矩 M 的计算比较复杂,需确定产生最大弯矩时的载荷作用点。当啮合点在齿顶时,虽然这时力臂较大,但因处于双齿对啮合区,轮齿所受的力较小,这时 M 并非最大。在单齿对啮合时虽然力臂并非最大,但这时载荷较大。不同啮合点时轮齿的受力如图 8.12 所示。分析表明:当啮合点在单齿对啮合区的上界点(D 点)时,弯矩最大。由于这种计算方法比较复杂,只用于高精度齿轮(如 6 级以上的齿轮)。

对 6 级以下精度的齿轮传动,由于啮合误差的影响,实际上载荷大部分由在齿顶啮合的轮齿承担。故求 M 时,按载荷作用于齿顶并仅由一对轮齿承担来计算。当然,这样处理偏于安全。

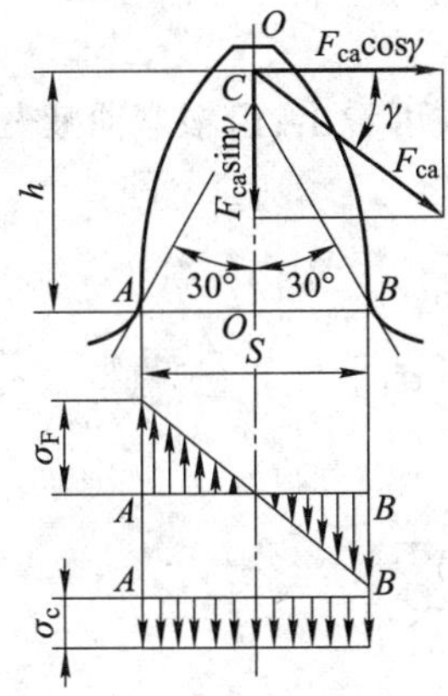

图 8.11　用 30°切线法确定危险截面

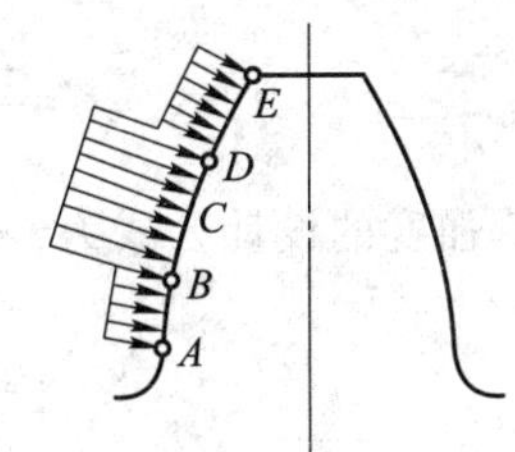

图 8.12　齿轮截面受力情况

载荷完全作用于齿顶时,齿根处危险截面的受力和应力如图 8.11 所示。因 $F_{ca}\sin\gamma$ 引起的压应力 σ_c 很小,只有最大弯曲应力 σ_F 的百分之几,故忽略不计,而由 $F_{ca}\cos\gamma$ 引起的齿根危险截面的弯矩 M 为

$$M=F_{ca}h\cos\gamma=KF_nh\cos\gamma=KF_th\frac{\cos\gamma}{\cos\alpha}$$

则弯曲应力为

$$\sigma_F=\frac{M}{W}=\frac{KF_th\cos\gamma/\cos\alpha}{bS^2/6}=\frac{KF_t}{b}\cdot\frac{6h\cos\gamma}{S^2\cos\alpha}$$

模数 m 越大,h 和 S 越大,h、S 与 m 有固定的比例关系,令 $h=K_hm$,$S=K_Sm$,代入上式得

$$\sigma_{F}=\frac{KF_{t}}{b}\frac{6(K_{h}m)\cos\gamma}{(K_{S}m)^{2}\cos\alpha}=\frac{KF_{t}}{bm}\frac{6K_{h}\cos\gamma}{K_{S}^{2}\cos\alpha}$$

令

$$Y_{Fa}=\frac{6K_{h}\cos\gamma}{K_{S}^{2}\cos\alpha}$$

有

$$\sigma_{F}=\frac{KF_{t}}{bm}Y_{Fa}$$

式中：Y_{Fa}称为齿形系数，是一个量纲为一的参数，与模数 m 的大小无关。由机械原理课程相关知识可知，决定标准直齿轮的齿形有三个参数（模数 m、齿数 z 和压力角 α）。当压力角 α 一定时，Y_{Fa}只取决于齿数和变位系数，标准齿轮则完全取决于齿数。载荷作用于齿顶时的 Y_{Fa}可查附表 12.6。

考虑到齿根危险截面处的应力集中，引入一系数 Y_{sa}，则齿根弯曲疲劳强度条件为

$$\sigma_{F}=\frac{KF_{t}}{bm}Y_{Fa}Y_{sa}\leqslant[\sigma_{F}] \tag{8.7}$$

式中：Y_{sa}称为应力校正系数，其值查附表 12.6。

式（8.7）为齿根弯曲疲劳强度的校核公式。由此式可看出：齿根弯曲疲劳强度取决于模数 m 和齿宽 b。

以 $b=\phi_{d}d_{1}$，$F_{t}=2T_{1}/d_{1}$，$d_{1}=mz_{1}$，代入式（8.7）得

$$\sigma_{F}=\frac{2KT_{1}Y_{Fa}Y_{sa}}{\phi_{d}m^{3}z_{1}^{2}}\leqslant[\sigma_{F}]$$

则齿根弯曲疲劳强度的设计公式为

$$m\geqslant\sqrt[3]{\frac{2KT_{1}}{\phi_{d}z_{1}^{2}}\frac{Y_{Fa}Y_{sa}}{[\sigma_{F}]}} \tag{8.8}$$

（2）强度计算说明

1）在给定转矩 T_1 和传动比 i 等工况条件下，按弯曲疲劳强度设计的步骤为

① 选定小齿轮齿数 z_1；

② 通过计算或查表确定 K、ϕ_d、$[\sigma_F]$、Y_{Fa}和 Y_{sa}，然后按式（8.8）求模数 m，并圆整为标准值；

③ 求其他几何参数，如 d_1、d_2、a 和 b 等。

2）一对齿轮啮合时，因 $Y_{Fa1}\neq Y_{Fa2}$，$Y_{sa1}\neq Y_{sa2}$，$\sigma_{F1}\neq\sigma_{F2}$，$[\sigma_F]_1\neq[\sigma_F]_2$，应分别校核大小齿轮的弯曲应力

$$\sigma_{F1}=\frac{KF_{t}}{bm}Y_{Fa1}Y_{sa1}\leqslant[\sigma_{F}]_{1}$$

$$\sigma_{F2}=\frac{KF_{t}}{bm}Y_{Fa2}Y_{sa2}\leqslant[\sigma_{F}]_{2}\quad 或\quad \sigma_{F2}=\sigma_{F1}\frac{Y_{Fa2}Y_{sa2}}{Y_{Fa1}Y_{sa1}}\leqslant[\sigma_{F}]_{2}$$

3）用设计公式（8.8）时，式中的（$Y_{Fa}Y_{sa}/[\sigma_F]$）应取（$Y_{Fa1}Y_{sa1}/[\sigma_F]_1$）与（$Y_{Fa2}Y_{sa2}/[\sigma_F]_2$）中的较大者代入。

4）用设计公式（8.8）时，可如前述先估取 K_t，求得模数的初算值 m_t，再确定 K。若 K 与 K_t 差别很小，则无需修改计算结果；若差别较大，可用下式修正模数 m：

$$m = m_t \sqrt[3]{\frac{K}{K_t}}$$

按修正后的模数确定其他设计参数。

5. 主要设计参数的合理选择

影响渐开线齿轮传动工作能力的主要设计参数有模数 m、压力角 α、齿数 z 和齿宽 b 等。合理选择这些参数，一方面可以充分发挥齿轮的工作能力，另一方面可以体现机械设计中非常重要的原则——等强度原则。

（1）压力角 α 的选择

普通标准齿轮传动的分度圆压力角规定为 $\alpha = 20°$。适当增大压力角 α，可使节点处的曲率半径增大，降低齿面接触应力，提高接触强度，还可使齿厚增大，并且减小齿根弯曲应力，提高弯曲强度。例如航空用齿轮，为增大其接触强度和弯曲强度，航空齿轮传动标准规定 $\alpha = 25°$。然而，过大的压力角会降低齿轮传动的效率和增加径向力。

（2）模数 m 和齿数 z_1 的选择

若保持齿轮传动中心距不变，齿数多，必然造成模数小。如前所述，在齿宽一定的前提下，接触应力取决于直径（或中心距）。因此，只要中心距不变，模数和齿数的改变不影响接触应力的大小，所以通过改变模数和齿数主要考虑弯曲强度等其他方面的因素影响。

如前所述，在保持齿宽一定的前提下，弯曲强度只与模数有关，故选择模数主要考虑的是保证足够的弯曲强度。一般在保证弯曲强度的条件下，尽可能选择小的模数。模数小，齿数多，则重合度大，传动平稳性好，还可降低齿高，减小齿面相对滑动速度，不易产生齿面胶合。但模数小的齿轮加工精度要求相对高些。以下方法可供设计时参考：

1）对闭式传动，为保证传动平稳性、减少噪声及振动，宜取多一些齿数，一般可取 $z_1 = 20 \sim 40$。对闭式软齿面传动（大小齿轮都是软齿面或小齿轮为硬齿面、大齿轮为软齿面），因承载能力主要取决于接触强度，故在保证弯曲强度的条件下，z_1 尽量取多一些。对闭式硬齿面齿轮传动，工作能力主要取决于弯曲强度，故 z_1 不宜取过多。

2）对开式传动，因其主要失效形式是磨损，模数小的齿轮不耐磨损，故模数 m 要取大些，相应齿数 z_1 宜取少些。对标准齿轮，应使 $z_1 \geqslant 17$，以免根切。

（3）齿宽系数 ϕ_d 的选择

齿轮接触强度和弯曲强度除分别取决于直径和模数外，还取决于齿宽 b。齿宽 b 越大，σ_H 和 σ_F 越小。但若齿宽 b 太大，则载荷沿接触线分布不均匀现象越严重，提高了对轴及支承的加工和安装精度方面的要求。若齿宽 b 太小，则为满足接触和弯曲强度，需增大直径，这必然使得整个传动装置的外廓尺寸增大，故从强度及尺寸协调两方面考虑，ϕ_d 应取得适当，可查附表 12.5。

对多级减速齿轮传动，高速级的 ϕ_d 宜取小些，低速级大些。

计算齿宽（$b = \phi_d d_1$）后，取大齿轮实际齿宽 $b_2 \geqslant b$，并作圆整，小齿轮齿宽 $b_1 = b_2 + (5 \sim 10)$ mm，以保证装配时因两齿轮错位或轴窜动时仍然有足够的有效接触宽度。

8.1.3　齿轮材料与许用应力

1. 齿轮材料及热处理

对齿轮材料的要求为:齿面要硬,齿心要韧。齿面有足够硬度,则有较高的抗齿面点蚀、胶合、磨损和塑性变形的能力。齿心有足够韧性,则有较高的抗轮齿折断的能力。

最常用的齿轮材料是钢,钢的品种很多,且可通过热处理方法提高其齿心及齿面的力学性能。其次是铸铁,此外还有非金属材料。

(1) 锻钢

除了尺寸过大或者结构形状复杂只宜铸造外,通常都用锻钢制造齿轮毛坯。一般用中碳钢(如 45 钢)或中碳合金钢(如 40Cr)。用锻钢制造的齿轮按齿面硬度不同分为软齿面齿轮(硬度≤350HBS 或硬度≤38HRC)和硬齿面齿轮(硬度>350HBS 或硬度>38HRC)。软齿面齿轮和硬齿面齿轮的制造工艺不同。

软齿面齿轮:其制造工艺过程为"齿坯→加工外圆和端面→调质或常化→切齿→成品"。加工工艺过程简单,但齿轮精度较低,一般可达 8 级精度,精切时可达 7 级。软齿面齿轮用于速度、载荷均不大的场合。

硬齿面齿轮:其制造工艺过程为"齿坯→加工外圆和端面→调质或常化→切齿→表面强化热处理→齿面精加工(如磨齿)→成品"。工艺过程复杂,但加工出来的齿轮精度较高,可达 5 级或 4 级精度。硬齿面齿轮多用于高速重载,且要求重量轻、结构紧凑的场合。如航空用的齿轮是用高强度合金钢制成的硬齿面齿轮。表面强化热处理方法有:整体淬火、表面淬火、渗碳淬火、氮化和碳氮共渗等。

需要说明,以前传统的看法认为,硬齿面齿轮因工艺过程复杂,成本较高,价格较贵。随着制造水平的提高,硬齿面齿轮的制造成本大大降低,所以采用硬齿面齿轮是发展的趋势。

(2) 铸钢

直径较大(齿顶圆直径 $d_a \geqslant 400$ mm)的齿轮或外形复杂的齿轮采用铸钢,其毛坯应经退火或常化处理以消除残余应力和硬度不均匀现象。

(3) 铸铁

普通灰铸铁的铸造性能和切削性能好,价廉,抗点蚀和胶合能力强,但弯曲强度较低,抗冲击性能也差。一般用于低速、无冲击和大尺寸的场合。铸铁中的石墨有自润滑作用,尤其适用于开式传动。由于铸铁很脆,容易由于应力集中而引起轮齿折断,故设计时齿宽系数宜取小些。

(4) 非金属材料

非金属材料的弹性模量小,可减轻因制造和安装不准确所引起的不利影响,传动时噪声低,可用于高速、轻载和精度要求不高的场合。由于非金属导热性较差,故与其配对的齿轮应采用金属,以利散热。

常用齿轮材料可参考附表 12.8。

选择齿轮材料时,除了考虑载荷、速度、精度和材料本身的特性等因素外,还需尽可能体现机械设计中的重要原则——等强度原则。如金属制的软齿面齿轮,应保持 $HBS_1 \geqslant HBS_2 + (30 \sim 50)$

HBS,因闭式软齿面齿轮传动,其失效形式主要为点蚀,抗点蚀能力与齿面硬度密切相关,而小齿轮的应力循环次数多,工作情况恶劣,齿面宜硬些,这样可使两齿轮的齿面接触疲劳强度较为接近。

2. 许用应力

齿轮的许用应力与材料及应力循环次数有关,可按下式计算

$$[\sigma]=K_N\sigma_{\lim}/S$$

式中:S 为安全系数。作接触强度计算时,由于点蚀后并不会立刻导致严重后果,一般取 $S=S_H=1$;作弯曲疲劳强度计算时,一旦断齿,后果严重,一般取 $S=S_F=1.25\sim1.5$。K_N 为寿命系数,与应力循环次数有关。弯曲疲劳寿命系数 K_{FN} 查附图 12.3,接触疲劳寿命系数 K_{HN} 查附图 12.4。

两图中应力循环次数 N 的计算方法如下:

$$N=60njL_h$$

式中:n 为齿轮的转速,r/min;j 为齿轮每转一圈时,同一齿面啮合的次数;L_h 为工作小时数,h;$\sigma_{\lim}$为齿轮的(持久)疲劳极限,MPa;$\sigma_{F\lim}$为弯曲疲劳极限,MPa,查附图 12.5;$\sigma_{H\lim}$为接触疲劳极限,MPa,查附图 12.6。

附图 12.5 和附图 12.6 中每种材料共给出三条线(ME、MQ、ML),分别代表三种等级,其中 ME 代表材料品质和热处理质量很高时的极限应力线;MQ 代表中等;ML 代表达到最低要求。若没有特别说明材质状况和热处理质量,为安全起见,一般在 MQ 和 ML 之间取值。若齿面硬度超过图中表示范围,可按外插法查取。附图 12.5 中 $\sigma_{F\lim}$为脉动循环时的极限应力,若实际弯曲应力按对称循环变化,则极限应力取为图中查取值的 70%。

[例题 8.1]　如图 8.13 所示为带式输送机运动简图,两级减速器中高速级采用斜齿圆柱齿轮,低速级采用直齿圆柱齿轮。试设计低速级齿轮传动。已知电动机输出功率 $P_0=5.5$ kW,输出转速 $n_0=960$ r/min,高速级传动比 $i_1=4.15$,低速级传动比 $i_2=3.15$。带式输送机工作平稳,转向不变,工作寿命 10 年(设每年工作 300 天),两班制工作。

解一

1. 选定齿轮类型、精度等级、材料及齿数

1) 按图所示的传动方案,选用直齿圆柱齿轮传动。

2) 考虑传递的功率不大,故大、小齿轮都选用软齿面。由附表 12.8 选大、小齿轮的材料均为 45 钢,小齿轮调质,齿面硬度为 $HBS_1=230$,大齿轮常化,齿面硬度为 $HBS_2=190$。

3) 选取精度等级。初选 7 级精度(GB/T 10095.1—2001)。

4) 选小齿轮齿数 $z_1=26$,大齿轮齿数 $z_2=iz_1=3.15\times26=81.9$,取 82。

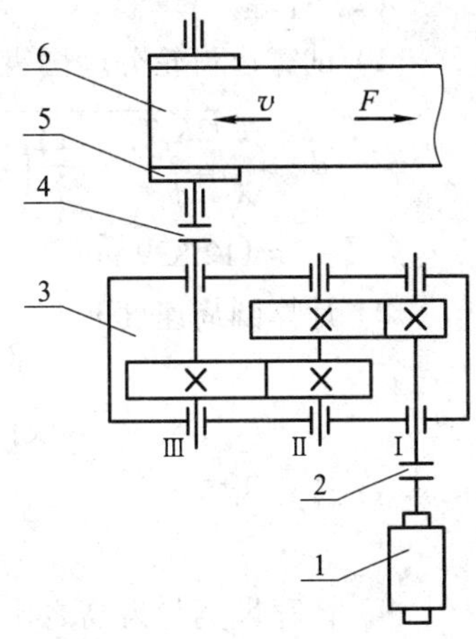

图 8.13　带式输送机运动简图

1—电动机;2、4—联轴器;3—齿轮减速器;5—传动滚筒;6—输送带

考虑到闭式软齿面齿轮传动最主要失效为点蚀,故按接触强度设计,再按弯曲强度校核。

2. 按齿面接触强度设计

由设计计算公式(8.6)进行试算,即

$$d_1 \geqslant \sqrt[3]{\frac{2KT_1}{\phi_d} \cdot \frac{i \pm 1}{i}\left(\frac{Z_H Z_E}{[\sigma_H]}\right)^2}$$

（1）确定公式内的各计算数值

1）载荷系数 K：试选 $K_t = 1.5$。

2）小齿轮传递的转矩 T_1：若忽略功率损失（实际计算时不能忽略），则

$T_1 = 9.55 \times 10^6 P_1 / n_1 = 9.55 \times 10^6 \times 5.5 / (960/4.15)\ \text{N} \cdot \text{mm} = 2.270\ 4 \times 10^5\ \text{N} \cdot \text{mm}$

3）齿宽系数 ϕ_d：由附表 12.5 选取 $\phi_d = 1$。

4）弹性影响系数 Z_E：由附表 12.4 查得 $Z_E = 189.8\ \text{MPa}^{1/2}$。

5）节点区域系数 Z_H：标准直齿轮 $\alpha = 20°$ 时，$Z_H = 2.5$。

6）接触疲劳强度极限 σ_{Hlim}：由附图 12.6 按齿面硬度查得 $\sigma_{Hlim1} = 560\ \text{MPa}$，$\sigma_{Hlim2} = 390\ \text{MPa}$。

7）应力循环次数

$$N_1 = 60 n_1 j L_h = 60 \times (960/4.15) \times 1 \times (2 \times 8 \times 300 \times 10) = 6.662 \times 10^8$$

$$N_2 = N_1 / i_2 = \frac{6.662 \times 10^8}{3.15} = 2.115 \times 10^8$$

8）接触疲劳寿命系数 K_{HN}：由附图 12.4 查得 $K_{HN1} = 0.92$，$K_{HN2} = 0.96$。

9）接触疲劳许用应力 $[\sigma_H]$：

取失效概率为 1%，安全系数 $S_H = 1$，得

$$[\sigma_H]_1 = \frac{K_{HN1}\sigma_{Hlim1}}{S_H} = 0.92 \times 560/1\ \text{MPa} = 515\ \text{MPa}$$

$$[\sigma_H]_2 = \frac{K_{HN2}\sigma_{Hlim2}}{S_H} = 0.96 \times 390/1\ \text{MPa} = 375\ \text{MPa}$$

取 $[\sigma_H] = [\sigma_H]_2 = 375\ \text{MPa}$。

（2）计算

1）试算小齿轮分度圆直径 d_{1t}

$$d_{1t} \geqslant \sqrt[3]{\frac{2K_t T_1}{\phi_d} \cdot \frac{i \pm 1}{i}\left(\frac{Z_H Z_E}{[\sigma_H]}\right)^2} = \sqrt[3]{\frac{2 \times 1.5 \times 2.270\ 4 \times 10^5}{1} \times \frac{3.15+1}{3.15} \times \left(\frac{2.5 \times 189.8}{375}\right)^2}\ \text{mm}$$

$= 112.839\ \text{mm}$

2）计算圆周速度 v

$$v = \frac{\pi d_{1t} n_1}{60 \times 1\ 000} = \frac{\pi \times 112.839 \times (960/4.15)}{60\ 000}\ \text{m/s} = 1.367\ \text{m/s}$$

3）计算齿宽 b

$$b = \phi_d d_{1t} = 1 \times 112.839\ \text{mm} = 112.839\ \text{mm}$$

4）计算齿宽与齿高之比 b/h

$$\frac{b}{h} = \frac{\phi_d d_{1t}}{2.25m} = \frac{\phi_d m z_1}{2.25m} = \frac{\phi_d z_1}{2.25} = \frac{1 \times 26}{2.25} = 11.56$$

5）计算载荷系数 K

根据 $v = 1.367\ \text{m/s}$，7 级精度，由附图 12.1 查得动载系数 $K_v = 1.07$；由附表 12.2 查得 $K_\alpha =$

1.0；由附表 12.1 查得使用系数 $K_A=1$；由附表 12.3 查得 $K_{H\beta}=1.12+0.18(1+0.6\phi_d^2)\phi_d^2+0.23\times 10^{-3}b=1.433$；由附图 12.2 查得齿向载荷分布系数 $K_{F\beta}=1.35$；载荷系数为

$$K=K_AK_vK_\alpha K_{H\beta}=1.0\times1.07\times1.0\times1.433=1.533$$

6）按实际的载荷系数修正分度圆直径

$$d_1=d_{1t}\sqrt[3]{\frac{K}{K_t}}=112.839\times\sqrt[3]{\frac{1.533}{1.5}}\ \text{mm}=113.685\ \text{mm}$$

7）计算模数 m

$$m=\frac{d_1}{z_1}=\frac{113.685}{26}\ \text{mm}=4.373\ \text{mm}$$

取 $m=4.5$ mm。

3. 几何尺寸计算

1）分度圆直径

$$d_1=mz_1=4.5\times26\ \text{mm}=117\ \text{mm}$$
$$d_2=mz_2=4.5\times82\ \text{mm}=369\ \text{mm}$$

2）中心距

$$a=\frac{d_1+d_2}{2}=\frac{117+369}{2}\ \text{mm}=243\ \text{mm}$$

3）齿宽

$$b=\phi_dd_1=1\times117\ \text{mm}=117\ \text{mm}$$

取 $b_2=120$ mm，则

$$b_1=b_2+5\ \text{mm}=125\ \text{mm}$$

4. 按齿根弯曲疲劳强度校核，校核公式为

$$\sigma_F=\frac{KF_t}{bm}Y_{F\alpha}Y_{sa}\leqslant[\sigma_F]$$

（1）确定公式中的各参数

1）载荷系数 K

$$K_A=1,K_\alpha=1,K_{F\beta}=1.35$$

$$v=\frac{\pi d_1n_1}{60\times1\ 000}=\frac{\pi\times117\times(960/4.15)}{60\ 000}\ \text{m/s}=1.417\ \text{m/s}$$

查附图 12.1，$K_v=1.07$，有

$$K=K_AK_vK_\alpha K_{F\beta}=1\times1.07\times1\times1.35=1.445$$

2）圆周力 F_t

$$F_t=\frac{2T_1}{d_1}=\frac{2\times2.270\ 4\times10^5}{117}\ \text{N}=3\ 881\ \text{N}$$

3）齿形系数 Y_{Fa1} 和应力校正系数 Y_{sa}

查附表 12.6，$Y_{Fa1}=2.60$，$Y_{sa1}=1.595$

$$Y_{Fa2}=2.22+(2.20-2.22)\times\frac{82-80}{90-80}=2.216$$

$$Y_{sa2}=1.77+(1.78-1.77)\times\frac{82-80}{90-80}=1.772$$

4）许用弯曲应力$[\sigma_F]$

查附图 12.3 得 $K_{FN1}=0.86, K_{FN2}=0.88$。

查附图 12.5 得 $\sigma_{Flim1}=400\ \text{MPa}, \sigma_{Flim2}=310\ \text{MPa}$。

取安全系数 $S_F=1.4$，则

$$[\sigma_F]_1=\frac{K_{FN1}\sigma_{Flim1}}{S_F}=\frac{0.86\times310}{1.4}\ \text{MPa}=246\ \text{MPa}$$

$$[\sigma_F]_2=\frac{K_{FN2}\sigma_{Flim2}}{S_F}=\frac{0.88\times310}{1.4}\ \text{MPa}=195\ \text{MPa}$$

（2）计算

$$\sigma_{F1}=\frac{KF_tY_{Fa1}Y_{sa1}}{bm}=\frac{1.445\times3\ 881}{120\times4.5}\times2.60\times1.595\ \text{MPa}=43.06\ \text{MPa}<[\sigma_F]_1$$

$$\sigma_{F2}=\sigma_{F1}\frac{Y_{Fa2}Y_{sa2}}{Y_{Fa1}Y_{sa1}}=\frac{43.06\times2.216\times1.772}{2.60\times1.595}\ \text{MPa}=40.77\ \text{MPa}<[\sigma_F]_2$$

大、小齿轮齿根弯曲疲劳强度均满足。

由上述结果可见软齿面齿轮传动的弯曲强度有相当大的余量，故通常是按接触强度设计，确定方案后，再按弯曲强度核校，这样计算比较简单。当然也可分别按两种强度设计，分析对比，确定方案。

解二

1. 选定齿轮类型、精度等级、材料及齿数

1）按图所示的传动方案，选用直齿圆柱齿轮传动。

2）大、小齿轮都选用硬齿面。由附表 12.8 选大、小齿轮的材料均为 45 钢，并经调质后表面淬火，齿面硬度为 $\text{HRC}_1=\text{HRC}_2=45$。

3）选取精度等级。初选 7 级精度（GB/T 10095.1—2001）。

4）选小齿轮齿数 $z_1=26$，大齿轮齿数 $z_2=iz_1=3.15\times26=81.9$，取 $z_2=82$。

考虑到闭式硬齿面齿轮传动失效形式可能为点蚀，也可能为疲劳折断，故分别按接触强度和弯曲强度设计，分析对比，再确定方案。

2. 按齿面接触强度设计

由设计计算公式（8.6）进行试算，即

$$d_{1t}\geqslant\sqrt[3]{\frac{2KT_1}{\phi_d}\cdot\frac{i\pm1}{i}\left(\frac{Z_HZ_E}{[\sigma_H]}\right)^2}$$

（1）确定公式内的各计算数值

1）载荷系数 K：试选 $K_t=1.5$。

2）小齿轮传递的转矩 T_1：

$$T_1=\frac{9.55\times10^6P_1}{n_1}=\frac{9.55\times10^6\times5.5}{960/4.15}\ \text{N}\cdot\text{mm}=2.270\ 4\times10^5\ \text{N}\cdot\text{mm}$$

3）齿宽系数 ϕ_d：由附表 12.5 选取 $\phi_d=1$。

4）弹性影响系数 Z_E：由附表 12.4 查得 $Z_E=189.8\ \mathrm{MPa}^{1/2}$。

5）节点区域系数 Z_H：标准直齿轮 $\alpha=20°$时，$Z_H=2.5$。

6）接触疲劳强度极限 σ_{Hlim}：由附图 12.6 按齿面硬度查得 $\sigma_{Hlim1}=\sigma_{Hlim2}=1\ 000\ \mathrm{MPa}$。

7）应力循环次数：

$$N_1=60n_1jL_h=60\times(960/4.15)\times1\times(2\times8\times300\times10)=6.662\times10^8$$

$$N_2=\frac{N_1}{i_2}=\frac{6.662\times10^8}{3.15}=2.115\times10^8$$

8）接触疲劳寿命系数 K_{HN}：由附图 12.4 查得 $K_{HN1}=0.92$，$K_{HN2}=0.96$。

9）接触疲劳许用应力$[\sigma_H]$：

取失效概率为 1%，安全系数 $S_H=1$，得

$$[\sigma_H]_1=\frac{K_{HN1}\sigma_{Hlim1}}{S_H}=\frac{0.92\times1\ 000}{1}\ \mathrm{MPa}=920\ \mathrm{MPa}$$

$$[\sigma_H]_2=\frac{K_{HN2}\sigma_{Hlim2}}{S_H}=\frac{0.96\times1\ 000}{1}\ \mathrm{MPa}=960\ \mathrm{MPa}$$

取$[\sigma_H]=[\sigma_H]_2=920\ \mathrm{MPa}$

（2）计算

1）试算小齿轮分度圆直径 d_{1t}：

$$d_{1t}\geqslant\sqrt[3]{\frac{2K_tT_1}{\phi_d}\cdot\frac{i\pm1}{i}\left(\frac{Z_HZ_E}{[\sigma_H]}\right)^2}=\sqrt[3]{\frac{2\times1.5\times2.270\ 4\times10^5}{1}\times\frac{3.15+1}{3.15}\times\left(\frac{2.5\times189.8}{920}\right)^2}\ \mathrm{mm}$$
$$=62.364\ \mathrm{mm}$$

2）计算圆周速度 v：

$$v=\frac{\pi d_{1t}n_1}{60\times1\ 000}=\frac{\pi\times62.364\times(960/4.15)}{60\ 000}\ \mathrm{m/s}=0.755\ \mathrm{m/s}$$

3）计算齿宽 b：

$$b=\phi_dd_{1t}=1\times62.364\ \mathrm{mm}=62.364\ \mathrm{mm}$$

4）计算齿宽与齿高之比 b/h：

$$\frac{b}{h}=\frac{\phi_dd_1}{2.25m}=\frac{\phi_dmz_1}{2.25m}=\frac{\phi_dz_1}{2.25}=\frac{1\times26}{2.25}=11.56$$

5）计算载荷系数 K：

根据 $v=0.755\ \mathrm{m/s}$，7 级精度，由附图 12.1 查得动载系数 $K_v=1.04$。

由附表 12.2 查得 $K_\alpha=1.0$。

由附表 12.1 查得使用系数 $K_A=1$。

$K_{H\beta}$参考附表 12.3 中 6 级精度公式并略有增大，估计 $K_{H\beta}>1.34$，

$$K_{H\beta}=1.0+0.31(1+0.6\phi_d^2)\phi_d^2+0.19\times10^{-3}b=1.508$$

取 $K_{H\beta}=1.55$。

由附图 12.2 查得齿向载荷分布系数 $K_{F\beta}=1.38$。

载荷系数

$$K=K_AK_vK_\alpha K_{H\beta}=1.0\times1.04\times1.0\times1.55=1.612$$

6）按实际的载荷系数修正分度圆直径：

$$d_1=d_{1t}\sqrt[3]{\frac{K}{K_t}}=62.364\times\sqrt[3]{\frac{1.612}{1.5}}\ \text{mm}=63.879\ \text{mm}$$

7）计算模数 m：

$$m=\frac{d_1}{z_1}=\frac{63.879}{26}=2.457$$

3. 按齿根弯曲疲劳强度设计

$$m\geqslant\sqrt[3]{\frac{2KT_1}{\phi_d z_1^2}\left(\frac{Y_{Fa}Y_{sa}}{[\sigma_F]}\right)}$$

（1）确定公式中的各参数

1）载荷系数 K：

$$K_A=1,\ K_v=1.04,\ K_\alpha=1,\ K_{F\beta}=1.38$$

$$K=K_AK_vK_\alpha K_{F\beta}=1\times1.04\times1\times1.38=1.435$$

2）齿形系数 $Y_{F\alpha}$ 和应力校正系数 Y_{sa}：

$$Y_{Fa1}=2.60,\ Y_{sa1}=1.595,\ Y_{Fa2}=2.216,\ Y_{sa2}=1.772$$

3）许用弯曲应力 $[\sigma_F]$：

$$K_{FN1}=0.86, K_{FN2}=0.88$$

查附图 12.5 得 $\sigma_{Flim1}=\sigma_{Flim2}=500\ \text{MPa}$。

取安全系数 $S_F=1.4$,则

$$[\sigma_F]_1=\frac{K_{FN1}\sigma_{Flim1}}{S_F}=\frac{0.86\times500}{1.4}\ \text{MPa}=307\ \text{MPa}$$

$$[\sigma_F]_2=\frac{K_{FN2}\sigma_{Flim2}}{S_F}=\frac{0.88\times500}{1.4}\ \text{MPa}=314\ \text{MPa}$$

4）确定 $Y_{Fa}Y_{sa}/[\sigma_F]$：

$$\frac{Y_{Fa1}Y_{sa1}}{[\sigma_F]_1}=\frac{2.60\times1.595}{307}\ \text{MPa}^{-1}=0.013\ 508\ \text{MPa}^{-1}$$

$$\frac{Y_{Fa2}Y_{sa2}}{[\sigma_F]_2}=\frac{2.216\times1.772}{314}\ \text{MPa}^{-1}=0.012\ 506\ \text{MPa}^{-1}$$

以 $Y_{Fa1}Y_{sa1}/[\sigma_F]_1$ 代入公式计算。

（2）计算模数 m

$$m\geqslant\sqrt[3]{\frac{2KT_1}{\phi_d z_1^2}\left(\frac{Y_{Fa}Y_{sa}}{[\sigma_F]}\right)}=\sqrt[3]{\frac{2\times1.435\times2.270\ 4\times10^5\times0.013\ 508}{1\times26^2}}\ \text{mm}=2.353\ \text{mm}$$

比较两种强度的计算结果,确定模数为 $m=2.5$。

4. 几何尺寸计算

（1）分度圆直径

$$d_1 = mz_1 = 2.5\times26\ \text{mm} = 65\ \text{mm}$$
$$d_2 = mz_2 = 2.5\times82\ \text{mm} = 205\ \text{mm}$$

（2）中心距

$$a = \frac{d_1 + d_2}{2} = \frac{65+205}{2}\ \text{mm} = 135\ \text{mm}$$

（3）齿宽

$$b = \phi_d d_1 = 1\times65\ \text{mm} = 65\ \text{mm}$$

取 $B_2 = 65$ mm，$B_1 = B_2 + 5 = 70$ mm。

对比上述两种解法，可见采用硬齿面传动方案的几何尺寸明显小于软齿面传动方案，现在采用硬齿面齿轮传动是发展趋势。

8.1.4　标准斜齿圆柱齿轮传动的强度计算

1. 受力分析

作用于轮齿上的力可简化为作用在齿宽中点的节点 P 处的法向力 F_n。F_n 作用在点 P 的法面内，如图 8.14 所示，可沿齿轮的周向、径向及轴向分解成三个相互垂直的分力。其中，F_t 为圆周力；F_r 为径向力，F_a 为轴向力。

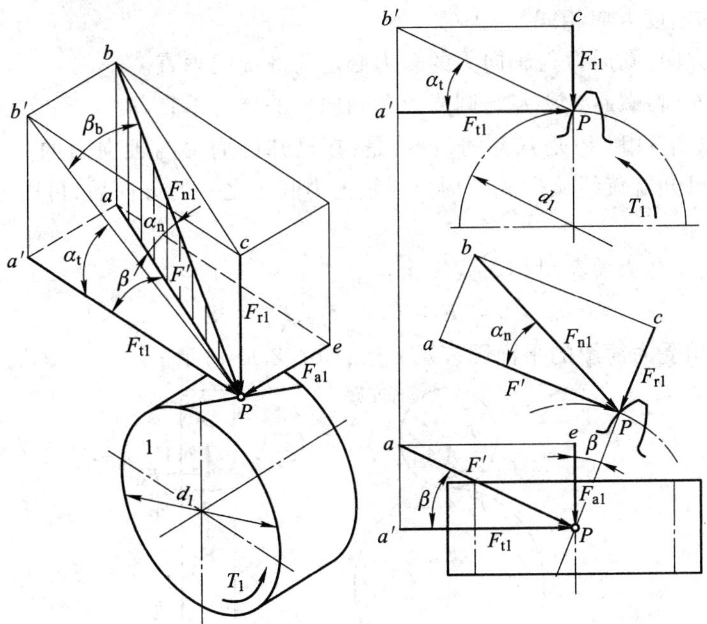

图 8.14　斜齿轮受力分析

各力的方向如图 8.14 所示，各力的大小计算如下：

圆周力可以通过齿轮传递的转矩求得，为

$$F_t = \frac{2T_1}{d_1} \tag{8.9a}$$

由于 F_n 在圆周力和轴向力平面的投影为

$$F' = \frac{F_t}{\cos\beta}$$

因此,有径向力

$$F_r = F'\tan\alpha_n = \frac{F_t\tan\alpha_n}{\cos\beta} \tag{8.9b}$$

轴向力

$$F_a = F_t\tan\beta \tag{8.9c}$$

而法向力与各分力间的关系为

$$F_n = \frac{F'}{\cos\alpha_n} = \frac{F_t}{\cos\alpha_n\cos\beta} = \frac{F_t}{\cos\alpha_t\cos\beta_b} \tag{8.9d}$$

式中:β 为节圆螺旋角(对标准齿轮,即分度圆螺旋角),$\beta = 8° \sim 20°$;β_b 为基圆螺旋角,$\tan\beta_b = \tan\beta\cos\alpha_t$;$\alpha_n$ 为法面压力角,$\alpha_n = 20°$;α_t 为端面压力角,$\tan\alpha_t = \tan\alpha_n/\cos\beta$。

为了正确分析各分力的方向或螺旋线的旋向,应当遵循以下几个基本原则:

1) 径向力的方向:始终指向轮心。

2) 圆周力的方向:主动轮的圆周力方向与力作用点处的速度方向相反,从动轮的圆周力方向与力作用点处的速度方向相同。

3) 轴向力的方向:圆周力与轴向力的合力必定与螺旋线垂直。

4) 螺旋线的方向:螺旋线必定与圆周力和轴向力的合力垂直。

注意上面的原则 3)和 4)是互补的,也就是:在已知圆周力与轴向力的方向后,可以得到螺旋线旋向;或者在已知螺旋线旋向和圆周力或轴向力其中之一的方向后,可以分析得到另一个分力的方向。

主动轮与从动轮各力关系可用下式表示:

$$\boldsymbol{F}_{t2} = -\boldsymbol{F}_{t1};\boldsymbol{F}_{r2} = -\boldsymbol{F}_{r1};\boldsymbol{F}_{a2} = -\boldsymbol{F}_{a1}$$

为方便分析,常采用受力简图的平面图表示方法,如图 8.15 所示。

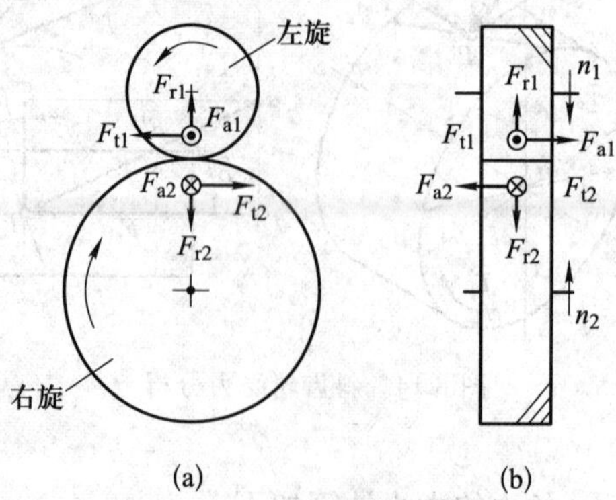

图 8.15　受力简图的平面表示方法

2. 齿面接触疲劳强度

圆柱斜齿轮传动的齿面接触疲劳强度公式与直齿圆柱齿轮传动相似,但有以下两点区别:① 斜齿圆柱齿轮的法向齿廓为渐开线,故综合曲率半径 ρ_Σ 应在法向求取;② 斜齿圆柱齿轮传动由于接触线的倾斜及重合度的增大,使接触线长度加大,但接触线长度随啮合点不同而变化,且受重合度的影响,所以实际接触线长度 L 的计算较复杂。

从上述可知,斜齿轮传动工作时其接触应力比直齿轮传动时的接触应力低,故强度比直齿轮传动时的强度高,由此可推导斜齿轮传动的接触强度条件。

齿面接触疲劳强度的基本公式为

$$\sigma_H=\sqrt{\frac{p_{ca}}{\rho_\Sigma}}Z_E\leqslant[\sigma_H]$$

(1) 单位接触线长度上的计算压力 p_{ca}

$$p_{ca}=\frac{KF_n}{L}$$

如图 8.16 所示,每一条全齿宽的接触线长为 $b/\cos\beta_b$,接触线总长为啮合区内所有接触线长度之和。

在啮合过程中,啮合线总长是变动的。可近似按下式计算 L:

$$L=\frac{b\varepsilon_\alpha}{\cos\beta_b}$$

式中:ε_α 为端面重合度。

故

$$p_{ca}=\frac{KF_n}{L}=\frac{KF_t}{\cos\alpha_t\cos\beta_b\cdot\dfrac{b\varepsilon_\alpha}{\cos\beta_b}}=\frac{KF_t}{b\varepsilon_\alpha\cos\alpha_t}$$

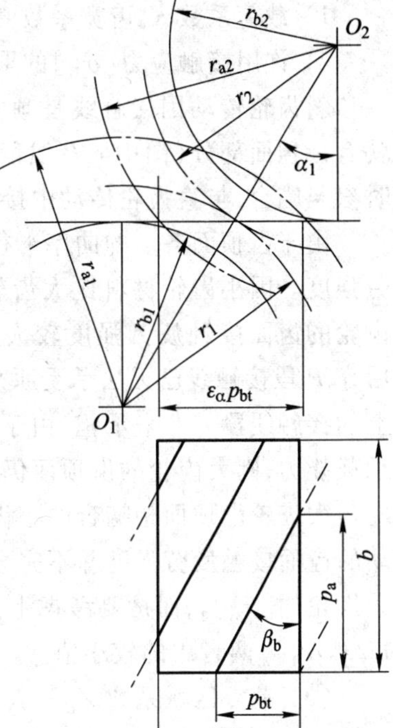

图 8.16　斜齿轮传动的啮合区

(2) 综合曲率半径 ρ_Σ

斜齿轮节点在法面的曲率半径 $\rho_n=\rho_t/\cos\beta_b$,斜齿轮节点在端面的曲率半径 $\rho_t=d\sin\alpha_t/2$。因此综合曲率半径 ρ_Σ 为

$$\frac{1}{\rho_\Sigma}=\frac{1}{\rho_{n1}}\pm\frac{1}{\rho_{n2}}=\frac{2\cos\beta_b}{d_1\sin\alpha_t}\left(\frac{i\pm1}{i}\right)$$

将 p_{ca}和 $1/\rho_\Sigma$ 代入接触应力的基本公式(7.27)得

$$\begin{aligned}\sigma_H&=\sqrt{\frac{p_{ca}}{\rho_\Sigma}}\cdot Z_E=\sqrt{\frac{KF_t}{b\varepsilon_\alpha\cos\alpha_t}}\sqrt{\frac{2\cos\beta_b}{d_1\sin\alpha_t}\left(\frac{i\pm1}{i}\right)}\cdot Z_E\\&=\sqrt{\frac{KF_t}{bd_1\varepsilon_\alpha}\left(\frac{i\pm1}{i}\right)\cdot\frac{2\cos\beta_b}{\sin\alpha_t\cos\alpha_t}}Z_E\leqslant[\sigma_H]\end{aligned}$$

令

$$Z_H=\sqrt{\frac{2\cos\beta_b}{\sin\alpha_t\cos\alpha_t}}$$

则斜齿轮传动齿面接触疲劳强度的校核公式为

$$\sigma_{\mathrm{H}}=Z_{\mathrm{H}}Z_{\mathrm{E}}\sqrt{\frac{KF_{\mathrm{t}}}{bd_1\varepsilon_{\alpha}}\left(\frac{i\pm1}{i}\right)}\leqslant[\sigma_{\mathrm{H}}] \tag{8.10}$$

若取 $\phi_d=b/d_1, F_{\mathrm{t}}=2T_1/d_1$，则斜齿轮传动接触疲劳强度的设计公式为

$$d_1\geqslant\sqrt[3]{\frac{2KT_1}{\phi_d\varepsilon_{\alpha}}\frac{i\pm1}{i}\left(\frac{Z_{\mathrm{H}}Z_{\mathrm{E}}}{[\sigma_{\mathrm{H}}]}\right)^2} \tag{8.11}$$

下面就式(8.10)和式(8.11)中参数的取值及计算方法作几点说明：

1）载荷系数 K、齿宽系数 ϕ_d、弹性影响系数 Z_{E} 的取法及求法与直齿轮传动相同。

2）许用接触应力$[\sigma_{\mathrm{H}}]$的取法：

斜齿轮传动因接触线是倾斜的，如图 8.17 所示，在同一齿面上就有齿顶面部分（图中 e_1P 线段）和齿根面部分（图中 e_2P 线段）同时参与啮合，与直齿轮传动中接触线与轴线平行的情况是不同的。

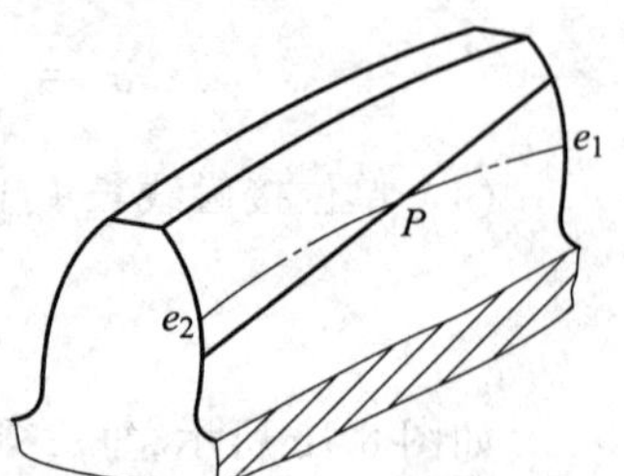

图 8.17　斜齿轮齿面上的接触线

由于齿顶面各点的曲率半径较大，所以齿顶面有较高的接触疲劳强度。因小齿轮材料比大齿轮好，而且其齿面硬度较高，所以小齿轮的齿面接触疲劳强度较大齿轮高，当大齿轮齿根面产生点蚀后，e_2P 段接触线已无法承受原来所承担的载荷，而要转移给齿顶面上的接触线段 e_1P 来承担，由于 e_1P 段强度较高，因此即使承担的载荷有所增加，只要未超过其承载能力，则大齿轮的齿顶面仍然不会出现点蚀。另外，因小齿轮的齿面接触疲劳强度较大，因此与大齿轮齿顶面相啮合的小齿轮齿根面，也不会因载荷有所增大而发生点蚀。因此，斜齿轮传动的齿面接触疲劳强度并不完全取决于较弱的大齿轮。所以确定$[\sigma_{\mathrm{H}}]$时，不是简单地取较弱的大齿轮的$[\sigma_{\mathrm{H}}]_2$，而是要考虑上述影响，取比$[\sigma_{\mathrm{H}}]_2$大的值，实际上取为$0.5([\sigma_{\mathrm{H}}]_1+[\sigma_{\mathrm{H}}]_2)$和$1.23[\sigma_{\mathrm{H}}]_2$两者中的较小值。

（3）节点区域系数 Z_{H}

$$Z_{\mathrm{H}}=\sqrt{\frac{2\cos\beta_{\mathrm{b}}}{\sin\alpha_{\mathrm{t}}\cos\alpha_{\mathrm{t}}}}$$

先求出端面压力角 α_{t} 和基圆螺旋角 β_{b}，再求 Z_{H}，公式如下：

$$\tan\alpha_{\mathrm{t}}=\frac{\tan\alpha_{\mathrm{n}}}{\cos\beta}$$

$$\tan\beta_{\mathrm{b}}=\tan\beta\cos\alpha_{\mathrm{t}}$$

如已知 $\alpha_{\mathrm{n}}=20°, \beta=15°$，则可求得 $\alpha_{\mathrm{t}}=20.646\ 90°, \beta_{\mathrm{b}}=14.076\ 10°, Z_{\mathrm{H}}=2.425$。

（4）端面重合度 ε_{α}

按机械原理的公式

$$\varepsilon_{\alpha}=\frac{[z_1(\tan\alpha_{\mathrm{at1}}-\tan\alpha_{\mathrm{t}})+z_2(\tan\alpha_{\mathrm{at2}}-\tan\alpha_{\mathrm{t}})]}{2\pi}$$

式中：α_{at1} 和 α_{at2} 分别为小齿轮和大齿轮的齿顶圆端面压力角，计算公式为

$$\cos\alpha_{\mathrm{at}}=\frac{d_{\mathrm{b}}}{d_{\mathrm{a}}}=\frac{d\cos\alpha}{d+2h_{\mathrm{a}}}=\frac{(m_{\mathrm{n}}z/\cos\beta)\cos\alpha}{m_{\mathrm{n}}z/\cos\beta+2h_{\mathrm{an}}^{*}m_{\mathrm{n}}}=\frac{z\cos\alpha}{z+2h_{\mathrm{an}}^{*}\cos\beta}$$

正常齿制的齿轮其 $h_{an}^{*}=1$。

3. 齿根弯曲疲劳强度

斜齿轮传动的接触线是倾斜的，故轮齿的折断往往是局部折断，齿根弯曲应力比较复杂，很难精确计算，考虑到重合度大及接触线倾斜对弯曲强度的有利影响，其强度公式比直齿轮传动时多了两个参数：端面重合度 ε_{α} 和螺旋角影响系数 Y_{β}。

校核公式为

$$\sigma_{F}=\frac{KF_{t}Y_{Fa}Y_{sa}Y_{\beta}}{bm_{n}\varepsilon_{\alpha}}\leqslant[\sigma_{F}] \tag{8.12}$$

设计公式为

$$m_{n}\geqslant\sqrt[3]{\frac{2KT_{1}Y_{\beta}\cos^{2}\beta}{\phi_{d}z_{1}^{2}\varepsilon_{\alpha}}\left(\frac{Y_{Fa}Y_{sa}}{[\sigma_{F}]}\right)} \tag{8.13}$$

式中：Y_{Fa} 为齿形系数；Y_{sa} 为应力校正系数；Y_{Fa} 和 Y_{sa} 应按当量齿数 $z_{v}=z/\cos^{3}\beta$ 查附表 12.6。Y_{β} 为螺旋角影响系数，按下式计算：

$$Y_{\beta}=1-\varepsilon_{\beta}\frac{\beta}{120^{\circ}} \tag{8.14}$$

式中：ε_{β} 为斜齿轮传动的轴面重合度，$\varepsilon_{\beta}=b\sin\beta/(\pi m_{n})$，初步计算时按 $\varepsilon_{\beta}=0.318\phi_{d}z_{1}\tan\beta$ 计算；$\varepsilon_{\beta}\geqslant1$ 时，按 $\varepsilon_{\beta}=1$ 计算；$Y_{\beta}\leqslant0.75$ 时，取 $Y_{\beta}=0.75$。

[例题 8.2]　已知条件同例题 8.1，改用斜齿轮传动，试设计此斜齿轮传动。

解

1. 选定齿轮类型、精度等级、材料及齿数

1）大、小齿轮都选用硬齿面。由附表 12.8 选大、小齿轮的材料均为 45 钢，并经调质后表面淬火，齿面硬度为 $HRC_{1}=HRC_{2}=45$。

2）选取精度等级。初选 7 级精度（GB/T 10095.1—2001）。

3）选小齿轮齿数 $z_{1}=26$，大齿轮齿数 $z_{2}=iz_{1}=3.15\times26=81.9$，取 $z_{2}=82$。

4）初选螺旋角 $\beta=15^{\circ}$。

考虑到闭式硬齿面齿轮传动失效形式可能为点蚀，也可能为疲劳折断，故分别按接触强度和弯曲强度设计，分析对比，再确定方案。

2. 按齿面接触强度设计

由设计计算公式（8.11）进行试算，即

$$d_{1}\geqslant\sqrt[3]{\frac{2KT_{1}}{\phi_{d}\varepsilon_{\alpha}}\cdot\frac{i\pm1}{i}\left(\frac{Z_{H}Z_{E}}{[\sigma_{H}]}\right)^{2}}$$

（1）确定公式内的各计算数值

1）载荷系数 K：试选 $K_{t}=1.5$。

2）小齿轮传递的转矩 T_{1}：

$$T_{1}=\frac{9.55\times10^{6}P_{1}}{n_{1}}=\frac{9.55\times10^{6}\times5.5}{960/4.15}\ \text{N}\cdot\text{mm}=2.270\ 4\times10^{5}\ \text{N}\cdot\text{mm}$$

3）齿宽系数 ϕ_{d}：由附表 12.5 选取 $\phi_{d}=1$。

4）弹性影响系数 Z_E：由附表 12.4 查得 $Z_E = 189.8\ \mathrm{MPa}^{1/2}$。

5）节点区域系数 Z_H：

$$Z_H = \sqrt{\frac{2\cos\beta_b}{\sin\alpha_t\cos\alpha_t}}$$

由 $\tan\alpha_t = \dfrac{\tan\alpha_n}{\cos\beta}$，$\tan\beta_b = \tan\beta\cos\alpha_t$ 得

$$\alpha_t = \tan^{-1}\left(\frac{\tan\alpha_n}{\cos\beta}\right) = \tan^{-1}\left(\frac{\tan 20°}{\cos 15°}\right) = 20.646\ 90°$$

$$\beta_b = \tan^{-1}(\tan\beta\cos\alpha_t) = \tan^{-1}(\tan 15°\cos 20.646\ 90°) = 14.076\ 10°$$

$$Z_H = \sqrt{\frac{2\cos 14.076\ 10°}{\sin 20.646\ 90°\cos 20.646\ 90°}} = 2.425$$

6）端面重合度 ε_α：

$$\varepsilon_\alpha = \frac{z_1(\tan\alpha_{at1} - \tan\alpha_t) + z_2(\tan\alpha_{at2} - \tan\alpha_t)}{2\pi}$$

$$\alpha_{at1} = \cos^{-1}\left(\frac{z_1\cos\alpha_t}{z_1 + 2h_{an}^*\cos\beta}\right) = \cos^{-1}\left(\frac{26\cos 20.646\ 90°}{26+2\times1\times\cos 15°}\right) = 29.419\ 06°$$

$$\alpha_{at2} = \cos^{-1}\left(\frac{z_2\cos\alpha_t}{z_2 + 2h_{an}^*\cos\beta}\right) = \cos^{-1}\left(\frac{82\cos 20.646\ 90°}{82+2\times1\times\cos 15°}\right) = 23.903\ 01°$$

代入上式得 $\varepsilon_\alpha = 1.641$。

7）接触疲劳强度极限 σ_{Hlim}：由附图 12.6 按齿面硬度查得 $\sigma_{Hlim1} = \sigma_{Hlim2} = 1\ 000\ \mathrm{MPa}$

8）应力循环次数：

$$N_1 = 60n_1 jL_h = 60\times(960/4.15)\times1\times(2\times8\times300\times10) = 6.662\times10^8$$

$$N_2 = \frac{N_1}{i_2} = \frac{6.662\times10^8}{3.15} = 2.115\times10^8$$

9）接触疲劳寿命系数 K_{HN}：由附图 12.4 查得 $K_{HN1} = 0.92$，$K_{HN2} = 0.96$。

10）接触疲劳许用应力$[\sigma_H]$：

取失效概率为 1%，安全系数 $S_H = 1$，得

$$[\sigma_H]_1 = \frac{K_{HN1}\sigma_{Hlim1}}{S_H} = \frac{0.92\times1\ 000}{1}\ \mathrm{mm} = 920\ \mathrm{MPa}$$

$$[\sigma_H]_2 = \frac{K_{HN2}\sigma_{Hlim2}}{S_H} = \frac{0.96\times1\ 000}{1}\ \mathrm{mm} = 960\ \mathrm{MPa}$$

因$\dfrac{[\sigma_H]_1 + [\sigma_H]_2}{2} = 940\ \mathrm{MPa} < 1.23[\sigma_H]_2 = 1\ 196\ \mathrm{MPa}$，故取$[\sigma_H] = 940\ \mathrm{MPa}$

（2）计算

1）试算小齿轮分度圆直径 d_{1t}：

$$d_{1t} \geqslant \sqrt[3]{\frac{2KT_1}{\phi_d\varepsilon_\alpha}\cdot\frac{i\pm1}{i}\left(\frac{Z_H Z_E}{[\sigma_H]}\right)^2} = \sqrt[3]{\frac{2\times1.5\times2.270\ 4\times10^5}{1\times1.641}\times\frac{3.15+1}{3.15}\times\left(\frac{2.425\times189.8}{940}\right)^2}\ \mathrm{mm}$$

$=50.797\ \text{mm}$

2）计算圆周速度 v

$$v=\frac{\pi d_{1t}n_1}{60\times1\ 000}=\frac{\pi\times50.797\times(960/4.15)}{60\ 000}\ \text{m/s}=0.615\ \text{m/s}$$

3）计算齿宽 b

$$b=\phi_d d_{1t}=1\times50.797\ \text{mm}=50.797\ \text{mm}$$

4）计算齿宽与齿高之比 b/h

$$\frac{b}{h}=\frac{\phi_d d_{1t}}{2.25m_n}=\frac{\phi_d m_t z_1}{2.25m_n}=\frac{\phi_d z_1}{(2.25\cos\beta)}=\frac{\phi_d z_1}{(2.25\cos\beta)}=\frac{1\times26}{(2.25\ \cos\ 15^\circ)}=11.96$$

5）计算载荷系数 K：

根据 $v=0.615\ \text{m/s}$，7 级精度，由附图 12.1 查得动载系数 $K_v=1.04$。

由附表 12.2 查得 $K_\alpha=1.2$。

由附表 12.1 查得使用系数 $K_A=1$。

$K_{H\beta}$参考附表 12.3 中 6 级精度公式，估计 $K_{H\beta}>1.34$，

$$K_{H\beta}=1.0+0.31(1+0.6\phi_d^2)\phi_d^2+0.19\times10^{-3}b=1.508$$

取 $K_{H\beta}=1.55$。

由附图 12.2 查得齿向载荷分布系数 $K_{F\beta}=1.38$。

载荷系数　　$K=K_AK_vK_\alpha K_{H\beta}=1.0\times1.04\times1.2\times1.55=1.934$

6）按实际的载荷系数修正分度圆直径

$$d_1=d_{1t}\left(\frac{K}{K_t}\right)^{1/3}=50.797\times\left(\frac{1.934}{1.5}\right)^{1/3}=55.29$$

7）计算模数 m_n

$$m_n=\frac{d_1\cos\beta}{z_1}=\frac{55.29\ \cos\ 15^\circ}{26}=2.05$$

3. 按齿根弯曲疲劳强度设计

$$m_n\geqslant\sqrt[3]{\frac{2KT_1Y_\beta\cos^2\beta}{\phi_d\varepsilon_\alpha z_1^2}\left(\frac{Y_{Fa}Y_{sa}}{[\sigma_F]}\right)}$$

（1）确定公式中的各参数

1）载荷系数 K

$$K_A=1；\ K_v=1.04；\ K_\alpha=1.2；\ K_{F\beta}=1.38$$

$$K=K_AK_vK_\alpha K_{F\beta}=1\times1.04\times1.2\times1.38=1.722$$

2）齿形系数 Y_{Fa}和应力校正系数 Y_{sa}

当量齿数 $z_{v1}=z_1/\cos^3\beta=26/\cos^3 15^\circ=28.8$，$z_{v2}=z_2/\cos^3\beta=82/\cos^3 15^\circ=91.0$

$$Y_{Fa1}=2.53,\quad Y_{sa1}=1.62$$

$$Y_{Fa2}=2.216,\quad Y_{sa2}=1.772$$

3）螺旋角影响系数 Y_β

轴面重合度 $\varepsilon_\beta=0.318\phi_d z_1\tan\beta=0.318\times1\times26\times\tan\ 15^\circ=2.215$，取 $\varepsilon_\beta=1$ 代入下式

$$Y_\beta = 1-\varepsilon_\beta \times \beta/120° = 1-1\times 15°/120° = 0.875$$

4）许用弯曲应力$[\sigma_F]$

$$K_{FN1} = 0.86,\ K_{FN2} = 0.88$$

查附图 12.5 得 $\sigma_{Flim1} = \sigma_{Flim2} = 500$ MPa,取安全系数 $S_F = 1.4$,则

$$[\sigma_F]_1 = \frac{K_{FN1}\sigma_{Flim1}}{S_F} = \frac{0.86\times 500}{1.4}\ \text{MPa} = 307\ \text{MPa}$$

$$[\sigma_F]_2 = \frac{K_{FN2}\sigma_{Flim2}}{S_F} = \frac{0.88\times 500}{1.4}\ \text{MPa} = 314\ \text{MPa}$$

5）确定 $Y_{F\alpha}Y_{sa}/[\sigma_F]$

$$\frac{Y_{Fa1}Y_{sa1}}{[\sigma_F]_1} = \frac{2.53\times 1.62}{307} = 0.013\ 35$$

$$\frac{Y_{Fa2}Y_{sa2}}{[\sigma_F]_2} = \frac{2.22\times 1.78}{314} = 0.012\ 58$$

以 $Y_{Fa1}Y_{sa1}/[\sigma_F]_1$ 代入公式计算。

（2）计算模数 m_n

$$m_n \geqslant \sqrt[3]{\frac{2KT_1Y_\beta\cos^2\beta}{\phi_d\varepsilon_\alpha z_1^2}\left(\frac{Y_{Fa}Y_{sa}}{[\sigma_F]}\right)} = \sqrt[3]{\frac{2\times 1.722\times 2.270\ 4\times 10^5\times 0.875\times\cos^2 15°\times 0.013\ 35}{1\times 26^2\times 1.641}} = 1.968$$

比较两种强度的计算结果,确定模数为 $m_n = 2$,因为所取定的模数比接触强度要求的小,要增加齿数,取 $z_1 = 27$,则 $z_2 = 85$。

4. 几何尺寸计算

1）中心距:$a = m_n(z_1+z_2)/(2\cos\beta) = 2\times(27+85)/(2\cos 15°)$ mm = 115.9 mm,取 $a = 116$ mm。

2）修正螺旋角:$\beta = \cos^{-1}[m_n(z_1+z_2)/(2a)] = \cos^{-1}[2\times(27+85)/(2\times 116)] = 15.090\ 2° = 15°5'25''$

3）分度圆直径:

$$d_1 = \frac{m_n z_1}{\cos\beta} = \frac{2\times 27}{\cos 15°5'25''} = 53.93\ \text{mm}$$

$$d_2 = \frac{m_n z_2}{\cos\beta} = \frac{2\times 85}{\cos 15°5'25''} = 170.07\ \text{mm}$$

4）齿宽

$$b = \phi_d d_1 = 1\times 53.93\ \text{mm} = 53.93\ \text{mm}$$

取 $B_2 = 55$ mm,$B_1 = B_2+5$ mm = 60 mm

与例题 8.1 采用直齿轮传动相比较可见,由于斜齿轮传动承载能力较大,其几何尺寸较小。

8.1.5　标准锥齿轮传动的强度计算

锥齿轮用于传递两相交轴之间的运动和动力,有直齿、斜齿、曲线齿之分。两轴夹角 Σ 可为任意角度,最常用的是 90°。

下面介绍应用最多的两轴夹角 $\Sigma=90°$ 的直齿锥齿轮传动的强度计算。

锥齿轮沿着齿宽方向的齿廓大小不同。距锥顶(两轴交点)越远,齿廓越大。因齿廓大小是变化的,故其强度计算比较复杂。一般采用简化的计算方法:将一对直齿锥齿轮传动看作齿宽中点处一对当量直齿圆柱齿轮传动来计算,这样就可直接利用前述直齿圆柱齿轮传动的强度公式。

国家标准规定锥齿轮大端参数(如大端模数 m)为标准值,故强度公式中的几何参数应为大端参数。这样,在推导强度公式之前,就必须解决如下三种几何参数的换算关系:

锥齿轮大端参数 锥齿轮齿宽中点处参数 当量直齿圆柱齿轮参数	} 三者关系? 如	大端分度圆直径 d 平均分度圆直径 d_m 当量直齿圆柱齿轮分度圆直径 d_v	} 三者关系?

1. 几何计算

如图 8.18 所示,$\Sigma=\delta_1+\delta_2=90°$,$\delta_1$、$\delta_2$ 分别为两锥齿轮的锥角。

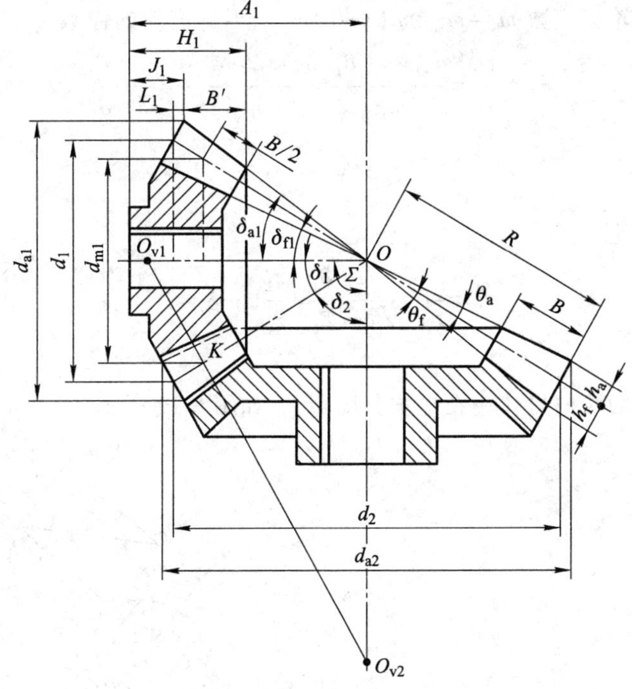

图 8.18　直齿锥齿轮传动的几何参数

$$R=\sqrt{\left(\frac{d_1}{2}\right)^2+\left(\frac{d_2}{2}\right)^2}=\frac{d_1\sqrt{(d_2/d_1)^2+1}}{2}=\frac{d_1\sqrt{i^2+1}}{2} \tag{8.15a}$$

$$\tan\delta_1=\frac{d_1/2}{d_2/2}=\frac{z_1}{z_2}=\frac{1}{i},\quad \cos\delta_1=\frac{i}{\sqrt{i^2+1}} \tag{8.15b}$$

$$\tan\delta_2=\frac{d_2/2}{d_1/2}=\frac{z_2}{z_1}=i,\quad \cos\delta_2=\frac{1}{\sqrt{i^2+1}} \tag{8.15c}$$

$$d_{v1}=\frac{d_{m1}}{\cos\delta_1}=d_{m1}\frac{\sqrt{i^2+1}}{i},\quad d_{v2}=d_{m2}\sqrt{i^2+1} \tag{8.15d}$$

$$\frac{d_{m1}}{d_1}=\frac{d_{m2}}{d_2}=\frac{R-0.5b}{R}=1-\frac{0.5b}{R} \tag{8.15e}$$

式中:b 为齿宽,mm;R 为锥距,mm。

令 $\phi_R=b/R$,ϕ_R 称为锥齿轮的齿宽系数,一般取 $\phi_R=0.25\sim0.35$,最常用的值为 $\phi_R=1/3$,则

$$d_{m1}=d_1(1-0.5\phi_R),\quad d_{m2}=d_2(1-0.5\phi_R) \tag{8.15f}$$

由式(8.15f)得

$$\frac{d_{m1}}{z_1}=\frac{d_1(1-0.5\phi_R)}{z_1}$$

即

$$m_m=m(1-0.5\phi_R) \tag{8.15g}$$

当量直齿圆柱齿轮的模数 $m_v=m_m=m(1-0.5\phi_R)$,当量齿轮的齿数

$$z_{v1}=\frac{d_{v1}}{m_v}=\frac{d_{m1}/\cos\delta_1}{m_m}=\frac{m_m z_1/\cos\delta_1}{m_m}=\frac{z_1}{\cos\delta_1}$$

同理

$$z_{v2}=\frac{z_2}{\cos\delta_2} \tag{8.15h}$$

当量齿轮的齿数比

$$i_v=\frac{z_{v2}}{z_{v1}}=\frac{z_2\cos\delta_1}{z_1\cos\delta_2}=\frac{z_2}{z_1}\tan\delta_2=i^2 \tag{8.15i}$$

2. 受力分析

直齿锥齿轮所受的法向力作用在平均分度圆上,如图 8.19 所示。

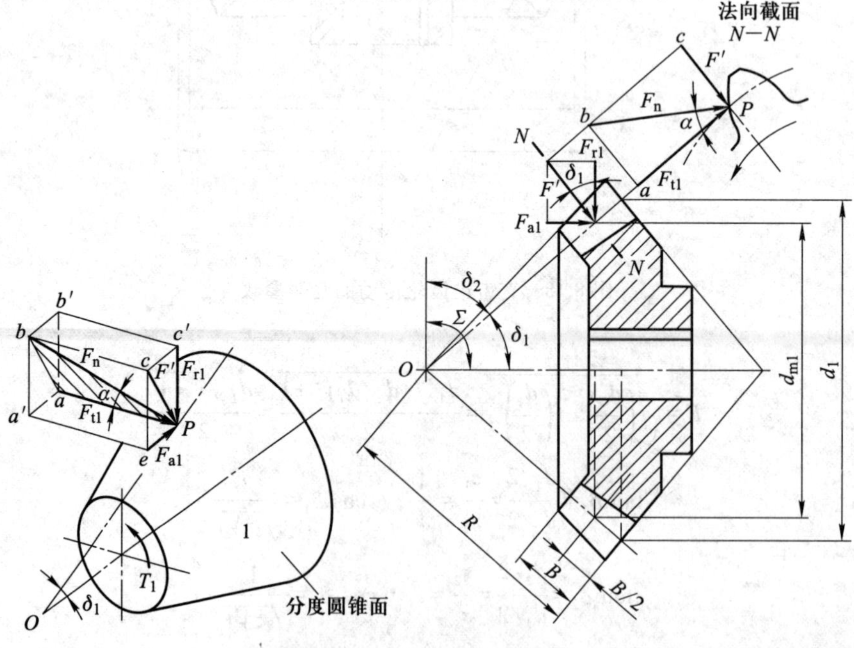

图 8.19　直齿锥齿轮的受力

F_n 作用在 $Pabc$ 平面内，与圆柱齿轮一样，将法向载荷 F_n 分解为切于分度圆锥面的圆周力 F_t 及垂直于分度圆锥母线的分力 F'，再将 F' 分解为径向分力 F_{r1} 和轴向分力 F_{a1}。各力方向如图 8.19 所示。

各力大小为

$$\begin{aligned} F_{t1} &= \frac{2T_1}{d_{m1}} = F_{t2} \\ F' &= F_{t1}\tan\alpha \\ F_{r1} &= F'\cos\delta_1 = F_{t1}\tan\alpha\cos\delta_1 = F_{a2} \\ F_{a1} &= F'\sin\delta_1 = F_{t1}\tan\alpha\sin\delta_1 = F_{r2} \\ F_n &= \frac{F_t}{\cos\alpha} \end{aligned} \tag{8.16}$$

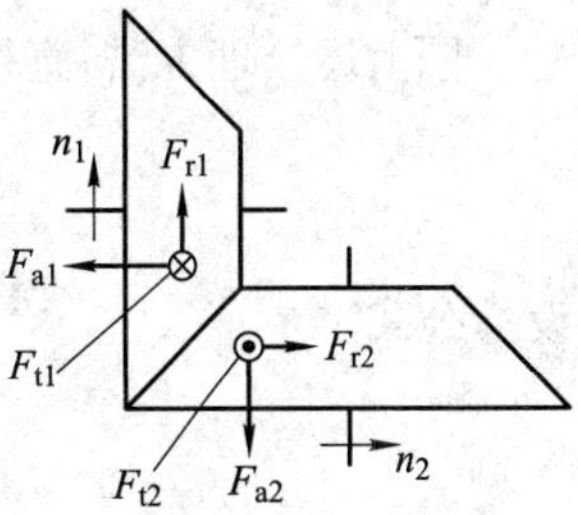

图 8.20　锥齿轮受力简图

圆周力与径向力方向的判定方法与直齿轮传动相同，轴向力由小端指向大端，主动轮与从动轮各力关系可用下式表示：

$$\boldsymbol{F}_{t2} = -\boldsymbol{F}_{t1};\ \boldsymbol{F}_{r2} = -\boldsymbol{F}_{a1};\ \boldsymbol{F}_{a2} = -\boldsymbol{F}_{r1}$$

为方便分析，常用受力简图的平面图表示方法，如图 8.20 所示。

3. 齿面接触疲劳强度

推导接触疲劳强度公式可以从基本公式 $\sigma_H = \sqrt{P_{ca}/\rho_\Sigma}Z_E \leqslant [\sigma_H]$ 开始，确定式中各值。或者直接套用直齿圆柱齿轮传动的公式(8.5)，因是当量直齿轮，把公式中 d_1、i 分别用 d_{v1}、i_v 替换，则成为

$$\sigma_H = Z_E Z_H \sqrt{\frac{KF_t}{bd_{v1}}\frac{i_v+1}{i_v}} \leqslant [\sigma_H]$$

用

$$F_t = \frac{2T_1}{d_{m1}} = \frac{2T_1}{d_1(1-0.5\phi_R)}$$

$$b = \phi_R R = \frac{\phi_R d_1\sqrt{i^2+1}}{2}$$

$$d_{v1} = \frac{d_{m1}\sqrt{i^2+1}}{i} = \frac{d_1\sqrt{i^2+1}}{i}(1-0.5\phi_R)$$

$$i_v = i^2$$

代入上式，可得

$$\sigma_H = Z_E Z_H \sqrt{\frac{4KT_1}{\phi_R(1-0.5\phi_R)^2 d_1^3 i}} \leqslant [\sigma_H]$$

对 $\alpha = 20°$ 的直齿锥齿轮，$Z_H = 2.5$，由上式得锥齿轮的校核公式为

$$\sigma_H = 5Z_E\sqrt{\frac{KT_1}{\phi_R(1-0.5\phi_R)^2 d_1^3 i}} \leqslant [\sigma_H] \tag{8.17}$$

设计公式为

$$d_1 \geqslant 2.92\sqrt[3]{\frac{KT_1}{\phi_R(1-0.5\phi_R)^2 i}\left(\frac{Z_E}{[\sigma_H]}\right)^2} \tag{8.18}$$

4. 齿根弯曲疲劳强度

同上述处理方法,直接套用公式(8.7),用 $m_v = m_m = m(1-0.5\phi_R)$ 替换式中的 m 得校核公式

$$\sigma_F = \frac{KF_t}{bm(1-0.5\phi_R)}Y_{Fa}Y_{sa} \leqslant [\sigma_F] \tag{8.19}$$

设计公式

$$m \geqslant \sqrt[3]{\frac{4KT_1}{\phi_R(1-0.5\phi_R)^2 z_1^2\sqrt{i^2+1}}\left[\frac{Y_{Fa}Y_{sa}}{[\sigma_F]}\right]} \tag{8.20}$$

式中:Y_{Fa}、Y_{sa} 按 $z_v = z/\cos\delta$ 查附表 12.6;K 为载荷系数,$K = K_A K_v K_\alpha K_\beta$;$K_A$ 查附表 12.1;K_V 按 v_m 查附图 12.1 中低一级的精度线;K_α 取 1;K_β 按附表 12.7 查取。

8.2 蜗杆传动的疲劳强度设计

8.2.1 蜗杆传动的失效形式

1. 蜗杆、蜗轮的材料

蜗杆一般是用碳钢或合金钢制成。高速重载蜗杆常用 15Cr 或 20Cr,并经渗碳淬火,也可用 40、45 钢或 40Cr 并经淬火。这样可以提高表面硬度,增加耐磨性。通常要求蜗杆淬火后的硬度为 40~55 HRC,经氮化处理后的硬度为 55~62 HRC。一般不太重要的低速中载的蜗杆,可采用 40 或 45 钢,并经调质处理,其硬度为 220~300 HBS。

常用的蜗轮材料为铸造锡青铜(ZCuSn10P1,ZCuSn5Pb5Zn5)、铸造铝铁青铜(ZCuAl10Fe3)及灰铸铁(HT150、HT200)等。锡青铜耐磨性最好,但价格较高,用于滑动速度 $v_s>3$ m/s 的重要传动;铝铁青铜的耐磨性较锡青铜差一些,但价格便宜,一般用于滑动速度 $v_s<4$ m/s 的传动;如果滑动速度不高($v_s<2$ m/s),对效率要求也不高时,可采用灰铸铁。为了防止变形,常对蜗轮进行时效处理。

2. 失效形式

蜗杆传动的主要失效形式有:点蚀(齿面接触疲劳破坏)、齿根折断(轮齿弯曲疲劳)、齿面胶合及过度磨损等。

由于材料和结构上的原因,蜗杆螺旋齿部分的强度总是高于蜗轮轮齿的强度,所以失效经常发生在蜗轮轮齿上。因此,一般只对蜗轮轮齿进行承载能力计算。

(1) 点蚀

在闭式传动中,多因齿面胶合或点蚀而失效。因此,通常是按齿面接触疲劳强度进行设计,而按齿根弯曲疲劳强度进行校核。

(2) 折断

在开式传动中,多发生轮齿折断或齿面磨损,因此应以保证齿根弯曲疲劳强度作为开式传动的主要设计准则。

(3) 胶合

由于蜗杆与蜗轮齿面间有较大的相对滑动,从而增加了产生胶合和磨损失效的可能性,因此蜗杆传动的承载能力往往受到抗胶合能力的限制。尤其在润滑不良等条件下,蜗杆传动因齿面胶合而失效的可能性更大。在闭式传动中,由于散热较为困难,通常应作热平衡核算。

(4) 磨损

由上述蜗杆传动的失效形式可知,蜗杆、蜗轮的材料不仅要求具有足够的强度,更重要的是要具有良好的磨合和耐磨性能。因此,必须选用适当的材料。

8.2.2 蜗杆传动的疲劳强度设计

1. 作用力分析

蜗杆传动的受力分析和斜齿圆柱齿轮传动相似。在进行蜗杆传动的受力分析时,通常不考虑摩擦力的影响。图 8.21 所示是以右旋蜗杆为主动件,并沿图示的方向旋转时,蜗杆螺旋面上的受力情况。设 F_n 为集中作用于节点 C 处的载荷,它作用于法向截面内。利用空间坐标系,可把 F_n 分解为互相垂直的三个分力,分别为圆周力 F_t、径向力 F_r 和轴向力 F_a。可以看出:在蜗杆与蜗轮间,相互作用着 F_{t1} 与 F_{a2}、F_{r1} 与 F_{r2} 和 F_{a1} 与 F_{t2} 这三对大小相等、方向相反的力。其受力方向分析与斜齿轮情况类似,不同之处是:一对斜齿轮的旋向相反,而蜗杆、蜗轮的旋向相同。

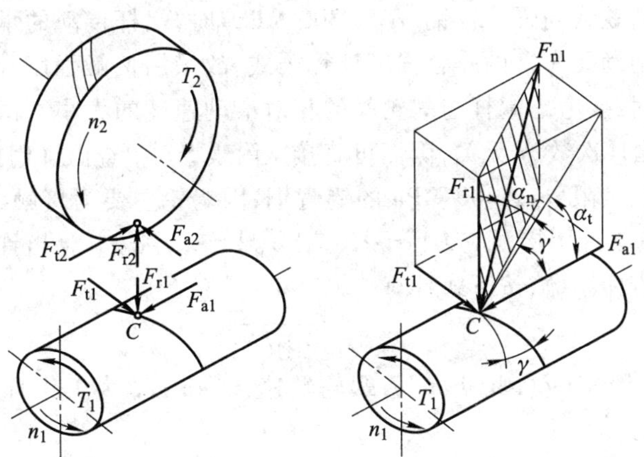

图 8.21　蜗杆传动的受力分析

当不计摩擦力的影响时,各力的大小可按下列各式计算:

$$F_{t1}=F_{a2}=\frac{2T_1}{d_1}$$

$$F_{a1}=F_{t2}=\frac{2T_2}{d_2}$$

$$F_{r1}=F_{r2}=F_{t2}\tan\alpha$$

$$F_n=\frac{F_{a1}}{\cos\alpha_n\cos\gamma}=\frac{F_{t2}}{\cos\alpha_n\cos\gamma}=\frac{2T_2}{d_2\cos\alpha_n\cos\gamma} \tag{8.21}$$

式中：T_1、$T_2(i\eta T_1)$ 分别为蜗杆及蜗轮上的公称转矩，N · mm；d_1、d_2 分别为蜗杆及蜗轮的分度圆直径，mm。

2. 应力计算与强度设计

（1）蜗轮齿面接触应力计算与疲劳强度设计

蜗轮齿面接触应力采用 Hertz 公式计算。接触应力为

$$\sigma_H=Z_E\sqrt{\frac{KF_n}{L_0\rho_\Sigma}} \tag{8.22}$$

式中：F_n 为啮合齿面上的法向载荷，N；L_0 为接触线总长，mm；K 为载荷系数；ρ_Σ 为接触点的当量曲率半径，mm；Z_E 为材料的弹性影响系数，各种不同材料配对的 Z_E 按附表 5.4 查取。

将以上公式中的法向载荷 F_n 换算成蜗轮分度圆直径 d_2 与蜗轮转矩 T_2 的表达式，再将 d_2、L_0、ρ_Σ 等换算成中心距 a 的函数后，即得蜗轮齿面接触疲劳强度的验算公式为

$$\sigma_H=Z_EZ_\rho\sqrt{KT_2/a^3}\leqslant[\sigma_H] \tag{8.23}$$

式中：Z_ρ 为蜗杆传动的接触线长度和曲率半径对接触强度的影响系数，从附图 5.1 中查取；$[\sigma_H]$ 为蜗轮齿面的许用应力，MPa；K 为载荷系数，按下式计算

$$K=K_AK_\beta K_v \tag{8.24}$$

式中：K_A 为使用系数；K_β 为齿向载荷分布系数；K_v 为动载系数，它们的取值见附表 5.5。

当蜗轮材料为灰铸铁或高强度青铜（$\sigma_B\geqslant 300$ MPa）时，蜗杆传动的承载能力主要取决于齿面胶合强度。但因目前尚无完善的胶合强度计算公式，故采用接触强度计算代替。在查取蜗轮齿面的许用接触应力时，要考虑蜗杆与蜗轮间的相对滑动速度的大小。由于胶合不属于疲劳失效，$[\sigma_H]$的值与应力循环次数 N 无关，因而可直接从附表 5.6 中查出许用接触应力$[\sigma_H]$的值。

若蜗轮材料为强度极限 $\sigma_{HB}<300$ MPa 的锡青铜，因蜗轮主要为接触疲劳失效，故应先从附表 5.7 中查出蜗轮的基本许用接触应力$[\sigma_H]'$，按$[\sigma_H]=K_{HN}[\sigma_H]'$算出许用接触应力的值。这里，$K_{HN}$为接触强度的寿命系数，按下式计算

$$K_{HN}=\sqrt[8]{10^7/N}$$

式中：应力循环次数 $N=60jn_2L_h$，此处 n_2 为蜗轮转速，r/min；L_h 为工作寿命，h；j 为蜗轮每转一转，每个轮齿啮合的次数。

从式（8.23）中可得到按蜗轮接触疲劳强度条件的设计公式为

$$a\geqslant\sqrt[3]{KT_2\left(\frac{Z_EZ_\rho}{[\sigma_H]}\right)^2} \tag{8.25}$$

从上式算出蜗杆传动的中心距 a 后，从附表 5.1 中选择合适的 a 值及相应的蜗杆、蜗轮参数。

（2）蜗轮齿根弯曲应力计算与疲劳强度设计

蜗轮轮齿因弯曲强度不足而失效的情况，多发生在蜗轮齿数较多（如 $z_2>90$ 时）或开式传动中。因此，对闭式蜗杆传动通常只作弯曲强度的校核，但这种计算是必须进行的。因为校核蜗轮

轮齿的弯曲强度不只是为了判别其弯曲断裂的可能性,对那些承受重载的动力蜗杆副,蜗轮轮齿的弯曲变形量还会直接影响到蜗杆副的运动平稳性精度。

由于蜗轮轮齿的齿形比较复杂,要精确计算齿根的弯曲应力是比较难的,通常是把蜗轮近似地当做斜齿圆柱齿轮来考虑,用齿根弯曲疲劳强度计算。从而得蜗轮齿根的弯曲应力为

$$\sigma_F=\frac{KF_{t2}}{\hat{b}_2 m_n}Y_{F\alpha2}Y_{sa2}Y_{\varepsilon}Y_{\beta} \tag{8.26}$$

式中:$\hat{b}_2$ 为蜗轮轮齿弧长,mm,$\hat{b}_2=\dfrac{\pi d_1\theta}{360^\circ\cos\gamma}$,其中 θ 为蜗轮齿宽角;m_n 为法向模数,mm,$m_n=m\cos\gamma$;$Y_{F\alpha2}$为蜗轮齿形系数,可由蜗轮的当量齿数 $z_{v2}=z_2/\cos^3\gamma$ 及蜗轮的变位系数 x_2 从附图 5.2 中查得;Y_{sa2}为齿根应力校正系数,放在[σ_F]中考虑;Y_ε 为弯曲疲劳强度的重合度系数,取 $Y_\varepsilon=0.667$;Y_β为螺旋角影响系数,$Y_\beta=1-\dfrac{\gamma}{120^\circ}$。

将以上参数代入上式,并将圆周力 F_{t2}由转矩 T_2 和轴径 d_2 代替,得

$$\sigma_F=\frac{1.53KT_2}{d_1d_2m\cos\gamma}Y_{F\alpha2}Y_\beta\leqslant[\sigma_F] \tag{8.27}$$

式中:[σ_F]为蜗轮的许用弯曲应力,$[\sigma_F]=K_{FN}[\sigma_F]'$,其中$[\sigma_F]'$为计入齿根应力校正系数 Y_{sa2}后,蜗轮的弯曲基本许用应力,MPa,由附表 5.7 中选取;K_{FN}为寿命系数,$K_{FN}=\sqrt[9]{\dfrac{10^6}{N}}$,其中应力循环次数 N 的计算与接触疲劳时的做法相同。

式(8.27)为蜗轮弯曲疲劳强度的校核公式,经整理后可得蜗轮轮齿按弯曲疲劳强度条件设计的公式为

$$m^2d_1\geqslant\frac{1.53KT_2}{z_2\cos\gamma[\sigma_F]}Y_{F\alpha2}Y_\beta \tag{8.28}$$

计算出 m^2d_1 后,可从附表 5.1.查出相应的参数值。

(3) 蜗杆的刚度设计

由于蜗杆属于细长杆件,如果蜗杆受力后产生较大弯曲变形,就可能造成轮齿上的载荷分配不均,从而影响蜗杆与蜗轮的正确啮合。因此,蜗杆必要时还需进行刚度校核。校核时,通常是把蜗杆螺旋部分看做以蜗杆齿根圆直径为直径的轴段,其最大挠度 y 可按下式作近似计算,并要求刚度满足如下条件

$$y=\frac{\sqrt{F_{t1}^2+F_{r1}^2}}{48EI}L'^3\leqslant[y] \tag{8.29}$$

式中:F_{t1}为蜗杆所受的圆周力,N;F_{r1}为蜗杆所受的径向力, N;E 为蜗杆材料的弹性模量;I 为蜗杆危险截面的惯性矩,mm^4,$I=\dfrac{\pi d_{f1}^4}{64}$(其中 d_{f1} 为蜗杆齿根圆直径);L'是蜗杆两端支承间的跨距,mm,视具体结构要求而定,初步计算时可取 $L'=0.9\ d_2$,d_2 为蜗轮分度圆直径,mm;[y]为许用最大挠度,mm,$[y]=\dfrac{d_1}{1\ 000}$,这里 d_1 为蜗杆分度圆直径。

习题

8.1　齿轮传动的失效形式有哪些？如何建立齿轮传动的计算准则？简述各种失效发生的部位、发生的原因及防止失效的常用措施。

8.2　哪些因素会导致齿轮传动工作时产生附加动载荷？分别用什么参数来加以考虑？各参数如何确定？

8.3　如何建立齿面接触疲劳强度和齿根弯曲疲劳强度两种强度的强度公式？

8.4　如何合理选择影响齿轮传动工作能力的主要参数(模数、压力角、齿数、齿宽)？

8.5　常用齿轮材料有哪些？各用于什么场合？

8.6　分析直齿圆柱齿轮传动、斜齿圆柱齿轮传动和直齿锥齿轮传动三种传动工作时受力的不同。

8.7　与齿轮传动相比，蜗杆传动的失效形式有何特点？为什么？

8.8　蜗杆传动的设计计算中有哪些主要参数？如何选择这些参数？为何规定蜗杆分度圆直径 d_1 为标准值？

8.9　采用受力简图的平面图表示方法标出图 8.22 所给两图中各齿轮的受力，已知齿轮 1 为主动，其转向如图所示。

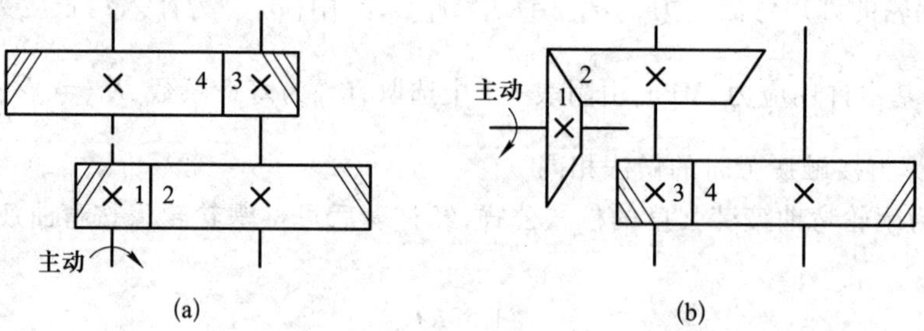

图 8.22　题 8.9 图

8.10　两级斜齿圆柱齿轮减速器的已知条件如图 8.23 所示，试问：① 低速级斜齿轮的螺旋线方向应如何选择才能使中间轴的轴向力方向相反；② 低速级的螺旋角 β 应取多大数值才能使中间轴上两个轴向力互相抵消。

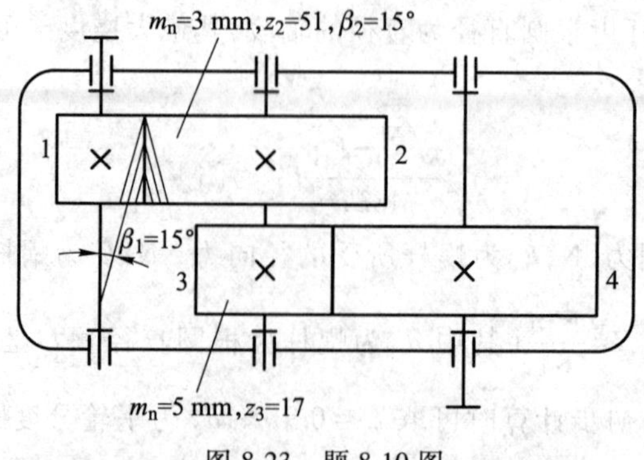

图 8.23　题 8.10 图

8.11　已知直齿圆锥-斜齿圆柱齿轮减速器布置和转向如图 8.24 所示。锥齿轮 m_m = 5 mm，齿宽 b = 50 mm；z_1 = 25，z_2 = 60，z_3 = 21，z_4 = 84；斜齿轮 m_n = 6 mm。欲使轴 II 上的轴向力完全抵消，求斜齿轮 3 的螺旋角 β_3 的大小和旋向。

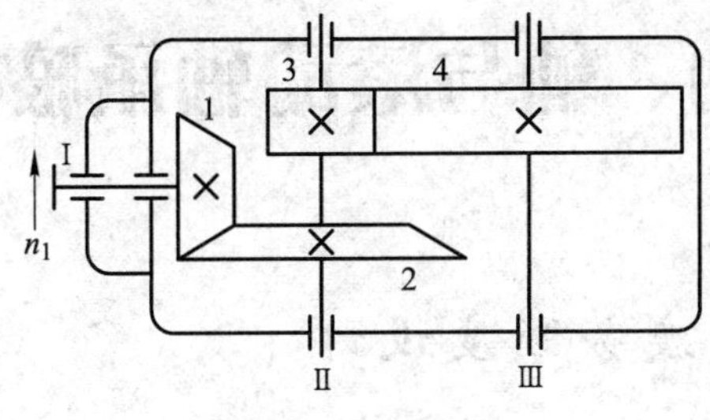

图 8.24　题 8.11 图

08.12　设计一用于带式运输机的单级齿轮减速器中的斜齿轮传动。已知：传递功率 P_1 = 10 kW，转速 n_1 = 1 450 r/min，n_2 = 340 r/min，允许转速误差±3%，电动机驱动，单向转动，载荷有中等振动，两班制工作，要求使用寿命 10 年。

8.13　上题中改用斜齿圆柱齿轮传动，设计该斜齿圆柱齿轮传动。

8.14　设计一用于航空发动机中的直齿锥齿轮传动。已知：传递功率 P_1 = 15 kW，小齿轮转速 n_1 = 15 300 r/min，大齿轮悬臂布置，工作寿命 L_h = 2 000 h，已确定齿数 z_1 = 17，z_2 = 65。

8.15　如图 8.25 所示，蜗杆主动，T_1 = 20 N · m，m = 4 mm，z_1 = 2，d_1 = 50 mm，蜗轮齿数 z_2 = 50，传动的啮合效率 η = 0.75，试确定：① 蜗轮的转向；② 蜗杆与蜗轮上作用力的大小和方向。

8.16　图 8.26 所示为蜗杆传动和锥齿轮传动的组合。已知输出轴上的锥齿轮 z_4 的转向 n。① 欲使中间轴上的轴向力能部分抵消，试确定蜗杆传动的螺旋线方向和蜗杆的转向。② 在图中标出各轮轴向力的方向。

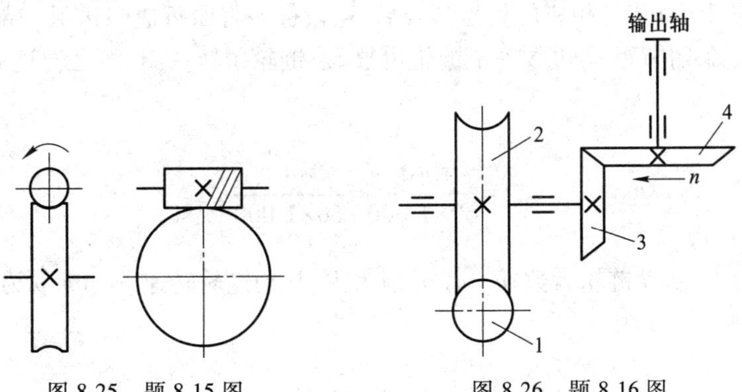

图 8.25　题 8.15 图　　图 8.26　题 8.16 图

8.17　设计一个由电动机驱动的单级圆柱蜗杆减速器，电动机功率为 7 kW，转速为 1 440 r/min，蜗轮轴转速为 80 r/min，载荷平稳，单向传动，蜗轮材料选锡青铜（ZCuSn10P1），砂型；蜗杆选用 40Cr，表面淬火。

8.18　一圆柱蜗杆减速器，蜗杆轴功率 P_1 = 100 kW，传动总效率 η = 0.8，三班制工作，试按当地工业用电价格（每度电若干元）计算五年中用于功率损耗的费用。

第9章

链传动、轴与滚动轴承疲劳强度设计

9.1 套筒滚子链的疲劳强度设计

链传动具有运动不均匀性的特征。这是由于围绕在链轮上的链条形成了正多边形这一特点所造成的,称为链传动的多边形效应。由于链传动的多边形效应,使其传动过程中会产生冲击和动载荷。

在正常润滑条件下,链传动的主要失效形式是疲劳破坏或胶合。实践表明:对于设计和安装正确、润滑适当和质量合乎标准的套筒滚子链传动,在运转中,因磨损产生的伸长率尚未达到全长的3%时,链的零件已先产生疲劳破坏或胶合。所以,确定套筒滚子链传动的承载能力,都采用以疲劳强度为主的多种失效形式的计算方法。套筒滚子链的设计方法是功率曲线法,即以功率曲线图来选定链条的规格。

9.1.1 链传动的运动特性

1. 链传动的平均速度与平均传动比

当链绕在链轮上,链节与相应的轮齿啮合后,这段链条将曲折成多边形一部分(图9.1)。该多边形的边长为链条的节距 p,边数等于链轮齿数 z。链轮每转一圈,随之转过的链长为 zp,故链的平均速度为

$$v=\frac{z_1 n_1 p}{60\times 1\ 000}=\frac{z_2 n_2 p}{60\times 1\ 000} \tag{9.1}$$

式中:z_1、z_2 分别为主、从动链轮齿数;n_1、n_2 分别为主、从动链轮转速,r/min;p 为链的节距,mm。

链传动的平均传动比为

$$i=\frac{n_1}{n_2}=\frac{z_2}{z_1} \tag{9.2}$$

2. 链传动的运动不均匀性

如图9.1a所示,链轮转动时,绕在链轮上的链条其销轴轴心沿链轮节圆运动,但链节其余部分的运动轨迹不在节圆上。若主动链轮的节圆半径为 R_1,并以等角速度 ω_1 转动时,轴心 A 作等速圆周运动,其速度 $v_1=R_1\omega_1$。

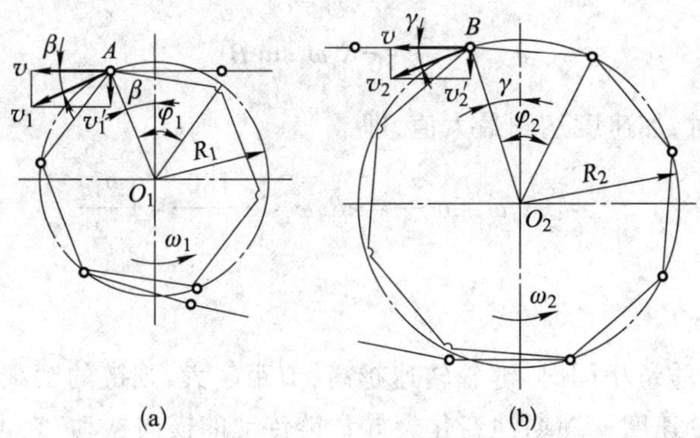

图 9.1　链传动的速度分析

为了便于分析，设链传动在工作时，主动边始终处于水平位置。这样 v_1 可分解为沿链条前进方向的水平速度 v 和上下垂直运动的分速度 v_1'，其值分别为

$$\begin{aligned} v &= v_1\cos\beta = R_1\omega_1\cos\beta \\ v_1' &= v_1\sin\beta = R_1\omega_1\sin\beta \end{aligned} \tag{9.3}$$

式中：β 为过轴心 A 的半径与垂线间的夹角。

由图中可知：链条的每一链节在主动链轮上对应的中心角为 φ_1（$\varphi_1=360°/z$），则 β 角的变化范围为（$-\varphi_1/2\sim+\varphi_1/2$）。显然，当 $\beta=\pm\varphi_1/2$ 时，链速最小；当 $\beta=0$ 时，链速最大。所以，主动链轮作等速回转时，链条前进的瞬时速度 v 周期性地由小变大，又由大变小，每转过一个节距就变化一次。与此同时，v_1' 的大小也在周期性地变化，导致链条在铅垂方向产生周期性的振动。

设从动轮角速度为 ω_2，圆周速度为 v_2，由图 9.1b 可知

$$v_2=\frac{v}{\cos\gamma}=\frac{v_1\cos\beta}{\cos\gamma}=R_2\omega_2 \tag{9.4}$$

又因 $v_1=R_1\omega_1$，而有

$$\frac{R_1\omega_1\cos\beta}{\cos\gamma}=R_2\omega_2$$

所以瞬时传动比为

$$i_i=\frac{\omega_1}{\omega_2}=\frac{R_2\cos\gamma}{R_1\cos\beta} \tag{9.5}$$

随着 β 角和 γ 角的不断变化，链传动的瞬时传动比也是不断变化的。当主动链轮以等角速度回转时，从动链轮的角速度将周期性地变化。只有在 $z_1=z_2$，且传动的中心距恰为节距 p 的整数倍时，传动比才可能在啮合过程中保持不变，恒为 1。

由上面分析可知，链轮的齿数 z 越少，链条节距 p 越大，链传动的运动不均匀性越严重。

上述链传动运动不均匀性的特征是由于围绕在链轮上的链条形成了正多边形这一特点所造成的，故称为链传动的多边形效应。它是链传动的固有特性。

3. 链传动的动载荷影响因素

链传动的动载荷主要由以下因素产生：

1）链速 v 的周期性变化产生的加速度 a 对动载荷的影响。

$$a = \frac{\mathrm{d}v}{\mathrm{d}t} = -R_1\omega_1^2\sin\beta \tag{9.6}$$

当销轴位于 $\beta = \pm\varphi_1/2$ 时，加速度达到最大值，即

$$a_{\max} = \pm R_1\omega_1^2\sin\frac{\varphi_1}{2} = \pm R_1\omega_1^2\sin\frac{180°}{z_1} = \pm\frac{\omega_1^2 p}{2} \tag{9.7}$$

式中：$R_1 = \dfrac{p}{2\sin(180°/z)}$。

由式(9.7)可知，当链的质量相同时，链轮转速越高，节距越大，则链的动载荷越大。

2）链的垂直方向分速度 v' 周期性变化会导致链传动的横向振动，它也是链传动动载荷中重要的一部分。

3）链节与链轮啮合瞬间所产生的相对速度会造成冲击和动载荷。

9.1.2 链传动的失效形式

1. 疲劳破坏

链条在工作时，周而复始地由松边到紧边不断运动着，因而它的各个元件都是在变应力作用下工作，经过一定循环次数后，链板将会出现疲劳断裂，或者套筒、滚子表面将会出现由多边形效应引起的疲劳点蚀。这将严重影响链传动的承载能力和传动的平稳性。

2. 链条铰链的磨损

链条在工作过程中，由于铰链的销轴与套筒间承受较大的压力，传动时彼此又产生相对转动，导致铰链磨损，使链条总长伸长，从而使链的松边垂度变化，增大动载荷，产生上下振动、引起跳齿和加大噪声等，影响链传动的正常工作。

3. 链条铰链的胶合

当链轮转速超过一定数值后，因链节啮入时受到的冲击能量过大，销轴和套筒间润滑油膜会被破坏，使两者的工作表面在很高的温度和压力下直接接触，从而产生胶合失效。为避免胶合必须限制链传动的工作转速。

4. 链条的静载拉断

低速(v<0.6 m/s)的链条过载，并超过了链条静力强度的情况下，链条就会被拉断。详见6.3节。

9.1.3 滚子链传动的设计

1. 额定功率曲线

在一定使用寿命和润滑良好的条件下，链传动各种失效形式限定的额定功率曲线如图 9.2 所示。图中，曲线 1 为铰链磨损限定的极限功率线；曲线 2 为链板疲劳强度限定的极限功率线；曲线 3 为滚子、套筒冲击疲劳强度限定的极限功率线；曲线 4 为销轴和套筒胶合限定的极限功率线。在非正常润滑条件下，链传动按曲线 5(铰链磨损限定的极限功率线)发生失效。由图可见：在润滑良好、中等速度的链传动中，链传动应当在曲线 2、曲线 3 和曲线 4 所包围的区域内工作，

其承载能力主要取决于链板的疲劳强度；随着转速的逐渐增加，因链传动的多边形效应增大，传动能力主要取决于滚子和套筒的冲击疲劳强度；当转速很高时，将出现铰链胶合现象，使链条迅速失效。

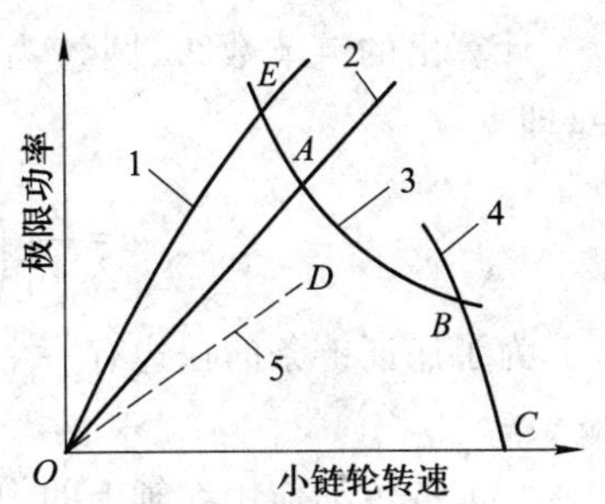

图 9.2　链传动失效曲线

为了避免出现上述各种失效形式，附图 3.1 给出了 A 系列滚子链的额定功率曲线，它是在特定实验条件下得出的，即：

1）两链轮安装在水平轴上，两链轮共面；

2）小链轮齿数 $z_1=19$，链长 $L_p=100$ 节；

3）载荷平稳，按推荐的方式润滑（附图 3.2）；

4）能连续 15 000 h 满负荷运转；

5）链条因磨损引起的相对伸长量不超过 3%。

2. 传动设计

滚子链传动的设计，一般先按所传递的功率、载荷性质、工作条件和链轮转速等，选定链轮齿数，然后确定链节距、链条列数、中心距和润滑方式等。

（1）额定功率计算

根据小链轮转速，由附图 3.1 中可查出各种链条在链速 $v>0.6$ m/s 情况下，允许传递的额定功率 P_0。在实际使用中所设计的链传动与上述实验条件不符时，由附图 3.1 查得的 P_0 值应乘以一系列修正系数，得链传动的计算功率 P_{ca}

$$P_{ca}=K_A P=P_0 K_z K_l K_p \tag{9.8}$$

或

$$P_0=\frac{P_{ca}}{K_z K_l K_p}=\frac{K_A P}{K_z K_l K_p} \tag{9.9}$$

式中：P_0 为在特定条件下，单排链所能传递的功率，kW，见附图 3.1；P_{ca} 为链传动的计算功率，kW；P 为传递的功率，kW；K_A 为载荷系数，见附表 3.1；K_z 为小链轮齿数系数，见附表 3.4；K_l 为链长系数，若设计点在附图 3.1 中功率曲线顶点左侧区域上按 $\left(\frac{L_p}{100}\right)^{0.26}$ 计算，若在功率曲线顶点右侧区域上则按 $\left(\frac{L_p}{100}\right)^{0.5}$ 计算；K_p 为多排链系数，见附表 3.5。

若不能保证附图 3.2 中所推荐的润滑方式而使润滑不良时，则线图中所规定的功率 P_0 应按以下规则修正：

$v\leqslant1.5$ m/s，润滑不良时，降至 $(0.3\sim0.6)P_0$，无润滑时，降至 $0.15P_0$；

1.5 m/s$<v<$7 m/s，润滑不良时，降至 $(0.15\sim0.3)P_0$；

$v>7$ m/s，润滑不良时则传动不可靠，不宜采用；

$v<0.6$ m/s，按静强度设计计算。

（2）链长计算

链的长度常用链节数 L_p 表示，与带传动相似，链节数 L_p 与中心距 a 之间的关系为

$$L_p=\frac{z_1+z_2}{2}+2\frac{a}{p}+\left(\frac{z_2-z_1}{2\pi}\right)^2\frac{p}{a} \tag{9.10}$$

计算出的链节数 L_p 圆整为整数，最好取为偶数。再根据圆整后的链节数计算理论中心距，即：

$$a=\frac{p}{4}\left[\left(L_p-\frac{z_1+z_2}{2}\right)+\sqrt{\left(L_p-\frac{z_1+z_2}{2}\right)^2-8\left(\frac{z_2-z_1}{2\pi}\right)^2}\right] \tag{9.11}$$

为了保证链条的松边有一个合适的安装垂度（$0.01a \sim 0.02a$），实际中心距应较理论中心距 a 小一些。

（3）链传动作用在轴上的力（简称压轴力）

链传动的压轴力 F_Q 可近似取为

$$F_Q \approx K_Q F_e \tag{9.12}$$

式中：F_e 为链传动的有效圆周力，N；K_Q 为压轴力系数，对于水平传动取 1.15，对于垂直传动取 1.05。

3. 影响链传动性能的因素

（1）传动比 i

滚子链的传动比一般为 $i \leqslant 7$，推荐值为 $i=2 \sim 3.5$。当载荷平稳，速度不高时，i 可达 10。但传动比过大时，由于链条在小链轮上的包角过小，将减少啮合齿数，加速轮齿的磨损并易出现跳齿等现象。

（2）链轮的齿数 z_1、z_2

小链轮齿数 z_1 对链传动的平稳性和使用寿命有较大的影响。齿数少可减小外廓尺寸，但齿数过少，将会导致传动的不均匀性和动载荷增大；链条进入和退出啮合时，链节间的相对转角增大；链传递的圆周力增大，从而加速了链条和链轮的损坏。可见，增加小链轮齿数 z_1 对传动是有利的。在动力传动中，滚子链的小链轮齿数 z_1 按附表 3.6 选取。当链速很低时，允许最少齿数为 9。

链轮齿数也不宜过多。如图 9.3 所示，在链节距 p 一定时，齿高就一定，即允许的齿高外移量 Δd 就一定。从图 9.3 中可得，分度圆直径增量 Δd 与链节距增量 Δp 的关系为 $\Delta d=\Delta p/\sin(180°/z)$。因此，链轮齿数越多，分度圆直径增量 Δd 就越大，链就越容易出现跳齿和脱齿现象。

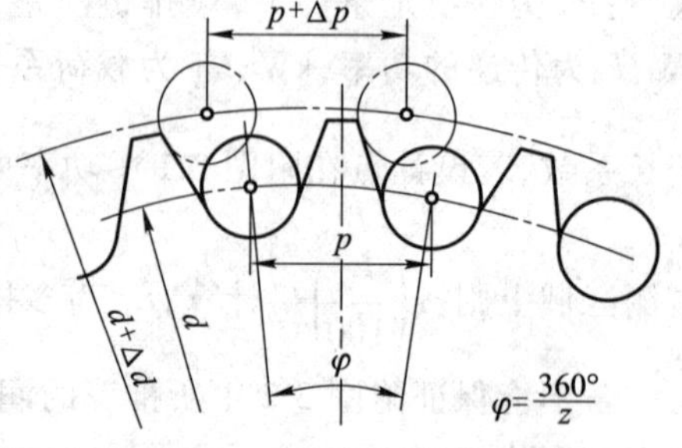

图 9.3　链节伸长后对啮合的影响

在选取链轮齿数时，要同时考虑均匀磨损的问题，由于链节数选用偶数，链轮齿数一般应取与链节数互为质数的奇数。

（3）链速 v

链速应不超过 12 m/s，否则会出现过大的动载荷。对高精度的链传动，以及用合金钢制造的链，链速允许到 20～30 m/s。

（4）链节距 p

允许采用的链节距可根据功率 P_0 和小链轮转速 n_1 由附图 3.1 选取。链节距 p 越大，链的承载能力就越高，但传动的多边形效应也就增大，于是振动、冲击、噪声也越严重。故承载能力足够时宜选小节距单排链，高速重载时可选小节距多排链，载荷大、中心距小、传动比大时，选小节距多排链。低速重载、中心距较大时才选用大节距单排链。

(5) 中心距 a 和链长 L_p

当链速不变,中心距小、链节数少的传动,在单位时间内同一链节的曲伸次数势必增多,因此会加速链的磨损。中心距太大,会引起从动边垂度过大,传动时造成松边颤动,使传动运行不稳定。若中心距不受其他条件限制,一般可取 $a=(30\sim50)p$,最大中心距 $a_{max}=80p$。

9.1.4 链传动的布置

在链传动中,两链轮的转动平面应在同一平面内,两轴线必须平行,最好成水平布置(图9.4a),如需倾斜布置时,两链轮中心连线与水平线的夹角 φ 应小于 45°(图 9.4b)。同时链传动应使紧边(即主动边)在上,松边在下,以便链节和链轮轮齿可以顺利地进入和退出啮合。如果松边在上,可能会因松边垂度过大而出现链条与轮齿的干扰,甚至会引起松边与紧边的碰撞。

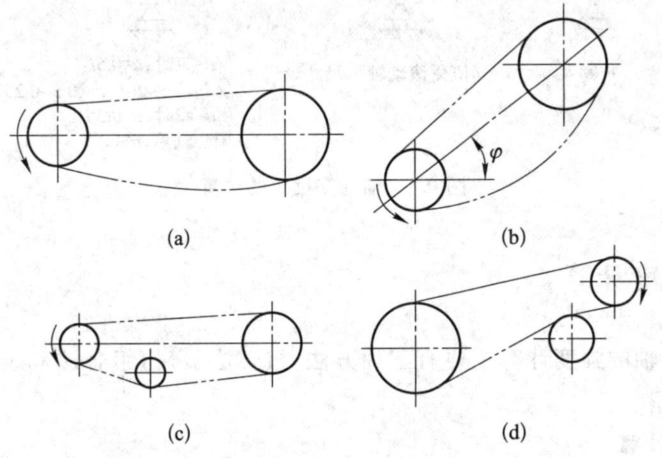

图 9.4　链传动布置

为防止链条垂度过大造成啮合不良和松边的颤动,需用张紧装置。如中心距可以调节时,可用调节中心距来控制张紧程度;如中心距不可调节时,可用张紧轮。张紧轮应安装在链条松边靠近小链轮处,放在链条内、外侧均可,分别如图 9.4c、d 所示。张紧轮可以是链轮,也可以是无齿的滚轮,其直径可比小链轮略小些。

9.2 轴的疲劳强度设计

9.2.1 轴的力学计算简图

由于轴所受载荷的性质、分布、方向及大小各不相同,因此在复杂的受载条件下,需找出轴的合理简化力学模型,它将直接影响到轴的计算方法的合理性及精确度。

通常作用在轴上的载荷是由轴上零件传来的，并沿装配宽度分布。在一般情况下，沿宽度分布的力常简化为集中力计算，集中力的作用点取为轮毂宽度的中点。作用在轴上的扭矩，一般从传动件轮毂宽度的中点算起。轴的支承反力的作用点与轴承的类型和布置方式有关，可按图9.5确定。有关数据可查手册。

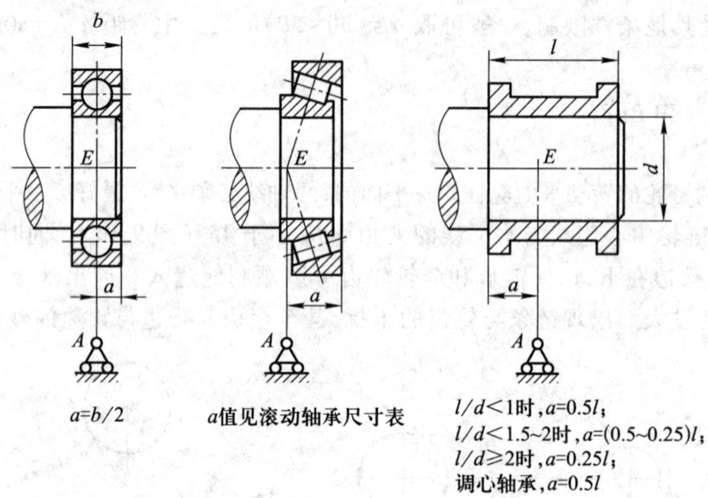

图 9.5　轴的支反力的位置

9.2.2　轴的强度计算

在工程设计中，轴的强度计算主要有三种方法：扭转法、弯扭组合法和精确校核法。下面对这三种方法进行介绍。

1. 按扭转强度计算

对于仅承受扭矩或主要承受扭矩的传动轴，可用此法计算。对承受弯扭复合作用的轴，通常用这种方法初步估算轴径。对于不太重要的轴，也可作为最后计算结果。

轴的扭转强度条件为

$$\tau_T=\frac{T}{W_T}\times10^3\approx\frac{9.55P\times10^6}{0.2d^3n}\leqslant[\tau]_T \tag{9.13}$$

式中：τ_T 为扭转切应力，MPa；T 为轴所受的扭矩，N · mm；W_T 为轴的抗扭截面系数，mm^3；n 为轴的转速，r/min；P 为轴传递的功率，kW；d 为计算截面处轴的直径，mm；$[\tau]_T$ 为许用扭转切应力，MPa，见附表 10.2。

由上式可得轴的直径

$$d\geqslant\sqrt[3]{\frac{9.55P\times10^6}{0.2[\tau]_Tn}}=\sqrt[3]{\frac{9.55\times10^6}{0.2[\tau]_T}}\cdot\sqrt[3]{\frac{P}{n}}=A\sqrt[3]{\frac{P}{n}} \tag{9.14}$$

式中：$A=\sqrt[3]{9.55\times10^6/0.2[\tau]_T}$，可根据不同材料查附表 10.2。

在计算中，当弯矩相对扭矩很小或只受扭矩时，$[\tau]_T$ 取较大值，A 取较小值；反之，$[\tau]_T$ 取较小值，A 取较大值。当轴上有键槽时，会削弱轴的强度。因此，开一个键槽，轴径应增大 3%；开两个键槽,轴径应增大7%。

对于空心轴,可将式(9.14)中的 $\sqrt[3]{\dfrac{P}{n}}$ 换成 $\sqrt[3]{\dfrac{P}{n(1-\beta^4)}}$。其中,$\beta=d_1/d$ 为空心轴的内径 d_1 与外径 d 之比。

2. 按弯扭组合强度计算

根据已作出的总弯矩图和扭矩图(图6.27),求出计算弯矩 M_{ca},其计算公式为

$$M_{ca}=\sqrt{M^2+(\alpha T)^2} \tag{9.15}$$

式中:α 为扭转切应力特性系数,当扭转切应力为静应力时,取为0.3;当扭转切应力为脉动循环应力时,取为0.6;当扭转切应力为对称循环应力时,取为1.0。

已知轴的计算弯矩 M_{ca} 后,即可针对某些危险截面作强度校核计算。按第三强度理论计算弯曲应力:

$$\sigma_{ca}=\frac{M_{ca}}{W}=\frac{\sqrt{M^2+(\alpha T)^2}}{W}\leqslant[\sigma_{-1}] \tag{9.16}$$

式中:W 为轴的抗弯截面系数,mm^3,计算公式见附表10.3;$[\sigma_{-1}]$ 为轴的许用弯曲应力,MPa。

3. 精确校核

按弯扭组合计算适用于一般转轴的强度计算,而且是偏于安全的。当需要精确评定轴的安全性时,应按精确校核计算对轴的危险截面进行安全性判断。精确校核计算包括疲劳强度和静强度校核计算两项内容。

在已知轴的外径、尺寸及载荷的基础上,通过分析确定出一个或几个危险截面,求出计算安全系数 S_{ca},并使其大于或至少等于设计安全系数 S,即

$$S_{ca}=\frac{S_\sigma S_\tau}{\sqrt{S_\sigma^2+S_\tau^2}}\geqslant S \tag{9.17}$$

仅有正应力时,应满足

$$S_\sigma=\frac{\sigma_{-1}}{K_\sigma\sigma_a+\psi_\sigma\sigma_m}\geqslant S \tag{9.18}$$

仅有扭转切应力时,应满足

$$S_\tau=\frac{\tau_{-1}}{K_\tau\tau_a+\psi_\tau\tau_m}\geqslant S \tag{9.19}$$

设计安全系数 S 可按附表10.4选取。

9.3 滚动轴承疲劳寿命设计

一般工业用滚动轴承基本上是承受变载荷作用的,因此滚动轴承的设计主要是以疲劳寿命计算为主要内容。本节介绍滚动轴承的主要失效形式、滚动轴承工作时的受力情况、滚动轴承疲劳寿命计算公式,其重点和难点是如何正确计算滚动轴承的当量载荷。

9.3.1　滚动轴承的受力与失效形式

以下分析向心轴承、角接触球轴承和圆锥滚子轴承工作时,元件上的载荷分布及其变化情况。

9.3.1.1　滚动轴承工作时各元件上的载荷分布

如图 9.6 所示,滚动轴承在所处工作位置时,各滚动体从开始受力到受力终止所经过的区域叫做承载区。由力平衡原理得知,所有滚动体作用在内圈上的接触载荷的向量和等于径向载荷 F_R。

向心轴承所受的径向载荷 F_R 通过轴颈作用于内圈,由于弹性变形,内圈将下沉一个距离 δ,上半圈滚动体不承受载荷,而下半圈的各个滚动体承受不同的载荷。在 F_R 的作用线上的接触变形量为 δ_0。按变形协调关系,不在载荷 F_R 的作用线上的其他各点的径向变形量为

$$\delta_i = \delta_0 \cos(i\gamma) \qquad i = 1, 2, \cdots \tag{9.20}$$

这说明:真实的变形量的分布是中间最大,向两边逐渐减少,其相应的载荷分布也是如此。处于最低位置的滚动体所受载荷最大,变形量也最大。对向心球轴承和圆柱滚子轴承而言,其滚动体所受的最大载荷值约为滚动体平均受载量 F_R/z(z 为滚动体总数)的 5 倍和 4.6 倍。

实际上,因滚动轴承内存在游隙,径向载荷 F_R 产生的承载区的范围将小于 180°,换言之,下半部滚动体不是全部受载。但是,如果滚动轴承同时作用轴向载荷,承载区将会扩大。

9.3.1.2　滚动轴承工作时各元件上应力的变化

滚动轴承工作时,各个元件所受载荷和应力处于交变状态。如图 9.7 所示,滚动体处于承载区时,所受载荷先从 0、F_2、F_1 增大到最大值 F_0,然后再从 F_0 逐渐减低到 F_1、F_2 和 0。就滚动体上某一点而言,它的载荷及应力是周期性不稳定变化的,如图 9.7a 所示。

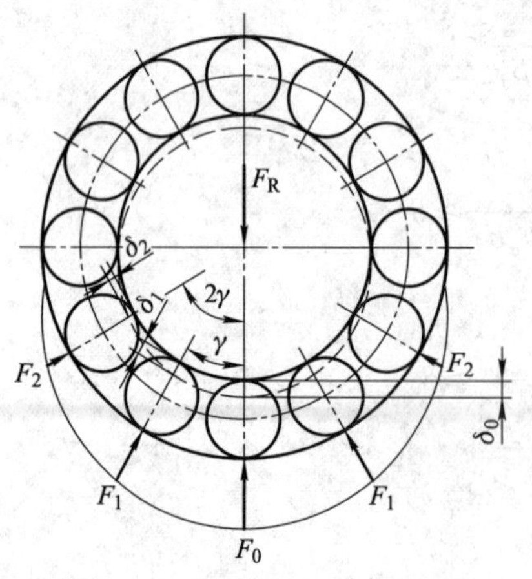

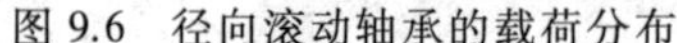
图 9.6　径向滚动轴承的载荷分布

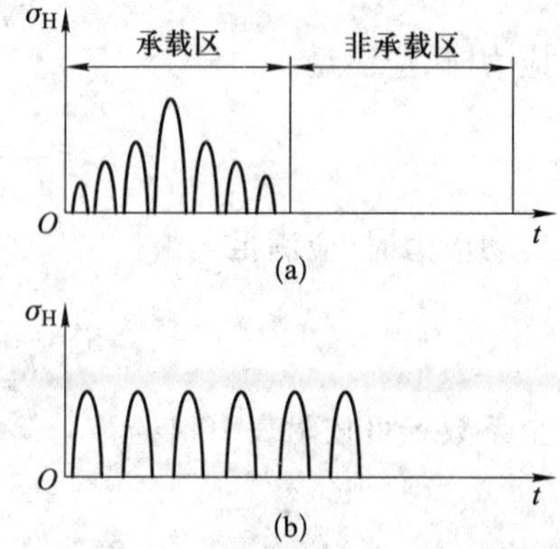

图 9.7　滚动轴承元件上所受的载荷及应力

滚动轴承工作时,固定不动的内圈或外圈称为固定套圈,转动的外圈或者内圈称为转动套圈。对于固定套圈,承载区内的各个接触点所受到的接触载荷不同。对固定套圈上的某一个固定点而言,每个滚动体滚过该点,它便承受一次载荷,大小不变,所以说,固定套圈上的每一个固

定点都承受稳定的脉动循环接触应力的作用,如图 9.7b 所示。转动套圈上各点的受载情况类似于滚动体的受载情况。当转动套圈上任一固定点进入承载区内与第 i 个滚动体接触时,载荷由零变到 F_i 值,后又从 F_i 变到零。所以,转动套圈上的某个固定点所受到的接触载荷及接触应力是呈周期性、不稳定变化的。

9.3.1.3　派生轴向力及轴向载荷对滚动轴承载荷分布的影响

下面以圆锥滚子轴承为例进行分析。

如图 9.8a 所示,当角接触球轴承或圆锥滚子轴承承受径向载荷 F_R 时,由于滚动体与滚道的接触线与轴线之间有一个接触角 α,因而各滚动体的法向反作用力 F_{Ni}并不指向半径方向,而是分解为一个径向分力和一个轴向分力。用 F_i 表示某一个滚动体反力 F_{Ni}的径向分力,则相应的轴向分力 S_i 应等于$F_i\tan\alpha$,所有径向分力 F_i 的合力与径向载荷 F_R 平衡,如图 9.8b 所示;所有的轴向分力 S_i 之和组成轴承的派生轴向力 S,并最后与轴向力 F_A 平衡(图 9.8a)。

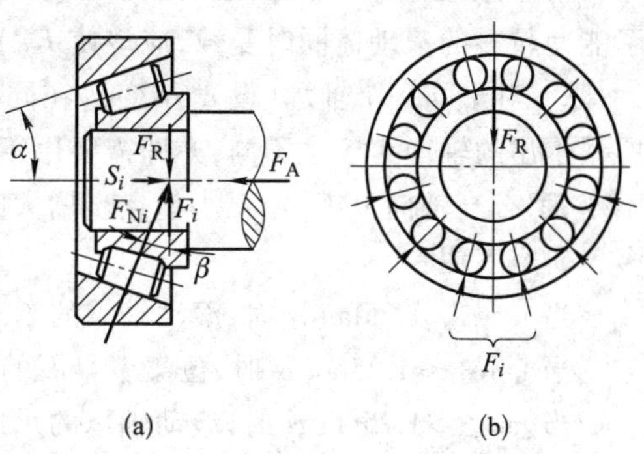

图 9.8　圆锥滚子轴承的受力

当只有最下面一个滚动体受载时,

$$S=F_R\tan\alpha \tag{9.21}$$

或

$$\tan\alpha=\frac{S}{F_R}=\frac{F_A}{F_R} \tag{9.22}$$

由定义

$$\tan\beta=\frac{F_A}{F_R} \tag{9.23}$$

从而得

$$\tan\alpha=\tan\beta \tag{9.24}$$

即载荷角 β 和接触角 α 相等。

当受载的滚动体数目为两个或以上时,在同样的径向载荷 F_R 作用下,所派生的轴向力 S 将增大。如上所述,由于各滚动体的径向反力 F_i 的方向各不相同,它们的向量和与 F_R 平衡,其代数和必然大于 F_R,而派生轴向力 S 是各个 F_i 派生的轴向力 S_i 的代数和。所以,当多个滚动体受载时,在同样的径向载荷 F_R 作用下,滚动轴承所受的派生轴向力 S,将比只有一个滚动体受载时所受的派生轴向力大。即

$$S=\sum_{i=1}^{n}S_i=\sum_{i=1}^{n}F_i\tan\alpha>F_R\tan\alpha \tag{9.25}$$

式中:n 为受载滚动体数目;F_i 为作用于各滚动体上的径向分力,N;S_i 为作用于各滚动体上的 F_i 所派生的轴向力,N;F_R 为径向载荷,N。

由式(9.25)得

$$\tan\,\alpha < \frac{S}{F_R} = \frac{F_A}{F_R} \tag{9.26}$$

或

$$\tan\,\alpha < \tan\,\beta \tag{9.27}$$

即载荷角 β 大于接触角 α。

由上面的分析可以得到以下结论：

1）角接触球轴承及圆锥滚子轴承必须在径向载荷 F_R 和轴向力 F_A 的联合作用下工作。为了能使较多的滚动体同时受载，应该使 F_A 比 $F_R\tan\,\alpha$ 大一些；

2）对于同一个轴承（设 α 不变），在同样的径向载荷 F_R 作用下，若受载的滚动体数目不同，所派生出的轴向力 S 也不同，亦即需要用不同的轴向力 F_A 来平衡。另一方面，假如径向载荷 F_R 不变，那么当轴向力 F_A 由最小值逐步增大时，滚动轴承内受接触载荷的滚动体数目也将逐渐增多。研究表明：

当 $\tan\,\beta < 1.25\tan\,\alpha$ 时，滚动轴承的承载区小于半周（图 9.9a）；

当 $\tan\,\beta \approx 1.25\tan\,\alpha$ 时，位于下半圈的全部滚动体受载（图 9.6）；

当 $\tan\,\beta > 1.25\tan\,\alpha$ 时，滚动轴承的承载区大于半周（图 9.9b）；

当 $\tan\,\beta \approx 1.7\tan\,\alpha$ 时，全部滚动体受载。

3）为了使派生轴向力 S 得到部分平衡，此类滚动轴承通常都要求成对对称安装使用。

实际应用中，为了保证角接触球轴承或圆锥滚子轴承能可靠地工作，应使这类滚动轴承至少达到下半周滚动体受载。因此，这类轴承安装时不能有较大的轴向窜动量。

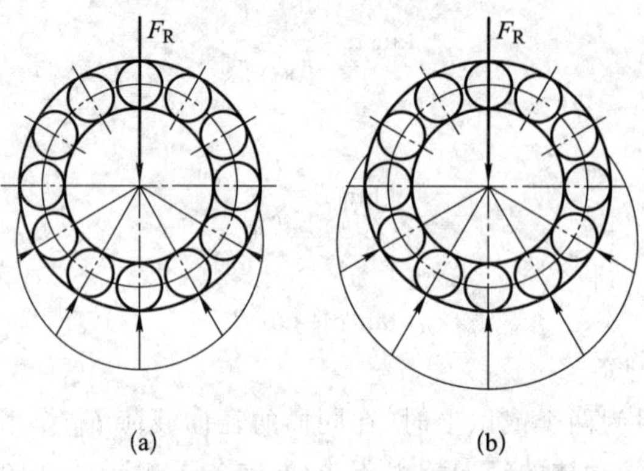

图 9.9 滚动轴承受力滚动体数目的变化

9.3.1.4 滚动轴承的失效形式和计算准则

滚动轴承的失效形式有：

1）点蚀——在安装、润滑、维护良好的条件下，滚动轴承的正常失效形式是滚动体或内外圈滚道产生疲劳点蚀。滚动轴承的疲劳点蚀是由变化的接触应力大量重复作用造成的。滚动轴承发生疲劳点蚀破坏后，运转时会出现较强烈振动、噪声和发热现象。

2）烧伤——如果滚动轴承工作时润滑剂供应不足，滚动轴承会出现烧伤现象，特别是在高速重载工况下。

3）磨损——如果润滑剂不清洁,可能会导致滚动体和滚道过度磨损。

4）卡死——如果滚动轴承装配不当,可能会导致滚动轴承卡死,或者胀破内圈,挤破内、外圈和保持架等现象。

5）过度塑性变形——如果滚动轴承工作时遭受过大的冲击载荷,可能会导致滚动体或者滚道出现过度塑性变形现象(如凹坑等)。

滚动轴承的主要失效形式是疲劳点蚀,因此滚动轴承的设计准则和计算公式也是依据疲劳点蚀来建立的,而后四种失效形式在正常工作条件下都是可以而且应当避免的。

9.3.2　滚动轴承的寿命和可靠度

对于单个滚动轴承,某个套圈或滚动体材料首次出现疲劳点蚀扩展之前,一个套圈相对于另一个套圈的总转数或者一定转速下的工作小时数称为该滚动轴承的寿命。

大量的试验结果表明,由于制造精度、制造工艺稳定性、材料均匀程度等方面的差异,即使是同样材料、同样尺寸以及同一批生产出来的滚动轴承,并且在完全相同的条件下工作,其中各个滚动轴承的寿命也不尽相同。典型的滚动轴承寿命曲线(图 9.10)表明,同一批滚动轴承中最长寿命与最短寿命可相差几倍,甚至几十倍。

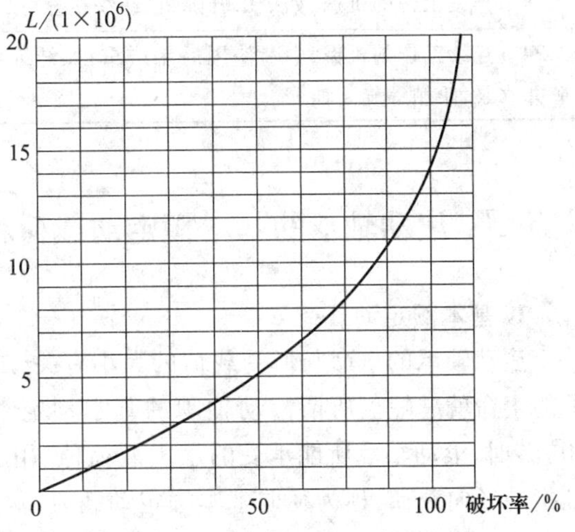

图 9.10　滚动轴承的寿命曲线

由于单个滚动轴承寿命上的差异,工程设计中引入可靠度概念来建立滚动轴承的寿命标准。实际设计时,应根据机器对滚动轴承可靠度的不同要求,来计算某类轴承的不同寿命。滚动轴承的可靠度就是指在规定的使用时间(寿命)内和预定的工作条件(载荷、速度、润滑等)下能够正常工作的概率。

在常规机械工程应用的滚动轴承设计中,国家标准规定:在相同条件下运转的同一批滚动轴承,其可靠度为 90%时的寿命作为标准寿命,即以一批滚动轴承中 10%的滚动轴承发生疲劳点蚀破坏,而 90%的滚动轴承不发生疲劳点蚀破坏前的转数(以 10^6 为单位)或工作小时数作为滚动轴承的标准寿命,并把这个标准寿命称为基本额定寿命,用 L_{10} 表示。

实际上,按基本额定寿命计算而选择出的滚动轴承中,大约有 10%的滚动轴承提前发生破坏,即未能达到基本额定寿命滚动轴承已经失效;同时,大约有 90%的滚动轴承在超过基本额定寿命后还能继续工作,甚至相当多的滚动轴承还能再工作一个、两个或三个基本额定寿命期。对于每一个轴承来说,它能顺利地在基本额定寿命内正常工作的概率为 90%,而在基本额定寿命期内发生点蚀破坏的概率为 10%。

在做滚动轴承的寿命计算时,必须先根据机器的类型、使用的条件以及对可靠性的要求,确定一个恰当的预期计算寿命,即设计机器时所要求的轴承寿命,一般可以参照机器的大修期限来决定取值。表 9.1 给出了滚动轴承预期计算寿命推荐值。

表 9.1 推荐的轴承预期计算寿命 L'_h

机器类型	预期计算寿命 L'_h/h
不经常使用的仪器或设备,如闸门开闭装置等	300~3 000
短期或间断使用的机械中断使用不致引起严重后果,如手动机械等	3 000~8 000
间断使用的机械,中断使用后果严重,如发动机辅助设备、流水作业线自动传送装置、升降机、车间吊车、不常使用的机床等	8 000~12 000
每日 8 h 工作的机械(利用率不高)。如一般的齿轮传动、某些固定电动机等	12 000~20 000
每日 8 h 工作的机械(利用率较高)。如金属切削机床、连续使用的起重机、木材加工机械、印刷机械等	20 000~30 000
24 h 连续工作的机械,如矿山升降机、纺织机械、泵、电动机等	40 000~60 000
24 h 连续工作的机械,中断使用后果严重,如纤维生产或造纸设备、发电站主电机、矿井水泵、船舶螺旋桨轴等	100 000~200 000

9.3.3 滚动轴承的基本额定动载荷和当量动载荷

1. 基本额定动载荷 C

滚动轴承的寿命与所受载荷的大小有关,工作载荷越大,引起的接触应力也就越大,滚动轴承的寿命就越短。所谓滚动轴承的基本额定动载荷,就是指滚动轴承的基本额定寿命恰好为 10^6 转时,滚动轴承所能承受的最大载荷值,用字母 C 代表。对向心轴承而言,基本额定动载荷是指纯径向载荷,称为径向基本额定动载荷,常用 C_r 表示;对推力轴承而言,基本额定动载荷是指纯轴向载荷,称为轴向基本额定动载荷,常用 C_a 表示;而对角接触球轴承或圆锥滚子轴承而言,是指使套圈间产生纯径向位移的载荷的径向分量。

不同型号的滚动轴承有不同的基本额定动载荷值,它表征了不同型号滚动轴承的承载特性。滚动轴承的基本额定动载荷值是在大量的试验研究基础上,通过理论分析得到的。在滚动轴承样本中对每个型号的滚动轴承都给出了它的基本额定动载荷值,设计时可以从滚动轴承样本中查取。

2. 当量动载荷 P

滚动轴承的基本额定动载荷是在规定的运转条件下通过试验确定的,如,向心轴承仅承受纯径向载荷 F_R 作用,推力轴承仅承受纯轴向载荷 F_A 作用。但是在实际应用中,滚动轴承常常同时承受径向载荷 F_R 和轴向载荷 F_A 的作用,特别是角接触球轴承和圆锥滚子轴承。因此,在进行滚动轴承寿命计算时,必须把实际载荷换算为与规定的基本额定动载荷的载荷条件相一致的当量动载荷,用字母 P 表示。这个当量动载荷,对于以承受径向载荷为主的滚动轴承,称为径向当量动载荷,常用 P_r 表示;对于以承受轴向载荷为主的滚动轴承,称为轴向当量动载荷,常用 P_a 表示。

当量动载荷 $P(P_r$ 或 $P_a)$ 的一般计算公式为

$$P=XF_R+YF_A \tag{9.28}$$

式中：X、Y 分别为径向载荷系数和轴向载荷系数，其值见附表 9.1。

对于只能承受纯径向载荷 F_R 的轴承（如 N、NA 类轴承）

$$P=F_R \tag{9.29}$$

对于只能承受纯轴向载荷 F_A 的轴承（如 5 类轴承）

$$P=F_A \tag{9.30}$$

按式(9.28)～式(9.30)求得的当量动载荷仅为理论值。

实际应用的轴承经常会出现一些附加载荷，如冲击力、不平衡作用力、惯性力以及轴挠曲或轴承座变形产生的附加力等，这些附加载荷很难进行精确的理论计算。工程设计中，为了考虑这些因素的影响，通常把当量动载荷乘上一个载荷系数 f_p，载荷系数值可查相关的经验数据（参见附表 9.2）。因此，实际计算时的滚动轴承当量动载荷应为

$$P=f_p(XF_R+YF_A) \tag{9.31}$$

对只承受纯径向载荷 F_R 的轴承

$$P=f_pF_R \tag{9.32}$$

对只承受纯轴向载荷 F_A 的轴承

$$P=f_pF_A \tag{9.33}$$

9.3.4　滚动轴承的疲劳寿命计算

1. 标准可靠度下的疲劳寿命计算

标准可靠度为 90%是指 90%的滚动轴承仍可正常工作的情况。

从上可知：当滚动轴承所受的当量动载荷 P 恰好等于它的基本额定动载荷 C 时，其基本额定寿命就是 10^6 转，并可以根据轴承的工作转速换算成额定工作时间。但如果当量动载荷 P 不等于额定动载荷 C 或预期计算寿命不为 10^6 转时，则需要通过计算确定适用的轴承。

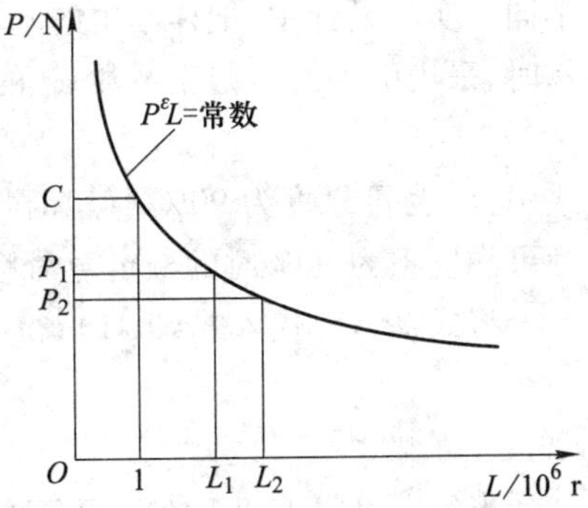

图 9.11　滚动轴承的载荷-寿命曲线

图 9.11 所示为典型的滚动轴承载荷-寿命曲线，该曲线是在大量试验研究基础上得到的，它与一般的疲劳强度曲线相似，表示滚动轴承的当量动载荷 P 与基本额定寿命 L_{10} 之间的关系。

这类曲线可用下面的公式表示

$$L_{10}=(C/P)^{\varepsilon} \qquad (10^6\ \text{转}) \tag{9.34}$$

式中：ε 为指数，对于球轴承，$\varepsilon=3$；对于滚子轴承，$\varepsilon=10/3$。

实际计算时，常用工作小时数表示滚动轴承寿命。若 n 表示轴承的转速(r/min)，那么，以小时数表示的轴承寿命 L_h 按下式计算。

$$L_h=(10^6/60n)(C/P)^{\varepsilon} \tag{9.35}$$

如果已知当量动载荷 P 和转速 n，并选定预期计算寿命 L'_h，那么，所选的滚动轴承应具有的基本额定动载荷 C 可根据下式计算。

$$C=P\sqrt[\varepsilon]{\frac{60nL_{\mathrm{h}}'}{10^6}} \tag{9.36}$$

另外,温度对滚动轴承的疲劳寿命有一定影响,滚动轴承工作温度越高,其工作寿命越短。因此,一般地,如果滚动轴承工作温度较高(高于 125 ℃),则应该选用经过高温回火处理的高温轴承。实际设计计算时,由于在轴承样本中列出的基本额定动载荷值是对一般轴承而言的,因此,如果要将该数值用于高温轴承,则需要乘上一个温度系数 f_{t}(可查附表 9.3),即

$$C_{\mathrm{t}}=f_{\mathrm{t}}C \tag{9.37}$$

式中:C_{t} 为高温轴承的计算额定动载荷,N;C 为轴承样本所列的同一型号滚动轴承的基本额定动载荷,N 。

这时式(9.34)~式(9.36)改写为下面的公式:

额定转数寿命
$$L_{10}=(f_{\mathrm{t}}C/P)^{\varepsilon}\quad(10^6\text{ 转}) \tag{9.38}$$

额定时间寿命
$$L_{\mathrm{h}}=(10^6/60n)(f_{\mathrm{t}}C/P)^{\varepsilon} \tag{9.39}$$

额定动载荷
$$C=\frac{P}{f_{\mathrm{t}}}\sqrt[\varepsilon]{\frac{60nL_{\mathrm{h}}'}{10^6}} \tag{9.40}$$

2. 不同可靠度条件下的滚动轴承疲劳寿命的计算

如前所述,滚动轴承样本中所列的基本额定动载荷是指滚动轴承不发生疲劳点蚀破坏的概率(即可靠度)为 90%时的额定动载荷。但是,实际应用中,各类机械对滚动轴承可靠度的要求不同。实际设计中,把样本中的基本额定动载荷值应用于计算可靠度要求不等于 90%的滚动轴承时,采用引入寿命修正系数 α_1 的方法,即

$$L_{\mathrm{h}}=\alpha_1L_{10} \tag{9.41}$$

式中:L_{10}为可靠度为 90%(破坏概率为 10%)时的寿命,即基本额定寿命,按式(9.38)计算;α_1 为可靠度不为 90%时的额定寿命修正系数,其值见附表 9.5。

将式(9.35)代入式(9.41),得

$$L_{\mathrm{h}}=\frac{10^6\alpha_1}{60n}\left(\frac{C}{P}\right)^{\varepsilon} \tag{9.42}$$

当给定可靠度以及在该可靠度条件下的寿命 L_{h}(h)时,则可以利用下式计算所选滚动轴承需要的基本额定动载荷 C

$$C=P\left(\frac{60L_{\mathrm{h}}n}{10^6\alpha_1}\right)^{\frac{1}{\varepsilon}} \tag{9.43}$$

9.3.5 角接触球轴承和圆锥滚子轴承的径向载荷 F_{R} 与轴向载荷 F_{A} 的计算

如上所述,角接触球轴承和圆锥滚子轴承承受径向载荷时,会产生派生的轴向力,为了保证这类轴承正常工作,通常要求成对使用,如图 9.12 所示,图 9.12a 和 b 表示两种不同的安装方式,即正装(又称面对面安装)和反装(又称背靠背安装)。

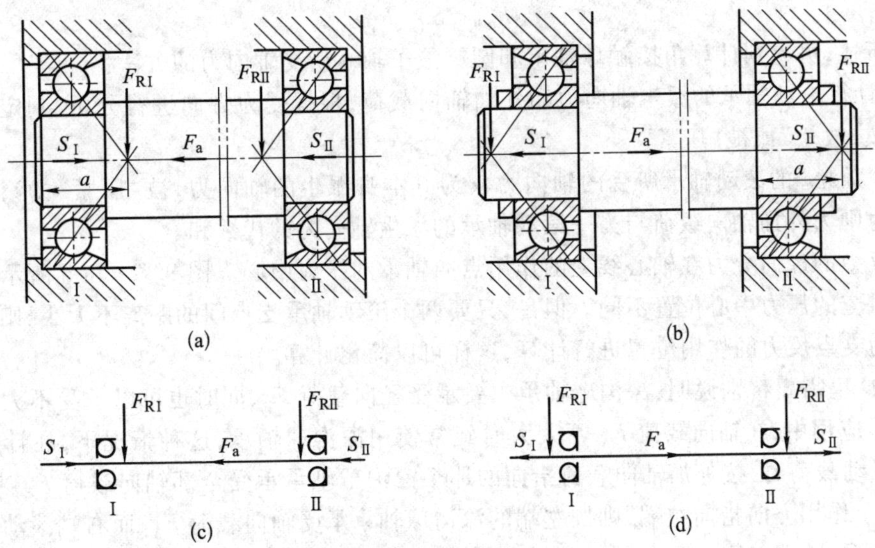

图 9.12　角接触球轴承的两种安装方式及载荷计算

按式(9.31)计算各个滚动轴承的当量动载荷 P 时，其中的径向载荷 F_R 即为外界作用在轴上的径向力 F_r 在各轴承上产生的径向载荷 F_R；但是，由于派生轴向力 S 的存在，滚动轴承所受到的轴向载荷 F_A 并不完全由外界的轴向作用力 F_a 产生，而是要根据轴上的所有轴向载荷（包括 F_a 和 S）之间的平衡条件计算得出。

根据径向力 F_r 的平衡条件计算出两个滚动轴承的径向载荷 $F_{R\mathrm{I}}$ 和 $F_{R\mathrm{II}}$。在正常安装条件下，即下半圈的滚动体全部受载时，由径向载荷 $F_{R\mathrm{I}}$ 和 $F_{R\mathrm{II}}$ 派生的轴向力 S_I 和 S_II 的大小可按照附表 9.4 中的公式计算。

如图 9.12 所示，把派生轴向力 S 的方向与外加轴向载荷 F_a 的方向一致的轴承标为Ⅱ，另一端标为轴承Ⅰ。如果轴向力恰好平衡，则满足下式：

$$F_a+S_\mathrm{II}=S_\mathrm{I} \tag{9.44}$$

如果按附表 9.4 中的公式求得的 S_I 和 S_II 不满足上式，则出现以下两种情况：

(1) $F_a+S_\mathrm{II}>S_\mathrm{I}$

这时出现轴向左窜动的趋势，即轴承Ⅰ被“压紧”，而轴承Ⅱ被“放松”，但实际上轴是处于平衡位置的，不能发生真正的窜动。因此，被“压紧”的轴承Ⅰ所受的总轴向力 $F_{A\mathrm{I}}$ 必须与 F_a+S_II 相平衡，即

$$F_{A\mathrm{I}}=F_a+S_\mathrm{II} \tag{9.45}$$

而被“放松”的轴承Ⅱ只受其本身的派生轴向力 S_II，即

$$F_{A\mathrm{II}}=S_\mathrm{II} \tag{9.46}$$

(2) $F_a+S_\mathrm{II}<S_\mathrm{I}$

同理，轴承Ⅰ被“放松”，而轴承Ⅱ被“压紧”，被“放松”的轴承Ⅰ只受其本身派生的轴向力 S_I，即

$$F_{A\mathrm{I}}=S_\mathrm{I} \tag{9.47}$$

而被“压紧”的轴承Ⅱ所受的总轴向力为

$$F_{A\text{Ⅱ}} = S_{\text{Ⅰ}} - F_a \tag{9.48}$$

综上所述,可得到计算角接触球轴承和圆锥滚子轴承所受轴向力的方法:

1）先计算滚动轴承的派生轴向力和外加轴向载荷,根据受力方向进行分析,判定两端滚动轴承哪个被“放松”或被“压紧”。

2）被“放松”的滚动轴承所受的轴向力仅为其本身派生的轴向力,被“压紧”的滚动轴承所受的轴向力则为外加轴向载荷与另一滚动轴承的派生轴向力的代数和。

轴承反力的径向分力在轴心线上的作用点叫轴承的压力中心。图 9.12a 和 b 所示的两种安装方式所对应的压力中心位置不同。但是,只要两个滚动轴承支点间的距离不太小,则以轴承宽度中点作为支点反力的作用位置进行计算,这样可以简化计算。

另外,这里需要特别说明:深沟球轴承主要承受径向载荷 F_R,同时也可以承受不大的轴向力 F_A。在实际应用中,在轴向载荷 F_A 不太大时经常使用深沟球轴承,这种情况下,在计算深沟球轴承的当量动载荷时,按外加轴向载荷指向的那个深沟球轴承承受全部轴向载荷 F_A 来考虑,即轴向载荷 F_A 作用方向指向左端,则按左端的深沟球轴承承受轴向载荷 F_A,而右端滚动轴承所受轴向载荷为零,反之亦然。

[例题 9.1]　如图 9.13 所示,轴的两端采用两个反装的 7207C 轴承。已知轴上齿轮所受圆周力 $F_t = 2\ 000$ N,径向力 $F_r = 800$ N,轴向力 $F_a = 400$ N,齿轮的分度圆直径 $d = 300$ mm,齿轮转速 $n = 500$ r/min,有中等冲击载荷,滚动轴承预期计算寿命 $L_h' = 16\ 000$ h。试问该滚动轴承能否满足寿命要求?

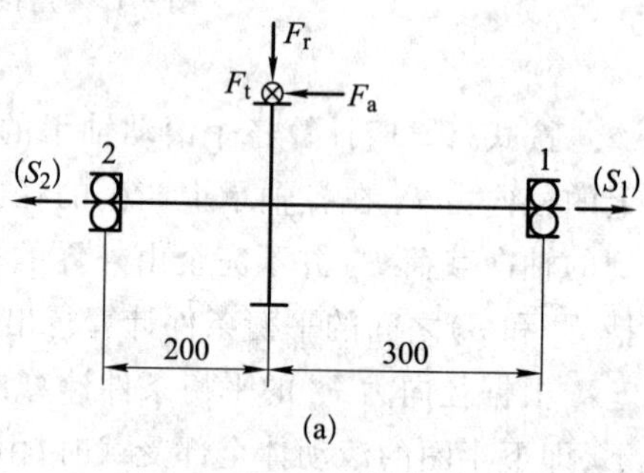

(a)

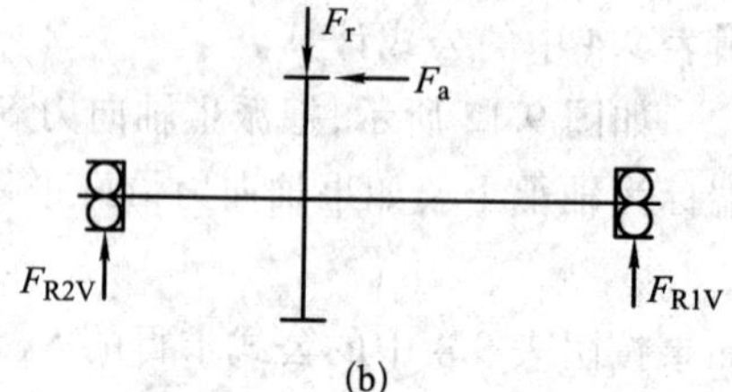

(b)

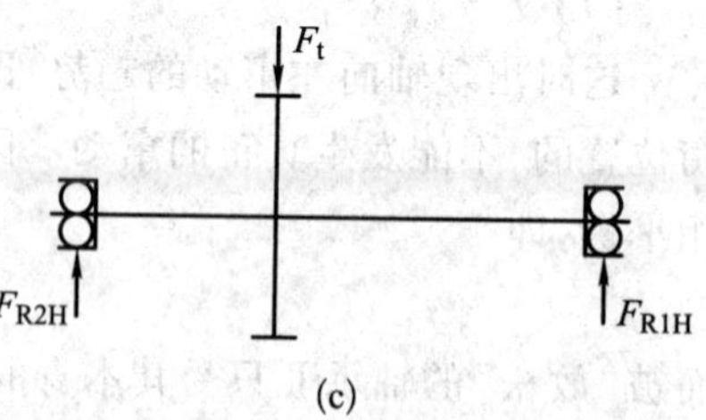

(c)

图 9.13　滚动轴承计算例图

解　查滚动轴承样本(或者设计手册)得,7207C 轴承的 $C = 23\ 500$ N,$C_0 = 17\ 500$ N。

1. 两个滚动轴承所受的径向载荷 F_{R_1} 和 F_{R_2}

将轴系部件所受到的空间力系分解为垂直面力系(图 9.13b)和水平面力系(图 9.13c)。在图 9.13b 中,F_a 通过另加弯矩平移到轴线方向;在图 9.13c 中,F_t 通过另加转矩而平移到轴线方向。则

$$F_{R1V} = \frac{F_r \times 200 - F_a \times \dfrac{d}{2}}{200+300} = \frac{800\times 200 - 400\times\dfrac{300}{2}}{500}\text{N} = 200\ \text{N}$$

$$F_{R2V} = F_r - F_{R1V} = (800-200)\ \text{N} = 600\ \text{N}$$

$$F_{R1H} = \frac{200}{200+300}F_t = 0.4\times 2\ 000\text{N} = 800\ \text{N}$$

$$F_{R2H} = F_t - F_{R1H} = (2\ 000-800)\ \text{N} = 1\ 200\ \text{N}$$

$$F_{R1} = \sqrt{F_{R1V}^2 + F_{R1H}^2} = \sqrt{200^2+800^2}\ \text{N} = 824.62\ \text{N}$$

$$F_{R2} = \sqrt{F_{R2V}^2 + F_{R2H}^2} = \sqrt{600^2+1\ 200^2}\ \text{N} = 1\ 341.64\ \text{N}$$

2. 两轴承的计算轴向力 F_{A1} 和 F_{A2}

由附表 9.4,对于 70000C 型滚动轴承,其内部派生轴向力 $S=eF_R$,其中 e 值查附表 9.1,由于轴承轴向力 F_A 未知,初选 $e=0.43$,则

$$S_1=e_1F_{R1}=0.43\times824.62=354.59\ \text{N}$$

$$S_2=e_2F_{R2}=0.43\times1\ 341.64=576.91\ \text{N}$$

因 $F_a+S_2=(400+576.91)\text{N}=976.91\text{N}>S_1$,所以轴承Ⅰ被“压紧”,而轴承Ⅱ被“放松”,则

$$F_{A1}=F_a+S_2=(400+576.91)\text{N}=976.91\ \text{N}$$

$$F_{A2}=S_2=576.91\ \text{N}$$

$$\frac{F_{A1}}{C_0}=\frac{976.91}{17\ 500}=0.055\ 8$$

$$\frac{F_{A2}}{C_0}=\frac{576.91}{17\ 500}=0.032\ 9$$

由附表 9.1,用插值法得 $e_1=0.426\ 9$,$e_2=0.403\ 1$,再计算

$$S_1=e_1F_{R1}=0.426\ 9\times824.62\ \text{N}=352.03\ \text{N}$$

$$S_2=e_2F_{R2}=0.403\ 1\times1\ 341.64\ \text{N}=540.82\ \text{N}$$

$$F_{A1}=F_a+S_2=(400+540.82)\ \text{N}=940.82\ \text{N}$$

$$F_{A2}=S_2=540.82\ \text{N}$$

$$\frac{F_{A1}}{C_0}=\frac{940.82}{17\ 500}=0.053\ 8$$

$$\frac{F_{A2}}{C_0}=\frac{540.82}{17\ 500}=0.030\ 9$$

两次计算的 F_A/C_0 值相差不大,因此可选 $e_1=0.427$,$e_2=0.403$,$F_{A1}=940.82$ N,$F_{A2}=540.82$ N。

3. 当量动载荷 P_1 和 P_2

$$\frac{F_{A1}}{F_{R1}}=\frac{940.82}{824.62}=1.14>e_1$$

$$\frac{F_{A2}}{F_{R2}}=\frac{540.82}{1\ 341.64}=0.403=e_2$$

由附表 9.1 查得径向载荷系数和轴向载荷系数:

对于轴承Ⅰ　$X_1=0.44$,$Y_1=1.32$

对于轴承Ⅱ　$X_2=1$,$Y_2=0$

由于工作有中等冲击载荷,查附表 9.2,取 $f_p=1.5$。则

$$P_1=f_p(X_1F_{R1}+Y_1F_{A1})=1.5\times(0.44\times824.62+1.32\times940.82)\text{N}=2\ 407.07\ \text{N}$$

$$P_2=f_p(X_2F_{R2}+Y_2F_{A2})=1.5\times(1\times1\ 341.64+0\times540.82)\text{N}=2\ 012.46\ \text{N}$$

4. 验算滚动轴承寿命

由于 $P_1>P_2$,按轴承Ⅰ验算寿命

$$L_h=\frac{10^6}{60n}\left(\frac{C}{P_1}\right)^{\varepsilon}=\frac{10^6}{60\times500}\times\left(\frac{23\ 500}{2\ 407.07}\right)^3=31\ 018.17\ \text{h}>L'_h$$

故所选滚动轴承可以满足寿命要求。

[例题 9.2] 一部机器的轴承采用球轴承,要求可靠度为 0.98,其中一个球轴承所受径向载荷为 $F_R=10\ 000$ N,工作应力循环次数为 100×10^6。试求该球轴承的基本额定动载荷。

解 由附表 9.5 查得,当可靠度为 0.98 时,滚动轴承寿命的修正系数为 $\alpha_1=0.33$,按式(9.41)求得相应的基本额定寿命为

$$L_{10}=\frac{L_h}{\alpha_1}=\frac{100\times10^6}{0.33}=303\times10^6$$

由于只受径向载荷作用,所以 $P=F_R$。

由式(9.34)计算该球轴承的基本额定动载荷,

$$C=\left(\frac{L_{10}}{10^6}\right)^{\frac{1}{\varepsilon}}P=\sqrt[3]{303}\times10\ 000\ \text{N}=67\ 166\ \text{N}$$

9.3.6 轴承的装拆

设计轴承部件组合结构时,应考虑怎样有利于轴承的装拆,以便在装拆过程中不致损坏轴承和其他零件。滚动轴承的装拆以压力法最常用,此外还有温差法、液压配合法等。温差法是将轴承放进烘箱或热油中,使轴承的内圈受热膨胀,然后即可将轴承顺利装在轴上。液压配合法是通过将压力油打入环形油槽来拆卸轴承。

图 9.14 和图 9.15 分别是轴承内圈和外圈压装,通过压轴承内、外圈,将轴承压装到轴上或轮毂孔中。

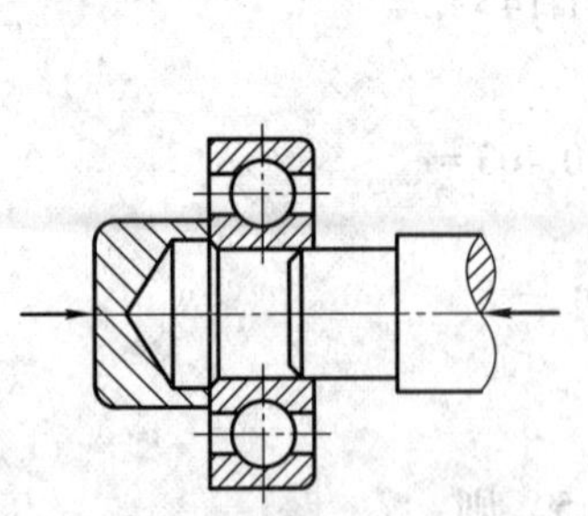

图 9.14 轴承内圈压装

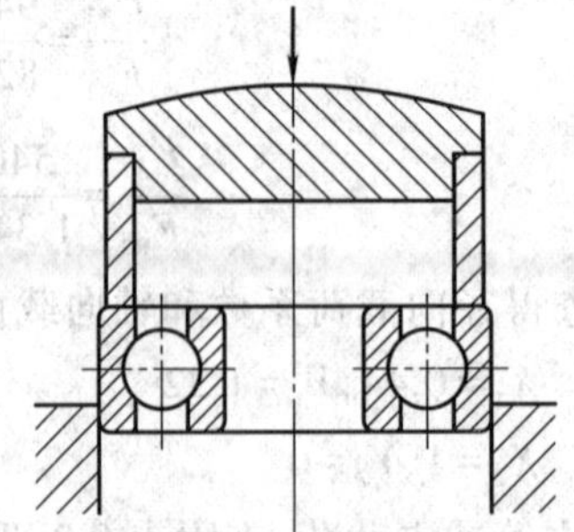

图 9.15 轴承外圈压装

图 9.16 所示为用轴承拆卸器拆卸轴承。在设计中应预留拆卸空间。另外应注意:从轴上拆卸时,应卡住轴承的内圈,如图 9.16 所示。从座孔中拆卸轴承时,应用反向爪拆卸轴承的外圈。

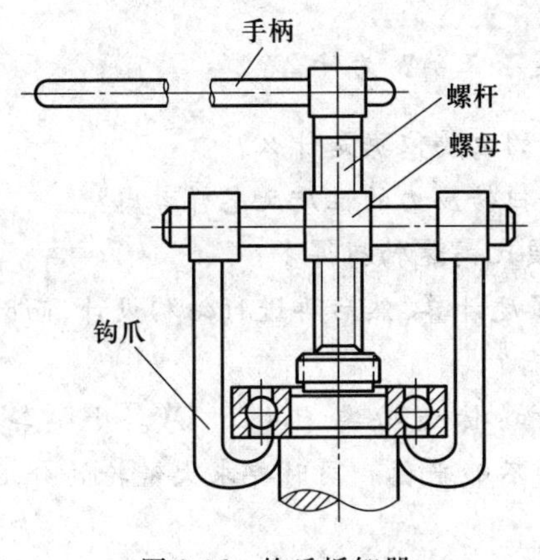

图 9.16　钩爪拆卸器

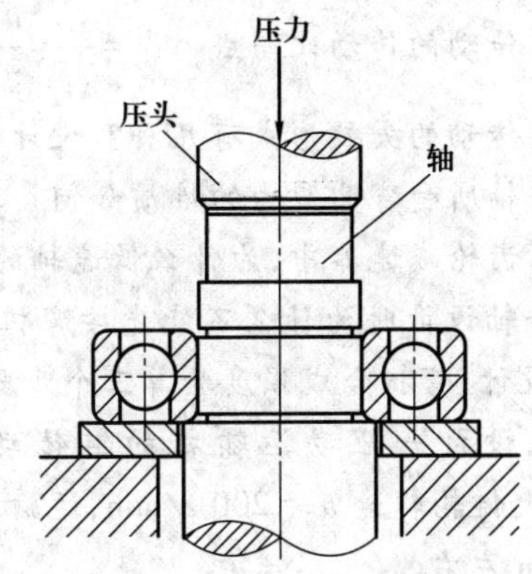

图 9.17　垫平轴承压拆轴承

当轴不太重时,可以用压力法拆卸轴承,如图 9.17 所示。注意采用该方法时,不可只垫轴承的外圈,以免损坏轴承。

图 9.18 所示是利用在开口圆锥紧定套上的轴承支承结构装拆轴承。安装轴承时,将圆螺母上紧。在圆螺母沿轴向将轴承压紧在圆锥套上的同时,还在径向压迫圆锥套的开口处使其紧固在轴上。拆卸时,松开螺母使开口处复原,从而很容易将圆锥套与轴分开。图 9.19 所示为利用具有环形油槽的轴颈拆卸轴承。为了轴承的拆卸方便在轴颈上开出环形槽。在拆卸轴承时,将高压油从油路入口打入。在压力油的作用下轴承的内圈撑大、轴颈压缩,实现拆卸。在拆卸时,高压油还可以起到润滑作用。

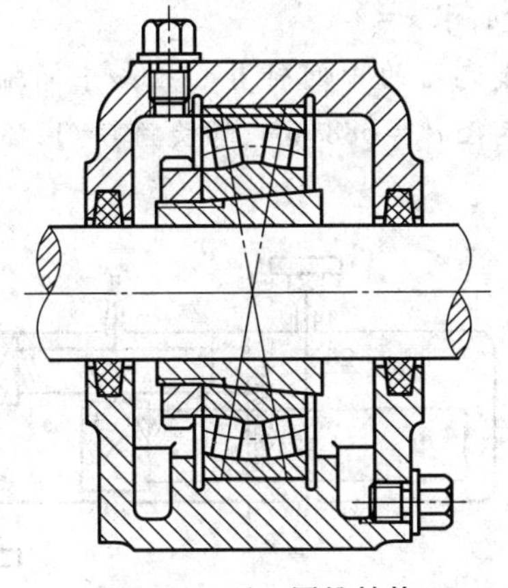

图 9.18　开口圆锥结构

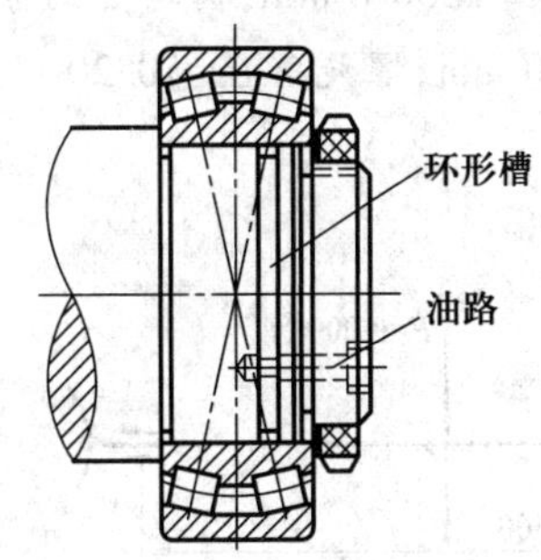

图 9.19　环形油槽

习题

9.1　链传动多边形效应含义是什么？小链轮齿数 z_1 不允许过少,大链轮齿数 z_2 不允许过多。这是为什么？链轮齿数 z 和链节距 p 对其有何影响？

9.2 链传动的传动比写成 $i_{12}=\frac{z_2}{z_1}=\frac{n_1}{n_2}=\frac{d_2}{d_1}$是否正确？为什么？

9.3 链传动的失效形式有几种？设计链传动的主要依据是什么？

9.4 转轴所受弯曲应力的性质如何？其所受扭转应力的性质又怎样考虑？

9.5 在齿轮减速器中，为什么低速轴的直径要比高速轴粗得多？

9.6 转轴设计时为什么不能先按弯扭合成强度计算，然后再进行结构设计，而必须按初估直径、结构设计、弯扭合成强度验算三个步骤来进行？

9.7 试设计一驱动运输机的链传动。已知：传递功率 $P=20$ kW。小链轮转速 $n_1=720$ r/min，大链轮转速 $n_2=200$ r/min，运输机载荷不够平稳。同时要求大链轮的分度圆直径最好为 700 mm 左右。

9.8 一滚子链传动，已知主动链轮齿数 $z_1=19$，采用 10A 滚子链，中心距 $a=500$ mm，水平布置；传递功率 $P=2.8$ kW，主动轮转速 $n_1=110$ r/min。设工作情况系数 $K_A=1.2$，静力强度许用安全系数 $S=6$，试验算此传动。

9.9 已知一传动轴传递的功率为 40 kW，转速 $n=1\,000$ r/min，如果轴上的切应力不许超过 40 MPa，求该轴的直径？

9.10 已知一传动轴直径 $d=35$ mm，转速 $n=1\,450$ r/min，如果轴上的切应力不许超过 55 MPa，问该轴能传递多少功率？

9.11 已知一转轴在直径 $d=55$ mm 处受不变的转矩 $T=15\times10^3$ N · m 和弯矩 $M=7\times10^3$ N · m，轴的材料为 45 钢调质处理，问该轴能否满足强度要求？

9.12 如图 9.20 所示的转轴，直径 $d=60$ mm，传递不变的转矩 $T=2\,300$ N · m，$F=9\,000$ N，$a=300$ mm。若轴的许用弯曲应力 $[\sigma_{-1b}]=80$ MPa，求 $x=$？

9.13 计算图 9.21 所示二级斜齿圆柱齿轮减速器的中间轴Ⅱ。已知中间轴Ⅱ的输入功率 $P=40$ kW，转速 $n_2=200$ r/min，齿轮 2 的分度圆直径 $d_2=688$ mm，螺旋角 $\beta=12°50'$，齿轮 3 的分度圆直径 $d_3=170$ mm，螺旋角 $\beta=10°20'$。

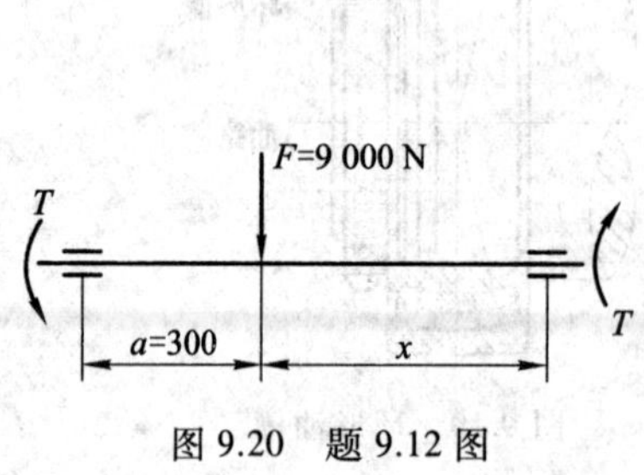

图 9.20 题 9.12 图

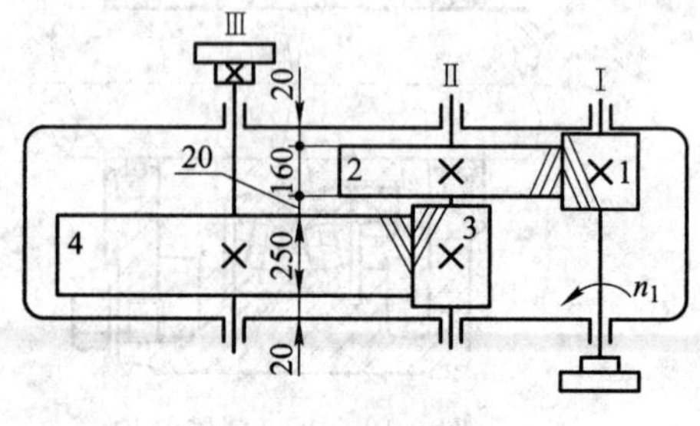

图 9.21 题 9.13 图

9.14 一带式运输机由电动机通过斜齿圆柱齿轮减速器和锥齿轮驱动。已知电动机功率 $P=5.5$ kW，$n_1=960$ r/min；圆柱齿轮的参数为：$z_1=23$，$z_2=125$，$m_n=2$mm，螺旋角 $\beta=9°22'$；旋向如图 9.22 所示。锥齿轮参数为：$z_3=20$，$z_4=80$，$m=6$ mm，$b/R=1/4$。支点跨距见图 9.22，轴的材料为 45 钢正火。试设计减速器第Ⅱ轴。

9.15 对一批 60 个滚动轴承做寿命试验，按其基本额定动载荷加载，试验机主轴转速 $n=$

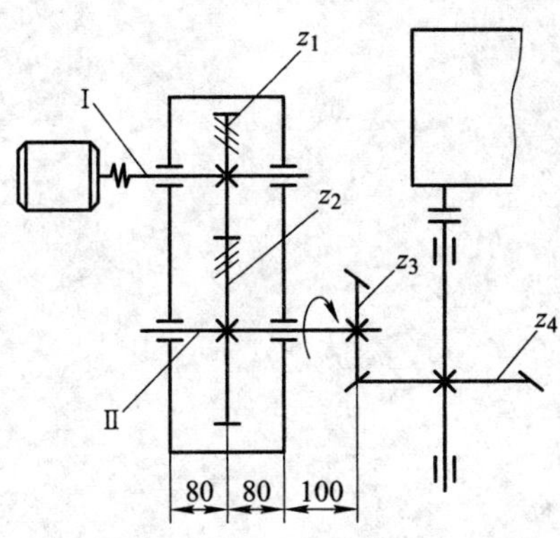

图 9.22　题 9.14 图

2 000 r/min。已知该批滚动轴承为正品，当试验时间进行到 10 h 30 min 时，至少有几个滚动轴承已经失效？

9.16　已知某个深沟球轴承受平稳径向载荷 $F_R = 8\ 000$ N，转速为 $n = 2\ 000$ r/min，工作时间为 4 500 h。试求它的基本额定动载荷 C。

9.17　某机器主轴采用深沟球轴承，主轴直径为 $d = 40$ mm，转速 $n = 3\ 000$ r/min，径向载荷 $R = 2\ 400$ N，轴向载荷 $A = 800$ N，预期寿命 $L'_h = 8\ 000$ h，请选择该轴承的型号。

9.18　已知轴的两端选用两个 $\alpha = 25°$ 的角接触球轴承，如图 9.12a 所示为正装。轴颈直径 $d = 30$ mm，载荷有中等冲击，转速 $n = 2\ 000$ r/min，两个轴承的径向载荷 $F_{R1} = 3\ 200$ N，$F_{R2} = 1\ 000$ N，轴向载荷 $F_a = 900$ N，方向指向轴承 1，试计算滚动轴承的工作寿命。

9.19　例题 9.1 中，若把球轴承换为圆锥滚子轴承，其代号为 30207，试验算其寿命。

9.20　某轴的一端原采用 6209 滚动轴承，如果该支点滚动轴承的工作可靠度要求提高到 99%，试问应该换成什么型号的滚动轴承？

第五篇　摩擦学设计　5

摩擦学是有关摩擦、磨损与润滑的科学。它主要研究相对运动表面之间相互作用、变化的有关理论与方法，解决摩擦与磨损过程中存在的问题。据不完全估计，全世界大约有 1/3～1/2 的能源以各种形式消耗在摩擦上。磨损是导致机械设备失效的主要原因，大约有 80%的损坏零件是由于各种形式的磨损引起的。由于摩擦、磨损与润滑之间有着密切的关系，摩擦引起能量的转换、磨损则导致表面损坏和材料损耗，而润滑是降低摩擦和减少磨损最有效的措施，因此控制摩擦，减少磨损，改善润滑性能是节约能源和原材料、缩短维修时间的重要措施。

机械零件中的摩擦学设计主要是以通用机械零件为对象，主要考虑摩擦、磨损和润滑的失效形式及其设计理论和方法。由于摩擦学问题的复杂性，机械零件的摩擦学设计根据的设计准则主要包括：压强、速度和压力-速度乘积来判断机械零件工作的能力。而对于液体滑动轴承的设计，则可通过简化的流体力学方程较好地完成设计计算。通过摩擦学设计对于提高产品质量、延长机械设备的使用寿命和增加可靠性有重要作用。由于摩擦学对工农业生产和人民生活的巨大影响，因而引起世界各国的普遍重视，成为近三十年来迅速发展的技术学科，并得到日益广泛的应用。因此，摩擦学的研究对于国民经济具有重要意义。

在本篇中，首先对摩擦学设计准则与方法进行介绍，包括：摩擦状态、摩擦、磨损、润滑等基本概念。然后对螺纹连接、带传动和滑动轴承设计等典型摩擦学问题做了较详细的分析。在带传动中，涉及带的类型、带传动的基本理论、应力分析、V 带传动的设计和弹性啮合与摩擦耦合传动的简介；在滑动轴承设计中，讲述了典型的非液体摩擦滑动轴承和液体动力润滑径向滑动轴承设计计算的理论和方法。

第 10 章

摩擦学设计方法

10.1 摩擦状态

10.1.1 摩擦状态分类与特性

摩擦状态大致可以分为:①流体润滑;②混合润滑;③弹性流体动压润滑(简称弹流润滑);④薄膜润滑;⑤边界润滑;⑥干摩擦状态等几种基本类型,如图 10.1 所示。

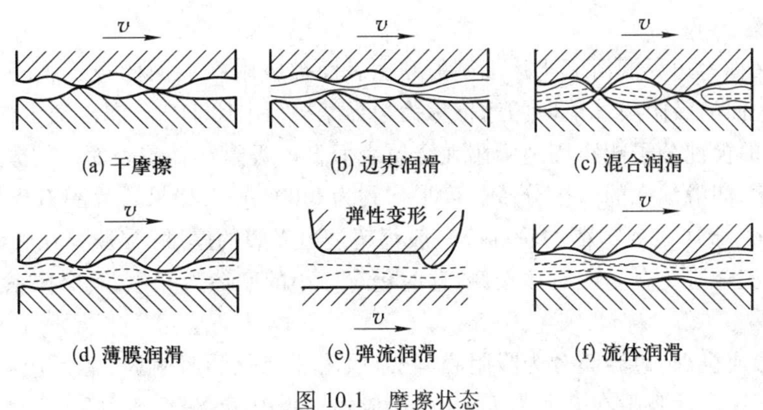

图 10.1 摩擦状态

表 10.1 列出了这几种摩擦状态的典型膜厚、润滑膜形成方式和应用场合等基本特征。

表 10.1 各种摩擦状态的基本特征

摩擦状态	典型膜厚	润滑膜形成方式	应用
干摩擦	1~10 nm	表面氧化膜、气体吸附膜等	无润滑或自润滑的摩擦副
边界润滑	1~50 nm	润滑油分子与金属表面产生物理或化学作用而形成润滑膜	低速重载条件下的高精度摩擦副
薄膜润滑	10~100 nm	与流体动压润滑相同	低速下的点线接触、高精度摩擦副,如精密滚动轴承等

续表

摩擦状态	典型膜厚	润滑膜形成方式	应用
弹性流体动压润滑	0.1~1 μm	与流体动压润滑相同	中、高速下点线接触摩擦副,如齿轮、滚动轴承等
流体动压润滑	1~100 μm	由摩擦表面的相对运动所产生的动压效应形成流体润滑膜	中、高速下的面接触摩擦副,如滑动轴承
流体静压润滑	1~100 μm	通过外部压力将流体送到摩擦表面之间,强制形成润滑膜	低速或无速度下的面接触摩擦副,如滑动轴承、导轨等

1. 干摩擦

干摩擦是指表面间无任何润滑剂或保护膜的纯金属接触时的摩擦。固体表面之间的摩擦,虽然早就有人进行系统的研究,但是有关干摩擦的机理,仍然不十分清楚。在工程实际中,并不存在真正的干摩擦,因为任何零件的表面不仅会因氧化而形成氧化膜,而且多少也会被润滑油所湿润或受到"油污"。在机械设计中,通常都把未经人为润滑的摩擦状态当作"干"摩擦处理(图10.1a)。

2. 边界摩擦

边界摩擦又称为边界润滑。当运动副的摩擦表面被吸附在表面的边界膜隔开,摩擦性质取决于边界膜和表面的吸附膜性能时的摩擦称为边界摩擦(图 10.1b)。润滑油中的脂肪酸是一种极性化合物,它的极性分子能牢固地吸附在金属表面上。吸附在金属表面上的分子膜,称为边界膜。边界膜极薄,润滑油中的一个分子长度平均约为 0.002 μm,如果边界膜有十层分子,其厚度也仅为 0.02 μm。金属表面粗糙的轮廓峰一般都超过边界膜的厚度(当膜厚比 $\lambda \leqslant 1$ 时),所以边界摩擦时,不能完全避免金属的直接接触,这时仍有微小的摩擦力产生,其摩擦系数通常约在 0.1 左右。

按边界膜形成机理,边界膜分为吸附膜(物理吸附膜及化学吸附膜)和反应膜。润滑剂中脂肪酸的极性分子牢固地吸附在金属表面上,就形成物理吸附膜;润滑剂中分子受化学键力的作用而贴附在金属表面上所形成的吸附膜则称为化学吸附膜。吸附膜的吸附强度随温度升高而下降,达到一定温度后,吸附膜发生软化、失向和脱吸现象,从而使润滑作用降低,磨损率和摩擦系数都将迅速增加。

合理选择摩擦副材料和润滑剂,降低表面粗糙度值,在润滑剂中加入适量的油性添加剂和极压添加剂,都能提高边界膜强度。

3. 混合摩擦

当摩擦状态处于边界摩擦及流体摩擦的混合状态时称为混合摩擦(图 10.1c),混合摩擦也称为混合润滑。混合润滑及流体润滑可以用膜厚比 λ 来大致划分。

$$\lambda = \frac{h_{\min}}{R_{a1}+R_{a2}} \tag{10.1}$$

式中:$h_{\min}$为两滑动粗糙表面间的最小公称油膜厚度;R_{a1}、R_{a2}为两表面轮廓算术平均偏差。

当膜厚比 $\lambda \leqslant 1$ 时,为边界摩擦(润滑)状态;当 $\lambda = 1 \sim 3$ 时,为混合摩擦(润滑)状态;当$\lambda > 3$

时,为流体摩擦(润滑)状态。当摩擦表面间处于边界摩擦与流体摩擦的混合状态时(膜厚比 λ = 1~3),称为混合摩擦。混合摩擦时,如流体润滑膜的厚度增大,表面轮廓峰直接接触的数量就要减小,润滑膜的承载比例也随之增加。所以在一定条件下,混合摩擦能有效地降低摩擦阻力,其摩擦系数要比边界摩擦时小得多。但因表面间仍有轮廓峰的直接接触,所以不可避免地仍有磨损存在。

4. 流体摩擦

当运动副的摩擦表面被流体膜隔开,摩擦性质取决于流体内部分子间黏性阻力的摩擦称为流体摩擦,或称为流体润滑。当摩擦面间的润滑膜厚度大到足以将两个表面的轮廓峰完全隔开(即 λ>5)时,即形成了完全的流体摩擦。这时润滑剂中的分子已大都不受金属表面吸附作用的支配而可自由移动,摩擦是在流体内部的分子之间进行,所以摩擦系数极小(油润滑时约为 0.001~0.008),而且不会有磨损产生,是理想的摩擦状态。即使是完全流体润滑状态也可以根据润滑膜的厚薄和摩擦副的变形与否分成薄膜润滑(图 10.1d)、弹流润滑(图 10.1e)和流体润滑(图 10.1f)。薄膜润滑是表面非常光洁的零件在低速条件下形成的润滑膜。弹流润滑是点、线接触的零件由于表面接触压力很高而发生弹性变形所导致的。流体润滑可以是动压流体润滑,也可以是静压流体润滑。

10.1.2　摩擦状态的判断与转化

各种润滑状态所形成的润滑膜厚度不同,但是单纯由润滑膜的厚度还不能准确地判断润滑状态,尚需与表面粗糙度进行对比。图 10.2 列出润滑膜厚度与粗糙度的数量级。只有当润滑膜厚度足以超过两表面的粗糙峰高度时,才有可能完全避免峰点接触而实现全膜流体润滑。对于实际机械中的摩擦副,通常几种润滑状态会同时存在,统称为混合润滑状态。

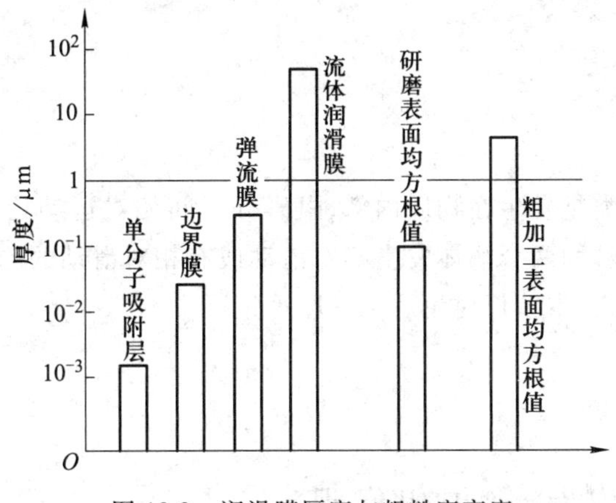

图 10.2　润滑膜厚度与粗糙度高度

根据润滑膜厚度鉴别润滑状态的办法虽然是可靠的,但由于测量上的困难,往往不便采用。另外,也可以用摩擦系数值作为判断各种润滑状态的依据。图 10.3 所示为摩擦系数的典型数值。

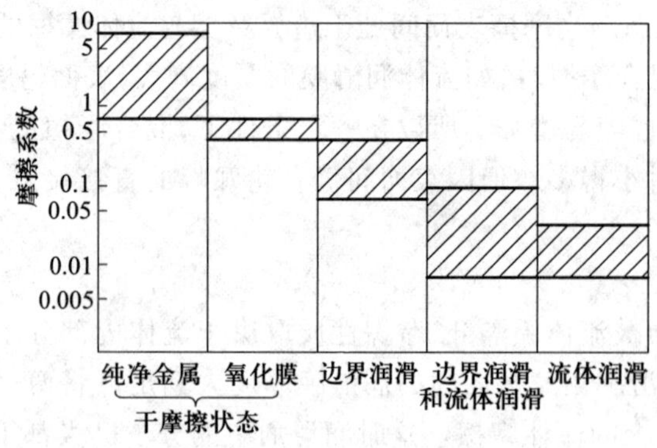

图 10.3　摩擦系数的典型值

随着工况参数的改变可能导致润滑状态的转化。图 10.4 所示是典型的 Stribeck 曲线，它表示润滑状态转化过程以及摩擦系数 f 随润滑油黏度 η、滑动速度 V 和轴承单位面积载荷 p 变化的规律。

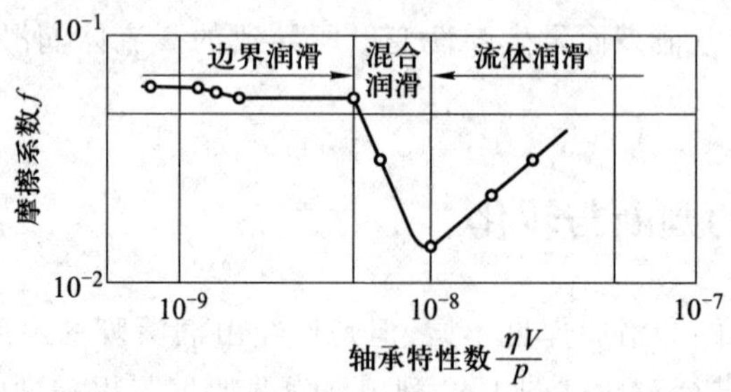

图 10.4　Stribeck 曲线

10.2　摩擦

摩擦可分两大类：一类是发生在物质内部，阻碍分子间相对运动的内摩擦，如流体分子间的摩擦；另一类是当相互接触的两个物体发生相对滑动或有相对滑动的趋势时，在接触表面上产生的阻碍相对滑动的外摩擦。本节仅讨论后一种摩擦情况。

10.2.1　摩擦系数

摩擦系数定义为摩擦力与法向力的比值，即

$$f=\frac{F}{F_{\mathrm{N}}} \tag{10.2}$$

摩擦系数一般与摩擦副材质有关，通常从试验中得到。摩擦系数又分为静摩擦系数和动摩擦系数。仅有相对滑动趋势时的摩擦叫作静摩擦，相对滑动进行中的摩擦叫作动摩擦。按式(10.2)定义的摩擦系数在静摩擦条件下是变化的。当切向力 F_{T} 由 0 不断增加时，摩擦力 F 也由

0 增加,因此摩擦系数也是由 0 开始增加的。一般静摩擦系数指的是最大静摩擦系数 f_{max},即当切向力 F_T 达到最大时,使物体产生运动前的瞬间与法向力 F_N 之比。

$$f_{max}=\frac{F}{F_N}=\frac{F_{T_{max}}}{F_N} \tag{10.3}$$

当物体发生运动后,摩擦系数会从最大静摩擦系数降低到动摩擦系数。虽然动摩擦系数一般也与工况条件有关,但为了简单起见通常假设它是一个常数。

10.2.2　当量摩擦系数

如前所述,摩擦系数是摩擦力与法向力的比值。在机械系统中,在运动副上的作用力不一定是法向力。但是因结构和分析等原因可以将其他方向的分力抵消或不需要考虑时,通常用摩擦力与这些力的比值作为摩擦系数。这种摩擦系数称为当量摩擦系数。例如图 10.5 所示的 V 带传动中摩擦系数计算。

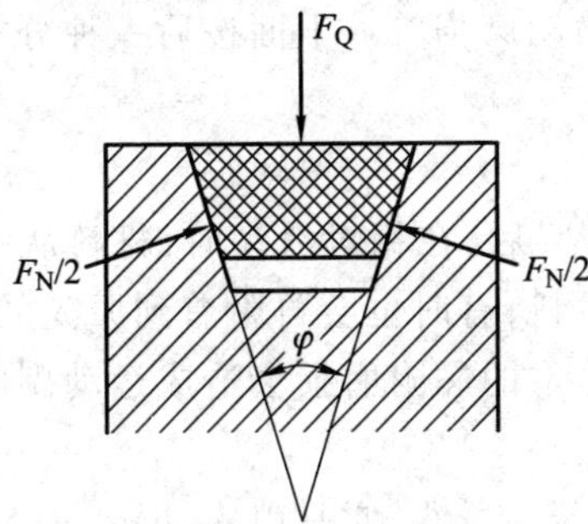

图 10.5　带传动当量摩擦系数

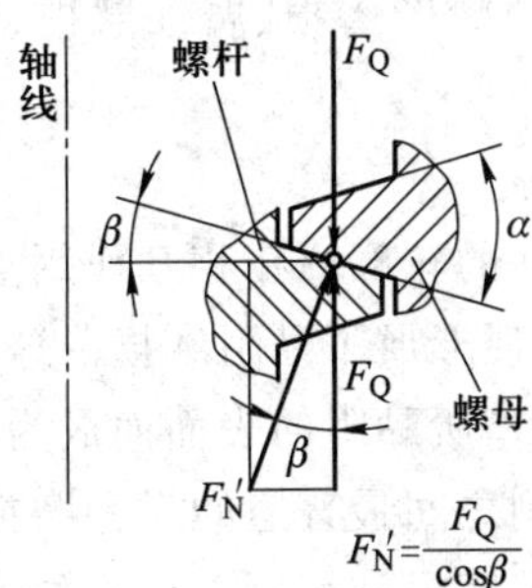

图 10.6　非矩形螺纹当量摩擦系数

从图 10.5 可知

$$F_N=\frac{F_Q}{\sin \varphi/2} \tag{10.4}$$

因此,摩擦力 F 等于

$$F=f F_N=f\frac{F_Q}{\sin \varphi/2} \tag{10.5}$$

如果将摩擦力 F 与压力 F_Q 的比值作为当量摩擦系数 f_v,有

$$f_v=\frac{F}{F_Q}=\frac{f}{\sin \varphi/2} \tag{10.6}$$

又如图 10.6 中,非矩形螺纹在轴向载荷 F_Q 作用下的当量摩擦系数可按下式得

$$f_v=\frac{f}{\cos \beta} \tag{10.7}$$

式中:β 为牙型角。

利用当量摩擦系数可以方便地计算摩擦力的大小。

10.3 磨损

运动副之间的摩擦将导致零件表面材料逐渐丧失或迁移,即形成磨损。磨损会影响机器的效率,降低运动精度和工作的可靠性,甚至促使机器提前报废。因此,在设计时应考虑如何避免或减轻磨损,以保证机器达到设计寿命,此工作具有很大的现实意义。另外也应当指出,工程上也有不少利用磨损达到加工目的的事例,如精加工中的磨削及抛光,又如发动机等的“磨合”过程都是利用磨损。

10.3.1 磨损的种类

磨损按磨损表面外观描述分为点蚀磨损、胶合磨损、擦伤磨损等。而根据磨损机理分为黏附磨损、磨粒磨损、疲劳磨损、腐蚀磨损、气蚀磨损和微动磨损等。下面按后一种分类进行简要的介绍。

1. 黏附磨损

当摩擦表面的轮廓峰在相互作用点处发生“冷焊”后,在相对滑动时,材料从一个表面迁移到另一个表面,便形成了黏附磨损。这种被迁移的材料,有时也会再附着到原先的表面上去,出现逆迁移,或脱离所黏附的表面而成为游离颗粒。严重的黏附磨损会造成运动副咬死。这种磨损是金属摩擦副之间最普遍的一种磨损形式。

简单的黏着磨损计算可以根据如图 10.7 所示的模型求得,它是由 Archard(1953 年)提出的。

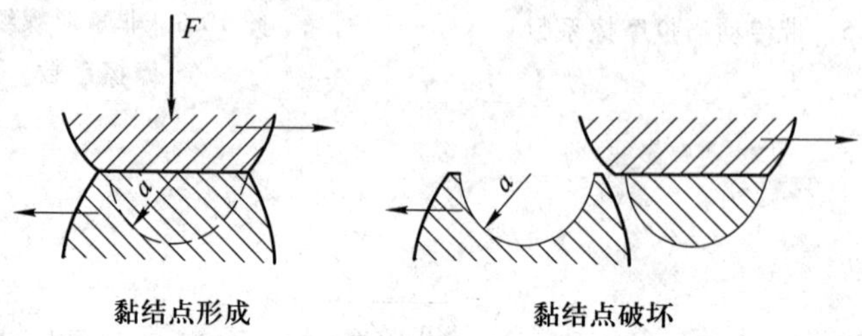

图 10.7　简单的黏着磨损模型

选取摩擦副之间的黏着结点面积为以 a 为半径的圆,每一个黏着结点的接触面积为 πa^2。如果表面处于塑性接触状态,则每个黏结点支承的载荷为

$$F=\pi a^2\sigma_S \tag{10.8}$$

式中:σ_S 为软材料的受压屈服极限。

假设黏结点沿球面破坏,即迁移的磨屑为半球形。于是,当滑动位移为 $2a$ 时的磨损体积为 $\frac{2}{3}\pi a^3$。因此,体积磨损度可写为

$$\frac{\mathrm{d}V}{\mathrm{d}s}=\frac{\frac{2}{3}\pi a^{3}}{2a}=\frac{F}{3\sigma_{\mathrm{S}}} \tag{10.9}$$

考虑到并非所有的黏结点都形成半球形的磨屑，引入黏着磨损常数 k_s，则黏附磨损公式为

$$\frac{\mathrm{d}V}{\mathrm{d}s}=k_s\frac{F}{3\sigma_{\mathrm{S}}} \tag{10.10}$$

2. 磨粒磨损

外部进入摩擦面间的游离硬颗粒（如空气中的尘土或磨损造成的金属微粒）或硬的轮廓峰尖在较软材料表面上犁刨出很多沟纹时被移去的材料，一部分流动到沟纹的两旁，一部分则形成一连串的碎片脱落下来成为新的游离颗粒，这样的微切削过程就叫磨粒磨损。

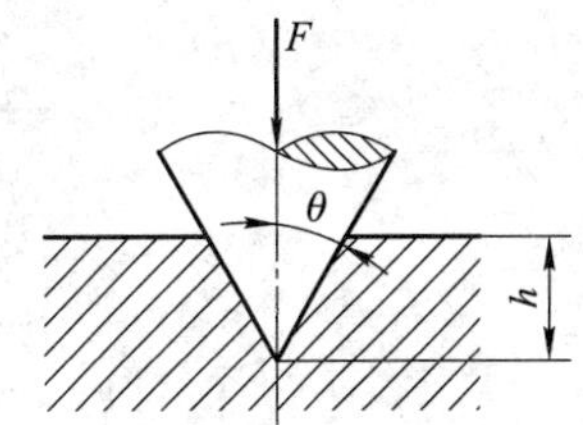

图 10.8　圆锥体磨粒磨损模型

流体磨粒磨损是指由流动的液体或气体中所夹带的硬质物体或硬质颗粒作用引起的机械磨损。利用高压空气输送型砂或用高压水输送碎矿石时，管道内壁所产生的机械磨损是其实例之一。

最简单的磨粒磨损计算方法是根据微观切削机理得出的。图 10.8 所示为磨粒磨损模型。

假设磨粒为形状相同的圆锥体，半角为 θ，压入深度为 h，则压入部分的投影面积 A 为

$$A=\pi h^{2}\tan^{2}\theta$$

如果被磨材料的受压屈服极限为 σ_{S}，每个磨粒承受的载荷为 F，则

$$F=\sigma_{\mathrm{S}}A=\sigma_{\mathrm{S}}\pi h^{2}\tan^{2}\theta$$

当圆锥体滑动距离为 s 时，被磨材料移去的体积为 $V=sh^{2}\tan\theta$。若定义单位位移产生的磨损体积为体积磨损度 $\frac{\mathrm{d}V}{\mathrm{d}s}$，则磨粒磨损的体积磨损度为

$$\frac{\mathrm{d}V}{\mathrm{d}s}=h^{2}\tan\theta=\frac{F}{\sigma_{\mathrm{S}}\pi\tan\theta} \tag{10.11}$$

由于受压屈服极限 σ_{S} 与硬度 H 有关，故

$$\frac{\mathrm{d}V}{\mathrm{d}s}=k_a\frac{F}{H} \tag{10.12}$$

式中：k_a 为磨粒磨损常数，根据磨粒硬度、形状和起切削作用的磨粒数量等因素决定。

为了提高磨粒磨损的耐磨性必须减少微观切削作用，如降低磨粒对表面的作用力并使载荷均匀分布、提高材料表面硬度、降低表面粗糙度值、增加润滑膜厚度以及采用防尘或过滤装置保证摩擦表面清洁等。

另外，对比黏附磨损公式（10.10）与磨粒磨损公式（10.12）可以看出两者具有相同的形式。

3. 疲劳磨损

疲劳磨损是指由于摩擦表面材料微体积在重复变形时疲劳破坏而引起的机械磨损。例如当作滚动或滚-滑运动的高副受到反复作用的接触应力（如滚动轴承运转或齿轮传动）时，如果该应力超过材料相应的接触疲劳极限，就会在零件工作表面或表面下一定深度处形成疲劳裂纹，随着裂纹的扩展与相互连接，就造成许多微粒从零件工作表面上脱落下来，致使表面上出现许多月

牙形浅坑，形成疲劳磨损或疲劳点蚀。

按照磨屑和疲劳坑的形状，通常将表面疲劳磨损分为鳞剥和点蚀两种。前者磨屑是片状，凹坑浅而面积大；后者磨屑多为扇形颗粒，凹坑为许多小而深的麻点。

日本学者 Fujita 和 Yoshida(1979 年)在双圆盘试验机上采用不同热处理状态的钢进行实验时发现：对于退火和调质钢的疲劳磨损以点蚀形式出现，而渗碳和淬火钢的疲劳磨损是产生鳞剥。这两种磨损的疲劳坑形状如图 10.9 所示。

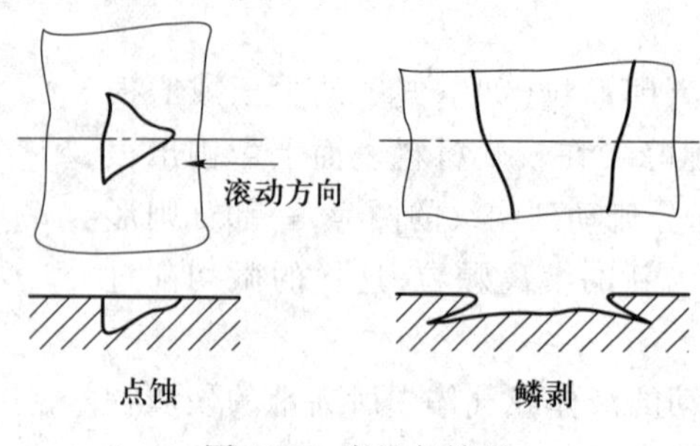

图 10.9　点蚀与鳞剥

4. 腐蚀磨损

腐蚀磨损又称机械化学磨损，是指由机械作用及材料与环境的化学作用或电化学作用共同引起的磨损。例如摩擦副受到空气中的酸或润滑油、燃油中残存的少量无机酸(如硫酸)及水分的化学作用或电化学作用，在相对运动中造成表面材料的损失所形成的磨损。氧化磨损是最常见的机械化学磨损之一。

5. 气蚀磨损

气蚀磨损又称流体侵蚀磨损，是指由液流或气流形成的气泡破裂产生的冲蚀作用引起的磨损。燃气涡轮机的叶片、火箭发动机的尾喷管等常出现这类破坏。

6. 微动磨损

这是一种由黏附磨损、磨粒磨损、腐蚀磨损和疲劳磨损共同形成的复合磨损形式。它发生在宏观上相对静止，微观上存在微幅相对滑动的两个紧密接触的表面上，如轴与孔的过盈配合面、滚动轴承套圈的配合面、旋合螺纹的工作面、铆钉的工作面等。这种微幅滑移是在冲击或振动条件下，因接触面产生的弹性变形而产生的。一般这种相对滑移的幅度非常小，在微米量级上。但是，由于接触面上的正压力较大，相对滑移可使接触面间产生氧化磨损微粒。微动磨损不仅损坏配合表面的品质，而且会导致疲劳裂纹的萌生，从而急剧地降低零件的疲劳强度。

10.3.2　磨损过程曲线

一个零件的磨损过程大致可分为三个阶段，即磨合阶段、稳定磨损阶段及剧烈磨损阶段。磨合阶段包括摩擦表面轮廓峰的形状变化和表面材料被加工硬化两个过程。由于机械加工后的表面总具有一定的粗糙度，在磨合初期，只有很少的轮廓峰接触，因此接触面上真实应力很大，使接触轮廓峰压碎和塑性变形，同时薄的表层被冷作硬化，原有的轮廓峰逐渐局部或完全消失，产生出形状和尺寸均不同于原样的新轮廓峰。实验证明,各种摩擦副在不同条件下磨合之后,相应于给定摩擦条件下形成稳定的表面粗糙度,在以后的摩擦过程中,此粗糙度不会继续改变。磨合后的稳定粗糙度是给定摩擦条件(材料、压力、温度、润滑剂与润滑条件)下的最佳粗糙度,它与原始粗糙度无关,并以磨损量最少为原则。磨合是磨损的不稳定阶段,在整个工作时间内其所占的比率很小。

图 10.10 给出了常见的磨损曲线,它表示磨损量 Q 随时间 T 的变化关系。各种磨损曲线通常由表示三种不同的磨损变化过程的阶段组成。

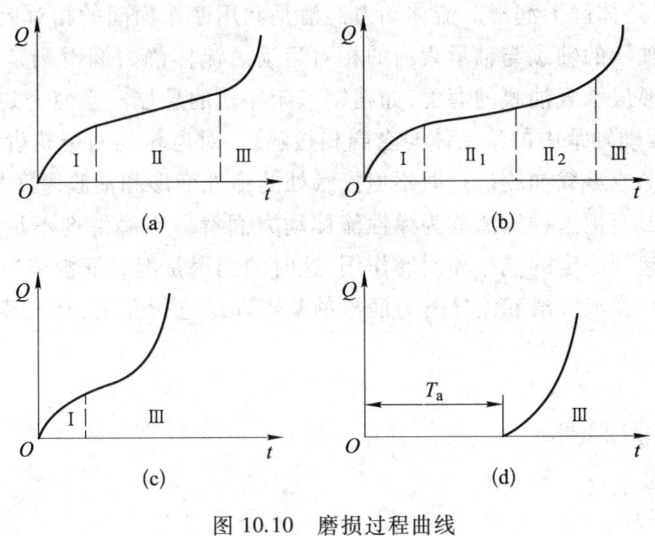

图 10.10　磨损过程曲线

组成磨损曲线的三种磨损过程为:

Ⅰ　磨合磨损阶段-磨损率随时间增加而逐渐降低。它出现在摩擦副开始运行时期。

Ⅱ　稳定磨损阶段-摩擦表面经磨合以后达到稳定状态,磨损率保持不变。这是摩擦副正常工作时期。

Ⅲ　剧烈磨损阶段-磨损率随时间而迅速增加,工作条件急剧恶化,导致零件完全失效。

图 10.10a 所示是典型的磨损过程曲线。在工况条件不变的情况下,整个磨损过程由三个阶段组成。图 10.10b 的曲线表示磨合期以后,摩擦副经历两个磨损工况条件,因此有两个稳定磨损阶段。在这两个阶段中,虽然磨损率不同,但都属于正常工作状态。图 10.10c 是恶劣工况条件的磨损曲线。在磨合磨损之后直接发生剧烈磨损,没有正常工作阶段。图 10.10d 属于接触疲劳磨损的过程曲线。当零件正常工作到接触疲劳寿命 T_a 时,随即开始出现疲劳磨损,并迅速发展导致失效。

在稳定磨损阶段内,零件在平稳而缓慢的速度下磨损,它标志着摩擦状态保持相对稳定。这个阶段的长短就代表零件使用寿命的长短。

经过稳定磨损阶段后,零件的表面遭到破坏,运动副中的间隙增大,引起额外的动载荷,出现噪声和振动。这样就不能保证良好的润滑状态,摩擦副的温升急剧增大,磨损速度也急剧增大。这时就必须停机,更换零件。

由此可见,在设计或使用机器时,应该力求缩短磨合期,延长稳定磨损期,推迟剧烈磨损的到来,为此就必须对形成磨损的机理有所了解。

10.4 润滑

润滑就是将润滑剂导入两摩擦表面,将两摩擦表面部分或全部隔开。这样,摩擦主要发生在润滑剂内部,从而可以大大降低摩擦和减少磨损。根据摩擦面间油膜形成的原理,可把流体润滑分为流体动力润滑及流体静力润滑。流体动力润滑是利用摩擦面间的相对运动而自动形成承载油膜的润滑,如滑动轴承的轴颈与轴承表面的相对运动。流体静力润滑则是从外部将加压的油送入摩擦面间,强迫形成承载油膜的润滑,如精密车床导轨的悬浮。当两个共轭曲面体作相对滚动或滚-滑运动时(滚动轴承中的滚动体与套圈相接触,一对齿轮的两个轮齿相啮合等),若条件合适,也能在接触处形成承载油膜。这时不但接触处的弹性变形和油膜厚度都同样不容忽视,而且它们还彼此影响,因而把这种润滑称为弹性流体动力润滑。当润滑剂不足以把两摩擦表面完全隔开时,仍然可以起到一定的减摩和耐磨作用,这时的润滑是混合润滑或边界润滑状态。下面主要对流体动力润滑、弹流润滑和流体静力润滑的基本理论进行介绍,有关其他润滑机理可查阅有关参考文献。

10.4.1 流体动力润滑

1. 润滑油黏度定义

流体流动时,由于流体与固体表面的附着力和流体内部分子间的作用,将不断产生剪切运动,而流体的黏滞性就是流体抵抗剪切运动的能力。黏度是流体黏滞性的度量,用以描述流动时的内摩擦。

(1) 动力黏度

Newton 最先提出黏性流体的流动模型,他认为流体的流动是许多极薄的流体层之间的相对滑动,如图 10.11 所示。在厚度为 h 的流体表面上有一块面积为 A 的平板,在力 F 的作用下以速度 V 运动。此时,由于黏性流体的内摩擦力将运动依次传递到各层流体。由于流体的黏滞性,在相互滑动的各层之间将产生切应力即流体的内摩擦力,由它们将运动传递到各相邻的流体层,使流动较快的层减速,而流动较慢的层加速,形成按一定规律变化的流速分布。当 A、B 表面平行时,各层流速 v 将按直线分布。

Newton 提出了黏滞切应力与剪应变率成正比的假设,称为牛顿黏性定律,即

$$\tau=\eta\dot{\gamma} \tag{10.13}$$

式中:τ 为切应力,即单位面积上的摩擦力,$\tau=F/A$;$\dot{\gamma}$ 为剪应变率,即剪应变随时间的变化率。这样,牛顿黏性定律可写成

$$\tau=\eta\frac{\mathrm{d}v}{\mathrm{d}y} \tag{10.14}$$

式中:比例常数 η 定义为流体的动力黏度。

黏度是切应力与单位速度梯度之比,在国际单位制(SI)中,它的单位为 $\mathrm{N\cdot s/m^2}$ 或写作

Pa · s,如图 10.12 所示。但在工程应用中常采用 CGS 制,动力黏度的单位用 Poise,简称泊(P),或泊的百分之一即厘泊(cP)。

$$1\ \mathrm{P} = 1\ \mathrm{dyne \cdot s/cm^2} = 0.1\ \mathrm{N \cdot s/m^2} = 0.1\ \mathrm{Pa \cdot s}$$

采用英制单位时,动力黏度的单位用雷恩(Reyn)。

$$1\ \mathrm{Reyn} = 1\ \mathrm{lbf \cdot s/in^2} = 1.45 \times 10^{-5}\ \mathrm{P}$$

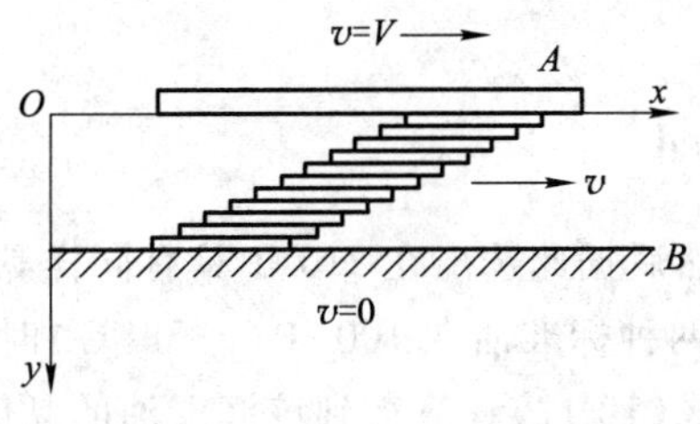

图 10.11　牛顿流体流动模型

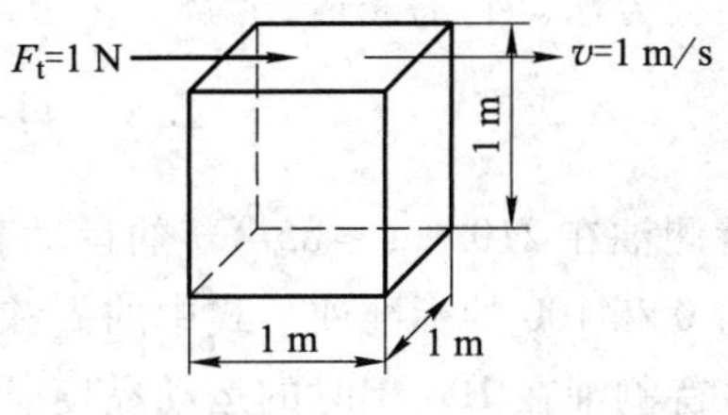

图 10.12　黏度定义

凡是服从牛顿黏性定律的流体统称为牛顿流体,而不符合牛顿定律的流体为非牛顿流体,或称具有非牛顿性质。实践证明:在一般工况下的大多数润滑油,特别是矿物油均属于牛顿流体性质。

各种不同流体的动力黏度数值范围很宽。空气的动力黏度为 0.02 mPa · s,而水的黏度为 1 mPa · s。润滑油的黏度范围为 2 mPa · s~400 mPa · s,熔化的沥青可达 700 mPa · s。

(2) 运动黏度

在工程中,常常将流体的动力黏度 η 与其密度 ρ 的比值作为流体的黏度,这一黏度称为运动黏度,常用 ν 表示。运动黏度的表达式为

$$\nu = \frac{\eta}{\rho} \tag{10.15}$$

运动黏度在国际单位制中的单位用 $\mathrm{m^2/s}$。在 CGS 单位制中,运动黏度的单位为 Stoke,简称 St(斯),$1\ \mathrm{St} = 10^2\ \mathrm{mm^2/s} = 10^{-4}\ \mathrm{m^2/s}$。实际上常用 St 的百分之一即 cSt 作为单位,称为厘斯,因而 $1\ \mathrm{cSt} = 1\ \mathrm{mm^2/s}$。

通常润滑油的密度 $\rho = 0.7 \sim 1.2\ \mathrm{g/cm^3}$,而矿物油密度的典型值为 $0.85\ \mathrm{g/cm^3}$,因此运动黏度与动力黏度的近似换算式可采用

$$1(\mathrm{cP}) = 0.85 \times 1(\mathrm{cSt})$$

常用的润滑油的运动黏度在附表 13.1 中给出。

(3) 黏度与温度的关系

黏度随温度的变化是润滑剂的一个十分重要的特性。通常,润滑油的黏度越高,其对温度的变化就越敏感。从分子学的观点来看:当温度升高时,流体分子运动的平均速度增大,而分子间的距离也增加。这样就使得分子的动量增加,而分子间的作用力减小。

液体的黏度随温度的升高而急剧下降,严重影响它们的润滑作用。为了确定摩擦副在实际工况条件下的润滑性能,必须根据润滑剂在工作温度下的黏度进行分析。

对于润滑剂的黏度温度特性已做了大量的研究,并提出了许多关系式,其中有的公式是根据对液体流动模型的分析得出的,而有的公式则完全是经验数据的总结,因而,各种公式都存在着

应用上的局限性。

1）黏温方程　常用的黏度与温度的关系式是 Reynolds 黏温方程，它可以写成：

$$\eta = \eta_0 e^{-\beta(T-T_0)} \tag{10.16}$$

式中：η_0 为温度为 T_0 时的黏度；η 为温度为 T 时的黏度；β 为温黏系数，可近似取作 0.03℃$^{-1}$。

2）黏度指数 VI　用黏度指数（VI 值）来表示各种润滑油黏度随温度的变化程度，是欧美常用的一种实验方法。它的表达式为

$$VI = \frac{L-U}{L-H} \times 100 \tag{10.17}$$

先测量出待测油在 210 ℉（≈85 ℃）的运动黏度值，然后据此选出在 210 ℉具有同样黏度且黏度指数分别为 0 和 100 的标准油。式中的 L 和 H 是这两种标准油在 100 ℉（≈38 ℃）时的运动黏度。U 是该待测油在 100 ℉时的运动黏度。然后用式（10.17）计算得到该润滑油的黏度指数值。在附表 13.2 中给出了几种润滑油的黏度指数。黏温指数高的润滑油表示它的黏度随温度的变化小，因而黏温性能好。

3）黏温曲线　Reynolds 黏温方程在数值计算中使用起来较方便，但有时更准确地描述黏温关系应当使用其他的方程、黏度指数或曲线图等。附图 13.1 给出了几种常用牌号的润滑油的黏温曲线。

（4）黏度与压力的关系

当液体或气体所受的压力增加时，分子之间的距离减小而分子间的作用力增大，因而黏度增加。通常，当矿物油所受压力超过 0.02 GPa 时，黏度随压力的变化就十分显著。随着压力的增加，黏度的变化率也增加，当压力增到几个 GPa 时，黏度升高几个量级。当压力更高时，矿物油丧失液体性质而变成蜡状固体。由此可知：对于重载荷流体动压润滑，特别是弹性流体动压润滑状态，黏压特性是非常重要的问题。

常用的描述黏度和压力之间变化规律的 Barus 黏压方程是：

$$\eta = \eta_0 e^{\alpha p} \tag{10.18}$$

式中：η 为压力 p 时的黏度，η_0 为大气压下的黏度；α 为黏压系数，可取 $2.2\times10^{-8}\ m^2/N$。

当压力大于 1 GPa 后，Barus 黏压方程计算的黏度值过大，不再适用。

2. 流体动力润滑原理

两个作相对运动的物体的摩擦表面，用借助于相对速度而产生的黏性流体膜将两摩擦表面完全隔开，由流体膜产生的压力来平衡外载荷，称为流体动力润滑。所用的黏性流体可以是液体（如润滑油），也可以是气体（如空气等），相应地称为液体动力润滑和气体动力润滑。流体动力润滑的主要优点是，摩擦力小，磨损小，并可以缓和振动与冲击。

下面简要介绍流体动力润滑中的楔效应承载机理。

如图 10.13a 所示，A、B 两板平行，板间充满有一定黏度的润滑油，若板 B 静止不动，板 A 以速度 V 沿 x 方向运动。由于润滑油的黏性及它与平板间的吸附作用，与板 A 紧贴的油层的流速 v 等于板速 V，其他各油层的流速 v 则按直线规律分布。这种流动是由于油层受到剪切作用而产生的，所以称为剪切流。这时通过两平行平板间任何垂直截面处的流量皆相等，润滑油虽能维持连续流动，但油膜对外载荷并无承载能力（这里忽略了流体受到挤压作用而产生压力的效应）。

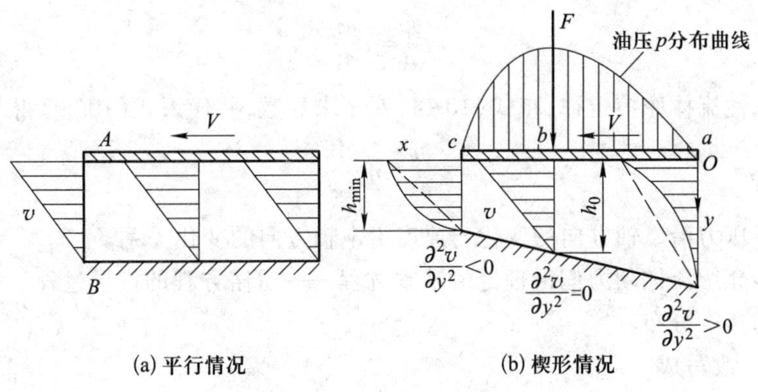

(a) 平行情况　　(b) 楔形情况

图 10.13　流体动压润滑原理

当两平板相互倾斜使其间形成楔形收敛间隙，且移动件的运动方向是从间隙较大的一方移向间隙较小的一方时，若各油层的分布规律如图 10.13b 中的虚线所示，那么进入间隙的油量必然大于流出间隙的油量。设液体是不可压缩的，则进入此楔形间隙的过剩油量，必将由进口 a 及出口 c 两处截面被挤出，即产生一种因压力而引起的流动称为压力流。这时，楔形收敛间隙中油层流动速度将由剪切流和压力流二者叠加，因而进口处油的速度曲线呈内凹形，出口处呈外凸形。只要连续充分地提供一定黏度的润滑油，并且 A、B 两板相对速度 V 值足够大，流入楔形收敛间隙流体产生的动压力是能够稳定存在的。这种具有一定黏性的流体流入楔形收敛间隙而产生压力的效应叫流体动力润滑的楔效应。

3. 雷诺方程

流体动力润滑理论的基本方程是流体膜压力分布的微分方程。它是从黏性流体动力学的基本方程出发，作了一些假设条件而简化后得出的，这些假设条件是：流体为牛顿流体；流体膜中流体的流动是层流；忽略压力对流体黏度的影响；略去惯性力及重力的影响；认为流体不可压缩；流体膜中的压力沿膜厚方向是不变的。

如图 10.14 所示，两平板被润滑油隔开，设板 A 沿 x 轴方向以速度 V 移动；另一板 B 为静止。再假定油在两平板间沿 z 轴方向没有流动（可视此运动副在 z 轴方向的尺寸为无限大）。现从层流运动的油膜中取一微单元体进行分析。

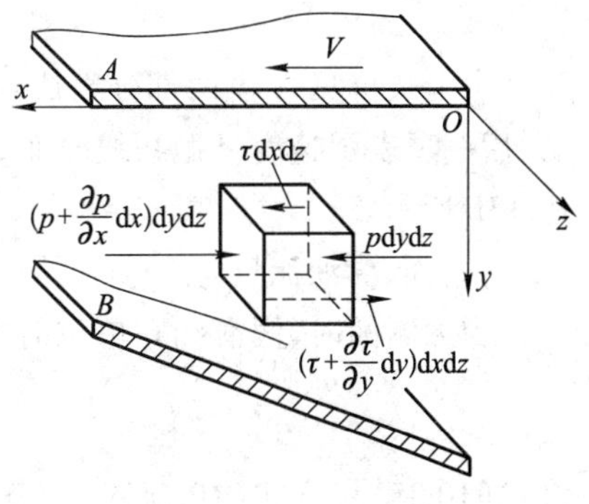

图 10.14　微单元受力分析

由图 10.14 可见，作用在此微单元体右面和左面的压力分别为 p 及 $\left(p+\frac{\partial p}{\partial x}\mathrm{d}x\right)$，作用在单元体上、下两面的切应力分别为 τ 及 $\left(\tau+\frac{\partial \tau}{\partial y}\mathrm{d}y\right)$。根据 X 方向的平衡条件，得

$$p\mathrm{d}y\mathrm{d}z+\tau\mathrm{d}x\mathrm{d}z-\left(p+\frac{\partial p}{\partial x}\mathrm{d}x\right)\mathrm{d}y\mathrm{d}z-\left(\tau+\frac{\partial \tau}{\partial y}\right)\mathrm{d}x\mathrm{d}z=0 \tag{10.19}$$

整理后得

$$\frac{\partial p}{\partial x}=-\frac{\partial \tau}{\partial y} \tag{10.20}$$

根据牛顿黏性流体摩擦定律，将式(10.14)对 y 求导数，并代入式(10.20)得

$$\frac{\partial p}{\partial x}=\eta \frac{\partial^2 v}{\partial y^2} \tag{10.21}$$

该式表示了压力沿 x 轴方向的变化与速度沿 y 轴方向的变化关系。

下面进一步介绍流体动力润滑理论的基本方程——雷诺方程的推导过程。

(1) 油层的速度分布

将式(10.21)改写成

$$\frac{\partial^2 v}{\partial y^2}=\frac{1}{\eta} \frac{\partial p}{\partial x} \tag{10.22}$$

并对 y 积分两次后得

$$v=\frac{1}{2\eta}\left(\frac{\partial p}{\partial x}\right) y^2+C_1 y+C_2 \tag{10.23}$$

根据边界条件：$v|_{y=0}=V$ 和 $v|_{y=h}=0$ 可决定积分常数 C_1 及 C_2 为

$$\begin{cases} C_1=-\dfrac{h}{2\eta} \dfrac{\partial p}{\partial x}-\dfrac{V}{h} \\ C_2=V \end{cases} \tag{10.24}$$

代入式(10.23)后得

$$v=\frac{V(h-y)}{h}-\frac{y(h-y)}{2\eta} \frac{\partial p}{\partial x} \tag{10.25}$$

由上式可见，v 由两部分组成：式中的前一项表示速度呈线性分布，这是直接由剪切流引起的；后一项表示速度呈抛物线分布，这是由油流沿 x 方向的变化所产生的压力流所引起的，如图 10.13b 所示。

(2) 润滑油流量

当无侧漏时，润滑油在单位时间内流经任意截面上单位宽度面积的流量为

$$Q=\int_0^h v \mathrm{d}y \tag{10.26}$$

将式(10.25)代入式(10.26)并积分后，得

$$\begin{aligned} Q &=\int_0^h\left[\frac{V(h-y)}{h}-\frac{y(h-y)}{2\eta} \cdot \frac{\partial p}{\partial x}\right] \mathrm{d}y \\ &=\frac{Vh}{2}-\frac{h^3}{12\eta} \cdot \frac{\partial p}{\partial x} \end{aligned} \tag{10.27}$$

如图 10.13b 所示，设在 $p=p_{\max}$ 处的油膜厚度为 h_0（即 $\dfrac{\partial p}{\partial x}=0$ 时，$h=h_0$），在该截面处的流量为

$$Q=\frac{Vh_0}{2} \tag{10.28}$$

由于当润滑油连续流动时，各截面的流量相等，因此将式(10.28)代入式(10.27)的左端得

$$\frac{Vh_0}{2}=\frac{Vh}{2}-\frac{h^3}{12\eta}\cdot\frac{\partial p}{\partial x} \tag{10.29}$$

整理后得

$$\frac{\partial p}{\partial x}=\frac{6\eta V}{h^3}(h-h_0) \tag{10.30}$$

式(10.30)为一维雷诺方程。它是计算流体动力润滑滑动轴承的基本方程。由雷诺方程可以看出:油膜压力的变化与润滑油的黏度、表面滑动速度和油膜厚度及其变化有关。利用这一公式,经积分后可求出油膜的承载能力。

由式(10.30)及图 10.13b 也可看出:

1) 在 $ab(h>h_0)$ 段,$\partial^2 v/\partial y^2>0$(即速度分布曲线呈凹形),所以$\partial p/\partial x>0$,即压力沿 x 方向逐渐增大。

2) 在 $bc(h<h_0)$ 段,$\partial^2 v/\partial y^2<0$(即速度分布曲线呈凸形),即$\partial p/\partial x<0$,这表明压力沿 x 方向逐渐降低。在 a 和 c 之间必有一处(b 点)的油流速度变化规律不变,此处的 $\partial^2 v/\partial y^2=0$,即 $\partial p/\partial x=0$,因而压力 p 达到最大值。

3) 由于油膜沿着 x 方向各处的油压都大于入口和出口的油压,且压力形成如图 10.13b 上部曲线所示的分布,因而能承受一定的外载荷。

(3) 形成动压油膜必要条件

由上述分析可知,形成流体动力润滑的必要条件是

1) 两摩擦表面必须有一定的相对滑动速度;

2) 充分供应具有适当黏度的润滑油;

3) 相对运动的两表面应当形成收敛的楔形间隙,即使润滑油由大口流入、小口流出。

10.4.2 弹性流体动力润滑

流体动力润滑通常研究的是低副接触受润零件之间的润滑问题,把零件摩擦表面视作刚体,并认为润滑剂的黏度不随压力而改变。可是在齿轮传动、滚动轴承、凸轮机构等高副接触中,两摩擦表面之间接触压力很大,摩擦表面会出现不能忽略的局部弹性变形。同时,在较高压力下,润滑剂的黏度也将随压力发生变化。

弹性流体动力润滑理论是研究在相互滚动或伴有滚动的滑动条件下,两弹性物体间的流体动力润滑膜的力学性质。把计算在油膜压力下摩擦表面的变形的弹性方程、表述润滑剂黏度与压力间关系的黏压方程与流体动力润滑的主要方程结合起来,以求解油膜压力分布、润滑膜厚度分布等问题。

图 10.15 所示就是两个平行圆柱体在弹性流体动力润滑条件下,接触面的弹性变形、油膜厚度及油膜压力分布的示意图。依靠润滑剂与摩擦表面的黏附作用,两圆柱体相互滚动时将润滑剂带入间隙。由于接触压力较高使接触面发生局部弹性变形,接触面积扩大,在接触面间形成了一个平行的缝隙,在出油口处的接触面边缘出现了使间隙变小的突起部分(一种缩颈现象),并形成最小油膜厚度,出现了一个二次压力峰。

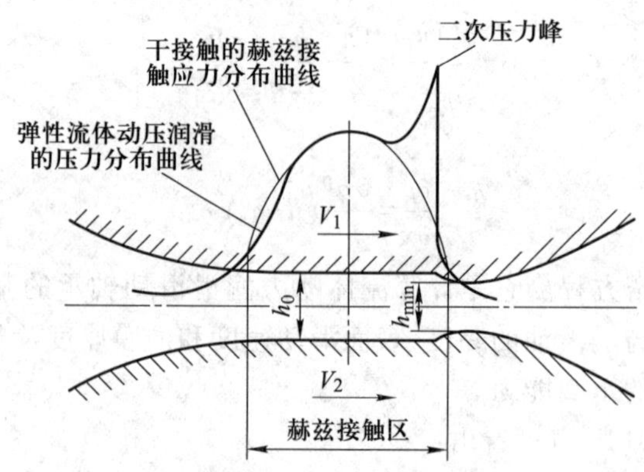

图 10.15　弹流压力与膜厚解

由于任何零件表面都有一定的粗糙度，所以要保证实现完全弹性流体动力润滑，其膜厚比 λ 必须大于 3。当膜厚比 λ 小于 3 时总有少数轮廓峰直接接触的可能性，这种状态亦称部分弹性流体动力润滑状态。

10.4.3　流体静力润滑

流体静力润滑是通过液压泵（或其他压力流体源）将加压后的流体送入两摩擦表面之间，利用流体静压力来平衡外载荷。环境压力包围的封油面和油腔总称为油垫，一个油垫可以有一个或几个油腔。一个单油腔油垫不能承受倾覆力矩。

两个静止的、平行的摩擦表面间能采用流体静力润滑形成流体膜。它的承载能力不依赖于流体黏度，故能用黏度极低的润滑剂，使摩擦副承载能力较强，而摩擦力矩又较低。

静压轴承的正常工作条件应是油膜压力的总和必须与载荷平衡，同时，为了保持油膜压力分布，供给油腔的流量应该等于经过轴承支承面溢出的流量。这样，当轴承的结构尺寸和油腔压力 p_r 一定时，静压轴承的承载量就被确定。如果外载荷超过这一确定数值而油腔压力又不随载荷改变时，则在过载条件下油膜将破裂，因而这种轴承毫无刚度可言。因此，为了使静压轴承能适应载荷的变化，并具有足够的油膜刚度，就必须在润滑油供给系统中加入流量控制装置，用以调整油腔中的压力。

图 10.16 表示典型的静压轴承润滑剂供应系统。最简单的供油方法是采用图 10.16a 所示的恒流系统。在这种系统中，流量控制装置是高压的定量泵，它以恒定的流量向油腔供油，而不受油腔压力大小的影响。当载荷增加后，油膜厚度随之减小，由于流量保持不变，所以油腔压力升高，使油膜压力的总和与载荷建立平衡。

然而，最常见的静压轴承是采用如图 10.16b 所示的恒流系统。从油泵经压力阀得到恒定的压力，而不受供油流量的影响。再在压力控制阀与油腔之间设置节流器，它用来控制进入油腔的流量和油腔压力，以适应载荷的变化。

图 10.17 所示为单油腔圆形推力盘。外半径为 R，圆盘中心开设半径为 R_0 的油腔，润滑油以供油压力 p_s 送入油腔，而油腔深度足以保证腔内的油全部处于油腔压力 p_s 作用之下。

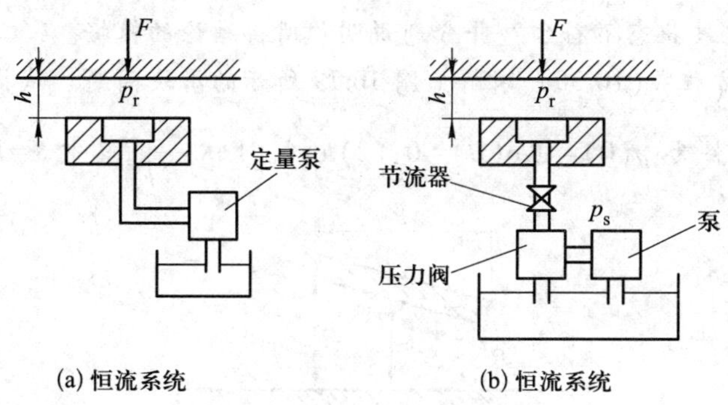

(a) 恒流系统　　(b) 恒流系统

图 10.16　静压润滑系统

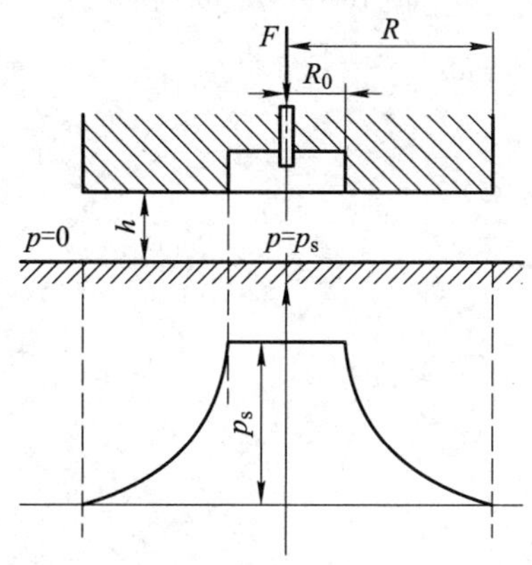

图 10.17　单油腔圆形推力盘

习题

10.1　摩擦状况有哪几种？它们有什么量的差别和质的差别？

10.2　摩擦系数对传动有什么影响？为了提高传动能力，将工作面加工得粗糙些以增大摩擦系数，这样做是否合理？为什么？

10.3　在什么条件下容易得到厚的润滑膜，请用 Stribeck 曲线阐明膜厚与工况参数（速度、载荷和黏度）的关系。

10.4　为什么 V 带比平带的传动能力要大？

10.5　滑动轴承形成动压油膜润滑要具备什么条件？

10.6　液体滑动轴承摩擦副的不同状态如图 10.18 所示。试判断这些状态中，哪些状态符合

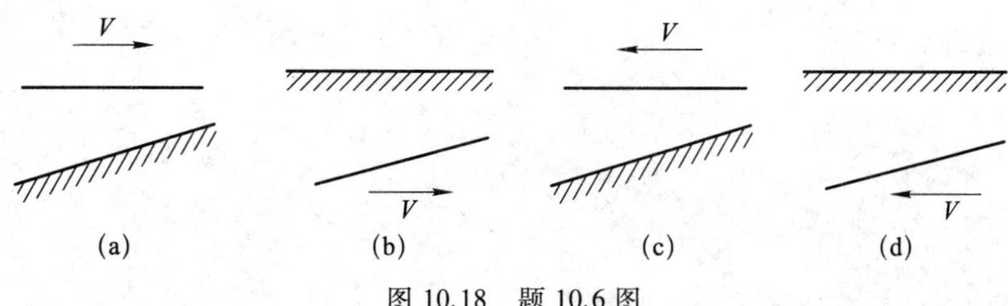

(a)　(b)　(c)　(d)

图 10.18　题 10.6 图

形成动压润滑条件，哪些状态不符合？并分别说明你所得结论的根据。

10.7　利用雷诺方程式（10.30），求解如图10.19所示的滑块问题。试推导它的压力分布。

提示：(1) 边界条件为：$p(0)=0$，$p(B)=0$；(2) $h=h_0\left(1+K\dfrac{x}{B}\right)$，其中 $K=h_1-h_0$。

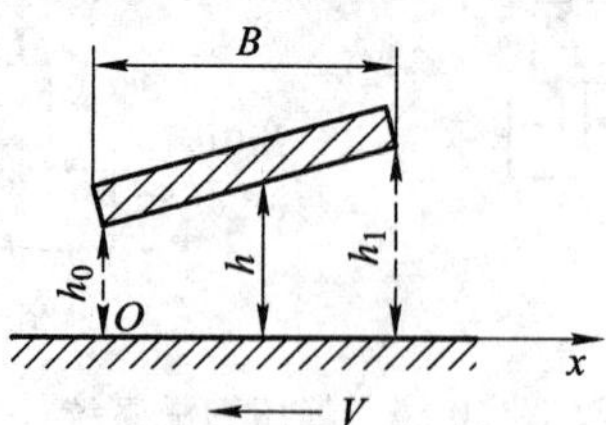

图10.19　题10.7图

第 11 章

机械零件摩擦设计

11.1 带传动设计

带传动是通过摩擦(同步带通过啮合)实现运动或动力传递的一种常见的机械传动方式。如图 11.1 所示,它由固连于主动轴 O_1 上的带轮(主动轮)、固连于从动轴 O_2 上的带轮(从动轮)和张紧在两轮上的传动带组成。当原动机驱动主动轮转动时,由于带和带轮之间的摩擦带动从动轮一起转动,并传递一定动力。带传动具有结构简单、传动平稳、造价低廉和可以缓冲吸振等特点,在机械中广泛应用。

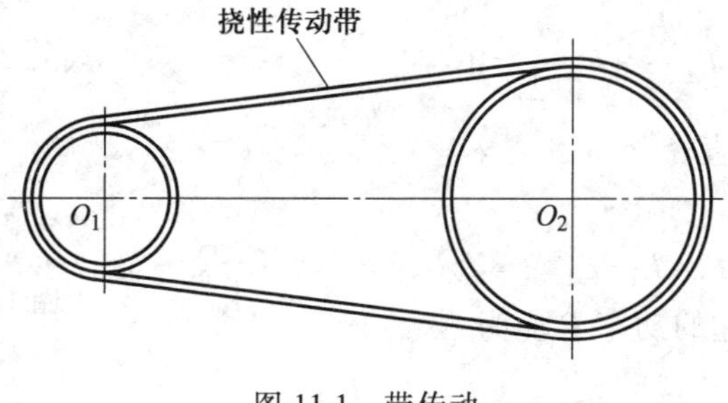

图 11.1　带传动

11.1.1 带传动工作原理

安装带传动时,传动带以一定的预紧力 F_0 紧套在两个带轮上。由于预紧力 F_0 的作用,带和带轮的接触面上就产生了正压力。带传动不工作时,传动带两边的拉力相等,都等于 F_0(图11.2a)。

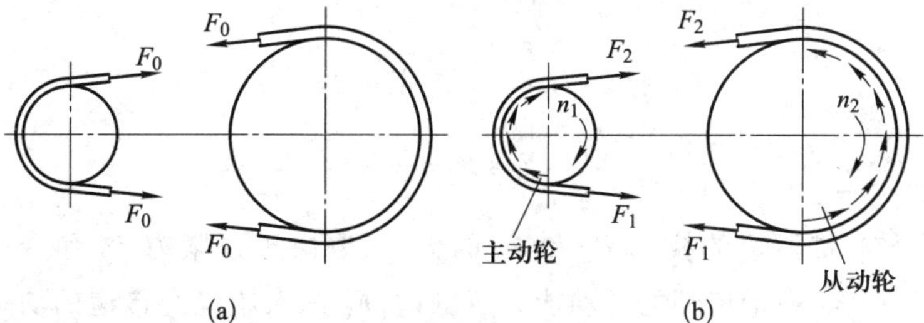

图 11.2　带传动的工作原理

如图 11.2b 所示,当带传动工作时,主动轮以转速 n_1 转动,因为正压力的存在,带与带轮的接触面间会产生摩擦力,主动轮作用在带上的摩擦力方向与主动轮的圆周速度方向相同,主动轮靠此摩擦力驱使带运动。带作用在从动轮上的摩擦力方向与带的运动方向相同,带靠着这一摩擦力驱使从动轮以转速 n_2 转动。这时,传动带两边的拉力也发生了变化。进入主动轮的带被拉紧,叫做紧边,紧边的拉力由 F_0 增加到 F_1。脱离主动轮的带被放松,叫做松边,松边拉力由 F_0 减少到 F_2。如果近似地认为带工作时的总长度不变,则带的紧边拉力的增加量应等于松边拉力的减少量,即

$$F_1-F_0=F_0-F_2 \tag{11.1}$$

或

$$F_1+F_2=2F_0$$

在图 11.3 中,取主动轮一端带的分离体 $\mathrm{d}l$;径向箭头表示带轮作用于分离体上的正压力 $\mathrm{d}F_N$;分离体所受的摩擦力为 $f\mathrm{d}F_N$;分离体所受的拉力分别为 F 和 $F+\mathrm{d}F$;该段分离体弧对应的角度为 $\mathrm{d}\alpha$。

对主动轮端而言,总摩擦力 F_f 和两边拉力对轴心的力矩的代数和为 0,即

$$F_f\frac{D_1}{2}-F_1\frac{D_1}{2}+F_2\frac{D_1}{2}=0$$

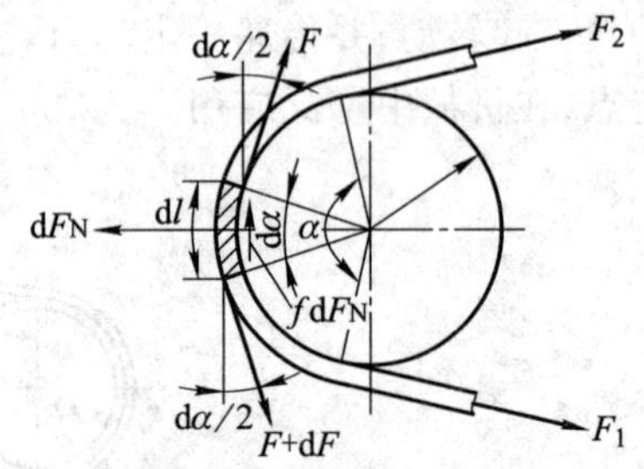

图 11.3　带传动的受力分析

式中:D_1 为主动轮的计算直径,mm 。

由上式可得

$$F_f=F_1-F_2$$

另外,带传动所能传递的功率 P 应为

$$P=\frac{F_e v}{1\ 000} \tag{11.2}$$

式中:F_e 为有效拉力,N ;v 为带的速度, m/s 。

在带传动中,有效拉力 F_e 并不是作用于某固定点的集中力,而是带和带轮接触面上各点摩擦力的总和,故整个接触面上的总摩擦力 F_f 应等于带所传递的有效拉力,则由上式关系可知

$$F_e=F_f=F_1-F_2 \tag{11.3}$$

将式(11.3)代入式(11.1),可得

$$F_1=F_0+\frac{F_e}{2}$$

$$F_2=F_0-\frac{F_e}{2} \tag{11.4}$$

由式(11.4)可知,带两边的拉力 F_1 和 F_2 的大小,取决于预紧力 F_0 和带传动的有效拉力 F_e。而由式(11.2)可知,在带传动的传动能力范围内,F_e 的大小又与传递的功率 P 及带的速度有关。当传递的功率增大时,带两边的拉力差 $F_e=F_1-F_2$ 也要相应地增大。带的两边拉力的这种变化,实际上反映了带和带轮接触面上摩擦力的变化。显然,当其他条件不变且预紧力 F_0 一定时,这个摩擦力有一极限值(临界值)。这个极限就限制着带传动的传动能力。

11.1.2　欧拉公式与最大有效拉力

在带传动中，当带刚出现打滑时，表明摩擦力达到极限值。这时带传动的有效拉力亦达到最大值。下面来分析最大有效拉力的计算方法和影响因素。

1. 带摩擦传动中的欧拉公式

设 f 为带和带轮间的摩擦系数（对于 V 带，用当量摩擦系数 f_v 代替 f）；α 为带在带轮上的包角。如图 11.3 所示，当忽略离心力的影响，截取 dl 长度的带单元体，分别列出切线方向和法向方向的力平衡方程，可得：

$$\begin{cases} dF_N = F\sin\dfrac{d\alpha}{2}+(F+dF)\sin\dfrac{d\alpha}{2} \\ fdF_N+F\cos\dfrac{d\alpha}{2}=(F+dF)\cos\dfrac{d\alpha}{2} \end{cases} \tag{11.5}$$

由于 $d\alpha$ 很小，可取 $\sin\dfrac{d\alpha}{2}\approx\dfrac{d\alpha}{2}$，另外略去二阶小量 $dF\sin\dfrac{d\alpha}{2}$，因此从式(11.5)中的第一式可以得到

$$dF_N = Fd\alpha \tag{11.6}$$

取 $\cos\dfrac{d\alpha}{2}\approx 1$，由式(11.5)的第二式得

$$fdF_N = dF \tag{11.7}$$

利用式(11.6)和式(11.7)约去 dF_N，可得

$$\frac{dF}{F}=fd\alpha \tag{11.8}$$

对式(11.8)两边沿带轮的弧线做定积分

$$\int_{F_2}^{F_1}\frac{dF}{F}=\int_0^{\alpha}fd\alpha$$

得

$$\ln\frac{F_1}{F_2}=f\alpha$$

或

$$F_1=F_2e^{f\alpha} \tag{11.9}$$

式(11.9)即柔韧体摩擦的欧拉公式。

将式(11.4)代入式(11.9)整理后，可得到带所能传递的最大有效拉力，即有效拉力的临界值 F_{ec} 为

$$F_{ec}=2F_0\frac{e^{f\alpha}-1}{e^{f\alpha}+1}=2F_0\frac{1-1/e^{f\alpha}}{1+1/e^{f\alpha}} \tag{11.10}$$

2. 影响带传动最大有效拉力因素

由式(11.10)可知，最大有效拉力 F_{ec} 与下列因素有关：

(1) 预紧力 F_0

最大有效拉力 F_{ec} 与 F_0 成正比。因为 F_0 越大，带与带轮间的正压力越大，则传动时的摩擦力就越大，最大有效拉力 F_{ec} 也就越大。但 F_0 过大时，会使带的磨损加剧，以致过快松弛，缩短带的工作寿命。如果 F_0 过小，则带传动的工作能力得不到充分发挥，运转时容易发生打滑和跳动。

（2）包角 α

最大有效拉力 F_{ec} 随包角 α 的增大而增大。因为 α 越大，带和带轮的接触面积也越大，从而所产生的总摩擦力就越大，传动能力也就越高。

（3）摩擦系数 f

最大有效拉力 F_{ec} 随摩擦系数的增大而增大。这是因为摩擦系数越大，则摩擦力就越大，传动能力也就越高。而摩擦系数 f 与带及带轮的材料和表面状况、工作环境条件等有关。

11.1.3　带的弹性滑动和打滑

1. 弹性滑动

带在工作时受到拉力产生弹性变形，由于紧边和松边的拉力不同，因而它们的弹性变形量也不同。如图 11.4 所示，当紧边 A_1 点刚进入主动轮时，其所受的拉力为 F_1，此时带的线速度 v 和主动轮的圆周速度 v_1 相等。在带由 A_1 点转到 B_1 点的过程中，带所受的拉力由 F_1 逐渐降低到 F_2，带的弹性变形也就随之逐渐减小，因而带沿带轮的运动是一面绕进、一面向后收缩，所以带的速度便过渡到逐渐低于主动轮的圆周速度 v_1。这就说明了带在绕经主动轮缘的过程中，在带与主动轮缘之间发生了相对滑动。相对滑动现象也同样发生在从动轮上，但情况恰恰相反，带绕经从动轮时，拉力由 F_2 增大到 F_1，弹性变形随之逐渐增加，因而带沿带轮的运动是一面绕进、一面向前伸长，所以带的速度便过渡到逐渐高于从动轮的圆周速度 v_2，亦即带与从动轮间也发生相对滑动。这种由于带的弹性变形而引起的带与带轮间的滑动，称为带的弹性滑动。这是带传动正常工作时固有的特性。

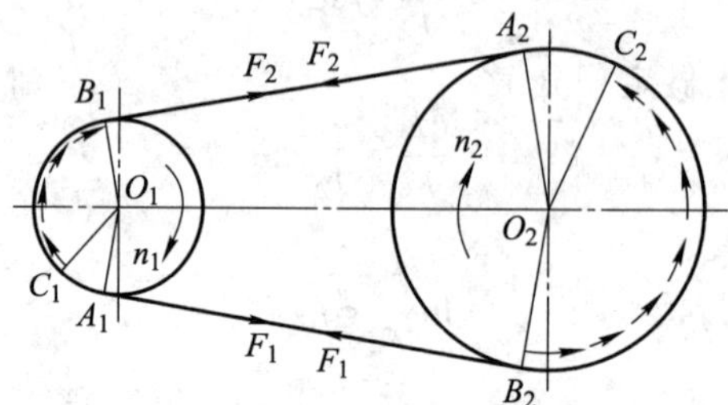

图 11.4　带传动的滑动

由于弹性滑动的影响，将使从动轮的圆周速度 v_2 低于主动轮的圆周速度 v_1，其降低量可用滑动率 ε 来表示：

$$\varepsilon=\frac{v_1-v_2}{v_1}\times 100\% \tag{11.11}$$

或

$$v_2=(1-\varepsilon)v_1$$

$$v_1=\frac{\pi D_1 n_1}{60\times 1\ 000}$$
$$v_2=\frac{\pi D_2 n_2}{60\times 1\ 000} \tag{11.12}$$

式中：n_1、n_2 为主动轮和从动轮的转速，r/min；D_1、D_2 为主动轮和从动轮的计算直径，mm。

将式(11.12)代入式(11.11)，可得

$$D_2 n_2 = (1-\varepsilon) D_1 n_1$$

因而带传动的实际平均传动比为

$$i = \frac{n_1}{n_2} = \frac{D_2}{D_1(1-\varepsilon)} \tag{11.13}$$

在一般传动中，因滑动率并不大（$\varepsilon \approx 1\% \sim 2\%$），故可不予考虑，而取传动比为

$$i = \frac{n_1}{n_2} \approx \frac{D_2}{D_1} \tag{11.14}$$

2. 打滑

在正常情况下，带的弹性滑动并不是发生在相对于全部包角的接触弧上。当有效拉力较小，弹性滑动只发生在带由主、从动轮上离开以前的那一部分接触弧上，例如 C_1B_1 和 C_2B_2（图11.4），并把它们称为滑动弧，所对的中心角叫滑动角，而未发生弹性滑动的接触弧 A_1C_1、A_2C_2 则称为静弧，所对的中心角叫静角。随着有效拉力的增大，弹性滑动区段也将扩大。当弹性滑动区段扩大到整个接触弧（相当于 C_1 点移动到与 A_1 点重合）时，带传动的有效拉力即达到最大（临界）值 F_{ec}，如果工作载荷再进一步增大，则带与带轮间就将发生显著的相对滑动，即产生打滑。打滑将使带的磨损加剧，从动轮转速急剧降低，甚至使整个带传动失效，这种情况应当避免。

11.1.4 带的应力分析

带传动工作时，带中的主要应力有以下三种：

1. 拉应力 σ_L

紧边的拉应力

$$\sigma_1 = \frac{F_1}{A} \tag{11.15}$$

松边的拉应力

$$\sigma_2 = \frac{F_2}{A} \tag{11.16}$$

式中：F_1、F_2 为拉力，N；A 为带的横截面面积，mm^2。

2. 弯曲应力 σ_b

带绕在带轮上时要引起弯曲应力，带的弯曲应力为

$$\sigma_b \approx E\frac{h}{D} \tag{11.17}$$

式中：h 为带的高度，mm；D 为带轮的计算直径，mm，对于V带轮，指它的基准直径，即轮槽基准宽度处带轮的直径；E 为带的弹性模量，MPa。

由式(11.17)可见，当 h 越大、D 越小时，带的弯曲应力 σ_b 就越大。故带绕在小带轮上的弯曲应力 σ_{b1} 大于绕在大带轮上的弯曲应力 σ_{b2}。为了避免弯曲应力过大，带轮直径就不能过小。

3. 离心应力 σ_c

当带以切线速度 v 沿带轮轮缘作圆周运动时，带本身的质量将引起离心力。由于离心力的

作用，带中产生的离心拉力在带的横截面上就要产生离心应力 σ_c。这个应力可用下式计算：

$$\sigma_c = \frac{qv^2}{A} \tag{11.18}$$

式中：q 为传动带单位长度的质量，kg/m（见附表 2.2）；A 为带的横截面面积，m^2；v 为带的线速度，m/s 。

需要指出：离心拉应力作用在整个带的全长上。

因此，带的总应力为

$$\sigma \approx \sigma_1 + \sigma_b + \sigma_c \tag{11.19}$$

图 11.5 表示带工作时的应力分布情况。

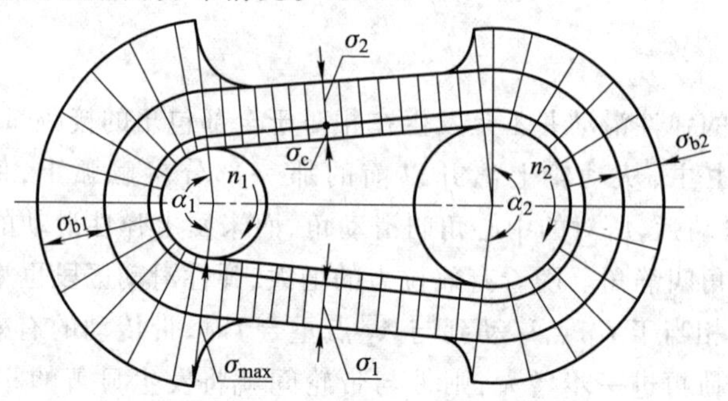

图 11.5　带传动的应力分布图

带中可能产生的瞬时最大应力发生在带的紧边开始绕上小带轮处，此时的最大应力可近似地表示为

$$\sigma_{max} \approx \sigma_1 + \sigma_{b1} + \sigma_c \tag{11.20}$$

另外，由图 11.5 还可以看出：带是处于变应力状态下工作的。带每绕两带轮循环一周时，作用在带上某点的应力是变化的。当应力循环次数达到一定值后，将使带产生疲劳破坏。

11.1.5　V 带传动设计准则、设计内容及方法

1. 设计准则

根据前面的分析可知：带传动是通过摩擦来传递运动和动力的，当摩擦力不足以传递运动时将无法正常工作。另外，带也可能折断。因此，带传动的主要失效形式为打滑和疲劳破坏。所以，带传动的设计准则应为：在保证带传动不打滑的条件下，具有一定的疲劳强度和寿命。

由式（11.3）、式（11.9）、式（11.15）和式（11.16），并对 V 带用当量摩擦系数 f_v 代替通常的摩擦系数 f，则可推导出带在有打滑趋势时的有效拉力，亦即最大有效拉力 F_{ec} 为

$$F_{ec} = F_1\left(1-\frac{1}{e^{f_v\alpha}}\right) = \sigma_1 A\left(1-\frac{1}{e^{f_v\alpha}}\right) \tag{11.21}$$

再由式（11.20）可知，V 带的疲劳强度条件为

$$\sigma_{max} = \sigma_1 + \sigma_{b1} + \sigma_c \leqslant [\sigma]$$

即带传动设计应满足以下准则：

$$\sigma_1 \leqslant [\sigma] - \sigma_{b1} - \sigma_c \tag{11.22}$$

式中：$[\sigma]$为在一定条件下，由带的疲劳强度所决定的许用应力。

将式(11.22)代入式(11.21)，则得

$$F_{ec} \leqslant ([\sigma]-\sigma_{b1}-\sigma_{c})A\left(1-\frac{1}{e^{f_v\alpha}}\right) \tag{11.23}$$

将式(11.23)代入式(11.2)，即可得出单根 V 带所允许传递的功率为

$$P_0 \leqslant \frac{([\sigma]-\sigma_{b1}-\sigma_{c})\left(1-\frac{1}{e^{f_v\alpha}}\right)Av}{1\ 000} \tag{11.24}$$

由实验得出，在 $10^8 \sim 10^9$ 次循环应力作用下，V 带的许用应力为

$$[\sigma] = \sqrt[11.1]{\frac{cL_d}{3\ 600jL_h v}} \tag{11.25}$$

式中：L_d 为带的基准长度，mm；j 为带上某一点绕行一周时所绕过的带轮数；L_h 为 V 带寿命，h；c 为由带的材质和结构决定的实验常数。

2. 设计内容及方法

通常，设计 V 带传动时需要给定的原始数据有：传递的功率 P，带轮的转速 n_1、n_2(或传动比 i)和传动位置要求及工作条件等。设计内容包括：确定带的型号、长度、根数、传动中心距、带轮直径及结构尺寸等。

(1) 确定计算功率 P_{ca}

计算功率 P_{ca}是根据传递的功率 P，并考虑到载荷性质和每天运转时间长短等因素的影响而确定的。即

$$P_{ca} = K_A P$$

式中：P 为传递的额定功率(例如电动机的额定功率)，kW；K_A 为工作情况系数，见附表 2.6。

(2) 选择带型

根据计算功率 P_{ca}和小带轮转速 n_1 选定带型(见附图 2.1 或附图 2.2)。

(3) 确定带轮的基准直径 D_1 和 D_2

1) 初选小带轮的基准直径 D_1。

根据 V 带截型，参考附表 2.4 及附表 2.7 选取 $D_1 \geqslant D_{min}$。为了提高 V 带的寿命，宜选取较大的直径。

2) 验算带的速度 v。

根据 $v=\dfrac{\pi D_1 n_1}{60\times 1\ 000}$来计算带的速度，并应使 $v \leqslant v_{max}$。对于普通 V 带，$v_{max}=25\sim 30$ m/s；对于窄 V 带，$v_{max}=35\sim 40$ m/s。如 $v>v_{max}$，则离心力过大，即应减小 D_1；如 v 过小(例如 $v<5$ m/s)，则表示所选 D_1 过小，这将使所需的有效拉力 F_e 过大，即所需带的根数 z 过多，于是带轮的宽度、轴径及轴承的尺寸都要随之增大。一般以 $v \approx 20$ m/s 为宜。

3) 计算从动轮的基准直径 D_2。

$$D_2 = iD_1$$

并按 V 带轮的基准直径系列(附表 2.7)加以适当圆整。

4) 确定中心距 a 和带的基准长度 L_d

如果中心距未给出，可根据传动的结构需要初定中心距 a_0，取

$$0.7(D_1+D_2)<a_0<2(D_1+D_2)$$

a_0 取定后，根据带传动的几何关系，按下式计算所需带的基准长度 L'_d：

$$L'_d \approx 2a_0+\frac{\pi}{2}(D_2+D_1)+\frac{(D_2-D_1)^2}{4a_0} \tag{11.26}$$

根据 L'_d 由附表 2.3 中选取和 L'_d 相近的 V 带的基准长度 L_d。再根据 L_d 来计算实际中心距。由于 V 带传动的中心距一般是可以调整的，故可采用下式作近似计算，即

$$a \approx a_0+\frac{L_d-L'_d}{2} \tag{11.27}$$

考虑安装调整和补偿预紧力（如带伸长而松弛后的张紧）的需要，中心距的变动范围为

$$a_{min}=a-0.015L_d$$
$$a_{max}=a+0.03L_d$$

5）验算主动轮上的包角 α_1。

带在带轮上的包角为

$$\begin{aligned}\alpha_1 &\approx 180°-\frac{D_2-D_1}{a}\times 60° \\ \alpha_2 &\approx 180°+\frac{D_2-D_1}{a}\times 60°\end{aligned} \tag{11.28}$$

根据上式及对包角的要求，应保证

$$\alpha_1 \approx 180°-\frac{D_2-D_1}{a}\times 60° \geqslant 120°（至少 90°）$$

6）确定带的根数 z。

$$z=\frac{P_{ca}}{(P_0+\Delta P_0)K_\alpha K_L} \tag{11.29}$$

式中：K_α 为考虑包角不同时的影响系数，简称包角系数，查附表 2.8；K_L 为考虑带的长度不同时的影响系数，简称长度系数，查附表 2.9；P_0 为单根 V 带的基本额定功率，查附表 2.5a；ΔP_0 为计入传动比的影响时，单根 V 带额定功率的增量（因 P_0 是按 $\alpha=180°$，即 $D_1=D_2$ 的条件计算的，而当传动比越大时，从动轮直径就越比主动轮直径大，带绕上从动轮时的弯曲应力就越比绕上主动轮时的小，故其传动能力有所提高），其值见附表 2.5b 或附表 2.5c。

在确定 V 带的根数 z 时，为了使各根 V 带受力均匀，根数不宜大于 10，否则应改选带的型号，重新计算。

7）确定带的预紧力 F_0。

由式（11.10），并考虑离心力的不利影响时，单根 V 带所需的预紧力为

$$F_0=\frac{1}{2}F_{ec}\frac{e^{f_v\alpha}+1}{e^{f_v\alpha}-1}+qv^2$$

用 $F_{ec}=\dfrac{1\,000P_{ca}}{zv}$ 代入上式，并考虑包角对所需预紧力的影响，可将 F_0 的计算式写为

$$F_0=500\frac{P_{ca}}{zv}\left(\frac{2.5}{K_\alpha}-1\right)+qv^2 \tag{11.30}$$

由于新带容易松弛，所以对非自动张紧的带传动，安装新带时的预紧力应为上述预紧力的 1.5 倍。

在带传动中，预紧力是通过在带与两带轮的切点跨距的中点 M，加上一个垂直于两轮上部外公切线的适当载荷 G（图 11.6），使带沿跨距每 100 mm 所产生的挠度 y 为 1.6 mm（即挠角为 1.8°）来控制的。G 值见附表 2.10。

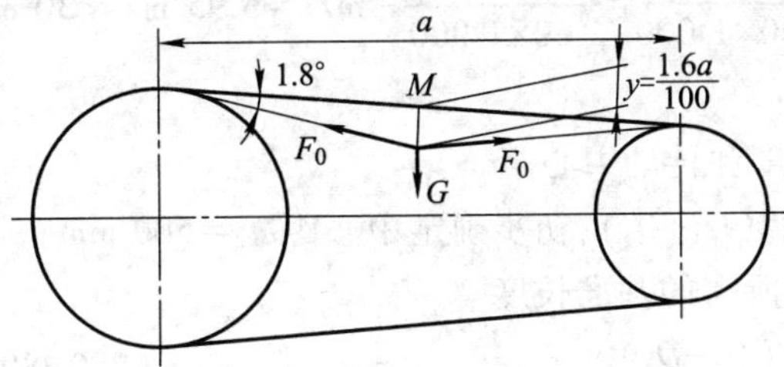

图 11.6　控制预紧力的方法

8）计算带传动作用在轴上的力（简称压轴力）F_Q

为了设计安装带轮的轴和轴承，必须确定带传动作用在轴上的力 F_Q。如果不考虑带两边的拉力差，则压轴力可以近似地按带两边的预紧力 F_0 的合力来计算，如图 11.7 所示，即

$$F_Q = 2zF_0\cos\frac{\beta}{2} = 2zF_0\cos\left(\frac{\pi}{2}-\frac{\alpha_1}{2}\right) = 2zF_0\sin\frac{\alpha_1}{2} \tag{11.31}$$

式中：z 为带的根数；F_0 为单根带的预紧力，N；α_1 为主动轮上的包角。

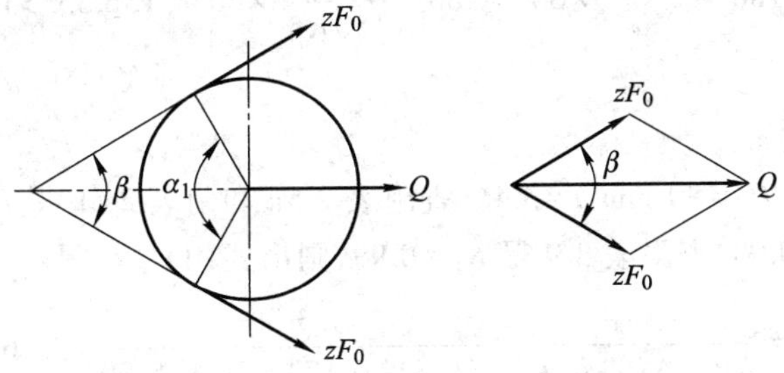

图 11.7　带传动的压轴力

[例题 11.1]　设计某带式输送机中的 V 带传动。设已知电动机型号为 Y100L2-4，额定功率 $P=3$ kW，转速 $n_1=1\ 420$ r/min，传动比 $i=3.46$，一天运转时间<10 h。

解

1. 确定计算功率 P_{ca}

由附表 2.6 查得工作情况系数 $K_A=1.1$，故

$$P_{ca}=K_AP=1.1\times3\ \text{kW}=3.3\ \text{kW}$$

2. 选取普通 V 带带型

根据 P_{ca}、n_1 由附图 2.1 确定选用 A 型。

3. 确定带轮基准直径

由附表 2.4 和附表 2.7 取主动轮基准直径 $D_1=80$ mm。

根据式(11.14),计算从动轮基准直径 D_2。

$$D_2 = iD_1 = 3.46\times80\ \text{mm} = 276.5\ \text{mm}$$

根据附表 2.7,取 $D_2 = 280$ mm。

按式(11.12)验算带的速度

$$v = \frac{\pi D_1 n_1}{60\times1\ 000} = \frac{\pi\times80\times1\ 420}{60\times1\ 000}\ \text{m/s} = 5.95\ \text{m/s} < 30\ \text{m/s}$$

带的速度合适。

4. 确定 V 带的基准长度和传动中心距

根据 $0.7(D_1+D_2) < a_0 < 2(D_1+D_2)$,初步确定中心距 $a_0 = 500$ mm。

根据式(11.26)计算带所需的基准长度

$$L'_d = 2a_0 + \frac{\pi}{2}(D_2+D_1) + \frac{(D_2-D_1)^2}{4a_0} = \left[2\times500 + \frac{\pi}{2}(280+80) + \frac{(280-80)^2}{4\times500}\right]\ \text{mm} = 1\ 585\ \ \text{mm}$$

由附表 2.3 选带的基准长度 $L_d = 1\ 600$ mm。

按式(11.27)计算实际中心距 a

$$a = a_0 + \frac{L_d - L'_d}{2} = \left(500 + \frac{1\ 600-1\ 585}{2}\right)\ \text{mm} = 507.5\ \text{mm}$$

5. 验算主动轮上的包角 α_1

由式(11.28)得

$$\alpha_1 = 180° - \frac{D_2-D_1}{a}\times60° = 180° - \frac{280-80}{507.5}\times60° = 156.35° > 120°$$

主动轮上的包角合适。

6. 计算 V 带的根数 z

由 $n_1 = 1\ 420$ r/min、$D_1 = 80$ mm、$i = 3.46$,查附表 2.5a 和附表 2.5b 得 $P_0 = 0.81$ kW,$\Delta P_0 = 0.17$ kW,查附表 2.8 得 $K_\alpha = 0.93$,查附表 2.9 得 $K_L = 0.99$,则由式(11.29)得

$$z = \frac{P_{ca}}{(P_0+\Delta P_0)K_\alpha K_L} = \frac{3.3}{(0.81+0.17)\times0.93\times0.99} = 3.66$$

取 $z = 4$ 根。

7. 计算预紧力 F_0

查附表 2.2 得 $q = 0.10$ kg/m,由式(11.30)得

$$F_0 = 500\frac{P_{ca}}{vz}\left(\frac{2.5}{K_\alpha}-1\right) + qv^2 = \left[500\times\frac{3.3}{5.95\times4}\times\left(\frac{2.5}{0.93}-1\right) + 0.10\times5.95^2\right]\ \text{N} = 120.58\ \text{N}$$

8. 计算作用在轴上的压轴力 F_Q

由式(11.31)得

$$F_Q = 2zF_0\sin\frac{\alpha_1}{2} = 2\times4\times120.58\sin\frac{156.35°}{2}\ \text{N} = 944.17\ \text{N}$$

解毕。

11.1.6　V 带传动的张紧装置

各种材质的 V 带都不是完全的弹性体，在预紧力的作用下，经过一定时间的运转后，就会由于塑性变形而松弛，使预紧力 F_0 降低，从而导致摩擦力降低。为了保证带传动的能力，应定期检查预紧力的数值。如发现不足时，必须重新张紧，才能正常工作。常见的张紧装置有：定期张紧装置、自动张紧装置和张紧轮的张紧装置。

1. 定期张紧装置

采用定期改变中心距的方法来调节带的预紧力，使带重新张紧。在水平或倾斜不大的传动中，可用图 11.8a 的方法，将装有带轮的电动机安装在制有滑道的基板上。要调节带的预紧力时，松开基板上各螺栓的螺母，旋动调节螺钉，将电动机向右推移到所需的位置，然后拧紧螺母。在垂直的或接近垂直的传动中，可用图 11.8b 的方法，将装有带轮的电动机安装在可调的摆架上。

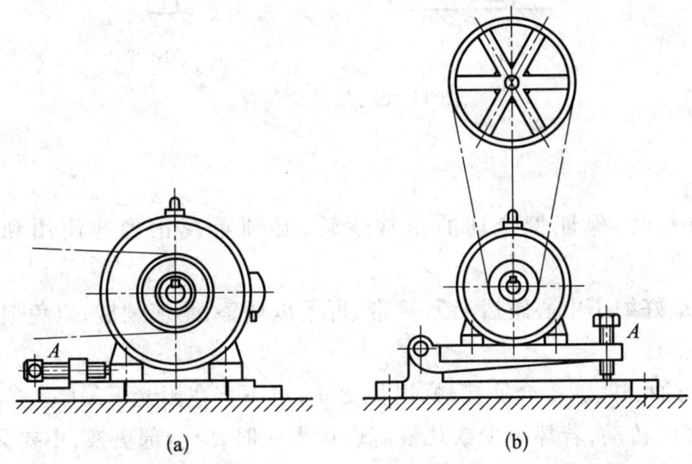

图 11.8　带的定期张紧装置

2. 自动张紧装置

将装有带轮的电动机安装在浮动的摆架上（图 11.9），利用电动机的自重（图 11.9a）或砝码重量（图 11.9b），使带轮随同电动机绕固定轴摆动或移动，以自动保持张紧力。

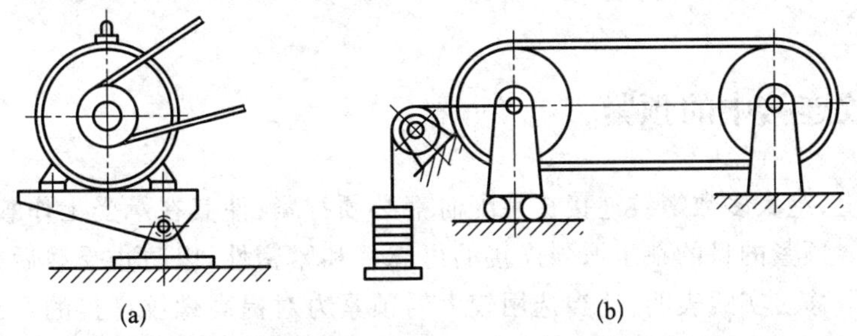

图 11.9　带的自动张紧装置

3. 采用张紧轮的装置

当中心距不能调节时,可采用张紧轮将带张紧。张紧轮一般应放在松边的内侧,使带只受单向弯曲(图 11.10a)。同时张紧轮还应尽量靠近大轮,以免过分影响带在小轮上的包角。张紧轮的轮槽尺寸与带轮的相同,且直径小于小带轮的直径。当小带轮的包角过小时,也可以将张紧轮放在松边的外侧,靠近小轮端(图 11.10b),以增大小轮的包角。

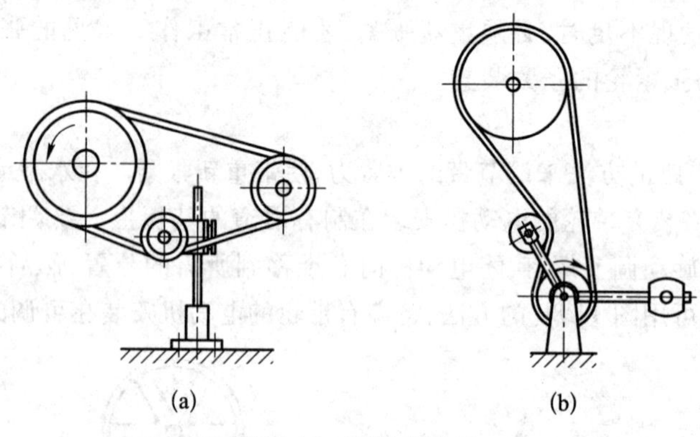

图 11.10 张紧轮装置

4. 带的维护

为了延长带的寿命,保证带传动的正常运转,必须重视正确地使用和维护保养。使用时注意:

1) 安装带时,最好缩小中心距后套上 V 带,再予以调整,不应硬撬,以免损坏胶带,降低其使用寿命。

2) 严防 V 带与油、酸、碱等介质接触,以免变质,也不宜在阳光下暴晒。

3) 带根数较多的传动,若坏了少数几根需进行更换时,应全部更换,不要只更换坏带而使新旧带一起使用,这样会造成载荷分配不匀,反而加速新带的损坏。

4) 为了保证安全生产,带传动需安装防护罩。

11.2 螺纹连接设计

11.2.1 螺纹连接中的预紧

在工程实际上,绝大多数螺纹连接在装配时都必须拧紧,使其在承受工作载荷之前,预先受到预紧力的作用。预紧的目的在于增强连接的可靠性和紧密性,以防止受载后被连接件间出现缝隙或发生相对滑移。实践表明:适当选用较大的预紧力对提高螺纹连接的可靠性以及连接件的疲劳强度都有利。对气缸盖、管路凸缘、齿轮箱轴承盖等紧密性要求较高的螺纹连接,预紧更为重要。但过大的预紧力会使连接件在装配及偶然过载时被拉断,或导致整个连接的结构尺寸增大。因此,为了保证连接既有所需要的预紧力,又不使螺纹连接件过载,对重要的螺纹连接,在装配时要控制预紧力。

通常规定，拧紧后螺纹连接件的预紧应力不得超过其材料屈服极限 σ_S 的 80%。对于一般连接用的钢制螺栓连接的预紧力 Q_p，推荐按下列关系确定：

碳素钢螺栓　$Q_p \leqslant (0.6 \sim 0.7)\sigma_S A_1$

合金钢螺栓　$Q_p \leqslant (0.5 \sim 0.6)\sigma_S A_1$

式中：σ_S 为螺栓材料的屈服极限，MPa；A_1 为螺栓危险截面的面积，mm^2，$A_1 \approx \pi d_1^2/4$。

预紧力的具体数值应根据载荷性质、连接刚度等具体工作条件确定。对于重要的或有特殊要求的螺栓连接，预紧力的数值应在装配图上作为技术条件注明，以便在装配时加以保证。受变载荷的螺栓连接的预紧力应比受静载荷的要大些。

控制预紧力的方法很多，通常是借助测力矩扳手或定力矩扳手，利用控制拧紧力矩的方法来控制预紧力的大小。

如图 11.11 所示，测力矩扳手的工作原理是根据扳手上的弹性元件 1，在拧紧力的作用下所产生的弹性变形来指示拧紧力矩的大小。为方便计量，可将指示刻度 2 直接以力矩值标出。

如图 11.12 所示，定力矩扳手的工作原理是当拧紧力矩超过规定值时，弹簧 3 被压缩，扳手卡盘 1 与圆柱销 2 之间打滑，如果继续转动手柄，卡盘即不再转动。拧紧力矩的大小可利用螺钉 4 调整弹簧压紧力来加以控制。

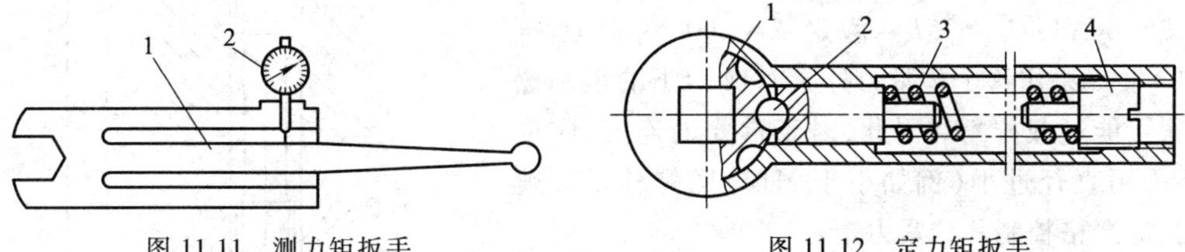

图 11.11　测力矩扳手　　图 11.12　定力矩扳手

当装配时预紧力的大小要通过拧紧力矩来控制时，应从理论上找出预紧力和拧紧力矩之间的关系。如图 11.13 所示，由于拧紧力矩 $T(T=FL)$ 的作用，使螺栓和被连接件之间产生预紧力 Q_p。由力矩平衡关系可知：拧紧力矩 T 等于螺旋副间的摩擦阻力矩 T_1 和螺母环形端面和被连接件（或垫圈）支承面间的摩擦阻力矩 T_2 之和，即

$$T=T_1+T_2 \tag{11.32}$$

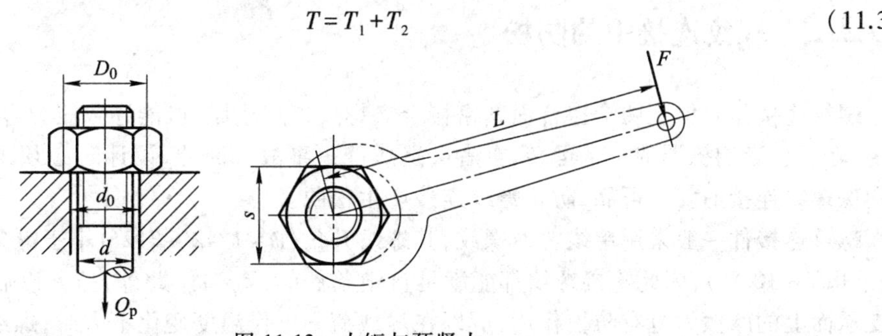

图 11.13　力矩与预紧力

螺旋副间的摩擦力矩 T_1 为

$$T_1 = Q_p \frac{d_2}{2} \tan(\psi + \varphi_v) \tag{11.33}$$

螺母与支承面间的摩擦力矩 T_2 为

$$T_2 = \frac{1}{3} f_c Q_p \frac{D_0^3 - d_0^3}{D_0^2 - d_0^2} \tag{11.34}$$

将式(11.33)、式(11.34)代入式(11.32),得

$$T = \frac{1}{2} Q_p \left[d_2 \tan(\psi + \varphi_v) + \frac{2}{3} f_c \frac{D_0^3 - d_0^3}{D_0^2 - d_0^2} \right] \tag{11.35}$$

对于 M10~M64 粗牙普通螺纹的钢制螺栓,螺纹升角 $\psi = 1°42' \sim 3°2'$;螺纹中径 $d_2 \approx 0.9d$;螺旋副的当量摩擦角 $\varphi_v \approx \arctan 1.155f$,其中 f 为摩擦系数,无润滑时 $f \approx 0.1 \sim 0.2$;螺栓孔直径 $d_0 \approx 1.1d$;螺母环形支承面的外径 $D_0 \approx 1.5d$;螺母与支承面间的摩擦系数 $f_c = 0.15$。将上述各参数代入式(11.35)整理后可得

$$T \approx 0.2 Q_p d \tag{11.36}$$

当所要求的预紧力 Q_p 已知时,对于一定公称直径 d 的螺栓可按式(11.36)确定扳手的拧紧力矩 T。一般标准扳手的长度 $L \approx 15d$,若拧紧力为 F,则 $T = FL$。由式(11.36)可得:$Q_p \approx 75F$。假定 $F = 200$ N,则 $Q_p \approx$ 15 000 N。如果用这个预紧力拧紧 M12 以下的钢制螺栓,就很可能过载拧断。因此,对于重要的连接,应尽可能不采用直径过小(例如小于 M12)的螺栓。必须使用时,应严格控制其拧紧力矩。

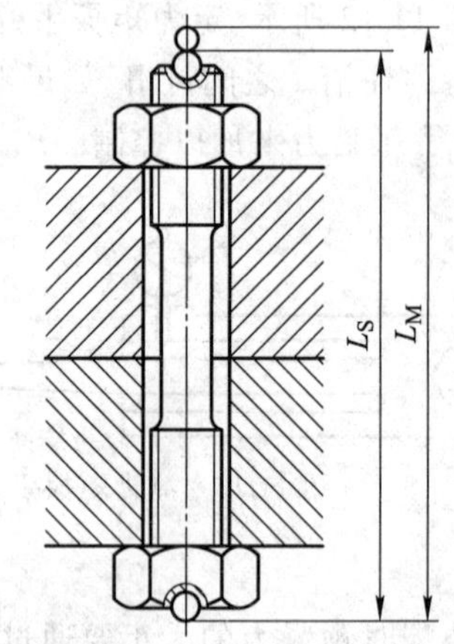

图 11.14　用测定螺栓伸长量来控制预紧力

采用测力矩扳手或定力矩扳手控制预紧力的方法,操作简便,但因拧紧力矩受摩擦系数波动的影响较大,其准确性较差,也不适用于大型的螺栓连接。为此,可采用测定螺栓伸长量的方法来控制预紧力,如图 11.14 所示。所需的伸长量可根据预紧力的规定值计算。

11.2.2　螺纹连接中的防松

螺纹连接是要保证两个接合面紧密接合。螺纹出现松脱,可能导致压力容器漏气、零件不能固定,轻者会影响机器的正常运转,重者会造成严重事故。因此,设计时必须采取有效的防松措施确保螺纹连接的安全可靠,防止螺纹连接产生松脱。

螺纹连接件一般采用单线普通螺纹,其螺纹升角($\psi = 1°42' \sim 3°2'$)小于螺旋副的当量摩擦角($\varphi_v \approx 6.5° \sim 10.5°$),因此连接螺纹都能满足自锁条件($\psi < \varphi_v$)。此外,拧紧以后螺母和螺栓头部等支承面上的摩擦力也有防松作用,所以在静载荷和工作温度变化不大时,螺纹连接不会自动松脱。虽然螺纹连接设计时都是使得连接螺纹可以实现自锁,但在冲击、振动或变载荷的作用下,螺旋副间的轴向力和摩擦力可能减小或瞬时消失,从而使螺纹副产生相对转动。这种现象多次重复后,就会使连接松脱。在高温或温度变化较大的情况下,由于螺纹连接件和被连接件的材料

发生蠕变和应力松弛，也会使连接中的预紧力和摩擦力逐渐减小，最终将导致连接失效。

螺纹连接防松的根本问题在于防止螺旋副相对转动。防松的方法按其工作原理可分为摩擦防松、机械防松以及不可拆防松等。摩擦防松的形式很多，也简单方便。它是通过加大轴向力使螺纹间摩擦力增加而实现防松。机械防松较为可靠，对于一些重要的连接，例如在机器内部的不易检查的连接等，应当采用机械防松。此外，还有一些其他的特殊防松方法，例如在旋合螺纹间涂以液体胶黏剂或在螺母末端镶嵌尼龙环等。也可以采用铆冲方法防松，即把螺母拧紧后将螺栓末端伸出部分铆死，或利用冲头在螺栓末端与螺母的旋合缝处打冲，利用冲点防松。铆冲防松方法虽然可靠，但拆卸后连接件不能重复使用。

常用的螺纹连接防松方法见表 11.1。

表 11.1　常用的螺纹连接防松方法

防松方法		结构形式	特点和应用
摩擦防松	对顶螺母		两螺母对顶拧紧后，使旋合螺纹间始终受到附加的压力和摩擦力的作用。工作载荷有变动时，该摩擦力仍然存在。旋合螺纹间的接触情况如图所示，下螺母螺纹牙受力小，其高度可小些，但为了防止装错，两螺母的高度取成相等为宜。 结构简单，适用于平稳、低速和重载的固定装置上的连接
	弹簧垫圈		螺母拧紧后，靠垫圈压平而产生的弹性反力使旋合螺纹间压紧。同时垫圈斜口的尖端抵住螺母与被连接件的支承面也有防松作用。 结构简单、使用方便。但由于垫圈的弹力不均，在冲击、振动的条件下，其防松效果较差，一般用于不甚重要的连接
	自锁螺母		螺母一端制成非圆形收口或开缝后径向收口。当螺母拧紧后，收口胀开，利用收口的弹力使旋合螺纹间压紧。 结构简单，防松可靠，可多次装拆而不降低防松性能

续表

防松方法		结构形式	特点和应用
机械防松	开口销与六角开槽螺母	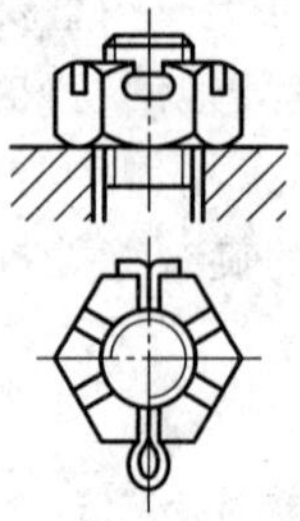	六角开槽螺母拧紧后将开口销穿入螺栓尾部小孔和螺母的槽内，并将开口销尾部掰开与螺母侧面贴紧。也可用普通螺母代替六角开槽螺母，但需拧紧螺母再配钻销孔。 适用于较大冲击、振动的高速机械中运动部件的连接
	止动垫圈	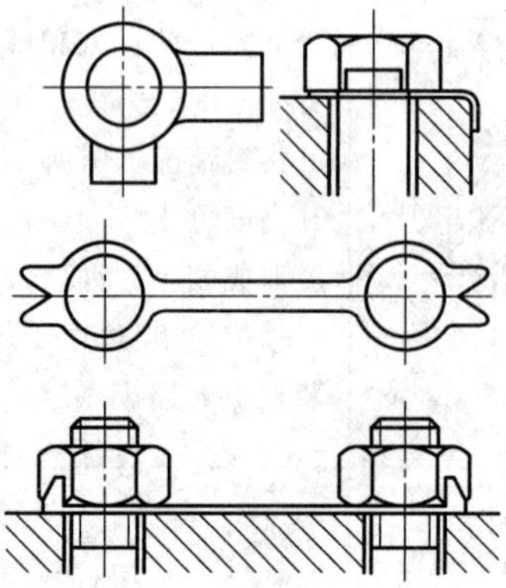	螺母拧紧后，将单耳或双耳止动垫圈分别向螺母和被连接件的侧面折弯贴紧，即可将螺母锁住。若两个螺栓需要双联锁紧时，可采用双联止动垫圈，使两个螺母相互制动。 结构简单、使用方便，防松可靠
	串联钢丝	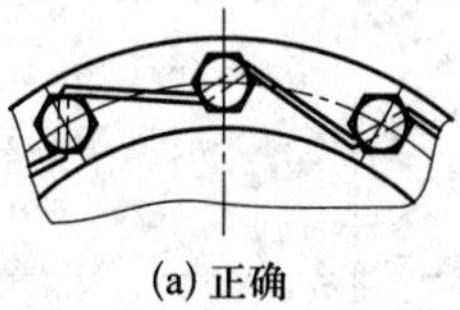 (a) 正确 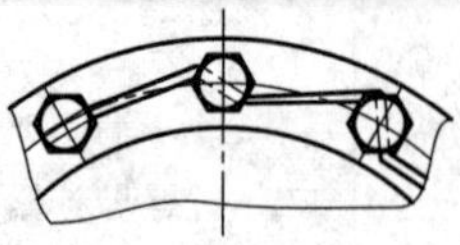 (b) 不正确	用低碳钢丝穿入各螺钉头部的孔内，将各螺钉串联起来，使其相互制动。使用时必须注意钢丝的穿入方向（上图正确，下图错误）。 适用于螺钉组连接，防松可靠，但装拆不便

续表

防松方法		结构形式	特点和应用
其他防松	点冲防松	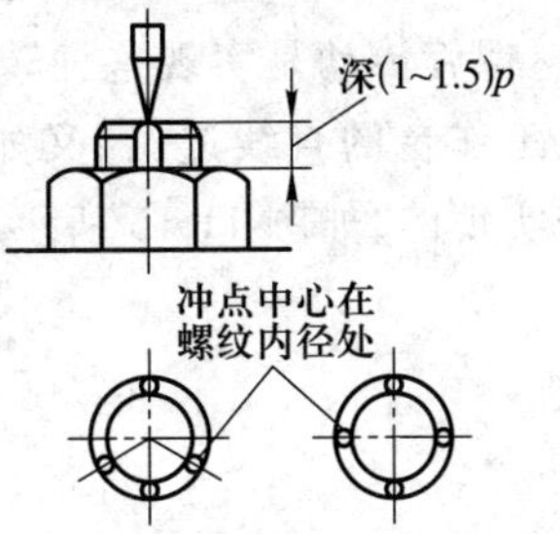 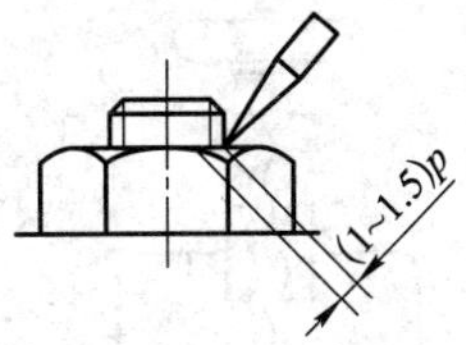 深(1~1.5)p 冲点中心在螺纹内径处 (1~1.5)p 冲点法防松　用冲头冲2~3点 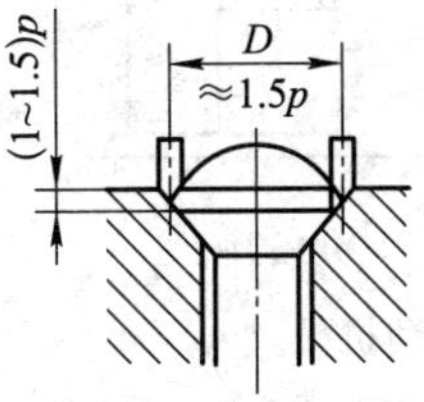 D ≈1.5p (1~1.5)p 冲点中心在钉头直径上	拧紧连接之后，用冲点将螺纹破坏以达到防松的目的。例图中分别给出的是：端面冲点防松、侧面冲点防松和钉头直径冲点防松的方法。 简单、方便、可靠，用于不可拆的连接
其他防松	焊接防松	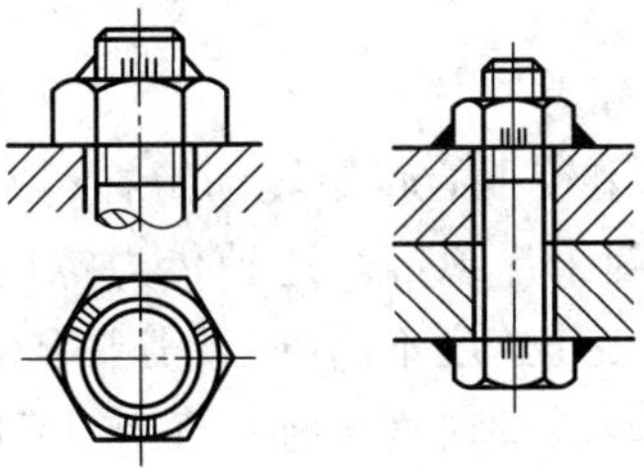	焊接防松是利用焊接方法将螺栓和螺母固结在一起，可以将螺栓与螺母或螺栓及螺母与被连接件焊接在一起以达到防松的目的。 简单、可靠，用于不可拆的连接
	黏结防松	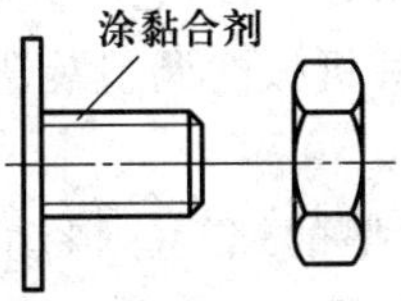 涂黏合剂	黏结防松是将黏合剂涂于螺栓和螺母表面，使其固结在一起。 简单、方便，用于不常拆卸的连接中

11.3 螺旋传动设计

在机械中,有时需要将转动变为直线移动。螺旋传动是实现这种转变经常采用的一种传动。例如机床进给机构中采用螺旋传动实现刀具或工作台的直线进给,又如螺旋压力机和螺旋千斤顶的工作部分的直线运动都是利用螺旋传动来实现的,如图 11.15 所示。

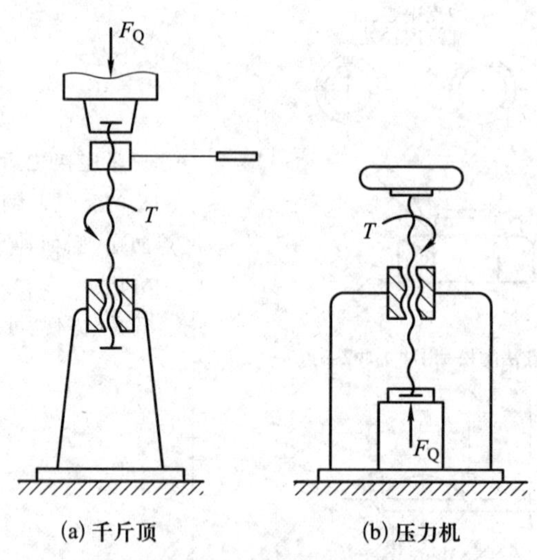

图 11.15　螺旋传动机械

11.3.1 螺旋传动的类型

螺旋传动由螺杆、螺母组成。按其用途可分为

1) 传力螺旋:以传递动力为主,一般要求用较小的转矩转动螺杆(或螺母)而使螺母(或螺杆)产生轴向运动和较大的轴向推力,例如螺旋千斤顶等。这种传力螺旋主要是承受很大的轴向力,通常为间歇性工作,每次工作时间较短,工作速度不高,而且需要自锁。

2) 传导螺旋:以传递运动为主,要求能在较长的时间内连续工作,工作速度较高,因此要求较高的传动精度,如精密车床的走刀螺杆。

3) 调整螺旋:用于调整并固定零、部件之间的相对位置,它不经常转动,一般在空载下调整,要求有可靠的自锁性能和精度,用于测量仪器及各种机械的调整装置,如千分尺中的螺旋。

螺旋传动按其摩擦性质又可分为

1) 滑动螺旋:螺旋副作相对运动时产生滑动摩擦的螺旋。滑动螺旋结构比较简单,螺母和螺杆的啮合是连续的,工作平稳,易于自锁,这对起重设备、调节装置等很有意义。但螺纹之间摩擦大、磨损大、效率低(一般在 0.25~0.70 之间,自锁时效率小于 50%),滑动螺旋不适宜用于高速和大功率传动。

2）滚动螺旋：螺旋副作相对运动时产生滚动摩擦的螺旋。滚动螺旋的摩擦阻力小，传动效率高（90%以上），磨损小，精度易保持，但结构复杂，成本高，不能自锁。滚动螺旋主要用于对传动精度要求较高的场合。

3）静压螺旋：将静压原理应用于螺旋传动中。静压螺旋摩擦阻力小，传动效率高（可达90%以上），但结构复杂，需要供油系统。适用于要求高精度、高效率的重要传动中，如数控、精密机床、测试装置或自动控制系统的螺旋传动中。

11.3.2 滑动螺旋传动设计

滑动螺旋传动的主要失效形式为螺纹的磨损（多发生在螺母上）。磨损与螺纹工作面上的比压，滑动速度、粗糙度及润滑状态等因素有关。目前设计计算最主要的是控制螺纹工作面上的比压，因此，耐磨性计算主要是限制螺纹工作面的比压 p。

1. 滑动螺旋运动关系

图 11.16 所示是最简单的滑动螺旋传动。其中螺母 3 相对支架 1 可作轴向移动。设螺杆的导程为 Ph，螺距 P，螺纹线数为 n，因此螺母的位移 L 和螺杆的转角 φ(rad) 有如下关系：

$$L=\frac{Ph}{2\pi}\varphi=\frac{nP}{2\pi}\varphi \tag{11.37}$$

图 11.17 所示是一种差动滑动螺旋传动，螺杆 2 分别与支架 1、螺母 3 组成螺旋副 A 和 B，导程分别为 Ph_A 和 Ph_B，螺母 3 只能移动不能转动。若左、右两段螺纹的螺旋方向相同，则螺母 3 的位移 L 与螺杆 2 的转角 φ(rad) 有如下关系：

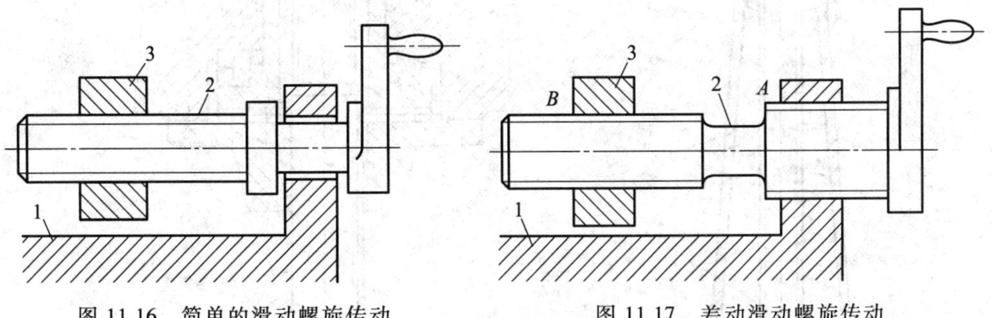

图 11.16　简单的滑动螺旋传动　　图 11.17　差动滑动螺旋传动

$$L=(Ph_A-Ph_B)\frac{\varphi}{2\pi} \tag{11.38}$$

由式(11.38)可知，若 A、B 两螺旋副的导程 Ph_A 和 Ph_B 相差极小时，则位移 L 也很小，这种差动滑动螺旋传动广泛应用于各种微动装置中。

若图 11.17 两段螺纹的螺旋方向相反，则螺杆 2 的转角 φ 与螺母 3 的位移 L 之间的关系为

$$L=(Ph_A+Ph_B)\frac{\varphi}{2\pi} \tag{11.39}$$

这时，螺母 3 将获得较大的位移，它能使被连接的两构件快速接近或分开。这种差动滑动螺旋传

动常用于要求快速夹紧的夹具或锁紧装置中,例如钢索的拉紧装置、某些螺旋式夹具等。

2. 滑动螺旋的材料

为了减轻滑动螺旋的摩擦和磨损,螺杆和螺母的材料除应具有足够的强度外,还应具有较好的减摩、耐磨性;由于螺母的加工成本比螺杆低,且更换较容易,因此应使螺母的材料比螺杆的材料软,使工作时所发生的磨损主要在螺母上。对于硬度不高的螺杆,通常采用 45、50 钢;对于硬度较高的重要传动,可选用 T12、65Mn、40Cr、40WMn、18CrMnTi 等,并经热处理以获得较高硬度;对于精密螺杆,要求热处理后有较好的尺寸稳定性,可选用 9Mn2V、CrWMn、38CrMoAlA 等。螺母常用材料为青铜和铸铁。要求较高的情况下,可采用 ZCuSn10P1 和 ZCuSn5Pb5Zn5;重载低速的情况下,可用无锡青铜 ZCuAl9Mn2;轻载低速的情况下,可用耐磨铸铁或铸铁。

滑动螺旋传动的结构,主要是指螺杆和螺母的固定与支承的结构形式。图 11.18 所示为螺旋起重器(千斤顶)的结构,螺母 5 与机架一起静止不动,而螺杆 7 则既转动又移动,单向传力(外载荷 F 向下作用)。图 11.19 所示的结构中,螺母转动,螺杆移动,单向传力(外载荷 F 向上作用)。

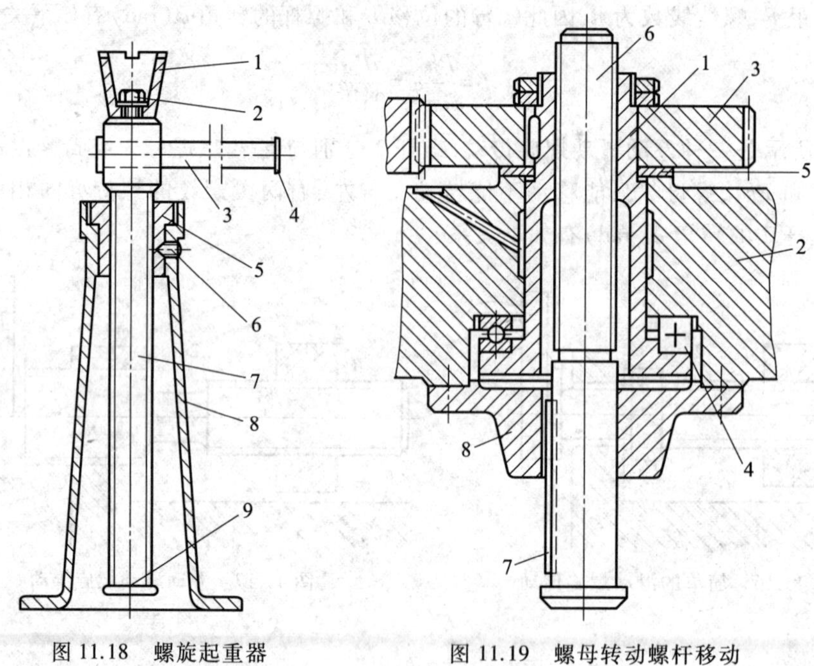

图 11.18　螺旋起重器　　图 11.19　螺母转动螺杆移动

3. 滑动螺旋传动的设计计算

(1) 耐磨性计算

如图 11.20 所示,设作用在螺杆上的轴向力 F 在被旋合螺纹上均匀承受,则螺纹工作面应满足下面的耐磨性条件:

$$p=\frac{F}{A}=\frac{F}{\pi d_2 hz}\leqslant[p] \tag{11.40}$$

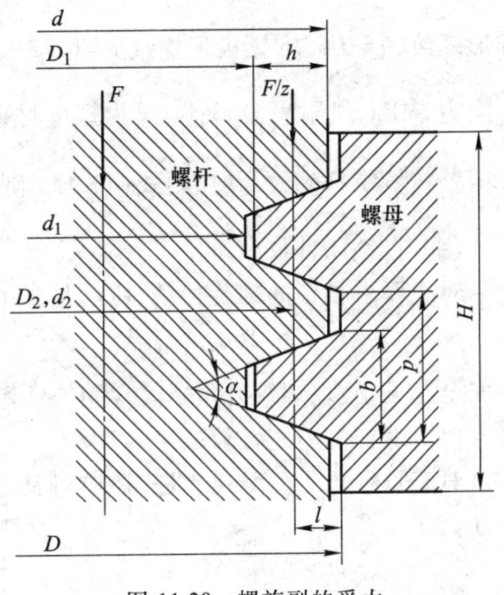

图 11.20　螺旋副的受力

式中：A 为螺纹承压面积，mm^2，$A=\pi d_2hz$；d_2 为螺纹中径，mm；z 为螺纹的工作圈数，$z=H/P$，这里，H 为螺母高度，mm；P 为螺距，mm；h 为螺纹的接触高度，mm；对梯形和矩形螺纹，$h=0.5P$；对锯齿形螺纹，$h=0.75P$；$[p]$ 为材料的许用压强，MPa，见附表 14.1。

将式(11.40)变换，可对滑动螺旋进行设计。若令 $\phi=H/d_2$，即 $H=\phi d_2$，则设计式为

$$d_2 \geqslant \sqrt{\frac{FP}{\pi\phi h[p]}} \tag{11.41}$$

为使载荷分布比较均匀，螺纹的工作圈数不宜大于 10。因整体式螺母磨损后间隙不能调整，取 $\phi=1.2\sim2.5$；对于剖分式螺母或受载较大时，可取 $\phi=2.5\sim3.5$；当传动精度较高，载荷较大，要求寿命较长时，允许取 $\phi=4$。

(2) 螺杆的强度校核

螺杆受力较大时需要进行强度校核。如果螺杆同时受轴向力 F 和转矩 T 作用时，螺杆危险截面上既有压缩(或拉伸)应力，也有切应力。按第四强度理论，应满足下面的强度条件：

$$\sigma_{ca}=\sqrt{\sigma^2+3\tau^2}=\sqrt{\left(\frac{4F}{\pi d_1^2}\right)^2+3\left(\frac{T}{0.2d_1^3}\right)^2}\leqslant[\sigma] \tag{11.42}$$

式中：T 为螺栓所受的转矩，N · mm，$T=F\tan(\psi+\rho_v)\dfrac{d_2}{2}$；$\psi$ 为螺纹升角；ρ_v 为当量摩擦角，$\rho_v=\arctan\dfrac{f}{\cos\beta}$；$f$ 为摩擦系数，见附表 14.2；β 为牙侧角，对称牙型的牙侧角 $\beta=\alpha/2$，而锯齿形螺纹的工作面牙侧角为 3°，非工作面的牙侧角为 30°；d_1、d_2 分别为螺杆螺纹的小径、中径，mm；$[\sigma]$ 为螺杆材料的许用应力，MPa，见附表 14.3。

(3) 螺纹牙的强度校核

螺母的螺纹牙多发生剪切与弯曲破坏，需校核其螺纹牙的强度。将螺母的一圈螺纹沿螺纹大径 D 展开(图 11.21)，则可看作宽度为 πD 的悬臂梁。设平均压力 F/z 作用在螺纹中径 D_2 圆周上。则螺纹牙根部应满足下面的剪切强度条件：

$$\tau=\frac{F}{\pi Dbz}\leqslant[\tau] \tag{11.43}$$

类似可得到应满足的弯曲强度条件为

$$\sigma_b=\frac{F/z\cdot l}{W}=\frac{F/z\cdot l}{\pi Db^2/6}=\frac{6Fl}{\pi zDb^2}\leqslant[\sigma_b] \tag{11.44}$$

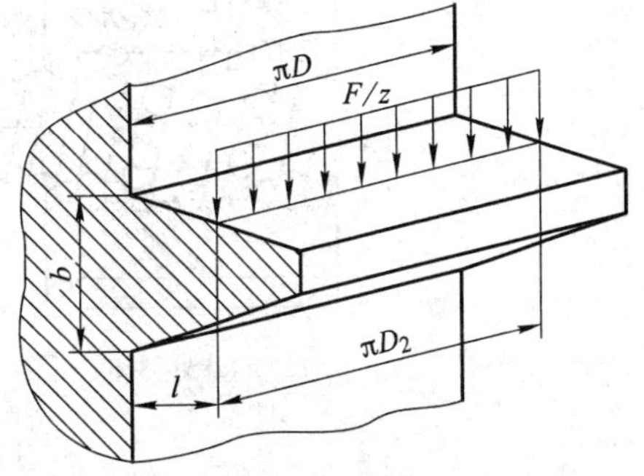

图 11.21　螺母螺纹圈受力

式中：b 为螺纹牙根部宽度，mm，对矩形螺纹，$b=0.5P$；

梯形螺纹，$b=0.65P$，锯齿形螺纹 $b=0.75P$；l 为弯曲力臂，mm，$l=\frac{D-D_2}{2}$；$[\tau]$为螺母材料的许用切应力，MPa，见附表 14.3；$[\sigma_b]$为螺母材料的许用弯曲应力，MPa，见附表 14.3。

若校核螺杆螺纹牙时，则式(11.43)和式(11.44)中的 D 应改为 d，$l=\frac{d-d_2}{2}$。

(4) 自锁条件校核

对于要求自锁的螺旋传动，应满足如下的自锁条件

$$\psi \leqslant \rho_v \tag{11.45}$$

为安全起见，宜取螺纹升角 $\psi \leqslant \rho_v = 1° \sim 1.5°$。

(5) 螺杆的稳定性校核

对于长径比大的受压螺杆，还应对其进行压杆稳定性校核。这时，螺杆应满足如下的稳定性条件：

$$\frac{F_{cr}}{F} \geqslant S \tag{11.46}$$

式中：F_{cr}为螺杆的临界轴向压力，N；F 为螺杆所受的轴向压力，N；S 为螺杆稳定性安全系数，对传力螺旋，$S=3.5 \sim 5.0$，对传导螺旋，$S=2.5 \sim 4.0$，对精密螺杆或水平螺杆，$S>4$。

临界轴向压力 F_{cr}可根据螺杆柔度 λ 的大小，计算得到，具体计算公式可参考有关书籍。

11.3.3　滚动螺旋传动简介

滑动螺旋传动虽有很多优点，但传动精度还不够高，低速或微调时可能出现运动不稳定现象，不能满足某些机械的工作要求，为此可采用滚动螺旋传动。如图 11.22 所示，滚动螺旋传动是在螺杆和螺母的螺纹滚道内连续填装滚珠作为滚动体，使螺杆和螺母间的滑动摩擦变成滚动摩擦。螺母上有导管或反向器，使滚珠能循环滚动。滚珠的循环方式分为外循环和内循环两种，滚珠在回路过程中离开螺旋表面的称为外循环，如图 11.22a 所示，外循环加工方便，但径向尺寸较大。滚珠在整个循环过程中始终不脱离螺旋表面的称为内循环，如图 11.22b所示。

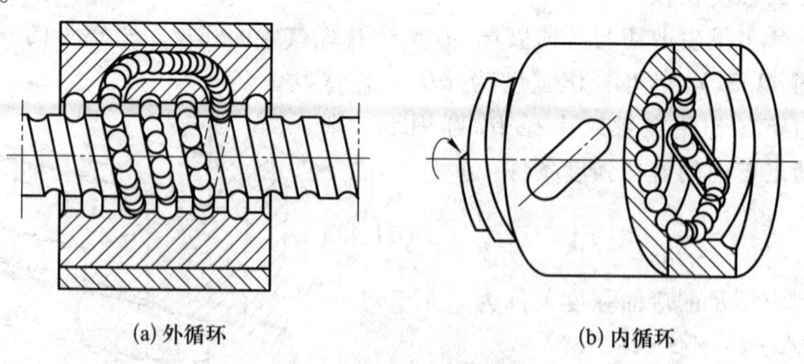

(a) 外循环　　(b) 内循环

图 11.22　滚动螺旋传动

滚动螺旋传动的特点:效率高,一般在 90%以上;利用预紧可消除螺杆与螺母之间的轴向间隙,可得到较高的传动精度和轴向刚度;静、动摩擦力相差极小,起动时无颤动,低速时运动仍很稳定;工作寿命长;具有运动可逆性,即在轴向力作用下可由直线移动变为转动;为了防止机构逆转、需有防逆装置;滚珠与滚道理论上为点接触,不宜传递重载荷,抗冲击性能较差;结构较复杂;材料要求较高;制造较困难。滚动螺旋传动主要用于对传动精度要求高的场合,如精密机床中的进给机构等。

11.3.4 静压螺旋传动简介

静压螺旋传动的工作原理如图 11.23 所示,压力油通过节流阀由内螺纹牙侧面的油腔进入螺纹副的间隙,然后经回油孔(虚线所示)返回油箱。当螺杆不受力时,螺杆的螺纹牙位于螺母螺纹牙的中间位置,处于平衡状态。此时,螺杆螺纹牙的两侧间隙相等,经螺纹牙两侧流出的油的流量相等,因此油腔压力也相等。

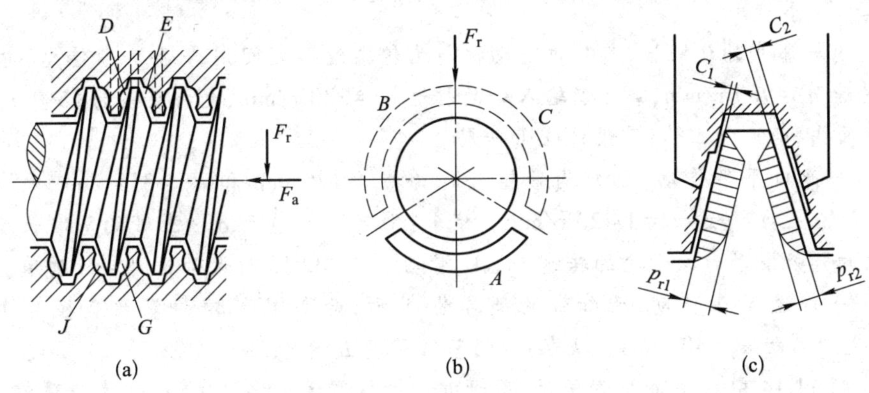

图 11.23 静压螺旋传动的工作原理

当螺杆受轴向力 F_a(图 11.23a)作用而向左移动时,间隙 C_1 减小、C_2 增大(图 11.23c),由于节流阀的作用使牙左侧的压力大于右侧,从而产生一个与 F_a 大小相等方向相反的平衡反力,从而使螺杆重新处于平衡状态。

当螺杆受径向力 F_r 作用而下移时,油腔 A 侧隙减小,B、C 侧隙增大(图 11.23b),由于节流阀作用使 A 侧油压增高,B、C 侧油压降低,从而产生一个与 F_r 大小相等方向相反的平衡反力,从而使螺杆重新处于平衡状态。

当螺杆一端受一径向力 F_r(图 11.23a)的作用形成一倾覆力矩时,螺纹副的 E 和 J 侧隙减小,D 和 G 侧隙增大,同理由于两处油压的变化产生一个平衡力矩,使螺杆处于平衡状态。因此螺旋副能承受轴向力、径向力和径向力产生的力矩。

习题

11.1 传动带工作时有哪些应力?如何分布?最大应力点在何处?

11.2 包角对传动有什么影响?为什么只考察小带轮包角 α_1?

11.3 什么是弹性滑动?什么是打滑?在工作中是否都能避免?为什么?

11.4　提高单根 V 带承载能力的途径有哪些？

11.5　带传动的失效形式和设计准则是什么？

11.6　试分析主要参数 d_1、α、i、a 对带传动有哪些影响？设计时应如何选取？

11.7　V 带横截面楔角 α 均为 40°，而带轮槽角 φ 却随着带轮的直径变化，一般制成 32°、34°、36°、38°，这是为什么？

11.8　摩擦系数一定的条件下，连接螺纹和传动螺纹的差别在什么地方？

11.9　V 带传动的 $n_1=1\ 450$ r/min，带与带轮的当量摩擦系数 $f_v=0.51$，包角 $\alpha_1=180°$，预紧力 $F_0=360$ N。试问：① 该传动所能传递的最大有效拉力为多少？② 若 $D_1=100$ mm，其传递的最大转矩为多少？③ 若传动效率为 0.95，弹性滑动忽略不计，从动轮输出功率为若干？

11.10　V 带传动传递的功率 $P=7.5$ kW，带速 $v=10$m/s，紧边拉力是松边拉力的两倍，即 $F_1=2F_2$，试求紧边拉力 F_1、有效拉力 F_e 和预紧力 F_0。

11.11　已知一窄 V 带传动的 $n_1=1\ 450$ r/min，$n_2=400$ r/min，$D_1=180$ mm，中心距 $a=1\ 600$ mm，窄 V 带为 SPA 型，根数 $z=2$，工作时有振动，一天运转 16 h（即两班制），试求带能传递的功率。

11.12　有一带式输送装置，其异步电动机与齿轮减速器之间用普通 V 带传动，电动机功率 $P=7$ kW，转速 $n_1=960$ r/min，减速器输入轴的转速 $n_2=330$ r/min，允许误差为±5%，运输装置工作时有轻度冲击，两班制工作，试设计此带传动。

11.13　一开口平带传动，已知两带轮直径为 $d_1=125$ mm 和 $d_2=315$ mm，中心距为 $a=600$ mm，小带轮主动，转速 $n_1=1\ 420$ r/min。试求：① 小带轮包角 α_1；② 带的基准长度 L_d；③ 不考虑带传动的弹性滑动时大带轮的转速 n_2；④ 滑动率 $\varepsilon=0.015$ 时大带轮的实际转速。

11.14　一普通 V 带传动，已知带的型号为 A 型，两个 V 带轮的基准直径为 100 mm 和 250 mm，初定中心距 $a_0=400$ mm。试求：带的基准长度 L_d 和实际中心距 a。

11.15　题 11.14 中的普通 V 带传动，用于电动机与液体搅拌机之间，作减速传动，每天工作 8 h。已知电动机功率 $P=4$ kW，转速 $n_1=1\ 440$ r/min。试求所需 A 型 V 带的根数。

11.16　试设计一带式运输机中的普通 V 带传动。已知从带轮的转速 $n_2=650$ r/min，单班工作制，电动机额定功率为 7.5 kW，转速 $n_1=1\ 440$ r/min。

11.17　设当量摩擦角为 ρ_v，螺旋线升角为 ψ，根据三角形（60°）、梯形（30°）、锯齿形（一边 30°，一边 3°）和矩形（0°）的不同连接和传动特性，试分析它们适用的场合。

11.18　螺纹连接中常用的防松方法有几种？它们是如何防松的？

11.19　螺纹的主要参数有哪些？螺距和导程有什么区别？如何判断螺纹的线数和旋向？

11.20　已知一普通粗牙螺纹，大径 $d=24$ mm，中径 $d_2=22.051$ mm，螺纹副间的摩擦系数 $f=0.17$。试求：① 螺旋线升角 ψ；② 该螺纹副能否自锁？若用于起重，其效率为多少？

11.21　试述螺旋传动的主要特点及应用，比较滑动螺旋传动和滚动螺旋传动的优、缺点。

11.22　试比较螺旋传动和齿轮齿条传动的特点与应用。

11.23　图 11.24 所示为一差动螺旋传动，机架 1 与螺杆 2 在 A 处用右旋螺纹连接，导程 $Ph_A=4$ mm，螺母 3 相对机架 1 只能移动，不能转动；摇柄 4 沿箭头方向转动 5 圈时，螺母 3 向左移动 5 mm，试计算螺旋副 B 的导程 P_{h_B} 并判断螺纹的旋向。

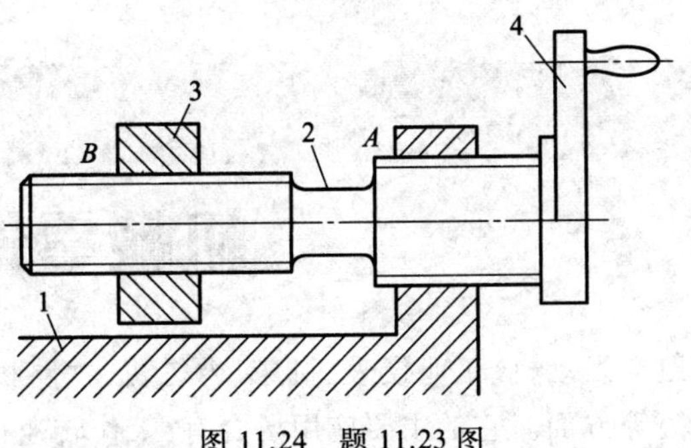

图 11.24　题 11.23 图

第 12 章

机械零件润滑设计

滑动轴承广泛应用在航空发动机、工业仪表、机床、内燃机、铁路机车车辆、轧钢机、雷达、卫星通信地面站及天文望远镜等方面。它的主要应用场合有:工作转速很高、对轴的支承位置要求特别精确、特重载荷、承受巨大的冲击和振动载荷、需要做成剖分式、特殊工作条件和在安装轴承处的径向空间尺寸受到限制等。滑动轴承的类型很多。按承受载荷方向可分为径向轴承和止推轴承。按滑动表面间润滑状态可分为液体润滑轴承、不完全液体润滑轴承和无润滑轴承。按液体润滑承载机理又可分为液体动力润滑轴承和液体静压润滑轴承。在本章的第 1、2 节中主要讨论非液体摩擦和液体动压轴承的设计计算。

机器中的绝大部分零件都需要润滑,而润滑方法是否正确对机械零件的寿命有很大影响。在本章的第 3、4 节对典型机械传动中的润滑、滚动轴承的密封和组合密封做了进一步介绍。

12.1 非液体摩擦滑动轴承设计计算

12.1.1 非液体摩擦滑动轴承的失效形式与计算准则

非液体摩擦滑动轴承一般是指采用润滑脂、油绳或滴油润滑的径向滑动轴承。由于在这些轴承中,工况条件不足以在相对运动表面间产生一个完全的承载润滑剂膜,因此它们只能在混合润滑状态(即边界润滑和液体润滑同时存在的状态)下运转。这类轴承正常工作的条件是:边界润滑膜不破裂,维持粗糙表面微腔内有液体润滑存在。因此,这类轴承的承载能力不仅与边界膜的强度及其破裂温度有关,而且与轴承材料、轴颈与轴承表面粗糙度、润滑油的供给量等因素有着密切的关系。

在工程上,这类轴承常以维持边界油膜不遭破坏作为设计的最低要求。但是导致边界油膜破裂的因素较复杂,目前采用的简化计算方法只适用于一般对工作可靠性要求不高的低速、重载或间歇工作的轴承。

通常非液体摩擦滑动轴承的主要失效形式有以下三种。

1. 过载

载荷过大时,轴承的表面压力也大,由于轴承材料一般抗压强度不是很大,因此过大的压力可能使表面压变形,从而造成运动精度降低,产生振动或材料压溃的失效。

另外当载荷较大时,由于载荷的反复作用,轴承表面出现与滑动方向垂直的疲劳裂纹,当裂纹向轴承衬与衬背接合面扩展后,造成轴承衬材料的剥落。它与轴承衬和衬背因结合不良或结合力不足造成轴承衬的剥离有些相似,但疲劳剥落周边不规则,结合不良造成的剥离则周边比较光滑。

2. 胶合

若轴承因表面的温升过高而导致油膜破裂时，或在润滑油供应不足的条件下，轴颈和轴承的相对运动表面材料发生黏附和迁移，从而造成轴承损坏、咬合，有时甚至可能导致相对运动中止。

3. 磨粒磨损

当硬颗粒（如灰尘、砂粒等）进入轴承间隙中，有的会嵌入轴承表面，有的则在间隙中随摩擦副一起运动并存在相对运动，这都将对轴颈和轴承表面起研磨作用。进入轴承间隙中的硬颗粒在轴承上划出线状伤痕，导致轴承因刮伤而失效。这种磨粒磨损称为三体磨损。另外，在起动、停车或非液体润滑等过程中由于润滑膜不能有效形成，因此轴颈与轴承会发生接触，从而加剧轴承磨损，导致几何形状改变，精度丧失，轴承间隙加大，使轴承性能在预期寿命前急剧恶化；另外摩擦副的粗糙峰或边缘也会引起轴承磨损，这种磨粒磨损称为二体磨损。

虽然，非液体滑动轴承的失效还包括其他一些形式，如疲劳剥落和腐蚀等，但设计时主要根据上述三种摩擦失效形式进行。因此，其设计准则是：

1）要求轴承表面的平均压强不大于材料的许用压强，以避免材料过度磨损，即

$$p \leqslant [p]$$

2）要求轴承的摩擦功耗不大于材料的许用值，以防止表面温升过高产生胶合，即

$$pv \leqslant [pv]$$

3）要求表面的相对速度不大于材料的许用值，以防止轴承表面严重磨损，即

$$v \leqslant [v]$$

12.1.2 非液体摩擦滑动轴承的设计计算

1. 径向滑动轴承校核

如图 12.1 所示，若已知轴承所受径向载荷 F、轴颈转速 n、轴承宽度 B 及轴颈直径 d，可以对该轴承进行以下校核。

（1）校核轴承的平均压力 p

$$p = \frac{F}{dB} \leqslant [p] \tag{12.1}$$

式中：$[p]$为轴瓦材料的许用压力，MPa，其值见附表 6.1。

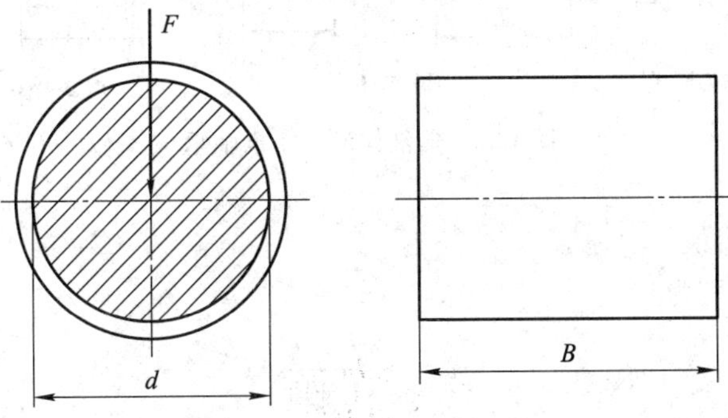

图 12.1　径向轴承的参数

（2）验算轴承的 pv 值

轴承的发热量与其单位面积上的摩擦功耗 fpv 成正比，其中 f 是摩擦系数。限制 pv 值的目的是为了限制轴承的温升。

$$pv=\frac{F}{Bd}\ \frac{\pi dn}{60\times 1\ 000}=\frac{Fn}{19\ 100B}\leqslant [pv] \tag{12.2}$$

式中：v 为轴颈圆周速度，即滑动速度，m/s；$[pv]$ 为轴承材料的 pv 许用值，MPa · m/s，其值见附表 6.1。

（3）校核滑动速度 v

对于 p 和 pv 的验算均合格的轴承，仍可能由于滑动速度过高，而加速磨损致使轴承报废，因此必须验算滑动速度 v。

$$v\leqslant [v] \tag{12.3}$$

式中：$[v]$ 为许用滑动速度，m/s，其值见附表 6.1。

滑动轴承所选用的材料及尺寸经验算合格后，应选取恰当的配合，一般可选 $\frac{H9}{d9}$ 或 $\frac{H8}{f7}$、$\frac{H7}{f6}$。

2. 止推滑动轴承的校核

止推轴承的形式及尺寸如图 12.2 所示。止推轴承的校核内容主要包括压力 $[p]$ 及 $[pv]$ 值等。

（1）校核轴承平均压力 p

$$p=\frac{F_a}{A}=\frac{F_a}{z\dfrac{\pi}{4}(d_2^2-d_1^2)}\leqslant [p] \tag{12.4}$$

式中：F_a 为轴向载荷，N；z 为轴环的数目；d_1 为轴承孔内径，mm；d_2 为轴环外径，mm；$[p]$ 为许用压力，MPa，其值见附表 6.5。

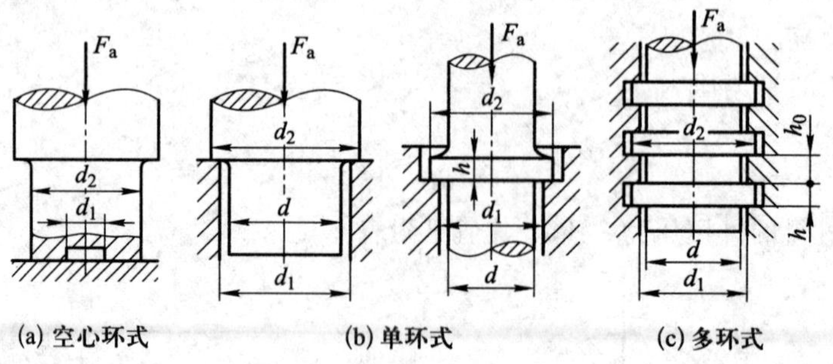

图 12.2　非液体润滑止推轴承

（2）校核轴承的 pv 值

轴承的 p 和 v 值分别为

$$v=\frac{\pi dn}{60\times 1\ 000}$$

$$p=\frac{F_a}{\pi dbz}$$

式中：b 为轴颈环形工作面宽度，mm；n 为轴颈的转速，r/min。

因此，pv 值的校核按下式进行

$$pv=\frac{F_a n}{60\ 000bz}\leqslant[pv] \tag{12.5}$$

式中：$[pv]$ 为 pv 的许用值，MPa · m/s，其值见附表 6.5。

上述是不完全液体润滑滑动轴承的通常验算方法，对重要的不完全液体润滑滑动轴承的验算可参考有关文献。

3. 非液体摩擦滑动轴承的设计

(1) 径向滑动轴承设计

如果已知轴承的工况（载荷 F、转速 n），需要进行非液体摩擦滑动轴承的设计时，则首先要根据轴承的工况选择轴颈和轴瓦的材料。从而，可以得到 $[p]$ 和 $[pv]$ 等。另外，需要根据实际情况选取宽径比 B/d（一般取 0.5～2.0）。然后，利用式(12.1)按下式求得 d：

$$d\geqslant\frac{F}{B[p]}$$

再对式(12.2)和式(12.3)进行验算即可。若不满足，则应当减小轴径 d、增大轴承宽度 B。

(2) 止推滑动轴承设计

如果已知轴承的工况（载荷 F_a、转速 n），则首先也要根据轴承的工况选择轴颈和轴瓦的材料。从而，可以得到 $[p]$ 和 $[pv]$ 等。另外，需要根据实际情况选取环数 z 和环径比 $\alpha=d_2/d_1$（一般 $1/\alpha=d_1/d_2=0.4\sim0.6$）。然后，利用式(12.4)按下式求得 d_1：

$$d_1\geqslant\sqrt{\frac{4F_a}{z\pi(\alpha^2-1)[p]}}$$

再对式(12.5)进行验算即可。若不满足，则应当增大环宽 b 或增加环数 z。

12.2 液体动力润滑径向滑动轴承设计计算

流体动力润滑的承载机理已经在第 10 章作过介绍，本节将利用流体动力润滑理论的基本方程（即雷诺方程）进行液体动力润滑径向滑动轴承设计。

虽然液体动力润滑径向滑动轴承设计过程推导较复杂，但是其实际设计主要是通过已有表格和曲线来选择轴承宽度、轴承相对间隙和润滑油，然后对最小膜厚和温升进行校核。

12.2.1 径向滑动轴承形成流体动力润滑的过程

如图 12.3 所示，在径向滑动轴承中，轴颈与轴承孔之间存在间隙。当轴颈静止时，轴颈处于轴承孔的最低位置，并与轴瓦接触。此时，两表面间自然形成一收敛的楔形空间。当轴颈开始转动时，速度极低，进入轴承间隙中的油量较少，这时轴瓦对轴颈摩擦力的方向与轴颈表面圆周速度方向相反，迫使轴颈在摩擦力作用下沿孔壁向右爬升（图 12.3b）。随着转速的增大，轴颈表面的圆周速度增大，带入楔形空间的油量也逐渐加多。这时，右侧楔形油膜产生了一定的动压力，将轴颈向左浮起。当轴颈达到稳定运转时,轴颈便稳定在一定的偏心位置上,楔形油膜产生的压力与外载荷相平衡,轴颈中心稳定在轴承孔中心左下方某一位置上,轴承在液体摩擦状态下工作(图 12.3c)。此时,由于轴承内的摩擦阻力仅为液体的内阻力,故摩擦系数达到最小值。理论和实践证明,在其他条件不变时轴颈转速愈高,轴颈中心愈接近轴承孔中心(图 12.3d)。

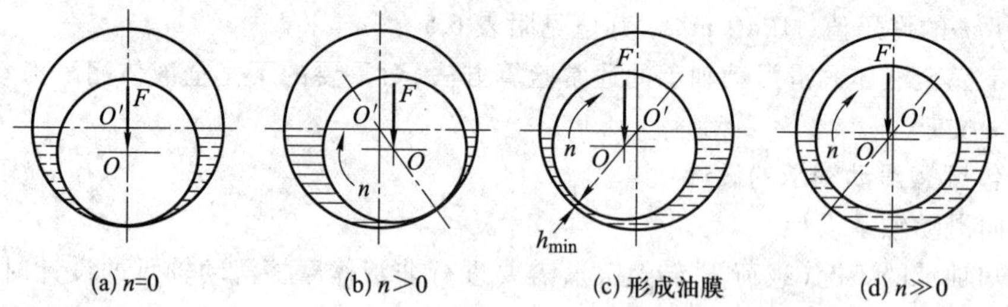

图 12.3　径向滑动轴承形成流体动力润滑的过程

12.2.2　径向滑动轴承的几何关系和承载量系数

1. 几何关系与膜厚计算

图 12.4 所示为轴承工作时轴颈的位置和几何关系。

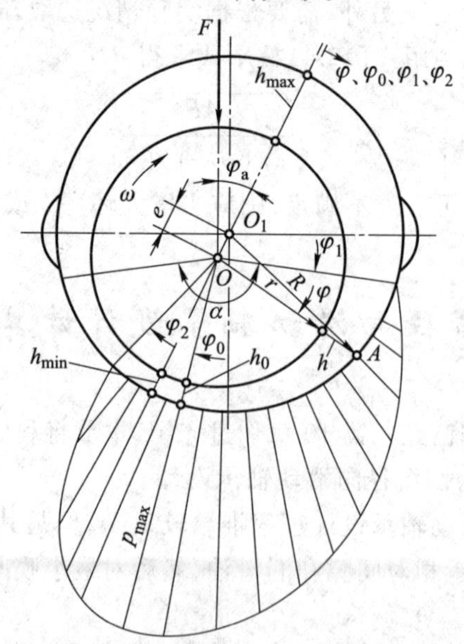

图 12.4　径向滑动轴承几何参数与压力分布

轴承中心和轴颈中心的连线 OO_1 与载荷 F(作用在轴心)形成的夹角 φ_a 称为偏位角。轴承孔和轴颈直径分别用 D 和 d 表示,则轴承直径间隙为 $\Delta=D-d$。半径间隙为轴承孔半径 R 与轴颈半径 r 之差:$\delta=R-r=\Delta/2$。直径间隙与轴颈公称直径之比称为相对间隙,以 ϕ 表示:

$$\phi=\frac{\Delta}{d}=\frac{\delta}{r} \tag{12.6}$$

当轴颈稳定运转时,轴心 O 与轴承中心 O_1 的距离,称为偏心距,用 e 表示。而偏心距 e 与半径间隙 δ 的比值,称为偏心率,并以 ε 表示:

$$\varepsilon=\frac{e}{\delta} \tag{12.7}$$

于是由图 12.4 可见,最小油膜厚度为

$$h_{\min}=\delta-e=\delta(1-\varepsilon)=r\phi(1-\varepsilon) \tag{12.8}$$

为方便起见,下面采用极坐标进行分析。取轴颈中心 O 为极点,连心线 OO_1 为极轴,对应于任意角 φ(包括 φ_0、φ_1、φ_2 均由 OO_1 算起)的油膜厚度为 h。h 的大小可在 $\triangle AOO_1$ 中应用余弦定理从下式求得,即

$$R^2=e^2+(r+h)^2-2e(r+h)\cos\varphi \tag{12.9}$$

解上式得

$$h=e\cos\varphi\pm R\sqrt{1-\left(\frac{e}{R}\right)^2\sin^2\varphi}-r \tag{12.10}$$

若略去上式中的小量 $\left(\frac{e}{R}\right)^2\sin^2\varphi$,并取根式的正号,则得任意位置的油膜厚度为

$$h=\delta(1+\varepsilon\cos\varphi)=r\phi(1+\varepsilon\cos\varphi) \tag{12.11}$$

设 φ_0 为相应于最大压力处的极角,则压力最大处的油膜厚度 h_0 为

$$h_0=\delta(1+\varepsilon\cos\varphi_0) \tag{12.12}$$

2. 雷诺方程求解

将式(10.30)改写成极坐标表达式,即 $\mathrm{d}x=r\mathrm{d}\varphi$,$v=r\omega$ 及 h、h_0 之值代入式(10.30)后得极坐标形式的雷诺方程

$$\frac{\mathrm{d}p}{\mathrm{d}\varphi}=6\eta\frac{\omega}{\phi^2}\cdot\frac{\varepsilon(\cos\varphi-\cos\varphi_0)}{(1+\varepsilon\cos\varphi)^3} \tag{12.13}$$

将上式从油膜起始角 φ_1 到任意角 φ 进行积分得任意位置的压力,即

$$p=6\eta\frac{\omega}{\phi^2}\int_{\varphi_1}^{\varphi}\frac{\varepsilon(\cos\varphi-\cos\varphi_0)}{(1+\varepsilon\cos\varphi)^3}\mathrm{d}\varphi \tag{12.14}$$

需要指出:式(12.13)应给出两个边界条件。对式(12.14)做定积分时,已经利用了 $p\big|_{\varphi=\varphi_1}=0$ 的初始边界条件,而另一个边界条件可以用来确定 φ_0,从而可以确定压力分布。

压力 p 在外载荷方向上的分量为

$$p_y=p\cos[180°-(\varphi_a+\varphi)]=-p\cos(\varphi_a+\varphi) \tag{12.15}$$

3. 承载力计算

把式(12.15)的压力在 φ_1 到 φ_2 的区间内积分,就得出在轴承单位宽度上的油膜承载力,即

$$\begin{aligned}P_y&=\int_{\varphi_1}^{\varphi_2}p_y r\mathrm{d}\varphi=-\int_{\varphi_1}^{\varphi_2}\cos(\varphi_a+\varphi)r\mathrm{d}\varphi\\&=6\frac{\eta\omega r}{\phi^2}\int_{\varphi_1}^{\varphi_2}\left[\int_{\varphi_1}^{\varphi}\frac{\varepsilon(\cos\varphi-\cos\varphi_0)}{(1+\varepsilon\cos\varphi)^3}\mathrm{d}\varphi\right][-\cos(\varphi_a+\varphi)]\mathrm{d}\varphi\end{aligned} \tag{12.16}$$

为了求出油膜的承载能力,理论上只需将 P_y 乘以轴承宽度 B 即可。但在实际轴承中,由于

油可能从轴承的两个端面流出,故必须考虑端泄的影响。这时,压力沿轴承宽度的变化呈抛物线分布,而且其油膜压力也比无限宽轴承的油膜压力低(图 12.5),因此必须乘以系数 C,C 值取决于宽径比 B/d 和偏心率 ε 的大小。这样,在 φ 角和距轴承中线为 z 处的油膜压力的数学表达式为

$$P'_y = P_y C'\left[1-\left(\frac{2z}{B}\right)^2\right] \tag{12.17}$$

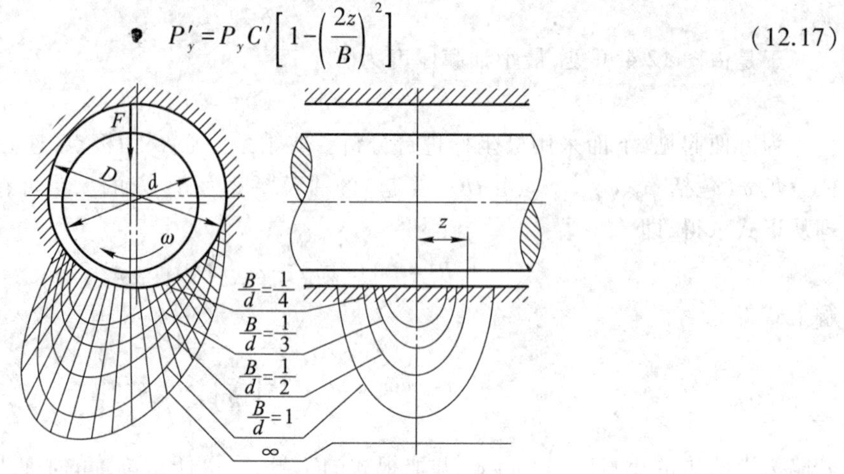

图 12.5　不同宽径比时轴向压力分布情况

因此,对有限长轴承,油膜的总承载能力为

$$F = \int_{-B/2}^{+B/2} P'_y \mathrm{d}z = \frac{6\eta\omega r}{\phi^2}\int_{-B/2}^{+B/2}\int_{\varphi_1}^{\varphi_2}\int_{\varphi_1}^{\varphi}\left[\frac{\varepsilon(\cos\varphi - \cos\varphi_0)}{(1+\varepsilon\cos\varphi)^3}\mathrm{d}\varphi\right]\cdot$$

$$\left[-\cos(\varphi_a+\varphi)\mathrm{d}\varphi\right]\cdot C'\left[1-\left(\frac{2z}{B}\right)^2\right]\mathrm{d}z \tag{12.18}$$

4. 承载量系数

由式(12.18)得

$$F=\frac{\eta\omega dB}{\phi^2}C_p \tag{12.19}$$

式中:

$$C_p = 3\int_{-B/2}^{+B/2}\int_{\varphi_1}^{\varphi_2}\int_{\varphi_1}^{\varphi}\left[\frac{\varepsilon(\cos\varphi - \cos\varphi_0)}{B(1+\varepsilon\cos\varphi)^3}\mathrm{d}\varphi\right]\cdot\left[-\cos(\varphi_a+\varphi)\mathrm{d}\varphi\right]\cdot C'\left[1-\left(\frac{2z}{B}\right)^2\right]\mathrm{d}z \tag{12.20}$$

又由式(12.19)得

$$C_p=\frac{F\phi^2}{\eta\omega dB}=\frac{F\phi^2}{2\eta vB} \tag{12.21}$$

式中:C_p 为承载量系数;η 为润滑油在轴承平均工作温度下的动力黏度,Pa · s;B 为轴承宽度,m;F 为外载荷, N;v 为轴颈圆周速度,m/s。

C_p 的积分非常困难,因而采用数值积分的方法进行计算,并做成相应的线图或表格供设计应用。由式(12.20)可知,在给定边界条件时,C_p 是轴颈在轴承中位置的函数,其值取决于轴承的包角 α(指轴承表面上的连续光滑部分包围轴颈的角度,即入油口和出油口所包轴颈的夹角)、

相对偏心率 ε 和宽径比 B/d。由于 C_p 是一个量纲为一的量,故称之为轴承的承载量系数。当轴承的包角 α(= 120°,180°或 360°)给定时,经过一系列换算,C_p 可以表示为

$$C_p \propto (\varepsilon, B/d) \tag{12.22}$$

若轴承是在非承载区内进行无压力供油,且设液体动压力是在轴颈与轴承衬的 180°的弧内产生时,则不同 ε 和 B/d 的 C_p 值见附表 6.6。

12.2.3 最小油膜厚度

由式(12.8)及附表 6.6 可知,在其他条件不变的情况下,最小油膜厚度 h_{min} 愈小则偏心率 ε 愈大,轴承的承载能力就愈大。然而,最小油膜厚度是不能无限缩小的,因为它受到轴颈和轴承表面粗糙度、轴的刚性及轴承与轴颈的几何形状误差等的限制。为确保轴承能处于液体摩擦状态,最小油膜厚度必须等于或大于许用油膜厚度$[h]$,即

$$h_{min} = r\phi(1-\varepsilon) \geqslant [h] \tag{12.23}$$

$$[h] = S(Rz_1 + Rz_2) \tag{12.24}$$

式中:Rz_1、Rz_2 分别为轴颈和轴承孔表面粗糙度。对一般轴承,Rz_1 和 Rz_2 值可分别取为 3.2 μm 和 6.3 μm,或 1.6 μm 和 3.2 μm;对重要轴承可取为 0.8 μm 和 1.6 μm,或 0.2 μm 和 0.4 μm。S 为安全系数,考虑表面几何形状误差和轴颈挠曲变形等,常取 $S \geqslant 2$。

12.2.4 轴承主要参数选择

1. 宽径比 B/d

一般轴承的宽径比 B/d 在 0.3~1.5 范围内。宽径比小,有利于提高运转稳定性,增大端泄漏量以降低温升。但轴承宽度减小,轴承承载能力也随之降低。

高速重载轴承温升高,宽径比宜取小值;低速重载轴承,为提高轴承整体刚性,宽径比宜取大值;高速轻载轴承,如对轴承刚性无过高要求,可取小值;需要对轴有较大支承刚性的机床轴承,宜取较大值。

一般机器常用的 B/d 值为:汽轮机、鼓风机 $B/d = 0.3 \sim 1$;电动机、发电机、离心泵、齿轮变速器 $B/d = 0.6 \sim 1.5$;机床、拖拉机 $B/d = 0.10 \sim 1.2$;轧钢机 $B/d = 0.6 \sim 0.9$。

2. 相对间隙 ϕ

相对间隙 ϕ 主要根据载荷和速度选取。速度愈高,ϕ 值应愈大;载荷愈大,ϕ 值应愈小。此外,直径大、宽径比小,调心性能好,加工精度高时,ϕ 值取小值,反之取大值。一般轴承,按转速取 ϕ 值的经验公式为

$$\phi \approx \frac{(n/60)^{4/9}}{10^{31/9}} \tag{12.25}$$

式中:n 为轴颈转速,r/min。

一般机器中常用的 ϕ 值为:汽轮机、电动机、齿轮减速器 $\phi = 0.001 \sim 0.002$;轧钢机、铁路车辆 $\phi = 0.000\,2 \sim 0.001\,5$;机床、内燃机 $\phi = 0.000\,2 \sim 0.001\,25$;鼓风机、离心泵 $\phi = 0.001 \sim 0.003$。

3. 黏度 η

这是轴承设计中的一个重要参数。它对轴承的承载能力、功耗和轴承温升都有不可忽视的影响。轴承工作时,油膜各处温度是不同的,通常认为轴承温度等于油膜的平均温度。平均温度的计算是否准确,将直接影响到润滑油黏度的大小。平均温度过低,则油的黏度较大,算出的承载能力偏高;反之,则承载能力偏低。设计时,可先假定轴承平均温度(一般取 $T_m = 50 \sim 75$ ℃),然后初选黏度,进行初步设计计算。最后再通过热平衡计算来验算轴承入口油温 T_i 是否在 35~40 ℃之间,否则应重新选择黏度再计算。

对于一般轴承,也可按轴颈转速 n(r/min) 先初估油的动力黏度。即

$$\eta' = \frac{(n/60)^{-1/3}}{10^{7/6}} \tag{12.26}$$

由式(10.15)计算相应的运动黏度 ν,选定平均油温 T_m,参照附表 13.1 选定全损耗系统用油的牌号。然后查附图 13.1,重新确定 t_m 时的运动黏度 ν_{tm} 及动力黏度 η_{tm}。最后再验算入口油温。

[例题 12.1]　设计一机床用的液体动力润滑径向滑动轴承,载荷垂直向下,工作情况稳定,采用对开式轴承。已知工作载荷 $F = 100\ 000$ N,轴颈直径 $d = 200$ mm,转速 $n = 500$ r/min,在水平剖分面单侧供油。

解

1. 选择轴承宽径比

根据机床轴承常用的宽径比范围,取宽径比为 1。

2. 计算轴承宽度

$$B = (B/d) \times d = 1 \times 0.2\ \text{m} = 0.2\ \text{m}$$

3. 轴颈圆周速度

$$v = \frac{\pi d n}{60 \times 1\ 000} = \frac{\pi \times 200 \times 500}{60 \times 1\ 000}\ \text{m/s} = 5.23\ \text{m/s}$$

4. 计算轴承工作压力

$$p = \frac{F}{dB} = \frac{100\ 000}{0.2 \times 0.2}\ \text{MPa} = 2.5\ \text{MPa}$$

5. 选择轴瓦材料

查附表 6.1,在保证 $p \leqslant [p]$、$v \leqslant [v]$、$pv \leqslant [pv]$ 的条件下,选定轴承材料为 ZCuSn10P1。

6. 初估润滑油黏度

由式(12.26)得

$$\eta' = \frac{(n/60)^{-1/3}}{10^{7/6}} = \frac{(500/60)^{-1/3}}{10^{7/6}}\ \text{Pa} \cdot \text{s} = 0.034\ \text{Pa} \cdot \text{s}$$

7. 计算相应的运动黏度

取润滑油密度 $\eta = 900$ kg/m^3,由式(10.15)得

$$\nu = \frac{\eta}{\rho} \times 10^6 = \frac{0.034}{900} \times 10^6\ \text{cSt} = 38\ \text{cSt}$$

8. 选定平均油温

现选平均油温 $T_m = 50$ ℃。

9. 选定润滑油牌号

参照附表 13.1 选定全损耗系统用油 L-AN68。

10. 运动黏度

按 $T_m = 50$ ℃查出 L-AN68 的运动黏度,由附图 13.1 查得 $\nu_{50} = 40$ cSt。

11. 动力黏度

换算出 L-AN68 在 50 ℃时的动力黏度

$$\eta_{50} = \rho\nu_{50}\times10^{-6} = 900\times40\times10^{-6}\text{ Pa}\cdot\text{s}\approx0.036\text{ Pa}\cdot\text{s}$$

12. 计算相对间隙

由式(12.33)得

$$\phi\approx\frac{(n/60)^{4/9}}{10^{31/9}} = \frac{(500\times60)^{4/9}}{10^{31/9}}\approx0.001$$

则 ϕ 取为 0.001 25。

13. 计算直径间隙

$$\Delta = \phi d = 0.001\ 25\times200\text{ mm} = 0.25\text{ mm}$$

14. 计算承载量系数

由式(12.21)得

$$C_p = \frac{F\phi^2}{2\eta vB} = \frac{100\ 000\times(0.001\ 25)^2}{2\times0.036\times5.23\times0.2} = 2.075$$

15. 求出轴承偏心率

根据 C_p 及 B/d 的值查附表 6.6,经过插值计算求出偏心率 $\varepsilon = 0.713$。

16. 计算最小油膜厚度

由式(12.8)得

$$h_{min} = \frac{d}{2}\phi(1-\varepsilon) = \frac{200}{2}\times0.001\ 25\times(1-0.713)\text{ mm} = 35.8\ \mu\text{m}$$

17. 确定轴颈、轴承孔表面粗糙度

按加工精度要求取轴颈表面粗糙度 $Rz_1 = 0.003\ 2$ mm,轴承孔表面粗糙度 $Rz_2 = 0.006\ 3$ mm。

18. 计算许用油膜厚度

取安全系数 $S=2$,由式(12.24)得

$$[h] = S(Rz_1+Rz_2) = 2\times(0.003\ 2+0.006\ 3)\text{ mm} = 19\ \mu\text{m}$$

因 $h_{min}>[h]$,故满足工作可靠性要求。

19. 选择配合

根据直径间隙 $\Delta = 0.25$ mm,按 GB/T 1801—1999 选配合 F6/d7,查得轴承孔尺寸公差为 $\phi200^{+0.079}_{+0.050}$,轴颈尺寸公差为 $\phi200^{-0.170}_{-0.216}$。

20. 求最大、最小间隙

$$\Delta_{max} = [0.079-(-0.216)]\text{ mm} = 0.295\text{ mm}$$

$$\Delta_{min} = [0.050-(-0.170)]\text{ mm} = 0.22\text{ mm}$$

因 $\Delta = 0.25$ mm 在 Δ_{max} 与 Δ_{min} 之间,故所选配合合用。

21. 校核轴承的承载能力、最小油膜厚度及润滑油温升

分别按 Δ_{max} 及 Δ_{min} 进行校核，如果在允许值范围内，则绘制轴承工作图；否则需要重新选择参数，再做设计及校核计算。

解毕。

12.3 典型机械传动中的润滑

12.3.1 润滑剂

1. 润滑油

(1) 润滑油选择

润滑油的润滑及散热效果好，是应用最广的润滑剂。润滑油的选择主要依据是它的黏度值，在一些场合还需要考虑它的温黏特性。润滑油的运动黏度按附表 13.1 选取。

(2) 添加剂

为了改善润滑剂(主要是润滑油)的性能而加入其中的某些物质称为添加剂。添加剂的种类很多。常见的有极压添加剂、油性剂、黏度指数改进剂、抗腐蚀添加剂、消泡添加剂、降凝剂、防锈剂等，使用添加剂是现代改善润滑性能的重要手段，设计时应给予足够的重视。

在重载摩擦副中使用的极压添加剂，能在高温下分解出活性元素与金属表面起化学反应，生成一种低剪切强度的金属化合物薄层，可以增进抗黏着能力。例如，加有极压添加剂的 90 号极压工业齿轮油，其抗胶合能力较普通的 90 号工业齿轮油提高 3~4 倍。

常见的几种添加剂及其作用见附表 13.4。

2. 润滑脂

(1) 润滑脂类型

润滑脂习惯上称为黄油或干油，是一种稠化的润滑油。根据调制皂基的不同，常用的润滑脂主要有以下几种：

钙基润滑脂——钙基润滑脂具有良好的抗水性，但耐热性能差。工作温度不宜超过 55~65 ℃。这种润滑脂的价格比较便宜。

钠基润滑脂——钠基润滑脂有较高的耐热性，工作温度可达 120 ℃，但抗水性差，比钙基润滑脂有较好的防腐性。

锂基润滑脂——锂基润滑脂既能抗水，又能耐高温，其最高温度可达 145 ℃，在 100 ℃条件下可长期工作。而且它有较好的机械安定性，是一种多用途的润滑脂，有取代钠基润滑脂的趋势。

铝基润滑脂——铝基润滑脂有良好的抗水性，对金属表面有较高的吸附能力，有一定的防锈作用。它在 70 ℃时开始软化，只适用于 50 ℃以下的温度。

(2) 润滑脂的主要性能指标

针入度——针入度是表征润滑脂稀稠度的指标。针入度越小，表示润滑脂越稠；反之，流动性越大。

滴点——滴点是表征润滑脂受热后开始滴落时的温度。润滑脂能够使用的工作温度应低于滴点 20~30 ℃,若能低于 40~60 ℃则更好。

安定性——安定性反映润滑脂在储存和使用过程中维持润滑性能的能力,包括抗水性、抗氧化性和安定性等。

(3) 润滑脂的选择

使用润滑脂也可以形成将滑动表面完全分开的一层薄膜,润滑脂易保持在润滑部位、润滑系统简单,密封性好,但流动性极差,所以无冷却效果。常用在那些要求不高、难以经常供油,或者低速重载以及作摆动运动构件的轴承中。

润滑脂的选择参考附表 13.3。

3. 固体润滑剂

固体润滑剂可以在摩擦表面上形成固体膜以减小摩擦阻力,通常只用于一些有特殊要求的场合。主要的固体润滑剂有:石墨、二硫化钼(MoS_2)、聚四氟乙烯等。

石墨因其特有的层状结构可以提供较小的摩擦系数,是固体润滑剂中最广泛使用的一种。将全熔金属渗入石墨或碳-石墨零件的孔隙中,或经过烧结制成轴瓦可获得较高的黏附能力。

二硫化钼用黏结剂调配涂在摩擦表面上可以大大提高摩擦副的磨损寿命。在金属表面上涂镀一层钼,然后放在含硫的气体中加热,可生成 MoS_2 膜。这种膜黏附最为牢固,承载能力极高。在用塑料或多孔质金属制造的轴承材料中渗入 MoS_2 粉末,会在摩擦过程中连续对摩擦表面提供 MoS_2 薄膜。

聚四氟乙烯片材可冲压成轴瓦,也可以用烧结或黏结法形成聚四氟乙烯膜黏附在轴瓦内表面上。软金属薄膜(如铅、金、银等薄膜)主要用于真空及高温的场合。

12.3.2 齿轮传动的润滑

半开式及开式齿轮传动,或速度较低的闭式齿轮传动,可采用人工定期添加润滑油或润滑脂进行润滑。闭式齿轮传动通常采用油润滑,其润滑方式根据齿轮的圆周速度 v 而定,当 $v \leq 12$ m/s时可用油浴式(图 12.6a),大齿轮浸入油池一定的深度,齿轮转动时把润滑油带到啮合区。齿轮浸油深度可根据齿轮的圆周速度大小而定,对圆柱齿轮通常不宜超过一个齿高,但一般亦不应小于 10 mm;对锥齿轮应浸入全齿宽,至少应浸入齿宽的一半。多级齿轮传动中,当几个大齿轮直径不相等时,可采用惰轮的油浴润滑(图 12.6b)。当齿轮的圆周速度 $v>12$ m/s 时,应采用喷油润滑(图 12.6c),用油泵以一定的压力供油,借喷嘴将润滑油喷到齿面上。

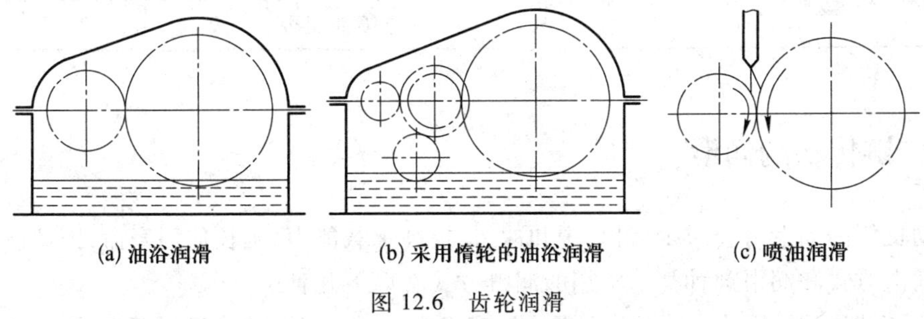

(a) 油浴润滑　(b) 采用惰轮的油浴润滑　(c) 喷油润滑

图 12.6　齿轮润滑

12.3.3 蜗杆传动的润滑

从 8.2 节可知,蜗杆传动的效率较低,因此润滑对蜗杆传动具有特别重要的意义。因为,润滑不仅可以减少摩擦,而且可以将蜗杆和蜗轮所产生的热量带走。当润滑不良时,传动效率显著降低,并会带来剧烈温升而产生胶合,或是产生严重的磨损导致破坏。采用黏度大的矿物油进行润滑,并在润滑油中加入添加剂可以提高蜗杆传动的抗胶合和耐磨能力。

蜗杆传动所采用的润滑油、润滑方法及润滑装置如下。

(1) 润滑油

润滑油的种类很多,需根据蜗杆、蜗轮配对材料和运转条件合理选用。选用钢制蜗杆配青铜蜗轮时,常用的润滑油可参照附表 5.10 选取。

(2) 润滑油黏度及润滑方式

润滑油黏度及润滑方式,一般根据相对滑动速度及载荷类型进行选择。对于闭式传动,常用的润滑油黏度及润滑方式见附表 5.10。如果采用喷油润滑,喷油嘴要对准蜗杆啮入端;蜗杆正反转时,两边都要装有喷油嘴,而且要控制一定的油压。对于开式传动,则应当采用黏度较高的齿轮油或润滑脂,以减少轮齿的磨损。

(3) 润滑油供应量

对闭式蜗杆传动采用油池润滑时,在搅油损耗不致过大的情况下,应有适当的油量。这样不仅有利于动压油膜的形成,而且有助于散热。对于蜗杆下置式或蜗杆侧置式的传动,浸油深度应为蜗杆的一个齿高;当为蜗杆上置式时,浸油深度约为蜗轮外径的 1/3。

由于蜗杆传动的相对滑动速度 v_s 大,效率低,发热量大,因此必须注意蜗杆传动的润滑;否则会进一步导致效率显著降低,并会带来剧烈的磨损,甚至产生胶合。蜗杆传动的润滑方法和润滑油黏度可参考表 12.1。

表 12.1 蜗杆传动润滑油黏度及润滑方法

滑动速度 v_s/(m/s)	<1	<2.5	<5	5~10	10~15	15~25	>25
工作条件	重载	重载	中载	载荷不限	载荷不限	载荷不限	载荷不限
运动黏度 ν/cSt,40 ℃	900	500	350	220	150	100	80
润滑方式	油池润滑			油池润滑或喷油润滑	喷油润滑用压力/MPa		
					0.7	2	3

12.3.4 链传动的润滑

链传动良好的润滑将会减少磨损,缓和冲击,提高承载能力,延长使用寿命,因此链传动应合理地确定润滑方式和润滑剂种类。常用的润滑方式有以下几种。

1) 人工定期润滑:用油壶或油刷给油(图 12.7a),每班注油一次,适用于链速 $v \leqslant 4$ m/s 的不重要传动。

2）滴油润滑：用油杯通过油管向松边的内、外链板间隙处滴油，用于链速 $v\leqslant 10$ m/s 的传动（图 12.7b）。

3）油浴润滑：链从密封的油池中通过，链条浸油深度以 6 ~ 12 mm 为宜，适用于链速 $v=6\sim 12$m/s 的传动（图 12.7c）。

4）飞溅润滑：在密封容器中，用甩油盘将油甩起，经由壳体上的集油装置将油导流到链上。甩油盘速度应大于 3 m/s，浸油深度一般为 12 ~ 15 mm（图 12.7d）。

5）压力油循环润滑：用油泵将油喷到链上，喷口应设在链条进入啮合之处。适用于链速 $v\geqslant 8$ m/s 的大功率传动（图 12.7e），链传动常用的润滑油有 L-AN32、L-AN46、L-AN68、L-AN100 等全损耗系统用油。温度低时，黏度宜低；功率大时，黏度宜高。

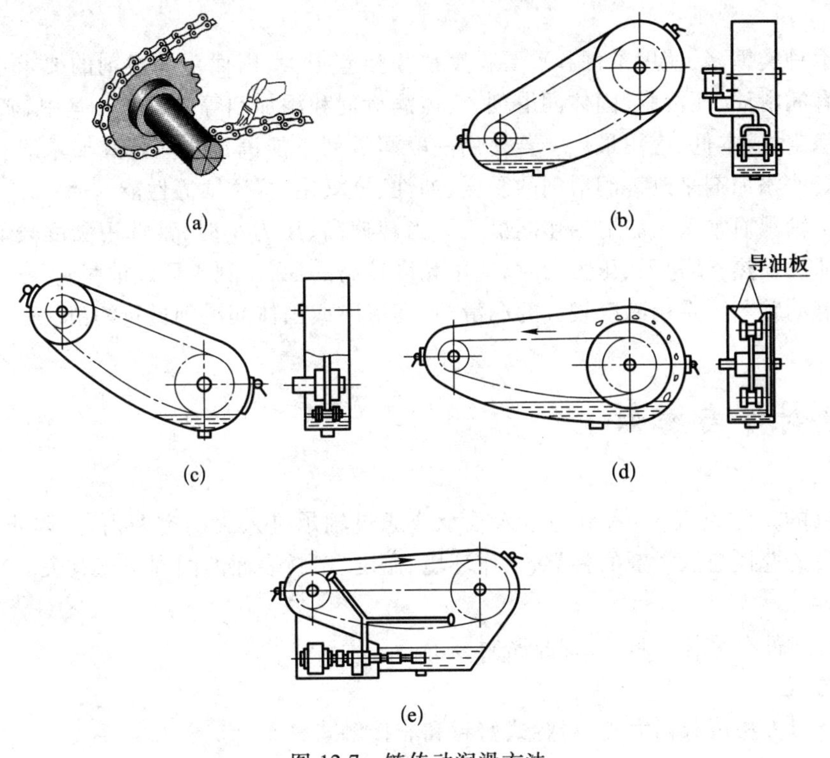

图 12.7　链传动润滑方法

12.3.5　滚动轴承的润滑

润滑和密封对滚动轴承的使用寿命有重要意义。润滑的主要目的是减小摩擦与磨损。滚动接触部位形成油膜时，还有吸收振动、降低工作温度等作用。密封的目的是防止灰尘、水分等进入轴承，并阻止润滑剂的流失。

滚动轴承的润滑剂可以是润滑脂、润滑油或固体润滑剂。一般情况下，轴承采用润滑脂润滑，但在轴承附近已经具有润滑油源时（如变速箱内本来就有润滑齿轮的油），也可采用润滑油润滑。具体选择可按速度因数 dn 值来定。d 代表轴承内径（mm）；n 代表轴承转速（r/min），dn

值间接地反映了轴颈的圆周速度，当 $dn<(1.5\sim2)\times10^5$ mm · r/min 时，一般滚动轴承可采用润滑脂润滑，超过这一范围宜采用润滑油润滑。

脂润滑因润滑脂不易流失，故便于密封和维护，且一次充填润滑脂可运转较长时间。油润滑的优点是比脂润滑摩擦阻力小，并能散热，主要用于高速或工作温度较高的轴承。

润滑油的黏度可按轴承的速度因数 dn 和工作温度 t 来确定。油量不宜过多，如果采用浸油润滑则油面高度不超过最低滚动体的中心，以免产生过大的搅油损耗和热量。高速轴承通常采用滴油或喷雾方法润滑。

12.3.6 滑动轴承的润滑

滑动轴承种类繁多，使用条件和重要程度往往相差很大，因而对润滑剂的要求也各不相同。润滑剂主要有润滑油、润滑脂、固体润滑剂、气体润滑剂和添加剂等几大类。其中，矿物油和皂基润滑脂性能稳定、成本低、应用最广。若使用一般润滑剂不能满足某些特殊要求时，可以有针对性地加入少量的添加剂来改善润滑剂的黏度、油性、抗氧化、抗锈蚀等性能。

液体动压轴承通常采用润滑油作润滑剂。当转速高、压力小时，常选用黏度较低的油，以利于减少润滑油的发热；转速低、压力大时，选用黏度较高的油，以利于形成油膜。

非液体滑动轴承则选用黏度较大的润滑油、润滑脂或固体润滑剂进行润滑。

12.4 密封件与密封

密封的目的是防止灰尘、水分等进入轴承或通过轴承进入封闭空腔内，并阻止润滑剂的流失。密封方法的选择与润滑剂的种类、工作环境、温度、密封表面的圆周速度有关。

1. 密封件

常用的密封件有毛毡密封圈、橡胶密封圈等。

2. 密封方式

常用的密封方法可分两大类：接触式密封和非接触式密封。

表 12.2 给出的是滚动轴承的常用密封形式、适用范围和性能。

表 12.2 常用的滚动轴承密封方法

密封方法	图例	说明
接触式密封	毛毡圈密封 1	在轴承盖上开出梯形槽，将矩形截面的毛毡圈，放置在梯形槽中与轴接触，对轴产生一定的压力进行密封。这种密封结构简单，但摩擦较严重，主要用于 $v<4\sim5$ m/s 脂润滑场合

续表

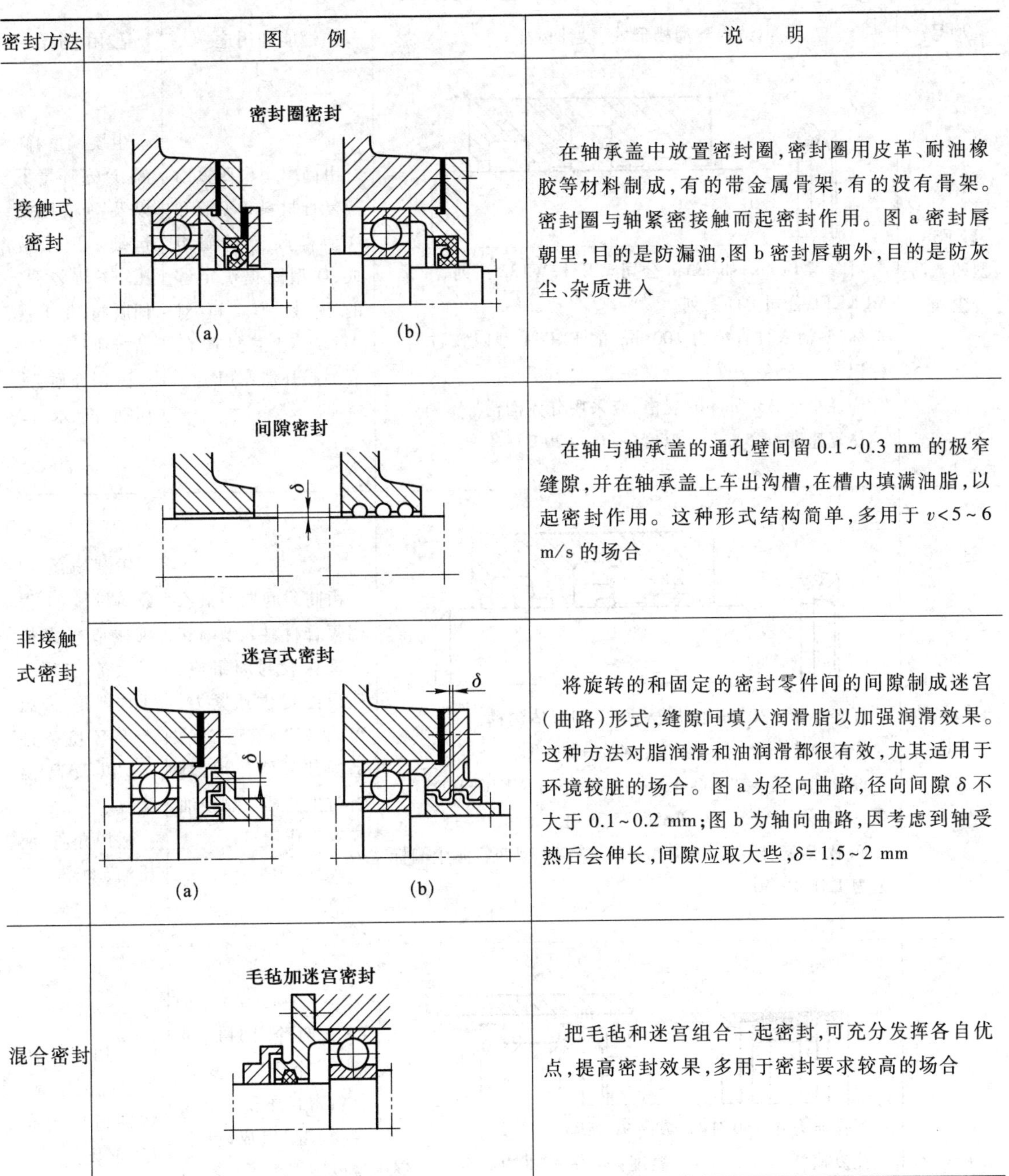

密封方法	图　例	说　明
接触式密封	密封圈密封 (a)　(b)	在轴承盖中放置密封圈，密封圈用皮革、耐油橡胶等材料制成，有的带金属骨架，有的没有骨架。密封圈与轴紧密接触而起密封作用。图 a 密封唇朝里，目的是防漏油，图 b 密封唇朝外，目的是防灰尘、杂质进入
非接触式密封	间隙密封 δ	在轴与轴承盖的通孔壁间留 0.1～0.3 mm 的极窄缝隙，并在轴承盖上车出沟槽，在槽内填满油脂，以起密封作用。这种形式结构简单，多用于 $v<5\sim6$ m/s 的场合
	迷宫式密封 δ　δ (a)　(b)	将旋转的和固定的密封零件间的间隙制成迷宫（曲路）形式，缝隙间填入润滑脂以加强润滑效果。这种方法对脂润滑和油润滑都很有效，尤其适用于环境较脏的场合。图 a 为径向曲路，径向间隙 δ 不大于 0.1～0.2 mm；图 b 为轴向曲路，因考虑到轴受热后会伸长，间隙应取大些，$\delta=1.5\sim2$ mm
混合密封	毛毡加迷宫密封	把毛毡和迷宫组合一起密封，可充分发挥各自优点，提高密封效果，多用于密封要求较高的场合

近年来发展的组合密封方式在工业上得到了广泛的应用，特别是在具有压力的液压工况下，利用组合密封既可以防止流体工质的泄露，又不过分增加摩擦阻力。表 12.3 给出了有关四氟乙烯复合材料与普通密封圈共同组成的轴和孔用组合密封方式，供设计时参考。

表 12.3　组合密封形式

型号	结构与沟槽形式、设计标准	性能和用途	适用场合
FXFSA 型四氟防尘圈	可参考 Busak+shamban 公司 WE31-WT33 系列、MEKKEL 公司 PTI 系列。 标记：活塞杆直径为 100 mm 的 FXFSA 型四氟防尘圈标记为 FXFSA-100。 杆径小于 ϕ30 mm 的规格，应采用分体沟槽。 往复速度：≤5 m/s　温度：-40～+200 ℃	由高耐磨聚四氟乙烯复合材料 Z 型圈和 O 型橡胶密封圈组成，O 型圈提供足够的预紧力。可对 PTFBZ 型密封圈的磨损起补偿作用	尘埃严重、高温、严寒环境下以及高频往复运动。用于液压、气动装置、伺服阀，化工食品行业。 适用介质：液压油、汽、水
FXFSB 型四氟防尘圈	杆径小于 ϕ30 mm 的规格，应采用分体沟槽。 往复速度：≤5 m/s；温度：-40～+200 ℃。 设计选用可参考 Busak+shamban 公司 WE50-WE53 系列；B+L 公司 ES56150-ES56155 系列。 标记：活塞杆直径为 50 mm 的 FXFSB 型四氟防尘圈标记为 FXFSB-50	由高耐磨聚四氟乙烯复合材料 Z 型圈和 O 型橡胶封圈组成，O 形圈提供预紧力，可对 PTFEZ 型圈的磨损起补偿作用，具有防尘和挡住剩余油膜双重作用	重载场合，如建筑机械、工程机械或压力机等设备上，用于尘埃严重、高温严寒环境条件下，以及高温天气。 适用介质：液压油、水、汽
FXCS 孔用组合密封	工作压力：0～50 MPa，最高 70 MPa。 往复速度：≤1.5 m/s　温度：-40～+200 ℃（取决于橡胶圈材质）。 设计选用可参考 Busak+shamban 公司 PK010-PK050 系列，也可参考日本 NOK 孔用标准。 标记：内径 100 mm 的密封缸 FXCS 孔用组合密封标记为 FXCS-100	由两个 PTFE 挡圈，一个 PTFE 复合材料密封环和一个弹性橡胶圈组成，弹性橡胶圈提供了足够的预紧力，并对密封环的磨损起补偿作用，保证高压低压良好密封性能	适用于液压油缸孔用密封，特别适用于高压、重载。 长行程双向密封。 适用介质：液压油、水、汽

续表

型号	结构与沟槽形式、设计标准	性能和用途	适用场合
FXKD 孔用组合密封	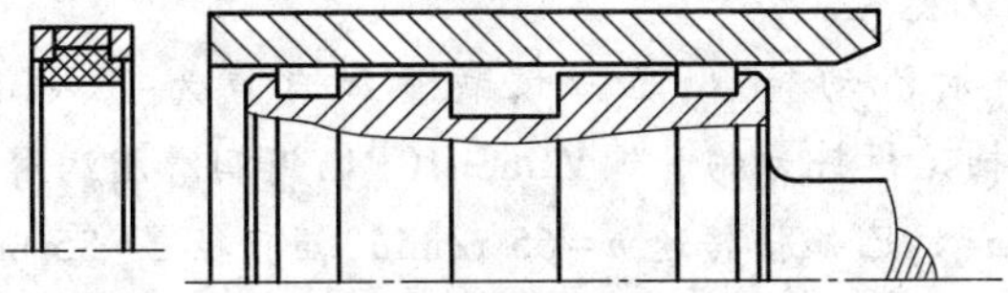 工作压力:0~50 MPa,最高 70 MPa。 往复速度:≤1.5m/s;温度:-40~+200 ℃。 设计选用可参考 Hunger 公司 GKD 系列。 标记:内径 100 mm 的密封缸 FXKD 孔用组合密封标记为 FXKD-100	由两个高耐磨 PTFE 复合材料导向环,一个高耐磨 PTFE 复合材料密封环和弹性橡胶圈组成,导向环起定位和导向作用,弹性橡胶圈提供足够的预紧力,并对密封环的磨损起到补偿作用。保证高压低压良好密封性能	适用于液压油缸孔用密封,特别适用于高压重载双向密封。 适用介质:液压油、水、汽
FXGD 孔用组合密封	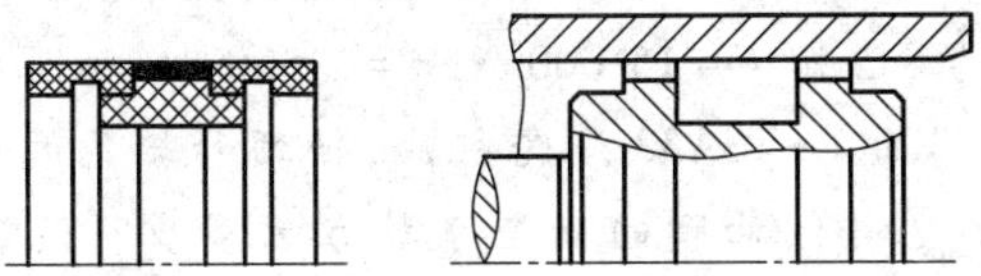 工作压力:0~50 MPa,最高 70 MPa。 往复速度:≤1.5 m/s;温度:-40~+200 ℃(取决于橡胶圈材质)。 设计选用可参考 Hunger 公司 GD1000K 系列。 标记:内径 100 mm 的密封缸 FXGD 孔用组合密封标记为 FXGD-100	由两个高耐磨的聚四氟乙烯复合材料导向环,两个 PTFE 挡圈,一个弹性橡胶圈和一个 PTFE 复合材料密封环组成,导向环起定位和导向作用,挡圈起到支承和定位作用,弹性橡胶圈提供足够的预紧力,并对密封环的磨损起到补偿作用,保证高压低压良好密封性能	适用于液压油缸孔用密封,特别适用于高压重载双向密封。 适用介质:液压油、水、汽

习题

12.1　滑动轴承的摩擦状况有哪几种？它们有何本质差别？

12.2　非液体摩擦滑动轴承的主要失效形式是什么？试从下面选择正确答案。

(a)点蚀　(b)胶合　(c)磨损　(d)塑性变形

12.3　某不完全液体润滑径向滑动轴承,已知:轴颈直径 $d=200$ mm,轴承宽度 $B=200$ mm,轴颈转速 $n=300$ r/min,轴瓦材料为 ZCuAl10Fe3,试问它可以承受的最大径向载荷是多少？

12.4　已知一起重机卷筒的滑动轴承所承受的载荷 $F=10^5$ N,轴颈直径 $d=90$ mm,轴的转速 $n=9$ r/min,轴承材料采用铸造青铜、试设计此轴承(采用不完全液体润滑径向轴承)。

12.5　某对开式径向滑动轴承,已知径向载荷 $F=35\times10^3$ N,轴颈直径 $d=100$ mm,轴承宽度

$B=100$ mm，轴颈转速 $n=1\ 000$ r/min。选用 L-AN32 全损耗系统用油，设平均温度 $t_m=50$ ℃。轴承的相对间隙 $\phi=0.001$，轴颈、轴瓦表面粗糙度分别为 $Rz_1=1.6$ μm，$Rz_2=3.2$ μm，试校验此轴承能否实现液体动压润滑。

12.6　设计一发电机转子的液体动压径向滑动轴承。已知：载荷 $F=5\times10^4$ N，轴颈直径 $d=150$ mm，转速 $n=1\ 000$ r/min。工作情况稳定。

12.7　校核铸件清理滚筒上的一对滑动轴承，已知装载量加自重为 18×10^3 N，转速为 40 r/min，两端轴颈的直径为 120 mm，轴瓦材料为锡青铜 ZCuSn10P1，用润滑脂润滑。

12.8　验算一非液体摩擦的滑动轴承，已知轴转速 $n=65$ r/min，轴直径 $d=85$ mm，轴承宽度 $B=85$ mm，径向载荷 $F_R=70$ kN，轴的材料为 45 钢，轴瓦材料为 ZCuSn10P1。

12.9　一起重用滑动轴承，轴颈直径 $d=70$ mm，轴瓦工作宽度 $B=70$ mm，径向载荷 $F_R=3\times10^4$ N，轴的转速 $n=200$ r/min，试选择合适的润滑剂和润滑方法。

12.10　已知一支承起重机卷筒的非液体摩擦的滑动轴承所受的径向载荷 $F_R=25\times10^3$ N，轴颈直径 $d=90$ mm，宽径比 $B/d=1$，轴颈转速 $n=8$ r/min，试选择该滑动轴承的材料。

12.11　一液体动压滑动轴承的轴颈直径为 40 mm，宽度为 24 mm，相对间隙为 0.002，径向载荷为 1.6 kN，采用全损耗系统用油 L-AN46 机械油润滑，轴承包角为 180°，润滑油平均温度为 50 ℃，当轴的转速分别为 1 000 r/min、2 000 r/min、3 000 r/min 和 4 000 r/min 时，求每秒钟发热量和轴颈偏心距 e，并画出曲线，表示发热量和轴颈偏心距与轴颈转速的关系。

12.12　计算一液体摩擦的滑动轴承，已知 $F=15\ 000$ N，$n=1\ 500$ r/min，$d=150$ mm，$B=100$ mm，ε 取 0.6，润滑油用全损耗系统用油 L-TSA32 汽轮机油，轴颈和轴瓦的表面粗糙度为 $Rz_1=Rz_2=3.2$ μm，试计算其油膜厚度 h_{min}，并问油膜的安全系数 S 为多少？温升如何？（L-TSA32 汽轮机油的运动黏度，由机械设计手册查得 $\nu_{50}=30$cSt）

12.13　一车床的主轴前轴承为单油楔轴承。已知：$d=100$ mm，$B=120$ mm，$\Delta=0.03$ mm，用全损耗系统用油 L-AN46 机械油（$t_m=65$ ℃），轴颈表面粗糙度 $Rz_1=1.6$ μm，轴瓦表面粗糙度 $Rz_2=3.2$ μm，当 $n=38$ r/min 时，$F=15$ kN，问此时能否形成液体摩擦？

12.14　试计算在保证液体摩擦情况下轴承可承受的最大载荷。已知 $d=100$ mm、$B=100$ mm、$\Delta=0.2$ mm，$n=1\times10^3$ r/min，油的平均温度 $t_m=50$ ℃，此时 $\eta=0.02$ Pa · s，$Rz_1+Rz_2=10$ μm。

12.15　设计电动机上的滑动轴承，轴承工作载荷等于 35×10^3 N，转速等于 1 500 r/min，轴颈直径等于 100 mm。

第六篇 热分析 6

由于温度的变化会使机械零件发生变形并产生温度应力，因此温度对高温下工作的机械零件也有较大影响。例如金属材料在高温下可能出现蠕变和松弛现象，从而导致机械零件的力学性能发生明显变化。所以，对在高温下承担重要工作的机械零件需要进行热应力分析。但是，由于机械零件受温度影响时的应力和变形计算比较复杂，因而对一般工况下工作的机械零件仅限于它们的工作温度和热平衡计算，以避免因工作温度过高而不能正常工作。例如，在蜗杆传动中，由于滑动摩擦发热较大，应保证零件受热膨胀后，不致使间隙过小而破坏润滑油膜，导致接触面产生胶合现象。为了保证零件在温度改变下仍能正常工作，有时需要采取预留间隙或加垫片的方法来补偿零件因温度而发生的尺寸改变。对温度超出规定的值或散热条件不足时，可采用辅助冷却方法，例如加散热片、风扇或冷却水管等措施以降低工作时的温升。

本篇将首先介绍温度对材料物性的影响，包括固体材料的热变形、温度应力、蠕变等现象，液体材料的润滑油黏度和吸附-解附现象，以及类固体材料的润滑脂的滴点等。然后，通过对蜗杆传动和滑动轴承设计中的热平衡计算，说明热分析在机械设计中的应用。

第 13 章

机械设计中的热分析

13.1 温度对材料性质的影响

13.1.1 温度变形、应力和蠕变

1. 温度对材料力学性能的影响

材料在受热或受冷时都会发生变形。有一定厚度的机械零件在冷却时，由于表面先冷却收缩，内部后冷却收缩，因此在温度变化过程中，其表面将受拉应力，内部则受压应力，如图 13.1a 所示。当零件被加热时，情况则相反，表面先受热膨胀，而内部则受热膨胀较慢，因此表面将受压应力而内部则受拉应力，如图 13.1b 所示。这就是由于温度的变化而引起的机械零件的变形及附加的温度应力。

在轴系设计中，为补偿温度变化较大的长轴的热变形从而避免产生温度应力，可以在轴的一端的轴承盖与轴承外圈端面间留出间隙 $a=0.25\sim0.40$ mm，见图 13.2a。对温度变化不大的短轴，则可以通过在装配时增减轴承端盖与箱体间调整垫片的厚度来实现，见图 13.2b。

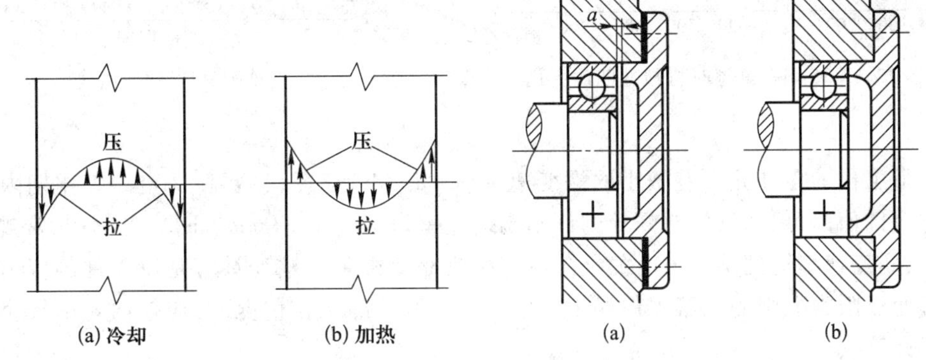

图 13.1　温度变形和应力

图 13.2　轴系设计中的温度补偿方式

温度的变化还会使材料的力学性能发生变化。材料的力学性能一般是指室温条件下试验得到的数值，如弹性模量、屈服极限等。在温度超过某一数值（钢为 300~400℃，轻合金为 100~150℃）后，金属的强度一般会急剧下降，因此在必要时应采用耐高温材料制造机械零部件，如耐热合金钢、金属陶瓷等。图 13.3 给出了 35 钢抗拉强度极限和屈服强度随温度变化的曲线。试

验表明，碳钢在 300℃时的抗拉强度极限 σ_B 比常温时高，若超过 300℃以后，其 σ_B 值逐渐降低，屈服强度 $\sigma_{0.2}$ 随温度的升高而下降。

在低温时钢的强度有所提高，但韧性显著降低，应力集中敏感性增大。有色金属如铝、铜等在低温下一般无冷脆性，且强度及塑性均有提高，所以低温设备常用有色金属制造。不同温度时材料的力学性能可从材料手册中查取。

2. 蠕变和松弛

在温度升高或高温时，金属材料将会出现蠕变和松弛现象。

在一定工作温度和压力下，零件塑性变形缓慢而连续增长的现象，称为蠕变。高温条件下工作的某些零件，需要计算有效寿命期间的蠕变量。例如高温高压蒸汽管由于蠕变使管壁不断减薄，直径增大，最后会因强度不足引起管壁破裂。又如汽轮机叶片，当它在高温和离心力作用下长期工作，蠕变会使它碰到机壳，发生故障。碳钢和铸铁在 300~350℃、合金钢在 350~400℃、轻合金在 50~150℃及以上时便会产生蠕变，而且在室温下也会发生微小蠕变。蠕变曲线见图 13.4，应力 σ 越大、温度 T 越高、时间 t 越长，则蠕变量 ε 越大。

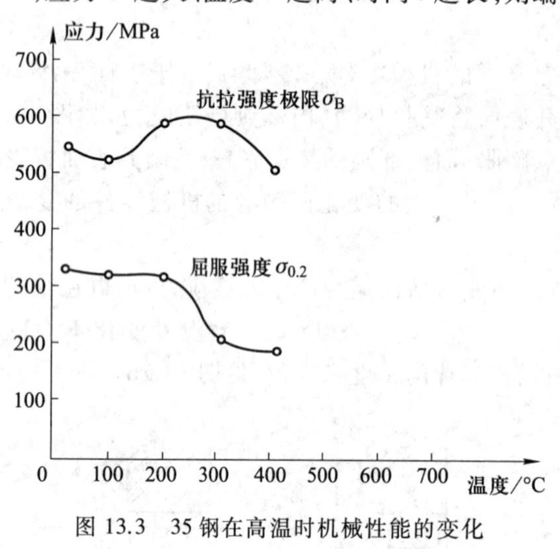

图 13.3　35 钢在高温时机械性能的变化

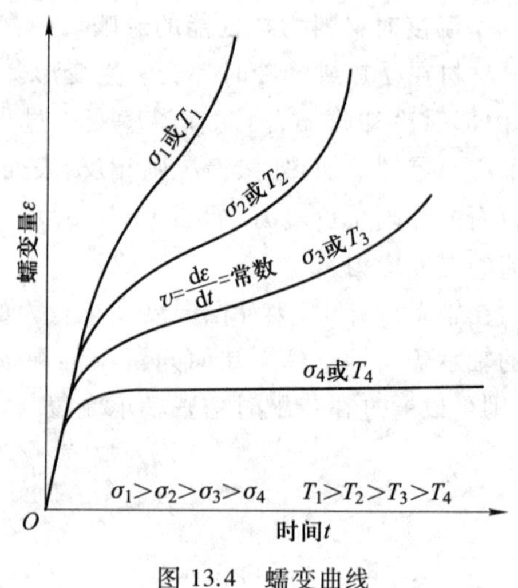

图 13.4　蠕变曲线

高温下工作的零件允许有微小的蠕变速率（$v = d\varepsilon/dt$）存在，只要在一定的工作期限内蠕变量不超过允许值即可，如汽轮机螺栓的许用蠕变速率为 10^{-8}mm/(mm · h)。工程中，常规定在工作温度下，蠕变速率达到某一值时的极限应力称为蠕变极限。蠕变计算是以零件的应力不超过材料的蠕变极限为准则的。若零件处于交变应力和蠕变的工作情况下，应按两者中较小的许用应力进行计算。

改善蠕变可采取的措施有：

1）高温工作的零件要采用蠕变小的材料制造，如耐热钢等；

2）对有蠕变的零件进行冷却或隔热；

3）防止零件向可能损害设备功能或造成拆卸困难的方向蠕变。

在预紧情况（如紧螺栓连接、过盈配合等）下工作的零件总变形量不变，而其弹性变形随时间逐渐转化为塑性变形，引起应力逐渐降低的现象称为松弛。应力降低的速率随材料性质、应力大小和温度高低等因素而变。

改善松弛可采取的措施有：

1）选择满足工作温度要求的材料；

2）尽量采用少而加工良好的接合面；

3）对于输送煤气、蒸汽等管道凸缘的紧螺栓连接，为了防止由于松弛引起泄漏，需要定期补充拧紧或另用防松装置。

在高温或特殊低温条件下工作的机械零件的计算较复杂，设计时可参阅有关文献。

13.1.2　温度对润滑油的影响

1. 温黏关系

黏度随温度的变化是润滑剂的一个十分重要的特性。通常，润滑油的黏度越高，其对温度的变化就越敏感。从分子学的观点来看：当温度升高时，流体分子运动的平均速度增大，而分子间的距离也增加。这样就使得分子的动量增加，而分子间的作用力减小。

液体的黏度随温度的升高而急剧下降，会严重影响它们的润滑作用。为了确定摩擦副在实际工况条件下的性能，必须根据润滑剂在工作温度下的黏度进行分析。

对于润滑剂的黏度温度特性已作了大量的研究，并提出了许多关系式，其中有的公式是根据对液体流动模型的分析得出的，而有的公式则完全是经验数据的总结，因而，各种公式都存在着应用上的局限性。

（1）黏温方程

常用的黏度与温度的关系式是 Reynolds 黏温方程，它可以写成：

$$\eta=\eta_0 e^{-\beta(T-T_0)} \tag{13.1}$$

式中，η_0为润滑油在温度为 T_0时的黏度；η 为温度为 T 时的黏度；β 为温黏系数，可近似取作 0.031/℃。

（2）黏度指数 VI

用黏度指数（VI 值）来表示各种润滑油黏度随温度的变化程度，是一种应用普遍的经验方法。它的表达式为：

$$VI=\frac{L-U}{L-H}\times 100 \tag{13.2}$$

首先测量出待测油在 210 ℉（≈85℃）的运动黏度值，然后据此选出在 210 ℉具有同样黏度且黏度指数分别为 0 和 100 的标准油。式中的 L 和 H 是这两种标准油在 100 ℉（≈38℃）时的运动黏度。U 是该待测油在 100 ℉时的运动黏度。然后用式（13.17）计算得到该润滑油的黏度指数值。在附表 13.2 中给出了几种润滑油的黏度指数。黏温指数高的润滑油表示它的黏度随温度的变化小，因而黏温性能好。

（3）黏温曲线

Reynolds 黏温方程在数值计算中使用起来较方便，但有时更准确的描述黏温关系应当使用其他的方程、黏度指数或曲线图等。附图 13.1 给出了几种常用牌号的润滑油的黏温曲线。

2. 润滑油吸附膜的解附与软化

润滑油中常含有少量的极性物质，例如含 1%～2% 的脂肪酸 C_nH_{2n+1}+COOH，它是长链型分子结构，如图 13.5 所示。分子的一端—COOH 称为极性团，具有化学活性，依靠分子或原子间的范德华(van der Waals)力可以牢固地吸附在金属表面上，形成分层定向排列的单分子层或多分子层的吸附膜，这种吸附称为物理吸附。吸附膜将两摩擦表面隔开，提供了一个低剪切阻力的界面，因而降低摩擦并避免发生表面黏着。

当表面温度较高时，极性分子能与表面金属形成金属皂，这种吸附称为化学吸附。依靠化学结合吸附在金属表面形成的分子栅。化学吸附膜中的金属离子并不离开原金属的晶格，润滑剂分子也仍保留其原有的物理特性。化学吸附膜的熔点比纯脂肪酸的高，热稳定性好。化学吸附膜的形成是不可逆的，并且具有较低的摩擦系数。化学吸附膜可以在较高的载荷、速度和温度的条件下工作，防止金属表面间直接接触，从而降低摩擦和避免表面黏着。

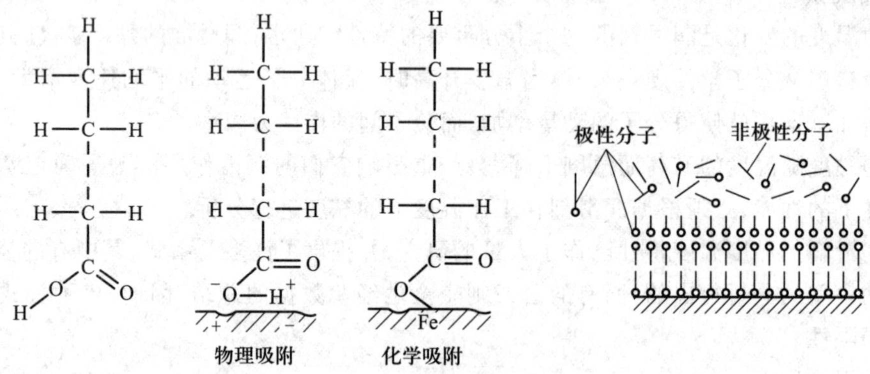

图 13.5　极性分子脂肪酸结构与吸附膜模型

温度是影响边界润滑性能的重要因素。上述吸附膜只能在一定的温度范围内正常工作，超过一定温度，吸附膜将发生失向、解附或软化，从而导致润滑失效。这一温度称为临界温度，是衡量边界润滑膜强度的主要参数。当摩擦表面温度达到使吸附分子失向、软化时，吸附膜则发生解附，摩擦系数迅速增大，但仍然具有一定的润滑作用。这个温度被称为第一临界温度，80～100℃。当表面温度升高到润滑油或润滑脂发生聚合或分解时，边界膜完全失效，摩擦副将出现急剧磨损，此时的温度称为第二临界温度。脂肪酸的第二临界温度在 150～160℃之间，皂类可以达到 300℃左右。

13.1.3　对润滑脂的影响

一般润滑脂是以类固体的状态工作的。但是，当温度超过一定值，润滑脂将转化成流体。表征润滑脂状态由类固体转化为流体的性能指标为润滑脂的滴点。

常用的润滑脂类型的滴点如表 13.1 所示：

表 13.1　常用的润滑脂类型的滴点

润滑脂类型	滴点/℃
钙基	70~100
钙钠基	120~150
钠基	130~160
锂基	170~200
复合钙基	230~260
复合铝基	250~260
复合锂基	>260

一般而言,润滑脂应在低于滴点 20~30℃温度下工作。因此,对正常工作的润滑脂来说,不允许它的工作温度高于其滴点。

13.2 机械设计中的热平衡计算

13.2.1 机械零件热平衡计算

在蜗杆传动和滑动轴承等机械零件工作时,由于它们的相对滑动速度较大或很大,从而摩擦损耗的功亦较大,会引起较大温升。为保证零件受热膨胀后,不致使间隙过小而破坏润滑油膜或是温度过高导致润滑失效,发生接触面胶合现象,所以有时要进行热平衡计算,以避免这些机械零件因工作温度过高而不能正常工作。

机械零件工作时它的热源即是零件工作时产生的摩擦功耗,摩擦功转变为热量使温度不断升高。同时,随着零件工作温度的升高,它们向外部传导和辐射的热量也会增加。另外,向表面加入润滑介质或人为增加的循环流动流体也会将部分热量带走,这就是对流。

当热源产生的热量与热传导和对流带走的热量相等时,机械零件就达到热平衡状态,温度不再增加而保持不变。若设单位时间内摩擦所产生的热量等于 q_1,由零件温度与环境温度差所传导散发的热量为 q_2,由流动的润滑剂所对流散热带走的热量为 q_3,则其热平衡条件可以写成

$$q_1 = q_2 + q_3 \tag{13.3}$$

1. 热源热量

机械零件中的热量是由摩擦损耗的功转变而来的。因此,单位时间在单位面积上所产生的热量 q_1 为

$$q_1 = P(1-\eta) = Fv = fpAv \tag{13.4}$$

式中,P 为功率,η 为效率,F 为摩擦力,v 为速度,f 为摩擦系数,p 为压力,A 为面积。

2. 温差热传导热量

以自然或强制冷却方式,从箱体外壁散发到周围空气中去的热量 q_2 为

$$q_2 = \alpha S(T - T_a) \tag{13.5}$$

式中,α 为热传导系数,S 为表面积,T 为零件温度,T_a为环境温度。

3. 对流散热热量

由流出的油带走的热量 q_3为

$$q_3 = Q\rho c(T_o - T_i) \tag{13.6}$$

式中,Q 为润滑油耗油量,ρ 为润滑油的密度,c 为润滑油的比热容,T_o为润滑剂在出口处的温度,T_i为润滑剂在入口处的温度。

13.2.2　蜗杆传动效率和热平衡分析

1. 蜗杆传动的效率

闭式蜗杆传动的功率损耗一般包括三部分:啮合损耗 η_1、轴承摩擦损耗 η_2和浸入油池中的零件搅油时的溅油损耗 η_3。因此,总效率为

$$\eta = \eta_1 \eta_2 \eta_3 \tag{13.7}$$

在蜗杆传动中,轴承摩擦及溅油这两项功率损耗不大,一般可取 $\eta_2 \cdot \eta_3 = 0.95 \sim 0.96$。一般以啮合损耗的效率 η_1计算为主。当蜗杆主动时,啮合损耗的效率 η_1按下式计算

$$\eta_1 = \frac{\tan\gamma}{\tan(\gamma + \varphi_v)} \tag{13.8}$$

式中,γ 为普通圆柱蜗杆分度圆柱上的导程角;φ_v为当量摩擦角,$\varphi_v = \arctan f_v$,其值可根据蜗杆和蜗轮间的相对滑动速度 v_s从附表 5.8 中选取。

蜗杆和蜗轮间的相对滑动速度 v_s由图 13.6 得

$$v_s = \frac{v_1}{\cos\gamma} = \frac{v_2}{\sin\gamma} \tag{13.9}$$

式中,v_1和 v_2分别为蜗杆、蜗轮分度圆的圆周速度。

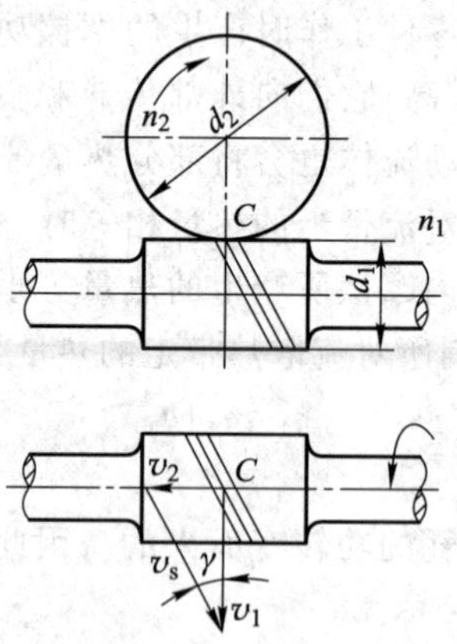

图 13.6　蜗杆传动的相对滑动速度分析

则总效率 η 为

$$\eta=\eta_1\eta_2\eta_3=(0.95\sim0.96)\frac{\tan\gamma}{\tan(\gamma+\varphi_v)} \tag{13.10}$$

在设计之初,为了近似地求出蜗轮轴上的扭矩 T_2,η 值可如下估取

蜗杆头数 z_1	1	2	4	6
总效率 η	0.7	0.8	0.9	0.95

2. 蜗杆传动的热平衡计算

由于蜗杆传动效率低,所以工作时发热量大。如果产生的热量不能及时散逸或排出,必将导致温度明显升高。温度的升高会使润滑油稀释,从而加大摩擦表面的接触机会,增加啮合摩擦损耗。同时,温度过高还会导致胶合的发生。所以,对蜗杆传动而言,必须进行热平衡计算,以保证油温处于允许的范围内。

由于摩擦损耗的功率 $P_f=P(1-\eta)$,其产生的热流量可按式(13.4)计算如下:

$$q_1=1\ 000P(1-\eta) \tag{13.11}$$

式中,P 为蜗杆传递的功率,kW。

以自然冷却方式,从箱体外壁散发到周围空气中去的热量 q_2 可按式(13.5)计算如下:

$$q_2=\alpha_d S(T-T_a) \tag{13.12}$$

式中,α_d 为箱体的表面传热系数,可取 $\alpha_d=(8.15\sim17.45)\ \mathrm{W/(m^2\cdot ℃)}$,当周围空气流通良好时,取偏大值;$S$ 为散热面积,$\mathrm{m^2}$;T 为零件的工作温度,℃;T_a 为室温,℃。

因为没有润滑剂流出,所以无须考虑对流散热热量 q_3。

根据单位时间内的发热量 q_1 等于同时间内的散热量 q_2 的热平衡条件式(13.3),可求得工作油温为

$$T=T_a+\frac{1\ 000P(1-\eta)}{\alpha_d S} \tag{13.13}$$

或保持正常工作温度所需要的散热面积为

$$S=\frac{1\ 000P(1-\eta)}{\alpha_d(T-T_a)} \tag{13.14}$$

润滑油工作温度 T 一般限制在 60~70℃,最高不应超过 80℃。当 $T>80$℃或有效的散热面积不足时,为提高散热能力须采取以下措施:

1）加散热片以增大散热面积(图 13.7);

2）在蜗杆轴端加装风扇以加强空气的流通(图 13.8);

3）在传动箱内装循环冷却管路(图 13.9)。

在蜗杆轴端加装风扇会增加功率损耗,因此总的功率损耗为

$$P_f=(P-\Delta P_F)(1-\eta) \tag{13.15}$$

式中,ΔP_F 为风扇消耗的功率,W。ΔP_F 可按下式估算

$$\Delta P_F\approx\frac{1.5v_F^3}{10^5} \tag{13.16}$$

式中,v_F 为风扇叶轮的圆周速度,m/s。v_F 可按下式计算

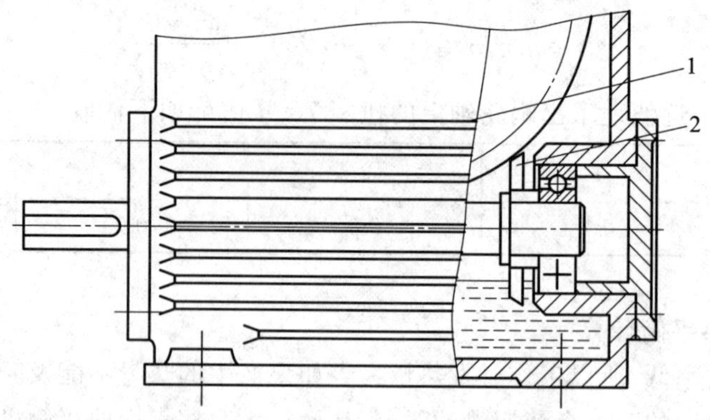

图 13.7　加散热片和风扇的蜗杆传动

1—散热片；2—溅油轮

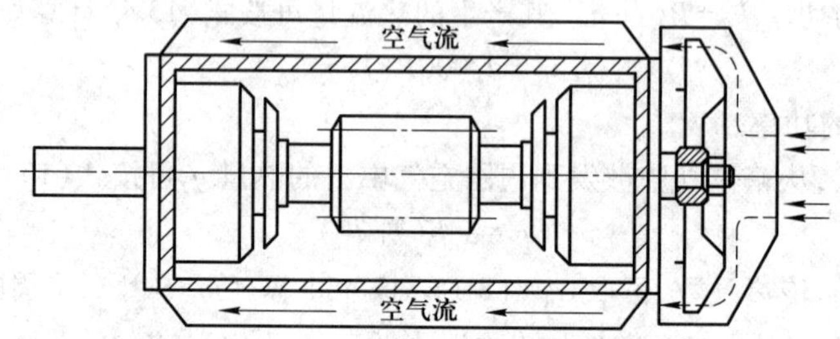

图 13.8　风扇驱动空气流强制散热的蜗杆传动

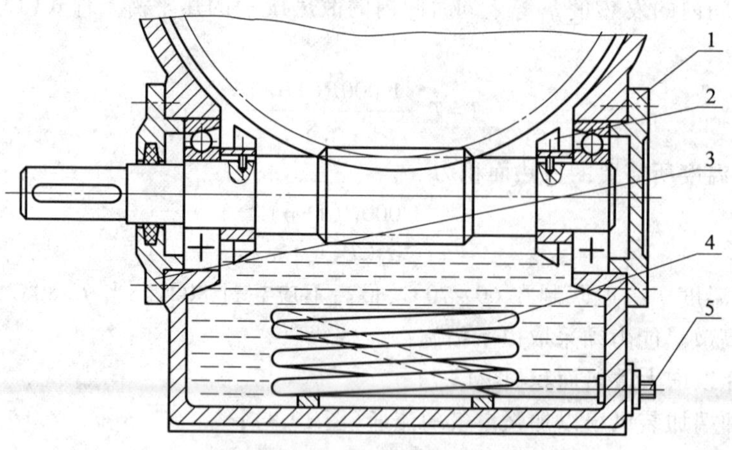

图 13.9　装有循环冷却管路的蜗杆传动

1—闷盖；2—溅油轮；3—透盖；4—蛇形管；5—冷却水出、入接口

$$v_F = \frac{\pi D_F n_F}{60\ 000} \tag{13.17}$$

式中，D_F为风扇叶轮外径，mm；n_F为风扇叶轮转速，r/min。

由摩擦消耗的功率所产生的热流量为

$$q_1 = 1\ 000(P-\Delta P_F)(1-\eta) \tag{13.18}$$

散发到空气中的热流量为

$$q_2 = (\alpha'_d S_1 + \alpha_d S_2)(T-T_a) \tag{13.19}$$

式中，S_1、S_2分别为风冷面积及自然冷却面积，m^2；α'_d为风冷时的表面传热系数，按附表 5.9 选取。

[例题 13.1]　已知功率为 10 kW、螺旋角为 11°18′36″的双头蜗杆传动，若蜗轮齿圈材料为锡青铜，蜗杆的硬度大于 45HRC，蜗杆的线速度为 1.470 9 m/s，室温为 25℃。为限制蜗杆传动的温度不大于 80℃，试确定该蜗杆传动所需的表面积。

解

1. 蜗杆和蜗轮间的相对滑动速度 v_s

$$v_s = \frac{v_1}{\cos\gamma} = \frac{1.470\ 9}{\cos 11.31°} \text{m/s} = 1.5\ \text{m/s}$$

2. 蜗杆传动总能效率

取 $\eta_2 \cdot \eta_3 = 0.955$，按相对滑动速度 $v_s = 1.5\text{m/s}$ 查表 8.16 得 $\varphi_v = 2.28°$。按式(13.8)计算得

$$\eta_1 = \frac{\tan 11.31°}{\tan(11.31°+2.28°)} = 0.827\ 3$$

从而有

$$\eta = \eta_1\eta_2\eta_3 = 0.955 \times 0.827\ 3 = 0.790\ 1$$

3. 所需表面积

设表面传热系数 $\alpha_d = 12.5\ \text{W/(m}^2 \cdot ℃)$，由式(13.14)得

$$S = \frac{1\ 000P(1-\eta)}{\alpha_d(T-T_a)} = \frac{1\ 000\times10\times(1-0.790\ 1)}{12.5\times(80-25)} \text{m}^2 = 3.05\ \text{m}^2$$

解毕。

13.2.3　滑动轴承的热平衡分析

滑动轴承工作时，摩擦功耗将转变为热量，使润滑油温度升高。如果油的平均温度超过计算承载能力时所假定的数值，则轴承承载能力就要降低。因此要计算油的温升 ΔT，并将其限制在允许的范围内。

由摩擦损失的功转变的轴承中热量 q_1 可按式(13.4)计算如下：

$$q_1 = fFv = fpBdv \tag{13.20}$$

轴承的金属表面通过传导和辐射把一部分热量散发到周围介质中去。这部分热量与轴承的散热表面的面积、空气流动速度等有关，很难精确计算。因此通常按式(13.4)近似计算这部分热量，即 q_2。若以润滑油的出口温度 T_o 代表轴承工作温度 T，以润滑油的入口温度 T_i 代表周围介质的温度 T_a，则

$$q_2 = a_s \pi dB(T_o - T_i) \tag{13.21}$$

式中，α_s为轴承的表面传热系数，随轴承结构的散热条件而定。对于轻型结构的轴承，或周围的介质温度高和难于散热的环境(如轧钢机轴承)，取 $\alpha_s = 50\ \text{W/(m}^2 \cdot ℃)$；中型结构或一般通风条件，取 $\alpha_s = 80\ \text{W/(m}^2 \cdot ℃)$；在良好冷却条件下工作的重型轴承，可取 $\alpha_s = 140\ \text{W/(m}^2 \cdot ℃)$。

由流出的润滑油带走的热量 q_3 可按式(13.6)计算如下：

$$q_3 = Q\rho c(T_o - T_i) \tag{13.22}$$

式中，Q 为耗油量，按耗油量系数求出，m^3/s；ρ 为润滑油的密度，对矿物油为 850～900 kg/m^3；c 为润滑油的比热容，对矿物油为 1 675～2 090J/(kg·℃)；T_o 为油的出口温度；T_i 为油的入口温度，通常由于冷却设备的限制，取为 35～40℃。

当热平衡时，将上面三式带入式(13.3)，有

$$fpdBv = Q\rho c(T_o - T_i) + \alpha_s \pi dB(T_o - T_i) \tag{13.23}$$

于是得出为了达到热平衡时的润滑油温度差 ΔT 应为

$$\Delta T = T_o - T_i = \frac{\left(\dfrac{f}{\phi}p\right)}{c\rho\left(\dfrac{Q}{\phi vBd}\right) + \dfrac{\pi a_s}{\phi v}} \tag{13.24}$$

式中，$\dfrac{Q}{\phi vBd}$ 为耗油量系数，可根据轴承的宽径比 B/d 及偏心率 ε 由附图 6.1 查出；f 为摩擦系数，可按下式计算：

$$f = \frac{\pi}{\phi} \cdot \frac{\eta\omega}{p} + 0.55\phi\xi \tag{13.25}$$

式中，ξ 为随轴承宽径比而变化的系数。当 $B/d<1$ 时，$\xi=(d/B)^{1.5}$，当 $B/d \geqslant 1$ 时，$\xi=1$；ω 为轴颈角速度，rad/s；p 为轴承的平均压力，Pa；η 为润滑油的动力黏度，Pa·s。

用式(13.24)只是求出了平均温度差，实际上轴承上各点的温度是不相同的。润滑油从流入到流出轴承，温度逐渐升高，因而在轴承中不同位置油的黏度也将不同。研究结果表明，计算轴承的承载能力时，可以采用润滑油平均温度时的黏度。润滑油的平均温度 $T_m=(T_i+T_o)/2$，而温升 $\Delta T = T_o - T_i$，所以润滑油的平均温度 T_m 按下式计算：

$$T_m = T_i + \frac{\Delta T}{2} \tag{13.26}$$

为了保证轴承的承载能力，建议平均温度不超过 75℃。

设计时，通常是先给定平均温度 T_m，按式(13.25)求出的温升 ΔT 来校核油的入口温度 T_i，即

$$T_i = T_m - \frac{\Delta T}{2} \tag{13.27}$$

若 T_i>35～40℃，则表示轴承热平衡易于建立，轴承的承载能力尚未用尽。此时应降低给定的平均温度，并允许适当地加大轴瓦及轴颈的表面粗糙度，再作计算。

若 T_i<35～40℃，则表示轴承不易达到热平衡状态。此时需加大间隙，并适当地降低轴承及轴颈的表面粗糙度，再进行计算。

此外要说明的是，轴承的热平衡计算中的耗油量仅考虑了速度供油量，即由旋转轴颈从油槽带入轴承间隙的油量，忽略了油泵供油时，油被输入轴承间隙时的压力供油量，这将影响轴承温升计算的精确性。因此，它只适用于一般用途的液体动力润滑径向轴承的热平衡计算，对于重要的液体动压轴承计算可参考其他文献。

[例题 13.2]　计算例题 12.1 中滑动轴承的温升，并判断入口温度条件是否合适。

解

1. 计算轴承与轴颈的摩擦系数

因轴承的宽径比 $B/d=1$，取随宽径比变化的系数 $\xi=1$，由摩擦系数计算式(13.25)，有

$$f=\frac{\pi}{\phi}\cdot\frac{\eta\omega}{p}+0.55\phi\xi=\frac{\pi\times0.036(2\pi\times500/60)}{0.001\ 25\times2.5\times10^{6}}+0.55\times0.001\ 25\times1=0.002\ 58$$

2. 计算润滑油温升

由宽径比 $B/d=1$ 及偏心率 $\varepsilon=0.713$ 查附图 6.1，得耗油量系数 $Q/(\phi vBd)=0.145$。按润滑油密度 $\rho=900\ \mathrm{kg/m^3}$，取比热容 $c=1\ 800\ \mathrm{J/(kg\cdot℃)}$，表面传热系数 $\alpha_s=80\ \mathrm{W/(m^2\cdot℃)}$，由式(13.24)得

$$\Delta T=\frac{\left(\dfrac{f}{\phi}\right)p}{c\rho\left(\dfrac{Q}{\phi vBd}\right)+\dfrac{\pi a_s}{\phi v}}=\frac{\dfrac{0.002\ 58}{0.001\ 25}\times2.5\times10^{6}}{1\ 800\times900\times0.145+\dfrac{\pi\times80}{0.001\ 25\times5.23}}℃=18.87℃$$

3. 计算润滑油入口温度

由式(13.27)得

$$T_i=T_m-\frac{\Delta T}{2}=\left(50-\frac{18.87}{2}\right)℃=40.57℃$$

因一般取 $T_i=35\sim40℃$，故上述入口温度合适。

解毕。

习题

13.1　温度变形和应力是怎么引起的？在机械设计时如何避免？

13.2　钢的强度在低温和高温下会有什么样的变化？

13.3　材料的蠕变和松弛对机械零件会有什么样的危害？怎样防止？

13.4　润滑油的黏度随温度升高是如何变化的？用什么指标来判断润滑油随温度变化的显著与否？

13.5　何谓润滑剂的吸附与解附？

13.6　何谓滴点？它对润滑脂的使用有何参考意义？闭式蜗杆传动为什么要进行热平衡计算？

13.7　可采用哪些措施来改善蜗杆传动的散热条件？

13.8　试设计一混料机上用的蜗杆传动。电动机功率 $P=8.5\ \mathrm{kW}$，转速 $n_1=1\ 450\ \mathrm{r/min}$，传动比 $i=20$，单向传动，载荷平稳无冲击，每日工作 6 h，工作寿命 10 年，须进行热平衡计算。

13.9　设计某闭式蜗杆传动，须进行热平衡计算。已知为电动机驱动，载荷平稳，单向工作，输入功率 $P=7.5\ \mathrm{kW}$，输入转速 $n_1=960\ \mathrm{r/min}$，传动比 $i=16$。单班工作，寿命 10 年。

13.10　一径向滑动轴承，所受径向载荷 $F=18\ 000\ \mathrm{N}$，工作转速 $n=1\ 500\ \mathrm{r/min}$，轴颈直径 $d=150\ \mathrm{mm}$，轴承宽度 $B=120\ \mathrm{mm}$，轴承包角为 180°，采用 LAN-32 润滑油，非压力供油，入口油温 $T_i=45℃$，轴承直径间隙 $\Delta=0.3\ \mathrm{mm}$，轴颈和轴瓦表面粗糙度分别为 $Rz_1=1.6\ \mu\mathrm{m}$ 和 $Rz_2=3.2\ \mu\mathrm{m}$，该轴承须进行热平衡计算，试问能否获得流体动压润滑？

13.11　试设计一线材轧机用减速器的流体动压径向滑动轴承，须进行热平衡计算。已知轴承载荷 $F=60\ \mathrm{kN}$，轴颈直径 $d=200\ \mathrm{mm}$，转速 $n=1\ 000\ \mathrm{r/min}\approx 16.7\ \mathrm{r/s}$。

第七篇 结构设计 7

为了生产出满足要求的产品，必须进行结构设计。机械产品结构设计又称技术设计，它的任务是将原理设计方案结构化，确定机器各零、部件的材料、形状、尺寸、加工和装配；若有几种方案时，需进行评价决策，最后选择最优方案。因此结构设计是涉及材料、工艺、精度、设计计算方法、实验和检测技术、机械制图等学科领域的一项复杂、综合性的工作。

结构设计对零件和机器的尺寸和形状起着决定性作用；设计计算是为了保证满足零、部件的强度、刚度、寿命等要求，而结构设计从经济、工艺、使用、检修等要求出发，设计出用料少、成本低、制造和装配容易的零件，以及使用、维修方便，运转费用低廉的机器。

机械设计的最终成果都是以一定的结构形式所表现，并且按照设计的结构进行加工、装配出产品，以满足使用要求。在机械零件设计时，各种计算都要以确定的结构为基础，机械设计公式都只适用于某种特定的机构或结构。如果不事先选定某种结构，机械零件的设计计算是无法进行的。

结构设计关系到整机性能，零、部件强度、刚度和使用寿命及加工工艺性，人机环境系统的协调性、运输安全性等。因此，结构设计是保证产品质量，提高可靠性，降低产品成本的重要工作。

在本篇的第 14 章中，首先介绍了结构设计的基本原理，然后对提高强度和刚度的结构设计、结构设计方法和结构的工艺设计进行了概括性的介绍。在第 15 章中，针对常用机械零件的结构设计，如机架类零件的结构设计、机械部件和轴的结构设计进行较详细的讨论和分析。

第 14 章

结构设计概论

14.1 机械结构设计的原则和内容

14.1.1 机械结构设计的基本要求和基本原则

结构设计是在产品计划阶段和方案设计阶段创造性工作的基础上进一步创造的过程。

在进行结构设计前，要详细了解设计对象（系统）的功能、性能参数、使用条件、工艺条件、材料、各种标准零部件、相近机器的通用件等。

结构设计必须满足以下的基本要求：

（1）功能要求

能实现机械系统的功能和性能参数（如生产率、压力、速度等）要求；满足输入或输出的能量、物料、信号的具体要求。

（2）工况条件

能实现与环境的相容性和适应性；能适应能量、物料、信号的不同要求；在规定的工作条件下，满足强度、刚度、可靠性要求。保证操作人员安全和身心健康。

（3）工艺条件

根据生产批量、目前的工艺和设备水平，选用合适的结构。

（4）其他

结构设计除了需满足强度、刚度、安全可靠性等要求外，还应满足外形美观要求。在可能情况下还应考虑“回收再用”，即零、部件容易拆散回炉作为再生产的原材料。

结构设计的基本原则是明确、简单、安全可靠。

（1）明确

明确包括功能明确（所选结构要实现预期的功能），工作原理明确（所选结构的物理作用明确、能可靠地实现能量流、物料流和信号流的转换或传导），使用工况及应力状态明确（根据载荷类型、大小及作用时间确定材料和结构尺寸）。

（2）简单

结构设计简单是指整机、部件和零件的结构，在满足总功能前提下，尽量力求结构形状简单，零、部件数量少。设计时应尽量采用标准零、部件，这样可缩短机器的设计和制造周期，降低产品的成本。

此外还必须考虑操作简单、包装简单、运输方便等。

（3）安全可靠

结构设计时必须考虑零件安全(在规定的外载荷和规定的时间内,零件不发生断裂、过度变形、过度磨损、不丧失稳定性),工作安全(保证操作人员人身安全和身心健康),整机安全(整个技术系统,保证在规定条件下实现总功能),环境安全(对技术系统周围环境和人不造成危害和污染,同时也要保证机器对环境的适应性)。

此外,所设计的结构还应当便于制造、装配及检修。

14.1.2 机械结构设计的主要内容和步骤

结构设计的内容包括:设计零部件形状、数量、相互空间位置,选择材料,确定尺寸,进行各种计算,按比例绘制结构方案草图。在进行计算时,采用优化设计、计算机辅助设计、可靠性设计、有限元设计、反求工程等多种现代设计方法。

结构设计的步骤包括:

(1) 明确对结构设计的要求

主要明确对功率、扭矩、传动比、生产率、连接尺寸、相互位置、耐腐蚀性、抗蠕变性、规定的工件材料、空间大小、安装限制、制造及运输、包装等方面的要求。

(2) 零、部件初步结构设计

确定零、部件的结构形状、几何尺寸和空间位置。并检查各功能载体(实现功能要求的技术实体)的结构形状、几何尺寸和空间位置是否相互干涉,尽量使各部分结构之间有合理的联系。

(3) 详细设计各功能载体结构

这部分是结构设计的重点,主要确定各功能载体的几何尺寸、相互位置等。设计人员要充分运用自己所掌握的知识、现代设计方法和手段,并考虑加工方法、生产工艺及成本。

(4) 对设计进一步修改完善

主要是检查和分析产品将要出现的故障和主要薄弱环节,并采取有效措施进一步修改设计。

因此,结构设计的主要内容包括三个方面:① 质的设计,定性分析构形(各零件形状、数目、位置关系);② 量的设计,定量计算尺寸,决定材料;③ 按比例绘制结构图。

结构设计的主要目标是:保证功能、提高性能、降低成本。

14.2 结构设计的基本原理

结构设计中,设计者要从承载能力、寿命、强度、刚度、稳定性、减少磨损和腐蚀等方面来提高产品性能,获得最优方案。结构设计的基本原理有助于开发新的结构,能最合理地满足要求。但这些原理只在一定的前提下适用,并非到处可用,设计者必须根据任务和实际情况,检查哪些结构原理是主要的和应该应用的。

14.2.1 力和能量的传递原理

结构设计时,应正确处理力和能量的传递问题,设计时应尽量利用下列原理或原则:

(1) 等强度原理

等强度可使结构有相等强度,从而达到充分利用材料,提高经济效益。图 14.1 所示为等强度轴外形和实际外形图,其中虚线为等强度轴外形,实线为实际外形。

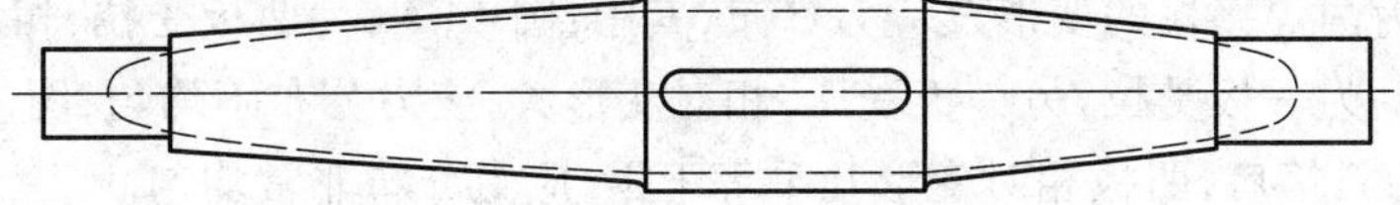

图 14.1　轴的等强度外形和实际外形

(2) 力流合理

结构设计要完成能量、物料、信号的转换,力是能量的基本形式。完成力的形成、传递、分解、合成、改变和转换是结构设计的主要任务。力在构件中的传递轨迹按力流路线传递,力流密集程度反映力的大小。力流合理包括:

1) 力流路线直接、最短　按照力流路线直接并且最短的传递原理设计零件,可以使零件尺寸缩小,节省材料,变形小,刚性好。图 14.2a 所示的力流路线最短,结构尺寸最小,图 14. 2b、c 所示的力流路线比图 14. 2a 所示的长,故尺寸大。在力流路线近似的情况下,图 14.2b 所示的对称结构又比图 14. 2c 所示的非对称结构好。

2) 力流转向平缓　当结构断面发生突然变化,将引起力流方向急剧改变,使得力流密度增加,产生应力集中。结构设计应采取措施,使力流方向变化平缓,减少应力集中。图 14.3 所示的轴毂连接中,图 14.3a 所示的力流方向变化急剧,A 处应力集中,图 14.3b 所示的力流方向变化较平缓,应力集中小。

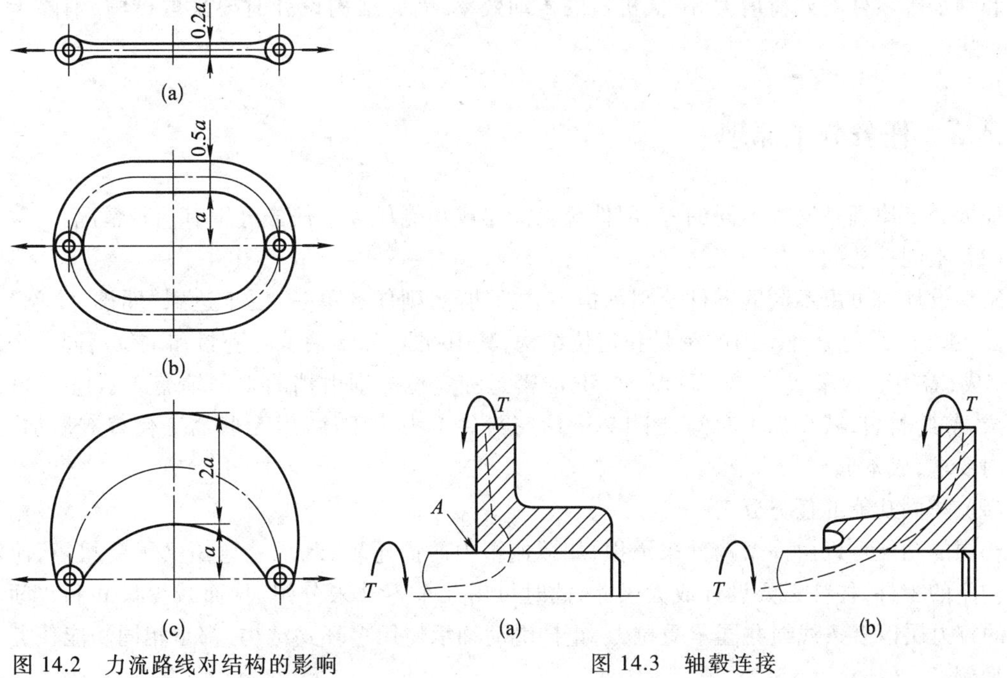

图 14.2　力流路线对结构的影响

图 14.3　轴毂连接

3）变形协调原理　在外载荷作用下，两个相邻零件的连接处，由于各自受力不同，变形不同，在两零件间产生相对变形，这种相对变形会引起力流密集形成应力集中。结构设计时要使连接的相邻零件在外载荷作用下的变形方向相同，并尽可能减少相对变形。

图 14.4 所示为两焊接板的变形及应力分布，其中：图 14.4a 为两板受拉，相对变形小，应力分布较均匀；图 14.4b 为一板受拉，另一板受压，相对变形大，应力分布不均匀；图 14.4c 把两板改为板厚呈线性变化的斜接口，两板相对变形几乎等于零，应力分布非常均匀。

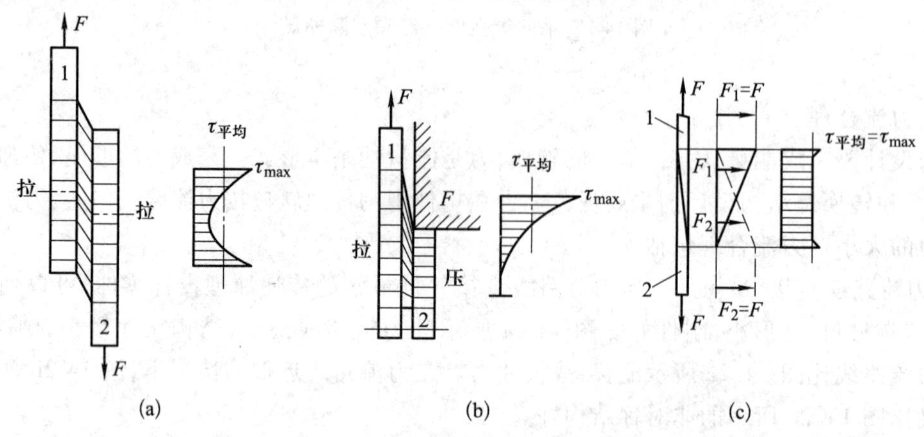

图 14.4　两焊接板变形及应力分布

4）力平衡原理　为了实现总功能，各机构或零件需要传递作功的力和力矩，这种力称为有功力（矩）。但与此同时常常伴随产生一些无功力，例如斜齿轮的轴向力、惯性力等，这些无功力使轴和轴承等零件的载荷增大，降低机器的传动效率，因此结构设计时要采取措施，消除无功力的不良影响。

14.2.2　任务分工原理

任务分工原理是安排不同的零、部件分工去完成功能任务。任务分工有两种情况：

（1）不同功能的任务分工

结构设计时可由不同的零件分别承担不同的功能，则任务单一，便于达到“明确、简单”的目标。图 14.5 所示为三种不同的密封和定位结构，其中：图 14.5a 轴承的密封和定位用同一个结构 1 来完成，需用圆钢车成，成本高；图 14.5b 的密封和定位分别由挡圈 1 和轴套 2 承担，2 可用管料车成，节约材料，减少加工时间；图 14.5c 中密封件 1 为冲压件，用无屑加工代替有屑加工，确保密封要求，成本低。

（2）相同功能的任务分工

相同的功能可以由一个构件来承担，如减速箱中的齿轮轴，既承受弯矩又承受扭矩，而对承受大功率的零件，往往需要设计成大尺寸，此时可用几个零件来分担，从而减少尺寸和空间。如 V 带的拉力层以多条线绳共同承受拉力、止推滑动轴承使用多环式结构，都是相同功能任务分工的典型例子。

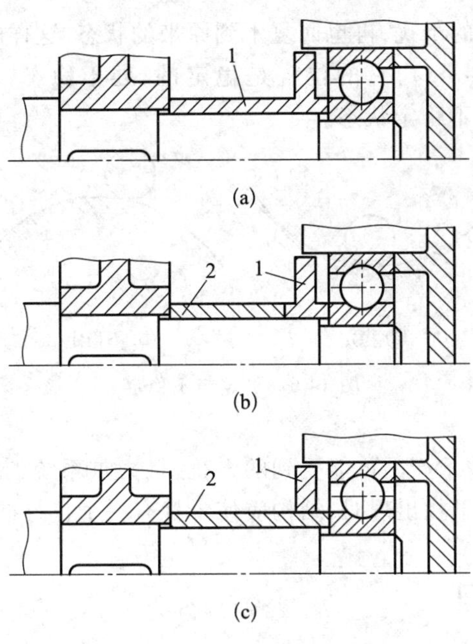

图 14.5 不同的密封和定位结构

14.2.3 自助原理

自助原理是对系统元件的适当选择和合理安排,使它们起着互相支持和自我加强的作用,从而更好地实现功能任务或避免过载时遭受损害。常见的自助原理的应用形式有:自增强、自平衡、自保护三种。

(1) 自增强

在正常工作状态下辅助效应与初始效应的作用方向相同,总效应为两者之和。

(2) 自平衡

自平衡原理是在工作状态下,辅助效应和初始效应作用方向相反并达到平衡状态,以取得满意的总效应。

(3) 自保护

超载时,应避免零、部件损坏,除保护性损坏外,特别是当过载有可能反复出现时更需要有自动防止破坏的措施。通常从零件的本身结构上改进就可达到自保护的目的,而不必采用特殊的防护装置。例如摩擦式离合器,带传动过载时打滑就起了自保护作用。又如安全销过载时被剪断,也能起自保护作用。

14.2.4 稳定性原理

当一个系统的特性受到干扰时,其结果又产生另一个作用,作用于干扰量,使干扰量受到抑制、缓和甚至抵消,使系统很快回复到原有特性(状态),这样的系统特性是稳定的。相反,如果干扰产生的作用加强了原来的干扰，再也回复不到原来的状态，这样的特性就是不稳定的。例如一个球处于凹弧面上（图 14.6a），它的位置是稳定的，处于稳态。如果球处于凸弧面上（图 14.6b），则是不稳定的，处于不稳定状态。

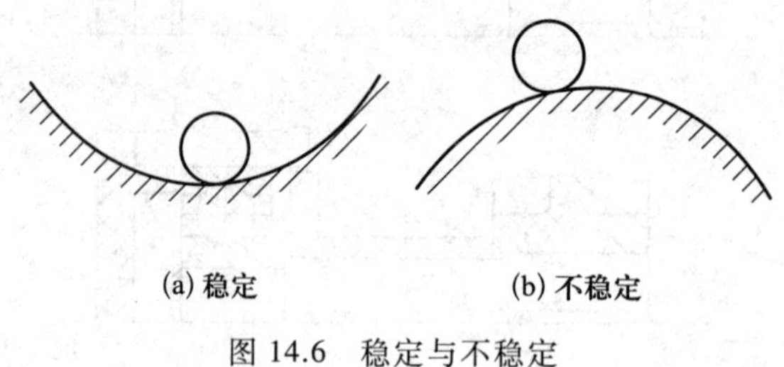

(a) 稳定　　(b) 不稳定

图 14.6　稳定与不稳定

结构设计时，必须考虑技术产品可能受到的干扰，且力求系统的特性是稳定的，才能使系统实现预定的功能。因此当有干扰出现时，结构应使干扰有一个自行抵消或至少缓和的作用。

14.2.5　安全技术原理

结构设计时必须考虑安全技术原理，以保证系统正常工作。设计时可运用三级安全技术（即直接安全技术、间接安全技术、指示性安全技术），并应力求采用直接安全技术（即设计的解根本不存在危险），如果不能确保，则采用间接安全技术（即采用防护系统）。指示性安全技术只是在危险之前发出警报，以及通过指示鉴别危险的范围。

除了考虑上述的基本原理外，还必须考虑膨胀效应、蠕变特性和松弛的效果。它们在工作初期十分轻微，难以即时估计它们的影响。结构设计时，应在结构上采取一定的措施，使蠕变和松弛限制在一定范围内。

14.3　提高强度和刚度的结构设计

为了使机械零件能正常工作，必须使零件具有足够的强度和刚度；增加零件强度和刚度的途径是多方面的，通过合理选择机械系统的总体方案，使零件受力合理；正确设计各零件的结构和形状，使它所受的应力和产生的变形较小；选用合理的材料和加工工艺等，都能保证机械零件有足够的强度和刚度。

14.3.1　提高静应力下的强度

为了提高静应力下零件的强度，必须设法降低受载时零件的最大应力。设计时应注意几点：

1）应尽量采用等强度的设计原则，以缩小零件尺寸，充分发挥材料效用和节约材料。

2）改变零件的受力状况是从结构设计上提高零件强度的一种重要措施。例如：长杆尽可能设计成拉杆；尽可能使零件受力对称、均匀；避免受有偏心力矩（如安装螺栓头或螺母处的支承面要加工、加装垫圈等），均可改善零件的受力及应力状态。

3）避免细杆受弯曲应力。细杆受弯曲应力时，变形很大，承载能力很小。通过改变杆的截面尺寸和形状可提高其抗弯能力。对于主要受弯矩的梁常用截面的抗弯截面模量的相对比较见表 14.1，从表中可见，采用工字形截面的结构承受弯矩较为合理。

表 14.1　非圆截面的相对截面系数对比①

截面积相等				抗弯截面系数相等			
零件	重量	抗弯截面系数	惯性矩	零件	重量	抗弯截面系数	惯性矩
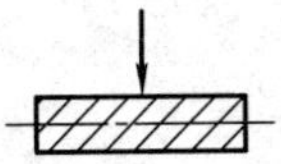 1	1	1	1	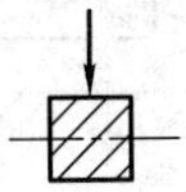 6	0.6	1	1.7
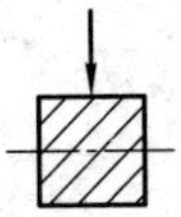 2	1	2.2	5	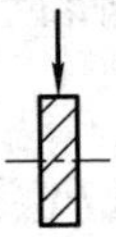 7	0.33	1	3
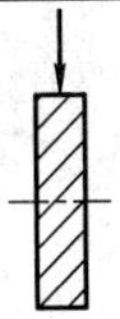 3	1	5	25	 8	0.2	1	3
 4	1	9	40	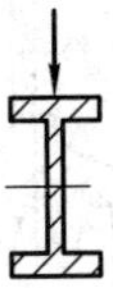 9	0.12	1	3.5
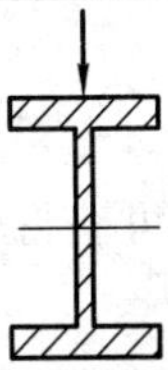 5	1	12	70				

注：① 表中值是以零件 1 为基准，其他非圆截面对零件 1 的比值。

4）钢材的抗拉强度优于抗压强度，而铸铁的抗压强度优于抗拉强度，因此应尽量避免铸铁结构受拉。从图 14.7 所示的两支架的受力和应力分布状况可看出，图 14.7b 中的拉应力小于压应力，因此图 14.7b 的结构较合理。

5）避免悬臂结构，对于悬臂支承的轴应尽量减少悬臂长度和合理选择支承间的距离。如图 14.8 所示，通过改进带轮的结构，就可减少轴悬臂部分的长度，从而降低了轴上的弯矩。

6）对于直径较大的轴类零件，可采用空心轴结构，空心轴受弯矩和扭矩时，其正应力和切应力能合理分布，使材料得以充分利用。图 14.9 是不同 d/D 值的环形截面及实心圆截面轴的强

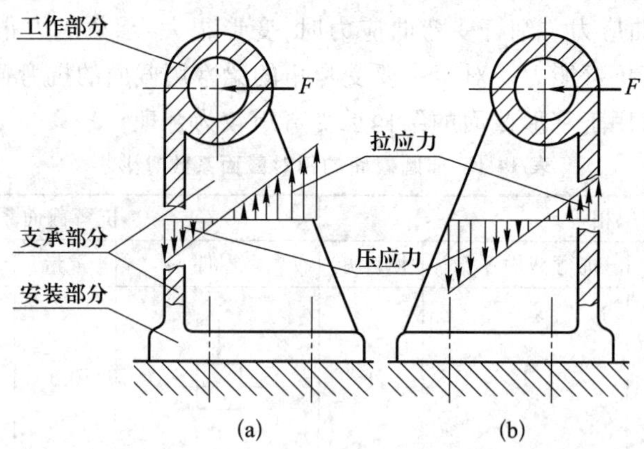

图 14.7　铸铁支架受力比较

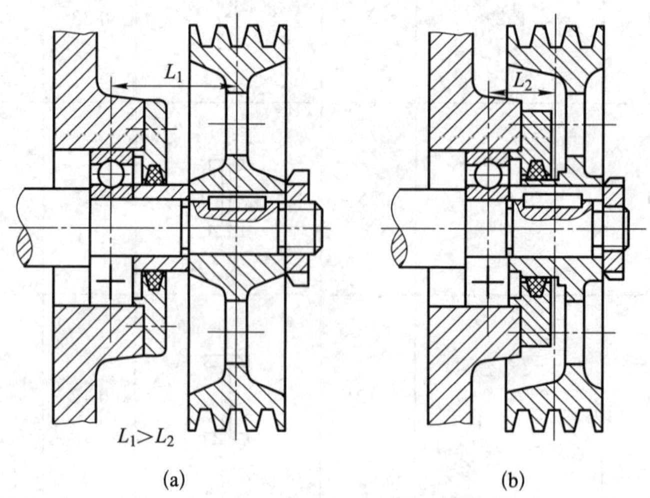

图 14.8　减少悬臂长度的带轮结构

度、刚度变化曲线。从图中可看出，当 d/D 值大于 0.4 时，用相同重量的材料，空心轴可获得较实心轴大得多的强度和刚度。

图 14.9 中：$a=d/D$；G——质量；I、I_0——空心轴与实心轴的惯性矩；W、W_0——空心轴与实心轴的抗弯截面系数。

14.3.2　提高疲劳强度

疲劳破坏是机械零件的主要失效形式。结构设计对零件的疲劳强度有较大影响。应力集中、螺纹连接中连接件与被连接件的相对刚度、零件表面的粗糙度、形状及尺寸均影响零件的疲劳强度，因此通过结构设计来提高零件的疲劳强度是结构设计中的一个重要问题。

1. 降低应力集中程度

为了满足各种使用要求，机械零件常加工成各种复杂的形状，如阶梯轴或带有孔、缺口、键

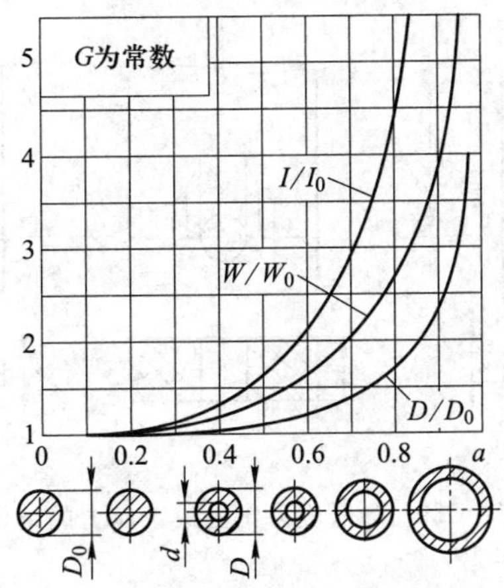

图 14.9　不同 d/D 值截面轴的强度、刚度变化曲线

槽、过盈配合、螺纹等，这些结构形成应力集中源，使零件的局部最大应力为平均应力的若干倍。在应力集中处容易产生疲劳裂纹，裂纹扩展使零件发生疲劳失效，降低应力集中程度可提高零件的疲劳强度。设计合理的结构，可以降低应力集中的最大应力。设计时应尽量避免直径变化太大，在直径变化处用圆弧过渡，图 14.10 所示为不同圆弧过渡形式。

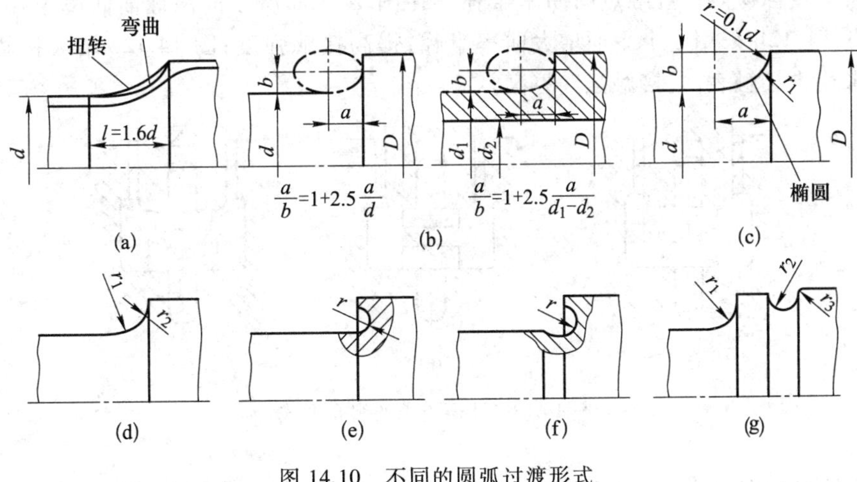

图 14.10　不同的圆弧过渡形式

图 14.11 所示为在板上开孔的结构，图 14.11c 所示的结构能降低应力集中的最大应力。

2. 表面状况对疲劳强度的影响

（1）表面粗糙度

表面加工粗糙留有刀痕，零件受力后会产生应力集中。若零件受力后其最大应力又发生在表面，则表面很容易成为疲劳裂纹的起始点，所以提高表面粗糙度对高强度钢材疲劳强度的影响更为显著。

（2）表面处理

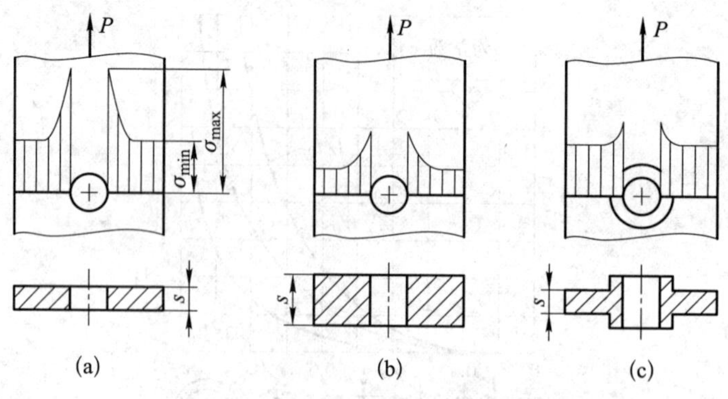

图 14.11　降低应力集中最大应力的结构

采用在零件表面滚压、喷丸、碳化、氮化、表面淬火等方法强化表面层，都可以提高疲劳强度。表面经处理后形成硬化层或氮化层，并在表面形成压应力，当工作载荷使表层存在拉应力时，因有残余压应力，拉应力被部分地抵消，因而提高了疲劳强度。

3. 提高接触强度

机械零件受载时在接触表面会产生脉动循环变化的接触应力，由式(7.26)可知，合理设计结构，提高接触强度有三个途径：

1）增加圆柱体的接触宽度，以减小接触点的载荷。

2）增大两接触物体在接触点的曲率半径。在图 14.12a 所示的两球面曲率半径相等，接触强度差；而图 14.12b 采用一个平面增大曲率半径，提高接触强度；图 14.12c 增大接触面的曲率半径，而且采用内接触表面，接触强度更高。

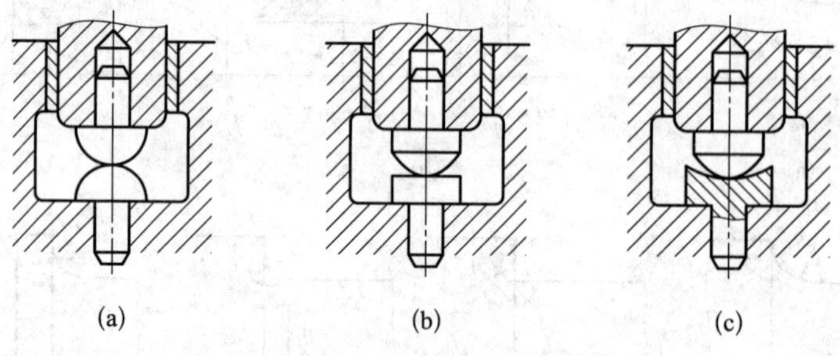

图 14.12　球面支承的组合形式

3）以面接触代替线接触，在图 14.13 a 中，杆 1 和销 2 为线接触，受载时接触应力高，图 14.13b中增加零件 3，则变线接触为面接触，提高接触强度。

4. 提高刚度

结构的刚度是指在外载荷作用下抵抗其自身变形的能力。在相同的外载荷作用下，刚度愈大则变形愈小，刚度也表明结构(或系统)的工作能力。

零件产生过大的变形会破坏结构或系统的正常工作，从而可能导致产生过大的应力。零件或结构相互接触表面间的接触刚度都将影响机械系统的性能和工作能力。

结构刚度与材料的弹性模量、变形体断面的几何特征数(如受弯曲时断面的惯性矩 I，受扭

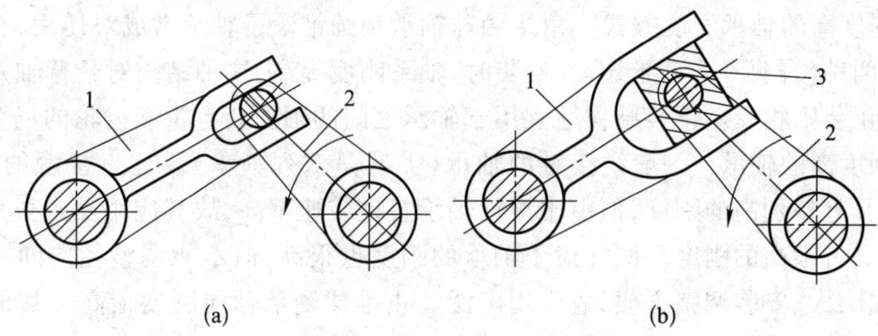

图 14.13　加大接触面积提高接触强度

转时断面的极惯性矩 I_p，受拉、压时的断面积 S）、载荷类型及支承方式等有关，其中断面的尺寸和形状对刚度的影响最大。

提高零件结构刚度可以采取以下的措施：

(1) 采用合理的结构

如图 14.14b 所示的悬臂梁受载时产生弯曲，可采用 14.14a 图的桁架结构代替受弯曲的悬臂梁，桁架比细长杆在刚度上有明显的优越性。当桁架杆与悬臂梁都用 ϕ20 mm 的圆杆时，桁架上 P 点的挠度仅为悬臂梁的 1/9 000，若二者的挠度相等，则悬臂梁所需的直径为桁架杆的 10 倍。

(2) 用构件受拉、压代替弯曲

当构件受弯矩作用时，在距中性面远的材料“纤维”中产生大的弯曲应力，在中性面处弯曲应力为零，大部分的载荷由靠边界附近的材料承受，中性面附近相当大一部分的材料得不到充分利用。而构件受拉伸时，应力基本上均匀分布，材料得到较好利用，因此用拉压代替弯曲可获得较高的刚度。如图 14.15 所示的铸造支座受横向力，当把图 14.15a 所示的结构改为图 14.15b 所示的结构时，辐板则由受弯曲改为受拉、压。

(3) 提高支承刚度

对刚度要求较高的轴系，设计时可用以下措施提高支承刚度：

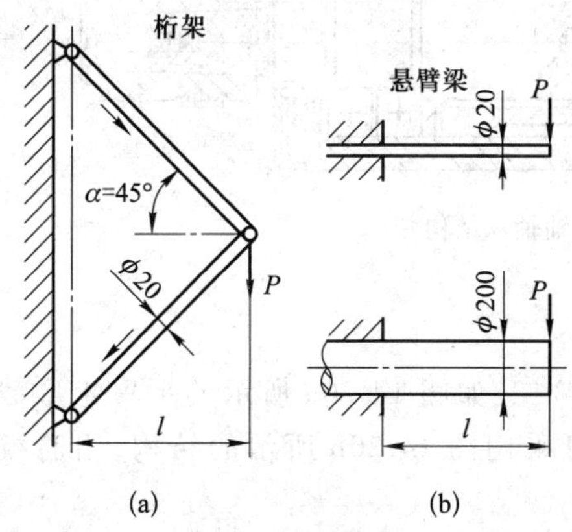

图 14.14　采用桁架结构提高刚度

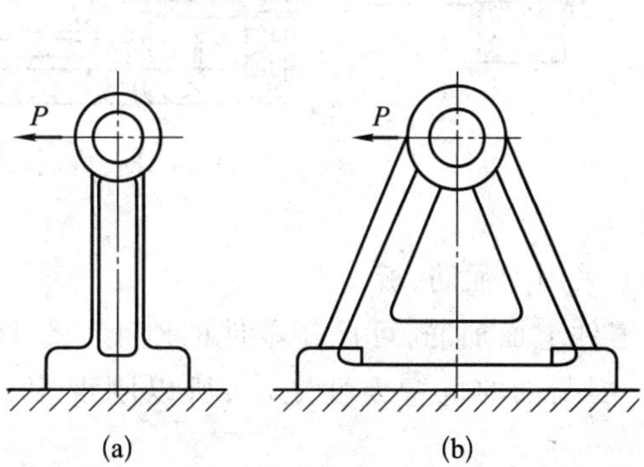

图 14.15　提高铸铁支座的刚度

1) 采用刚度高的轴承安装方式　角接触球轴承和圆锥滚子轴承常成对使用,它的安装方式有正装和反装两种(详见 9.3.5 部分)。反装时,轴系刚度提高,这种结构对悬臂轴是一种较好的支承方式。而正装则相反。正装结构适宜用于轴承之间的轴上装有重载齿轮的场合。

2) 选择刚度高的轴承　一般线接触的轴承(尤其是双列轴承)要比点接触的轴承刚度高。其中滚针轴承具有特别高的刚度,但由于滚针轴承容许转速不高,故其应用受到很大限制。双列圆柱滚子轴承具有很高的刚度。圆柱滚子轴承的刚度也很高,但不能调整径向间隙。圆锥滚子轴承刚度高、受力大、安装调整方便,故应用广泛。止推球轴承轴向刚度最高。其他各种类型轴承的轴向刚度则完全取决于轴承接触角的大小,接触角越大,则轴向刚度越大。

3) 对轴承进行预紧　为了提高轴承刚度,可以对轴承进行预先加载,使滚动体和内、外圈之间产生一定的预变形,以保持内、外圈之间处于压紧状态。预紧后的轴承不仅增加轴承的刚度,而且有利于提高旋转精度、减小振动和噪声。但预紧量不能太大,否则会增加磨损和发热量,使轴承寿命降低。预紧力可以利用金属垫片(图 14.16),或磨窄套圈(图 14.17)等方法获得。

4) 增加轴系中的轴承数　对刚度要求特别高的轴系,可采用两个或多个轴承的结构。图 14.18 所示的磨床主轴结构,在每个支点都采用两个轻系列角接触球轴承,满足了高速及刚度要求的需要。

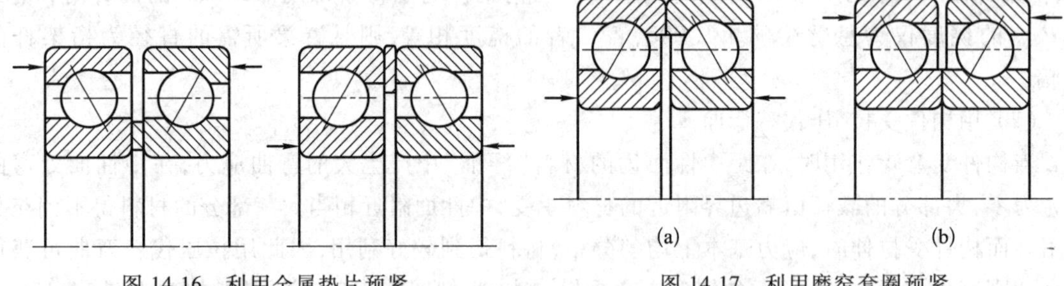

图 14.16　利用金属垫片预紧　　图 14.17　利用磨窄套圈预紧

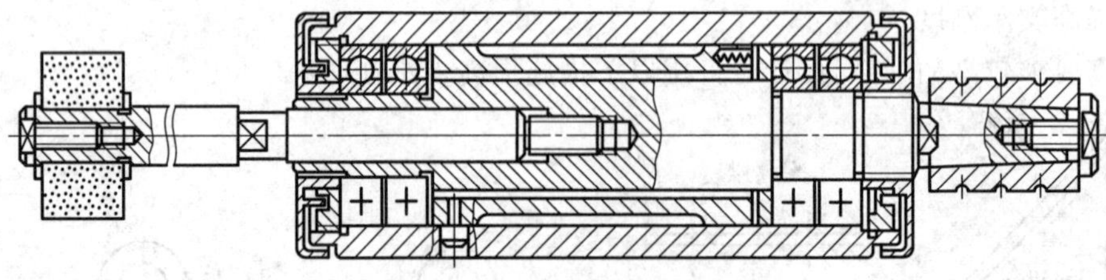

图 14.18　内圆磨床主轴轴承结构

(4) 采用加强筋、板

在零件上面加筋,可提高零件的刚度(图 14.19),又如图 14.20a 所示的平置矩形截面梁受弯曲,因断面的抗弯惯性矩小,所以刚度很低;可采用图 14.20b 所示的结构,用筋板加强刚度。

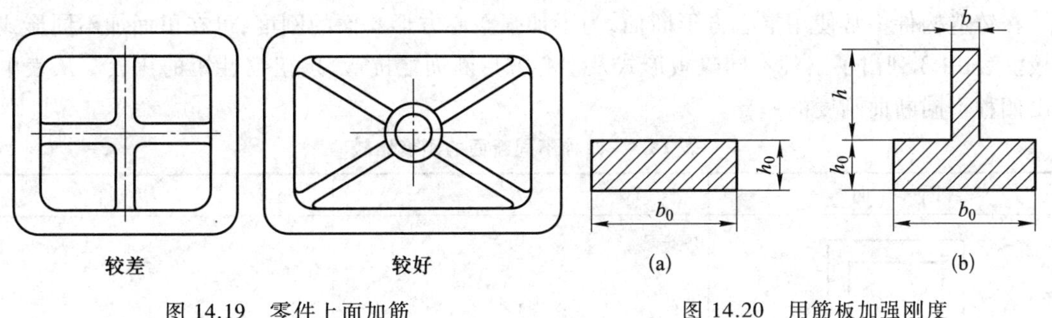

图 14.19 零件上面加筋

图 14.20 用筋板加强刚度

(5) 采用合理的截面形状提高构件刚度

绝大多数的构件受力情况都很复杂，因而要产生拉伸（或压缩）、弯曲、扭转等变形。当受弯曲或扭转时，截面形状对它们的强度和刚度有着很大的影响。正确设计构件的截面形状，可在既不增大截面面积，又不增大（甚至减小）零件质量的条件下，增大截面系数及截面的惯性矩，从而提高构件的强度和刚度。表 14.2 为常用的几种截面形状（面积接近相等）的相对强度和相对刚度的比较。

表 14.2 常用的几种截面形状比较

截面		弯曲			扭转		
形状	面积/cm^2	许用弯矩/(N·m)	相对强度	相对刚度	许用扭矩/(N·m)	相对强度	相对刚度
100, 29	29.0	$4.83[\sigma_b]$	1.0	1.0	$0.27[\tau_T]$	1.0	1.0
100, 10	28.3	$5.82[\sigma_b]$	1.2	1.15	$11.6[\tau_T]$	43	8.8
10, 10, 100, 75	29.5	$6.63[\sigma_b]$	1.4	1.6	$10.4[\tau_T]$	38.5	31.4
10, 100, 10, 100	29.5	$9.0[\sigma_b]$	1.8	2.0	$1.2[\tau_T]$	4.5	1.9

在铸造构件中常使用空心方形断面,为了加强空心方形断面的刚度,可在里面加不同形式的隔板。表 14.3 列出了三种不同隔板形式及空心方形断面之抗弯、抗扭惯性矩的比较。从表中可看出四种不同断面刚度的差异。

表 14.3 四种不同断面的刚度比较

断 面	I	I_p
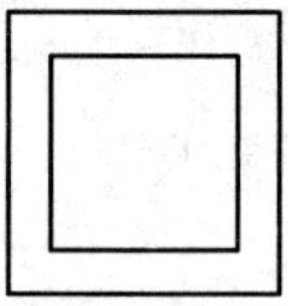	1	1
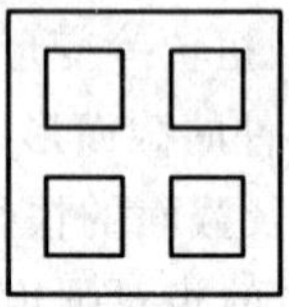	1.17	2.16
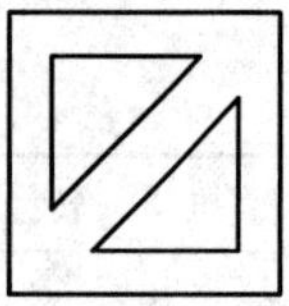	1.55	3
	1.78	3.7

14.4 结构设计方法

结构设计主要是确定机器零、部件的形状、数目、尺寸、相互位置和相互连接方式,或者对这几个要素进行变化,得到多种方案,然后选择最佳结构。结构设计有下面几种方法。

14.4.1 计算法

零件外形轮廓的设计是结构设计中的一个难点,通常依靠设计人员的理论知识和实践经验,先确定基本形状,然后根据各种约束条件进行修改和完善,直至满意为止。计算法是一种数学方法,可进行最优形状设计。零件结构设计往往采用机械设计的强度和刚度设计方法。

14.4.2 形态变换法

变换零件结构的形状、位置、数目、尺寸和顺序，得到不同的结构设计方案叫形态变换法。

（1）变换零件工作表面形状

如图 14.21 所示，通过改变阀芯表面形状，可以得到不同的阀门结构。图 14.21a 所示为锥形阀，图 14.21b 所示为球形阀，其工作表面形状不同，结构不同，但功能相同。

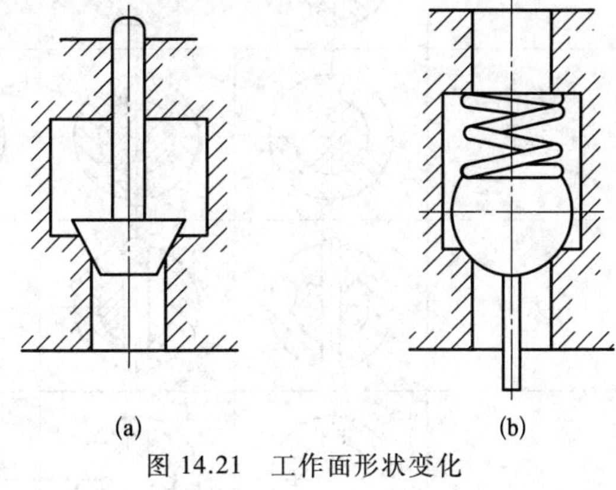

图 14.21　工作面形状变化

（2）变换零件作用面的相关位置

图 14.22 所示为主动件摆杆与从动件推杆的球面位置变换。如图 14.22a 所示，球面在推杆上，当摆杆作用推杆时，受到横向作用力。图14.22b所示为球面设计在摆杆上的结构，当作用时，推杆只受到轴向力。

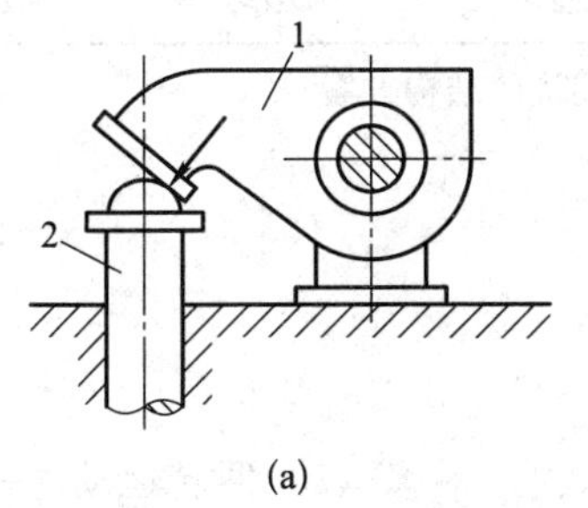

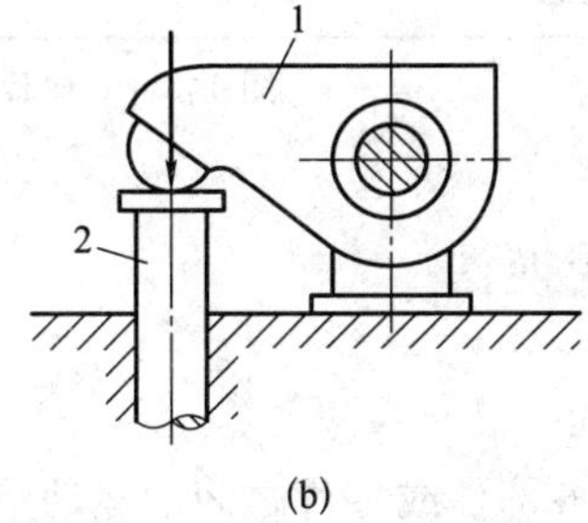

图 14.22　摆杆与从动杆的球面位置变换

（3）改变零件工作面的数目而发生形态变换

图 14.23 所示为螺钉头内接触面数目变化而引起的形态变换，适用于各种工作条件下的螺钉。

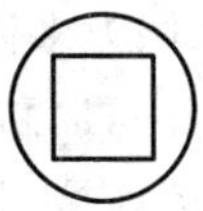
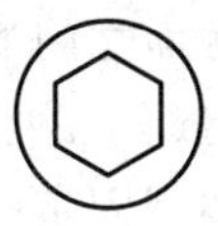

图 14.23　螺钉头作用面数目变换

（4）尺寸变化而发生形态变换

零件表面通过尺寸的增大或缩小而发生形态变化。例如三角带型号的变化、齿轮模数变化等都是尺寸变化的例子。

（5）通过改变零件表面排列顺序或功能表面位置的变换而得到不同的结构

在图 14.24 所示的轴毂连接中，当变换工作面的形状、数目、位置和大小时，可得到轴毂连接的多种结构方案。

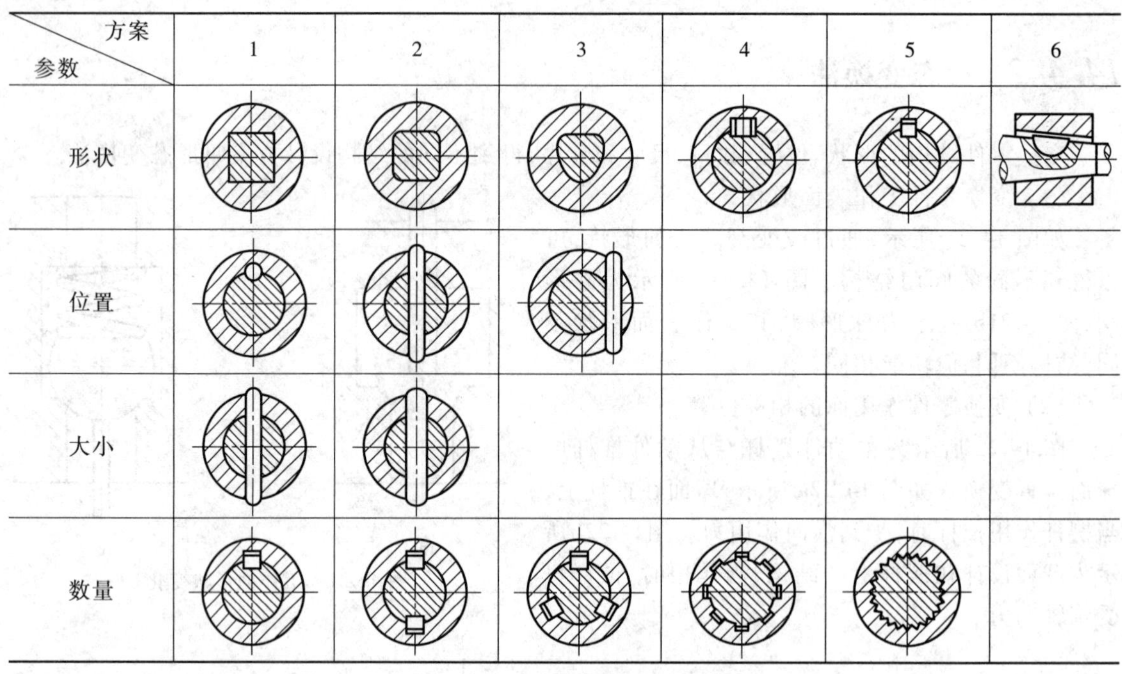

图 14.24　轴毂连接的结构方案

14.4.3　关系变换法

1. 改变运动方式

在机械系统中,各部件或零件之间的运动形式有:平移运动、回转运动、一般运动。通过改变运动形式,得出不同的结构,而实现同一功能。

2. 连接方式的变换

运动件与固定件的连接方式有相对滑动、相对滚动、既滚动又滑动,如轴与支承的连接方式有滑动轴承、滚动轴承。滚珠丝杠的螺母与螺杆之间既滚动又滑动。

3. 固定方式的变换

1）利用两个零件接触面之间的摩擦力来固定(如过盈配合、楔键连接等)。

2）利用中间件来固定(如在两零件间加黏接剂、焊接、铆接等)。

3）利用零件的形状实现固定(如销连接、弹簧卡连接、螺钉连接等)。

14.5　结构的工艺设计

设计机械零、部件时,必须考虑结构工艺性,使机械零、部件在满足使用功能的前提下,能实现生产率高、生产成本低的目的。在考虑零、部件结构工艺性时,首先应全面考虑在零、部件生产和使用中,各阶段的工艺性问题,如毛坯制造、机械加工和热处理、装配、检验、运输、使用、维护、废弃后回收再用等。此外在生产批量、生产设备条件、使用维护条件不同时,应在结构上作相应的改变。如单件生产的机器底座用焊接件较经济，而中、小批量生产甚至大批量生产采用铸件更合理。随着科技的发展，不断出现很多新工艺、新技术、新材料，设计师应不断掌握新技术，以提高结构设计质量。

14.5.1　铸件的工艺性

铸件在机械中所占比重较大，铸件中以灰铸铁应用最广，如箱体、支架、机床的床身等均用灰铸铁铸造而成。灰铸铁容易铸造成各种复杂形状，耐磨性、吸振性好，易切削加工；铸件应该按制模、造型、浇铸、冷却、清理、搬运、热处理等步骤，按工艺性的要求设计其各部分的结构。但铸件的铸造工艺质量不易控制，容易产生缺陷，因此设计铸件时，除了考虑机械结构的刚度和强度外，还要考虑铸件的工艺性，使所设计的铸件结构尽量合理，达到较好的使用效果。

1. 形状简单

设计铸造零件时，应使零件形状简单，并尽量使零件形状对称，以便于制模。铸件表面的凹凸形状应尽量减少，以避免使用活块。如图 14.25b 所示的结构比图 14.25a 所示的凹凸部分较少，便于制模。

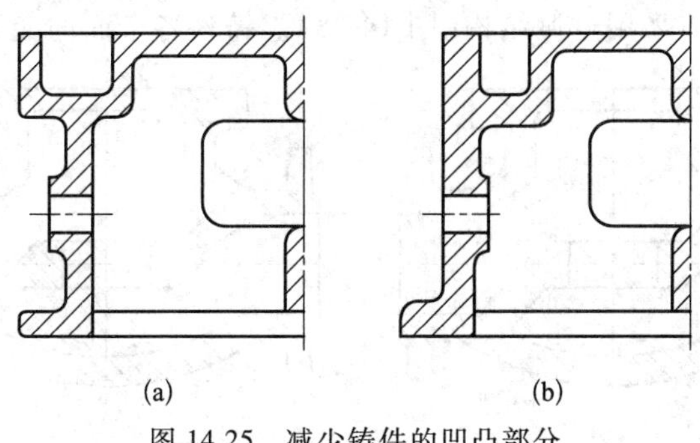

图 14.25　减少铸件的凹凸部分

2. 合理确定铸件壁厚

为了降低铸件重量，希望减薄壁厚，但受强度和材料流动性限制，壁厚又不可太薄。表 14.4 给出了各种材料从流动性要求出发的允许最薄壁厚值，它与铸件尺寸有关。

表 14.4　砂型铸件最薄壁厚　mm

铸件尺寸	铸钢	灰铸铁	球墨铸铁	可锻铸铁	铝合金	铜合金
<200×200	6~8	5~6	6	4~5	3	3~5
200×200~500×500	10~12	6~10	12	5~8	4	6~8
>500×500	18~25	15~20			5~7	

设计铸件壁厚力求均匀，以提高铸件的质量；减少铸件中断面厚度大的部分，避免金属聚集以致产生缩孔或缩松（图 14.26）。

在铸件结构设计时，可以用加强肋使壁厚均匀，图 14.27b 中，用肋板代替厚壁，既可以保证壁原来的刚度，又使壁厚均匀，结构合理，减轻质量。

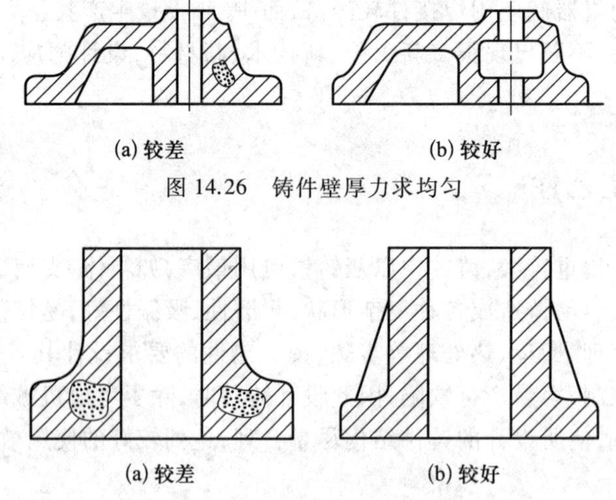

图 14.26　铸件壁厚力求均匀

图 14.27　用加强肋使壁厚均匀

对于形状较复杂或尺寸较大的铸件，铸件内腔壁厚应较外壁厚减小 15%～20%（因内壁冷却较慢），不同壁厚连接处，应采用过渡结构（图 14.28）。铸件各个面的交界处应采用圆角结构。

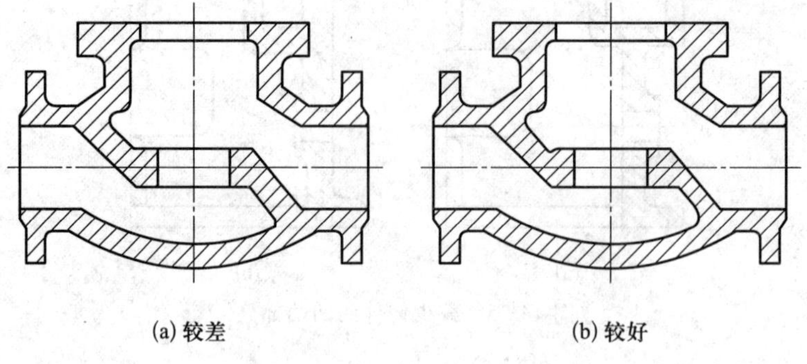

图 14.28　内、外壁厚合理结构

此外对于薄壁铸件，必须避免较大又较薄的水平面，因为水平平面浇铸时容易造成冷隔或形成气孔、渣眼或夹砂，改为有斜坡的平面，有利于排出液态金属中的杂质和由于铁液漫流造成的冷隔等缺陷。图 14.29 中，图 b 所示的结构比图 a 所示的结构合理。

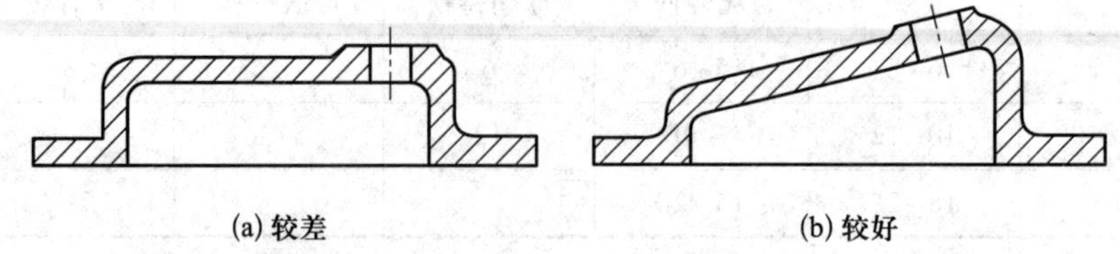

图 14.29　避免采用较大又较薄的水平面

另外铸件应有适当的起模斜度及适当的圆角，铸件上不能有尖锐的转角，以避免在冷却时由于不均匀收缩而产生应力集中或裂纹。关于铸件的圆角半径、过渡结构、起模斜度等数据，可查阅有关手册。

14.5.2　焊接件的工艺性

焊接件主要用于钢结构、机架和机械零件中，设计焊接件时要合理选择焊接方法和焊接材料。焊接件在焊接时温度很高，而且温度分布不均匀，焊缝及母体金属在焊接时产生很大的变形，在冷却时由于各部分温度变化不同，还会产生很大的变形和内应力，甚至产生裂纹。因此，减少焊接件的内应力与变形不但要在焊接工艺方面采取必要措施，而且还要进行合理的结构设计，如避免由于焊缝过度集中而产生过多的热量，尽可能采用对称的焊缝等。

为了减少焊接件的内应力，改善焊接接头的性能，可以采用整体高温回火、局部高温回火、振动法等措施。

焊接件结构设计时，应注意几点：

1）不应在同一个接头中采用两种连接结构，避免结构复杂和铆钉、螺栓连接不起作用。图 14.30b 所示为合理的结构。

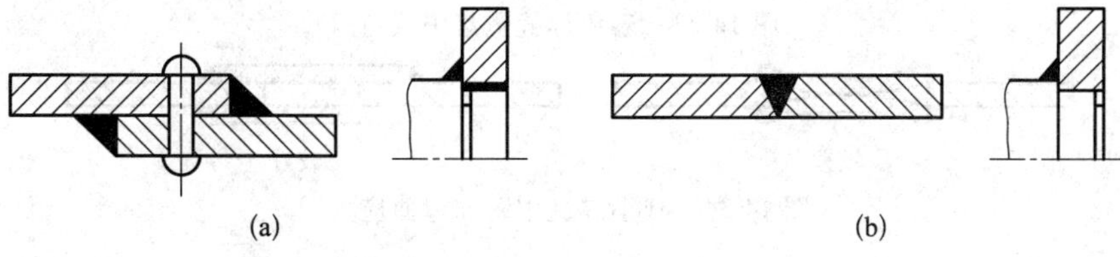

图 14.30　避免在同一个接头中采用两种连接结构

2）设计焊接结构时，应使结构的应力和变形最小。如图 14.31b 所示为合理的结构。

3）尽可能避免使用不对称的焊缝，焊缝布置与焊接顺序也对称，这样就可以利用各条焊缝冷却时的力和变形的互相均衡，以得到焊件整体的较小变形。图 14.32b 所示为合理的焊缝设计。

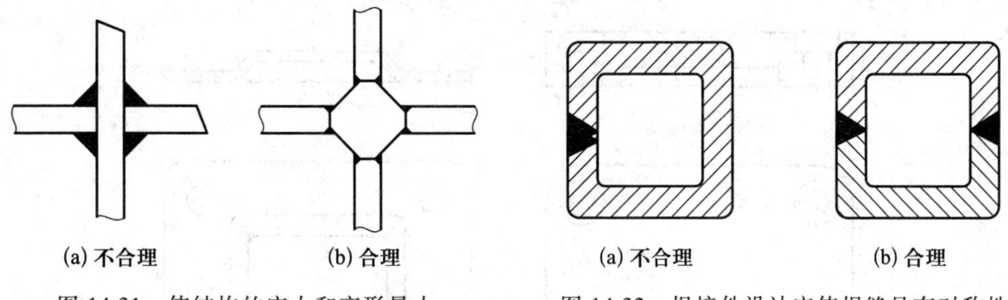

图 14.31　使结构的应力和变形最小　　图 14.32　焊接件设计应使焊缝具有对称性

4）设计时应注意焊缝受力，避免焊缝承受剪力或集中载荷，避免在应力最大的部位布置焊缝。如焊接法兰避免焊缝受剪力，不要在简支梁受弯曲应力最大的部位布置焊缝（图 14.33）。

当采用搭接焊缝时，应保证搭接部分有足够的长度，减小焊缝中附加弯曲应力（图 14.34）。

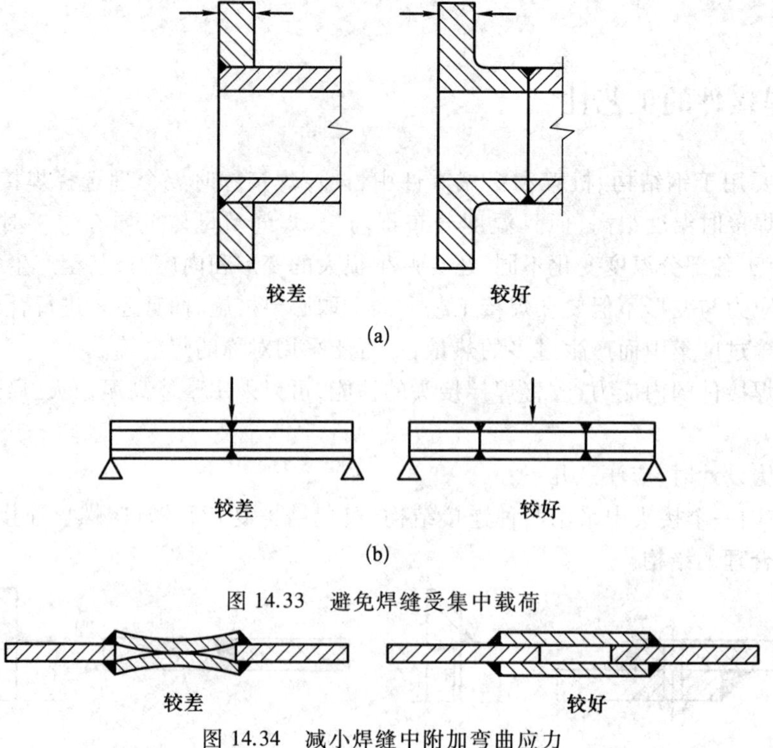

图 14.33　避免焊缝受集中载荷

图 14.34　减小焊缝中附加弯曲应力

14.5.3　考虑加工、装配、维修、回收再用等的工艺性

1）在保证功能要求的前提下，尽量减小机械加工量。正确选用精密铸造、模锻、电渣焊等工艺方法，可以大量减少机械加工量。如图 14.35 所示的减速器观察孔盖，如把铸件结构（图 14.35a）改为冲压件（图 14.35b），则可以直接冲压后使用。

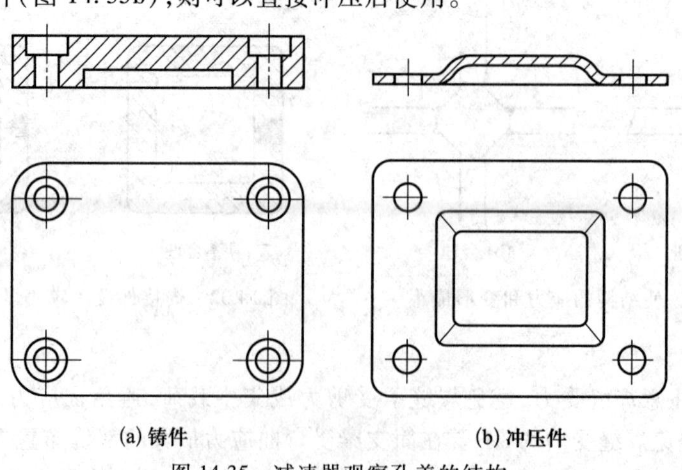

图 14.35　减速器观察孔盖的结构

2）保证机械零件可能加工。对于车、刨、磨等加工表面，应留有足够的退刀槽或砂轮越程槽（具体尺寸参考机械零件设计手册）等。图 14.36～图 14.38 示出了正确及不正确的结构。

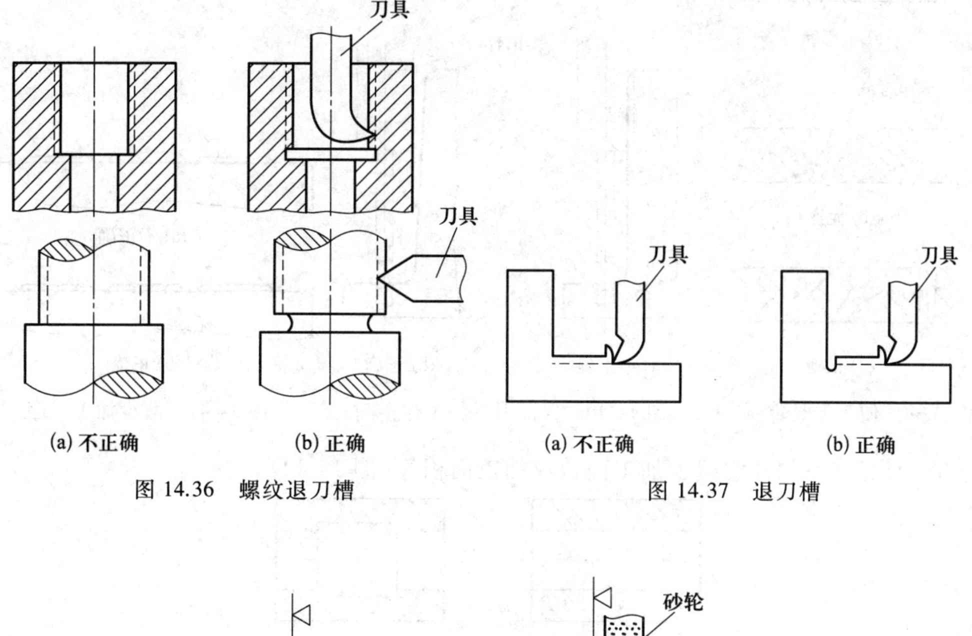

图 14.36　螺纹退刀槽　　　　图 14.37　退刀槽

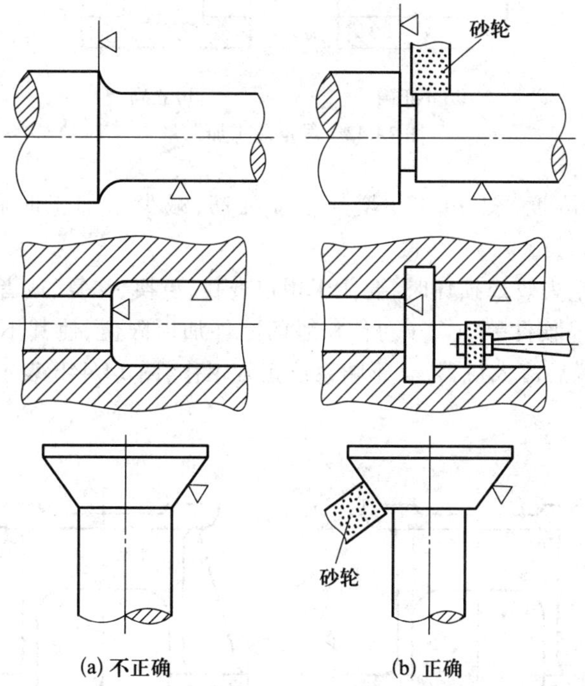

图 14.38　砂轮越程槽

3）使机械零件便于加工，如便于刀具定位（图 14.39），保证刀具的工作空间（图 14.40）。尽可能减少零件在机床上的加工工序，提高加工效率和精度（图 14.41）。

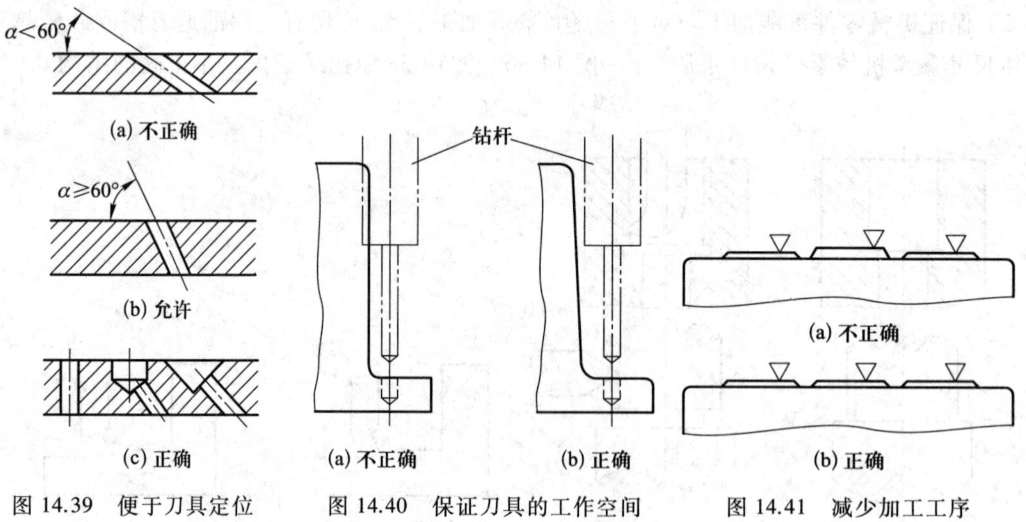

图 14.39　便于刀具定位　　图 14.40　保证刀具的工作空间　　图 14.41　减少加工工序

4）减少加工量，如注意减少加工面数或加工面积等（图 14.42）。

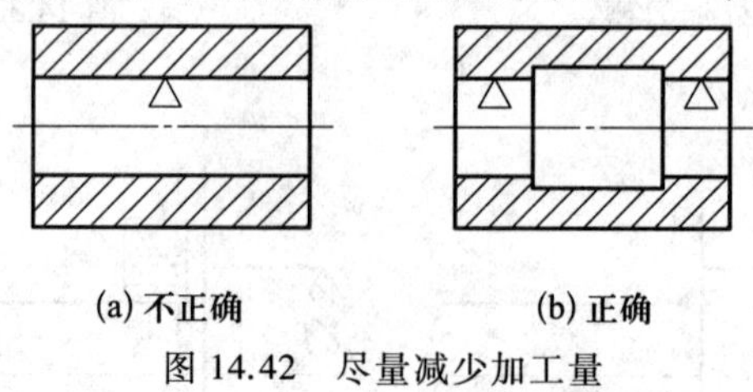

图 14.42　尽量减少加工量

5）零件有足够的刚度，图 14.43b 增加了加强筋，减少了加工时底部的变形，可保证加工精度。

6）当机械零件发生失效或损坏时，要便于用户查找、更换、修复，或者能被另一零件代替，如采用安全销、安全阀和易损件等。对于可能松脱的零件加以限位，使其不致脱落造成机器事故。图 14.44a 表示螺钉松脱后落入机器内，影响系统正常工作，图 14.44b 表示螺钉松脱后受到限位，不致掉入系统中。

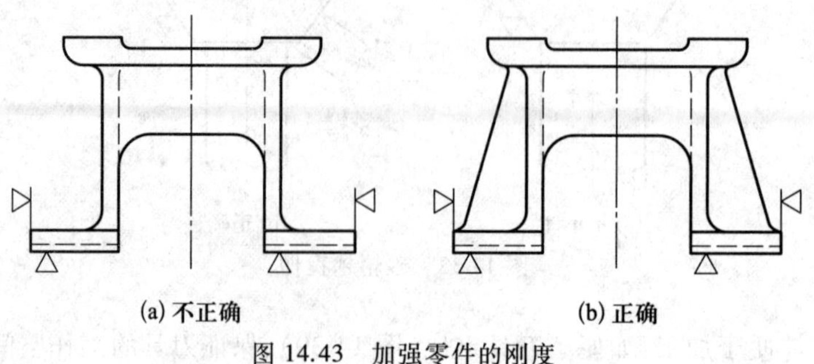

图 14.43　加强零件的刚度

7）保证零件在装配和检修时能装能拆，并且装拆方便，如图 14.45a ~ 图 14.48a 所示为不便或不能装配的结构，图 14.45b ~ 图 14.48b 所示为正确的结构。

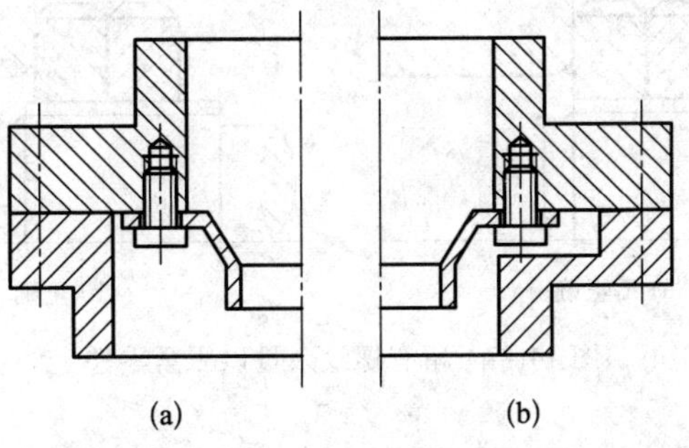
(a)　(b)

图 14.44　对可能松脱的零件限位

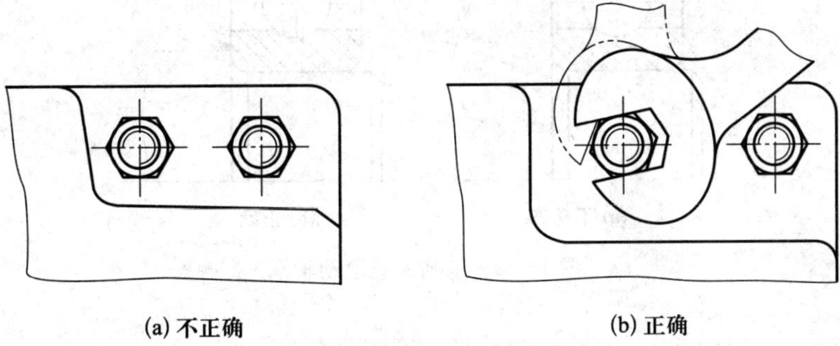
(a) 不正确　(b) 正确

图 14.45　留有扳手空间

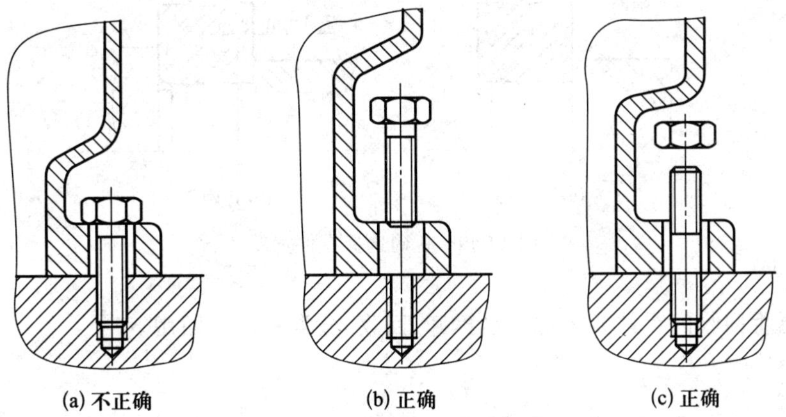
(a) 不正确　(b) 正确　(c) 正确

图 14.46　留有螺栓或螺柱装拆空间

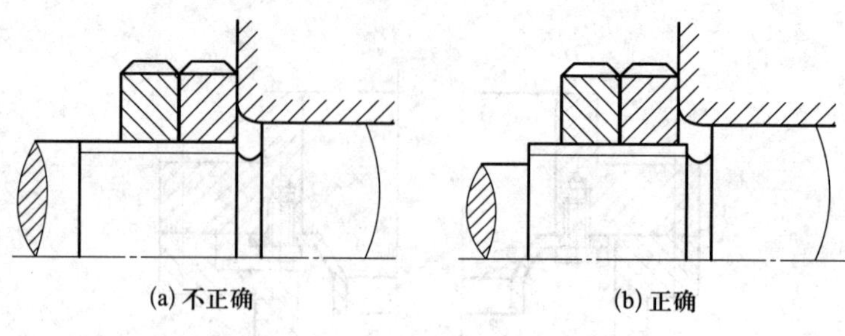

图 14.47　留有螺纹余量以压紧零件

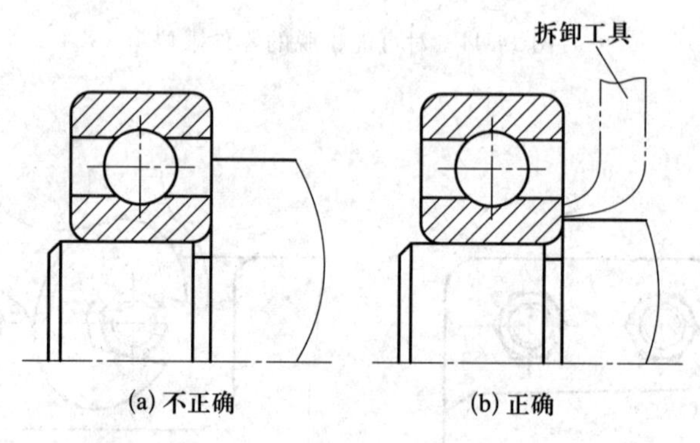

图 14.48　正确安装滚动轴承

8）应使装配误差不影响装配质量和系统的功能。例如圆柱齿轮传动中的小齿轮应比大齿轮加宽 5~10 mm，以备即使有装配误差，仍可保证啮合宽度。又如图 14.49 中的轮毂比轴段宽 2~3 mm，以保证装配质量。

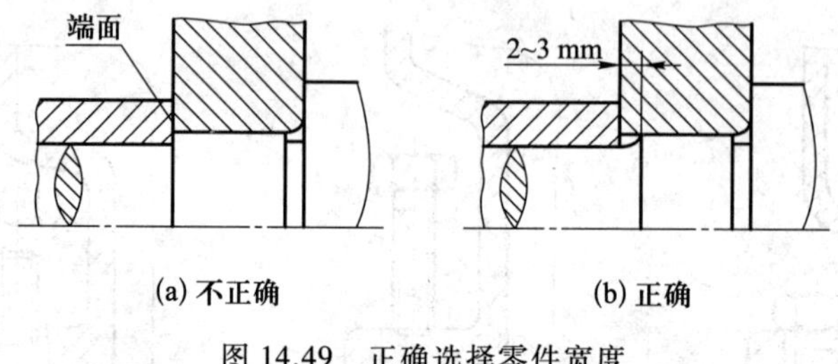

图 14.49　正确选择零件宽度

9）对于再生回收的零件要考虑容易拆卸、回收、分类和再生回用。

习题

14.1　图 14.50 中________是正确的结构设计。

14.2　图 14.51 中________是合理的结构设计。

14.3　图 14.52 中________是合理的结构设计。

14.4　图 14.53 中________是合理的结构设计。

14.5　图 14.54 中________是合理的结构设计。

14.6　图 14.55 所示的铸件支承中________是合理的结构设计。

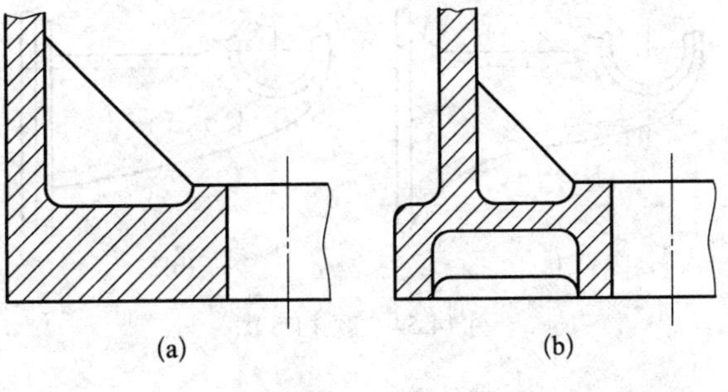

图 14.50　题 14.1 图

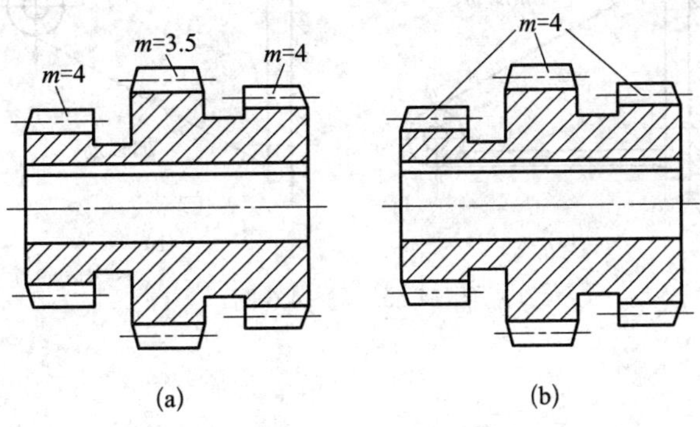

图 14.51　题 14.2 图

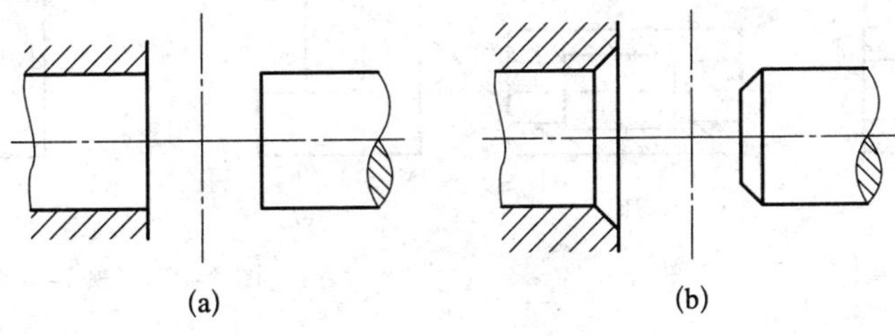

图 14.52　题 14.3 图

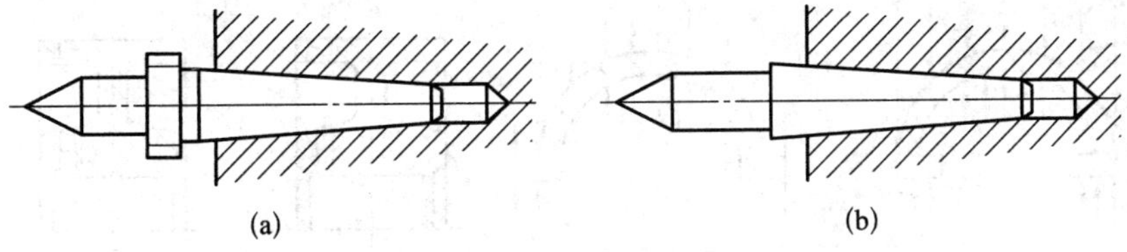

图 14.53　题 14.4 图

14.7　图 14.56 中________是合理的结构。

14.8　图 14.57 中________是合理的结构。

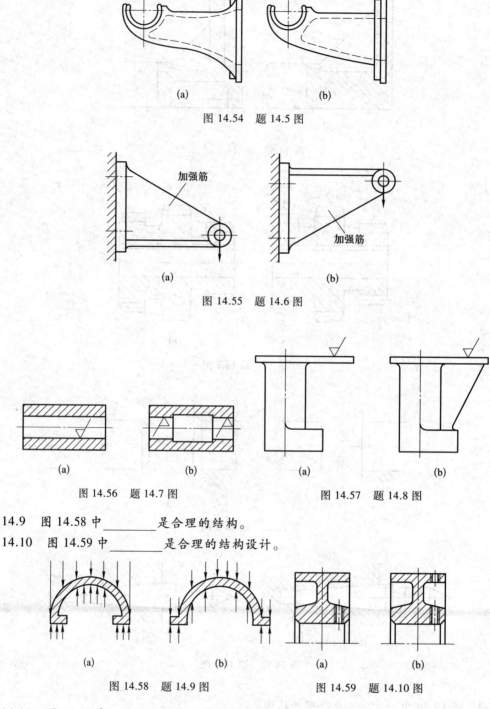

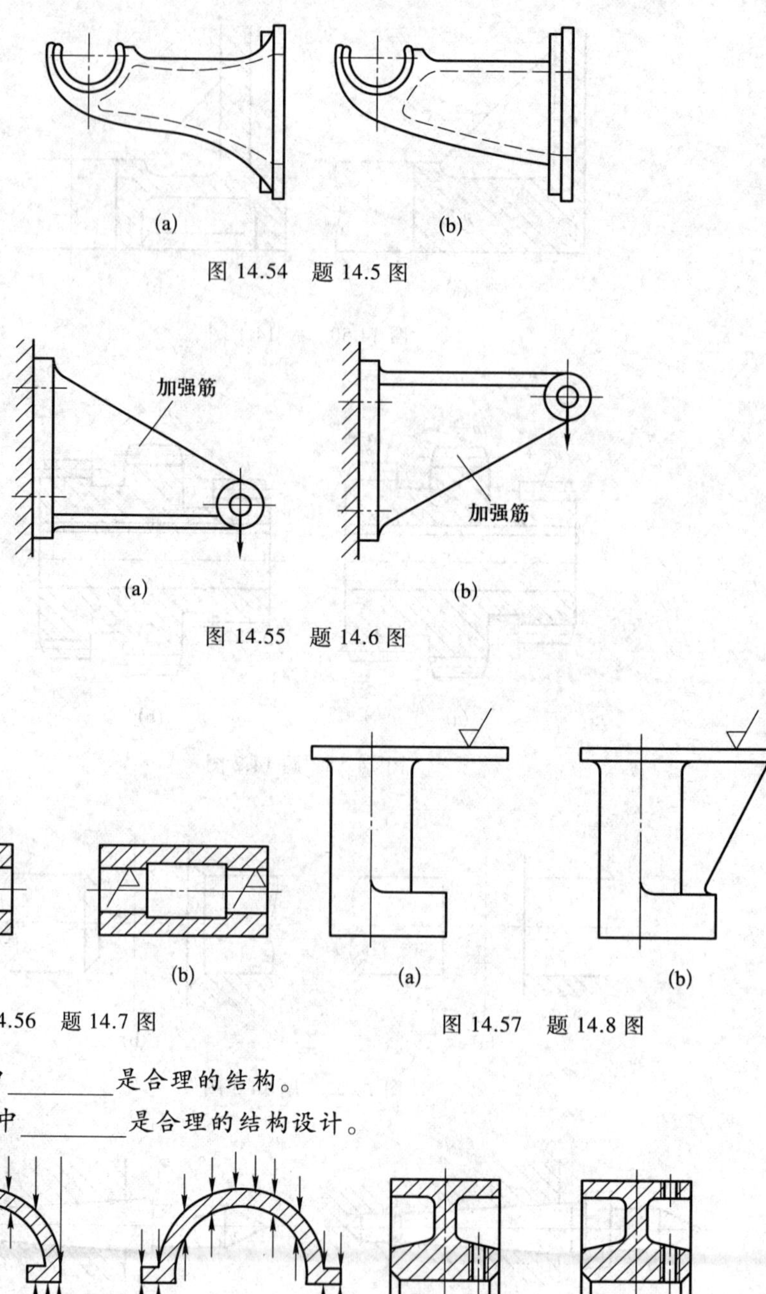

图 14.54　题 14.5 图

图 14.55　题 14.6 图

图 14.56　题 14.7 图

图 14.57　题 14.8 图

14.9　图 14.58 中________是合理的结构。

14.10　图 14.59 中________是合理的结构设计。

图 14.58　题 14.9 图

图 14.59　题 14.10 图

14.11　图 14.60 中________是合理的结构设计。

14.12　试举出结构设计基本原理在机械中的三个应用例子。

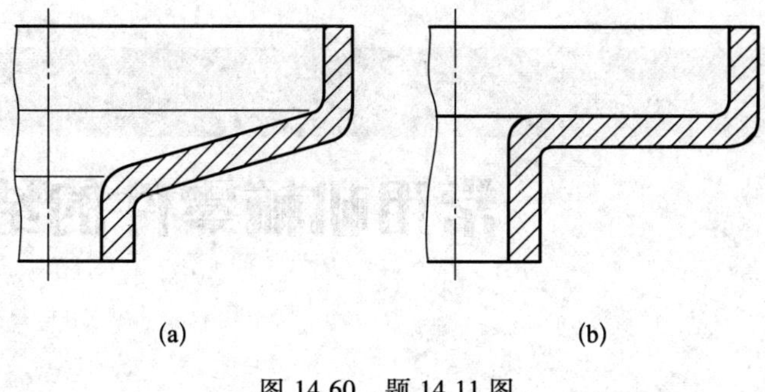

图 14.60　题 14.11 图

第 15 章

常用机械零件的结构设计

15.1 轴的结构设计

轴的结构设计任务为定出轴的合理外形和全部结构尺寸。

轴的结构是由许多因素决定的（如轴在机器中的安装位置和形式；轴上安装零件的类型、尺寸、数量以及轴连接的方式；轴所受载荷的性质、大小、方向及分布情况；轴的加工工艺等），轴的结构设计具有较大的灵活性和多变性，但轴的结构设计原则上应满足：轴和装在轴上零件应有准确的工作位置；轴上零件要便于装拆；轴应具有良好的结构工艺性，能保证足够的强度和刚度；对高速传动轴或速度并不太高，但细而长的轴还应考虑振动稳定性。

在进行轴的结构设计时，一般应已知：轴的转速、传递的功率、传动零件（如齿轮、链轮、带轮）的主要参数尺寸等。

15.1.1 拟定轴上零件的装配方案

拟定轴上零件的装配方案是进行轴的结构设计的前提，所谓装配方案，就是预定出轴上主要零件的装配方向、顺序、相互关系和定位方式等。不同的装配方案可以得出轴的不同结构形式。设计时一般拟订几种不同的装配方案，以便进行分析对比与选择。

图 15.1 所示的圆锥-圆柱齿轮减速器，其输出轴有图 15.2a 和图 15.2b 两种不同方案，其中图 a 的大部分零件从轴的左端装入，而图 b 中的零件要从轴的两端装入，另外图 b 中有一个轴向定位套筒较长，质量较大，相比之下，图 a 的方案更加合理。

图 15.3 所示为某齿轮装在轴上的一种装配方案。其装配方案是：齿轮、套筒、右端轴承、轴承端盖、半联轴器依次从轴的右端向左端安装，左端只装左端轴承及轴承端盖。

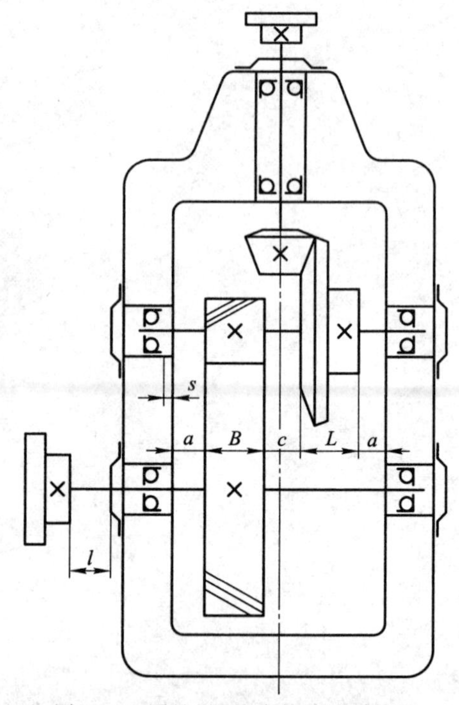

图 15.1 圆锥-圆柱齿轮减速器简图

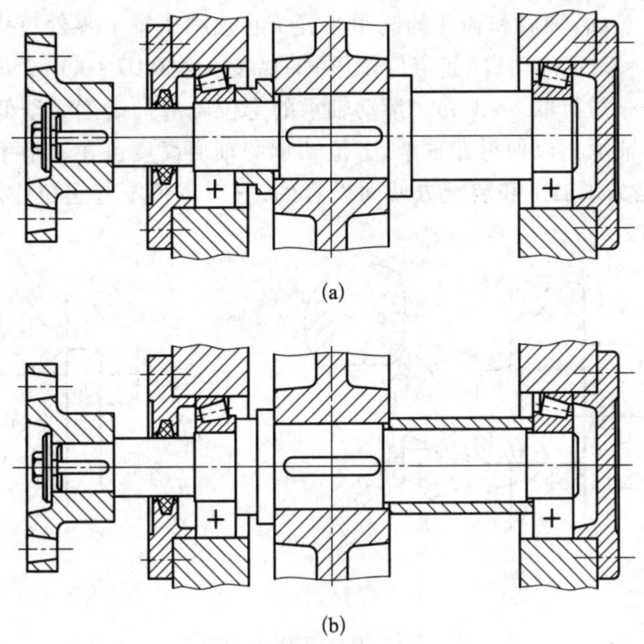

图 15.2　输出轴的两种不同方案

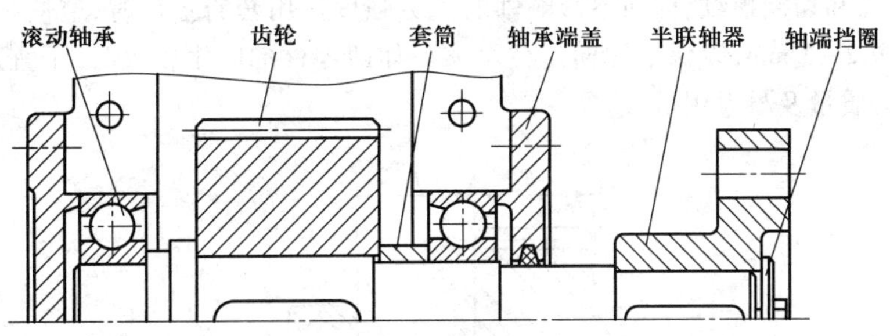

图 15.3　轴上零件的装配方案示例

15.1.2　轴上零件的定位与固定

为了防止零件受力时发生沿轴向或周向的相对运动，轴上零件除了有游动或空转的要求外，都必须进行轴向和周向定位，以保证其准确的工作位置。

1. 轴上零件的轴向定位

(1) 轴肩和轴环

轴肩和轴环是零件轴向定位最方便而有效的方法，但采用轴肩和轴环就必然会使轴的直径加大，而且轴肩处将因截面突变而引起应力集中；此外，轴肩过多时也不利于加工。轴肩多用于轴向力较大的场合。轴肩(图 15.4a)和轴环(图 15.4b)的定位部分应有过渡圆角。为了使轴上零件的端面能靠紧定位面,轴肩和轴环的圆角半径 r 必须小于轴上零件毂孔端部的圆角半径 R 或倒角 C,即 $r<R$ 或 $r<C$,定位轴肩(起定位作用)的高度 $a=(0.07\sim0.1)d$,d 为零件相配处的轴径尺寸。轴环宽度 b 一般可取 $b\approx1.4a$。滚动轴承的定位轴肩的高度必须低于轴承内圈的高度(如图 15.3 中的左端轴承),以便拆卸轴承,定位轴承的轴肩高度可在轴承手册中查。非定位轴肩(不起定位作用)是为了加工和装配方便而设置的,它对零件不起定位作用,其高度没有严格的规定,一般取为 1~2 mm。

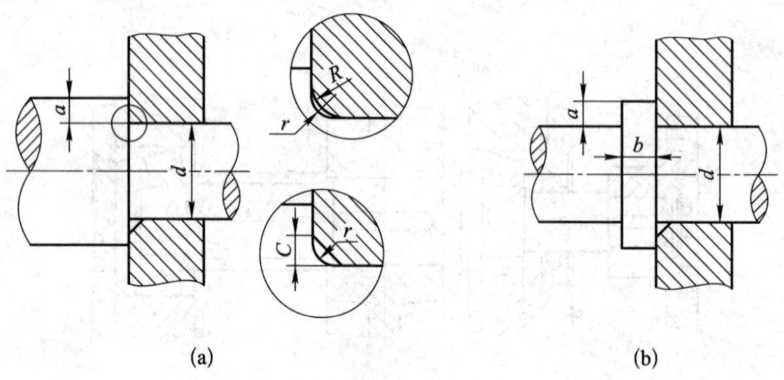

图 15.4 轴肩和轴环的结构

(2) 套筒

套筒定位(图 15.5)一般用于轴上两个零件之间的定位。套筒定位结构简单,定位可靠,轴上不需开槽、钻孔和切制螺纹,因而不影响轴的疲劳强度。用套筒定位时,应使装零件的轴段长度比轮毂宽度短 2~3 mm,以保证轴向定位可靠。如两零件的间距较大时,不宜采用套筒定位,以免增大套筒的质量及材料用量。

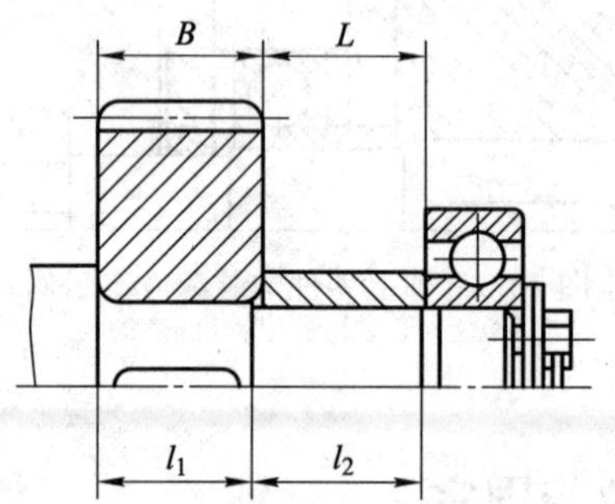

$B-l_1=2\sim3$ mm,$(B+L)-(l_1+l_2)=2\sim3$ mm

图 15.5 套筒定位

(3) 圆螺母

圆螺母作轴上零件的轴向定位(图 15.6),可承受大的轴向力,但轴上螺纹处有较大的应力集中,会降低轴的疲劳强度,故一般用于固定轴端的零件,为防止松脱,常用双螺母(图 15.6a)或圆螺母加止动垫圈防松(图 15.6b)。

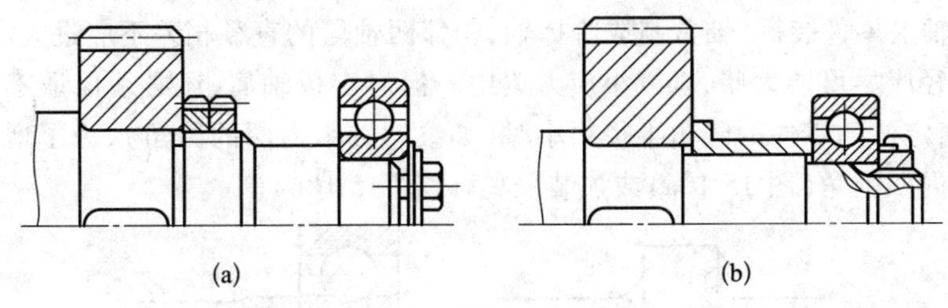

图 15.6　用圆螺母作轴向固定

(4) 轴端挡圈

轴端挡圈(图 15.7)适用于轴端零件的固定,可承受较大的轴向力。

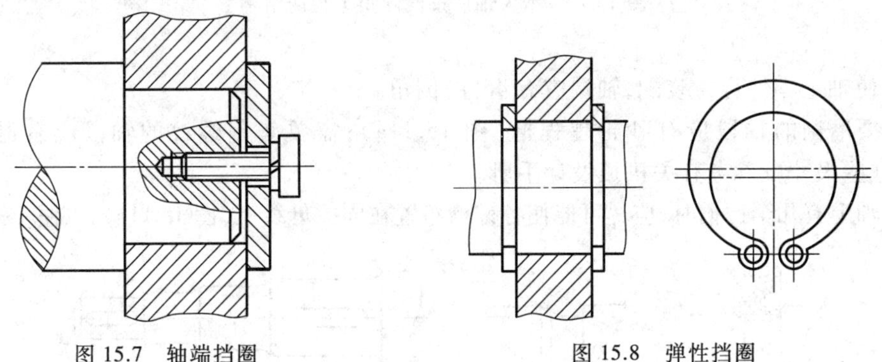

图 15.7　轴端挡圈　　图 15.8　弹性挡圈

(5) 弹性挡圈

采用弹性挡圈(图 15.8)定位结构简单紧凑,但只能承受很小的轴向力,常用于滚动轴承或光轴上零件的轴向定位。

(6) 紧定螺钉

用紧定螺钉固定轴上零件(图 15.9)结构简单,但只能承受很小的轴向力。

(7) 轴承端盖

轴承端盖(图 15.3)用螺钉或榫槽与箱体连接,而使滚动轴承的外圈得到轴向定位。在一般情况下,整根轴的轴向定位也常利用轴承端盖来实现。

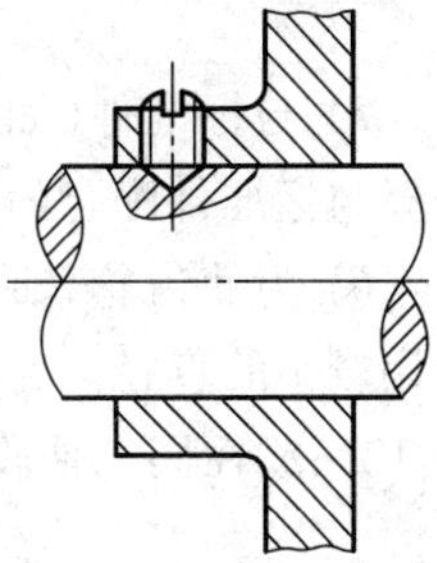

图 15.9　紧定螺钉

2. 轴上零件的周向定位

周向定位的目的是限制轴上零件与轴发生相对转动。常用的周向定位零件及方式有键、花键、销、紧定螺钉以及过盈配合等(见 15.3 轴毂连接的结构设计),其中紧定螺钉只用在传力不大之处。

15.1.3　轴的结构工艺性

轴的结构形式应便于加工和装配轴上的零件,在满足功能要求的前提下,轴的结构应尽量简单。轴的结构工艺性对轴的强度有很大的影响,为此应采用下面合理的工艺措施:

1）为便于轴上零件装拆，轴常制成阶梯轴，相邻两轴段的直径相差不应过大，并应有圆角过渡，过渡圆角半径应尽可能大些，以减小应力集中。但对定位轴肩，还必须保证零件得到可靠的定位。当靠轴肩定位的零件的圆角半径很小时（如滚动轴承内圈的圆角），为了增大轴肩处的圆角半径，可采用内凹圆角（图 15.10a）或加装隔离环（图 15.10b）。

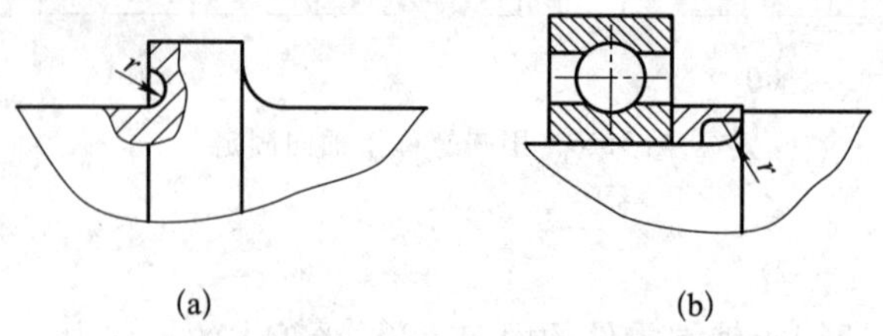

图 15.10　增大轴肩过渡圆角半径的结构

2）为使轴上零件容易装配，轴端应有 45°的倒角。

3）需要磨削的轴段应有砂轮越程槽（图 15.11a）；需要车制螺纹的轴段应有退刀槽（图 15.11b）。这些尺寸可参考有关机械设计手册。

4）当轴上有几个键槽时，应尽可能使各键槽布置在同一母线上（图 15.11c），以便于键槽加工。

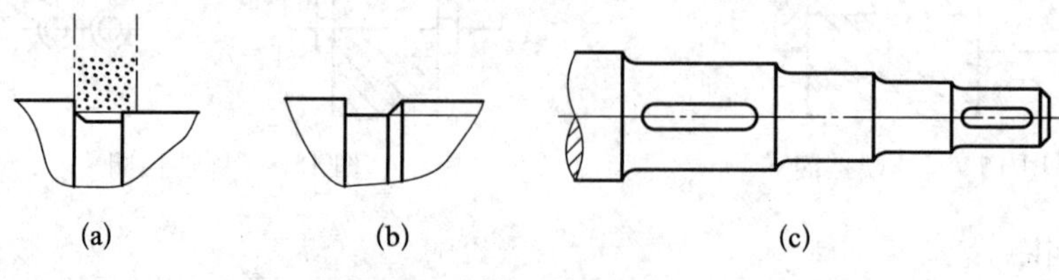

图 15.11　轴的合理结构工艺

5）与标准件（如滚动轴承、联轴器、密封圈等）配合的轴段，其尺寸应取为相应的标准值，并选择与标准件配合的公差。

6）为使齿轮、轴承等有配合要求的零件装拆方便，并减少配合表面的擦伤，在配合轴段前应采用较小的直径。为使与轴作过盈配合的零件易于装配，相配轴段的压入端可制出锥度（图 15.12）；或在同一轴段的两个部位上采用不同的尺寸公差（图 15.13）。

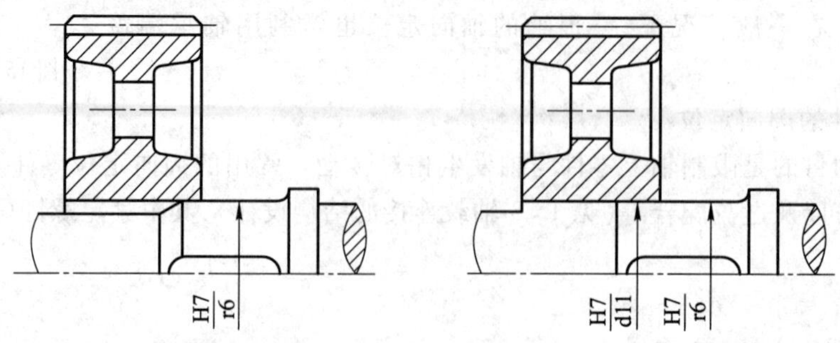

图 15.12　轴的装配锥度　　　　图 15.13　采用不同的尺寸公差

7）当轴与轮毂为过盈配合时，配合边缘处会产生较大的应力集中（图 15.14a），为了减少应力集中，可在轮毂上或轴上开减载槽（图 15.14b、c），或者加大配合部分的直径

(图 15.14d)。由于配合的过盈量愈大,引起的应力集中也愈严重,因而在设计中应合理选择零件与轴的配合。

(a) 过盈配合处的应力集中　(b) 轮毂上开减载槽　(c) 轴上开减载槽　(d) 增大配合处直径

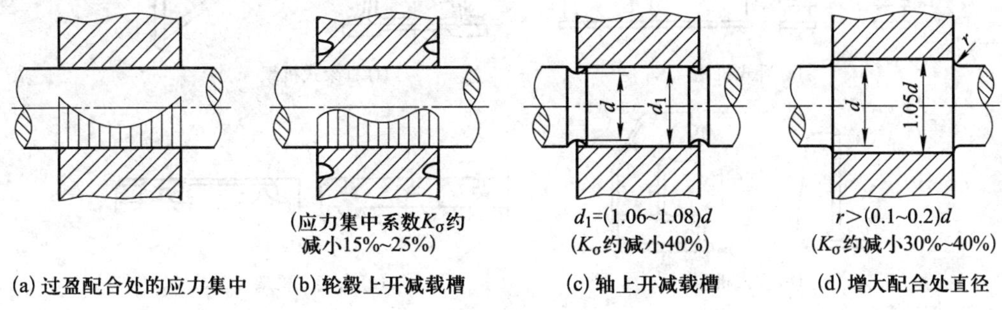

图 15.14　减少应力集中的方法

15.2　机架类零件的结构设计

机架类零件包括机器的底座、机架、箱体、底板等。机架类零件主要用于容纳、约束、支承机器和各种零件。机架类零件由于体积较大而且形状复杂,常采用铸造或焊接结构。这些零件的数量虽不多,但其重量在整个机器中占相当大的比重,因此它们的设计和制造质量对机器的质量有很大的影响。

机架类零件按其构造形式大体上归纳成四类:机座类(图 15.15a～d),机架类(图 15.15e～g)、基板类(图 15.15h)、箱壳类(图 15.15i～j)。若按结构分类,则可分为整体机架和剖分机架;按其制造方法可分为铸造机架和焊接机架。

对机架类零件的设计要求:由于机器的全部重量将通过机架传至基础上,并且还承受机器工作时的作用力,因此机架类零件应有足够的强度和刚度,有足够的精度,有较好的工艺性,有较好的尺寸稳定性和抗振性、结构设计合理、外形美观,对于带有缸体、导轨等的机架零件,还应有良好的耐磨性;此外还要考虑到吊装、附件安装等问题。

15.2.1　铸造机架零件的结构设计

机架零件由于形状复杂,常采用铸件。铸造材料常用易加工、价廉、吸振性强、抗压强度高的灰铸铁,要求强度高、刚度大时采用铸钢。

1. 截面形状的合理选择

截面形状的合理选择是设计机架类零件的一个重要问题。大多数机架零件处于复杂的受载状态,合理选择截面形状可以充分发挥材料的作用。当其他条件相同时,受拉或受压零件的刚度和强度只决定于截面积的大小而与截面形状无关。受弯曲或扭转的机架则不同,若截面面积不变,通过合理选择截面形状来增大惯性矩及截面系数,可提高零件的强度和刚度。几种截面面积相等而形状不同的机架零件在弯曲刚度、弯曲强度、扭转强度、扭转刚度等方面的比较可参考表 14.1、表 14.2。从表中可以看出,主要受弯曲的机架以选用工字形截面为最好,而板块截面最差。主要受扭转的机架以选择空心矩形截面为最佳方案,而且在这种截面的机架上较易安装其他零、

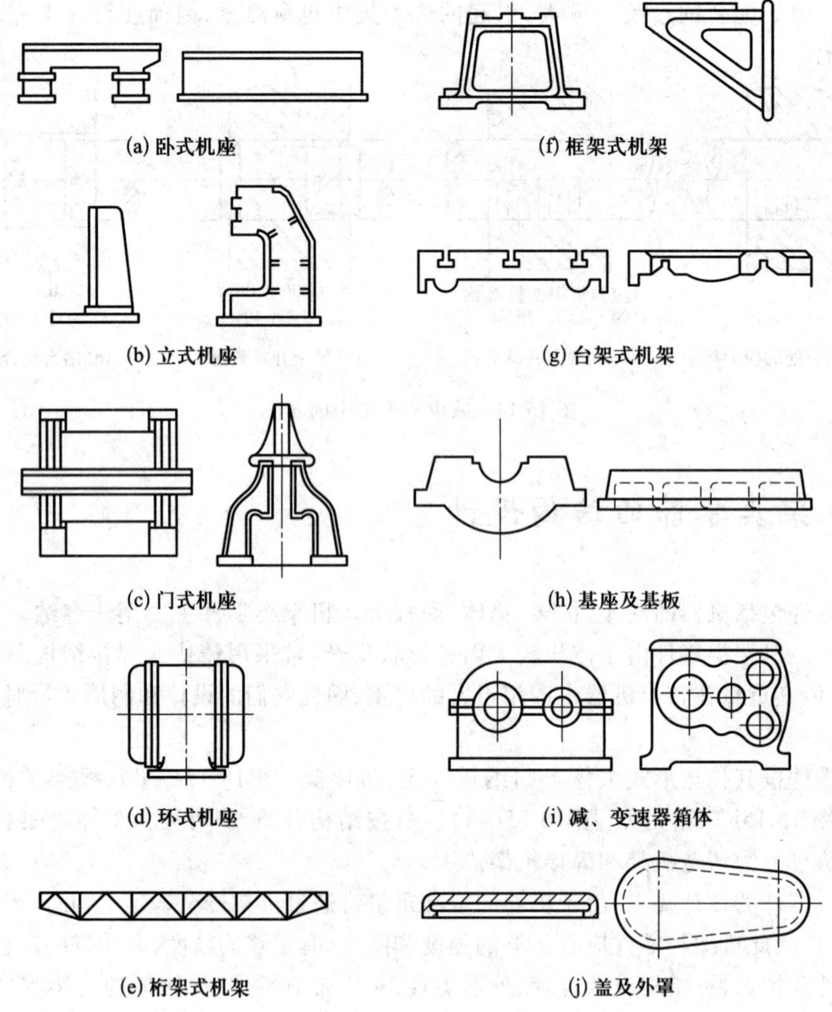

图 15.15　机座与箱体的形式

部件,实际工程中大多采用这种截面形状。

为了得到最大的弯曲刚度和扭转刚度,还应在设计机架时尽量使材料沿截面周边分布。截面面积相等而材料分布不同的几种梁在相对弯曲刚度方面的比较见表 15.1,其中方案Ⅲ比方案Ⅰ大 50 倍,比方案Ⅱ大约 10 倍。

表 15.1　材料分布不同的矩形截面梁的相对弯曲刚度

矩形截面梁	60×60(实心)	100×100,壁厚 10	303×303,壁厚 3
相对弯曲刚度	1	4.55	50

需要指出的是,不宜以增加截面厚度来提高铸铁件的强度。因为厚大截面的铸件因金属冷却慢,析出石墨片粗,且易存有缩孔、缩松等缺陷,而使性能下降。而且其弯曲和扭转强度也并非按截面积成比例地增加。

2. 间壁和肋

通常提高机架零件的强度和刚度可采用两种方法:增加厚度和布置肋板。增加壁厚将导致零件重量和成本增加,而且并非在任何情况下都能见效。设置间壁和肋板在提高强度和刚度方面常常是最有效的,因此经常采用。设置间壁和肋板的效果在很大程度上取决于布置是否合理,不适当的布置不仅达不到要求,而且会增加铸造困难和浪费材料。几种设置间壁和肋板的不同空心矩形梁及弯曲刚度、扭转刚度方面的比较见表 15.2。从表中可知,方案Ⅴ的斜间壁具有显著效果,弯曲刚度比方案Ⅰ约大 1/2,扭转刚度比方案Ⅰ约大两倍,而重量仅增加约 26%。方案Ⅳ的交叉间壁虽然相对弯曲刚度和相对扭转刚度都最大,但材料却要多耗费 49%。若以刚度和质量之比作为评定间壁设置的经济指标,则方案Ⅴ比方案Ⅳ优越;方案Ⅱ、Ⅲ的弯曲刚度相对增加值反不如重量的相对增加值,其比值小于 1,说明这种间壁设置不适合承受弯曲。

表 15.2　各种形式间壁的矩形梁的刚度比较

间壁的布置形式	Ⅰ	Ⅱ	Ⅲ	Ⅳ	Ⅴ
相对质量	1	1.14	1.38	1.49	1.26
相对弯曲刚度	1	1.07	1.51	1.78	1.55
相对扭转刚度	1	2.04	2.16	3.69	2.94
相对弯曲刚度/相对质量	1	0.95	0.85	1.20	1.23
相对扭转刚度/相对质量	1	1.79	1.56	2.47	2.34

3. 壁厚的选择

在满足强度、刚度、振动稳定性等条件下,应尽量选用最小的壁厚,以减轻零件的重量,但面大而壁薄的箱体,容易因齿轮、滚动轴承的噪声引起共振,故壁厚宜适当取厚些,并适当布置肋板以提高箱壁刚度。壁厚和刚度较大的箱体,还可以起到隔音罩的作用。铸造零件的最小壁厚可参考表 13.4。间壁和肋板的厚度一般可取为主壁厚度的 0.6~0.8,肋的高度约为主壁厚的5 倍。

15.2.2　焊接机架零件的结构设计

单件或小批量生产的机架零件,可采用焊接结构以缩短生产周期、降低成本;另外,钢材的弹性模量比铸铁大,要求刚度相同时,焊接机架可比铸铁机架轻(25%~50%)。制成以后,若发现刚度不够,还可以临时焊上一些加强筋来增加刚度。但焊接机架焊接时变形较大,吸振性不如铸

铁件。设计焊接机架零件时,要注意几点:

1. 防止局部刚度突然变化

在一个零件中由封闭式过渡到开式结构时,两部分的扭转刚度有一个突然的变化,因此在封闭结构与开式结构的过渡部位需要有一个缓慢变化的过渡结构(表 15.3)。

表 15.3 开式结构与封闭过渡结构的刚度比

焊接结构		Ⅰ	Ⅱ	Ⅲ
刚度比 K	抗拉	1:1.5	1:1.2	1:4
	抗扭	1:500	1:200	1:50

2. 使焊接应力与变形相互抵消

焊接结构力求对称布置焊缝和合理安排焊缝顺序,使焊接应力与变形相互抵消。

15.3 机械部件的结构设计

15.3.1 连接部件的结构设计

1. 螺栓组连接的结构设计

大多数机械设备的螺纹连接件都是成组使用的,其中最常用的是螺栓组连接。螺栓组连接设计的任务是选定螺栓的数目及布置形式,并确定螺栓连接的结构尺寸。

对于不重要的螺栓连接,可以参考现有的机械设备,用类比法直接确定螺栓尺寸,而对于重要的连接,应根据所受的工作载荷,分析螺栓的受力状况,并根据受力最大的螺栓进行强度计算。

螺栓组连接结构设计的任务主要包括:

(1) 确定连接接合面的几何形状

连接接合面的几何形状通常都设计成轴对称的简单几何形状,如圆形、环形、矩形、框形、三角形等(图 15.16),以便于加工制造。

螺栓组连接结构设计时,应当尽量使螺栓组的对称中心和连接接合面的形心重合,从而保证连接接合面受力比较均匀。

(2) 确定螺栓的布置形式和螺栓的数目

对于铰制孔用螺栓连接,不要在平行于工作载荷的方向上成排地布置 8 个以上的螺栓,以免载荷分布过于不均,对于底板承受弯矩或扭矩的螺栓连接,应使螺栓的位置适当靠近连接接合面的边缘,以减小螺栓的受力(图 15.17)。

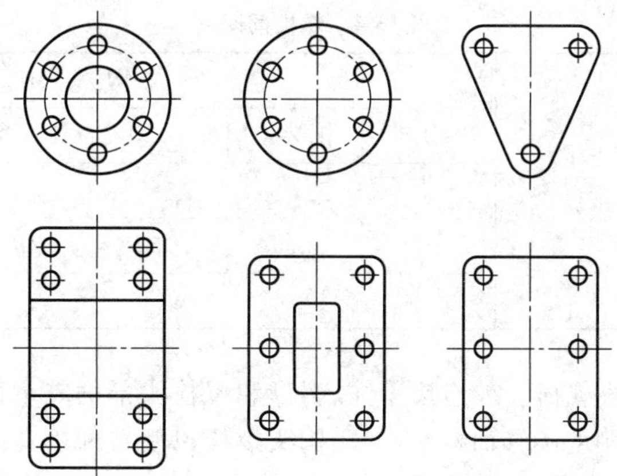

图 15.16　螺栓组连接接合面常用的形状

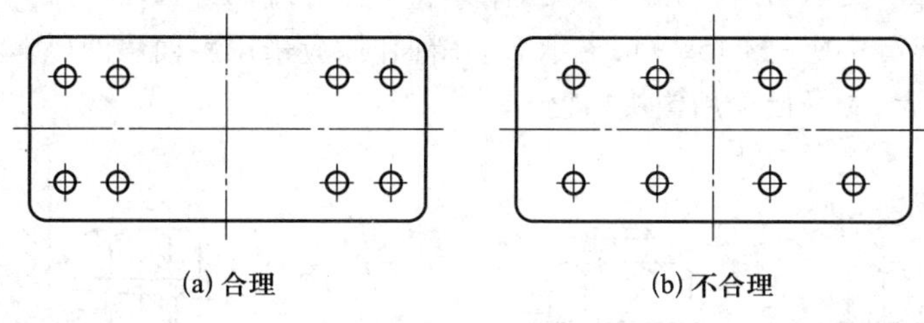

图 15.17　接合面受弯矩或扭矩时螺栓的布置

对于承受较大横向载荷的螺栓,可采用减载销、套筒、键等抗剪零件来承受横向载荷,如图 6-7所示,以减小螺栓的预紧力及其结构尺寸。分布在同一圆周上螺栓的数目应取 4、6、8 等偶数,以便于加工。同一螺栓组中螺栓的材料、直径和长度均应相同。法兰螺栓最好不要布置在正下方,这是因为正下方位置的螺栓容易受泄漏液体或气体的影响。

螺栓组连接结构设计时应注意下面问题:

1) 螺栓的排列应有合理的间距。布置螺栓时,各螺栓轴线的距离以及螺栓轴线和机体壁间的最小距离应根据扳手所需活动空间的大小来决定(扳手空间的尺寸可查阅机械零件设计手册)(图 15.18)。对于有气密要求(例如压力容器)的螺栓连接,螺栓的间距 t_0 不得大于表 15.4 所推荐的数值。

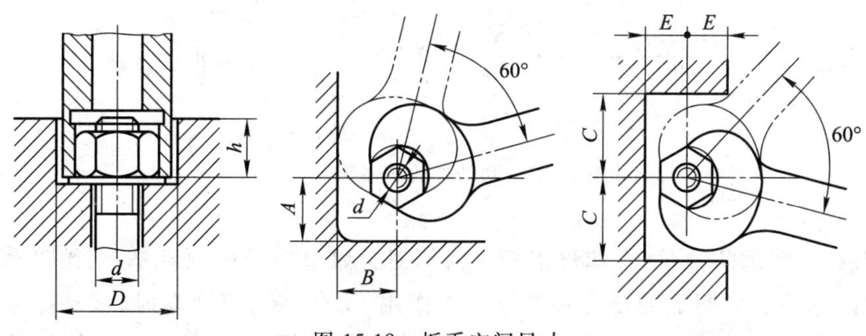

图 15.18　扳手空间尺寸

表 15.4　螺栓间距 t_0

工作压力/MPa					
≤1.6	1.6~4	4~10	10~16	16~20	20~30
t_0					
7d	4.5d	4.5d	4d	3.5d	3d

2）不要使螺栓受偏心载荷。被连接零件、螺母和螺栓头部的支承面粗糙或倾斜，螺母上螺纹孔不正，被连接零件因刚度不够而弯曲，使用钩头螺栓以及装配不良等，都将使螺栓承受偏心载荷，偏心载荷使螺栓承受附加的弯曲应力。

为了减小和避免偏心载荷，除了要在结构设计保证载荷不偏心外，还应在工艺上保证被连接件、螺母和螺栓头部的支承面平整，并与螺栓轴线相垂直。当在铸、锻件等的粗糙表面上安装螺栓时，应制成凸台或沉头座（图 15.19）；支承面为斜面时，应采用斜面垫圈（图 15.20）。由于钩头螺栓的偏心载荷较大，应尽量少用钩头螺栓。

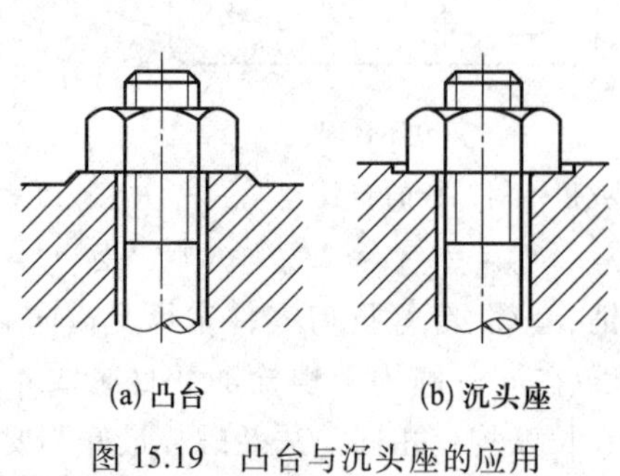
(a) 凸台　(b) 沉头座

图 15.19　凸台与沉头座的应用

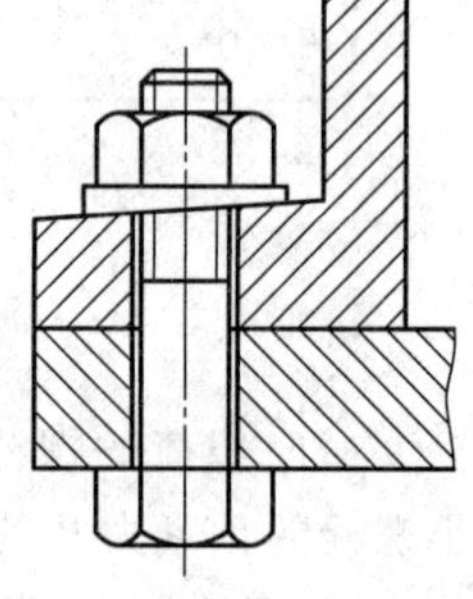
图 15.20　斜面垫圈的应用

3）高速旋转体上的螺栓不要伸出头部。对于高速旋转体上的螺栓（例如高速轴上联轴器的螺栓），当螺栓头、螺母等从法兰部分伸出时，随旋转体旋转而搅动空气，或造成其他各种不良影响，并且伸出物也不安全，因此设计时不要使之伸出，而要沉入（图 15.21）

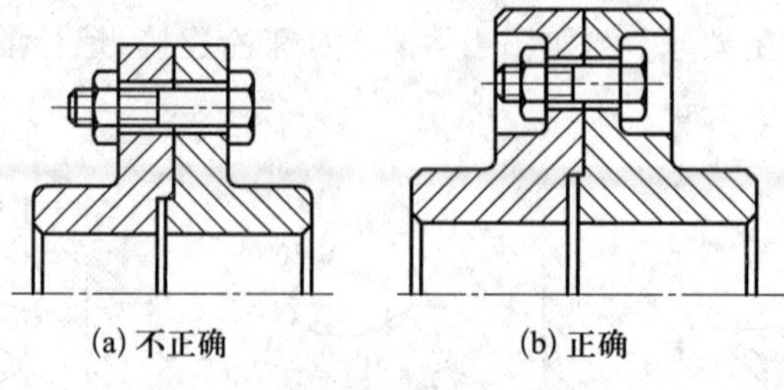
(a) 不正确　(b) 正确

图 15.21　联轴器的连接螺栓结构

4）使用对顶螺母防松时，上螺母不能太薄。对顶螺母防松的原理是：两螺母对顶拧紧后，使旋合螺纹间始终受到附加的压力和摩擦力的作用，工作载荷有变动时，该摩擦力仍然存在，这样可以达到防松的目的。使用对顶螺母防松时，上螺母螺纹牙除受对顶力 F' 外，还受到螺

栓传来的力 F,因此使用对顶螺母防松时,上螺母不能太薄,而下螺母只受对顶力 F',受力较上螺母小,其高度可小些,但是为了防止装错和保证下螺母的强度足够把连接拧紧,通常取二者高度相等。

5) 在同螺栓相比明显弱的材料上,即在铝、青铜、铸铁等材料上攻螺纹的深度要根据材料的弱度相应加深,以确保内螺纹的有效强度和螺栓强度相称,旋入此类螺栓的部分也要相应加长。

6) 螺钉应布置在被连接件刚度最大的部位,如图 15.22a 所示,螺钉布置在被连接件刚度较小的凸耳上,不能可靠地压紧被连接件,如图 15.22b 所示,加大边缘部分的厚度可使接合面贴合得好一些;在被连接件上面加十字或交叉对角线筋,可以提高刚度,提高连接的紧密性(图 15.22c)。

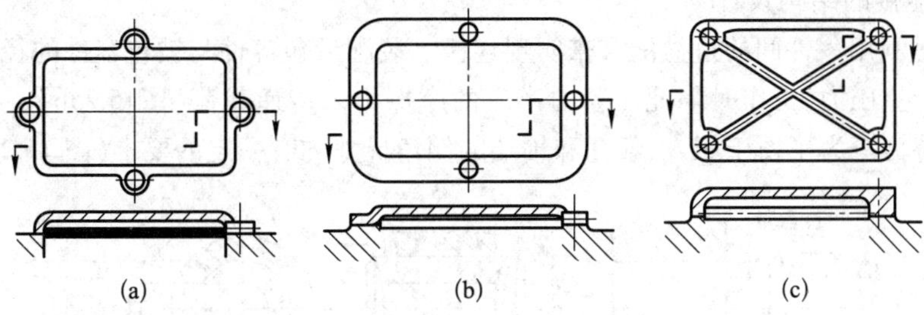

图 15.22　连接螺钉的布置

2. 轴毂连接的结构设计

轴毂连接主要是进行轴上零件与轴的周向固定以传递运动和转矩。除了前面介绍的常用的轴毂连接有键连接、销连接外,还有无键连接和过盈配合连接等。

(1) 无键连接的结构设计

凡是轴与毂的连接不用键或花键时,统称为无键连接。无键连接包括型面连接和胀紧连接。

1) 型面连接是用非圆截面的轴与相应的轮毂孔构成的可拆连接(图 15.23)。型面连接能保证良好的对中性,连接面中没有键槽及尖角,因此应力集中小,能传递大的转矩,装拆方便,但加工工艺复杂,故目前应用还不广泛。

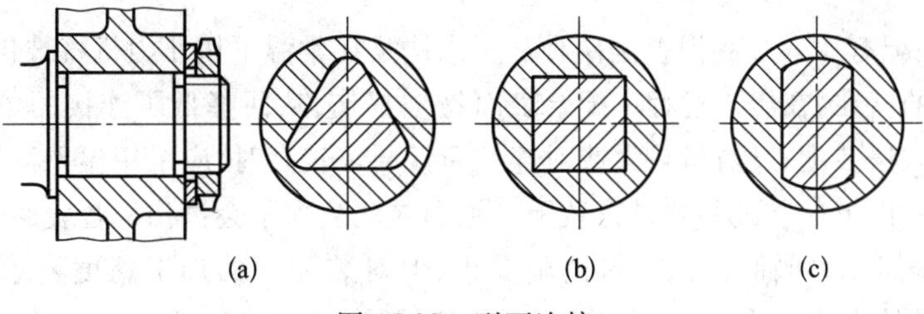

图 15.23　型面连接

2) 胀紧连接(图 15.24)是在毂孔与轴之间装配一个或几个胀紧连接套(由一对分别带有内、外锥面的套筒组成),在轴向力作用下,同时胀紧轴与毂的一种静连接。在胀紧连接中,当拧紧螺母或螺钉时,在轴向力的作用下,内、外套筒互相楔紧。内套筒缩小而箍紧轴,外套筒胀大而撑紧毂,使接触面间产生压紧力。工作时,利用此压紧力所引起的摩擦力来传递转矩或(和)轴向力。

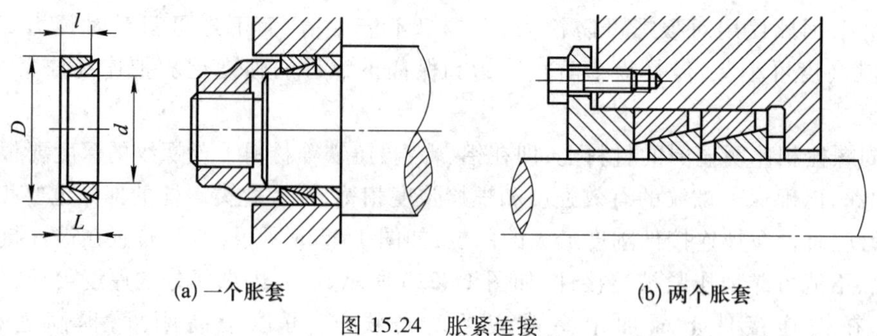

(a) 一个胀套　　(b) 两个胀套

图 15.24　胀紧连接

（2）过盈连接的结构设计

过盈连接是利用零件间的过盈配合来实现连接。装配后包容件与被包容件的径向变形（图 15.25a）使配合面产生压力，工作时靠此压紧力产生的摩擦力来传递载荷（图15.25b）。配合面间的摩擦力也称为固持力。为了便于压入，毂孔和轴端的倒角尺寸均有一定的要求（图 15.25c）。

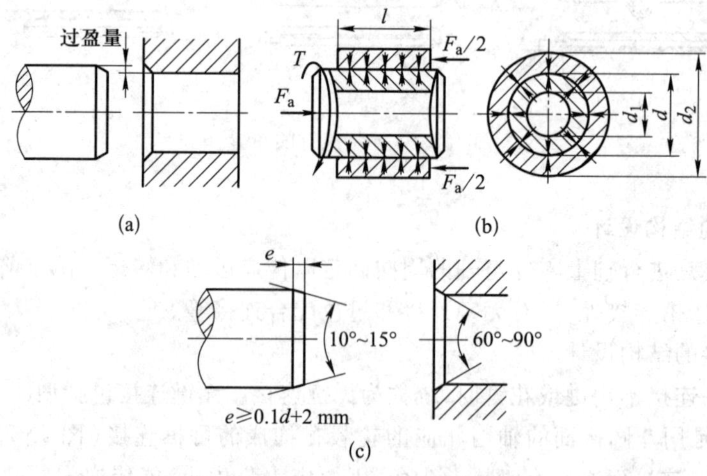

图 15.25　过盈连接

过盈连接的装配有压入法和温差法两种。压入法是在常温下用压力机将被包容件直接压入包容件中，由于过盈的存在，在压入过程中配合表面易被擦伤，从而降低了连接的紧固性。过盈量不大时，一般采用压入法装配；过盈量较大或对连接质量要求较高时，应采用温差法装配，即加热包容件或冷却被包容件，以形成装配间隙进行装配。用温差法装配不会擦伤配合表面，连接可靠。

过盈连接结构简单，同轴性好，对轴的削弱小，但对装配面的加工精度要求高。其承载能力主要取决于过盈量的大小。在机械制造中，根据需要，轮毂与轴也可以同时采用过盈连接和键连接，以保证连接可靠。

15.3.2　轴承部件的组合结构设计

1. 滑动轴承结构设计时应注意的问题

（1）消除边缘接触

边缘接触是在滑动轴承中经常发生的问题，它使轴承受力不均，加速了轴承的磨损。除了提高轴承刚度以改善边缘接触外，可以从结构上尽量减少或消除边缘接触。设计时应采用合理的支承结构，如图 15.26 所示的几种中间齿轮的支承装置，图 15.26a 中作用在轴承上的力是偏心的，它使轴承左边产生很高的边缘压力；图 15.26b 中轴承宽度增加，受力情况得到改善，但仍不均匀；图 15.26c 的结构使力的作用平面通过轴承中心，是合理的支承结构。

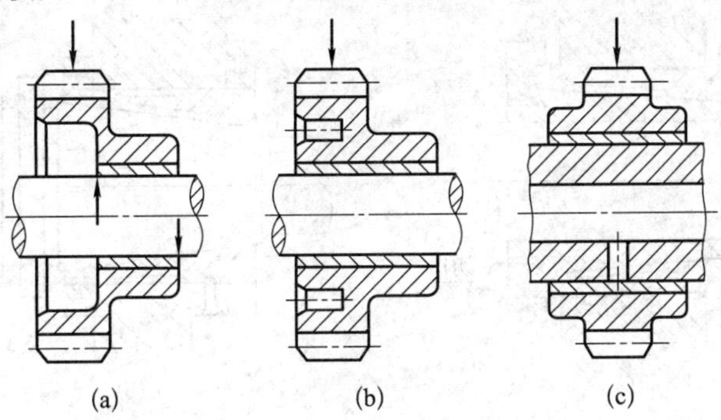

图 15.26　中间齿轮的支承装置

支承悬臂轴的轴承最易产生边缘压力，如图 15.27 所示的悬臂齿轮轴的支承装置。图15.27a 中在接近于齿轮一侧轴承边缘压力大，齿轮容易歪斜；图 15.27b 中两个轴承比压大致相等，边缘压力可以减少。

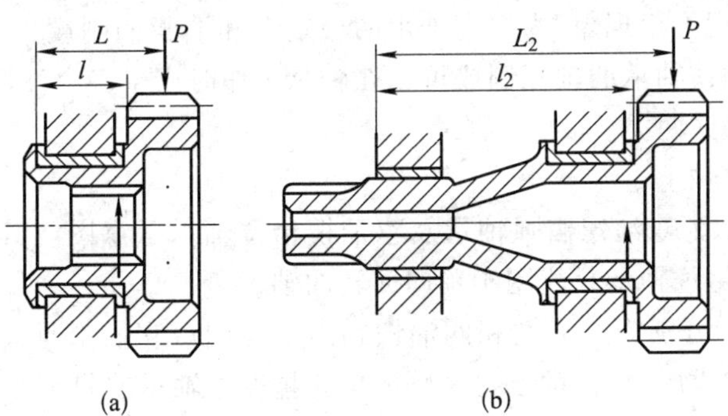

图 15.27　悬臂齿轮轴的支承装置

此外，采用轴瓦能随轴的偏斜自动调整位置的自动调心轴承（图 15.28），以保证轴瓦和轴颈的轴线一致，从而有效地减轻边缘接触。自动调心轴承经常用于宽径比 $B/d>1.5$ 及支点跨距大，轴与箱体刚度差，难以保证同心的场合。

（2）轴承间隙的调整

为了补偿由于磨损而产生的间隙，滑动轴承设计时应考虑设置调节间隙的结构。对于剖分式轴承，可在轴瓦剖分面处采用垫片进行调节，垫片由厚度约为 0.05 mm 的若干块黄铜片组成，在轴瓦精加工时，接缝间垫片厚度应与安装时垫片厚度 t 相同，一般 $t=0.4\sim0.5$ mm。轴承在使用中随着孔的磨损，可把轴承盖拆下，去掉一片或数片垫片，即可调整轴承的

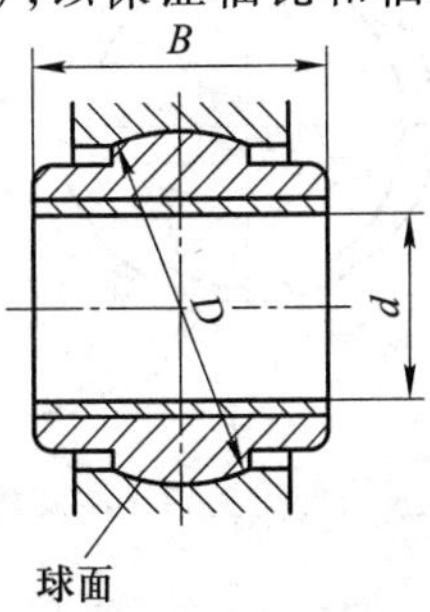

B
d
D
球面

图 15.28　自动调心轴承

间隙。在一些需要精确调节间隙及对中的机器中(如机床主轴),可采用锥形轴套的轴承。带锥形轴套的轴承如图 15.29 所示,其轴套有外锥面(图 15.29a)及内锥面(图 15.29b)两种结构。可以用轴套上两端的螺母使轴套沿轴向移动,以调整轴承间隙的大小。为了使轴套在装配时易于轴向移动,应在保证散热的条件下尽量减少轴套与轴的接触面积。圆锥面的锥度通常为1∶30~1∶10。

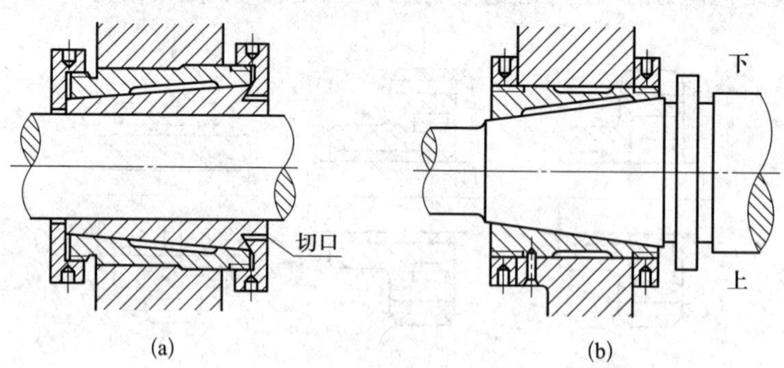

图 15.29　带锥形轴套的轴承

2. 液体摩擦滑动轴承的结构设计

液体摩擦滑动轴承是在两摩擦表面之间具有一层足够压力的油膜,从而把两表面隔开。对轴承孔为圆形的滑动轴承,只能形成一个液体动压油膜,称为单油楔轴承。这类轴承在轻载高速条件下运转时,容易出现失稳现象,为提高轴承的稳定性和油膜的刚度,在高速滑动轴承中广泛采用多油楔轴承。多油楔轴承的轴瓦制成可以在轴承工作时产生多个油楔的结构形式。这种轴承可分为固定式和可倾式两类。

(1) 固定瓦多油楔轴承

图 15.30a 和 b 所示为双油楔椭圆轴承及双油楔错位轴承示意图。其中椭圆轴承可以用于双向回转的轴,双油楔错位轴承只能用于单向回转的轴。

图 15.31a 和 b 所示分别为三油楔和四油楔轴承示意图。它们都是固定瓦多油楔轴承。工作时各油楔同时产生油膜压力,以助于提高轴的旋转精度及轴承的稳定性。但是,与同样条件下的单油楔轴承相比,承载能力有所下降,功耗有所增大。

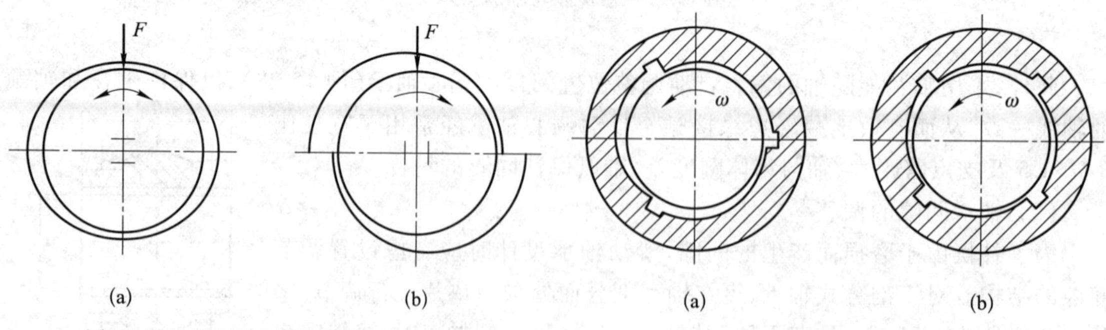

图 15.30　椭圆轴承和双油楔错位轴承

图 15.31　三油楔和四油楔轴承

（2）可倾瓦多油楔轴承

图 15.32 所示为可倾瓦多油楔径向轴承，轴瓦由三片或三片以上（通常为奇数）的扇形块组成。扇形块以其背面的球窝支承在调整螺钉尾端的球面上。球窝的中心不在扇形块中部，而是沿圆周偏向轴颈旋转方向的一边。扇形块可随轴颈位置的不同而自动调整倾斜度，从而适应不同的载荷、转速和轴的弹性变形偏斜等情况，保持轴颈与轴瓦间的适当间隙，并形成液体摩擦的润滑油膜。间隙的大小可用球端螺钉进行调整。

图 15.33 所示为可倾瓦止推轴承的示意结构。轴颈端面仍为一平面，轴承由若干个（3～20）支承在圆柱面或球面上的扇形块组成。扇形块用钢板制成，在其滑动表面敷有轴承衬材料。轴承工作时，扇形块可以自动调位，以适应不同的工作条件。

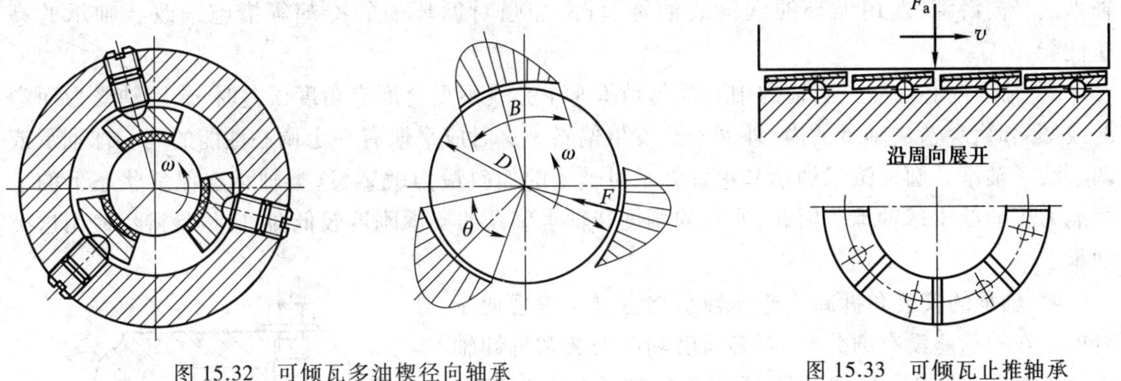

图 15.32　可倾瓦多油楔径向轴承　　图 15.33　可倾瓦止推轴承

3. 滚动轴承的结构设计

为保证轴承在机器中正常工作，应正确进行轴承的组合结构设计。轴承组合设计通常要解决以下问题。

（1）合理选择轴承类型

选择轴承类型时应考虑下面的主要因素。

1）轴承的载荷　载荷的大小、方向和性质是选择轴承类型和进行结构设计的重要依据。一般在载荷较小时应优先选用球轴承，载荷较大时选用滚子轴承或滚针轴承。承受纯径向载荷时选用深沟球轴承、圆柱滚子轴承或滚针轴承等。承受纯轴向载荷时选用止推轴承。承受径向载荷和不大的轴向载荷时，选用深沟球轴承、接触角不大的角接触球轴承或圆锥滚子轴承。承受径向和轴向载荷都比较大时，可选用大接触角的角接触球轴承、圆锥滚子轴承或向心轴承与止推轴承的组合。

2）轴承的转速　在一般转速下，转速的高低对类型的选择不发生什么影响，只有在转速较高时，才会有显著的影响。轴承样本中列出了各种类型、各种尺寸轴承的极限转速 $n_{\lim}$ 值。这个转速是指载荷不太大（$p \leqslant 0.1C$，C 为基本额定动载荷），冷却条件正常，且为 0 级公差等级时的最大允许转速。

选择轴承类型时，应考虑以下几点：

① 球轴承与滚子轴承相比较，有较高的极限转速，故在高速时应优先选用球轴承。

② 在内径相同的条件下,外径越小,则滚动体就越小,运转时滚动体加在外圈滚道上的离心惯性力也就越小,因而也就更适于在更高的转速下工作。故在高速时,宜选用超轻、特轻及轻系列的轴承。重及特重系列的轴承只用于低速重载的场合。如用一个轻系列轴承而承载能力达不到要求时,可考虑采用宽系列的轴承,或者把两个轻系列的轴承并装在一起使用。

③ 保持架的材料与结构对轴承转速影响极大。实体保持架比冲压保持架允许更高一些的转速。

④ 推力轴承的极限转速均较低。当工作转速较高时,若轴向载荷不太大,可以采用角接触球轴承承受轴向力。

⑤ 若工作转速略超过样本中规定的极限转速,可以用提高轴承的公差等级,或者适当加大轴承的径向游隙,选用循环油润滑或油雾润滑,加强对循环油的冷却等措施来改善轴承的高速性能。

3）轴承调心性能　当轴的中心线与轴承座中心线不重合而有角度误差时,或因轴受力而弯曲或倾斜时,会造成轴承的内、外圈轴线发生偏斜。这时应采取有一定调心性能的调心球轴承或调心滚子轴承。圆柱滚子轴承和滚针轴承对轴承的偏斜最为敏感,这类轴承在偏斜状态下的承载能力可能低于球轴承。因此,在轴的刚度和轴承座孔的支承刚度较低时,应尽量避免使用这类轴承。

4）轴承的安装和拆卸　选择轴承类型时应考虑便于装拆。在轴承座没有剖分面,而必须沿轴向安装和拆卸轴承部件时,应优先选用内外圈可分离的轴承(如 N0000、30000 等)。当轴承在长轴上安装时,为了便于装拆,可以选用其内圈孔为 1:12 圆锥孔(用以安装在紧定衬套上)的轴承(图 15.34)。

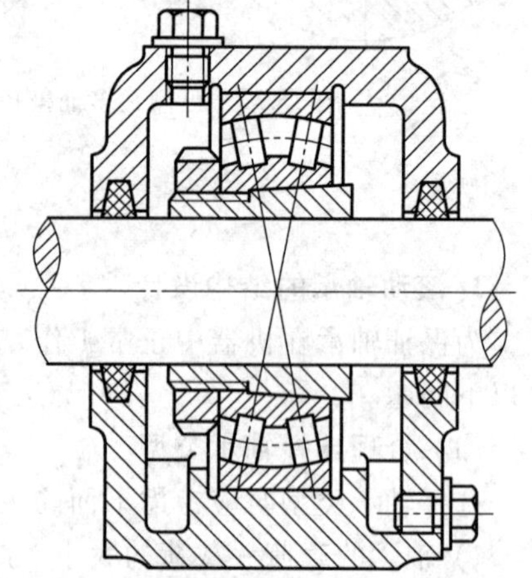
图 15.34　安装在紧定衬套上的轴承

5）经济性　选择轴承时要考虑经济性要求与市场供应情况。球轴承比滚子轴承便宜,深沟球轴承比角接触球轴承便宜。此外,轴承的精度等级越高,价格就越贵,因此选用高精度轴承必须慎重。

(2) 轴承的轴向固定

1）滚动轴承的轴向紧固

滚动轴承轴向紧固的方法很多,内圈紧固的常用方法有:① 用轴用弹性挡圈嵌在轴的沟槽内(图 15.35a),主要用于深沟球轴承,应用于轴向力不大及转速不高的场合;② 用轴端挡圈紧固,用于在轴端加工螺纹有困难的场合,该紧固可用于高速下承受大的轴向力(图 15.35b);③ 用圆螺母和止动垫圈紧固,主要用于轴承转速高和轴向力较大的场合(图 15.35c);④ 用紧定衬套、止动垫圈和圆螺母紧固(图 15.34),用于光轴上当轴向力和转速都不大,而内圈为圆锥孔的轴承。内圈的另一端常以轴肩作为轴向定位面。为了便于轴承拆卸,轴肩的高度应低于轴承内圈的厚度。

外圈轴向紧固的常用方法有:① 用嵌入外壳的孔用弹性挡圈紧固,常用于向心轴承承受不大的轴向力的场合(图 15.36a);② 用止动环嵌入轴承外圈的止动槽内紧固,用于带有止动槽的深沟球轴承,当外壳不便设凸肩且外壳为剖分式结构时(图 15.36b);③ 用轴承端盖紧固,用于高

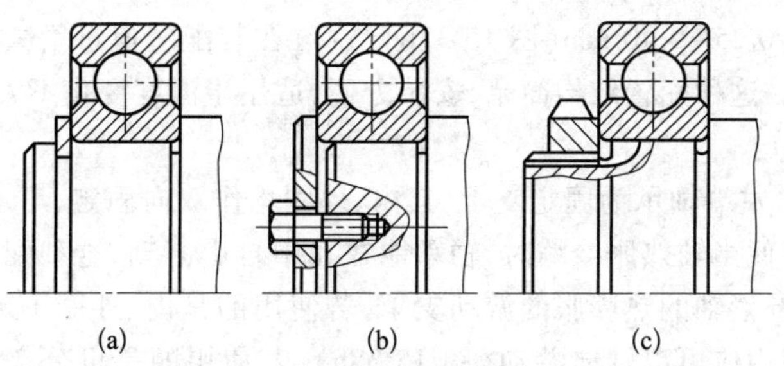

图 15.35　内圈轴向紧固的常用方法

转速高及轴向力很大的场合(图 15.36c);④ 用螺纹环紧固(图 15.36d),主要用于高速及轴向力大,不适宜使用轴承盖紧固的场合。

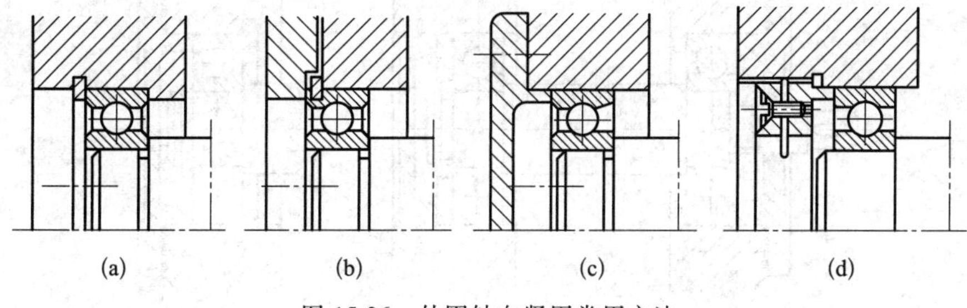

图 15.36　外圈轴向紧固常用方法

2）滚动轴承的组合结构

为了使轴及轴上零件在机器中有确定的位置,并能承受轴向载荷,防止轴向窜动以及轴受热膨胀后不致将轴承卡死等,必须考虑轴承的组合结构,合理配置轴承。常用轴承支承配置方法有三种,即:两支点单向固定;单支点双向固定和两支点游动支承。

① 两支点单向固定

如图 15.37a 所示,利用轴肩顶住轴承内圈、轴承端盖顶住轴承外圈,每个支点各限制轴系单个方向轴向移动,两个支承组合使轴系位置固定。为补偿轴的受热伸长,在一端轴承盖与外圈端

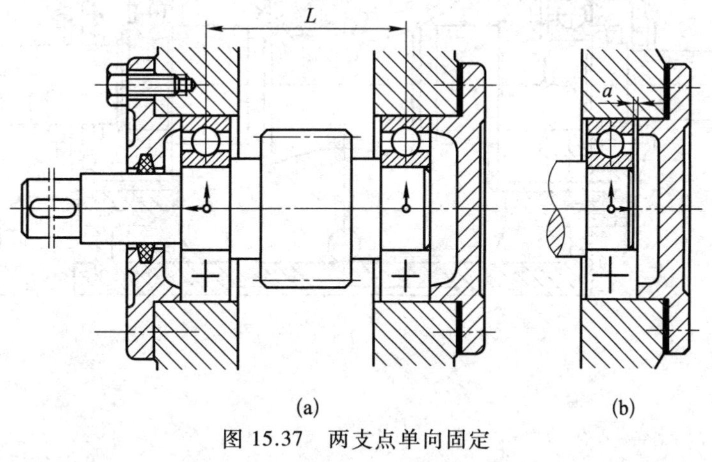

图 15.37　两支点单向固定

面之间应留有间隙 $a = 0.25 \sim 0.40$ mm(图 15.37b),这可在装配时通过增减轴承端盖与箱体间调整垫片的厚度来获得。这种配置结构简单,安装方便,适用于温度变化不大的短轴。

② 单支点双向固定

如图 15.38a 所示,左端轴承为固定支承,其内、外圈均作双向固定,可承受双向轴向载荷;右端轴承为游动支承,以便当轴热胀冷缩时,轴承能在孔中自由游动,这种配置适用于工作温度变化较大的长轴。作为补偿轴的热膨胀的游动支承,若使用的是内、外圈不可分离型轴承,只需固定内圈,其外圈在座孔内应可以轴向游动(图 15.38a),若使用的是可分离型的圆柱滚子轴承或滚针轴承,则内、外圈都要固定,如图 15.38b 所示。

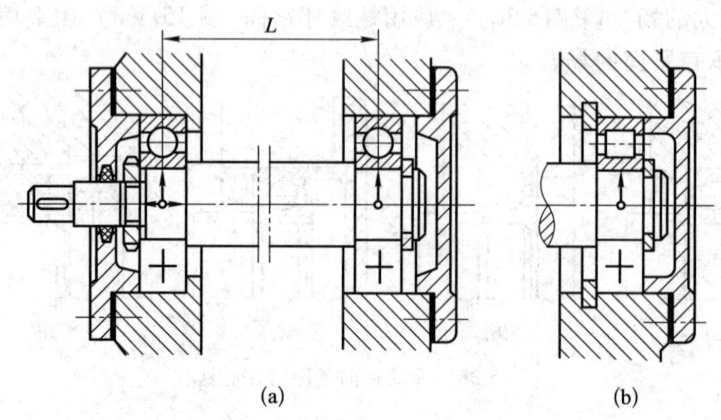

图 15.38　单支点双向固定的结构(一)

固定端也可由两个角接触球轴承(或圆锥滚子轴承)正装(或反装),如图 15.39a 所示,当轴的轴向载荷较大时,也可采用深沟球轴承与推力轴承组合在一起作为固定端的结构,如图15.39b 所示。

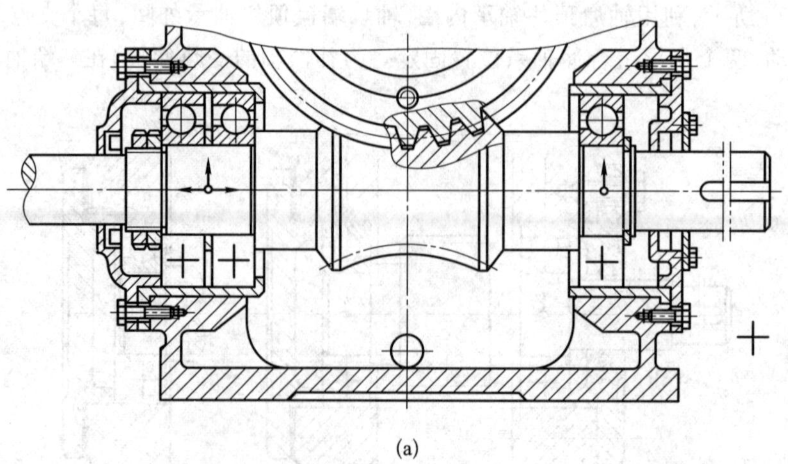

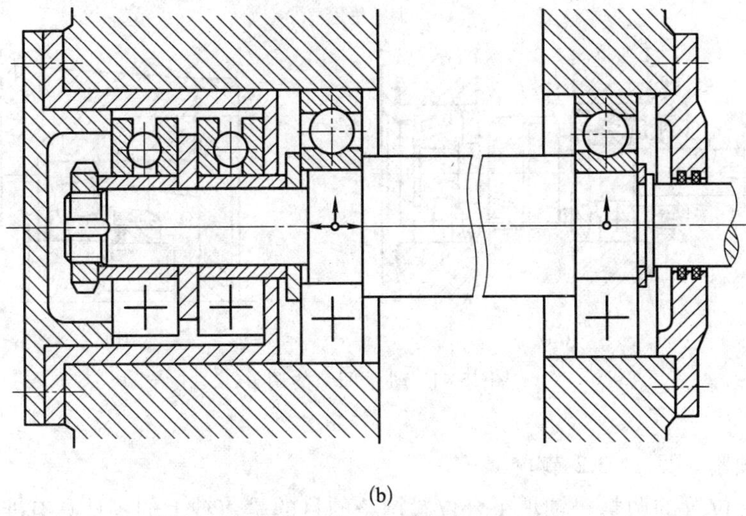

(b)

图 15.39　单支点双向固定的结构(二)

③ 两支点游动

对于人字齿轮轴,由于人字齿轮本身的相互轴向限位作用,轴承内、外圈的轴向紧固应设计成只保证其中一根轴相对机座有固定的轴向位置,而另一根轴上的两个轴承都必须是游动的,以防止齿轮卡死或人字齿的两侧受力不均匀,如图 15.40 中上面的轴所示。

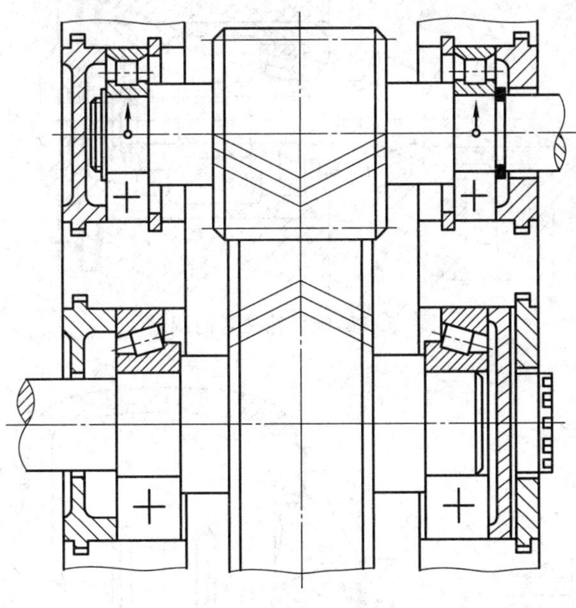

图 15.40　两支点游动

(3) 轴承组合的调整

1) 轴承间隙的调整　常用增减调整垫片厚度调整轴承间隙(图 15.41a),也可以通过螺纹进行调整(图 15.41b)。

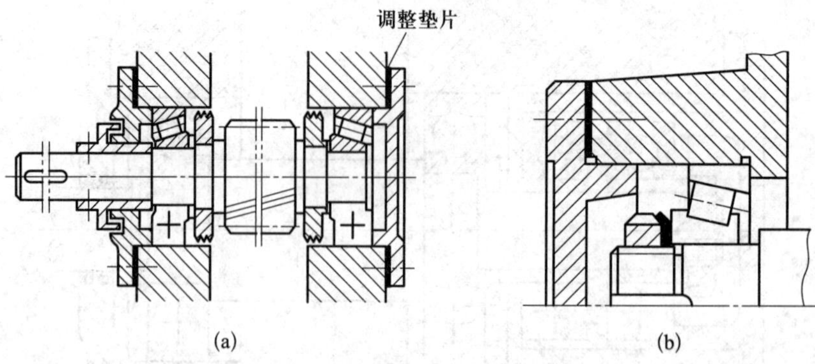

图 15.41　轴承间隙的调整

2）轴承的预紧　见 14.3.2 节。

3）轴承组合位置的调整　轴承组合位置调整的目的是使轴上的零件具有准确的工作位置。如图 15.42 所示的锥齿轮传动,要求两个节锥顶点相重合,方能保证正确啮合,可用垫片 1 来实现锥齿轮轴轴向位置的调整,而用垫片 2 来实现轴承间隙的调整。又如蜗杆传动,要求蜗轮的中间平面通过蜗杆的轴线(图 15.43a)。图 15.43b 所示为蜗杆传动组合位置的调整,垫片 1 用来调整蜗轮的轴向位置,而垫片 2 则用来调整轴承间隙。

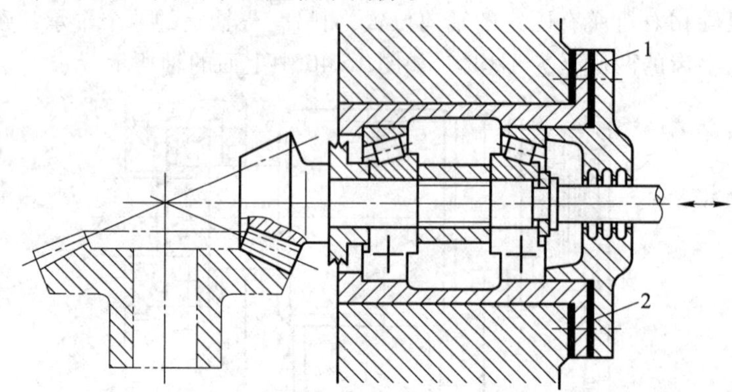

图 15.42　锥齿轮位置的调整

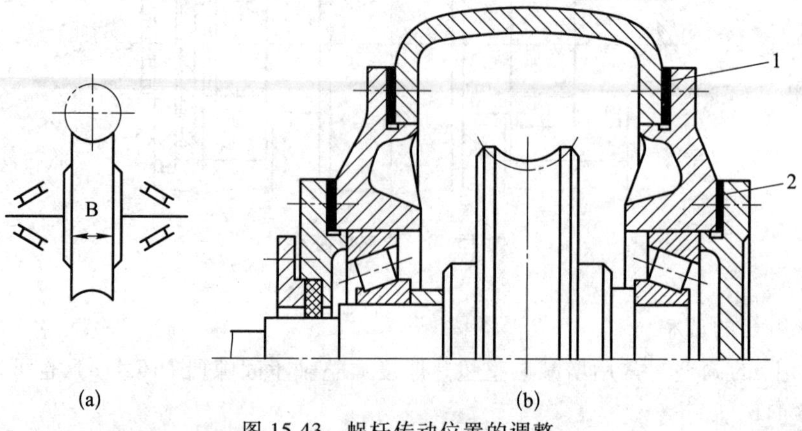

图 15.43　蜗杆传动位置的调整

(4) 轴承的配合与装拆

滚动轴承的配合主要是内圈与轴径、外圈与轴承座孔的配合。由于滚动轴承是标准件，为了便于互换及适应大批量生产，轴承内圈孔与轴径的配合采用基孔制，轴承外圈与轴承座孔的配合则采用基轴制。

滚动轴承的公差标准中规定，P0、P6、P5、P4、P2 各公差等级的滚动轴承的内径和外径的公差带均为单向制，而且统一采用上偏差为零，下偏差为负值的分布(图 15.44)。由于普通圆柱公差标准中基准孔的公差带都在零线之上，所以滚动轴承内圈与轴径的配合要比圆柱公差标准中规定的基孔制同名配合要紧得多。例如：一般圆柱体中基孔制的 k6 配合为过渡配合，但其与滚动轴承内圈相配合时则成为过盈配合。

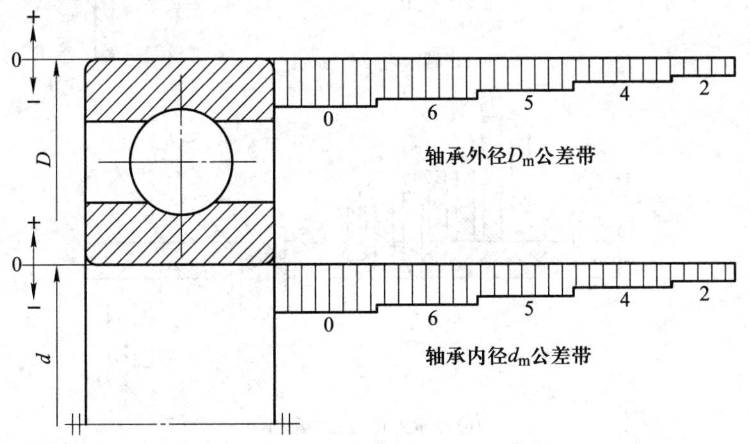

图 15.44　滚动轴承内径、外径公差带的分布

轴承配合种类的选取应根据轴承的类型和尺寸、载荷的大小和方向以及载荷的性质等来决定。通常当工作载荷的方向不变时，转动套圈应比不动套圈有更紧一些的配合，因转动套圈承受旋转的载荷，而不动套圈承受局部的载荷。如：设计时若内圈是转动套圈，轴常取具有过盈的过渡配合，如轴的公差采用 k6、m6；而外圈与座孔是不动套圈，常取较松的过渡配合，如座孔的公差采用 H7、J7 或 JS7。当轴承作游动支承时，外圈与座孔应取保证有间隙的配合，如座孔公差采用 G7。轴承与轴和孔的配合关系如图 15.45 所示。

设计轴承组合时，应考虑有利于轴承装拆，以便在装拆过程中不致损坏轴承和其他零件。轴承在安装前应清洗干净，并立即涂防锈油。安装轴承时，应把力加在配合较紧的套圈上，不能把力加在配合较松的另一套圈上，因这样易使滚动体受损伤。

拆卸轴承时的加力原则与安装时相同。可以在轴上制出沟槽以形成拆卸用的空间(图 15.46a)。图 15.46b 所示为加力于内圈以拆卸轴承的拆卸器，这时轴肩高度通常不大于内圈高度的 3/4，过高不便于轴承拆卸。

加力于外圈以拆卸轴承时，其要求也如此，座孔的结构应留出拆卸高度 h_0 和宽度 b_0(b_0 一般取为 8~10 mm)(图 15.47a 和 b)或在壳体上制出供拆卸用的螺孔(图 15.47c)。

(5) 轴承座的设计

需要指出的是，轴承组合结构设计时必须保证支承部分的刚性和同心度，即保证轴和安装轴

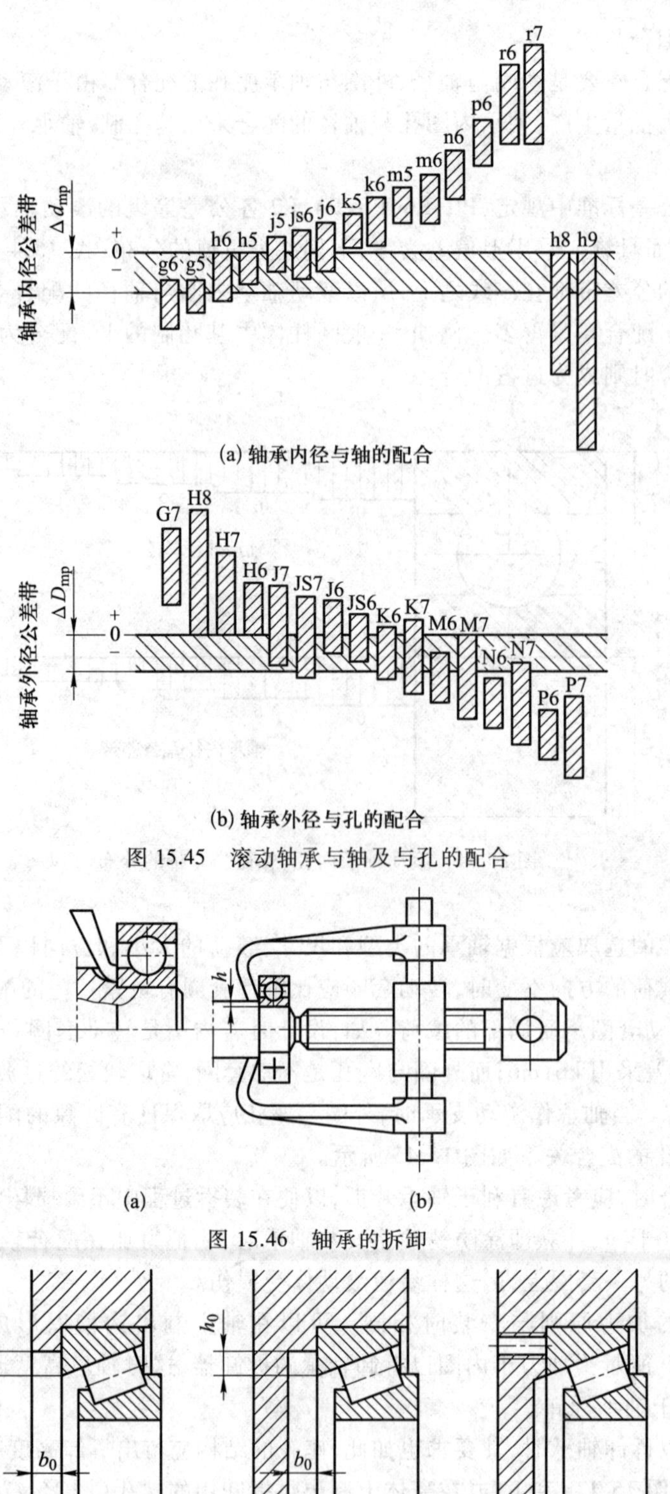

(a) 轴承内径与轴的配合

(b) 轴承外径与孔的配合

图 15.45　滚动轴承与轴及与孔的配合

(a)　(b)

图 15.46　轴承的拆卸

(a)　(b)　(c)

图 15.47　便于轴承拆卸的座孔结构

承的外壳或轴承座，以及其他受力零件有足够的刚性，因为这些零件的变形都会阻滞滚动体的滚动而使轴承提前损坏。外壳及轴承座孔壁均应有足够的厚度，壁板上轴承座的悬臂应尽可能地缩短，并用加强肋来增强支承部位的刚性(图 15.48)。如果外壳是用轻合金或非金属制成的，安装轴承处应采用钢或铸铁制的套杯(图 15.49)。

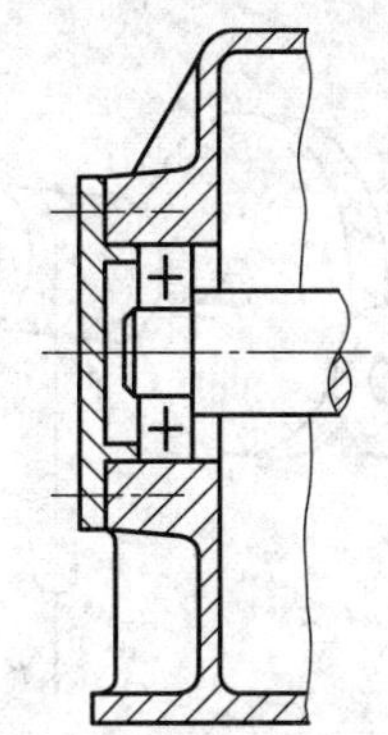
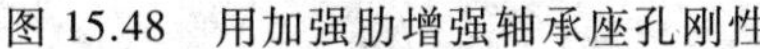
图 15.48　用加强肋增强轴承座孔刚性

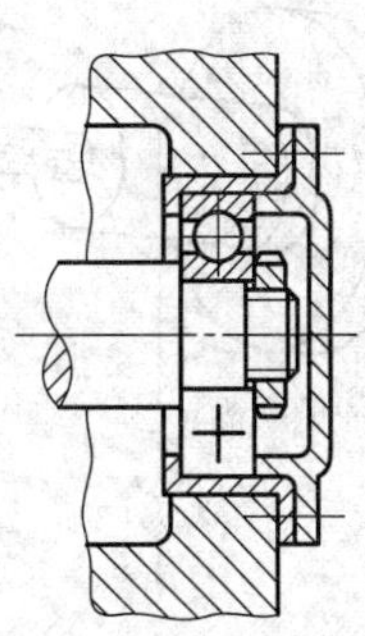
图 15.49　使用钢衬筒的轴承座孔

对于一根轴上的两个支承的座孔，必须尽可能地保持同心、同轴，以免轴承内、外圈间产生过大的偏斜。最好的办法是采用整体结构的外壳，并把安装轴承的两个孔一次镗出。如在一根轴上装有不同尺寸的轴承时，外壳上的轴承孔仍应一次镗出，这时可在尺寸较小的轴承外加套筒安装。当两个轴承孔分在两个外壳上时，则应把两个外壳组合在一起进行镗孔。

15.4　机械结构的合理布置

在进行机械的结构设计中应注重结构的合理布置，机械结构的布置对零件的强度、刚度、质量和制造成本都有较大的影响，而且机械零件的合理布置和设计还可改善机械零件的受载情况，提高机械零件的承载能力。

1. 改变轴上零件的布置可减少轴上的载荷

如图 15.50 所示的转轴，动力由轮 1 输入，通过轮 2、3、4 输出，如图 15.50a 所示的布置，轴所受的最大转矩为($T_2+T_3+T_4$)；而按图 15.50b 所示的布置，即将轮 1 的位置放在轮 2 和 3 之间时，则最大转矩可降为(T_3+T_4)，从而减少了轴上的载荷。

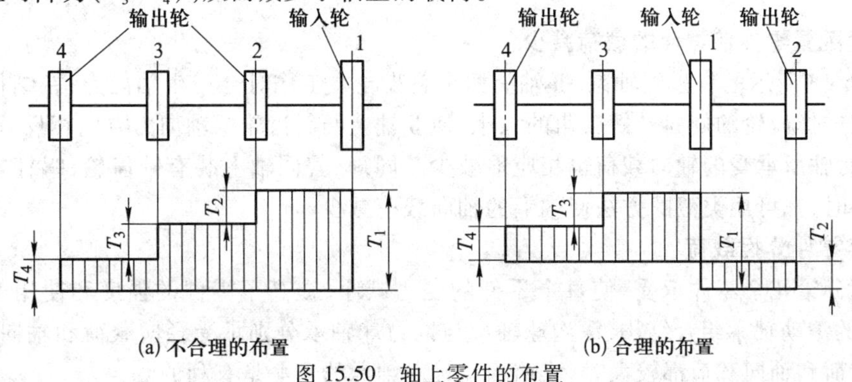

(a) 不合理的布置　(b) 合理的布置

图 15.50　轴上零件的布置

2. 改进轴上零件的结构以减少轴的载荷

图 15.51 所示的起重卷筒的两种安装方案中：图 a 的方案是大齿轮和卷筒连在一起，转矩经大齿轮直接传递给卷筒，卷筒轴只受弯矩而不受扭矩；而图 b 的方案是大齿轮将转矩通过轴传到卷筒，因而卷筒轴既受弯矩又受扭矩。在同样的载荷的作用下，图 a 中的轴径显然可比图 b 中的轴径小。

图 15.51　起重卷筒的两种安装方案

又如图 15.52a 所示轮轴中卷筒的轮毂很长，若把轮毂的配合面分为两段，如图 15.52b 所示，不仅可以减少轴的弯矩、提高轴的强度和刚度，而且能得到更好的轴毂配合。另外，将转动心轴（图 15.52a）变为固定心轴（图 15.52b），还可使轴不受反复的弯曲应力。

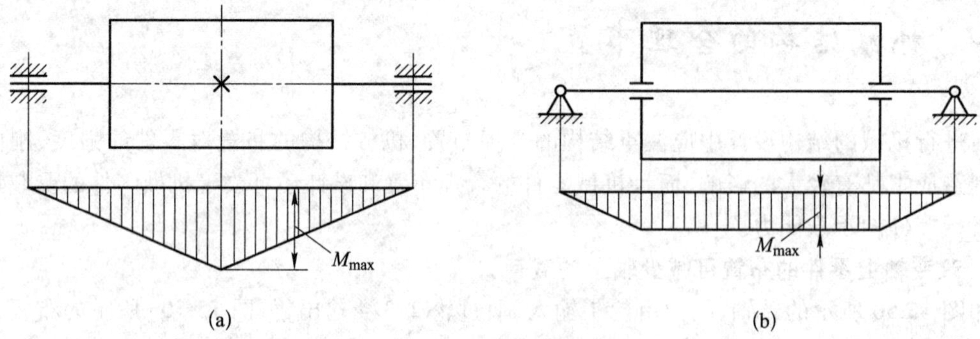

图 15.52　卷筒的轮毂结构

3. 合理配置零件使零件的载荷减少

如图 15.53 所示的斜齿轮轴系，Ⅱ轴上两个斜齿轮在工作时会产生轴向力，在结构设计时可以通过合理选择齿轮的旋向及螺旋角的大小，使Ⅱ轴上两斜齿轮的轴向力方向相反，可相互抵消一部分，从而轴所承受的轴向载荷也相应地减少。同理，若同轴上装有锥齿轮、蜗杆蜗轮等有轴向力的零件时，都可用类似的方法使轴上的轴向载荷减少。

4. 多个零件分担载荷

将载荷分给几个零件承受，使每个零件的受力减小，提高了零件的强度和使用寿命。如图 15.54 所示的滚动轴承组合结构，深沟球轴承与推力球轴承分别承受径向载荷和轴向载荷，当所受的径向载荷和轴向载荷都较大时，该结构设计对轴承的寿命是有利的。

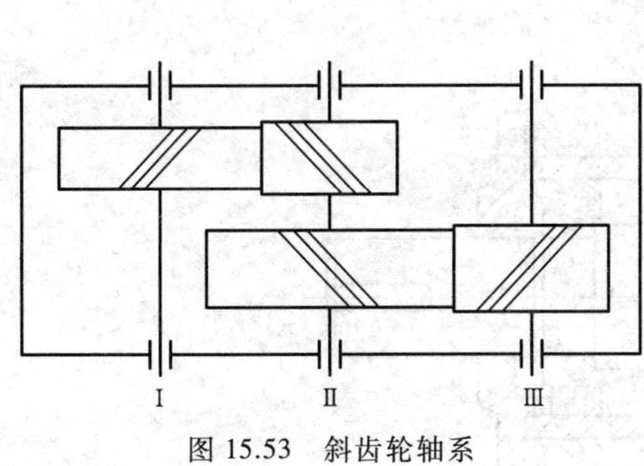

图 15.53　斜齿轮轴系

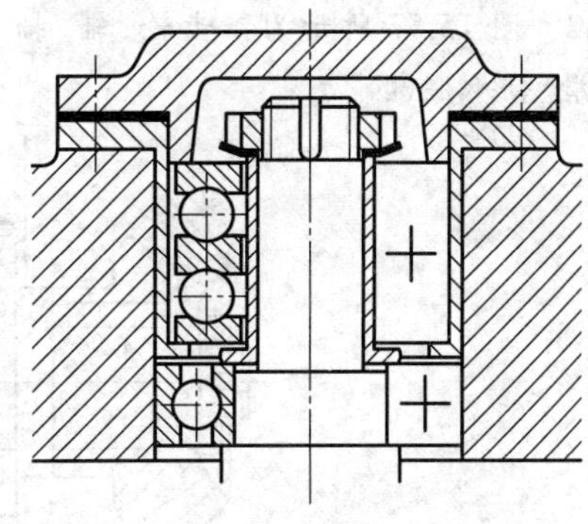
图 15.54　滚动轴承组合结构

5. 合理布置轴承的安装

角接触球轴承和圆锥滚子轴承有正装和反装两种不同形式，当轴上的载荷作用于两支承点之间时，采用正装轴承的安装方式，可缩小支承跨距，减少轴所受的弯矩，如图 15.55a 所示；当轴上的载荷作用于两支承点之外为悬臂支承时，采用反装轴承的安装方式，如图 15.55b 所示，可增加悬臂支承的宽度，提高轴的强度和刚度。

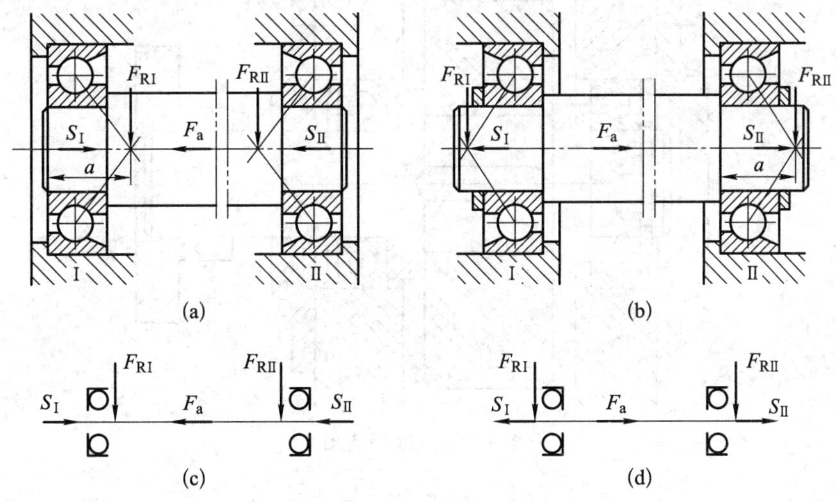

图 15.55　滚动轴承的布置

习题

15.1　图 15.56 为斜齿轮、轴、轴承组合结构图。斜齿轮用油润滑，轴承用脂润滑。试改正图中的错误，并画出正确结构图。

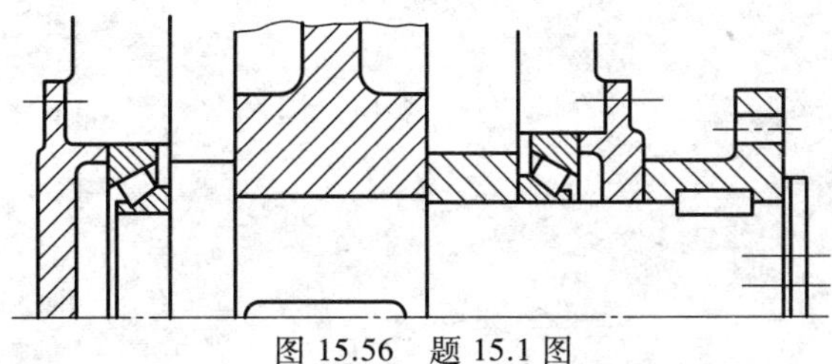
图 15.56　题 15.1 图

15.2　图 15.57 所示为锥齿轮、轴、轴承组合结构图，指出其中错误，并画出正确结构。（齿轮油润滑、轴承脂润滑）

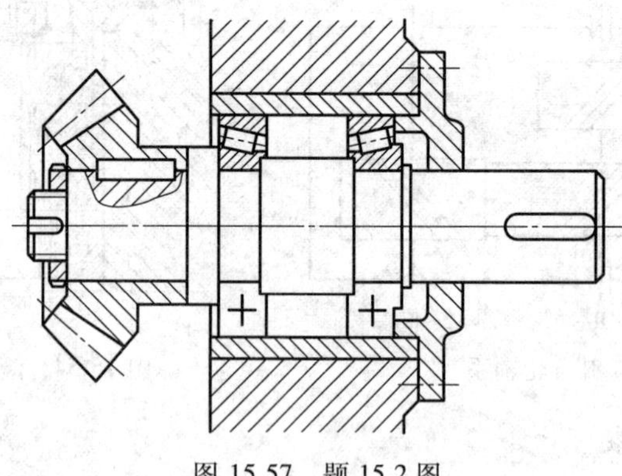

图 15.57　题 15.2 图

15.3　按序号指出图 15.58 所示的轴系结构设计的错误画法，并改正之。

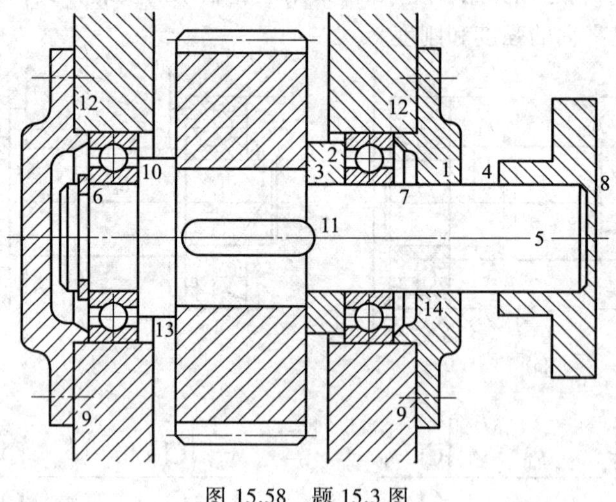

图 15.58　题 15.3 图

附　　录

一、常用金属材料的性能、用途表格

附表 1.1　常用钢的力学性能及其应用举例

材料		力学性能			应用举例
名称	牌号	抗拉强度 σ_B/MPa	屈服极限 σ_S/MPa	伸长率 δ_5/%不小于	
普通碳素钢	Q215	335~410	215	31	普通金属构件、拉杆、心轴、垫圈等
	Q235	375~460	235	26	普通金属构件、吊钩、拉杆、套螺栓、螺母、焊接件等
	Q275	490~610	275	20	轴、轴销、螺栓等强度较高零件
优质碳素钢	08F	295	175	35	垫片、垫圈、套筒等
	10	335	205	31	拉杆、卡头、垫圈等
	20	410	245	25	轴套、吊钩、杠杆等
	25	450	275	23	轴、联轴器、螺母、螺钉等
	35	530	315	20	销、转轴、螺栓、螺母、杠杆等
	45	600	355	16	齿轮、轴、齿条、键、销、链轮等
	55	645	380	13	齿轮、轴、扁弹簧、轮圈等
合金钢	40Cr	980	785	9	齿轮、轴、曲轴、连杆、螺栓等
	35 SiMn	882	735	15	轴、轮、紧固件等
	65 Mn	981	785	8	弹簧、弹簧垫圈、长簧等
铸钢	ZG270-500	500	270	18	机架、飞轮、联轴器、齿轮、箱座等
	ZG310-570	570	310	15	机架、飞轮、联轴器、齿轮、箱座等
	ZG42SiMn	600	380	12	联轴器、齿轮、飞轮等

附表 1.2　常用铸铁的力学性能及其应用举例

材料 名称	材料 牌号	力学性能 抗拉强度 σ_B/MPa	屈服强度 $\sigma_{0.2}$/MPa	伸长率 δ_5/%	硬度 /HBS	应用举例
灰铸铁	HT100	100	—	—	114~173	机架、盖、手把等
	HT150	150	—	—	132~197	端盖、轴承座、手轮等
	HT200	200	—	—	151~229	机架、机体、中压阀体等
	HT250	250	—	—	180~269	机架、轴承座、缸体、联轴器
	HT300	300	—	—	207~313	机架、轴承座、缸体、联轴器
球墨铸铁	QT500-7	500	320	7	170~230	阀体、气缸、轴瓦等
	QT450-10	450	310	10	160~210	减速器箱体、管路、阀体、盖、中低压阀体等
	QT400-15	400	250	15	130~180	
	QT700-2	700	420	2	225~305	曲轴、缸体、车轮等
	QT600-3	600	370	3	190~270	

附表 1.3　常用铜合金、轴承合金的力学性能及其应用举例

材料 名称	材料 牌号	力学性能 抗拉强度 σ_B/MPa	伸长率 δ_5/%	硬度 /HBS	应用举例
黄铜	ZCuZn38Mn2Pb2	245	10	40	轴瓦及其他减摩零件
	ZCuZn25Al6Fe3Mn3	725	10	100	高强度耐磨零件
青铜	ZCuSn5Pb5Zn5	200	13	60	滑动轴承、蜗轮、螺母等高负荷、高滑动速度下工作的耐磨零件
	ZCuSn10Pb1	220	3	80	
	ZCuAl9Mn2	390	20	85	高强度耐磨零件
	ZQAl9-4	550	12~15	110~190	
轴承合金	ZChPbSb16-16-2	78	0.2	30	各种滑动轴承
	ZChPbSb15-5-3	68	0.2	32	
	ZChSnSb11-6	90	6	27	

附表 1.4 弹簧材料和许用应力

MPa

类别	牌号	压缩弹簧许用切应力 $[\tau]$/MPa			许用弯曲应力 $[\sigma_b]$/MPa		切变模量 G/MPa	弹性模量 E/MPa	推荐硬度 /HRC	推荐使用温度 /℃	特性及用途
		Ⅰ类	Ⅱ类	Ⅲ类	Ⅰ类	Ⅱ类					
钢丝	碳素弹簧钢丝、琴钢丝	$(0.3\sim0.38)\sigma_b$	$(0.38\sim0.45)\sigma_b$	$0.5\sigma_b$	$(0.6\sim0.68)\sigma_b$	$0.8\sigma_b$	79×10^3	206×10^3	—	-40~120	强度高,性能好,适用于做小弹簧,如安全阀弹簧,或要求不高的大弹簧
	油淬火-回火碳素弹簧钢丝	$(0.35\sim0.4)\sigma_b$	$(0.4\sim0.47)\sigma_b$	$0.55\sigma_b$	$(0.6\sim0.68)\sigma_b$	$0.8\sigma_b$					
	65Mn	340	455	570	570	710					
	60Si2Mn 60Si2MnA	445	590	740	740	925			45~50	-40~200	弹性好,回火稳定性好。易脱碳、用于受大载荷的弹簧,60Si2Mn可做汽车拖拉机弹簧,60Si2MnA可做机车缓冲弹簧
	50CrVA								45~50	-40~210	用做截面大、高应力的弹簧,亦用于变载荷高温工作的弹簧
	65Si2MnWA 60Si2CrVA	560	745	931	1167	—			47~52	-40~250	强度高,耐高温,耐冲击,弹性好
	30W4Cr2VA	442	588	735	735	920			43~47	-40~350	高温时强度高,淬透性好

二、带传动设计常用表格与线图

附表 2.1　V 带轮的轮槽尺寸

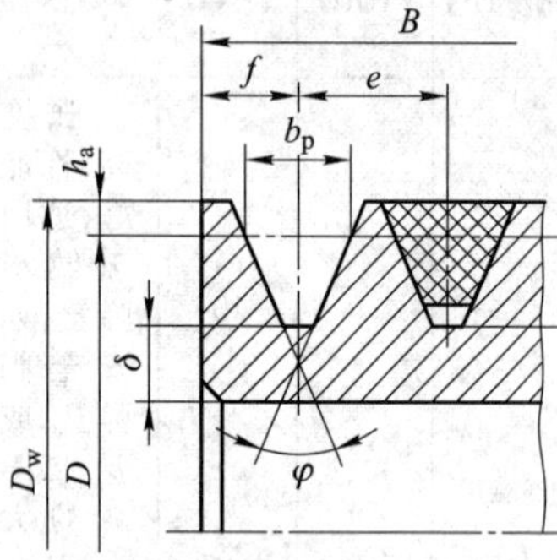

槽型			Y	Z	A	B	C
b_p			5.3	8.5	11	14	19
h_{amin}			1.6	2.0	2.75	3.5	4.8
e			8±0.3	12±0.3	15±0.3	19±0.4	25.5±0.5
f_{min}			6	7	9	11.5	16
h_{fmin}			4.7	7.0	8.7	10.8	14.3
δ_{min}			5	5.5	6	7.5	10
φ(°)	32	对应的 d	≤60	—	—	—	—
	34		—	≤80	≤118	≤190	≤315
	36		>60	—	—	—	—
	38		—	>80	>118	>190	>315

附表 2.2　V 带截面尺寸和单位长度质量(摘自 GB/T 11544—2012)

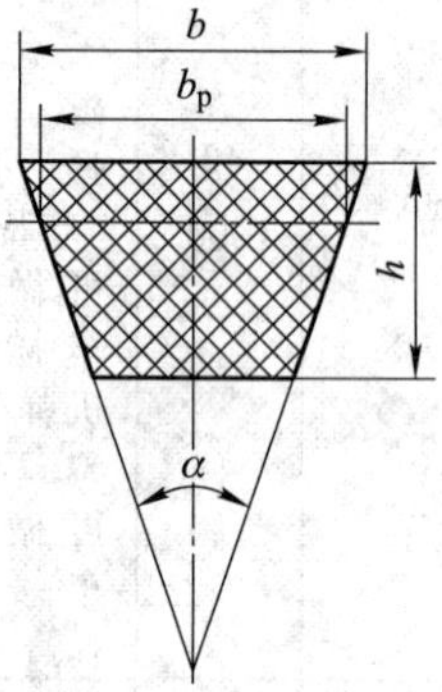

截面	Y	Z/SPZ	A/SPA	B/SPB	C/SPC	D	E
顶宽 b/mm	6.0	10.0	13.0	17.0	22.0	32.0	38.0
节宽 b_p/mm	5.3	8.5	11.0	14.0	19.0	27.0	32.0
高度 h/mm	4.0	6.0/8.0	8.0/10.0	11.0/14.0	14.0/18.0	19.0	23.0
楔角 α/(°)	40°						
单位长度质量 q /(kg/m)	0.04	0.06	0.10	0.17	0.30	0.60	0.87

附表 2.3　V 带的基准长度系列

带型	基准长度 L_d/mm
Y	400,450,500
Z	400,450,500,560,630,710,800,900,1 000,1 120,1 250,1 400,1 600
A	630,710,800,900,1 000,1 120,1 250,1 400,1 600,1 800,2 000,2 240,2 500,2 800
B	900,1 000,1 120,1 250,1 400,1 600,1 800,2 000,2 240,2 500,2 800,3 150,3 550,4 000,4 500,5 000
C	1 800,2 000,2 240,2 500,2 800,3 150,3 550,4 000,4 500,5 000
D	2 800,3 150,3 550,4 000,4 500,5 000
E	4 500,5 000
SPZ	630,710,800,900,1 000,1 120,1 250,1 400,1 600,1 800,2 000,2 240,2 500,2 800,3 150,3 550
SPA	800,900,1 000,1 120,1 250,1 400,1 600,1 800,2 000,2 240,2 500,2 800,3 150,3 550,4 000,4 500,5 000
SPB	1 250,1 400,1 600,1 800,2 000,2 240,2 500,2 800,3 150,3 550,4 000,4 500,5 000
SPC	2 000,2 240,2 500,2 800,3 150,3 550,4 000,4 500,5 000

附表 2.4　V 带轮的最小基准直径 D_{min}　mm

槽型或带型	Z	A	B	C	SPZ	SPA	SPB	SPC
D_{min}	50	75	125	200	63	90	140	224

附表 2.5a　单根 V 带的基本额定功率 P_0(kW)(在包角 $\alpha=180°$、特定长度、平稳工作条件下，单根 V 带和窄 V 带的基本额定功率 P_0 和增量 ΔP_0)

带　型	小带轮基准直径 D_1/mm	小带轮转速 n_1/(r/min)						
		400	730	800	980	1 200	1 460	2 800
Z	50	0.06	0.09	0.10	0.12	0.14	0.16	0.26
	63	0.08	0.13	0.15	0.18	0.22	0.25	0.41
	71	0.09	0.17	0.20	0.23	0.27	0.31	0.50
	80	0.14	0.20	0.22	0.26	0.30	0.36	0.56
A	75	0.27	0.42	0.45	0.52	0.60	0.68	1.00
	90	0.39	0.63	0.68	0.79	0.93	1.07	1.64
	100	0.47	0.77	0.83	0.97	1.14	1.32	2.05
	112	0.56	0.93	1.00	1.18	1.39	1.62	2.51
	125	0.67	1.11	1.19	1.40	1.66	1.93	2.98
B	125	0.84	1.34	1.44	1.67	1.93	2.20	2.96
	140	1.05	1.69	1.82	2.13	2.47	2.83	3.85
	160	1.32	2.16	2.32	2.72	3.17	3.64	4.89
	180	1.59	2.61	2.81	3.30	3.85	4.41	5.76
	200	1.85	3.05	3.30	3.86	4.50	5.15	6.43
C	200	2.41	3.80	4.07	4.66	5.29	5.86	5.01
	224	2.99	4.78	5.12	5.89	6.71	7.47	6.08
	250	3.62	5.82	6.23	7.18	8.21	9.06	6.56
	280	4.32	6.99	7.52	8.65	9.81	10.74	6.13
	315	5.14	8.34	8.92	10.23	11.53	12.48	4.16
	400	7.06	11.52	12.10	13.67	15.04	15.51	—
SPZ	63	0.35	0.56	0.60	0.70	0.81	0.93	1.45
	71	0.44	0.72	0.78	0.92	1.08	1.25	2.00
	80	0.55	0.88	0.99	0.95	1.38	1.60	2.61
	90	0.67	1.12	1.21	1.44	1.70	1.98	3.26
SPA	90	0.75	1.21	1.30	1.52	1.76	2.02	3.00
	100	0.94	1.54	1.65	1.93	2.27	2.61	3.99
	112	1.16	1.91	2.07	2.44	2.86	3.31	5.15
	125	1.40	2.33	2.52	2.98	3.50	4.06	6.34
	140	1.68	2.81	3.03	3.58	4.23	4.91	7.64
SPB	140	1.92	3.13	3.35	3.92	4.55	5.21	7.15
	160	2.47	4.06	4.37	5.13	5.98	6.89	9.52
	180	3.01	4.99	5.37	6.31	7.38	8.50	11.62
	200	3.54	5.88	6.35	7.47	8.74	10.07	13.41
	224	4.18	6.97	7.52	8.83	10.33	11.86	15.14
SPC	224	5.19	8.82	10.43	10.39	11.89	13.26	—
	250	6.31	10.27	11.02	12.76	14.16	16.26	—
	280	7.59	12.40	13.31	15.40	17.60	19.49	—
	315	9.07	14.82	15.90	18.37	20.88	22.92	—
	400	12.56	20.41	21.84	25.15	27.33	29.40	—

附表 2.5b　单根普通 V 带额定功率的增量 ΔP_0(kW)(在包角 $\alpha=180°$、特定长度、平稳工作条件下,单根 V 带和窄 V 带的基本额定功率 P_0 和增量 ΔP_0)

带型	小带轮转速 n_1/(r/min)	传动比 i									
		1.00~1.01	1.02~1.04	1.05~1.08	1.09~1.12	1.13~1.18	1.19~1.24	1.25~1.34	1.35~1.51	1.52~1.99	≥2.0
Z	400	0.00	0.00	0.00	0.00	0.00	0.00	0.00	0.00	0.01	0.01
	730	0.00	0.00	0.00	0.00	0.00	0.00	0.01	0.01	0.01	0.02
	800	0.00	0.00	0.00	0.00	0.01	0.01	0.01	0.01	0.02	0.02
	980	0.00	0.00	0.00	0.00	0.01	0.01	0.01	0.02	0.02	0.02
	1 200	0.00	0.00	0.01	0.01	0.01	0.01	0.02	0.02	0.02	0.03
	1 460	0.00	0.00	0.01	0.01	0.01	0.02	0.02	0.02	0.02	0.03
	2 800	0.00	0.01	0.02	0.02	0.03	0.03	0.03	0.04	0.04	0.04
A	400	0.00	0.01	0.01	0.02	0.02	0.03	0.03	0.04	0.04	0.05
	730	0.00	0.01	0.02	0.03	0.04	0.05	0.06	0.07	0.08	0.09
	800	0.00	0.01	0.02	0.03	0.04	0.05	0.06	0.08	0.09	0.10
	980	0.00	0.01	0.03	0.04	0.05	0.06	0.07	0.08	0.10	0.11
	1 200	0.00	0.02	0.03	0.05	0.07	0.08	0.10	0.11	0.13	0.15
	1 460	0.00	0.02	0.04	0.06	0.08	0.09	0.11	0.13	0.15	0.17
	2 800	0.00	0.04	0.08	0.11	0.15	0.19	0.23	0.26	0.30	0.34
B	400	0.00	0.01	0.03	0.04	0.06	0.07	0.08	0.10	0.11	0.13
	730	0.00	0.02	0.05	0.07	0.10	0.12	0.15	0.17	0.20	0.22
	800	0.00	0.03	0.06	0.08	0.11	0.14	0.17	0.20	0.23	0.25
	980	0.00	0.03	0.07	0.10	0.13	0.17	0.20	0.23	0.26	0.30
	1 200	0.00	0.04	0.08	0.13	0.17	0.21	0.25	0.30	0.34	0.38
	1 460	0.00	0.05	0.10	0.15	0.20	0.25	0.31	0.36	0.40	0.46
	2 800	0.00	0.10	0.20	0.29	0.39	0.49	0.59	0.69	0.79	0.89
C	400	0.00	0.04	0.08	0.12	0.16	0.20	0.23	0.27	0.31	0.35
	730	0.00	0.07	0.14	0.21	0.27	0.34	0.41	0.48	0.55	0.62
	800	0.00	0.08	0.16	0.23	0.31	0.39	0.47	0.55	0.63	0.71
	980	0.00	0.09	0.19	0.27	0.37	0.47	0.56	0.65	0.74	0.83
	1 200	0.00	0.12	0.24	0.35	0.47	0.59	0.70	0.82	0.94	1.06
	1 460	0.00	0.14	0.28	0.42	0.58	0.71	0.85	0.99	1.14	1.27
	2 800	0.00	0.27	0.55	0.82	1.10	1.37	1.64	1.92	2.19	2.47

附表 2.5c　单根窄 V 带额定功率的增量 ΔP_0(kW)(在包角 $\alpha=180°$、特定长度、平稳工作条件下，单根 V 带和窄 V 带的基本额定功率 P_0 和增量 ΔP_0)

带型	小带轮转速 n_1/(r/min)	传动比 i									
		1.00~1.01	1.02~1.05	1.06~1.11	1.12~1.18	1.19~1.26	1.27~1.38	1.39~1.57	1.58~1.94	1.95~3.38	≥3.39
SPZ	400	0.00	0.01	0.01	0.03	0.03	0.04	0.05	0.06	0.06	0.06
	730	0.00	0.01	0.03	0.05	0.06	0.08	0.09	0.10	0.11	0.12
	800	0.00	0.01	0.03	0.05	0.07	0.08	0.10	0.11	0.12	0.13
	980	0.00	0.01	0.04	0.06	0.08	0.10	0.12	0.13	0.15	0.15
	1 200	0.00	0.02	0.04	0.08	0.10	0.13	0.15	0.17	0.18	0.19
	1 460	0.00	0.02	0.05	0.09	0.13	0.15	0.18	0.20	0.22	0.23
	2 800	0.00	0.04	0.10	0.18	0.24	0.30	0.35	0.39	0.43	0.45
SPA	400	0.00	0.01	0.04	0.07	0.09	0.11	0.13	0.14	0.16	0.16
	730	0.00	0.02	0.07	0.12	0.16	0.20	0.23	0.26	0.28	0.30
	800	0.00	0.03	0.08	0.13	0.18	0.22	0.25	0.29	0.31	0.33
	980	0.00	0.03	0.09	0.16	0.21	0.26	0.30	0.34	0.37	0.40
	1 200	0.00	0.04	0.11	0.20	0.27	0.33	0.38	0.43	0.47	0.49
	1 460	0.00	0.05	0.14	0.24	0.32	0.39	0.46	0.51	0.56	0.59
	2 800	0.00	0.10	0.26	0.46	0.63	0.76	0.89	1.00	1.09	1.15
SPB	400	0.00	0.03	0.08	0.14	0.19	0.22	0.26	0.30	0.32	0.34
	730	0.00	0.05	0.14	0.25	0.33	0.40	0.47	0.53	0.58	0.62
	800	0.00	0.06	0.16	0.27	0.37	0.45	0.53	0.59	0.65	0.68
	980	0.00	0.07	0.19	0.33	0.45	0.54	0.63	0.71	0.78	0.82
	1 200	0.00	0.09	0.23	0.41	0.56	0.67	0.79	0.89	0.97	1.03
	1 460	0.00	0.10	0.28	0.49	0.67	0.81	0.95	1.07	1.16	1.23
	2 800	0.00	0.20	0.55	0.96	1.30	1.57	1.85	2.08	2.26	2.40
SPC	400	0.00	0.09	0.24	0.41	0.56	0.68	0.79	0.89	0.97	1.03
	730	0.00	0.16	0.42	0.74	1.00	1.22	1.43	1.60	1.75	1.85
	800	0.00	0.17	0.47	0.82	1.12	1.35	1.58	1.78	1.94	2.06
	980	0.00	0.21	0.56	0.98	1.34	1.62	1.90	2.14	2.33	2.47
	1 200	0.00	0.26	0.71	1.23	1.67	2.03	2.38	2.67	2.91	3.09
	1 460	0.00	0.31	0.85	1.48	2.01	2.43	2.85	3.21	3.50	3.70

附表 2.6　工作情况系数 K_A

工况	K_A						使用场合
	空、轻载起动			重载起动			
	每天工作小时数/h						
	<10	10~16	>16	<10	10~16	>16	
载荷变动小	1.1	1.2	1.3	1.2	1.3	1.4	带式输送机、通风机、发电机、金属切削机床、印刷机、旋转筛、木工机械、旋转式水泵和压缩机
载荷变动大	1.2	1.3	1.4	1.4	1.5	1.6	制砖机、斗式提升机、起重机、磨粉机、冲剪机床、橡胶机械、振动筛、纺织机械、重载输送机、往复式水泵和压缩机
载荷变动很大	1.3	1.4	1.5	1.5	1.6	1.8	破碎机、磨碎机

附表 2.7　V 带轮的基准直径系列　mm

基准直径 D	带型						
	Y	Z SPZ	A SPA	B SPB	C SPC	D	E
	外径 D_W						
50	53.2	54					
63	66.2	67					
71	74.2	75					
75	—	79	80.5				
80	83.2	84	85.5				
85	—	—	90.5				
90	93.2	94	95.5				
95	—	—	100.5				
100	103.2	104	105.5				
106	—	—	111.5				
112	115.2	116	117.5				
118	—	—	123.5				
125	128.2	129	130.5	132			
132		136	137.5	139			

续表

基准直径 D	带型						
	Y	Z SPZ	A SPA	B SPB	C SPC	D	E
	外径 D_W						
140		144	145.5	147			
150		154	155.5	157			
160		164	165.5	167			
170		—	—	177			
180		184	185.5	187			
200		204	205.5	207	209.6		
212		—	—	219	221.6		
224		228	229.5	231	233.6		
236		—	—	243	245.6		
250		254	255.5	257	259.6		
265		—	—	—	274.6		
280		284	285.5	287	289.6		
315		319	320.5	322	324.6		
355		359	360.5	362	364.6	371.2	
375		—	—	—	—	391.2	
400		404	405.5	407	409.6	416.2	
425		—	—	—	—	441.2	
450		—	455.5	457	459.6	466.2	
475		—	—	—	—	491.2	
500		504	505.5	507	509.6	516.2	519.2

附表 2.8　包角系数 K_α

小带轮包角 $\alpha/(°)$	K_α	小带轮包角 $\alpha/(°)$	K_α	小带轮包角 $\alpha/(°)$	K_α	小带轮包角 $\alpha/(°)$	K_α
180	1	165	0.96	150	0.92	135	0.88
175	0.99	160	0.95	145	0.91	130	0.86
170	0.98	155	0.93	140	0.89	125	0.84
						120	0.82

附表 2.9　长度系数 K_L

基准长度 L_d/mm	K_L										
	普通 V 带							窄 V 带			
	Y	Z	A	B	C	D	E	SPZ	SPA	SPB	SPC
400	0.96	0.87									
450	1.00	0.89									
500	1.02	0.91									
560		0.94									
630		0.96	0.81					0.82			
710		0.99	0.82					0.84			
800		1.00	0.85					0.86	0.81		
900		1.03	0.87	0.81				0.88	0.83		
1 000		1.06	0.89	0.84				0.90	0.85		
1 120		1.08	0.91	0.86				0.93	0.87		
1 250		1.11	0.93	0.88				0.94	0.89	0.82	
1 400		1.14	0.96	0.90				0.96	0.91	0.84	
1 600		1.16	0.99	0.93	0.84			1.00	0.93	0.86	
1 800		1.18	1.01	0.95	0.85			1.01	0.95	0.88	
2 000			1.03	0.98	0.88			1.02	0.96	0.90	0.81
2 240			1.06	1.00	0.91			1.05	0.98	0.92	0.83
2 500			1.09	1.03	0.93			1.07	1.00	0.94	0.86
2 800			1.11	1.05	0.95	0.83		1.09	1.02	0.96	0.88
3 150			1.13	1.07	0.97	0.86		1.11	1.04	0.98	0.90
3 550			1.17	1.10	0.98	0.89		1.13	1.06	1.00	0.92
4 000			1.19	1.13	1.02	0.91			1.08	1.02	0.94
4 500				1.15	1.04	0.93	0.90		1.09	1.04	0.96
5 000				1.18	1.07	0.96	0.92			1.06	0.98

附表 2.10　载荷 G 值(N/根)

截型		小带轮直径 D_1/mm	带速 v/(m/s)		
			0~10	10~20	20~30
普通 V 带	Z	50~100	5~7	4.2~6	3.5~5.5
		>100	7~10	6~8.5	5.5~7
	A	75~140	9.5~14	8~12	6.5~10
		>140	14~21	12~18	10~15
	B	125~200	18.5~28	15~22	12.5~18
		>200	28~42	22~23	18~27
	C	200~400	36~54	30~45	25~38
		>400	54~85	45~70	38~56

续表

截　　型		小带轮直径 D_1/mm	带速 v/(m/s)		
			0~10	10~20	20~30
窄V带	SPZ	67~95	9.5~14	8~13	6.5~11
		>95	14~21	13~19	11~18
	SPA	100~140	18~26	15~21	12~18
		>140	26~38	21~32	18~27
	SPB	160~265	30~45	26~40	22~34
		>265	45~58	40~52	34~47
	SPC	224~355	58~82	48~72	40~64
		>355	82~106	72~96	64~90

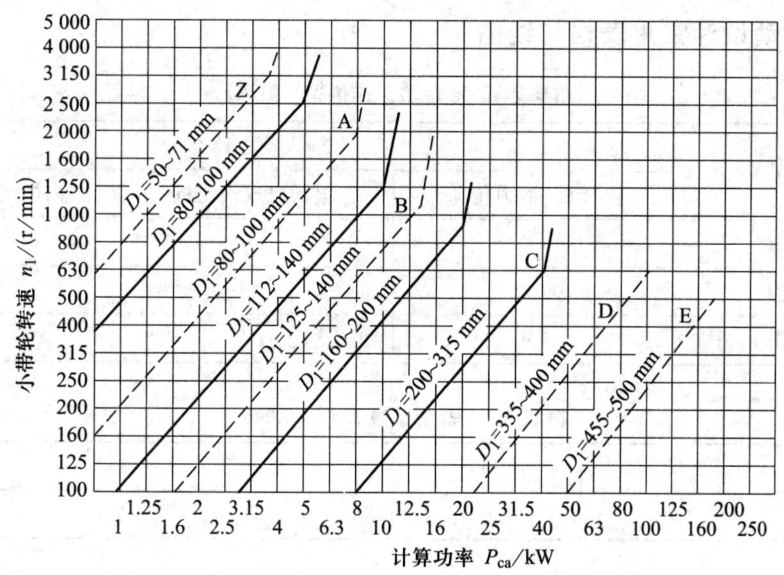

附图 2.1　普通 V 带选型图

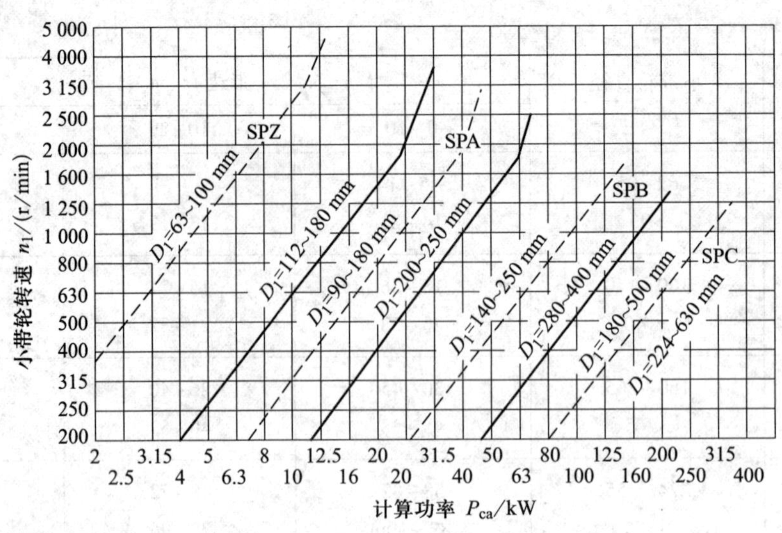

附图 2.2　窄 V 带选型图

三、链传动设计常用表格与线图

附表 3.1　链传动工作情况系数 K_A

工　况	输入动力种类		
	内燃机-液力传动	电动机或汽轮机	内燃机-机械传动
平稳载荷	1.0	1.1	1.2
中等冲击	1.2	1.3	1.4
严重冲击	1.4	1.5	1.7

附表 3.2　垂度系数 K_y($y=0.02a$)

β	0°	30°	60°	75°	90°
K_y	7	6	4	2.5	1

附表 3.3　滚子链规格和主要参数

链　号	节距 p	排距 p_t	滚子外径 d_1	内链节内宽 b_1	销轴直径 d_2	内链板高度 h_2	极限拉伸载荷(单排)Q①	每米质量(单排) q
	/mm						/kN	/(kg/m)
05B	8.00	5.64	5.00	3.00	2.31	7.11	4.4	0.18
06B	9.525	10.24	6.35	5.72	3.28	8.26	8.9	0.40
08B	12.70	13.92	8.51	7.75	4.45	11.81	17.8	0.70

续表

链　号	节距 p	排距 p_t	滚子外径 d_1	内链节内宽 b_1	销轴直径 d_2	内链板高度 h_2	极限拉伸载荷(单排)Q①	每米质量(单排)q
	/mm						/kN	/(kg/m)
08A	12.70	14.38	7.95	7.85	3.96	12.07	13.8	0.60
10A	15.875	18.11	10.16	9.40	5.08	15.09	21.8	1.00
12A	19.05	22.78	11.91	12.57	5.94	18.08	31.1	1.50
16A	25.40	29.29	15.88	15.75	7.92	24.13	55.6	2.60
20A	31.75	35.76	19.05	18.90	9.53	30.18	86.7	3.80
24A	38.10	45.44	22.23	25.22	11.10	36.20	124.6	5.60
28A	44.45	48.87	25.40	25.22	12.70	42.24	169.0	7.50
32A	50.80	58.55	28.58	31.55	14.27	48.26	222.4	10.10
40A	63.50	71.55	39.68	37.85	19.84	60.33	347.0	16.10
48A	76.20	87.83	47.63	47.35	23.80	72.39	500.4	22.60

① 过渡链节取 Q 值的 80%。

附表 3.4　小链轮齿数系数 K_z

z_1	9	11	13	15	17	19	21	23	25	27	29	31	33	35	37
K_z	0.446	0.555	0.667	0.775	0.893	1.00	1.12	1.23	1.35	1.46	1.58	1.70	1.81	1.94	2.12

附表 3.5　多排链系数 K_p

排　数	1	2	3	4	5	6	≥7
K_p	1.0	1.7	2.5	3.3	4.1	5.0	与生产厂商定

附表 3.6　小链轮齿数 z_1 选择

链速 v/(m/s)	0.6~3	3~8	>8~25	>25
齿数 z_1	≥17	≥21	≥25	≥35

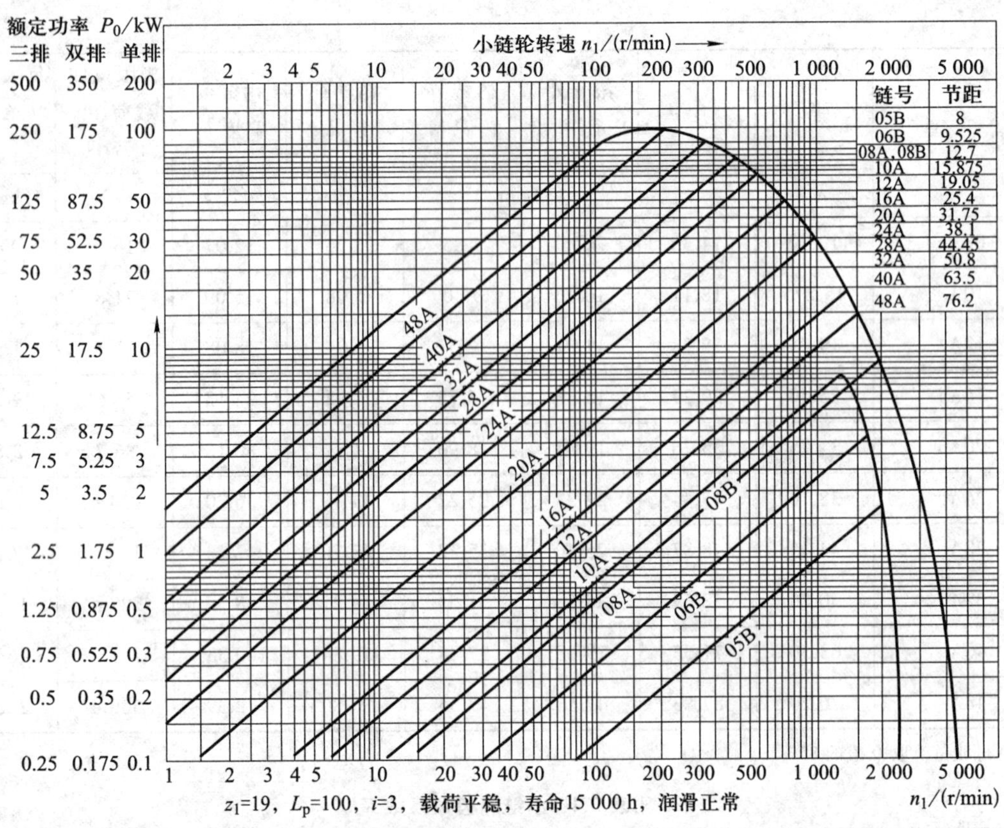

附图 3.1　滚子链的额定功率曲线

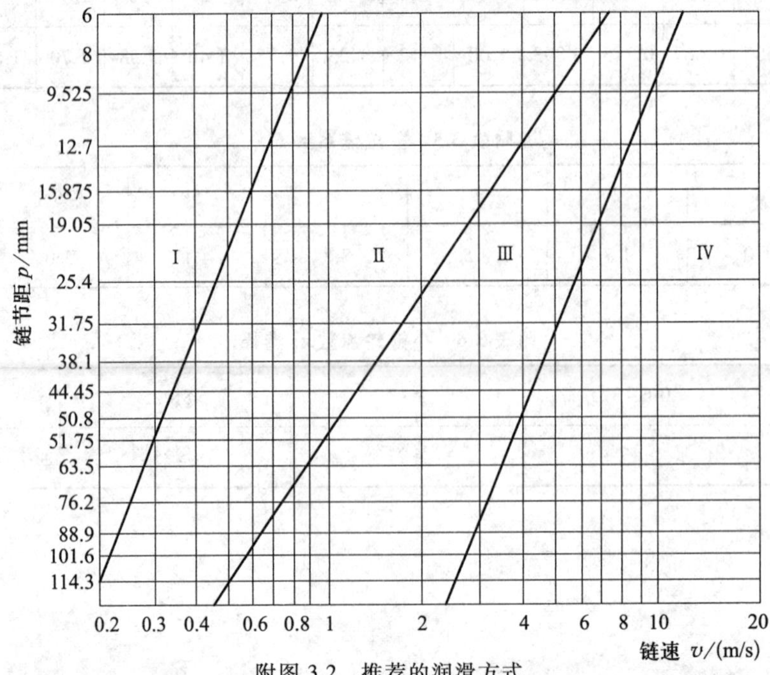

附图 3.2　推荐的润滑方式

Ⅰ—人工定期润滑；Ⅱ—滴油润滑；Ⅲ—油浴或飞溅润滑；Ⅳ—压力喷油润滑

四、联轴器、离合器设计常用表格

附表 4.1　摩擦系数 f 和基本许用压强 $[p_0]$

摩擦副材料与润滑条件		摩擦系数 f	圆盘摩擦离合器基本许用压强 $[p_0]$/MPa
在油中工作	淬火钢—淬火钢	0.06	0.6~0.8
	铸铁-铸铁或淬火钢	0.08	0.6~0.8
	钢-夹布胶木	0.12	0.4~0.6
	淬火钢-粉末冶金材料	0.10	1~2
不在油中工作	压制石棉-钢或铸铁	0.30	0.2~0.3
	铸铁-铸铁或淬火钢	0.15	0.2~0.3
	淬火钢-粉末冶金材料	0.30	0.4~0.6

附表 4.2　修正系数 k_1

平均圆周速度/(m/s)	1	2	2.5	3	4	6	8	10	15
k_1	1.358	1.08	1	0.94	0.86	0.75	0.68	0.63	0.55

附表 4.3　修正系数 k_2

主动摩擦片数	3	4	5	6	7	8	9	10	11
k_2	1	0.97	0.94	0.91	0.88	0.85	0.82	0.79	0.76

附表 4.4　修正系数 k_3

每小时磨合次数	90	120	180	240	300	≥360
k_3	1	0.95	0.8	0.7	0.6	0.5

附表 4.5　工作情况系数 K_A

分类	工作情况及举例	电动机 汽轮机	四缸和四缸 以上内燃机	双缸 内燃机	单缸 内燃机
Ⅰ	转矩变化很小，如发电机、小型通风机、小型离心泵	1.3	1.5	1.8	2.2
Ⅱ	转矩变化很小，如透平压缩机、木工机床、运输机	1.5	1.7	2.0	2.4
Ⅲ	转矩变化中等，如搅拌机、增压泵、有飞轮的压缩机、冲床	1.7	1.9	2.2	2.6
Ⅳ	转矩变化和冲击载荷中等，如织布机、水泥搅拌机、拖拉机	1.9	2.1	2.4	2.8
Ⅴ	转矩变化和冲击载荷大，如造纸机、挖掘机、起重机、碎石机	2.3	2.5	2.8	3.2
Ⅵ	转矩变化大并有强烈的冲击载荷，如压延机、无飞轮的活塞泵、重型初轧机	3.1	3.3	3.6	4.0

五、蜗杆传动设计常用表格与线图

附表 5.1　圆柱蜗杆传动常用参数的匹配

中心距 a/ mm	模数 m/mm	分度圆直径 d_1/mm	m^2d_1/mm^3	蜗杆头数 z_1	直径系数 q	分度圆导程角 γ/(°)	蜗轮齿数 z_2	变位系数 x_2
40 50	1	18	18	1	18.00	3°10′47″	62 82	0 0
40	1.25	20	31.25	1	16.00	3°34′35″	49	−0.500
50 63		22.4	35		17.92	3°11′38″	62 82	+0.040 +0.440
50	1.6	20	51.2	1	12.50	4°34′26″	51	−0.500
				2		9°05′25″		
				4		17°44′41″		
63 80		28	71.68	1	17.50	3°16′14″	61 82	+0.125 +0.250
40 (50) (63)	2	22.4	89.6	1	11.20	5°06′08″	29 (39) (51)	−0.100 (−0.100) (+0.400)
				2		10°07′29″		
				4		19°39′14″		
				6		28°10′43″		
80 100		35.5	142	1	17.75	3°13′28″	62 82	+0.125
50 (63) (80)	2.5	28	175	1	11.20	5°06′08″	29 (39) (53)	−0.100 (+0.100) (−0.100)
				2		10°07′29″		
				4		19°39′14″		
				6		28°10′43″		
100		45	281.25	1	18.00	3°10′47″	62	0
63 (80) (100)	3.15	35.5	352.25	1	11.27	5°04′15″	29 (39) (53)	−0.134 9 (+0.261 9) (−0.388 9)
				2		10°03′48″		
				4		19°32′29″		
				6		28°01′50″		
125		56	555.66	1	17.778	3°13′10″	62	−0.206 3

续表

中心距 a/ mm	模数 m/mm	分度圆直径 d_1/mm	m^2d_1/mm^3	蜗杆头数 z_1	直径系数 q	分度圆导程角 γ/(°)	蜗轮齿数 z_2	变位系数 x_2
80 (100) (125)	4	40	640	1	10.00	5°42′38″	31 (41) (51)	−0.500 (−0.500) (+0.750)
				2		11°18′36″		
				4		21°48′05″		
				6		30°57′50″		
160		71	1 136	1	17.75	3°13′28″	62	+0.125
100 (125) (160) (180)	5	50	1 250	1	10.00	5°42′38″	31 (41) (53) (61)	−0.500 (−0.500) (+0.500) (+0.500)
				2		11°18′36″		
				4		21°48′05″		
				6		30°57′50″		
200		90	2 250	1	18.00	3°10′47″	62	0
125 (160) (180) (200)	6.3	63	2 500.47	1	10.00	5°42′38″	31 (41) (48) (53)	−0.658 7 (−0.103 2) (−0.428 6) (+0.246 0)
				2		11°18′36″		
				4		21°48′05″		
				6		30°57′50″		
250		112	4 445.28	1	17.778	3°13′10″	61	+0.293 7
160 (200) (225) (250)	8	80	5 120	1	10.00	5°42′38″	31 (41) (47) (52)	−0.500 (−0.500) (−0.375) (+0.250)
				2		11°18′36″		
				4		21°48′05″		
				6		30°57′50″		

注：(1) 本表中导程角 γ 小于 3°30′的圆柱蜗杆均为自锁蜗杆。

(2) 括号中的参数不适用于蜗杆头数 $z_1=6$ 时。

(3) 本表摘自 GB/T 10085—1988。

附表 5.2　蜗杆头数与蜗轮齿数的荐用值

$i=z_2/z_1$	z_1	z_2	$i=z_2/z_1$	z_1	z_2
≈5	6	29～31	14～30	2	29～61
7～15	4	29～61	29～80	1	29～80

附表 5.3 普通圆柱蜗杆传动的蜗轮宽度 B、顶圆直径 d_{e2} 及蜗杆螺旋部分长度 b_1 的计算公式

<table>
<tr><th>z_1</th><th>B</th><th>d_{e2}</th><th>x_2</th><th colspan="2">b_1</th></tr>
<tr><td>1</td><td rowspan="3">$\leqslant 0.75d_{a1}$</td><td>$\leqslant d_{a2}+2m$</td><td rowspan="2">0
-0.5
-0.1
0.5
1.0</td><td rowspan="2">$\geqslant(11+0.06z_2)m$
$\geqslant(8+0.06z_2)m$
$\geqslant(10.5+z_1)m$
$\geqslant(11+0.1z_2)m$
$\geqslant(12+0.1z_2)m$</td><td rowspan="4">当变位系数 x_2 为中间值时，b_1 取 x_2 邻近两公式所求值的较大者。经磨削的蜗杆，按左式所求的长度应再增加下列值：
当 m<10 mm 时，增加 25 mm；
当 m = 10～16 mm 时，增加 35～40 mm；
当 m>16 mm 时，增加 50 mm</td></tr>
<tr><td>2</td><td rowspan="2">$\leqslant d_{a2}+1.5m$</td></tr>
<tr><td>3</td><td rowspan="2">0
-0.5
-0.1
0.5
1.0</td><td rowspan="2">$\geqslant(12.5+0.09z_2)m$
$\geqslant(9.5+0.09z_2)m$
$\geqslant(10.5+z_1)m$
$\geqslant(12.5+0.1z_2)m$
$\geqslant(13+0.1z_2)m$</td></tr>
<tr><td>4</td><td>$\leqslant 0.67d_{a1}$</td><td>$\leqslant d_{a2}+m$</td></tr>
</table>

附表 5.4 不同蜗杆蜗轮材料配对的 Z_E $\sqrt{\text{MPa}}$

<table>
<tr><th rowspan="2">蜗 杆 材 料</th><th colspan="5">蜗 轮 材 料</th></tr>
<tr><th>铸锡青铜
ZCuSn10P1</th><th>铸青铜
ZCuSn5Pb5Zn5</th><th>铸铝铁青铜
ZCuAl9Fe3</th><th>灰铸铁
HT</th><th>球墨铸铁
QT</th></tr>
<tr><td>钢</td><td rowspan="2">155.0</td><td rowspan="2">159.8</td><td rowspan="2">156.0</td><td>162.0</td><td>181.4</td></tr>
<tr><td>球墨铸铁</td><td>156.6</td><td>173.9</td></tr>
</table>

附表 5.5 使用系数 K_A、齿向载荷分布系数 K_β 和动载系数 K_v

使用系数 K_A		齿向载荷分布系数 K_β		动载系数 K_v	
载荷与起动情况	K_A	载荷情况	K_β	蜗轮圆周速度	K_v
载荷均匀、无冲击；起动载荷小；每小时起动次数<25	1	平稳载荷，载荷分布不均	1	v_2<3 m/s	1.0～1.1
载荷不均匀、小冲击；起动载荷较大；每小时起动次数 25～50	1.15	当载荷变化较大，或有冲击、振动时，载荷分布不均	1.3～1.6	v_2>3m /s	1.1～1.2
载荷不均匀、大冲击；起动载荷大；每小时起动次数>50	1.2				

附表 5.6　灰铸铁及铸铝铁青铜蜗轮的许用接触应力[σ_H]　　MPa

材料		滑动速度 v_s/(m/s)						
蜗杆	蜗轮	<0.25	0.25	0.5	1	2	3	4
20 或 20Cr 渗碳、淬火，45 钢淬火，齿面硬度大于 45 HRC	灰铸铁 HT150	206	166	150	127	95	—	—
	灰铸铁 HT200	250	202	182	154	115	—	—
	铸铝铁青铜 ZCuAl9Fe3	—	—	250	230	210	180	160
45 钢或 Q275	灰铸铁 HT150	172	139	125	106	79	—	—
	灰铸铁 HT200	208	168	152	128	96	—	—

附表 5.7　蜗轮的基本许用接触应力[σ_H]′和弯曲应力[σ_F]′　　MPa

基本许用接触应力

蜗轮材料	铸造方法	蜗杆螺旋面硬度	
		≤45 HRC	>45 HRC
铸锡磷青铜 ZCuSn10P1	砂模铸造	150	180
	金属模铸造	220	268
铸锡锌铅青铜 ZCuSn5Pb5Zn5	砂模铸造	113	135
	金属模铸造	128	140

基本许用弯曲应力

蜗轮材料	铸造方法	单侧工作[σ_F]′	双侧工作[σ_F]′
铸锡磷青铜 ZCuSn10P1	砂模铸造	40	29
	金属模铸造	56	40
铸锡锌铅青铜 ZCuSn5Pb5Zn5	砂模铸造	26	22
	金属模铸造	32	26
铸铝铁青铜 ZCuAl9Fe3	砂模铸造	80	57
	金属模铸造	90	64
灰铸铁 HT150	砂模铸造	40	28
灰铸铁 HT200		48	34

注：(1) 锡青铜的基本许用接触应力为应力循环次数 $N=10^7$ 时之值，当 $N\neq10^7$ 时，需将表中数值乘以寿命系数 K_{HN}；当 $N>25\times10^7$ 时，取 $N=25\times10^7$；当 $N<2.6\times10^5$ 时，取 $N=2.6\times10^5$。

(2) 表中各种青铜的基本许用弯曲应力为应力循环次数 $N=10^6$ 时之值，当 $N\neq10^6$ 时，需将表中数值乘以寿命系数 K_{FN}；当 $N>25\times10^7$ 时，取 $N=25\times10^7$；当 $N<10^5$ 时，取 $N=10^5$。

附表 5.8　普通圆柱蜗杆传动的 v_s、f_v、φ_v 值

蜗轮齿圈材料	锡青铜				无锡青铜		灰铸铁			
蜗杆齿面硬度	≥45 HRC		其他		≥45HRC		≥45HRC		其他	
滑动速度 v_s/(m/s)	f_v	φ_v	f_v	φ_v	f_v	φ_v	f_v	φ_v	f_v	φ_v
0.01	0.110	6°17′	0.120	6°51′	0.180	10°12′	0.180	10°12′	0.190	10°45′
0.05	0.090	5°09′	0.100	5°43′	0.140	7°58′	0.140	7°58′	0.160	9°05′
0.10	0.080	4°34′	0.090	5°09′	0.130	7°24′	0.130	7°24′	0.140	7°58′
0.25	0.065	3°43′	0.075	4°17′	0.100	5°43′	0.100	5°43′	0.120	6°51′
0.50	0.055	3°09′	0.065	3°43′	0.090	5°09′	0.090	5°09′	0.100	5°43′
1.0	0.045	2°35′	0.055	3°09′	0.070	4°00′	0.070	4°00′	0.090	5°09′
1.5	0.040	2°17′	0.050	2°52′	0.065	3°43′	0.065	3°43′	0.080	4°34′
2.0	0.035	2°00′	0.045	2°35′	0.055	3°09′	0.055	3°09′	0.070	4°00′
2.5	0.030	1°43′	0.040	2°17′	0.050	2°52′				
3	0.028	1°36′	0.035	2°00′	0.045	2°35′				
4	0.024	1°22′	0.031	1°47′	0.040	2°17′				
5	0.022	1°16′	0.029	1°40′	0.035	2°00′				
8	0.018	1°02′	0.026	1°29′	0.030	1°43′				
10	0.016	0°55′	0.024	1°22′						
15	0.014	0°48′	0.020	1°09′						
24	0.013	0°45′								

注：(1) 如滑动速度与表中数值不一致时，可用插入法求得 f_v 和 φ_v 值。

(2) 蜗杆齿面经磨削或抛光并仔细磨合、正确安装、采用黏度合适的润滑油进行充分的润滑时。

附表 5.9　风冷时的表面传热系数 α'_d

蜗杆转速/(r/min)	750	1 000	1 250	1 550
α'_d/[W/(m^2·℃)]	27	31	35	38

附表 5.10　蜗杆传动的润滑油黏度与润滑方式选择

蜗杆传动相对速度 v_s/(m/s)	载荷类型	润滑油牌号 L-AN	运动黏度 ν_{40}/(mm^2/s)	供油方式	
0~1	重	1 000	1 000	油池润滑	
0~2.5	重	460	460		
0~5	中	320	320		
>5~10	各类	220	220	喷油润滑或油池润滑	
>10~15	各类	150	135~165	喷油润滑供油压力/MPa	0.7
>15~25	各类	100	90.0~110		2
>25	各类	68	61.2~74.8		3

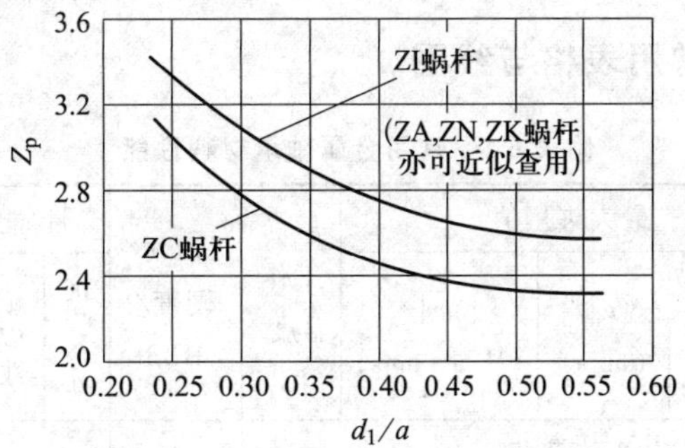

附图 5.1　圆柱蜗杆传动的影响系数曲线

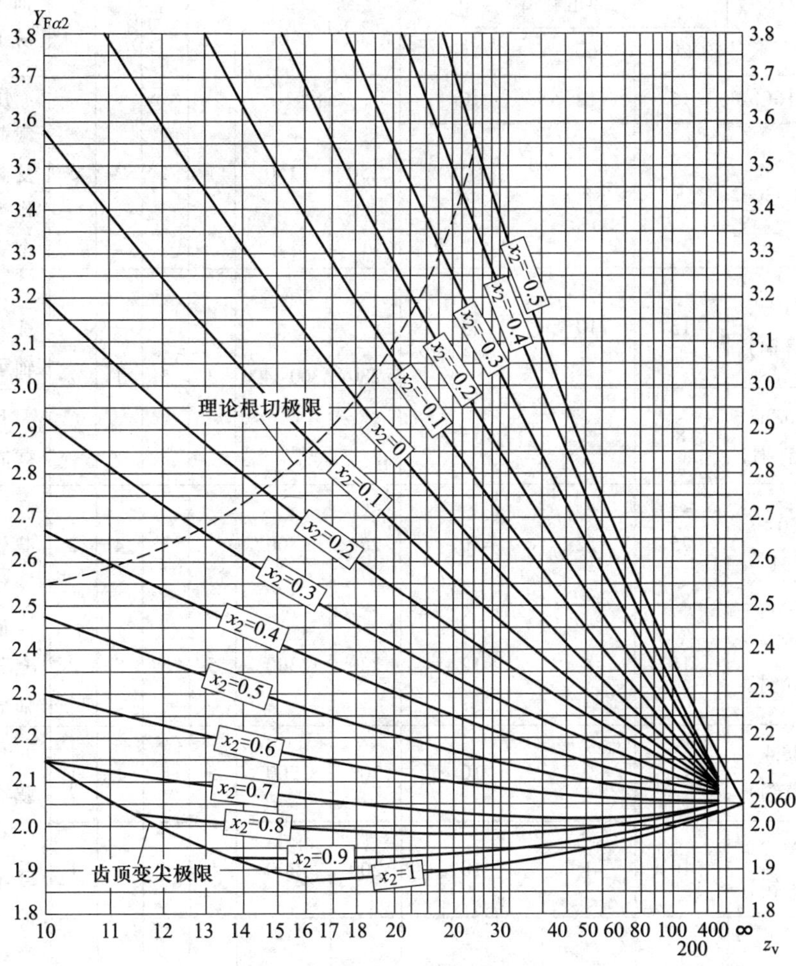

附图 5.2　蜗轮的齿形系数 $Y_{F\alpha2}$($\alpha=20°$, $h_a^*=1$, $\rho_{a0}=0.3m_n$)

六、滑动轴承设计常用表格与线图

附表 6.1　常用金属轴承材料性能[①]

<table>
<tr><th colspan="2" rowspan="2">轴承材料</th><th colspan="3">最大许用值</th><th rowspan="2">最高工作温度/℃</th><th rowspan="2">轴颈硬度/HBS</th><th colspan="4">性能比较[②]</th><th rowspan="2">用　途</th></tr>
<tr><th>[p]/MPa</th><th>[v]/(m/s)</th><th>[pv]/(MPa·m/s)</th><th>抗咬合性</th><th>顺应性</th><th>耐蚀性</th><th>疲劳强度</th></tr>
<tr><td rowspan="4">锡锑轴承合金</td><td rowspan="4">ZSnSb11Cu6
ZSnSb8Cu4</td><td colspan="3">平稳载荷</td><td rowspan="4">150</td><td rowspan="4">150</td><td rowspan="4">1</td><td rowspan="4">1</td><td rowspan="4">1</td><td rowspan="4">5</td><td rowspan="4">用于高速、重载下工作的重要轴承，变载荷下易于疲劳，价贵</td></tr>
<tr><td>25</td><td>80</td><td>20</td></tr>
<tr><td colspan="3">冲击载荷</td></tr>
<tr><td>20</td><td>60</td><td>15</td></tr>
<tr><td rowspan="2">铅锑轴承合金</td><td>ZPbSb16Sn16Cu2</td><td>15</td><td>12</td><td>10</td><td rowspan="2">150</td><td rowspan="2">150</td><td rowspan="2">1</td><td rowspan="2">1</td><td rowspan="2">3</td><td rowspan="2">5</td><td rowspan="2">用于中速、中等载荷的轴承，不宜受显著冲击。可作为锡锑轴承合金的代用品</td></tr>
<tr><td>ZPbSb15Sn5Cu3Cd2</td><td>5</td><td>8</td><td>5</td></tr>
<tr><td rowspan="2">锡青铜</td><td>ZCuSn10P1
（10-1 锡青铜）</td><td>15</td><td>10</td><td>15</td><td rowspan="2">280</td><td rowspan="2">300~400</td><td rowspan="2">3</td><td rowspan="2">5</td><td rowspan="2">1</td><td rowspan="2">1</td><td>用于中速、重载及受变载荷的轴承</td></tr>
<tr><td>ZCuSn5Pb5Zn5
（5-5-5 锡青铜）</td><td>8</td><td>3</td><td>15</td><td>用于中速、中载的轴承</td></tr>
<tr><td>铅青铜</td><td>ZCuPb30
（30 铅青铜）</td><td>25</td><td>12</td><td>30</td><td>280</td><td>300</td><td>3</td><td>4</td><td>4</td><td>2</td><td>用于高速、重载轴承，能承受变载和冲击</td></tr>
<tr><td>铝青铜</td><td>ZCuAl10Fe3
（10-3 铝青铜）</td><td>15</td><td>4</td><td>12</td><td>280</td><td>300</td><td>5</td><td>5</td><td>5</td><td>2</td><td>最宜用于润滑充分的低速重载轴承</td></tr>
<tr><td rowspan="2">黄铜</td><td>ZCuZn16Si4
（16-4 硅黄铜）</td><td>12</td><td>2</td><td>10</td><td>200</td><td>200</td><td>5</td><td>5</td><td>1</td><td>1</td><td>用于低速、中载轴承</td></tr>
<tr><td>ZCuZn40Mn2
（40-2 锰黄铜）</td><td>10</td><td>1</td><td>10</td><td>200</td><td>200</td><td>5</td><td>5</td><td>1</td><td>1</td><td>用于高速、中载轴承，是较新的轴承材料，强度高、耐腐蚀、表面性能好。可用于增压强化柴油机轴承</td></tr>
<tr><td>铝基轴承合金</td><td>2%铝锡合金</td><td>28~35</td><td>14</td><td>—</td><td>140</td><td>300</td><td>4</td><td>3</td><td>1</td><td>2</td><td></td></tr>
</table>

续表

轴承材料		最大许用值			最高工作温度/℃	轴颈硬度/HBS	性能比较②				用　途
		[p]/MPa	[v]/(m/s)	[pv]/(MPa·m/s)			抗咬合性	顺应性	耐蚀性	疲劳强度	
三元电镀合金	铝-硅-镉镀层	14~35	—	—	170	200~300	1	2	2	2	镀铅锡青铜作中间层，再镀10~30 μm三元减摩层，疲劳强度高，嵌入性好
银	镀层	28~35	—	—	180	300~400	2	3	1	1	镀银，上附薄层铅，再镀铟，常用于飞机发动机、柴油机轴承
耐磨铸铁	HT300	0.1~6	3~0.75	0.3~4.5	150	<150	4	5	1	1	宜用于低速、轻载的不重要轴承，价廉
灰铸铁	HT150~HT250	1~4	2~0.5	—	—	—	4	5	1	1	
铸锌铝合金	ZZnAl10-5	20	9	16	75	—	3	3	2	4	用于750 kW以下的减速器，各种轧钢机辊轴承

注：① [pv]为不完全液体润滑下的许用值；

② 性能比较：1—5依次由佳到差。

附表 6.2　常用非金属和多孔质金属轴承材料性能

轴承材料		最大许用值			最高工作温度 T/℃	备　注
		[p]/MPa	[v]/(m/s)	[pv]/(MPa·m/s)		
非金属材料	酚醛树脂	41	13	0.18	120	由棉织物、石棉等填料经酚醛树脂黏结而成。抗咬合性好，强度、抗振性也较好，能耐酸碱，导热性差，重载时需用水或油充分润滑，易膨胀，轴承间隙宜取大些

续表

轴承材料		最大许用值			最高工作温度 T/℃	备注
		[p]/MPa	[v]/(m/s)	[pv]/(MPa · m/s)		
非金属材料	尼龙	14	3	0.11(0.05 m/s) 0.09(0.5 m/s) <0.09(5 m/s)	90	摩擦系数低，耐磨性好，无噪声。金属瓦上覆以尼龙薄层，能受中等载荷。加入石墨、二硫化钼等填料可提高其力学性能、刚性和耐磨性。加入耐热成分的尼龙可提高工作温度
	聚碳酸酯	7	5	0.03(0.05 m/s) 0.01(0.5 m/s) <0.01(5 m/s)	105	聚碳酸酯、醛缩醇、聚酰亚胺等都是较新的塑料。物理性能好。易于喷射成形，比较经济。醛缩醇和聚碳酸酯稳定性好，填充石墨的聚酰亚胺温度可达 280 ℃
	醛缩醇	14	3	0.1	100	
	聚酰亚胺	—	—	4(0.05 m/s)	260	
	聚四氟乙烯(PTFE)	3	1.3	0.04(0.05 m/s) 0.06(0.5 m/s) <0.09(5 m/s)	250	摩擦系数很低，自润滑性能好，能耐任何化学药品的侵蚀，适用温度范围宽(>280 ℃时，有少量有害气体放出)，但成本高，承载能力低。用玻璃丝、石墨为填料，则承载能力和[pv]值可大为提高
	PTFE 织物	400	0.8	0.9	250	
	填充 PTFE	17	5	0.5	250	
	碳-石墨	4	13	0.5(干) 5.25(润滑)	400	有自润滑性及高的磁性和导电性，耐蚀能力强，常用于水泵和风动设备中的轴套
	橡胶	0.34	5	0.53	65	橡胶能隔振、降低噪声、减小动载、补偿误差。导热性差，需加强冷却，温度高易老化。常用于有水、泥浆等的工业设备中

续表

<table>
<tr><th colspan="2" rowspan="2">轴承材料</th><th colspan="3">最大许用值</th><th rowspan="2">最高工作温度 T/℃</th><th rowspan="2">备　注</th></tr>
<tr><th>[p]/MPa</th><th>[v]/(m/s)</th><th>[pv]/(MPa · m/s)</th></tr>
<tr><td rowspan="2">多孔质金属材料</td><td>多孔铁(Fe95%, Cu2%,石墨其他 3%)</td><td>55(低速,间歇)
21(0.013 m/s)
4.8(0.51~0.76 m/s)
2.1(0.76~1 m/s)</td><td>7.6</td><td>1.8</td><td>125</td><td>具有成本低、含油量多、耐磨性好、强度高等特点,应用很广</td></tr>
<tr><td>多孔青铜(Cu90%,Sn10%)</td><td>27(低速,间歇)
14(0.013 m/s)
3.4(0.51~0.76 m/s)
1.8(0.76~1 m/s)</td><td>4</td><td>1.6</td><td>125</td><td>孔隙度大的多用于高速轻载轴承,孔隙度小的多用于摆动或往复运动的轴承。长期运转而不补充润滑剂的应降低[pv]值。高温或连续工作的应定期补充润滑剂</td></tr>
</table>

附表 6.3　滑动轴承润滑脂的选择

压力 p/MPa	轴颈圆周速度 v/(m/s)	最高工作温度 T/℃	选用的牌号
≤1.0	≤1	75	3 号钙基脂
1.0~6.5	0.5~5	55	2 号钙基脂
≥6.5	≤0.5	75	3 号钙基脂
≤6.5	0.5~5	120	2 号钠基脂
>6.5	≤0.5	110	1 号钙钠基脂
1.0~6.5	≤1	-50~100	锂基脂
>6.5	0.5	60	2 号压延机脂

附表 6.4　滑动轴承润滑油选择(不完全液体润滑、工作温度<60 ℃)

轴颈圆周速度 v/(m/s)	平均压力 p<3 MPa	轴颈圆周速度 v/(m/s)	平均压力 p=(3~7.5)MPa
<0.1	L-AN68、100、150	<0.1	L-AN150
0.1~0.3	L-AN68、100	0.1~0.3	L-AN100、150
0.3~2.5	L-AN46、68	0.3~0.6	L-AN100
2.5~5.0	L-AN32、46	0.6~1.2	L-AN68、100
5.0~9.0	L-AN15、22、32	1.2~2.0	L-AN68
>9.0	L-AN7、10、15		

附表 6.5　止推滑动轴承的[p]、[pv]值

轴（轴环端面、凸缘）	轴 承	[p]/MPa	[pv]/(MPa · m/s)
末淬火钢	铸铁	2.0~2.5	1~2.5
	青铜	4.0~5.0	
	轴承合金	5.0~6.0	
淬火钢	青铜	7.5~8.0	1~2.5
	轴承合金	8.0~9.0	
	淬火钢	12~15	

附表 6.6　有限宽轴承的承载量系数 C_p

B/d	ε													
	0.3	0.4	0.5	0.6	0.65	0.7	0.75	0.8	0.85	0.9	0.925	0.95	0.975	0.99
	承载量系数 C_p													
0.3	0.0522	0.0826	0.128	0.203	0.259	0.347	0.475	0.699	1.122	2.074	3.352	5.73	15.15	50.52
0.4	0.0893	0.141	0.216	0.339	0.431	0.573	0.776	1.079	1.775	3.195	5.055	8.393	21.00	65.26
0.5	0.133	0.209	0.317	0.497	0.655	0.819	1.098	1.572	2.428	4.261	6.615	10.706	25.62	75.86
0.6	0.182	0.283	0.427	0.655	0.819	1.070	1.418	2.001	3.036	5.214	7.956	12.64	29.17	83.21
0.7	0.234	0.361	0.538	0.816	1.014	1.312	1.720	2.399	3.580	6.029	9.072	14.14	31.88	88.90
0.8	0.287	0.439	0.647	0.972	1.199	1.538	1.965	2.754	4.053	6.721	9.992	15.37	33.99	92.89
0.9	0.339	0.515	0.754	1.118	1.371	1.745	2.248	3.067	4.459	7.294	10.753	16.37	35.66	96.35
1.0	0.391	0.589	0.853	1.253	1.528	1.929	2.469	3.372	4.808	7.772	11.38	17.18	37.00	98.95
1.1	0.440	0.658	0.947	1.377	1.669	2.079	2.664	3.580	5.160	8.186	11.91	17.86	38.12	101.15
1.2	0.487	0.723	1.033	1.489	1.796	2.247	2.838	3.787	5.364	8.533	12.35	18.43	39.04	102.90
1.3	0.529	0.784	1.111	1.590	1.912	2.379	2.990	3.968	5.586	8.831	12.73	18.91	39.81	104.42
1.5	0.610	0.891	1.248	1.763	2.099	2.600	3.242	4.266	5.947	9.304	13.34	19.68	41.07	106.84
2.0	0.763	1.091	1.483	2.070	2.446	2.981	3.671	4.778	6.545	10.091	14.34	20.97	43.11	110.79

附表 6.7　无润滑轴承材料及其性能

	轴承材料最大静压力 p_{max}/MPa	压缩弹性模量 E/GPa	线胀系数 α/(10^{-6}/℃)	导热系数 k/[W/(m^2 · K)]
无填料热塑性塑料	10	2.8	99	0.24
金属瓦无填料热塑性塑料衬套	10	2.8	99	0.24
有填料热塑性塑料	14	2.8	80	0.26
金属瓦有填料热塑性塑料衬套	300	14.0	27	2.9

续表

	轴承材料最大静压力 p_{max}/MPa	压缩弹性模量 E/GPa	线胀系数 α/(10^{-6}/℃)	导热系数 k/[W/(m^2·K)]
无填料聚四氟乙烯	2	—	86~218	0.26
有填料聚四氟乙烯	7	0.7	<20 ℃ 60 >20 ℃ 80	0.33
金属瓦有填料聚四氟乙烯衬套	350	21.0	20	42.0
金属瓦无填料聚四氟乙烯衬套	7	0.8	<20 ℃ 140 >20 ℃ 96	0.33
织物增强聚四氟乙烯	700	4.8	12	0.24
增强热固性塑料	35	7.0	<20 ℃ 11~25 >20 ℃ 80	0.38
碳-石墨热固性塑料	—	4.8	20	—
碳-石墨(高碳)	2	9.6	1.4	11
碳-石墨(低碳)	1.4	4.8	4.2	55
加铜和铅的碳-石墨	4	15.8	4.9	23
加轴承合金的碳-石墨	3	7.0	4	15
浸渍热固性塑料的碳-石墨	2	11.7	2.7	40
浸渍金属的石墨	70	28.0	12~20	126

附表 6.8　无润滑轴承材料的适用环境

<table>
<tr><th>轴承材料</th><th>高温
>200 ℃</th><th>低温
<-50 ℃</th><th>辐射</th><th>真空</th><th>水</th><th>油</th><th>磨粒</th><th>耐酸、碱</th></tr>
<tr><td>有填料热塑性塑料</td><td>少数可用</td><td>通常好</td><td>通常差</td><td rowspan="3">大多数可用，避免用石墨作填充物</td><td rowspan="3">通常差，注意配合面的粗糙度</td><td rowspan="3">通常好</td><td rowspan="3">一般
尚好</td><td>尚好
或好</td></tr>
<tr><td>有填料聚四氟乙烯</td><td>尚好</td><td>很好</td><td>很差</td><td>极好</td></tr>
<tr><td>有填料热固性塑料</td><td>部分可用</td><td>好</td><td>部分尚好</td><td>部分好</td></tr>
<tr><td>碳-石墨</td><td>很好</td><td>很好</td><td>很好，不要加塑料</td><td>极差</td><td>尚好或好</td><td>好</td><td>不好</td><td>好(除强酸外)</td></tr>
</table>

附表 6.9　碳-石墨的轴承间隙　mm

轴颈直径 d	半径间隙 δ	壁厚 s	轴颈直径 d	半径间隙 δ	壁厚 s
~10	0.005~0.015	2	>70~100	0.06~0.08	10~12
>10~20	0.01~0.03	3~5	>100~150	0.1~0.2	12~18
>20~35	0.03~0.05				
>35~70	0.04~0.07	6~8	>150~200	0.2~0.3	18~25

附表 6.10　塑料轴瓦壁厚推荐值　mm

轴颈直径 d	10~18	>18~30	>30~40	>40~50	>50~65	>65~80
壁　厚 s	0.8~1.0	1.0~1.5	1.5~2.0	2.5~3.0	3.0~3.5	3.5~4.0

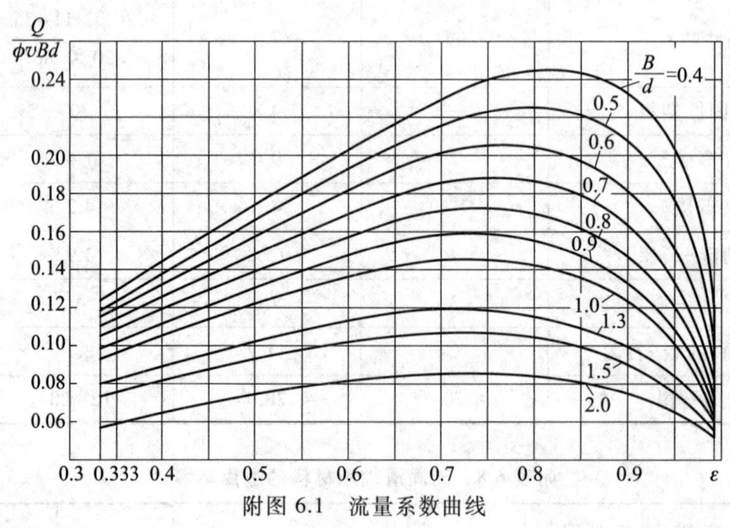

附图 6.1　流量系数曲线

七、螺栓设计常用表格

附表 7.1　连接接合面间的摩擦系数 f

被连接件	接合面表面状态	摩擦系数
钢或铸铁零件	干燥机加工表面	0.10~0.16
	有油机加工表面	0.06~0.10
钢结构零件	喷砂处理表面	0.45~0.55
	涂覆锌漆表面	0.35~0.40
	轧制、经钢丝刷清理浮锈	0.30~0.35
铸铁对砖料、混凝土或木材	干燥表面	0.40~0.45

附表 7.2　螺栓的相对刚度（被连接件为钢铁零件时）

被连接件间所用垫片类型	金属垫片（或无垫片）	皮 革 垫 片	铜皮石棉垫片	橡 胶 垫 片
$C_1/(C_1+C_2)$	0.2~0.3	0.7	0.8	0.9

附表 7.3　不同连接工况下剩余预紧力与工作载荷的比值要求

连 接 情 况		F''/F
一般连接	稳定工作载荷	0.2~0.6
	变动工作载荷	0.6~1.0
有紧密性要求的连接		1.5~1.8
地脚螺栓连接		≥1

附表 7.4　螺栓的部分性能等级（摘自 GB/T 3098.1—2010）

机械或物理性能	4.6	4.8	5.6	5.8	6.8	8.8	9.8	10.9	12.9
抗拉强度 R_m/MPa	400	420	500	520	600	800	900	1 000	1 220
下屈服强度 R_{eL}/MPa	240	320	300	420	480	640	720	900	1 100
布氏硬度/HBW，$F=30D^2$	114	124	147	152	181	232	269	304	365
推荐材料	碳钢或合金钢					中碳钢，淬火并回火		中碳钢，低、中碳合金钢，淬火并回火	合金钢，淬火并回火

附表 7.5　螺纹连接的安全系数 S

连 接 类 型		S			
松螺栓连接		1.2~1.7			
受轴向和横向载荷的普通螺栓连接	不控制预紧力		M6~M16	M16~M30	M30~M60
		碳钢	5~4	4~2.5	2.5~2
		合金钢	5.7~5	5~3.4	3.4~3
	控制预紧力	1.2~1.5			
铰制孔螺栓连接		钢：$S_\tau=2.5$；$S_p=1.25$　铸铁：$S_p=2.0$~2.5			

附表 7.6　连接接合面材料的许用挤压应力

材　料	钢	铸　铁	混 凝 土	砖（水泥浆缝）	木　材
$[\sigma_p]$/MPa	$0.8\sigma_s$	$(0.4$~$0.5)\sigma_B$	2.0~3.0	1.5~2.0	2.0~4.0

注：(1) σ_s 为材料屈服极限，σ_B 为材料强度极限，MPa。

(2) 当连接接合面的材料不同时，应按强度较弱者选取。

(3) 连接承受静载荷时，$[\sigma_p]$应取表中较大值；承受变载荷时，则应取较小值。

八、键及弹簧设计常用表格与线图

附表 8.1　键连接的许用应力　MPa

许用应力	连接方式	键、轴、轮毂材料	载荷性质		
			静载荷	轻微冲击	冲击
$[\sigma_p]$	静连接	钢	120~150	100~120	60~90
		铸铁	70~80	50~60	30~45
$[p]$	动连接	钢	50	40	30

注：如与键有相对滑动的被连接件表面经过淬火，则动连接的许用压力$[p]$可提高 2~3 倍。

附表 8.2　花键连接的许用压力　MPa

许用应力	连接方式	使用和制造情况	未热处理	热处理
$[\sigma_p]$	静连接	不良	35~50	40~70
		中等	60~100	100~140
		良好	80~120	120~200
$[p]$	空载下移动的动连接	不良	15~20	20~35
		中等	20~30	30~60
		良好	25~40	40~70
	在载荷作用下移动的动连接	不良		3~10
		中等		5~15
		良好		10~20

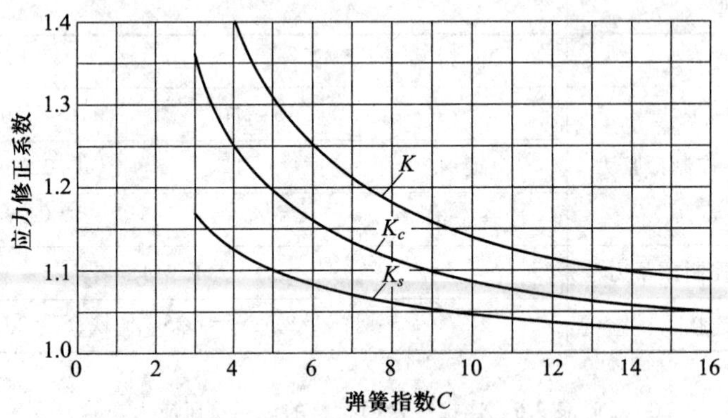

附图 8.1　圆柱拉伸或压缩螺旋弹簧的应力修正系数值

九、滚动轴承设计常用表格

附表 9.1　径向载荷系数 X 和轴向载荷系数 Y（摘自 GB/T 6391—2003）

轴承类型		$iA/C_0$①	e	单列轴承				双列轴承或成对安装单列轴承（在同一支点上）			
				$A/R \leqslant e$		$A/R>e$		$A/R \leqslant e$		$A/R>e$	
				X	Y	X	Y	X	Y	X	Y
深沟球轴承 60000		0.025	0.22	1	0	0.56	2.0	1	0	0.56	1.99
		0.040	0.24				1.8				1.71
		0.070	0.27				1.6				1.55
		0.130	0.31				1.4				1.45
		0.250	0.37				1.2				1.15
		0.500	0.44				1.00				1.00
调心球轴承 10000		—	1.5tan α②	1	0	0.40	0.40cot α②	1	0.40cot α②	0.65	0.65cot α②
调心滚子轴承 20000		—	1.5tan α②	1	0	0.40	0.40cot α②	1	0.40cot α②	0.65	0.65cot α②
角接触球轴承 70000	$\alpha=15°$	0.015	0.38	1	0	0.44	1.47	1	1.65	0.72	2.39
		0.029	0.40				1.40		1.57		2.28
		0.058	0.43				1.30		1.46		2.11
		0.087	0.46				1.23		1.38		2.00
		0.12	0.47				1.19		1.34		1.93
		0.17	0.50				1.12		1.26		1.82
		0.29	0.55				1.02		1.14		1.66
		0.44	0.56				1.00		1.12		1.63
		0.58	0.56				1.00		1.12		1.63
	$\alpha=25°$	—	0.70			0.41	0.87		0.92	0.67	1.41
	$\alpha=40°$	—	0.99			0.35	0.57		0.55	0.57	(0.93)
圆锥滚子轴承 30000		—	1.5tan α②	1	0	0.40	0.40cot α②	1	0.45cot α②	0.67	0.67cot α②
推力调心滚子轴承 29000			1.5tan α②			tan α	1				

注：① 式中 i 为滚动体列数，C_0 为径向额定静载荷；

② 具体数值按不同型号的轴承查有关设计手册。

附表 9.2　载荷系数 f_p

载荷性质	f_p	举　例
无冲击或轻微冲击	1.0~1.3	电动机、汽轮机、通风机、水泵等
中等冲击或中等惯性力	1.2~1.8	车辆、动力机械、起重机、造纸机、冶金机械、选矿机、卷扬机、机床等
强大冲击	1.8~3.0	破碎机、轧钢机、钻探机、振动筛等

附表 9.3　温度系数 f_t

轴承工作温度/℃	≤120	125	150	175	200	225	250	300	350
温度系数 f_t	1.00	0.95	0.90	0.85	0.80	0.75	0.70	0.60	0.50

附表 9.4　约有半数滚动体接触时派生轴向力 S 的计算公式

圆锥滚子轴承	角接触球轴承		
	70000C($\alpha=15°$)	70000AC($\alpha=25°$)	70000B($\alpha=40°$)
$S=F_R/(2Y)$	$S=eF_R$	$S=0.68F_R$	$S=1.14F_R$

注:(1) Y 是对应表 9.1 中 $F_A/F_R>e$ 的 Y 值;

(2) e 值由表 9.1 查出。

附表 9.5　可靠度不为 90%时的额定寿命修正系数 α_1(GB/T 6391—1995)

可靠度/%	90	95	96	97	98	99
L_n	L_{10}	L_5	L_4	L_3	L_2	L_1
α_1	1	0.62	0.53	0.44	0.33	0.21

附表 9.6　滚动轴承静强度安全系数 S_0

旋转条件	载荷条件	S_0	使用条件	S_0
连续旋转	普通载荷	1~2	高精度旋转场合	1.5~2.5
	冲击载荷	2~3	振动冲击场合	1.2~2.5
不常旋转或摆动	普通载荷	0.5	普通精度旋转场合	1.0~1.2
	冲击及不均匀载荷	1~1.5	允许有变形	0.3~1.0

十、轴设计常用表格

附表 10.1　轴的常用材料及其主要力学性能

材料牌号	热处理	毛坯直径 /mm	硬度 /HBS	抗拉强度极限 σ_B	屈服强度极限 σ_S	弯曲疲劳极限 σ_{-1}	剪切疲劳极限 τ_{-1}	许用弯曲应力 $[\sigma_{-1}]$	备注
				MPa					
Q235A	热轧或锻后空冷	≤100		400~420	225	170	105	40	用于不重要及受载荷不大的轴
		>100~250		375~390	215				
45	正火回火	≤100	170~217	590	295	255	140	55	应用最广泛
		>100~300	162~217	570	285	245	135		
	调质	≤200	217~255	640	355	275	155	60	
40Cr	调质	≤100	241~286	735	540	355	200	70	用于载荷较大,而无很大冲击的重要轴
		>100~300		685	490	335	185		
40CrNi	调质	≤100	270~300	900	735	430	260	75	用于很重要的轴
		>100~300	240~270	785	570	370	210		
38SiMnMo	调质	≤100	229~286	735	590	365	210	70	用于重要的轴,性能近于 40CrNi
		>100~300	217~269	685	540	345	195		
38CrMoAlA	调质	≤60	293~321	930	785	440	280	75	用于要求高耐磨性,高强度且热处理(氮化)变形很小的轴
		>60~100	277~302	835	685	410	270		
		>100~160	241~277	785	590	375	220		
20Cr	渗碳淬火回火	≤60	渗碳 56~62 HRC	640	390	305	160	60	用于要求强度及韧性均较高的轴
3Cr13	调质	≤100	≥241	835	635	395	230	75	用于腐蚀条件下的轴
1Cr18Ni9Ti	淬火	≤100	≤192	530	195	190	115	45	用于高、低温及腐蚀条件下的轴
		>100~200		490		180	110		
QT600-3			190~270	600	370	215	185		用于制造复杂外形的轴
QT800-2			245~335	800	480	290	250		

注:(1) 表中所列疲劳极限 σ_{-1} 值是按下列关系式计算的,供设计时参考。碳钢:$\sigma_{-1}\approx0.43\sigma_B$;合金钢:$\sigma_{-1}\approx0.2(\sigma_B+\sigma_S)+100$;不锈钢:$\sigma_{-1}\approx0.27(\sigma_B+\sigma_S)$;$\tau_{-1}\approx0.156(\sigma_B+\sigma_S)$;球墨铸铁:$\sigma_{-1}\approx0.36\sigma_B$,$\tau_{-1}\approx0.31\sigma_B$。

(2) 1Cr18Ni9Ti(GB/T 1221—2007)可选用,但不推荐。

附表 10.2　轴常用几种材料的$[\tau]_T$及 A 值

轴的材料	Q235	1Cr18Ni9Ti	45	40Cr、35SiMn、42SiMn、38SiMnMo
$[\tau]_T$/MPa	15~25	20~35	25~45	35~55
A	149~126	135~112	126~103	112~97

附表 10.3　轴的抗弯、抗扭截面系数计算公式

截　面	W	W_T
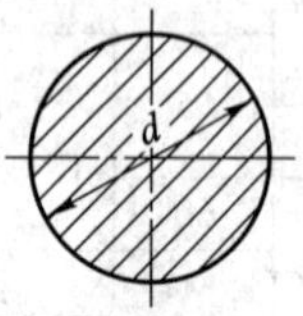	$\frac{\pi d^3}{32}\approx 0.1d^3$	$\frac{\pi d^3}{16}\approx 0.2d^3$
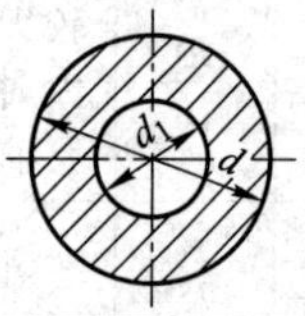	$\frac{\pi d^3}{32}(1-\beta^4)\approx 0.1d^3(1-\beta^4)$ $\beta=\frac{d_1}{d}$	$\frac{\pi d^3}{16}(1-\beta^4)\approx 0.2d^3(1-\beta^4)$ $\beta=\frac{d_1}{d}$
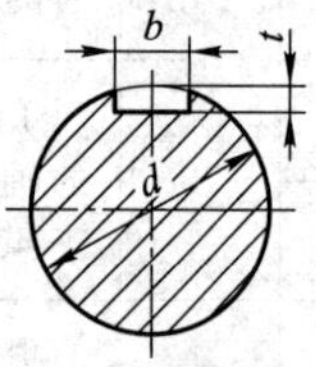	$\frac{\pi d^3}{32}-\frac{bt(d-t)^2}{2d}$	$\frac{\pi d^3}{16}-\frac{bt(d-t)^2}{2d}$
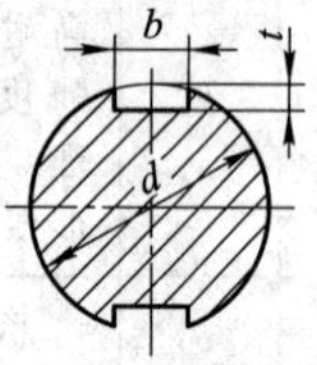	$\frac{\pi d^3}{32}-\frac{bt(d-t)^2}{d}$	$\frac{\pi d^3}{16}-\frac{bt(d-t)^2}{d}$
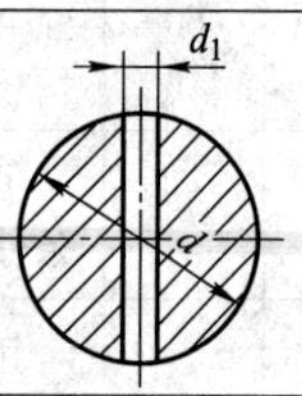	$\frac{\pi d^3}{32}\left(1-1.54\frac{d_1}{d}\right)$	$\frac{\pi d^3}{16}\left(1-1.54\frac{d_1}{d}\right)$
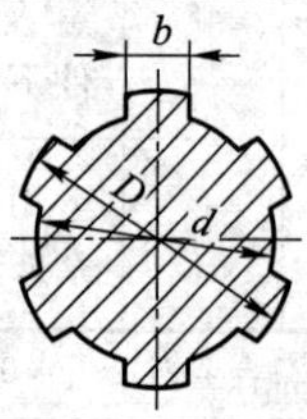	$\frac{\pi d^4+(D-d)(D+d)^2 zb}{32D}$ z——花键齿数	$\frac{\pi d^4+(D-d)(D+d)^2 zb}{16D}$ z——花键齿数

附表 10.4　轴的安全系数的选取

按疲劳强度精确校核		按静强度精确校核	
材料、载荷与轴径情况	S	材料情况	S_S
材料均匀、载荷与应力计算精确、d<200 mm	1.3～1.5	高塑性钢轴（$\sigma_S/\sigma_B \leqslant 0.6$）	1.2～1.4
材料不够均匀、计算精确度较低、d<200 mm	1.5～1.8	中等塑性钢轴（$\sigma_S/\sigma_B = 0.6 \sim 0.8$）	1.4～1.8
材料均匀性差、计算精确度很低、d<200 mm	1.8～2.5	低塑性钢轴	1.8～2
轴的直径 d>200 mm	1.8～2.5	铸造轴	2～3

附表 10.5　轴的许用挠度[y]、许用偏转角[θ]和许用扭转角[ϕ]

轴的弯曲变形				轴的扭转变形	
轴的使用场合	许用挠度 [y]/mm	轴的部位	许用偏转角 [θ]/rad	传动轴	许用扭转角 [ϕ]/[(°)/m]
一般用途的轴	$\leqslant(0.000\,3 \sim 0.000\,5)l$	滑动轴承	≤0.001	要求不高的传动轴	≥1
刚度要求高的轴	$\leqslant 0.000\,2l$	向心球轴承	≤0.005	一般传动轴	≈0.5～1
齿轮轴	$\leqslant(0.01 \sim 0.05)m_n$	调心球轴承	≤0.05	精密传动轴	≈0.25～0.5
蜗轮轴	$\leqslant(0.02 \sim 0.05)m_t$	圆柱滚子轴承	≤0.002 5		
蜗杆轴	$\leqslant(0.01 \sim 0.02)m_t$	圆锥滚子轴承	≤0.001 6		
电动机轴	$\leqslant 0.1\Delta$	安装齿轮处	≤(0.001～0.002)		

注：l——支承间跨距，mm；m_n——齿轮法向模数，mm；m_t——蜗轮、蜗杆端面模数，mm；Δ——电机定子、转子间气隙，mm。

十一、疲劳强度计算常用表格与线图

附表 11.1 螺纹、键槽、花键、横孔及配合边缘处的有效应力集中系数 k_σ 和 k_τ 值

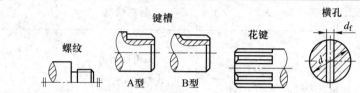

σ_B/MPa	螺纹（k_σ=1）k_τ	键槽 k_σ A型	键槽 k_σ B型	键槽 k_τ A、B型	横孔 k_σ $\frac{d_f}{d}$=0.05～0.15	横孔 k_σ $\frac{d_f}{d}$=0.15～0.25	横孔 k_τ $\frac{d_f}{d}$=0.05～0.25	配合 H7/r6 k_σ	配合 H7/r6 k_τ	配合 H7/k6 k_σ	配合 H7/k6 k_τ	配合 H7/h6 k_σ	配合 H7/h6 k_τ
400	1.45	1.51	1.30	1.20	1.90	1.70	1.70	2.05	1.55	1.55	1.25	1.33	1.14
500	1.78	1.64	1.38	1.37	1.95	1.75	1.75	2.30	1.69	1.72	1.36	1.49	1.23
600	1.96	1.76	1.46	1.54	2.00	1.80	1.80	2.52	1.82	1.89	1.46	1.64	1.31
700	2.20	1.89	1.54	1.71	2.05	1.85	1.80	2.73	1.96	2.05	1.56	1.77	1.40
800	2.32	2.01	1.62	1.88	2.10	1.90	1.85	2.96	2.09	2.22	1.65	1.92	1.49
900	2.47	2.14	1.69	2.05	2.15	1.95	1.90	3.18	2.22	2.39	1.76	2.08	1.57
1 000	2.61	2.26	1.77	2.22	2.20	2.00	1.90	3.41	2.36	2.56	1.86	2.22	1.66
1 200	2.90	2.50	1.92	2.39	2.30	2.10	2.00	3.87	2.62	2.90	2.05	2.50	1.83

注：(1) 滚动轴承与轴的配合按 H7/r6 配合选择系数。

(2) 蜗杆螺旋根部有效应力集中系数可取 k_σ = 2.3～2.5，k_τ = 1.7～1.9（$\sigma_B \leqslant$ 700 MPa 时取小值，$\sigma_B \geqslant$ 1 000 MPa 时取大值）。

附表 11.2 环槽处的有效应力集中系数 k_σ 和 k_τ 值

系数	$\frac{D-d}{r}$	$\frac{r}{d}$	σ_B/MPa 400	500	600	700	800	900	1000
k_σ	1	0.01	1.88	1.93	1.98	2.04	2.09	2.15	2.20
		0.02	1.79	1.84	1.89	1.95	2.00	2.06	2.11
		0.03	1.72	1.77	1.82	1.87	1.92	1.97	2.02
		0.05	1.61	1.66	1.71	1.77	1.82	1.88	1.93
		0.10	1.44	1.48	1.52	1.55	1.59	1.62	1.66
k_σ	2	0.01	2.09	2.15	2.21	2.27	2.34	2.39	2.45
		0.02	1.99	2.05	2.11	2.17	2.23	2.28	2.35
		0.03	1.91	1.97	2.03	2.08	2.14	2.19	2.25
		0.05	1.79	1.85	1.91	1.97	2.03	2.09	2.15
k_σ	4	0.01	2.29	2.36	2.43	2.50	2.56	2.63	2.70
		0.02	2.18	2.25	2.32	2.38	2.45	2.51	2.58
		0.03	2.10	2.16	2.22	2.28	2.35	2.41	2.47
k_σ	6	0.01	2.38	2.47	2.56	2.64	2.73	2.81	2.90
		0.02	2.28	2.35	2.42	2.49	2.56	2.63	2.70
k_τ	任何比值	0.01	1.60	1.70	1.80	1.90	2.00	2.10	2.20
		0.02	1.51	1.60	1.69	1.77	1.86	1.94	2.03
		0.03	1.44	1.52	1.60	1.67	1.75	1.82	1.90
		0.05	1.34	1.40	1.46	1.52	1.57	1.63	1.69
		0.10	1.17	1.20	1.23	1.26	1.28	1.31	1.34

附表 11.3　圆角处的有效应力集中系数 k_σ 和 k_τ 值

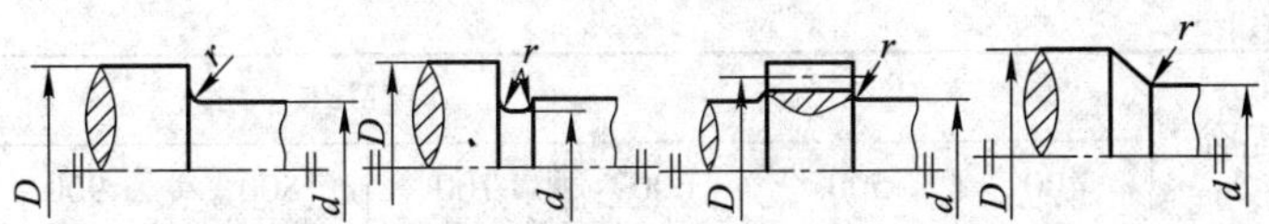

$\frac{D-d}{r}$	$\frac{r}{d}$	k_σ								k_τ							
		σ_B/MPa								σ_B/MPa							
		400	500	600	700	800	900	1000	1200	400	500	600	700	800	900	1000	1200
2	0.01	1.34	1.36	1.38	1.40	1.41	1.43	1.45	1.49	1.26	1.28	1.29	1.29	1.30	1.30	1.31	1.32
	0.02	1.41	1.44	1.47	1.49	1.52	1.54	1.57	1.62	1.33	1.35	1.36	1.37	1.37	1.38	1.39	1.42
	0.03	1.59	1.63	1.67	1.71	1.76	1.80	1.84	1.92	1.39	1.40	1.42	1.44	1.45	1.47	1.48	1.52
	0.05	1.54	1.59	1.64	1.69	1.73	1.78	1.83	1.93	1.42	1.43	1.44	1.46	1.47	1.50	1.51	1.54
	0.10	1.38	1.44	1.50	1.55	1.61	1.66	1.72	1.83	1.37	1.38	1.39	1.42	1.43	1.45	1.46	1.50
4	0.01	1.51	1.54	1.57	1.59	1.62	1.64	1.67	1.72	1.37	1.39	1.40	1.42	1.43	1.44	1.46	1.47
	0.02	1.76	1.81	1.86	1.91	1.96	2.01	2.06	2.16	1.53	1.55	1.58	1.59	1.61	1.62	1.65	1.68
	0.03	1.76	1.82	1.88	1.94	1.99	2.05	2.11	2.23	1.52	1.54	1.57	1.59	1.61	1.64	1.66	1.71
	0.05	1.70	1.76	1.82	1.88	1.95	2.01	2.07	2.19	1.50	1.53	1.57	1.59	1.62	1.65	1.68	1.74
6	0.01	1.86	1.90	1.94	1.99	2.03	2.08	2.12	2.21	1.54	1.57	1.59	1.61	1.64	1.66	1.68	1.73
	0.02	1.90	1.96	2.02	2.08	2.13	2.19	2.25	2.37	1.59	1.62	1.66	1.69	1.72	1.75	1.79	1.86
	0.03	1.89	1.96	2.03	2.10	2.16	2.23	2.30	2.44	1.61	1.65	1.68	1.72	1.74	1.77	1.81	1.88

附表 11.4　外花键的有效应力集中系数 k_σ 和 k_τ 值

轴材料的 σ_B/ MPa		400	500	600	700	800	900	1 000	1 200
k_σ		1.35	1.45	1.55	1.60	1.65	1.70	1.72	1.75
k_τ	矩形齿	2.10	2.25	2.36	2.45	2.55	2.65	2.70	2.80
	渐开线形齿	1.40	1.43	1.46	1.49	1.52	1.55	1.58	1.60

附表 11.5　螺纹连接件的尺寸系数 ε_σ 值

直径 d/mm	≤16	20	24	28	32	40	48	56	64	72	80
ε_σ	1	0.81	0.76	0.71	0.68	0.63	0.60	0.57	0.54	0.52	0.50

附表 11.6　零件与轴过盈配合处的 $\frac{k_\sigma}{\varepsilon_\sigma}$ 值

直径/mm	配合	σ_B/MPa							
		400	500	600	700	800	900	1 000	1 200
30	H7/r6	2.25	2.50	2.75	3.00	3.25	3.50	3.75	4.25
	H7/k6	1.69	1.88	2.06	2.25	2.44	2.63	2.82	3.19
	H7/h6	1.46	1.63	1.79	1.95	2.11	2.28	2.44	2.76
50	H7/r6	2.75	3.05	3.36	3.66	3.96	4.28	4.60	5.20
	H7/k6	2.06	2.28	2.52	2.76	2.97	3.20	3.45	3.90
	H7/h6	1.80	1.98	2.18	2.38	2.57	2.78	3.00	3.40
>100	H7/r6	2.95	3.28	3.60	3.94	4.25	4.60	4.90	5.60
	H7/k6	2.22	2.46	2.70	2.96	3.20	3.46	3.98	4.20
	H7/h6	1.92	2.13	2.34	2.56	2.76	3.00	3.18	3.64

注：(1) 滚动轴承与轴配合处的 $\frac{k_\sigma}{\varepsilon_\sigma}$ 值与表内所列 H7/r6 配合的 $\frac{k_\sigma}{\varepsilon_\sigma}$ 值相同；

(2) 表中无相应的数值时，可按插入法计算。

附表 11.7　表面高频淬火的强化系数 β_q

试件种类	试件直径/mm	β_q
无应力集中	7~20	1.3~1.6
	30~40	1.2~1.5
有应力集中	7~20	1.6~2.8
	30~40	1.5~2.5

注：表中系数值用于旋转弯曲，淬硬层厚度为 0.9~1.5 mm。应力集中严重时，强化系数较高。

附表 11.8　化学热处理的强化系数 β_q

化学热处理方法	试件种类	试件直径/mm	β_q
氮化，氮化层厚度 0.1~0.4 mm 表面硬度 64 HRC 以上	无应力集中	8~15	1.15~1.25
		30~40	1.10~1.15
	有应力集中	8~15	1.9~3.0
		30~40	1.3~2.0
渗碳，渗碳层厚度 0.2~0.6 mm	无应力集中	8~15	1.2~2.1
		30~40	1.1~1.5
	有应力集中	8~15	1.5~2.5
		30~40	1.2~2.0
氰化，氰化层厚度 0.2 mm	无应力集中	10	1.8

附表 11.9 表面硬化加工的强化系数 β_q

加工方法	试件种类	试件直径/mm	β_q
滚子滚压	无应力集中	7~20	1.2~1.4
		30~40	1.1~1.25
	有应力集中	7~20	1.5~2.2
		30~40	1.3~1.8
喷丸	无应力集中	7~20	1.1~1.3
		30~40	1.1~1.2
	有应力集中	7~20	1.4~2.5
		30~40	1.1~1.5

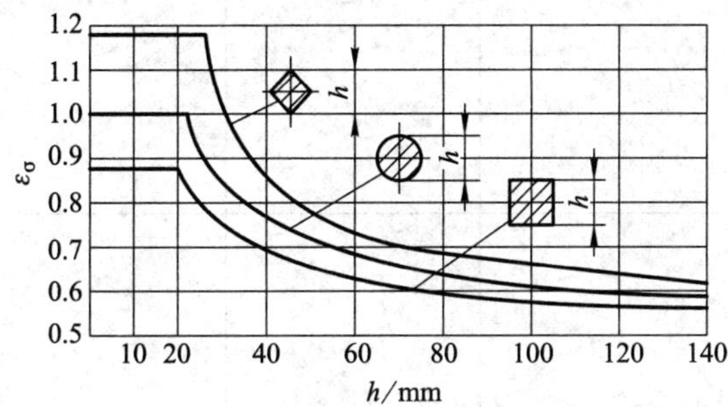

附图 11.1 钢材的尺寸及截面形状系数 ε_σ

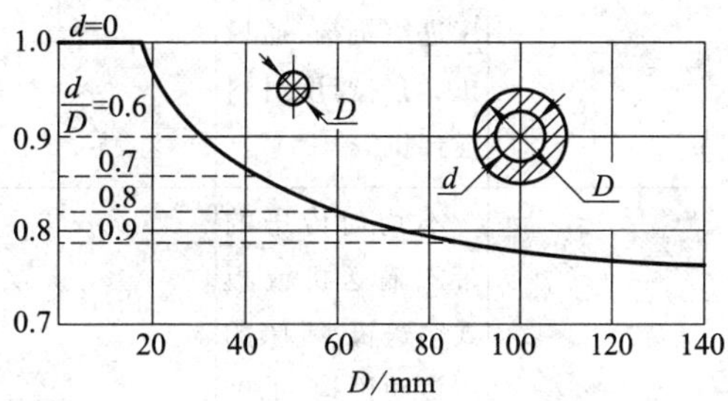

附图 11.2 圆截面钢材的扭转剪切尺寸系数 ε_τ

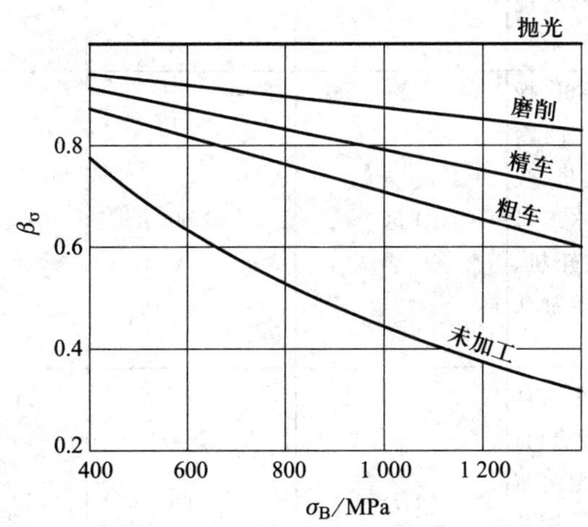

附图 11.3 钢材的表面质量系数 β_σ

十二、齿轮传动设计常用表格与线图

附表 12.1　使用系数 K_A

载荷状态	工作机器	原动机			
		电动机、均匀运转的蒸汽机、燃气轮机	蒸汽机、燃气轮机液压装置	多缸内燃机	单缸内燃机
均匀平稳	发电机、均匀传送的带式输送机或板式输送机、螺旋输送机、轻型升降机、包装机、机床进给机构、通风机、均匀密度材料搅拌机等	1.00	1.10	1.25	1.50
轻微冲击	不均匀传送的带式输送机或板式输送机、机床的主传动机构、重型升降机、工业与矿用风机、重型离心机、变密度材料搅拌机等	1.25	1.35	1.50	1.75
中等冲击	橡胶挤压机、橡胶和塑料作间断工作的搅拌机、轻型球磨机、木工机械、钢坯初轧机、提升装置、单缸活塞泵等	1.50	1.60	1.75	2.00
严重冲击	挖掘机、重型球磨机、橡胶揉合机、破碎机、重型给水泵、旋转式钻探装置、压砖机、带材冷轧机、压坯机等	1.75	1.85	2.00	2.25 或更大

注：表中所列 K_A 值仅适用于减速传动；若为增速传动，其值均为表值的 1.1 倍。当外部机械与齿轮装置间有挠性连接时，通常 K_A 值可适当减小。

附表 12.2　齿间载荷分配系数 K_α

精度等级 II 组	5	6	7	8
经表面硬化的直齿轮	1.0		1.1	1.2
经表面硬化的斜齿轮	1.0	1.1	1.2	1.4
未经表面硬化的直齿轮	1.0			1.1
未经表面硬化的斜齿轮	1.0	1.0	1.1	1.2

注：(1) 对修形齿轮，取 $K_{H\alpha}=K_{F\alpha}=1$。

(2) 如大、小齿轮精度等级不同时，按精度等级较低者取值。

(3) $K_{H\alpha}$ 为按齿面接触疲劳强度计算时用的齿间载荷分配系数，$K_{F\alpha}$ 为按齿根弯曲疲劳强度计算时用的齿间载荷分配系数。

附表 12.3　接触疲劳强度计算用齿向载荷分布系数 $K_{H\beta}$ 的简化计算公式

	精度等级	小齿轮相对支承的布置	$K_{H\beta}$
调质齿轮	6	对称 非对称 悬臂	$K_{H\beta}=1.11+0.18\phi_d^2+0.15\times10^{-3}b$ $K_{H\beta}=1.11+0.18(1+0.6\phi_d^2)\ \phi_d^2+0.15\times10^{-3}b$ $K_{H\beta}=1.11+0.18(1+6.7\phi_d^2)\ \phi_d^2+0.15\times10^{-3}b$
	7	对称 非对称 悬臂	$K_{H\beta}=1.12+0.18\phi_d^2+0.23\times10^{-3}b$ $K_{H\beta}=1.12+0.18(1+0.6\phi_d^2)\ \phi_d^2+0.23\times10^{-3}b$ $K_{H\beta}=1.12+0.18(1+6.7\phi_d^2)\ \phi_d^2+0.23\times10^{-3}b$
	8	对称 非对称 悬臂	$K_{H\beta}=1.15+0.18\phi_d^2+0.31\times10^{-3}b$ $K_{H\beta}=1.15+0.18(1+0.6\phi_d^2)\ \phi_d^2+0.31\times10^{-3}b$ $K_{H\beta}=1.15+0.18(1+6.7\phi_d^2)\ \phi_d^2+0.31\times10^{-3}b$

	精度等级	限制条件	小齿轮相对支承的布置	$K_{H\beta}$
硬齿面齿轮	5	$K_{H\beta}\leqslant1.34$	对称 非对称 悬臂	$K_{H\beta}=1.05+0.26\phi_d^2+0.10\times10^{-3}b$ $K_{H\beta}=1.05+0.26(1+0.6\phi_d^2)\ \phi_d^2+0.10\times10^{-3}b$ $K_{H\beta}=1.05+0.26(1+6.7\phi_d^2)\ \phi_d^2+0.10\times10^{-3}b$
		$K_{H\beta}>1.34$	对称 非对称 悬臂	$K_{H\beta}=0.99+0.31\phi_d^2+0.12\times10^{-3}b$ $K_{H\beta}=0.99+0.31(1+0.6\phi_d^2)\ \phi_d^2+0.12\times10^{-3}b$ $K_{H\beta}=0.99+0.31(1+6.7\phi_d^2)\ \phi_d^2+0.12\times10^{-3}b$
	6	$K_{H\beta}\leqslant1.34$	对称 非对称 悬臂	$K_{H\beta}=1.05+0.26\phi_d^2+0.16\times10^{-3}b$ $K_{H\beta}=1.05+0.26(1+0.6\phi_d^2)\ \phi_d^2+0.16\times10^{-3}b$ $K_{H\beta}=1.05+0.26(1+6.7\phi_d^2)\ \phi_d^2+0.16\times10^{-3}b$
		$K_{H\beta}>1.34$	对称 非对称 悬臂	$K_{H\beta}=1.0+0.31\phi_d^2+0.19\times10^{-3}b$ $K_{H\beta}=1.0+0.31(1+0.6\phi_d^2)\ \phi_d^2+0.19\times10^{-3}b$ $K_{H\beta}=1.0+0.31(1+6.7\phi_d^2)\ \phi_d^2+0.19\times10^{-3}b$

注：(1) 表中所列公式适用于装配时经过检验调整或对研跑合的齿轮传动（不作检验调整时用的公式见 GB/T 3480—1997）。

(2) b 为齿宽的数值。

附表 12.4　弹性影响系数 Z_E　　$\sqrt{MPa}$

齿轮材料 \ 弹性模量 E/MPa	配对齿轮材料				
	灰铸铁	球墨铸铁	铸钢	锻钢	夹布塑胶
	11.8×10^4	17.3×10^4	20.2×10^4	20.6×10^4	0.785×10^4
锻钢	162.0	181.4	188.9	189.8	56.4
铸钢	161.4	180.5	188.0	—	—
球墨铸铁	156.6	173.9	—		
灰铸铁	143.7	—	—		

附表 12.5　圆柱齿轮的齿宽系数 ϕ_d

布置形式	两支承相对小齿轮作对称布置	两支承相对小齿轮作不对称布置	小齿轮作悬臂布置
ϕ_d	0.9～1.4（1.2～1.9）	0.7～1.15（1.1～1.65）	0.4～0.6

注：(1) 大、小齿轮皆为硬齿面时，ϕ_d 取偏下限的数值；若皆为软齿面或仅大齿轮为软齿面时，ϕ_d 取偏上限的数值；

(2) 括号内的数值用于人字齿轮，此时 b 为人字齿轮的总宽度；

(3) 机床中的齿轮传动，若功率不大时，ϕ_d 可小到 0.2；

(4) 非金属齿轮可取 $\phi_d=0.5\sim1.2$。

附表 12.6　齿形系数 $Y_{F\alpha}$ 及应力校正系数 Y_{sa}

$z(z_v)$	17	18	19	20	21	22	23	24	25	26	27	28	29
Y_{Fa}	2.97	2.91	2.85	2.80	2.76	2.72	2.69	2.65	2.62	2.60	2.57	2.55	2.53
Y_{sa}	1.52	1.53	1.54	1.55	1.56	1.57	1.575	1.58	1.59	1.595	1.60	1.61	1.62
$z(z_v)$	30	35	40	45	50	60	70	80	90	100	150	200	∞
Y_{Fa}	2.52	2.45	2.40	2.35	2.32	2.28	2.24	2.22	2.20	2.18	2.14	2.12	2.06
Y_{sa}	1.625	1.65	1.67	1.68	1.70	1.73	1.75	1.77	1.78	1.79	1.83	1.865	1.97

注：(1) 基准齿形参数为 $\alpha=20°$、$h_a^*=1$、$c^*=0.25$、$\rho=0.38m$（m 为齿轮模数）；

(2) 对内齿轮：当 $\alpha=20°$、$h_a^*=1$、$c^*=0.25$、$\rho=0.15m$ 时，齿形系数 $Y_{F\alpha}=2.053$；应力校正系数 $Y_{sa}=2.65$。

附表 12.7　锥齿轮传动的齿面载荷系数 K_β

应用	小齿轮和大齿轮的支承		
	两者都在支承之间	一个悬臂布置	两者都是悬臂布置
飞机	1.00	1.60	1.90
车辆	1.00	1.60	1.90
工业用、船舶用	1.60	1.90	2.25

附表 12.8　常用齿轮材料及其力学特性

<table>
<tr><th rowspan="2">材料牌号</th><th rowspan="2">热处理方法</th><th>强度极限</th><th>屈服极限</th><th colspan="2">硬度/HBS</th></tr>
<tr><th>σ_B/MPa</th><th>σ_S/MPa</th><th>齿心部</th><th>齿面</th></tr>
<tr><td>HT250</td><td rowspan="3"></td><td>250</td><td rowspan="5"></td><td colspan="2">170～241</td></tr>
<tr><td>HT300</td><td>300</td><td colspan="2">187～255</td></tr>
<tr><td>HT350</td><td>350</td><td colspan="2">197～296</td></tr>
<tr><td>QT500-5</td><td rowspan="6">正火</td><td>500</td><td colspan="2">147～241</td></tr>
<tr><td>QT600-2</td><td>600</td><td colspan="2">229～302</td></tr>
<tr><td>ZG310-570</td><td>580</td><td>320</td><td colspan="2">156～217</td></tr>
<tr><td>ZG340-640</td><td>650</td><td>350</td><td colspan="2">169～229</td></tr>
<tr><td>45</td><td>580</td><td>290</td><td colspan="2">162～217</td></tr>
<tr><td>ZG340-640</td><td>700</td><td>380</td><td colspan="2">241～269</td></tr>
<tr><td>45</td><td rowspan="6">调质</td><td>650</td><td>360</td><td colspan="2">217～255</td></tr>
<tr><td>30CrMnSi</td><td>1 100</td><td>900</td><td colspan="2">310～360</td></tr>
<tr><td>35SiMn</td><td>750</td><td>450</td><td colspan="2">217～269</td></tr>
<tr><td>38SiMnMo</td><td>700</td><td>550</td><td colspan="2">217～269</td></tr>
<tr><td>40Cr</td><td>700</td><td>500</td><td colspan="2">241～286</td></tr>
<tr><td>45</td><td rowspan="2">调质后表面淬火</td><td rowspan="2"></td><td rowspan="2"></td><td>217～255</td><td>40～50 HRC</td></tr>
<tr><td>40Cr</td><td>241～286</td><td>48～55 HRC</td></tr>
<tr><td>20Cr</td><td rowspan="4">渗碳后淬火</td><td>650</td><td>400</td><td rowspan="2">300</td><td rowspan="4">58～62 HRC</td></tr>
<tr><td>20CrMnTi</td><td>1 100</td><td>850</td></tr>
<tr><td>12Cr2Ni4</td><td>1 100</td><td>850</td><td>320</td></tr>
<tr><td>20Cr2Ni4</td><td>1 200</td><td>1 100</td><td>350</td></tr>
<tr><td>35CrAlA</td><td rowspan="2">调质后渗氮（渗氮层厚 $\delta \geqslant 0.3 \sim 0.5$ mm）</td><td>950</td><td>750</td><td rowspan="2">255～321</td><td rowspan="2">>850 HV</td></tr>
<tr><td>38CrMoAlA</td><td>1 000</td><td>850</td></tr>
<tr><td>夹布塑胶</td><td></td><td>100</td><td></td><td colspan="2">25～35</td></tr>
</table>

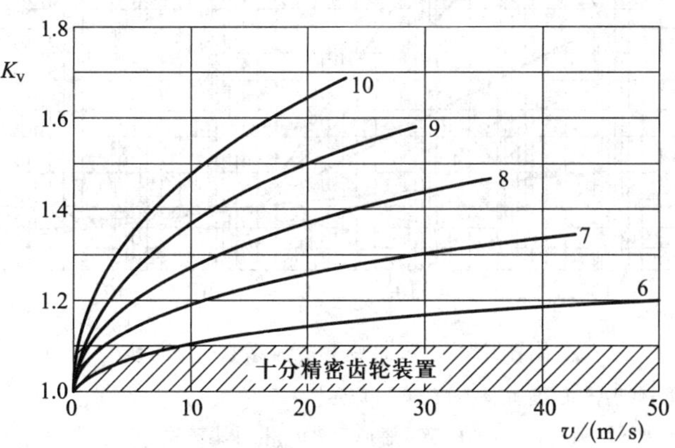

附图 12.1　动载系数 K_v

注：图中的曲线 6、7、8、9、10 指齿轮的制造精度等级分别为 6、7、8、9、10；若为直齿锥齿轮传动，应按图中低一级的精度线及锥齿轮平均分度圆处的圆周速度 v_m 查取。

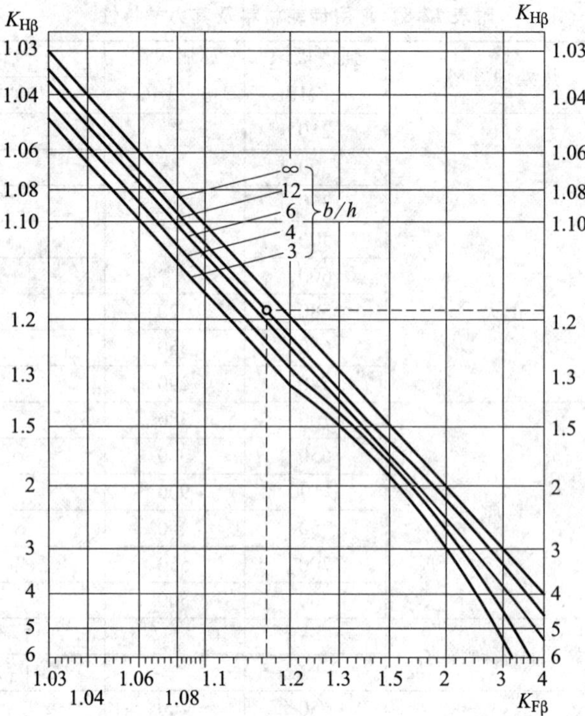

附图 12.2　齿向载荷分布系数 $K_{F\beta}$ 曲线

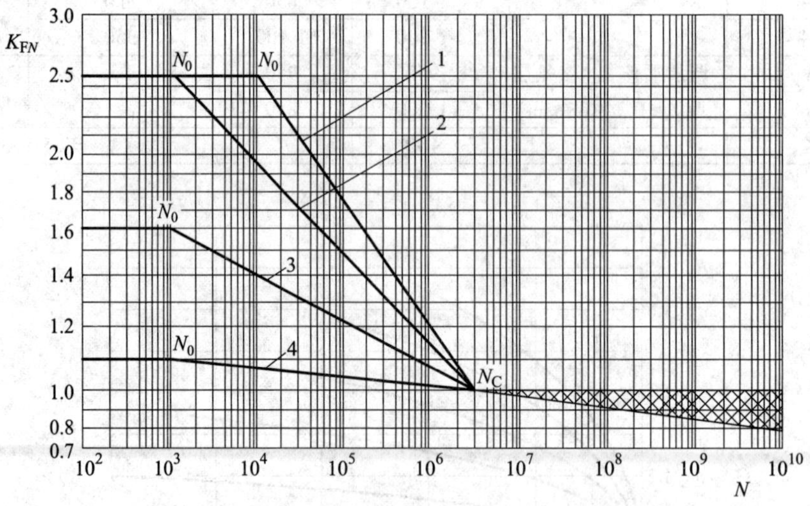

附图 12.3　弯曲疲劳寿命系数 K_{FN} 曲线

1—调质钢；球墨铸铁（珠光体、贝氏体）；珠光体可锻铸铁

2—渗碳淬火的渗碳钢；全齿廓火焰或感应淬火的钢、球墨铸铁

3—渗氮的渗氮钢；球墨铸铁（铁素体）；灰铸铁；结构钢

4—氮碳共渗的调质钢、渗碳钢

（当 $N>N_C$ 时，可根据经验在网纹区内取 K_{FN} 值）

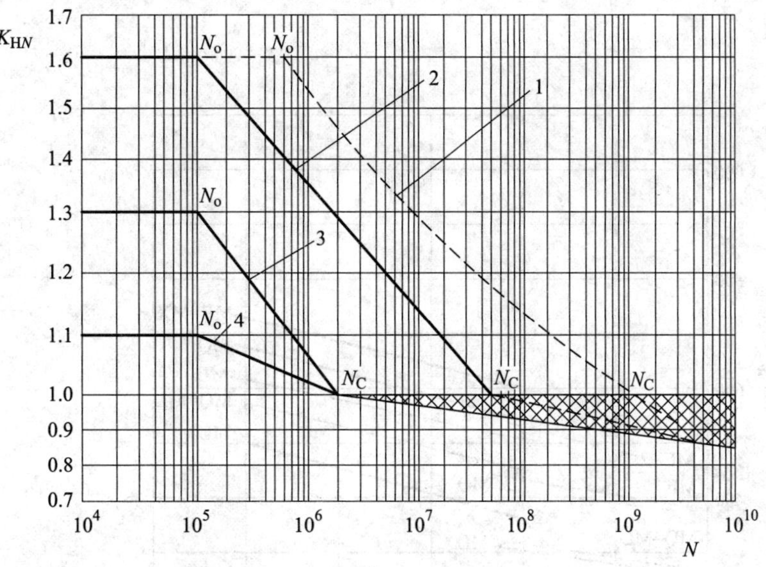

附图 12.4　接触疲劳寿命系数 K_{HN}

1—允许一定点蚀时的结构钢；调质钢；球墨铸铁（珠光体、贝氏体）；珠光体可锻铸铁；渗碳淬火的渗碳钢

2—结构钢；调质钢；渗碳淬火钢；火焰或感应淬火的钢、球墨铸铁；球墨铸铁（珠光体、贝氏体）；珠光体可锻铸铁

3—灰铸铁；球墨铸铁（铁素体）；渗氮的渗氮钢；调质钢、渗碳钢

4—氮碳共渗的调质钢、渗碳钢

（当 $N>N_C$ 时可根据经验在网纹区内取 K_{HN} 值）

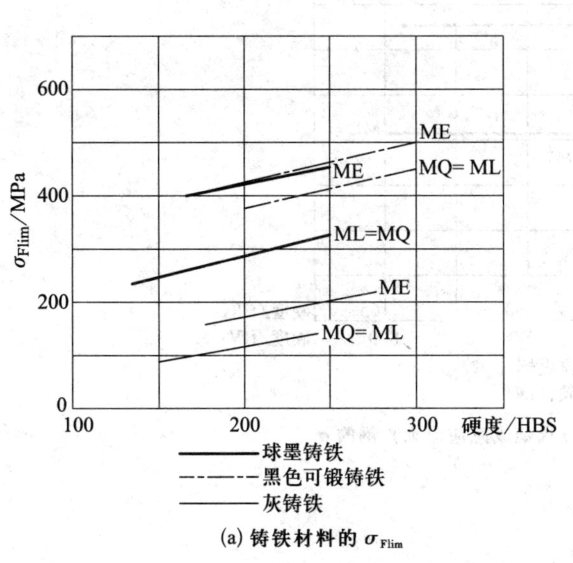

(a) 铸铁材料的 σ_{Flim}

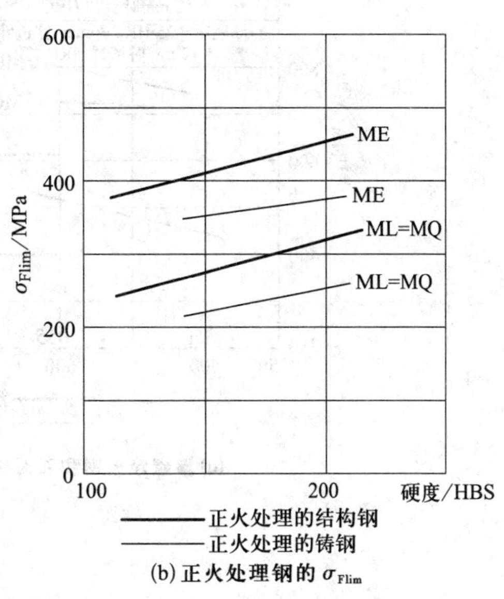

(b) 正火处理钢的 σ_{Flim}

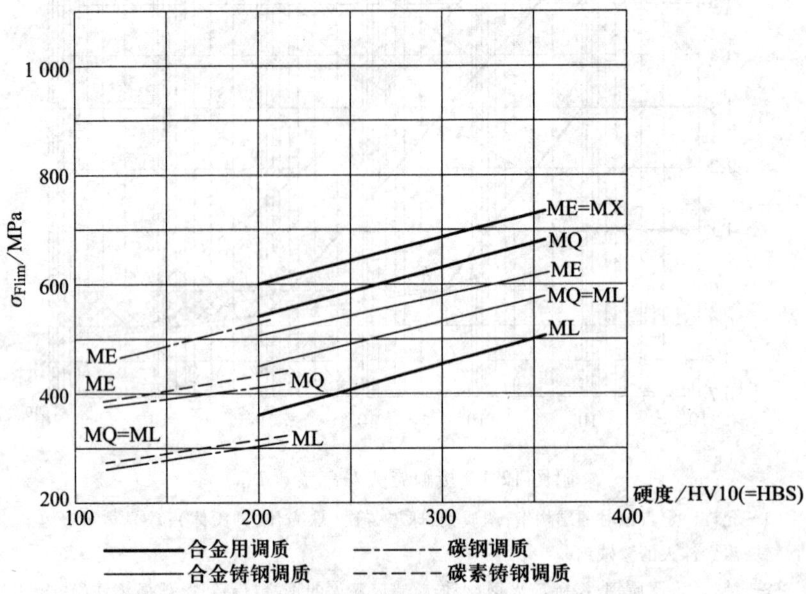

(c) 调质处理钢的 σ_{Flim}

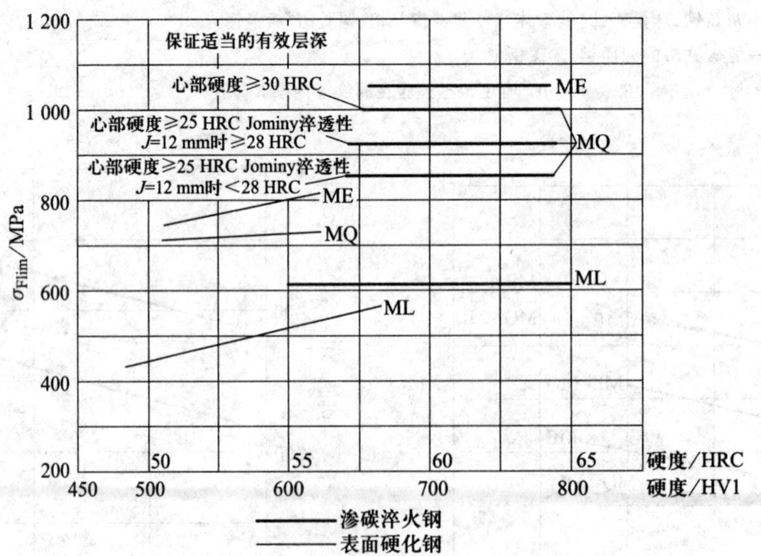

(d) 渗碳淬火钢和表面硬化（火焰或感应淬火）钢的 σ_{Flim}

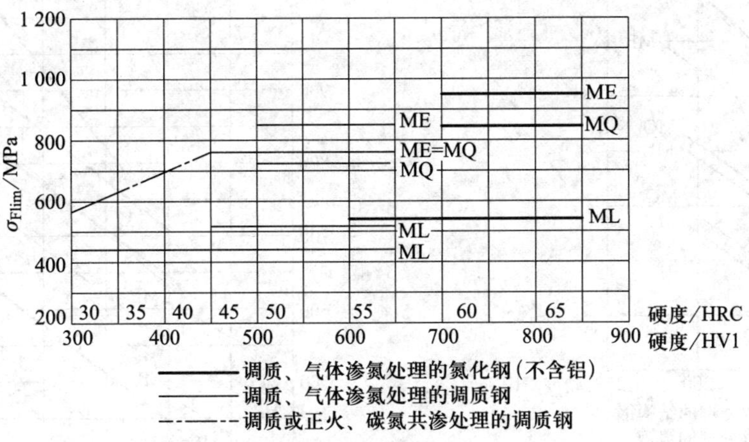

(e) **渗氮及碳氮共渗钢的 σ_{Flim}**

附图 12.5　齿轮的弯曲疲劳强度极限

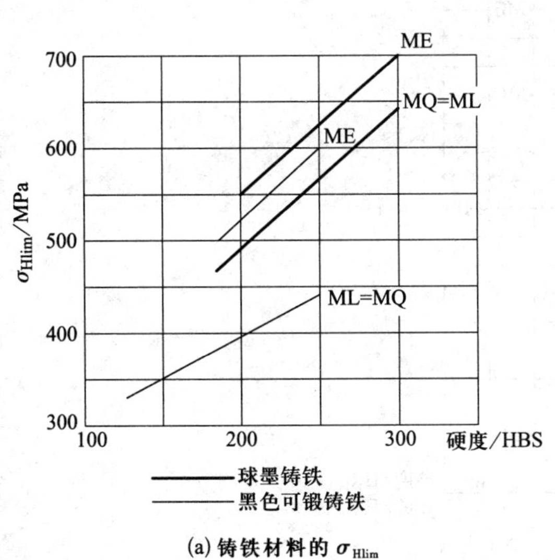

(a) **铸铁材料的 σ_{Hlim}**

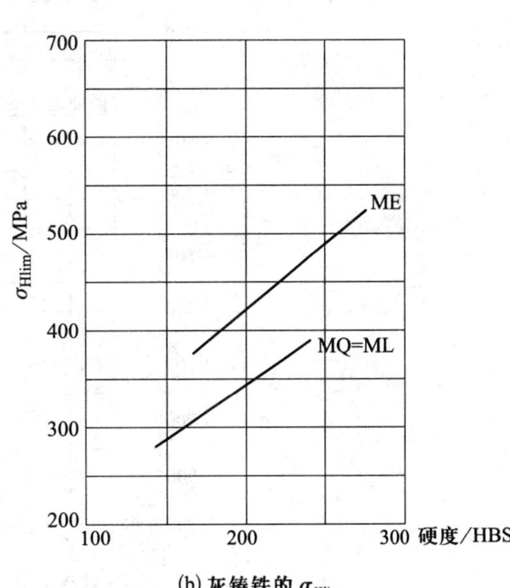

(b) **灰铸铁的 σ_{Hlim}**

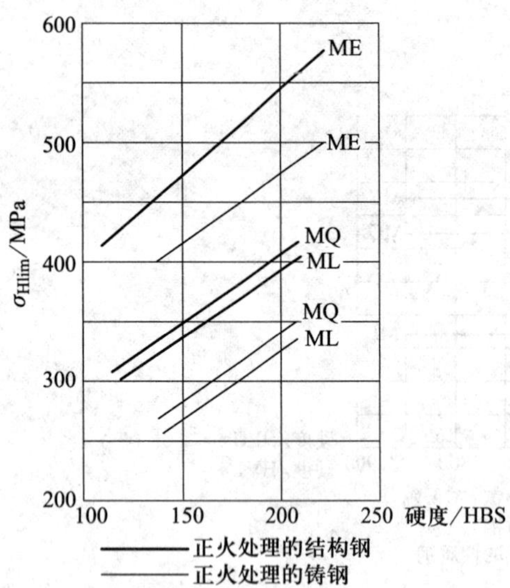

(c) 正火处理的结构钢和铸钢的 σ_{Hlim}

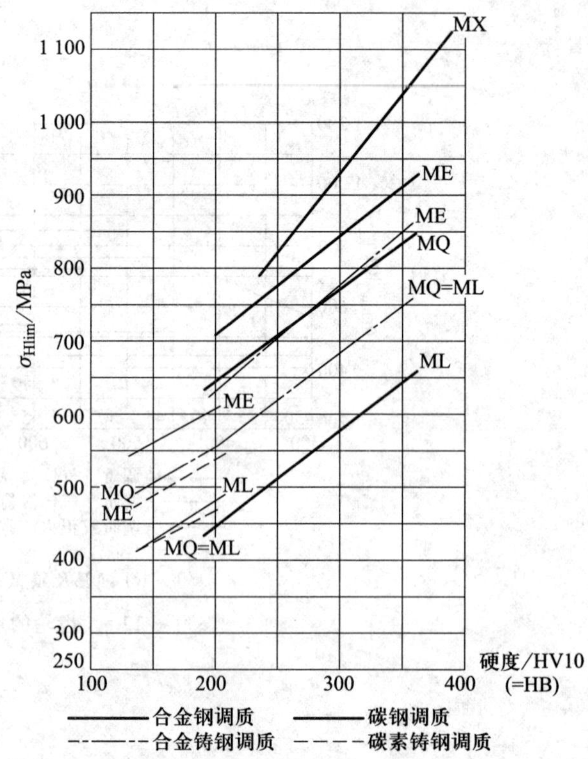

(d) 调质处理钢的 σ_{Hlim}

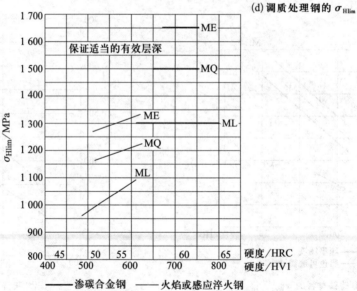

σ_{Hlim}/MPa

1 700
1 600
1 500
1 400
1 300
1 200
1 100
1 000
900
800

保证适当的有效层深

ME
MQ
ME
ML
MQ
ML

45　50　55　60　65　硬度/HRC
400　500　600　700　800　硬度/HV1

渗碳合金钢　火焰或感应淬火钢

(e) 渗碳淬火钢和表面硬化（火焰或感应淬火）钢的 σ_{Hlim}

附图 12.6　齿轮的接触疲劳强度极限

十三、常用润滑油和润滑脂性能表格与线图

附表 13.1　全损耗系统用油的运动粘度

名　称	牌　号	运动粘度/(mm^2/s)	
		40℃	50℃
全损耗系统用油	L-AN5	4.14~5.06	3.32~3.99
	L-AN7	6.12~7.48	4.76~5.72
	L-AN10	9.00~11.0	6.78~8.14
	L-AN15	13.5~16.5	9.80~11.8
	L-AN22	19.8~24.2	13.9~16.6
	L-AN32	28.8~35.2	19.4~23.3
	L-AN46	41.4~50.6	27.0~32.5
	L-AN68	61.2~74.8	38.7~46.6
	L-AN100	90.0~110	55.3~66.6
	L-AN150	135~165	80.6~97.1

附表 13.2　几种润滑油的粘度指数

油　品	*VI* 值	$\nu_{55℃}$/(mm^2/s)	$\nu_{116℃}$/(mm^2/s)
矿物油	100	132	14.5
多级油 10W/30	147	140	17.5
硅油	400	130	53

附表 13.3　滑动轴承润滑脂的选择

压力 p/MPa	轴颈圆周速度 v/(m/s)	最高工作温度/℃	选用的牌号
≤1.0	≤1	75	3 号钙基脂
1.0~6.5	0.5~5	55	2 号钙基脂
≥6.5	≤0.5	75	3 号钙基脂
≤6.5	0.5~5	120	2 号钠基脂
>6.5	≤0.5	110	1 号钙钠基脂
1.0~6.5	≤1	-50~100	锂基脂
>6.5	0.5	60	2 号压延机脂

注:(1) 在潮湿环境,温度在 75~120 ℃的条件下,应考虑用钙-钠基润滑脂。

(2) 在潮湿环境,工作温度在 75 ℃以下,没有 3 号钙基脂时也可以用铝基脂。

(3) 工作温度在 110~120 ℃可用锂基脂或钠基脂。

(4) 集中润滑时,稠度要小些。

附表 13.4　常见的添加剂及其作用

添加剂作用	添加剂种类	使用方法
油性剂	脂肪、油脂肪、酸油	加入量 1 % ~3 %
抗磨与极压添加剂	磷酸二甲酚酯,环烷酸铅,含硫、磷、氯的油与石蜡,MoS_2,菜子油,铅皂	加入量 0.1% ~5%
抗氧化添加剂	二硫代磷酸锌、硫化烯、烃酚胺	加入量 0.2 %~5%
抗腐蚀添加剂	2.6-二叔丁基对甲酚、N-苯基萘胺	
防锈剂	石油磺酸钙(或钡与钠)、二硫代磷酸醋、二硫代碳酸醋、羊毛脂	
降凝剂	聚甲基丙烯酸酯、聚丙烯酰胺、石蜡烷化酚	加入量 0.1%~1%。用于低温工作的润滑油改善油的黏温特性,使适应较大的工作和温度范围。加入量 3%~10%
增黏剂	聚异丁烯、聚丙烯酸酯	
消泡添加剂	硅酮、有机聚合物	

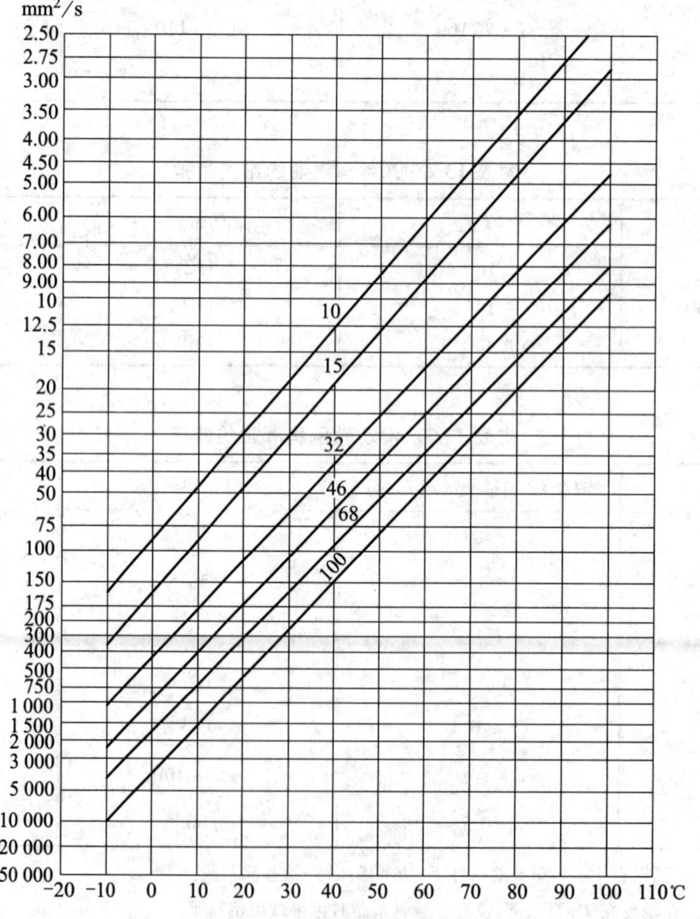

附图 13.1　几种润滑油粘温曲线

注:斜线上的 10,15,…,100 表示牌号 L-AN 后的数字。

十四、螺旋传动设计常用表格

附表 14.1　滑动螺旋副材料的许用压强 [p]

螺杆-螺母的材料	滑动速度/(m/s)	许用压强/MPa
钢-青铜	低速	18~25
	≤0.05	11~16
	0.1~0.2	7~10
	>0.25	1~2
淬火钢-青铜	0.1~0.2	10~13
钢-铸铁	≤0.05	12~16
	0.1~0.2	4~7

注:表中数值适用于 $\phi=2.5\sim4$ 的情况。当 $\phi<2.5$ 或人力驱动时,[p]值可提高 20%;当为剖分螺母时,则[p]值应降低 15%~20%。

附表 14.2　滑动螺旋副的摩擦系数 f(定期润滑)

螺杆-螺母的材料	摩擦系数 f
钢-青铜	0.08~0.10
淬火钢-青铜	0.06~0.08
钢-钢	0.11~0.17
钢-铸铁	0.12~0.15

附表 14.3　滑动螺旋副材料的许用应力

螺旋副材料		许用应力/MPa		
		[σ]	[σ_b]	[τ]
螺杆	钢	$\sigma_S/(3\sim5)$		
螺母	青铜		40~60	30~40
	铸铁		45~55	40
	钢		(1.0~1.2)[σ]	0.6[σ]

十五、机械设计常用名词中英文对照

B

半圆键 half round key

保持架 holding frame

边界润滑 boundary lubrication

变形 deflection, deformation

变应力 dynamic stress

变载荷 dynamic load

表面处理 surface treatment

表面淬火 surface quenching
泊松比 Poisson's ratio
部件 part

C

材料 material
残余变形 residual deformation
残余应力 residual stress
车削 lathing
成本 cost
承载量 load carrying capacity
尺寸 dimension
尺寸公差 dimensional tolerance
齿轮 gear
齿轮轮齿的模数 module of gear teeth
齿数 tooth number
冲压 punching
粗糙度 roughness
脆性材料 brittle material

D

打滑 slippage
带传动 belt driving
氮化层 nitrogen blanket
当量动载荷 equivalent dynamic load
挡圈 retaining ring
导电性 conductibility
导轨 guide track
导向键 guide key
底板 base plate
底座 underframe
点蚀 pitting
垫片 shim
垫圈 washer
调质钢 quenched and tempered steel
动载荷 moving load
断裂 break
锻钢 forged steel
锻件 forged piece
锻造 forging
多油楔油 multi oil wedges

F

防松 locking
飞轮 flier, flywheel
非金属材料 non metallic material
腐蚀 corrosion
复合材料 composite material

G

干摩擦 dry friction
刚度 stiffness
钢材 steel
高速传动轴 high speed drive shaft
工程塑料 engineering plastics
工具 tool
工艺性 manufacturability
工作应力 working stress
工作载荷 serving load
功能 function
钩头螺栓 gib head bolt
钩头楔键 gib head key
惯性矩 moment of inertia
惯性力 inertial force
滚动体 rolling body
滚动轴承 rolling bearing
滚压 rolling
滚珠丝杠 ball leading screw
过度变形 over deformation
过度磨损 excessive wear

H

焊接 welding
合金钢 alloy steel
花键 spline
滑动轴承 sliding bearing
滑键 slide key
化学处理 chemical treatment
黄铜 brass
灰铸铁 gray cast iron
回转运动 gyratory motion

混合润滑 mixed lubrication

J

机构 mechanism
机架 framework
机器 machine
机械 machine
机械加工 mechanical working
机械零件 machine element
机座 machine base
基本额定动载荷 elementary rated dynamic load
基本额定寿命 elementary rated life
极惯性矩 polar moment of inertial
极限应力 limit stress
计算机辅助设计 computer aided design
计算载荷 calculating load
加工 working
减速器 reductor
渐开线花键 involute spline
键 key
键槽 keyways
胶合 seizing of teeth
接触角 contact angle
接触应力 contact stress
结构 structure
结构钢 structural steel
结构设计 structural design
金属材料 metallic material
紧定螺钉 tightening screw
径向当量动载荷 radial equivalent dynamic load
径向基本额定寿命 radial elementary rated life
径向力 radial force
径向轴承 journal bearing
静压轴承 hydrostatic bearing
静应力 steady stress
静载荷/应力 static load/stress
矩形花键 square key

K

抗拉强度 tensile strength
抗弯强度 bending strength
抗压强度 compression strength
可锻铸铁 malleable cast iron
可靠性、可靠度 reliability
空气轴承 air bearing
空心轴 hollow axle

L

拉力 pulling force
拉伸 tension
拉伸应力 tensile stress
肋 rib
离合器 clutch
力 force
力矩 moment
力学模型 mechanical model
联轴器 coupling
链 chain
链轮 chain wheel
流体动力润滑 hydrodynamic lubrication
流体静力润滑 hydrostatic lubrication
铝合金 aluminum alloy
螺钉 pitch
螺母 nut
螺栓 bolt
螺栓连接 bolting
螺纹 screw
螺纹 threads
螺纹连接 threaded and coupled

M

脉动循环应力 repeated stress
毛坯 blank
铆接 riveting
密度 density
密封 seal
摩擦 friction

摩擦功 friction work
摩擦角 friction angle
摩擦力 friction force
摩擦系数 friction coefficient
摩擦学 tribology
磨损 wear
磨损过程 wear process
磨削 grinding

N

内圈 inner ring
耐磨性 anti-wearing quality
能量 energy
尼龙 nylon
扭转 torsion
扭转角 angle of torsion

O

耦合 coupling

P

刨削 planning
喷丸 sand blast
疲劳 fatigue
疲劳裂纹 fatigue cracking
疲劳强度 fatigue strength
疲劳失效 fatigue failure
疲劳寿命 fatigue life
偏心载荷 eccentric load
偏转角 deflection angle
平衡 balance
平键 flat key
平移运动 translational motion

Q

气动 air driven
强度 strength
强度极限 ultimate strength
切向键 tangential key
切削 cutting
切应力 shearing stress
切应力 tangential stress
青铜合金 bronze alloy
球墨铸铁 nodular cast iron
球形阀 globe valve
曲率半径 curvature radius
曲轴 crank axle
屈服强度 yield strength

R

热处理 heat treatment
热平衡 heat balance
韧性 toughness
柔性 flexibility
润滑 lubrication
润滑油膜 lubricant film

S

三向应力状态 triaxial stress state
剩余预紧力 residual initial tightening load
失效 failure
寿命 life
双头螺柱 stud
双向应力状态 biaxial stress state
速度 velocity
塑料 plastics
塑性变形 plastic deformation
塑性材料 ductile material

T

弹簧 spring
弹簧垫圈 spring washer
弹性变形 elastic deformation
弹性滑动 elastic slippage
弹性流体动力润滑 elastohydrodynamic lubrication
弹性模量 modulus of elasticity
弹性啮合 elastic engagement
碳化 carbonization
碳素钢 carbon steel
陶瓷 ceramics
通用零件 universal element
铜合金 copper alloy

凸轮 cam
推力轴承 thrust bearing
退刀槽 tool escape

V

V 带 V belt

W

外圈 outer ring
弯矩 bending moment
弯曲 bend
弯曲强度 bending strength
弯曲应力 bending stress
稳定性 stability

X

锡青铜 tin bronze
现代设计方法 modern design method
相对滚动 relative rolling motion
相对滑动 relative sliding
相对运动 relative motion
箱体 box
向心推力轴承 centripetal thrust bearing
向心轴承 centripetal stress
橡胶 rubber
销 pin
销连接 pin connection
楔键 wedge key
性能 performance
许用应力 allowable stress

Y

压力 pressure
压强 pressure intensity
压缩 compress
压缩应力 compressive stress
压应力 compressive stress
液压 hydraulic pressure
一般运动 general motion
应变 strain
应力 stress
应力集中 stress concentration
硬度 hardness
优化设计 optimum design
油膜 oil film
有色金属 non ferrous metal
有限元设计 finite element design
预紧 pretighten
圆螺母 circular nut
圆柱销 cylindrical pin
圆锥销 cone pin

Z

载荷 load
载荷角 load angle
载荷谱 load spectrum
正火 normalizing treatment
正应力 normal stress
直径 diameter
重载 heavy load
轴 shaft
轴承 bearing
轴承衬 bearing bush
轴承盖 bearing cap
轴承合金 bearing metal
轴承油沟 groove in bearing
轴承座 bearing block
轴环 shaft ring
轴肩 shaft neck
轴套 shaft sleeve
轴瓦 bushing
轴向当量动载荷 axial equivalent dynamic load
轴向基本额定寿命 axial elementary rated life
轴向力 axial force
主动轴 drive shaft
铸钢 cast steel
铸件 casting
铸铝 cast aluminum
铸铁 cast iron
铸造 cast
专用零件 special element

转矩 torque

装配 assembly

锥形阀 cone valve

自润滑 self lubricated

自锁 self locking or caulking

最小油膜厚度 minimum film thickness

参 考 文 献

[1] 邱宣怀.机械设计[M].4 版.北京:高等教育出版社,1997.

[2] 濮良贵,纪名刚[M].机械设计.9 版.北京:高等教育出版社,2013.

[3] 余俊,全永昕,等.机械设计[M].2 版.北京:高等教育出版社,1986.

[4] 彭文生,黄华梁,等.机械设计[M].2 版.武汉:华中理工大学出版社,1996.

[5] 吴宗泽.机械设计习题集[M].2 版.北京:高等教育出版社,1991.

[6] 华南工学院等九校.机械设计[M].北京:人民教育出版社,1981.

[7] 杨可桢,程光蕴.机械设计基础[M].5 版.北京:高等教育出版社,2012.

[8] 黄华梁,彭文生.机械设计基础[M].4 版.北京:高等教育出版社,2007.

[9] 华南工学院.机械设计基础[M].广州:广东科技出版社,1979.

[10] 彭文生,李志明,黄华梁.机械设计[M]. 北京:高等教育出版社,2002.

[11] 吴克坚,于晓红,钱瑞明.机械设计[M]. 北京:高等教育出版社,2003.

[12] 赴少汴.抗疲劳设计[M].北京:机械工业出版社.1994.

[13] 何国伟.可靠性设计[M].北京:机械工业出版社.1993.

[14] 刘惟信.机械可靠性设计[M].2 版.北京:清华大学出版社.1996.

[15] 黄平,刘建素,陈扬枝,等.常用机械零件及机构图册[M].北京:化学工业出版社,1999.

[16] 黄平,陈扬枝,朱文坚,等.弹性啮合与摩擦耦合传动理论及实验研究[J].机械传动,1999,23(2):7—10.

[17] 陈扬枝,黄平.弹性啮合与摩擦耦合带传动动力试验研究[J].中国机械工程,2000(8):901—902.

[18] 吴宗泽.机械结构设计[M].北京:机械工业出版社,1988.

[19] 戚昌滋.机械现代设计方法学[M].北京:中国建筑工业出版社,1987.

[20] 章日晋,张立乃,尚凤武.机械零件的结构设计[M].北京:机械工业出版社,1987.

[21] 吴宗泽.高等机械零件[M].北京:清华大学出版社,1991.

[22] Robert L. Mott. Machine Elements in Mechanical Design[M].5th ed.New Jersey:Prentice Hall, 2013.

[23] M. F. Spotts. Design of Machine Elements[M].New Jersey:Prentice Hall, 1998.

[24] Shigley.Theory Machines and Mechanisms[M].New York:McGraw Hill, 1995.

[25] Homer. Kinematic Design of Machines and Mechanisms[M].New York:McGraw Hill, 1998.

[26] Joseph E. Shiley. Mechanical Engineering Design[M].New York: McGraw Hill, 2001.

参考文献